Nissan Sunny/100 NX — Bis Ende 1994
1,4-, 1,6- und 2,0 Liter-Motoren

AF895428

1 Einleitung

1.1 Allgemeines

Diese Reparaturanleitung befasst sich mit den Nissan Sunny-Fahrzeugen mit 1,4-, 1,6- und 2,0 Liter-Motor ab Baujahr 1990. Je nach Karosserieform werden die Modelle als "Modell B13" (Coupé) "N14" (Hatchback oder Limousine) geführt. Die Modelle sind die Nachfolger der bis zu diesem Zeitpunkt gebauten "B12"-, bzw. "N13"-Modelle.
Die in den Fahrzeugen eingebauten 1,4- und 1,6-Liter-Motoren gehören der Motorengruppe "GA" an, welche durch unterschiedliche Nachbuchstaben auf den in einem Fahrzeug eingebauten Motor hinweisen. Bis zum Ende des Baujahres 1992 tragen die Motoren den Nachbuchstaben "DS", d.h. GA14 DS (1,4 Liter) oder GA16 DS (1,6 Liter). Die Motoren wurden ab Baujahr 1993 durch leistungsstärkere Motoren ersetzt, die man in beiden Fällen an den Nachbuchstaben "DE" erkennen kann.
Der folgende Text gibt einen kurzen Überblick über die in dieser Ausgabe behandelten Fahrzeuge.

Baujahr 1990/1991
Sunny 1,4 LX, 1392 cm³, 75 PS/55 kW bei 6000/min. Eingebaut ist der "GA14 DS" Motor. Limousine mit 3 oder 5 Türen. Die Kraftstoffaufbereitung erfolgt mit einem elektronisch regulierten Vergaser.

Sunny 1,6 LX, SLX, SLX-S, SR, LX und SLX Kombiwagen (z.B. Traveller). Eingebaut in alle Modelle ist der 1597 cm³ "GA16DS"-Motor mit einer Leistung von 90 PS/66 kW bei einer Drehzahl von 6000/min. Die genannten Fahrzeugmodelle können entweder 3, 4 oder 5 Türen haben. Wie der 1,4 Liter-Motor hat dieser Motor ebenfalls einen Vergaser.

Sunny 2,0 GTI, mit 1998 cm³-Motor. Eingebaut ist der "SR20 DE"-Motor mit einer Leistung von 143 PS (105 kW) bei einer Drehzahl von 6400/min. Die "GTI"-Version ist mit einer Mehrpunkt-Kraftstoffeinspritzanlage versehen. Wurde mit 3 oder 5 Türen verkauft.

100 NX-Modelle. Dies sind die auf dem Sunny aufgebauten Coupé-Ausführungen, welche entweder mit den oben genannten 1,6- oder 2,0 Liter-Motoren ausgerüstet und auch leistungsgleich sind.

Baujahr 1992
Die bereits erwähnten Modelle wurden für Baujahr 1992 beibehalten. Hinzugekommen ist eine "SLX"-Ausführung mit Vierradantrieb.

Baujahr 1993
Die grundlegende Änderung ist der Einbau einer Kraftstoffeinspritzanlage in den 1,4- und 1,6 Liter-Motor anstelle des bis dahin eingebauten Vergasers.

Sunny LX, LX-S mit 1,4 Liter-Motor und einer Leistung von 87 PS (64 kW) bei einer Drehzahl von 6000/min. Eingebaut ist jetzt ein Motor mit der

Bezeichnung "GA14 DE". Entweder als dreitürige oder fünftürige Limousine erhältlich.

Sunny 1,6 Liter. Der eingebaute "GA16 DE"-Motor entwickelt eine Leistung von 102 PS (75 kW) bei einer Drehzahl von 6000/min. Der Motor ist in den Modellen LX, SLX, SLX-S SE, SR, LX- und SLX-Kombiwagen und dem Sunny SLX 4 x 4 vorzufinden.

Sunny 2,0 GTI. Unveränderte Bauweise mit den früher eingebautem Motor.

100 NX-Modelle. Die beiden "NX100"-Modelle wurden weiterhin mit dem 90 PS- und dem 143 PS-Motor verkauft, jedoch erhielt das 1,6 Liter-Modell bald den neuen Motor.

Baujahre 1994/Anfang 1995

Die für Baujahr 1993 angebotenen Modelle wurden fast unverändert angeboten. Hinzugekommen ist das Modell "Trend" mit 87 PS-Motor sowie das Modell "Pulsar' mit 102 PS-Motor. Der 1,6 100 NX ist mit dem 102 PS-Motor ausgerüstet.

Entweder ein Fünfganggetriebe oder eine Viergang-Automatik können in das Fahrzeug eingebaut sein. Die gesamte Modellreihe wird nur mit Katalysator gebaut.

Bei allen Motoren handelt es sich um Vierzylinder-Motoren mit zwei obenliegenden Nockenwelle mit 16 Ventilen, welche durch eine oder zwei Steuerketten (je nach Motor) vom Ende der Kurbelwelle aus angetrieben werden. Pro Zylinder sind 4 Ventile im 26°-Winkel eingebaut, die entweder mit oder ohne hydraulische Ventilspiel-Ausgleichselementen arbeiten. Der Zylinderblock des 2,0 Liter-Motors ist aus Leichtmetall hergestellt.

Alle Motoren verwenden unterschiedliche Kolbengrössen und haben unterschiedliche Kolbenhübe, d.h. die einzelnen Zylinderinhalte werden nicht durch Aufbohren des Zylinderblocks erzielt.

Der Motor ist quergestellt in die Vorderseite des Motors eingebaut.

Das Fahrgestell der Limousine und des Coupés setzt sich aus einer selbsttragenden Karosserie mit Einzelradaufhängung der Vorderräder und Hinterräder zusammen. Die Vorderradaufhängungen bestehen aus Federbeinen mit Schraubenfedern, koaxialen Teleskopstossdämpfern und unteren Dreiecksquerlenkern. Ein Kurvenstabilisator ist eingebaut. Die Hinterradaufhängung besteht aus Federbeinen mit Schraubenfedern, zwei parallelen Querlenkern, einem Längslenker und einem Kurvenstabilisator.

Beim Kombiwagen wird die gleiche Vorderradaufhängung eingebaut, jedoch ist hinten eine sogenannte Verbundlenkerachse mit Schraubenfedern und Panhardstab eingebaut. Ebenfalls unterschiedlich sieht es beim 4 x 4-Modell aus. In diese Modelle ist eine Starrachse mit doppelten Längslenkern und Panhardstab eingebaut.

Scheibenbremsen an den Vorderrädern und Trommelbremsen an den Hinterrädern bilden die Bremsanlage bei den Grundmodellen, welche als Zweikreisanlage mit einem serienmässig eingebauten Bremskraftverstärker gebaut ist. Geteilt sind der vordere und hintere Bremskreis. Die Handbremse wirkt auf die Hinterräder. Die 2,0 Liter-Modelle haben ringsherum Scheibenbremsen. Scheibenbremsen sind ebenfalls an den Hinterrädern montiert, wenn die Bremsen mit ABS arbeiten.

Eine Zahnstangenlenkung dient zum Lenken des Fahrzeuges, welche auf Wunsch mit Servounterstützung versehen sein kann. Fahrzeuge mit 2,0 Liter-Motor sind serienmässig mit Servolenkung ausgerüstet.

1.2 Fahrzeugerkennung

Das Typenschild ist an der rechten Seite der Stirnwand des Motors angebracht (siehe Bild 1). Ausserdem ist die Fahrzeugseriennummer zur Mitte zu in die Stirnwand eingeschlagen. Die letztere Nummer, d.h. die Fahrgestellnummer kann bei den betreffenden Modellen das folgende Aus-

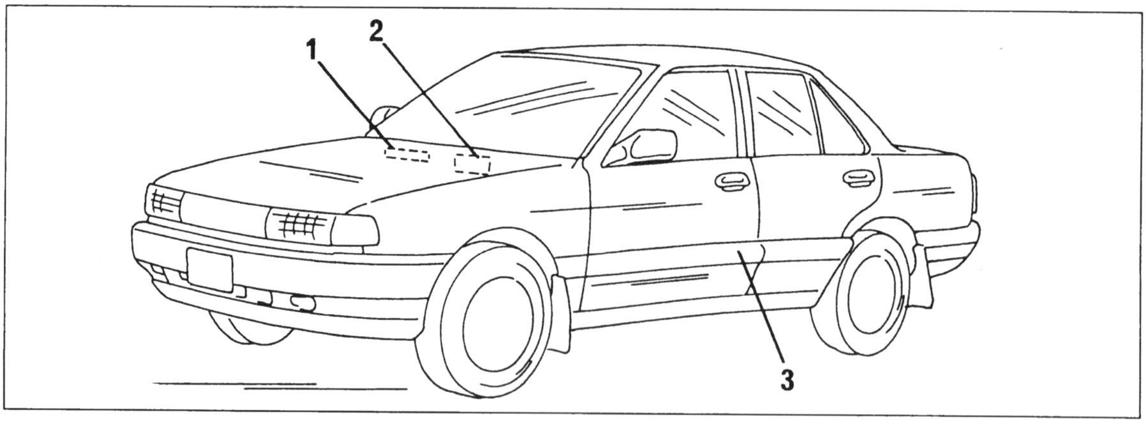

Bild 1
Lage des Fahrzeugtypenschilds und anderer wichtiger Nummern.
1 Fahrgestellnummer
2 Typenschild
3 Reifendruckaufkleber

sehen haben, wobei der Unterschied zwischen der Serie "B13" und "N14" zu beachten ist:

B13-Modell

JN1 G E A B13 U 0 XXXXX

Die einzelnen Buchstaben haben die folgende Bedeutung:
Die beiden ersten Buchstaben und die "1" bedeuten, dass es sich um ein von Nissan gebautes Fahrzeug handelt. Das "G" weist auf die Bauweise als "Coupé", d.h Limousine mit Schrägheck hin. Der nächste Buchstabe weist auf den eingebauten Motor hin. Ein "E" wird für den "GA16DS"- oder "GA16DE"-Motor, ein "G" für den "SR20DE"-Motor verwendet. Der nachfolgende Buchstabe "A" gibt an, dass es sich um ein Fahrzeug mit Zweiradantrieb handelt.
Die Bezeichung "B13" ist die Werksserienbezeichnung für diese Modellausführung.
Der nachfolgende Buchstabe ist immer ein "U", da es sich um ein in Europa zugelassenes Modell handelt. Das folgende "O" hat keine besondere Bedeutung. Diesen Buchstaben folgt die eigentliche Bauserienummer des Fahrzeuges.

N14-Modell

JN1 E E A N14 U 0 XXXXX

Die einzelnen Buchstaben haben die folgende Bedeutung:
Die beiden ersten Buchstaben und die "1" bedeuten, dass es sich um ein von Nissan gebautes Fahrzeug handelt. Der Buchstaben "E" weist auf die Bauweise der Karosserie hin, in diesem Fall bei einem Fahrzeug mit drei Türen (Hatchback). Ein "B" ist vorhanden, wenn das Fahrzeug vier Türen hat (Limousine), ein "F", wenn es sich um ein Fahrzeug mit fünf Türen handelt (Hatchback). Der danebenstehende Buchstabe gibt wieder den Motor an. Die gleichen Buchstaben "E" (1,6 Liter) oder "G" werden verwendet. Hinzukommt jedoch die Bezeichnung "C" für den 1,4 Liter-Motor, mit Vergaser und auch mit Kraftstoffeinspritzung.
"A" (Zweiradantrieb) oder "N" (Vierradantrieb) folgen der Motorbezeichnung. Die Bezeichnung "N14" ist die Werksserienbezeichnung für das betreffende Modell.
Der nachfolgende Buchstabe ist immer ein "U", da es sich um ein in Europa zugelassenes Modell handelt. Das folgenden "O" hat keine besondere Bedeutung. Diesen Buchstaben folgt die eigentliche Bauserienummer des Fahrzeuges.
Die Motornummer ist in den Zylinderblock an der in Bildern 2 und 3 gezeigten Stelle eingeschlagen und wird von der Motorenbezeichnung angeführt. Schaltgetriebe und Getriebeautomatik sind ebenfalls mit einer Seriennummer versehen.
Aufgrund der vielen Versionen der Modelle muss die Fahrgestellnummer oder die Motornummer beim Bestellen von Ersatzteilen und anderen Unklarheiten über das Fahrzeug immer angegeben werden.

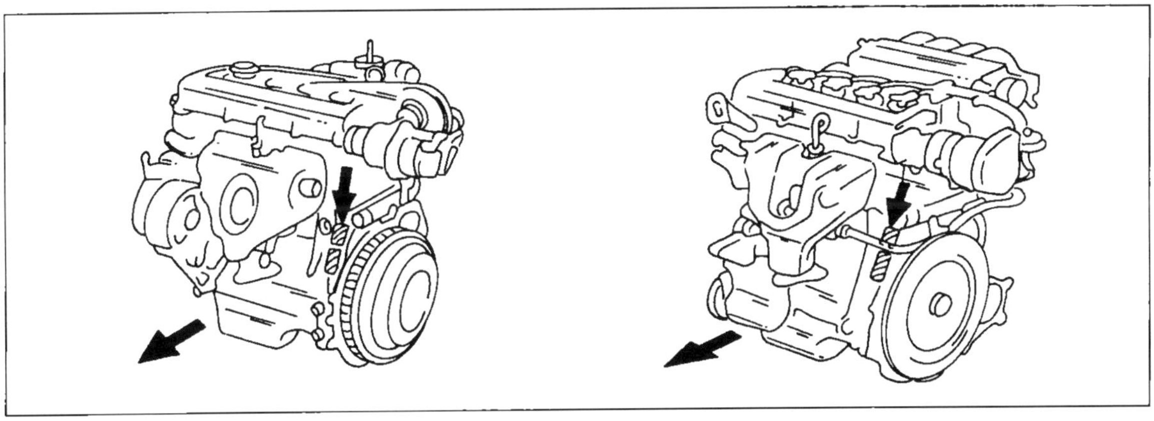

Bild 2
Die Lage der Motornummer beim GA14DS und GA16DS-Motor auf der linken Seite (mit Vergaser) und bei den Motoren mit Kraftstoffeinspritzung auf der rechten Seite.

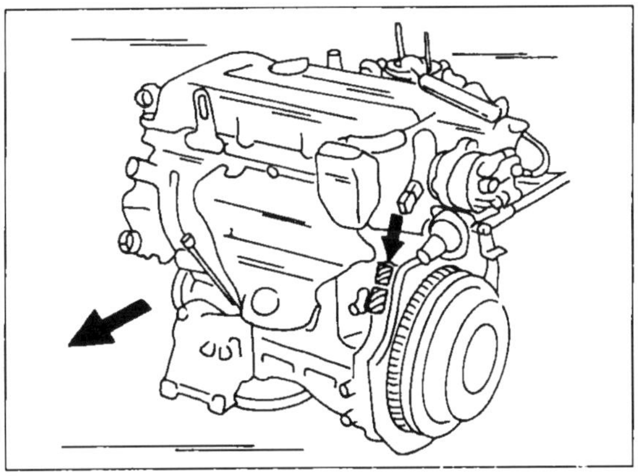

Bild 3
Die Lage der Motornummer beim 2,0 Liter-Motor.

1.3 Allgemeine Anweisungen bei Reparaturen

Die Beschreibungen in dieser Reparaturanleitung sind in einfacher Weise und allgemein verständ-

lich gehalten. Wenn dem Text und den Abbildungen bei der Arbeit Schritt für Schritt gefolgt wird, dürften keine Schwierigkeiten auftreten.
Die Mass- und Einstelltabelle am Ende des Buches ist hierbei ein wichtiger Teil und muss bei allen Reparaturarbeiten am Fahrzeug hinzugezogen werden. Innerhalb der einzelnen Anleitungen werden die notwendigen Massangaben oder Einstellwerte nicht immer angeführt, weshalb in der genannten Tabelle nachzuschlagen ist. Es sei besonders darauf hingewiesen, dass man unter dem in Frage kommenden Modell nachlesen muss, um jegliche Fehler zu vermeiden.
Einfache Handgriffe, wie z.B. "Motorhaube öffnen" vor Arbeiten im Motorraum, oder "Radmuttern lösen" vor Arbeiten an den Radbremsen werden nicht immer erwähnt, da diese als selbstverständlich vorausgesetzt werden.
Dagegen befasst sich der Text ausführlich mit schwierigen Arbeiten, die in allen Einzelheiten beschrieben sind. Eine Reihe wichtiger Hinweise, die bei jeder Reparaturarbeit beachtet werden sollten:

- Schrauben und Muttern sind in sauberem Zustand und leicht eingeölt zu verwenden. Mutternflächen und Gewindegänge immer auf Beschädigung untersuchen und vorhandene Grate entfernen. Im Zweifelsfall neue Schrauben oder Muttern verwenden. Einmal gelöste, selbstsichernde Muttern sollten immer erneuert werden.
Auf keinen Fall dürfen Muttern und Schrauben entfettet werden.
- Stets die in der Anzugsdrehmoment-Tabelle angeführten Anzugsdrehmomente beachten. Diese Werte sind nahezu in den gleichen Gruppen zusammengefasst, die auch die Kapitel dieser Reparaturanleitung bilden und lassen sich somit leicht auffinden.
- Alle Dichtscheiben, Dichtungen, Sicherungsbleche, Sicherungsscheiben, Splinte und 'O' - Dichtringe (Rundschnurringe) sind beim Zusammenbau zu erneuern. Öldichtringe (Radialdichtringe, Simmerringe) sollten ebenfalls erneuert werden, sofern die Welle aus dem Dichtring genommen wurde. Die Lippe eines Dichtringes ist vor dem Zusammenbau mit Fett einzuschmieren. Man muss darauf achten, dass sie beim Einbau in die Richtung weist, aus welcher Öl oder Fett austreten kann.
- Bei Hinweisen auf die linke oder rechte Seite des Fahrzeuges wird angenommen, dass man aus der Fahrtrichtung bei Vorwärtsfahrt die Seitenbezeichnung ableiten kann, analog der Begriffe "vorn" und "hinten". Im Zweifelsfall wird im Text nochmals eine Erläuterung gegeben.
- Ganz besonders ist darauf zu achten, dass zu Arbeiten an den Bremsen, an der Radaufhängung oder allgemein an der Unterseite des Fahrzeuges für eine sichere Abstützung des hochgebockten Wagens gesorgt ist. Der Bordwagenheber ist nur zum Radwechsel für unterwegs vorgesehen. Falls er dennoch bei Reparaturen zur Hilfe genommen wird, ist lediglich der Wagen damit anzuheben und dann auf geeignete Montageböcke abzulassen. Derartige, dreibeinige Unterstellböcke sollen zur Sicherheit auch unter dem Fahrzeug plaziert werden, wenn ein Garagenwagenheber zur Verfügung steht. Ziegelsteine sollten zum Unterbauen nicht verwendet werden, allenfalls Hohlblocksteine wegen ihren grösseren Auflageflächen, doch sind dann zwischen Fahrzeug und Steine noch genügend starke Holzbretter zu legen.
- Fette, Öle, Unterbodenschutz und alle mineralischen Substanzen wirken auf die Gummiteile des Fahrwerks und der Bremsanlage aggressiv. Besonders von Teilen der hydraulischen Anlage sind solche Mittel, zu denen auch Kraftstoff gehört, fernzuhalten. Für Reinigungsarbeiten an der Bremsanlage soll nur Bremsflüssigkeit oder Spiritus verwendet werden. Hierbei sei aber darauf verwiesen, dass Bremsflüssigkeit giftig ist und z.B. auf lackierte Flächen ätzend wirkt.
- Zur Erzielung der besten Reparaturergebnisse ist die Verwendung von Original-Ersatzteilen Voraussetzung. Um späteren Schwierigkeiten aus dem Wege zu gehen, muss der Einbau irgendwelcher Fremdprodukte unterbleiben. Ausnahmen sind nur bei Teilen der elektrischen Anlage gegeben oder falls das Herstellerwerk dementsprechende Freigaben macht.
- Bei Bestellungen von Ersatz- und Austauschteilen müssen die genaue Modellbezeichnung mit Fahrgestellnummer, gegebenenfalls die Motornummer und das Baujahr angegeben werden. Damit beschleunigt man die Bestellung und das Beziehen von falschen Teilen wird verhindert.
- Alle Arbeiten am Auto, besonders solche an der Bremsanlage und an der Lenkung sowie Radaufhängung, sind mit Sorgfalt und Umsicht durchzuführen. Die Verkehrssicherheit des Fahrzeuges muss nach jeder Reparatur ohne Ausnahme gewährleistet sein.

Achtung: Falls Ihr Autoradio einen Sicherheits-Code hat, müssen Sie diesen beim Wiederanschliessen eines abgeschlossenen Batteriekabels parat haben, um das Radio wieder in Gang zu setzen.

1.4 Arbeitsbedingungen und Werkzeuge

Um Reparaturarbeiten durchzuführen, benötigt man einen sauberen, gut beleuchteten Arbeitsplatz, der mit einer Werkbank und Schraubstock versehen ist. Es soll auch genügend Raum vorhanden sein, um die verschiedenen Teile auszulegen und zu ordnen, ohne dass man sie immer wieder wegräumen muss. In einer gut ausgerüsteten Werkstatt lässt sich gemütlich und ohne Hast arbeiten, die Maschine kann in einer sauberen Umge-

bung zerlegt und wieder zusammengebaut werden. Leider verfügt aber nicht jeder über einen solchen idealen Arbeitsplatz und dementsprechend muss auch da und dort improvisiert werden. Um diesen Nachteil auszugleichen, muss besonders viel Zeit und Sorgfalt aufgewendet werden.
Als weiteres benötigt man unbedingt einen möglichst vollständigen Satz Qualitätswerkzeuge. Qualität ist hier oberstes Gebot, da billiges Werkzeug auf lange Sicht eher teuer werden kann, falls man damit abrutscht oder es zerbricht und dabei teuren Schrott baut. Ein gutes Qualitätswerkzeug wird sich lange verwenden lassen und rechtfertigt in jedem Falle die Anschaffungskosten. Die Grundlage des Werkzeugsatzes ist ein Satz Gabelschlüssel, die sich an jedem gut zugänglichen Teil des Fahrzeuges ansetzen lassen. Ein Satz Ringgabelschlüssel stellt einen wünschenswerten Zusatz dar, die sich besonders bei festsitzenden Schrauben und Muttern verwenden lassen, oder wo die Platzverhältnisse ungünstig sind.
Um die Kosten tief zu halten, kann man sich auch mit einem Satz kombinierter Ringgabelschlüssel behelfen, diese tragen an einem Ende eine Gabelöffnung und am anderen einen Ring von der gleichen Weite. Bild 4 zeigt derartige Schlüssel. Stecknüsse (-einsätze) stellen ebenfalls eine lobenswerte Investition dar. Vorausgesetzt, dass der Aussendurchmesser der Nüsse nicht allzu gross ist, können auch sehr versteckt oder in Vertiefungen sitzende Muttern und Schrauben gelöst werden. Weitere benötigte Werkzeuge sind ein Satz Kreuzschlitzschraubenzieher, Zangen und ein Hammer. Im Automobilbau werden mehr und mehr Schrauben mit sogenannten "Torx"-Köpfen verwendet. Zum Lösen derartiger Schrauben wird ein spezieller Stecknussatz benutzt, der wie ein normaler Sechskant-Stecknussatz, "Torx"-Einsätze verschiedener Grösse hat.
Zusätzlich zur Grundausrüstung kann man sich noch ein paar speziellere Werkzeuge beschaffen, die sich meistens als unschätzbare Hilfe erweisen, besonders wenn man gewisse Reparaturen immer wieder durchführen muss. Damit lässt sich also recht viel Zeit ersparen. Als Beispiel sei hier einmal der Schlagschraubenzieher erwähnt, ohne den sich die maschinell angezogenen Kreuzschlitzschrauben kaum lösen lassen, ohne dass

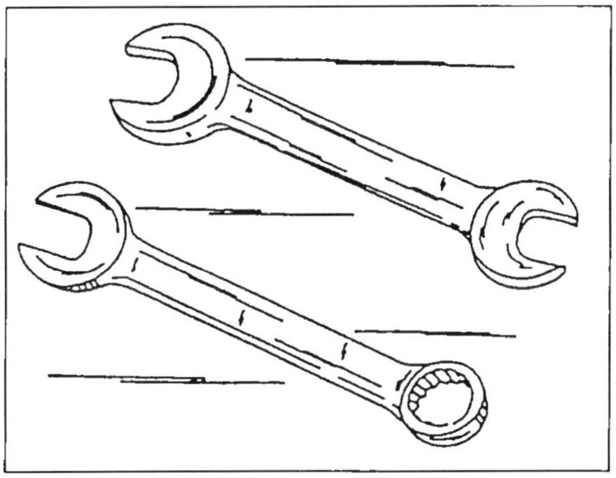

Bild 4
Ansicht eines doppelseitigen Gabelschlüssels (oben) und eines Ringgabelschlüssels (unten). Immer darauf achten, dass die Schlüsselweite der Grösse der Mutter oder des Schraubenkopfes entspricht.

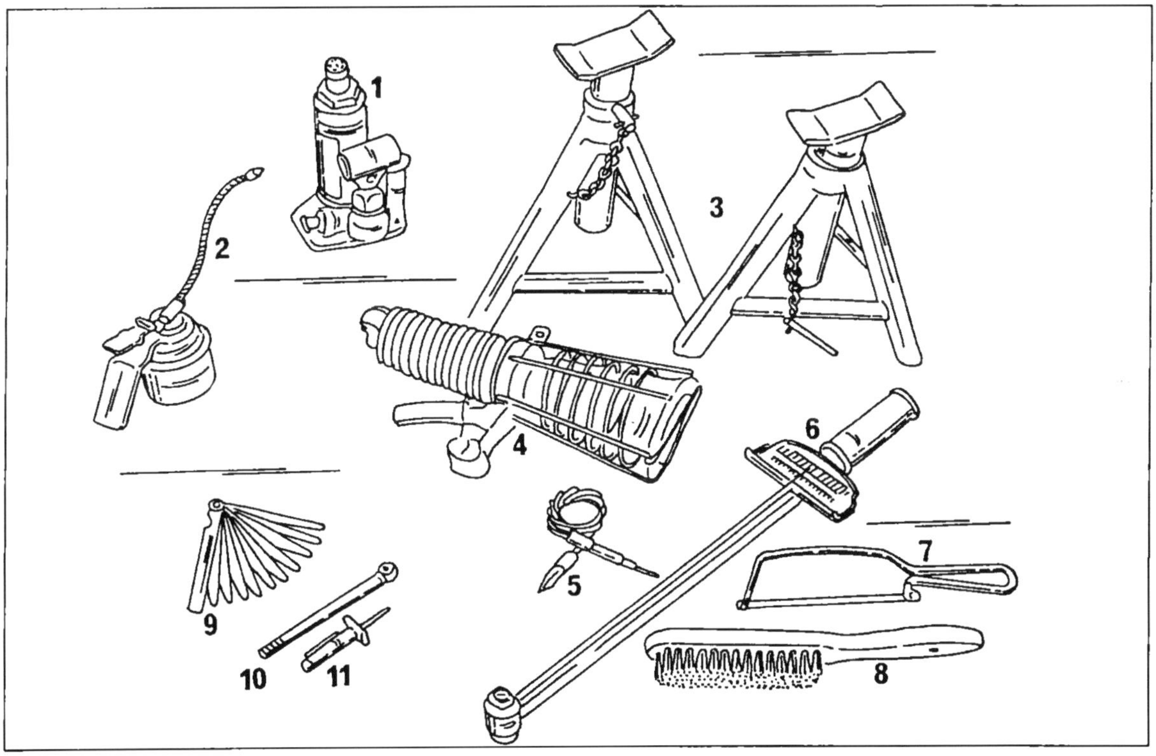

Bild 5
Vorgeschlagene Werkzeuge und Hilfswerkzeuge zur Pflege und Reparatur Ihres Fahrzeuges.
1 Hydraulischer Heber
2 Ölkanne
3 Unterstellböcke
4 Elektrische Handlampe
5 Prüflampe (12 Volt)
6 Drehmomentschlüssel
7 Mini-Säge
8 Drahtbürste
9 Blattfühlerlehren
10 Reifendruckfühler
11 Reifenprofilmesser

man sie dabei beschädigt. Selbstverständlich kann er auch zum Anziehen verwendet werden, um einen öl- und gasdichten Sitz zu gewährleisten. Ebenfalls oft benötigt werden Seegerringzangen, da Getrieberäder, Wellen und ähnliche Teile meist durch Sicherungsringe gehalten werden, die sich mit einem Schraubenzieher nur schwer entfernen lassen. Es sind zwei Typen von Seegerringzangen erhältlich, einer für die Aussensicherungsringe und einer für Innensicherungsringe. Sie sind mit geraden oder abgewinkelten Klauen erhältlich. Eines der nützlichsten Werkzeuge ist der Drehmomentschlüssel, eigentlich eine Art Schraubenschlüssel, der so eingestellt werden kann, dass er durchrutscht, wenn ein gewisses Anzugsdrehmoment einer Schraube oder Mutter erreicht ist. Derartige Schlüssel sind ebenfalls mit einem Zeiger erhältlich, welcher das erreichte Drehmoment anzeigt. Anzugsdrehmomente werden in jedem modernen Werkstatthandbuch oder jeder Reparaturanleitung aufgeführt, so dass auch besonders komplexe Baugruppen oder Komponenten, wie z.B. ein Zylinderkopf, angezogen werden können, ohne dass man Beschädigungen oder Lecks infolge Verzugs befürchten muss. Falls Sie das erste Mal am Auto arbeiten, können Sie anhand von Bild 5 sehen, wie ein solcher Drehmomentschlüssel aussieht.

Je höher entwickelt ein Automodell ist, desto mehr Werkzeuge benötigt man, um es im Do-it-yourself-Verfahren immer im bestmöglichen Zustand zu halten. Leider lassen sich aber einige ganz spezielle Arbeiten nicht ohne die richtige Ausrüstung durchführen, für die man meist tief in die Tasche greifen muss, wenn man diese Arbeiten nicht einem Spezialisten gegen ein gewisses Entgelt übergeben will. Hier ist auch eine gewisse Vorsicht am Platze, es gibt nun einfach verschiedene Arbeiten, die man am besten einem Fachmann überlässt. Obwohl ein Vielfachmessgerät zum Aufspüren von elektrischen Schäden eine grosse Hilfe darstellt, kann es in ungeübten Händen grossen Schaden anrichten.

Obschon in dieser Reparaturanleitung gezeigt wird, wie sich verschiedene Komponenten auch ohne Spezialwerkzeuge aus- und wieder einbauen lassen (falls nicht unbedingt nötig) empfiehlt es sich, die Anschaffung der gebräuchlichsten Spezialwerkzeuge in Betracht zu ziehen. Dies wird sich besonders dann lohnen, wenn man das Auto über längere Zeit behalten will. In Bild 5 sind einige der gebräuchlichsten Werkzeuge und Hilfswerkzeuge gezeigt, die man immer wieder brauchen wird. Man sollte sich diese im Laufe der Zeit anschaffen, wenn man die Absicht hat sein Auto selbst zu pflegen.

Auch mit den vorgeschlagenen, improvisierten Methoden und Werkzeugen lassen sich verschiedene Teile ohne Gefahr von Beschädigung aus- und einbauen. In jedem Fall lässt sich mit den Spezialwerkzeugen, die vom Hersteller produziert und verkauft werden, eine Menge Zeit (und Ärger) sparen.

Ehe man irgendwelche Arbeiten an einem Fahrzeug durchführt, raten wir Ihnen, die folgenden Hinweise gründlichst durchzulesen und vielleicht einzuprägen, damit Sie vor allen Verletzungen, gleich welcher Art, bewahrt werden:

- Auf einen einzelnen Wagenheber kann man sich nie hundertprozentig verlassen. Immer zusätzliche Böcke unterstellen. Zwei übereinandergelegte, abgeschraubte Räder kann man z.B. auf der Seite der Reparatur entweder vorn oder hinten unterlegen, falls keine Böcke zur Verfügung stehen. Ein abrutschender Wagen wird dann wenigstens auf den Rädern landen.
- Niemals die Räder oder Achsmuttern anziehen, wenn das Fahrzeug aufgebockt ist.
- Niemals den Verschluss der Kühlanlage bei heissem Motor öffnen. Falls es unumgänglich ist, einen dicken Lappen um den Deckel legen und diesen bis zur ersten Raste lösen, damit der Dampf entweichen kann.
- Niemals das Motoröl ablassen, wenn das Fahrzeug bis zum letzten Moment gefahren wurde. Motoröl nur entsprechend der geltenden Vorschriften entsorgen, auf keinen Fall wegschütten.
- Keine Bremsflüssigkeit oder Frostschutzmittel auf Lackstellen tropfen lassen. Die hinterlassenen Flecke lassen sich nur schwer oder nicht entfernen.
- Keinen Bremsstaub einatmen. Obwohl Beläge und Bremsklotzmaterial jetzt meistens asbestfrei hergestellt sind, schadet dies trotzdem Ihrer Gesundheit. Falls Sie Pressluft zum Ausblasen von Bremsen benutzen, kann man den Kopf von der Staubstelle wegdrehen. In Autozubehörgeschäften sind jetzt Sprühdosen erhältlich, mit welchen die Bremsenteile abgesprüht werden können, um den Bremsstaub unter Kontrolle zu halten.
- Öl- oder Fettreste sofort vom Boden abwischen, ehe Sie selbst oder andere Leute darauf ausrutschen.
- Keine Schlüssel falscher Schlüsselweite oder ausgeweitete Schlüssel zum Lösen von festsitzenden Muttern oder Schrauben benutzen. Ein Abrutschen bedeutet in den meisten Fällen eine Verletzung. Offene Wunden auf jeden Fall "verpflastern" lassen, ehe Schmutz oder Öl usw. eindringen kann.
- Niemals ein sehr schweres Teil des Fahrzeuges allein heben — erbitten Sie sich Hilfe.
- Kinder oder Haustiere auf keinen Fall in Wagennähe lassen, wenn an diesem eine Reparatur durchgeführt wird.
- Falls Arbeiten am Auspuff durchgeführt werden sollen, muss man ihn vorher abkühlen lassen.
- Schutzbrillen sind bei Arbeiten mit elektrisch

betriebenen Geräten, wie z.B. Bohr- oder Schleifmaschinen, zu tragen. Eine solche Brille wäre auch nicht am falschen Platze, wenn man sich zum Arbeiten unter das Fahrzeug legen muss.

- Besorgen Sie sich eine gute Handschutzcreme, um die Hände vor schmutzigen Arbeiten einzureiben. Abgesehen von leichterer Reinigung bietet sie einen bestimmten Schutz gegen Altöl oder andere korrosive Mittel.
- Krawatten haben bei Arbeiten am Auto keinen Platz. Ebenfalls lange Hemdsärmel oder andere lose Kleidungsstücke fern von sich bewegenden Teilen halten. Lange Haare während der Arbeit festbinden. Fingerringe und Armbanduhren am besten abziehen. Abgesehen davon, dass man daran hängenbleiben kann, bieten sie auch einen Leiter für die elektrische Anlage.
- Den Arbeitsplatz von unnötigen Teilen befreien. Ein Stolpern wird dadurch offensichtlich weitgehend verringert.
- Falls es möglich ist, arbeiten Sie niemals allein an einem Fahrzeug. Familie, Freunde oder Bekannte können öfters mal kurz nachschauen, ob alles in Ordnung ist.
- Niemals versuchen eine Arbeit überhastet zu Ende zu führen. Viele Radmuttern wurden lose gelassen, um das Fahrzeug wieder schnell zum Fahren zu bringen.
- Niemals in der Nähe des Fahrzeuges rauchen oder andere rauchende Personen in die Nähe lassen. Ebenfalls aus diesem Grund sollte man die Batterie abklemmen, wenn Kraftstoffleitungen abgeschlossen werden. Mit Metallgegenständen hergestellte Kurzschlüsse könnten zu Funkenbildung führen. Sicherheitshalber sollten Sie einen Handfeuerlöscher bereit haben.
- Eine Handlampe niemals auf den Motor auflegen, um besser zu sehen. Bestimmte Handlampen entwickeln grosse Wärme und könnten Teile am Motor verbrennen.

Falls Sie die angeführten Hinweise sorgfältig beachten, sollten bei den im Buch beschriebenen Arbeiten keine Verletzungen Ihrer Person oder Beschädigung des Fahrzeuges auftreten.

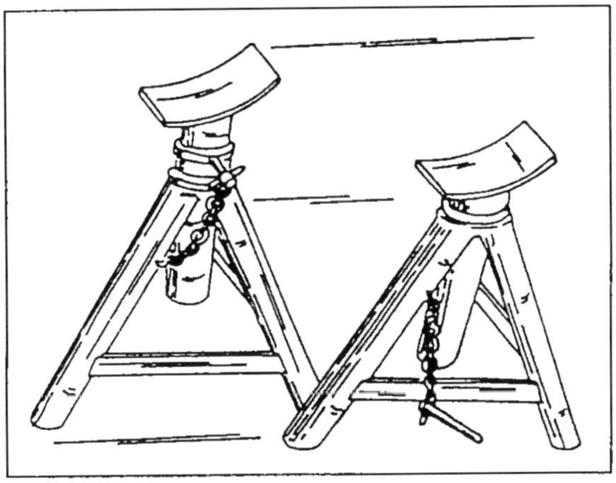

Bild 6
Dreibeinige Unterstellböcke sind die beste Lösung zum Aufbocken eines Fahrzeuges. Wichtig dabei ist, dass der zum Verstellen der Höhe benutzte Bolzen kräftig genug ist, um das Fahrzeug zu tragen.

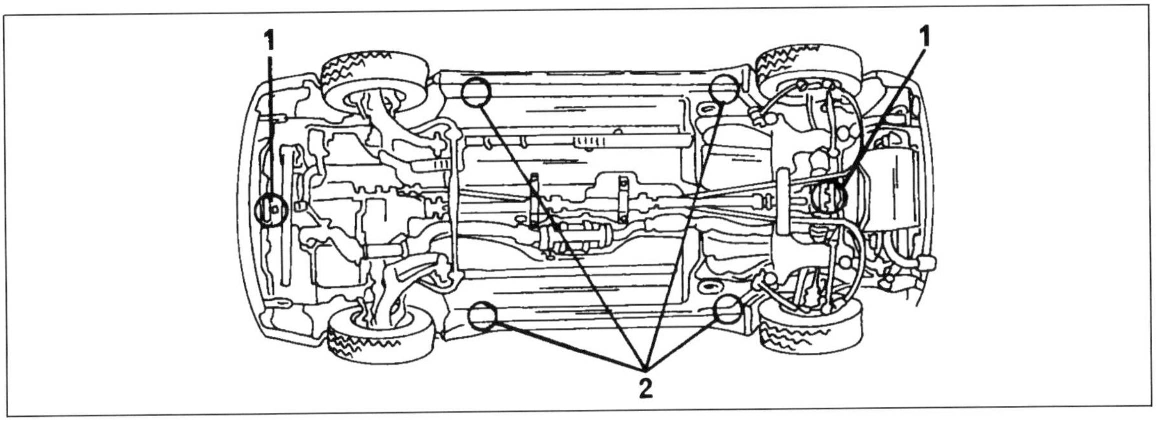

Bild 7
Ein Rollwagenheber kann an den Stellen (1) angesetzt werden. Unterstellböcke nur unter Stellen (2) untersetzen.

1.5 Aufbocken des Fahrzeuges

Um keine Schäden an der Unterseite des Fahrzeuges anzurichten, dürfen ein Wagenheber sowie die zum Aufbocken verwendeten Dreieckböcke, wie man sie in Bild 6 sehen kann, nur an den dafür bestimmten Stellen angesetzt werden. Auf keinen Fall darf ein Wagenheber unter die Aufhängungsarme der Vorderräder oder Hinterräder untergesetzt werden. Bild 7 zeigt die Ansicht eines Fahrzeuges mit Vierradantrieb von der Unterseite mit der Lage der Ansatzstellen für einen Rollwagenheber und den Stellen unter welche man die Unterstellböcke untersetzen kann. In Bild 8 ist der Vorderwagen eines Fahrzeuges mit Zweiradantrieb zu sehen. Wie man aus dem Bild ersehen kann, lässt sich der Wagenheber unter die Mitte des Längsträgers der Motoraufhängung untersetzen.

Auch der Bordwagenheber kann zum Anheben des Fahrzeuges benutzt werden. Die Ansatzstellen werden Ihnen durch die Betriebsanleitung bekannt sein. Dabei zuerst eine Seite anheben, einen Unterstellbock unter die Karosserie setzen (Lackschaden vermeiden) und danach die ande-

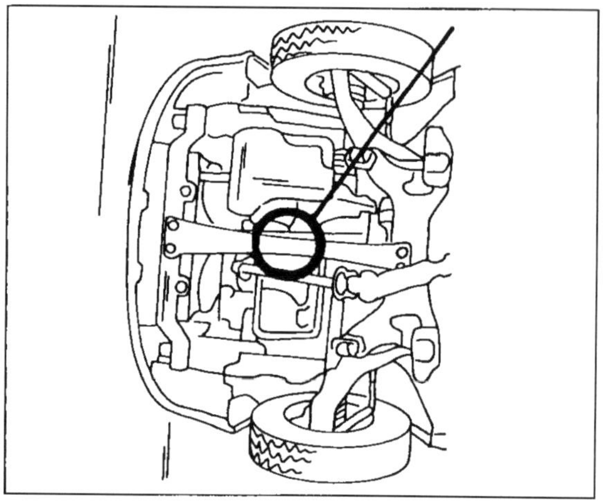

Bild 8
Die Ansatzstelle für einen Wagenheber unter dem Längsträger der Motoraufhängung bei einem Fahrzeug mit Vorderradantrieb.

re Seite anheben.
Vor dem Aufbocken der Rückseite des Fahrzeuges den Rückwärtsgang oder den ersten Gang einlegen. Beim Anheben der Vorderseite des Wagens die Handbremse anziehen. Die Hinterräder sicherheitshalber durch beiderseitiges Unterlegen von Ziegelsteinen oder Bremskeilen verkeilen.
Unbedingt darauf achten, dass die Bodenfläche, auf welcher das Fahrzeug aufgebockt werden soll, nicht zu weich ist, damit der Wagenheber oder die Böcke nicht in den Boden einsinken können. Ein

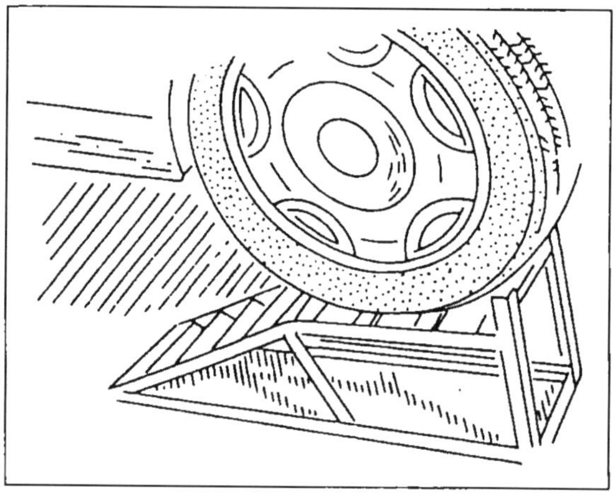

Bild 9
Auffahrrampen eignen sich vortrefflich zum "Aufbokken" eines Fahrzeuges.

breites Stück Holz, unter die Räder eines Rollwagenhebers (Rangierwagenhebers) untergelegt, wird diese Gefahr weitgehend verringern. Das gleiche trifft auf den Bordwagenheber zu. Manchmal sieht der Boden fest aus, bis man feststellt, dass die Räder des Wagenhebers langsam einsinken.
Unterstellböcke können nur unter die Seite der Karosserie an den gezeigten Stellen untergesetzt werden, jedoch sind diese entsprechend zu schützen, damit sie die Karosserie nicht beschädigen können. Ein Stück alter Autoreifen eignet sich vortrefflich zum Einlegen zwischen Unterstellbock und Karosserie.
Rampen sind die besten Auffahrmöglichkeiten für ein Fahrzeug, da man sich einen Wagenheber ersparen kann. Beim Auffahren natürlich darauf achten, dass man die Rampen genau vor die Räder stellt, um die genaue Richtungstreuigkeit zu erhalten. Zur zusätzlichen Sicherheit sollten die Rampen eine Mulde für die Räder in der Standfläche haben. In Bild 9 kann man sehen, wie ein Rad auf einer derartigen Auffahrrampe aufsitzen muss.

1.6 Wartungs- und Pflegearbeiten

Die meisten der Wartungsarbeiten können selbst durchgeführt werden. Manchmal ist es jedoch zweckmässiger, die Wartung in einer Nissan-Werkstatt durchführen zu lassen, d.h. es fehlen die notwendigen Einrichtungen oder Erfahrungen, Messgeräte sind erforderlich oder die Werkstatt kann die Arbeit einfach schneller durchführen. Vor allem wichtig sind die regelmässigen Inspektionen und Kontrollen, welche zur Werterhaltung Ihres Fahrzeuges beitragen. Einige davon sind untenstehend angeführt. Nach einer bestimmten Motorleistung oder nach Ablauf einer gewissen Zeit durchzuführende Wartungsarbeiten werden in den entsprechenden Kapiteln beschrieben. Ihr Wartungsscheckheft wird Ihnen die Zeitabstände angeben, bei welchen bestimmte Arbeiten durchzuführen sind.

1.6.1 Motorölstand kontrollieren/Ölwechsel

Der Stand des Motoröls sollte etwa alle 600 km, mindestens aber einmal in der Woche, kontrolliert werden. Das Fahrzeug muss auf einer ebenen Fläche abgestellt und der Motor muss warm sein. Zur Kontrolle den Ölmessstab herausziehen und mit einem sauberen Lappen abwischen. Den Messstab nochmals hineinschieben und ihn wieder herausziehen. Das Öl muss zwischen der oberen und unteren Markierung liegen. Der Ölmessstab hat zwei Kerben (mit "L" und "H" gekennzeichnet, um den Ölstand anzugeben. Liegt der Ölstand an der unteren Markierung, muss Öl nachgefüllt werden. Die Ölmenge zwischen den beiden Markierungen beträgt ca. 1,0 Liter, so dass Sie daraus schliessen können, wie viel Öl fehlt. Auf keinen Fall den Motor überfüllen, d.h. das Öl darf nicht über die obere Marke steigen (schadet dem Katalysator vor allem).
Die Einfüllstelle für das Motoröl wird Ihnen ja aus der Betriebsanleitung bekannt sein.
Alle 10 000 km oder mindestens einmal im Jahr müssen das Motoröl sowie der Ölfilter gewechselt werden. Die Wartungsintervalle beziehen sich auf

einen als normal anzusehenden Fahrzeugbetrieb. Die Ölwechselzeiten müssen verringert werden, wenn das Fahrzeug häufig mit einem Anhänger oder Wohnwagen oder unter sehr staubigen Betriebsbedingungen gefahren wird, bei laufenden Kurzstreckenfahrten (z.B. Arbeitsanfahrten von weniger als 7 bis 8 km) bei Aussentemperaturen unter "Null" oder häufigem Steckenbleiben in Fahrzeugstaus, so dass der Motor längere Zeit im Leerlauf laufen muss.
Das Fahrzeug vorn auf Böcke setzen und den Ölablassstopfen aus der Unterselte der Ölwanne herausdrehen. Um das Ablaufen des Öls zu beschleunigen, entweder den Öleinfüllverschlussdeckel oder den Ölmessstab herausziehen. Das Motoröl sollte warm, jedoch nicht heiss sein. Nach Ablaufen des Öls den Ablassstopfen reinigen und wieder einschrauben.
Das vorgeschriebene Motoröl einfüllen, bis durch die Kontrolle am Ölmessstab angezeigt wird, dass der richtige Ölstand hergestellt wurde. Obwohl sich verschiedene Motoröle eignen, sollte man immer versuchen das von Nissan empfohlene Öl zu fahren.
Auf den Ölfilterwechsel wird im betreffenden Kapitel eingegangen.

1.6.2 Bremsflüssigkeitsstand kontrollieren

Der Behälter für die Bremsflüssigkeit sitzt im Motorraum auf der linken Seite auf dem Hauptbremszylinder. Der Vorratsbehälter ist durchsichtig, d.h. der Stand der Flüssigkeit kann an der Aussenseite gut gesehen werden. Falls die Flüssigkeit nicht innerhalb der beiden Marken "Min" und "Max" steht, die Verschraubung abdrehen und Flüssigkeit nachfüllen. Nur frische Bremsflüssigkeit nachfüllen, die der von Nissan vorgeschriebenen Norm entsprechen muss. Stark verschmutzte Verschlussdeckel und/oder Vorratsbehälter müssen vorher einwandfrei gereinigt werden.
Falls die Kupplung hydraulisch betätigt wird, ist der Vorratsbehälter der Kupplungsflüssigkeit in gleicher Weise zu kontrollieren.

Hinweis: Ein stark abgesunkener Flüssigkeitsspiegel ist meistens eine gute Anzeige, dass die Bremsklötze der Scheibenbremsen oder die Bremsbeläge der Trommelbremsen sich der Verschleissgrenze genähert haben. Diese sollten deshalb umgehend kontrolliert werden.

1.6.3 Bremsleuchten überprüfen

Die Arbeitsweise der Bremsleuchten kann mit Hilfe einer zweiten Person oder auch allein kontrolliert werden. Bei der ersten Methode auf die Bremse treten, während die zweite Person das Aufleuchten der Lampen kontrolliert. Sind Sie allein, rückwärts vor die Garagentür fahren und auf die Bremse treten. Die Lampen scheinen rot gegen die Garagentür. Falls eine Lampe nicht aufleuchtet, die Glühbirne ersetzen; leuchten beide Lampen nicht auf, könnte der Bremslichtschalter defekt sein, da es nur selten ist, dass beide Glühbirnen durchgebrannt sind.

1.6.4 Beleuchtung kontrollieren

Alle Beleuchtungskörper (einschliesslich der Hupe und Warnblinkanlage) der Reihe nach durchschalten und deren Funktion kontrollieren. Rücklichter und Rückfahrscheinwerfer können am besten im Dunkeln vor der Garagentür kontrolliert werden, ohne dass man aus dem Fahrzeug aussteigt.

1.6.5 Reifendruck kontrollieren

Den Reifendruck an einer Tankstelle kontrollieren, es sei denn, Ihnen stehen ein Reifendruckprüfer und ein kleiner Luftkompressor zur Verfügung (den man in der Dose für den Zigarrenanzünder anschliessen kann). Falls Sie den Druck nicht kennen, können Sie anhand der Tabellen an Tankstellen leicht feststellen, welcher Druck für Ihr Fahrzeug erforderlich ist. Ebenfalls sind die Drücke in der Betriebsanleitung angegeben.
Werden die Reifendrücke im warmen Zustand kontrolliert, kann der Druck 0,2 bis 0,3 bar höher liegen. Auf keinen Fall Luft herauslassen, um den Druck zu senken.
Nach einer gewissen Kilometerleistung sollte man die verbleibende Profiltiefe des Reifens kontrollieren. Von Reifenherstellern werden dazu kleine Messlehren hergestellt, die in Bild 5 gezeigt

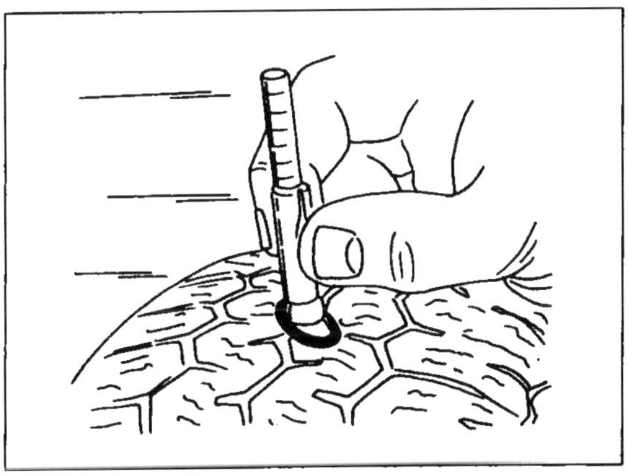

Bild 10
Kontrolle der Profiltiefe der Reifen mit der Messlehre.

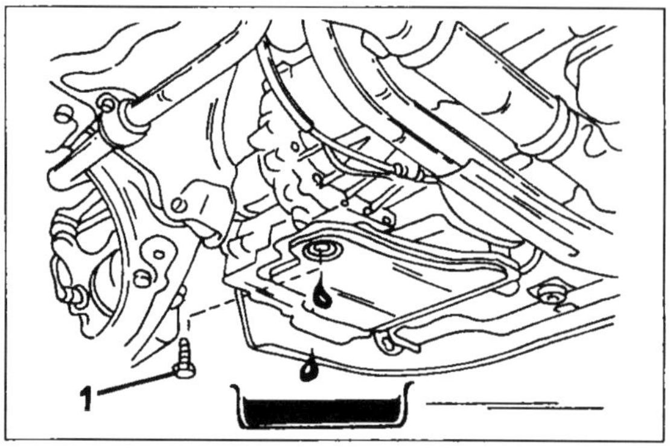

Bild 11
Der Ablassstopfen (1) für die Getriebeflüssigkeit ist an der gezeigten Stelle eingeschraubt.

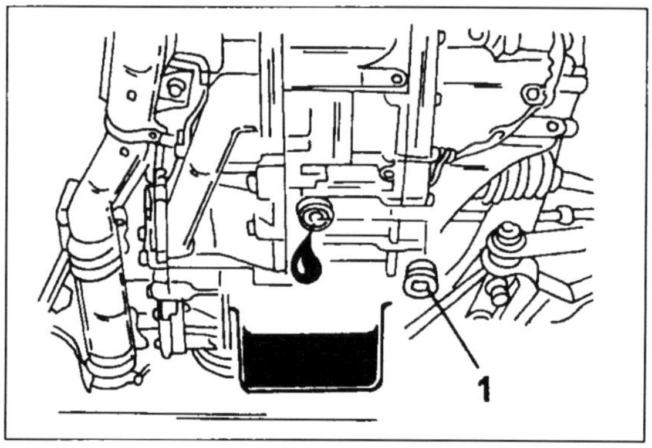

Bild 12
Der Ablassstopfen (1) des Schaltgetriebes bei einem 4 x 4-Fahrzeug sitzt an der Unterseite des Getriebes.

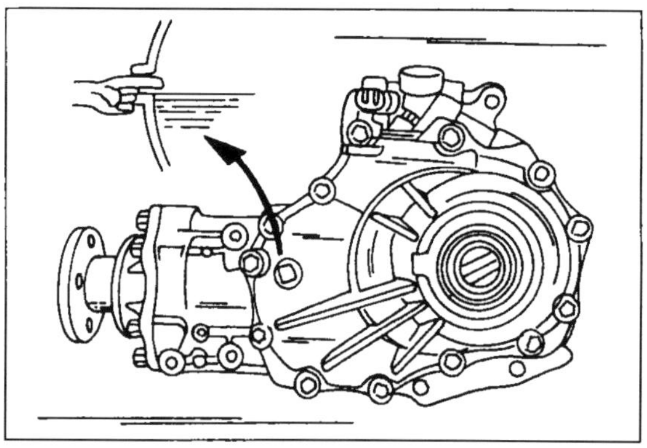

Bild 13
Der Stopfen zur Kontrolle des Ölstands und zum Auffüllen des Getriebes sitzt beim Verteilergetriebe (4 x 4) an der gezeigten Stelle.

wurde (Pos. 11) und wie in Bild 10 gezeigt auf den Reifen aufgesetzt wird. Aus der Anzeige kann man die Tiefe des Reifenprofils erhalten, welche laut Gesetz nicht weniger als 1,6 mm betragen darf.

1.6.6 Kühlmittelstand kontrollieren

Das kalte Kühlmittel muss zwischen den "Min"- und "Max"-Markierungen am Ausgleichsbehälter stehen. Falls der Motor heiss ist, abwarten, bis das Kühlmittel abgekühlt ist und zusätzliches Frostschutzmittel einfüllen. Das Frostschutzmittel vorher entsprechend den zu erwartenden Temperaturen vormischen, um die Gefrierschutzgrenze beizubehalten. Dann den Verschlussdeckel des Kühlers bis zur ersten Raste lösen und abwarten bis der Druck abgefallen ist. Danach den Deckel vollkommen abschrauben.

1.6.7 Ölstand im automatischen Getriebe kontrollieren/wechseln

Da ein automatisches Getriebe bei fehlender Flüssigkeit nicht einwandfrei durchschalten kann, sollte der Stand der Flüssigkeit häufig kontrolliert werden. Bei der Kontrolle folgendermassen vorgehen:

- Fahrzeug auf einer ebenen Fläche abstellen und die Handbremse anziehen.
- Motor anlassen und den Schalthebel einige Male durch die Gangbereiche schalten. Abschliessend den Hebel in Stellung "P" (Parken) lassen.
- Motor weiterhin laufen lassen und den Flüssigkeitsstand bei im Leerlauf laufendem Motor kontrollieren.
- Den Messstab herausziehen.
- Bei betriebswarmem Getriebe muss sich der Flüssigkeitsstand zwischen der "Cold"- und "Hot"-Markierung befinden. Ist das Getriebe kalt, darf das Öl nur ca. 10 mm unter der "Cold"-Marke stehen, jedoch nicht unterhalb der Kerbe im "Cold"-Bereich des Messstabes.
- Falls erforderlich, Flüssigkeit durch die Messstaböffnung nachfüllen. Dazu ist ein Trichter erforderlich. Auf keinen Fall das Getriebe überfüllen. Dexron-Flüssigkeit wird für das Getriebe vorgeschrieben.

Falls das Getriebeöl gewechselt wird (alle 40 000 km oder 2 Jahre) den Stopfen aus der Unterseite des Getriebes herausdrehen (Bild 11) und das Öl ablaufen lassen. Das Öl sollte etwas warm sein, damit es besser ablaufen kann. Den Ablassstopfen mit 30 - 40 Nm anziehen und das Getriebe mit 7,0 Liter Dexron-Flüssigkeit füllen.

1.6.8 Ölstand im Schaltgetriebe prüfen oder Getriebeöl erneuern

Der Ölstand sollte einmal im Jahr oder alle 20 000 km kontrolliert werden. Der Motor muss abgestellt sein, wenn der Ölstand in einem Schaltgetriebe kontrolliert wird. Ein Öleinfüllstopfen ist in die Seite des Getriebes eingesetzt. Nach Herausschrauben des Stopfens (das Fahrzeug dazu vorn auf Böcke setzen) den Zeigefinger in die Gewindebohrung für den Stopfen einsetzen. Falls man das Öl mit dem Finger fühlen kann, stimmt der Ölstand. Andernfalls Getriebeöl nachfüllen und den Stopfen wieder einschrauben.
Falls das Getriebeöl erneuert wird, das Fahrzeug vorn auf Böcke setzen und den Ablassstopfen aus der Unterseite des Getriebes herausdrehen. Bei einem normalen Fahrzeug sitzt der Stopfen an der Unterseite des Getriebes, ist aber seitlich eingesetzt; bei einem 4 x 4-Fahrzeug sitzt der Stopfen an der in Bild 12 gezeigten Stelle an der Unterseite des

Getriebes. Zu beachten sind die unterschiedlichen Füllmengen, die nicht bei allen Getrieben gleich sind. Das Getriebeöl alle 2 Jahre oder 40 000 km erneuern, falls man sehr oft mit einem Wohnwagen oder Anhänger fährt.

1.6.9 Ölstand im Verteilergetriebe und Differential kontrollieren und Ölwechsel (4 x 4-Fahrzeug)

Alle 40 000 km oder alle 2 Jahre sollte der Ölstand im Verteilergetriebe kontrolliert werden. Ein Öleinfüllstopfen ist in die Seite des Getriebes eingesetzt (Bild 13), an welchem auch der Ölstand kontrolliert wird. Zur Kontrolle den Stopfen herausdrehen und den Zeigefinger in die Öffnung einschieben. Der Ölstand stimmt, wenn man das Öl erreichen kann.
Zum Ölwechsel den Stopfen aus der Unterseite des Getriebes herausdrehen und das Öl ablaufen lassen (Bild 14). Das Getriebe durch die Öffnung des Ölstandsstopfens mit 1,1 Liter des vorgeschriebenen Öls füllen.
Das Differential wird in ähnlicher Weise behandelt. Beim Ölwechsel ist 1,0 Liter des vorgeschriebenen Öls erforderlich.
Das Öl sollte bei Wohnwagen- oder Anhängerbetrieb alle 2 Jahre oder 40 000 km erneuert werden.

1.6.10 Spannung der Keilriemen (Antriebsriemen) kontrollieren

Je nach eingebauten Aggregaten ist die Anordnung der einzelnen Keilriemen nicht bei allen Ausführungen gleich. Im Abschnitt "Kühlanlage" wird auf die einzelnen Riemenantriebe und die Einstellung der Riemenspannung eingegangen.
Ehe die Spannung der Riemen kontrolliert wird, muss man den oder die Riemen auf Risse, ausgefranste Seiten oder Lösen der Gummischichten kontrollieren. Falls der Riemen bis zum Boden der Riemenscheiben aufliegt, muss er erneuert werden. Die Spannung der Riemen wird im allgemeinen in der Mitte zwischen den Riemenscheiben kontrolliert. Falls die in Kapitel 4.3.2 angegebenen Werte bei einem eingebauten Riemen überschritten werden, d.h. der Riemen lässt sich weiter durchdrücken als angegeben, muss eine Einstellung durchgeführt werden.

1.6.11 Luftfiltereinsatz

Der Luftfiltereinsatz sollte alle 40 000 km oder zwei Jahre erneuert werden. In staubigen Gegenden sind die Intervalle entsprechend zu verringern.
Das Auswechseln des Filtereinsatzes bringt keine Schwierigkeiten mit sich, da man den Einsatz nach Ausbau des Filterdeckels erneuern kann.

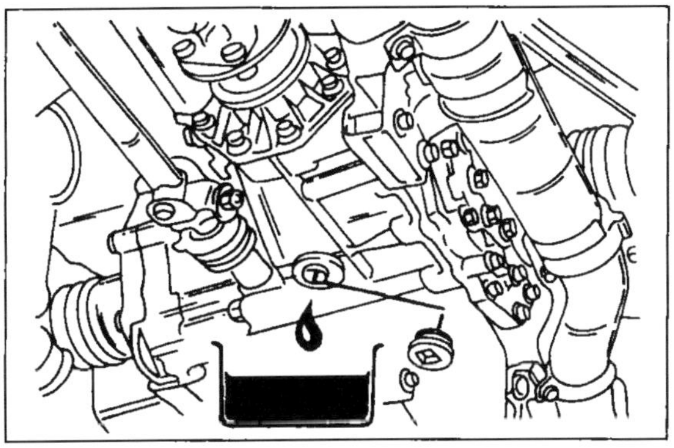

Bild 14
Die Lage des Ölablassstopfens an der Unterseite des Verteilergetriebes (4 x 4).

1.7 Schmiermittel, Dichtungsmasse, "Loctite", etc.

Jeder Autohersteller empfiehlt die Verwendung von bestimmten Schmiermitteln, die während der Produktion auf das Fahrzeug abgestimmt wurden. Dies trifft ebenfalls auf Nissan zu und aus diesem Grund halten wir uns bei Reparaturen an die von Nissan angegebenen Schmieröle, Fette und dergleichen.
Oft wird "Loctite" erwähnt. Bei diesem handelt es sich um eine Sicherungsflüssigkeit für Mutternund Schraubengewinde, die ein Lösen von angezogenen Verbindungen verhindern. Obwohl im Text nur auf "Loctite" eingegangen wird, sollten Sie wissen, dass verschiedene Ausführungen zur Verfügung stehen. Ihr Nissan-Ersatzteillager wird Sie über die Erhältlichkeit dieser Sicherungsmittel unterrichten.
Oftmals kommt es jedoch vor, dass andere, ebenfalls geeignete Mittel zum Sichern von Gewindeverbindungen benutzt werden. Auch hier sollten Sie in der Lage sein, dies in der Werkstatt zu erfahren.
Das gleiche trifft auch auf Fette und andere Schmiermittel zu. Wiederum ist es am besten, wenn man sich in einer Werkstatt erkundigt, ob andere Fette benutzt werden können, um zu gewährleisten, dass die Arbeiten einwandfrei durchgeführt werden können.
Spezial-Fett ist zum Beispiel zur Schmierung der Gleichlaufgelenke für die Antriebswellen der Vorderräder erforderlich. Zur Schmierung vom Teilen der Bremsen nur Fette verwenden, die die Bremsanlage nicht angreifen. Bremsflüssigkeit eignet sich auch zum Schmieren von Teilen.

1.8 Umgang mit Gewinden, Schrauben, Muttern, usw.

Bei einem ziemlich neuen Fahrzeug, bzw. Motor wird man keine Schwierigkeiten mit dem Lösen von Schrauben, Muttern, Stiftschrauben, usw. haben. Ist das Fahrzeug jedoch älter, kommen schon mal Probleme beim Lösen von Gewindeverbindungen vor, vor allem wenn die Teile längere Zeit dem Strassenschmutz ausgesetzt sind. Die folgenden Hinweise sollten Ihnen helfen, diese Probleme aus dem Weg zu räumen.

- Beim Lösen von Muttern auf Stiftschrauben immer das herausstehende Gewinde mit einer Drahtbürste reinigen, um Schmutz oder auch Rost zu entfernen. Man erspart sich dadurch, dass die Mutter über die Schmutzstellen geschraubt werden muss. Die Verbindungsstelle jetzt mit einem Rostlösesprühmittel behandeln. Hier gibt es verschiedene Produkte, d.h. man muss den Gebrauchsanweisungen folgen.
- Falls eine in eine Schweissmutter eingedrehte Schraube gelöst werden soll (meistens in der Karosserie), möglichst die Gewindestelle von der Rückseite mit dem Rostlösemittel einsprühen. Schraubenköpfe derartiger Verbindungen reissen gern ab oder man löst die Schweissmutter.
- Schrauben mit Schlitz- oder Kreuzschlitzköpfen lassen sich manchmal nur sehr schwer lösen. Kreuzschlitzschraubenzieher rutschen gern aus dem Kreuzschlitz heraus und beschädigen diesen dabei. Um diesem vorzubeugen, kann man einen Schraubenzieher oder Kreuzschlitzschraubenzieher mit einem durchgehenden Schaft an der Schraube ansetzen und mit einem kurzen Schlag mit einem Hammer "behandeln". In den meisten Fällen löst sich der Schraubenkopf von der Verbindung und die Schraube kann leicht herausgedreht werden.
- Im modernen Automobilbau werden mehr und mehr Schrauben mit Spezialköpfen verwendet, die ähnlich wie Kreuzschlitzköpfe aussehen aber keine sind. Diese als "Torx"-Kopf bezeichneten Schraubenköpfe werden mit speziellen Einsätzen gelöst, die man in einem Satz erstehen kann. Auf diese "Torx"-Stecknüsse kann man dann in normaler Weise eine Ratsche, Verlängerung, usw. ansetzen.
- Innensechskantschrauben (der bekannte "Inbuskopf") oder Schrauben mit "Polygon"-Kopf (Vielverzahnung, meistens 12 Ecken) können ebenfalls Schwierigkeiten beim Lösen bringen. Als erstes gilt, dass man die Öffnung des Innensechskants einwandfrei reinigt (mit einem kleinen Schraubenzieher zum Beispiel), um den Innensechskantschlüssel oder Vielzahnschlüssel anzusetzen. Falls möglich sollte man hier auch einen Steckeinsatz benutzen. Vor Lösen der Schrauben kann man einen Hammerschlag auf den Steckeinsatz geben, um das Beharrungsvermögen der Schraube zu lösen. Manchmal ist jedoch ein abgewinkelter Inbusschlüssel erforderlich. Durch dessen Winkelstellung wird das Lösen manchmal zum Problem. Wir schlagen vor: Den Schlüssel in die Schraube einsetzen und einen kleinen Ringschlüssel über das lange Ende des Inbusschlüssels schieben. Den Schlüssel jetzt gut gerade halten und die Schraube durch Druck auf den Ringschlüssel lösen. Dadurch vermeidet man, dass sich der Winkelschlüssel bei festsitzenden Schrauben innerlich verdreht.
  Kleine, jedoch zugängliche Inbusschraubenköpfe kann man auch mit einer Gripzange erfassen und auf diese Weise die Schraube herausdrehen, vor allem, wenn das Innensechskant abgerundete Kanten erhalten hat. Beim Zusammendrücken der Gripzange nicht die Finger einquetschen.
- Schwierigkeiten können auch manchmal beim Lösen von Muttern oder Schrauben auftreten, deren Kanten bereits durch unvorschriftsmässige Verwendung der falschen Schlüsselgrösse abgerundet sind (aus Erfahrung gesprochen bei Zweithandwagen manchmal anzutreffen). Mit der bereits erwähnten Gripzange kann man versuchen die Mutter oder Schraube zu lösen. Je nach Lage der Mutter kann man diese auch aufmeisseln oder am Gewinde entlang aufsägen.
- Im Text werden viele Male selbstsichernde Muttern erwähnt. Wie der Name besagt, werden diese durch ihre eigene Sicherungsfähigkeit gesichert, welche nach dem Lösen meistens zerstört wird. Wenn selbstsichernde Muttern erwähnt werden, sollte man diese immer erneuern.
- Manchmal passiert es und eine Schraube reisst am Kopf ab. Um das verbleibende Gewindestück aus der Bohrung zu bekommen, bohrt man ein Loch in der Mitte der "Schraube" und benutzt einen sogenannten "Linksgewindezieher". Diese sind in Autozubehörgeschäften erhältlich und werden wie eine Schraube in das gebohrte Loch eingesetzt. Durch Anziehen schneidet sich das Werkzeug in das Schraubenstück ein und hoffnungsvoll zieht man es heraus. Die einzige andere Lösung ist ein Aufbohren auf den ungefähren Gewindedurchmesser der Schraube (etwas weniger) und das Nachschneiden mit einem Gewindeschneider.
- Stehbolzen werden mit zwei gegeneinander gekonterten Muttern herausgedreht. Beim Herausdrehen den Schlüssel an der inneren Mutter ansetzen, zum Hineinschrauben den Schlüssel an der äusseren Mutter ansetzen.
- In Aluminiumteile eingearbeitete Gewinde werden manchmal beim Anziehen von Schrauben beschädigt. Diese kann man durch Einziehen von "Heli-Coil"-Gewindeeinsätzen reparieren.

2.1 Aus- und Einbau des Motors

Der Motor wird zusammen mit dem Getriebe nach unten aus dem Fahrzeug ausgebaut, d.h. das Fahrzeug muss entsprechend hoch angehoben werden, um genügend Platz für das Triebwerk zu erhalten. Um diese Arbeiten so leicht wie möglich zu gestalten, sollte man sich entweder einen leichten Handkran besorgen oder man hat kräftige Helfer zur Verfügung, um das Triebwerk mit Hilfe von Seilen und einer Stahlstange aus dem Motorraum abzusenken.
Aufgrund der Unterschiede wird der Ausbau des 2,0 Liter-Einspritzmotors und der Vergasermotoren getrennt beschrieben. Der Ausbau eines 1,4- oder 1,6 Liter-Einspritzmotors erfolgt entsprechend der Beschreibung für den Vergasermotor, wobei natürlich die entsprechenden Anschlüsse der Kraftstoffanlage zu lösen sind.

2.1.1 Aus- und Einbau des 2,0 Liter-Motors

- Massekabel der Batterie abklemmen. Die Batterie muss ausgebaut werden, um bessere Platzverhältnisse zu schaffen. Dies vermeidet ausserdem Kurzschlüsse während der Arbeiten (wenn z.B. Werkzeuge auf die Pole fallen).
- Motorhaube abschrauben. Die Umrisse der Scharniere am Motorhaubenblech mit einem Bleistift anzeichnen und die Schrauben lösen. Die Motorhaube von einer zweiten Person halten lassen, damit sie nicht abkippen kann. Die Haube an sicherer Stelle ablegen, damit sie nicht beschädigt werden kann.
- Alle unter dem Vorderwagen angeschraubten Unterzugsbleche ausbauen.
- Luftfilter ausbauen wie es im betreffenden Kapitel beschrieben ist.
- Kühlanlage ablassen wie es in Kapitel 4.1 beschrieben ist. Das Kühlmittel enthält Frostschutzmittel und ist aus diesem Grund in einem sauberen Behälter aufzufangen, falls es wieder verwendet werden kann. Zum Ablassen den unteren Wasserschlauch vom Kühler lösen (Kühlerverschluss vorher öffnen).
- Das Dehngefäss der Kühlanlage zusammen mit der Halterung ausbauen.
- Kühler zusammen mit dem Kühlungsventilator ausbauen, wie es in Kapitel 4.2.1 beschrieben ist. Bei eingebauter Getriebeautomatik ebenfalls die Schläuche des Ölkühlers vom Wasserkühler abschliessen. Die Getriebeflüssigkeit in einem untergestellten Behälter auffangen.
- Dio Lonkhilfcpumpe aucbauen, ohne aber die Schläuche abzuschliessen. Ebenfalls die Drehstromlichtmaschine und, falls eingebaut, den Kompressor der Klimaanlage ausbauen. Beim letztgenannten die Schläuche nicht von den Anschlüssen abschliessen.
- Alle Antriebsriemen an der Stirnseite des Motors entspannen und abnehmen.

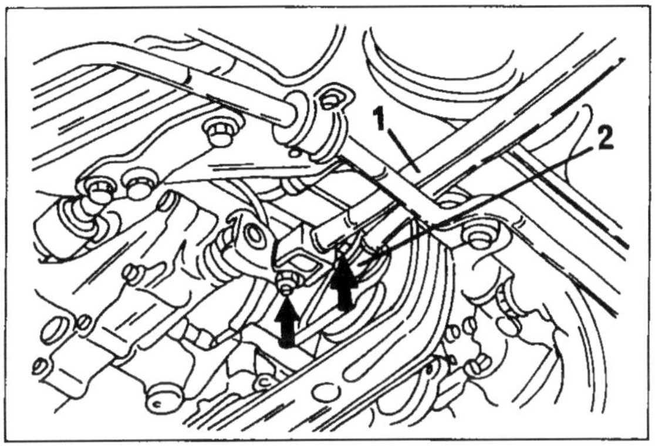

Bild 15
Schaltstange (1) und Stützstrebe (2) sind an den gezeigten Stellen mit dem Getriebe verbunden.

- Vorderes Auspuffrohr vom Auspuffkrümmer abschrauben und die Befestigung des vorderen Rohres von der Aufhängung freimachen. Kapitel 2.10 gibt weitere Anweisungen über diese Arbeit.
- Unter Bezug auf Bild 15 die Schaltstange und die Stützstrebe bei eingebautem Schaltgetriebe an den gezeigten Stellen abschliessen. Kapitel 9.4 gibt weitere Einzelheiten dieser Arbeit. Beim Einbau die Schaltstange mit 14 - 18 Nm, die Stützstrebe mit 36 - 50 Nm anziehen.
- Bei eingebauter Getriebeautomatik das Schaltseil auf der Getriebeseite und das Drosselklappenseil auf der Motorseite abschliessen.

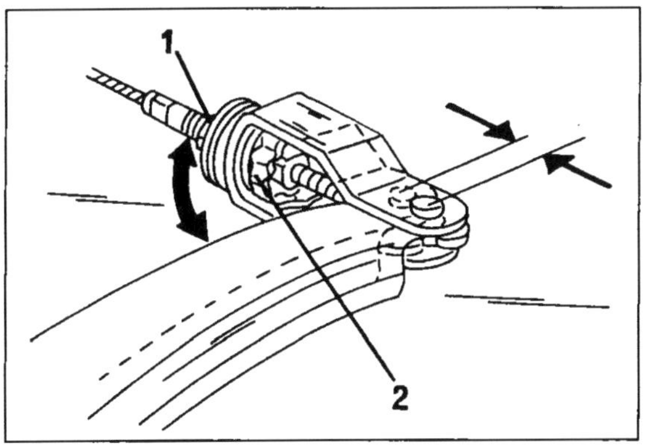

Bild 16
Das Kupplungsseil nach Lösen der Muttern (1) und (2) aus dem Gabelkopf aushängen.

- Die in Bild 16 in der Innenseite des Gabelkopfes liegende Mutter (2) sowie die Kontermutter (1) lockern und das Kupplungsseil aus dem Ausrückhebel aushängen, sobald es durch Verstellen der Muttern dazu lang genug ist.
- Dem Verlauf der Tachometerspirale folgen und die Schraube der Befestigungsplatte entfer-

nen. Die gesamte Tachometerspirale aus dem Getriebe herausziehen. Das Antriebsritzel verbleibt an der Spirale. Die Öffnung im Getriebe mit einem Lappen zustopfen.

- Den Gaszug aus dem Eingriff mit dem Hebel am Drosselklappengehäuse bringen.

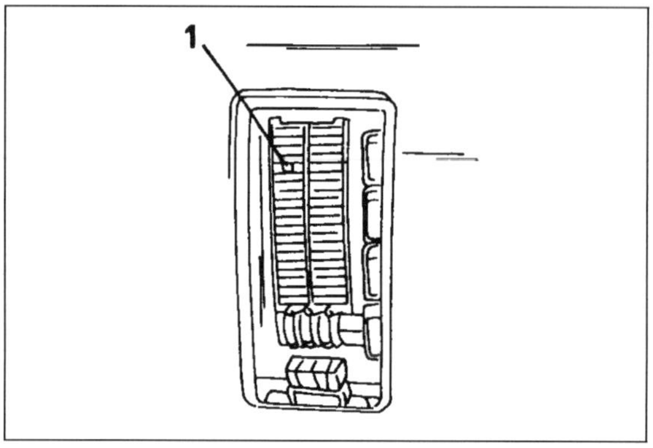

Bild 17
Die Lage der Sicherung für die Kraftstoffpumpe (1) in der Sicherungsdose.

- Alle Unterdruck- und Luftschläuche zwischen Motor und Karosserie abschliessen. Je nach Zulassungsland und den geltenden Bestimmungen über die Abgasregulierung ist die Verlegung der Unterdruckschläuche unterschiedlich. Kapitel 6.5 gibt Einzelheiten über die Abgasregulierung.
- Alle elektrischen Kabel zwischen den Stromverbrauchern am Motor und der Karosserie abklemmen. Dazu gehören Drehstromlichtmaschine, Öldruckschalter, Wärmefühler des Fernthermometers, Zündverteiler, Anlasser, usw.
- Ehe die Leitungen der Kraftstoffanlage abgeschlossen werden, muss man den Druck in der Anlage entlasten. Dazu den Deckel der Sicherungsdose öffnen und die in Bild 17 gezeigte Sicherung herausnehmen. Dies ist die Sicherung für die Kraftstoffpumpe. Den Motor jetzt anlassen. Nach einer Weile wird er abstellen, da er keinen Kraftstoff mehr erhält. Den Motor noch zwei- oder dreimal mit dem Anlasser durchdrehen, um allen Druck auszuscheiden. Die Sicherung sofort wieder einsetzen. Alle Kraftstoffschläuche zwischen Motor und Karosserie können jetzt abgeschlossen werden.

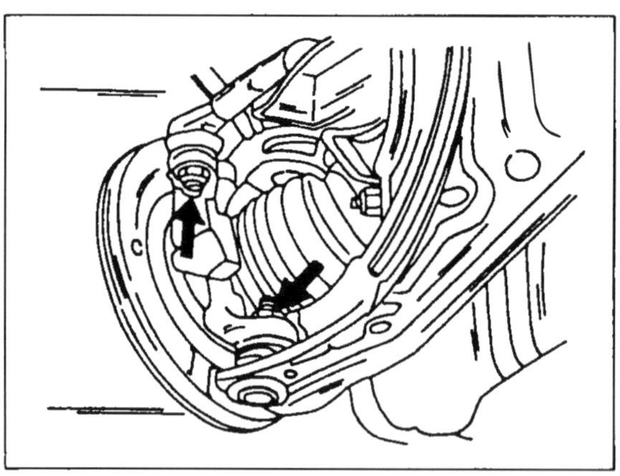

Bild 18
Die Pfeile weisen auf die zu trennenden Verbindungen zum Ausbau der Antriebswellen.

- Vorderseite des Fahrzeuges auf Böcke setzen und die Vorderräder abschrauben.
- Die Bremssättel (Bremszangen) auf beiden Seiten des Fahrzeuges ausbauen. Die Bremsschläuche dabei aber nicht von den Bremssätteln oder an der Bremsleitung abschrauben. Nach Lösen der beiden Schrauben den Bremssattel mit einem Stück Draht an der Vorderradaufhängung festbinden, damit die Bremssättel nicht an den Schläuchen herunterhängen können.
- Auf jeder Seite des Fahrzeuges die Mutter der Kugelgelenkbefestigung vom Achsschenkel abschrauben und die Kugelgelenke mit einem geeigneten Abzieher von den Achsschenkeln trennen. Querlenker nach unten drücken, bis die Gelenkbolzen aus dem Eingriff kommen. Bild 18 zeigt mit dem unteren Pfeil wo die Kugelgelenkverbindung sitzt. Im Kapitel "Vorderradaufhängung" wird in Einzelheiten auf das Trennen des Kugelgelenks der Radaufhängung eingegangen.
- Spurstangengelenk in ähnlicher Weise wie das Aufhängungskugelgelenk trennen, jedoch dieses Mal vom Lenkspurhebel. Diese Verbindung ist mit dem linken Pfeil in Bild 18 gezeigt. Im Kapitel "Lenkung" wird auf die Verwendung des Kugelbolzenabziehers näher eingegangen.
- Getriebeöl ablassen.
- Antriebswellen aus dem Eingriff mit dem Getriebe bringen, wie es in Kapitel 11.1 beschrieben ist und durch Herausziehen des Achsschenkels nach aussen vom Getriebe abdrücken. Ein Schraubenzieher wird dabei hinter das Gelenk angesetzt. Mit einem kurzen Ruck gegen den Schraubenzieher wird die Drahtringsicherung aus einer Rille im Ausgleichsseitenrad des Achsantriebs herausgedrückt und die Welle springt heraus. Der Ausbau ist, je nach Wellenausführung etwas unterschiedlich, wird aber in Kapitel 11.1 erklärt. Dabei den Öldichtring im Getriebe nicht beschädigen. Falls man annimmt, dass ein Dichtring beschädigt ist, muss man ihn vor Einbau der Antriebswellen erneuern, um sich einen baldigen Ausbau der Achswelle zu ersparen.
- Ein geeignetes Seil oder eine Kette an den beiden Hebeösen des Motors anbringen und das Seil oder die Kette an ein Hebezeug hängen. Falls keine Hebeösen vorhanden sind, muss man sich zwei kräftige Stahlwinkel zurechtmachen und diese einmal an der Rückseite und zum anderen Mal an der Vorderseite des Zylinderkopfes anschrauben. Triebwerk etwas aus dem Motorraum heben, bis es soeben unter Spannung steht. Der Motor und das Getriebe müssen soeben gehalten werden.
- Einen Rollwagenheber unter das Getriebe untersetzen (Holzbrett zwischen Wagenheberkopf und Getriebe) und das Getriebe anheben, bis es gut unter Spannung steht. Das Hebezeug des Mo-

tors muss vielleicht nachgesetzt werden.

- Von der Unterseite des Getriebes den mittleren Träger an den in Bild 19 gezeigten Stellen abschrauben und herausnehmen. Dieser ist auf beiden Seiten mit zwei Schrauben befestigt und ausserdem durch ein Aufhängungslager vorn und hinten mit dem Triebwerk verbunden.
- Die in Bild 20 gezeigte, vordere Motoraufhängung und die in Bild 21 gezeigte hintere Motoraufhängung abschrauben und herausnehmen. Ebenfalls die Aufhängung des Getriebes abschrauben. Immer darauf achten, dass das Triebwerk gut unter Spannung steht. Falls erforderlich das Hebezeug senken oder anheben, um die Spannung auszugleichen. Die folgenden Hinweise sind beim Abschrauben der Motoraufhängungen zu beachten:
  — Beim Lösen der Aufhängung an der Stirnseite nur die in die Mitte eingesetzte Schraube mit Mutter entfernen.
  — Beim Lösen der hinteren Motoraufhängung nur den Motortragbügel vom Zylinderblock abschrauben.
  — Die Motoraufhängungslager verbleiben am Motor und können, falls erwünscht, nach Herausheben des Triebwerks abgeschraubt werden.
- Kontrollieren ob alle Verbindungen zwischen dem Triebwerk und der Karosserie gelöst wurden und den Motor langsam nach unten ablassen. Dabei den Wagenheber und das Hebezeug entsprechend betätigen. Eine zweite Person ist dazu erforderlich, um das Triebwerk entsprechend zu führen. Während des Absenkens darauf achten, dass sich keine Teile des Motors, d.h. Schläuche, Kabel, Leitungen, usw. verfangen. Besonders darauf achten, dass man die Bremsleitungen und den Hauptbremszylinder nicht beschädigt.

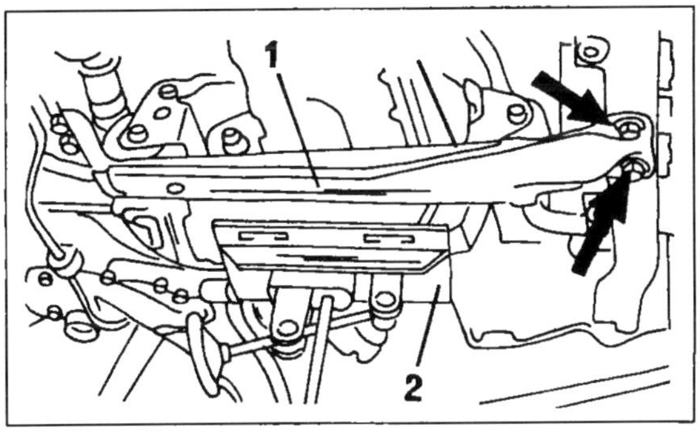

Bild 19
Der mittlere Motorträger (1) ist an den Pfeilstellen verschraubt. Vor Ausbau einen Wagenheber (2) in der Mitte untersetzen.

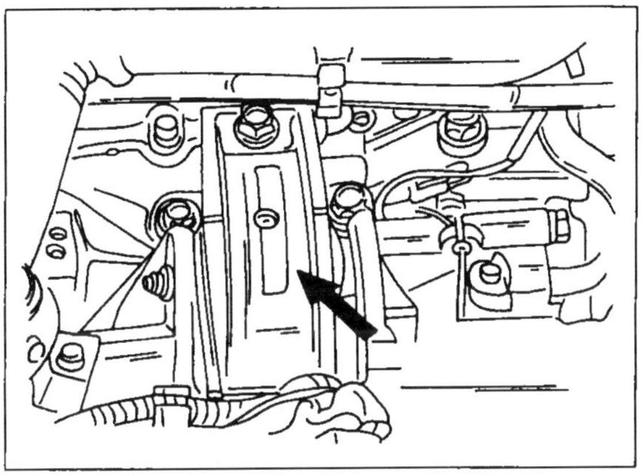

Bild 20
Der Pfeil gibt die Lage der vorderen Motoraufhängung an (2,0 Liter).

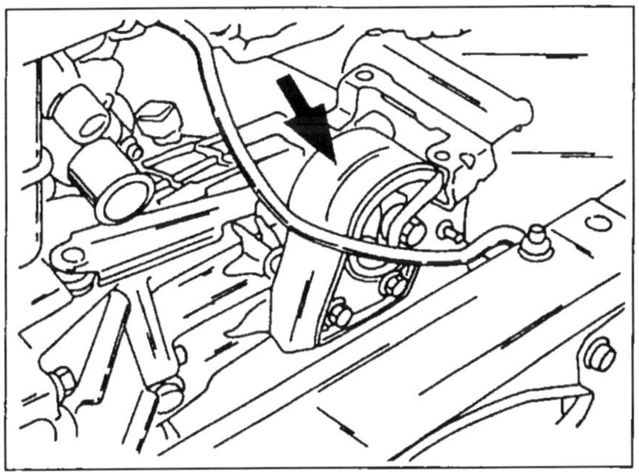

Bild 21
Die hintere Motoraufhängung. Ähnliche Teile werden beim Einspritz- und Vergasermotor verwendet.

2.1.2 Vergasermotor ausbauen

Die folgenden Angaben gelten ebenfalls für den 1,4 Liter- und 1,6 Liter-Motor mit Kraftstoffeinspritzung. Bei diesen Motoren muss der Druck aus der Kraftstoffanlage entlastet werden. Darüber kann auf der letzten Seite nachgelesen werden. Auch die Sicherung der Kraftstoffpumpe befindet sich an der in Bild 17 gezeigten Stelle.

- Massekabel der Batterie abklemmen. Die Batterie muss ausgebaut werden, um bessere Platzverhältnisse zu schaffen. Dies vermeidet ausserdem Kurzschlüsse während der Arbeiten (wenn z.B. Werkzeuge auf die Pole fallen).
- Motorhaube abschrauben. Die Umrisse der Scharniere am Motorhaubenblech mit einem Bleistift anzeichnen und die Schrauben lösen. Die Motorhaube von einer zweiten Person halten lassen, damit sie nicht abkippen kann. Die Haube an sicherer Stelle ablegen, damit sie nicht beschädigt werden kann.
- Alle unter dem Vorderwagen angeschraubten Unterzugsbleche ausbauen.
- Luftfilter ausbauen wie es im betreffenden Kapitel beschrieben ist.
- Kühlanlage ablassen wie es in Kapitel 4.1 beschrieben ist. Das Kühlmittel enthält Frostschutzmittel und ist aus diesem Grund in einem sauberen Behälter aufzufangen, falls es wieder verwendet werden kann. Zum Ablassen den unteren Wasserschlauch vom Kühler lösen (Kühlerverschluss vorher öffnen).
- Kühler zusammen mit dem Kühlungsventilator ausbauen.
- Den Riemen der Lenkhilfspumpe lockern und die Pumpe ausbauen, ohne aber die Schläuche

abzuschliessen. Die Pumpe in geeigneter Weise festbinden, damit sie nicht herunterhängen kann.

● Vorderes Auspuffrohr vom Auspuffkrümmer abschrauben und die Befestigung des vorderen Rohres von der Aufhängung freimachen. Kapitel 2.10 gibt weitere Anweisungen über diese Arbeit.

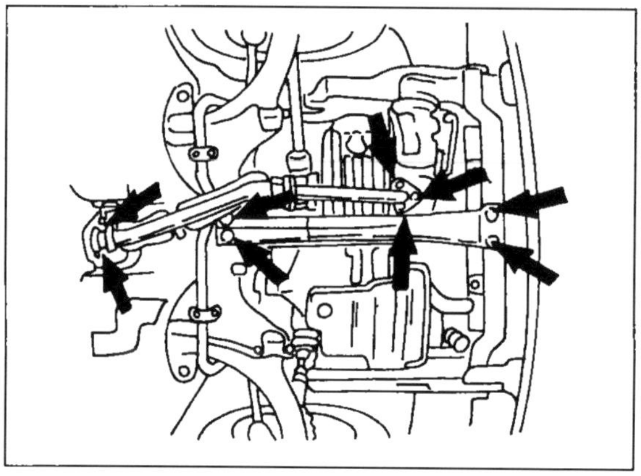

Bild 22
Die Befestigungsweise eines Längsträgers unter Motor und Getriebe.

● Unter Bezug auf Bild 15 die Schaltstange (1) und die Stützstrebe (2) abschliessen. Kapitel 9.4 gibt weitere Einzelheiten dieser Arbeit.

● Die in der Innenseite des Gabelkopfes liegende Mutter lockern (Bild 16) und das Kupplungsseil aus dem Ausrückhebel aushängen, sobald es durch Verstellen der Muttern dazu lang genug ist.

● Dem Verlauf der Tachometerspirale folgen und die Schraube der Befestigungsplatte entfernen. Die gesamte Tachometerspirale aus dem Getriebe herausziehen. Das Antriebsritzel verbleibt an der Spirale. Die Öffnung im Getriebe mit einem Lappen zustopfen.

● Den Gaszug aus dem Eingriff mit dem Hebel am Vergaser bringen.

● Alle Schläuche und Leitungen zwischen Motor und Karosserie abschliessen.

● Alle elektrischen Kabel zwischen den Stromverbrauchern am Motor und der Karosserie abklemmen. Dazu gehören Drehstromlichtmaschine, Öldruckschalter, Wärmefühler des Fernthermometers, Zündverteiler, Anlasser, usw.

● Kraftstoffleitungen zwischen der Kraftstoffpumpe und der Zuleitung vom Tank abschliessen oder beim Einspritzmotor nach Druckentlastung von den Anschlüssen der Einspritzanlage abschliessen.

● Vorderseite des Fahrzeuges auf Böcke setzen und die Vorderräder abschrauben.

● Die Bremssättel (Bremszangen) auf beiden Seiten des Fahrzeuges ausbauen. Die Bremsschläuche dabei aber nicht von den Bremssätteln oder an der Bremsleitung abschrauben. Nach Lösen der beiden Schrauben den Bremssattel mit einem Stück Draht an der Vorderradaufhängung festbinden, damit die Bremssättel nicht an den Schläuchen herunterhängen können. Die Schrauben beim Einbau mit 75 - 97 Nm anziehen.

● Auf jeder Seite des Fahrzeuges die Mutter der Kugelgelenkbefestigung vom Achsschenkel abschrauben und die Kugelgelenke mit einem geeigneten Abzieher von den Achsschenkeln trennen. Querlenker nach unten drücken, bis die Gelenkbolzen aus dem Eingriff kommen. Bild 18 zeigt mit dem unteren Pfeil wo die Kugelgelenkverbindung sitzt. Im Kapitel "Vorderradaufhängung" wird in Einzelheiten auf das Trennen des Kugelgelenks der Radaufhängung eingegangen.

● Spurstangengelenk in ähnlicher Weise wie das Aufhängungskugelgelenk trennen, jedoch dieses Mal vom Lenkspurhebel. Diese Verbindung ist mit dem linken Pfeil in Bild 18 gezeigt. Im Kapitel "Lenkung" wird auf die Verwendung des Kugelbolzenabziehers näher eingegangen.

● Getriebeöl ablassen.

● Antriebswellen aus dem Eingriff mit dem Getriebe bringen, wie es in Kapitel 11.1 beschrieben ist und durch Herausziehen des Achsschenkels nach aussen vom Getriebe abdrücken. Ein Schraubenzieher wird dabei hinter das Gelenk angesetzt. Mit einem kurzen Ruck gegen den Schraubenzieher wird die Drahtringsicherung aus einer Rille im Ausgleichsseitenrad des Achsantriebs herausgedrückt und die Welle springt heraus. Dabei den Öldichtring im Getriebe nicht beschädigen. Falls man annimmt, dass ein Dichtring beschädigt ist, muss man ihn vor Einbau der Antriebswellen erneuern, um sich einen baldigen Ausbau der Achswelle zu ersparen.

● Ein geeignetes Seil oder eine Kette an den beiden Hebeösen des Motors anbringen und das Seil oder die Kette an ein Hebezeug hängen. Falls keine Hebeösen vorhanden sind, muss man sich zwei kräftige Stahlwinkel zurechtmachen und diese einmal an der Rückseite und zum anderen Mal an der Vorderseite des Zylinderkopfes anschrauben. Triebwerk etwas aus dem Motorraum heben, bis es soeben unter Spannung steht. Der Motor und das Getriebe müssen soeben gehalten werden.

● Einen Rollwagenheber unter das Getriebe untersetzen (Holzbrett zwischen Wagenheberkopf und Getriebe) und das Getriebe anheben, bis es gut unter Spannung steht. Das Hebezeug des Motors muss vielleicht nachgesetzt werden.

● Von der Unterseite des Getriebes und des Motors den Träger der Motoraufhängung ausbauen. Je nach Fahrzeugausführung ist die Konstruktionsweise unterschiedlich bei einem normalen Fahrzeug und einem 4 x 4-Modell, d.h. entweder kann ein längs verlaufender, mittlerer Träger oder ein vorderer Querträger eingebaut sein, der letztere bei der 4 x 4-Ausführung.

— Falls ein Längsträger eingebaut ist (Bild 22), diesen abschrauben und herausnehmen. Der

Träger ist auf beiden Seiten mit zwei Schrauben befestigt und ausserdem durch ein Aufhängungslager vorn und hinten mit dem Triebwerk verbunden.

— Bei einem 4 x 4-Fahrzeug den Querträger unter Bezug auf Bild 23 ausbauen. Dabei den Träger mit einem Wagenheber abstützen, ehe die Befestigungen gelöst werden.

● Den vorderen Tragbügel der vorderen Motoraufhängung abschrauben. Dazu nur die drei mit den Pfeilen in Bild 24 gezeigten Schrauben lösen (bei allen Ausführungen).

● Die in Bild 21 gezeigte hintere Motoraufhängung abschrauben und herausnehmen. Diese ist am mittleren Träger verschraubt. Ebenfalls die Aufhängung des Getriebes am anderen Ende des Trägers abschrauben. Immer darauf achten, dass das Triebwerk gut unter Spannung steht. Falls erforderlich das Hebezeug senken oder anheben, um die Spannung auszugleichen.

● Kontrollieren ob alle Verbindungen zwischen dem Triebwerk und der Karosserie gelöst wurden und den Motor langsam nach unten ablassen. Dabei den Wagenheber und das Hebezeug entsprechend betätigen. Eine zweite Person ist dazu erforderlich, um das Triebwerk entsprechend zu führen. Während des Absenkens darauf achten, dass sich keine Teile des Motors, d.h. Schläuche, Kabel, Leitungen, usw. verfangen. Besonders darauf achten, dass man die Bremsleitungen und den Hauptbremszylinder nicht beschädigt.

2.1.3 Triebwerk einbauen

● Motor und Getriebe unter das Fahrzeug schieben und die Seile an den Hebeösen befestigen. Das Triebwerk an den Seilen hängend in den Motorraum heben, bis das Triebwerk in der ungefähren Lage liegt. Kontrollieren, dass keine der abgeschlossenen Teile im Wege sind. Während des Hineinhebens darauf achten, dass keine der Teile gequetscht werden. Besonders darauf achten, dass man die Bremsleitungen und den Hauptbremszylinder nicht beschädigt.

● Motor mit den Motoraufhängungen ausrichten und die Spannung des Hebezeuges so einrichten, dass man die Motoraufhängungen befestigen kann. Die folgenden Hinweise sind beim Anschrauben der Motoraufhängungen zu beachten:

— Die Muttern und Schrauben der vorderen Motoraufhängung, d.h. die in Bild 20 oder 21 gezeigte Aufhängung mit einem Anzugsdrehmoment von 45 - 55 Nm anziehen. Wurde das Motorlager von der Konsole (Einspritzmotor) oder vom Motor (Vergasermotor) abgeschraubt, muss man Kapitel 2.1.5 durchlesen.

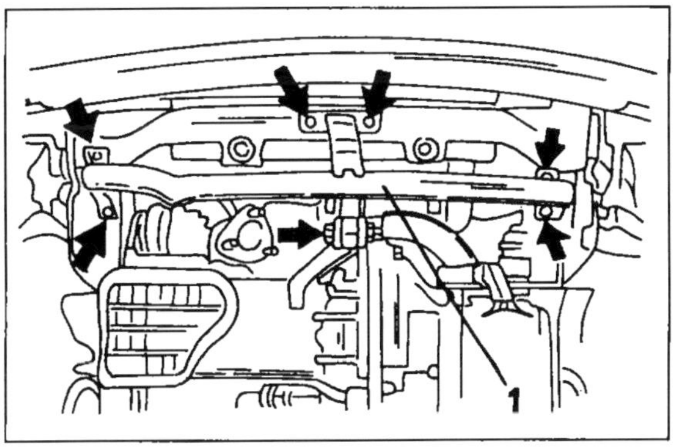

Bild 23
Die Befestigungsstellen des vorderen Trägers (1) sind mit den Pfeilen gezeigt (4 x 4).

— Die Muttern und Schrauben der hinteren Triebwerkaufhängung unter Bezug auf das betreffende Bild auf der nächsten Seite anziehen.

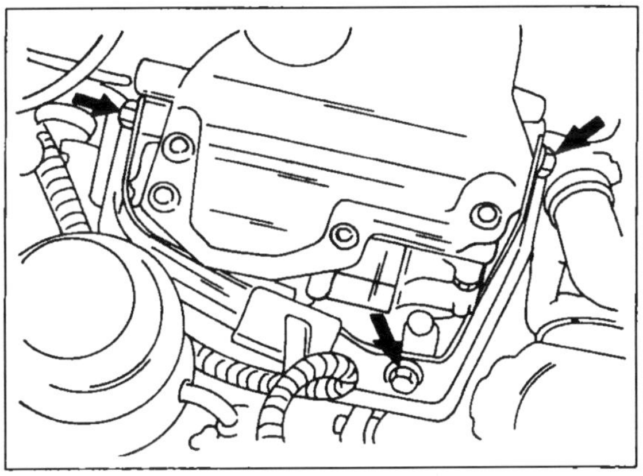

Bild 24
Diese bügelartige Motoraufhängung wird an der Stirnseite eines Vergasermotors eingebaut (auch bei den "GA"-Motoren ab 1993). Die Pfeile zeigen wo die Schrauben liegen.

— Bei eingebautem Schaltgetriebe muss die in Bild 25 gezeigte Motoraufhängung am Motorträger in der Höhe eingestellt werden. Hier gibt es wieder Unterschiede. Bei Vorderradantrieb das im Bild gezeigte Mass zwischen den Pfeilen auf 55 ± 1 mm bringen. Die Aufhängungskonsole hat Langlöcher und die eingesetzte Schraube ist mit der Mutter auf 45 - 55 Nm anzuziehen, wenn das im Bild gezeigte Mass erhalten ist.

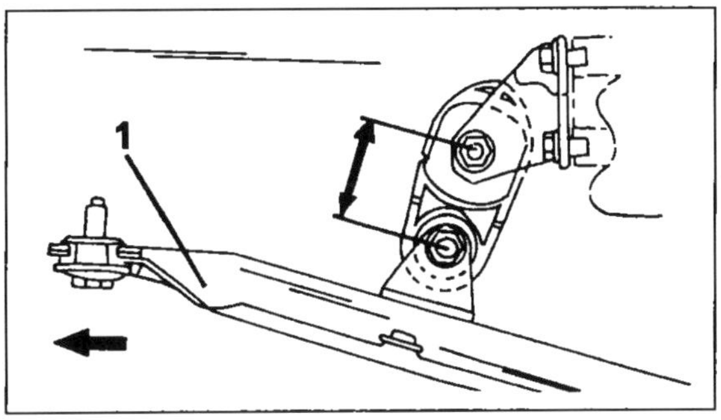

Bild 25
Die Höhe der Motorlagerung auf das im Text angegebene Mass bringen. Erst dann die waagerecht eingesetzte Schraube anziehen.

— Bei einem Fahrzeug mit Vierradantrieb das Mass an der in Bild 26 gezeigten Stelle ausmessen. In diesem Fall muss es 89 - 91 mm betragen. Die Schrauben mit dem angegeben Anzugsdrehmoment anziehen.

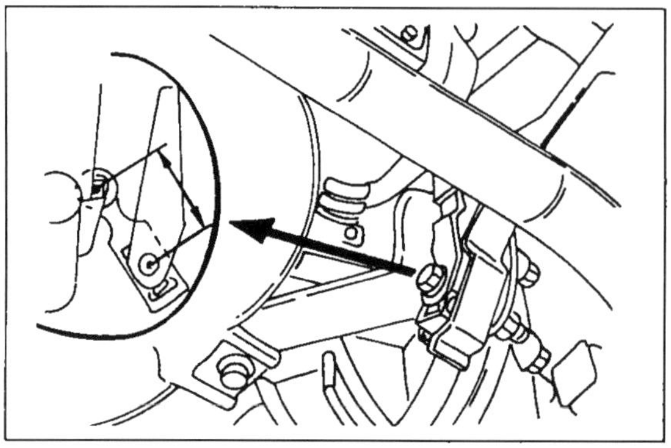

Bild 26
Bei einem 4 x 4-Modell wird das im Text angegebene Mass an der gezeigten Stelle ausgemessen.

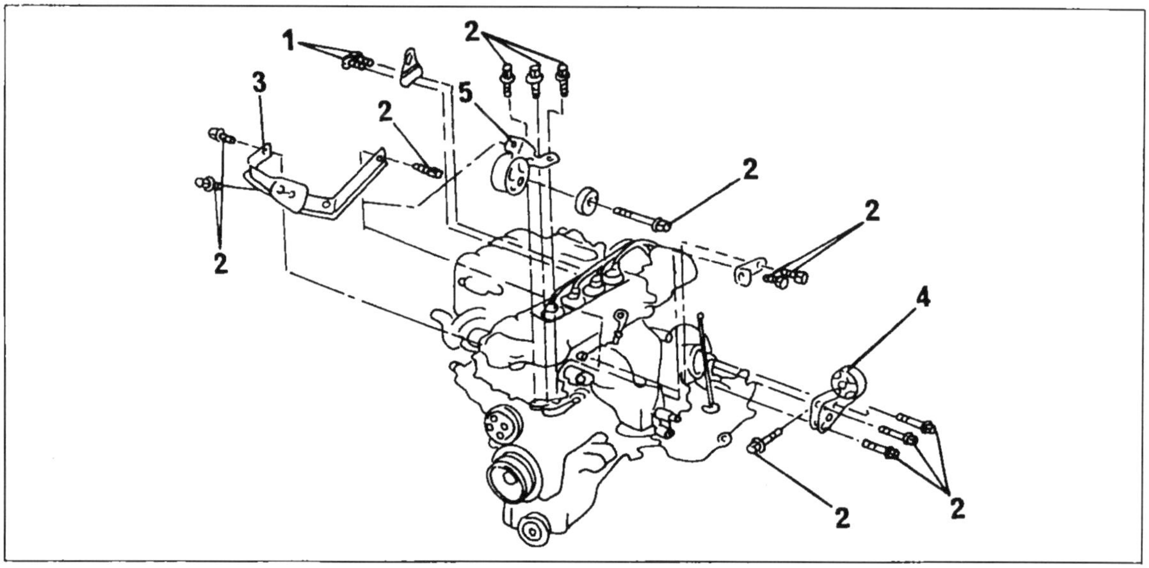

Bild 27
Die am Motor verschraubten Teile der Motoraufhängung (GA-Motor, Vorderradantrieb).
1 Schrauben, 22 - 29 Nm
2 Schrauben, 45 - 55 Nm
3 Motorträgbügel, vorn
4 Motorlager, hinten
5 Motorlager, vorn

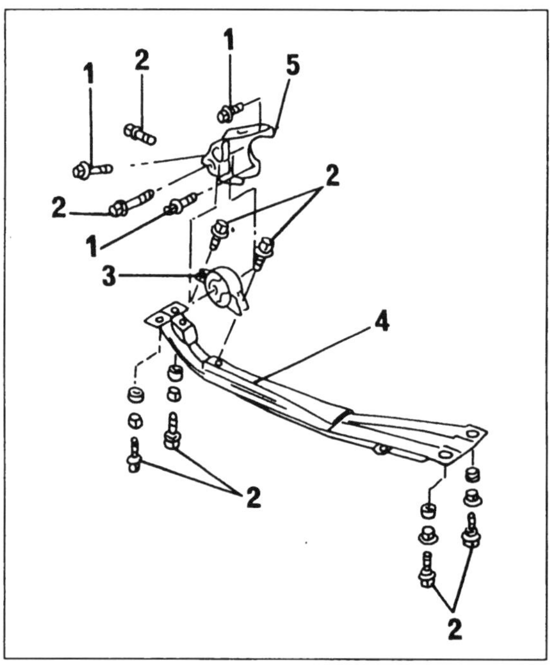

Bild 28
Befestigung des mittleren Motorträgers (GA-Motor, Vorderradantrieb).
1 Schrauben, 65 - 75 Nm
2 Schrauben, 45 - 55 Nm
3 Hinteres Aufhängungslager
4 Mittlerer Träger
5 Motortragbügel

— Den Querträger oder Längsträger an der Unterseite an beiden Enden mit 45 - 55 Nm festziehen. Alle weiteren Anzugsdrehmomente der Motoraufhängung sind den Bildern hier und den auf den folgenden Seiten gezeigten Bildern zu entnehmen. Da die Drehmomente sehr voneinander abweichen, muss man sich genau an das angegebene Drehmoment halten, um keine der Schrauben abzureissen.

- Die Seile vom Triebwerk entfernen und das Hebezeug wegschieben.
- Antriebswellen in das Getriebe einsetzen, wie es in Kapitel 11.1 beschrieben ist.
- Alle elektrischen Kabel zwischen den Stromverbrauchern am Motor und der Karosserie anklemmen. Dazu gehören Drehstromlichtmaschine, Öldruckschalter, Wärmefühler des Fernthermometers, Zündverteiler, Anlasser, Teile der Kraftstoffeinspritzung, usw. Ebenfalls die Kraftstoffleitungen wieder anschliessen.
- Alle Unterdruck- und Luftschläuche zwischen Motor und Karosserie anschliessen. Je nach Zulassungsland und den geltenden Bestimmungen über die Abgasregulierung ist die Verlegung der Unterdruckschläuche unterschiedlich. Kapitel 5 oder 6 geben Einzelheiten über die Abgasregulierung.
- Den Gaszug wieder anschliessen und kontrollieren, dass sich die Drosselklappe beim Durchtreten des Gaspedals vollkommen öffnen kann.
- Tachometerspirale einsetzen und die Befestigungsplatte einsetzen. Die Schraube der Befestigungsplatte anziehen.
- Kupplungsseil in den Ausrückhebel einhängen und die Einstellmutter anziehen. Das Kupplungsspiel einstellen, wie es in Kapitel 8.4.2 beschrieben ist und die Kontermutter anziehen.
- Bei eingebauter Getriebeautomatik das Schaltseil und das Drosselklappenseil am Getriebe anschliessen.
- Unter Bezug auf Bild 15 die Schaltstange (1) und die Stützstrebe (2) bei eingebautem Schalt-

getriebe von der Seite des Getriebes abschrauben.

- Unter Bezug auf Bild 15 die Schaltstange (1) und die Stützstrebe (2) bei eingebautem Schaltgetriebe anschliessen. Kapitel 9.4 gibt weitere Einzelheiten dieser Arbeit.
- Vorderes Auspuffrohr am Auspuffkrümmer anschrauben und die Befestigung des vorderen Rohres an der Aufhängung befestigen. Kapitel 2.10 gibt weitere Anweisungen über diese Arbeit.
- Servolenkpumpe einbauen, falls eine vorhanden ist.
- Kühler einbauen, wie es in Kapitel 4.2.2 beschrieben ist. Bei eingebauter Getriebeautomatik ebenfalls die Schläuche des Ölkühlers am Wasserkühler anschliessen. Den Stand der Getriebeflüssigkeit kontrollieren und ggf. berichtigen.
- Kühlanlage auffüllen, wie es in Kapitel 4.1 beschrieben ist.
- Luftfilter einbauen und die Ansaugschläuche anschliessen.
- Motorhaube anschrauben. Die Umrisse der Scharniere am Motorhaubenblech müssen übereinstimmen. Die Motorhaube mit Hilfe einer zweiten Person auflegen, damit sie nicht abkippen kann.
- Motor anlassen und warmlaufen lassen. Zündzeitpunkt und Leerlauf des Motors kontrollieren und gegebenenfalls einstellen oder einstellen lassen.

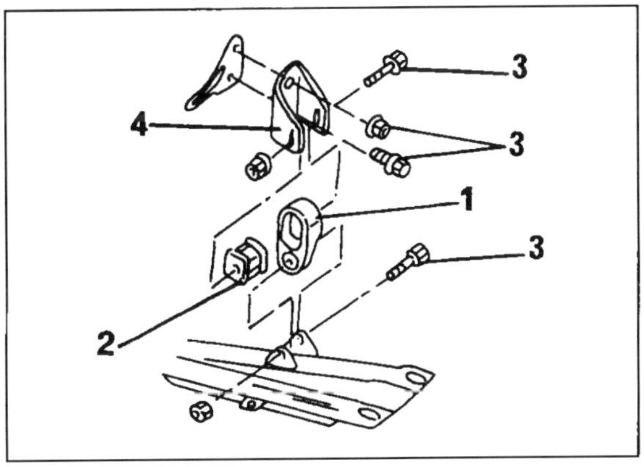

Bild 29
Das einstellbare Motorlager und dessen Befestigung (GA-Motor, Zweiradantrieb).
1 Befestigungshalter
2 Gummilager
3 Schrauben, 45 - 55 Nm
4 Befestigungsbügel

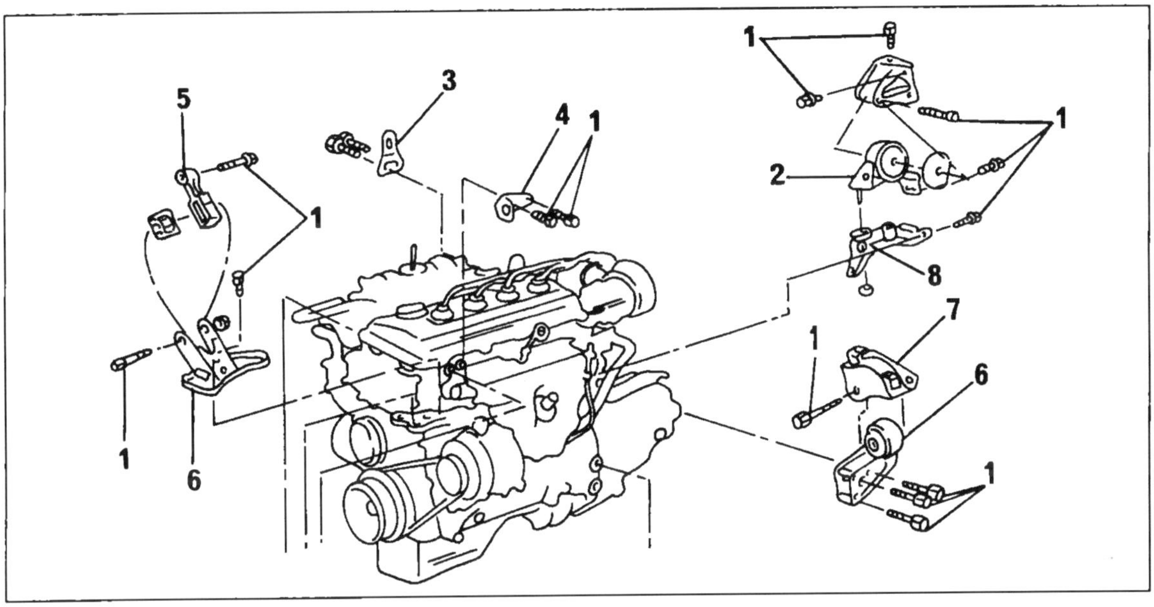

Bild 30
Die Teile der Motoraufhängung am Motor beim 4 x 4-Modell.
1 Schrauben, 45 - 55 Nm
2 Hinteres Aufhängungslager
3 Motorhebeöse, hinten
4 Motorhebeöse, vorn
5 Drehmomentstütze, hinten
6 Motoraufhängungslager, hinten
7 Tragbügel
8 Konsole

2.1.4 Getriebe vom Motor trennen und wieder anflanschen

- Anlasser vom Kupplungsgehäuse abschrauben.
- Schrauben zwischen Motor und Getriebe lösen.
- Getriebe vom Motor abziehen. Darauf achten, dass das Gewicht des Getriebes nicht auf der Kupplungswelle ruhen kann.

Das Anflanschen des Getriebes geschieht in umgekehrter Reihenfolge.

2.1.5 Motoraufhängungen

Wie bereits im vorausgegangenen Kapitel erwähnt, sind die Motoraufhängungen des 2,0 Liter-Einspritzmotors und der anderen Motoren nicht gleich. Dies gilt auch für die Anzugsdrehmomente der einzelnen Aufhängungselemente. Um keine Fehler beim Anziehen zu machen, muss man sich an die betreffende Aufhängung in den gezeigten Bildern halten. Zur Erneuerung einer Motoraufhängung, einer Konsole oder anderer Teile den Motor oder das Getriebe mit einem Handkran anheben, bis die Belastung auf die Aufhängung entfernt wurde. Die betreffende Aufhängung kann danach ausgebaut werden.

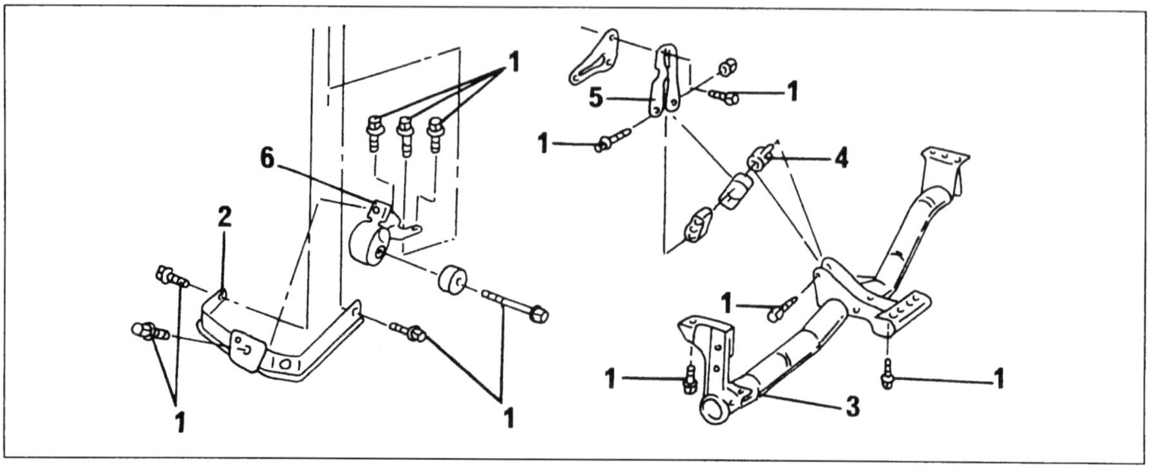

Bild 31
Die vordere Motoraufhängung und der Querträger bei einem 4 x 4-Modell (GA-Motor). Die Strichlinien sind die Fortsetzung aus Bild 30.
1 Schraube, 45-55 Nm
2 Tragbügel, vorn
3 Aufhängungsquerträger
4 Drehmomentstütze, vorn
5 Montagekonsole
6 Vorderes Aufhängungslager

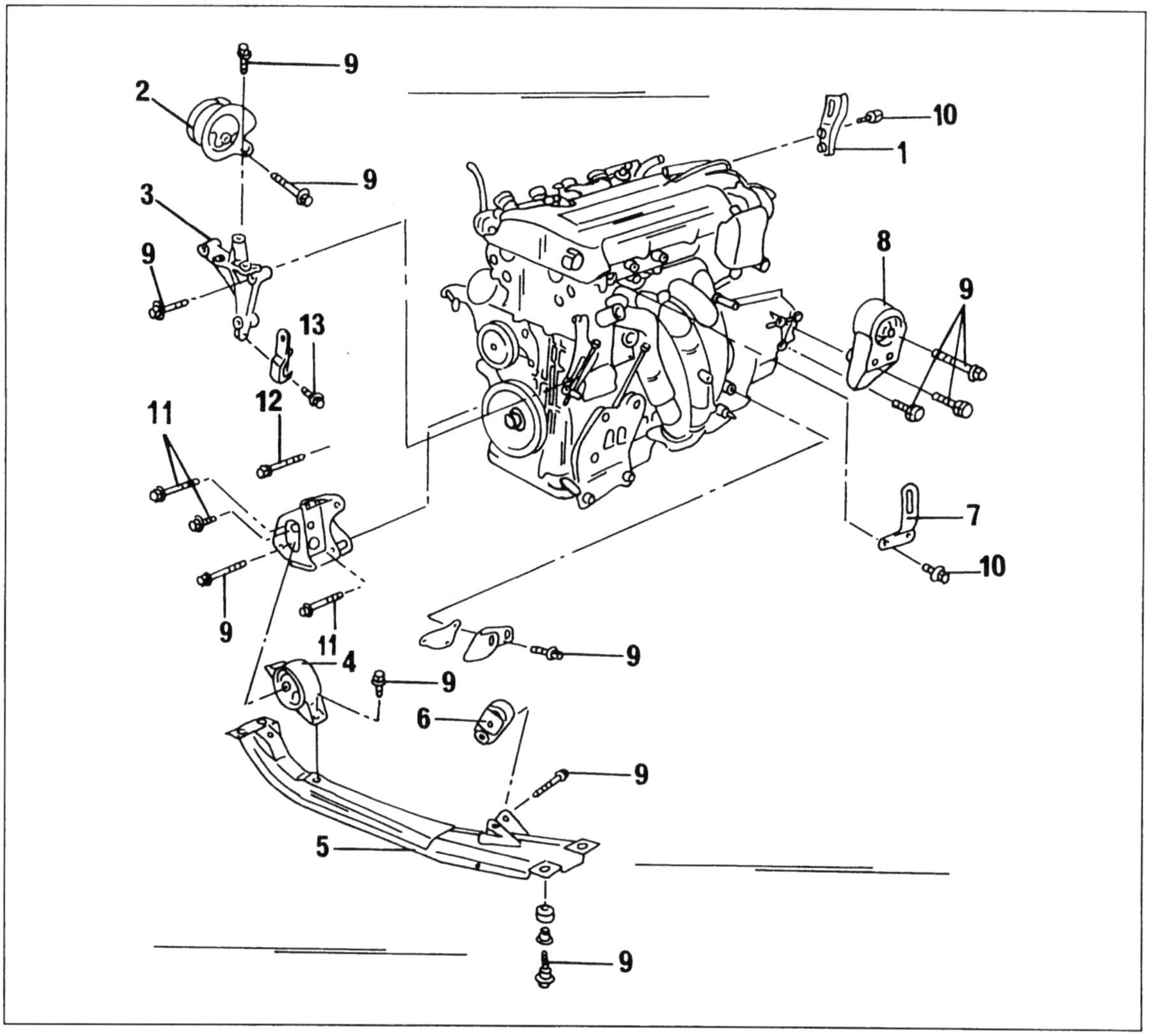

Bild 32
Die Teile der Motor- und Getriebeaufhängungen bei eingebautem 2,0 Liter-Motor.
1 Motorhebeöse, hinten
2 Vorderes Motoraufhängungslager, hydraulisch
3 Befestigungskonsole
4 Hinteres Aufhängungslager
5 Mittlerer Motorträger
6 Drehmomentstütze
7 Hebeöse, vorn
8 Aufhängungslager, hinten
9 Schrauben, 45-55 Nm
10 Schraube, 22-29 Nm
11 Schraube, 65-75 Nm
12 Schraube, 78-93 Nm
13 Schraube, 45-60 Nm

2.2 Zerlegung des Motors

Vor der Zerlegung des Motors sind alle Aussenflächen gründlich zu reinigen, um Schmutz oder Öl zu entfernen. Besonders ist auf die Dichtflächen zu achten, damit keine Fremdkörper in den Motor fallen können, wenn die Dichtflächen der einzelnen Teile voneinander getrennt werden.
Motor in einen geeigneten Montagestand einspannen. Falls dies nicht durchführbar ist, den Motor auf einer Werkbank absetzen und seitlich durch Anordnung von Holzblöcken so abstützen, dass er nicht umfallen kann. Bei der folgenden Beschrei-

bung wird zuerst der allgemeine Zerlegungsvorgang beschrieben. Später werden die einzelnen Baugruppen getrennt beschrieben, so dass unter den betreffenden Überschriften über ein bestimmtes Teil nachzulesen ist.
Da es unmöglich ist, auf die einzelnen Motoren in Einzelheiten einzugehen, gilt die folgende Beschreibung für alle Motoren, es sei denn, es wird anderweitig erwähnt.

- Bei eingebautem Schaltgetriebe die Schrauben der Kupplung gleichmässig und über Kreuz lockern. Die Schrauben erst vollkommen herausdrehen, wenn die Spannung der Kupplung entlastet ist. Die Kupplung abnehmen, die Mitnehmerscheibe aus dem Schwungrad nehmen und die Teile weglegen. Falls die Mitnehmerscheibe noch gut aussieht, sie nicht mit schmutzigen Händen anfassen.
- Bei eingebauter Getriebeautomatik den Drehmomentwandler ausbauen. Diese Arbeiten sind in Kapitel 10.1 beschrieben.
- Motor aufrecht hinstellen und den Ölablassstopfen aus der Unterseite der Ölwanne herausschrauben.
- Den Ölfilter mit einem Filterschlüssel abschrauben. Falls ein derartiger Schlüssel nicht zur Verfügung steht, einen kräftigen Schraubenzieher durch die Seite des Filters schlagen und den Griff des Schraubenziehers als Hebel benutzen, um den Filter abzuschrauben. Den Filter sofort wegwerfen.
- Zündkerzenkabel abziehen und die Verteilerkappe mit den Kabeln abnehmen (Federspangen der Verteilerkappe zurückschnappen).
- Motor durchdrehen, bis der Kolben des ersten Zylinders auf dem oberen Totpunkt im Verdichtungshub steht. Dazu die Kurbelwelle durchdrehen, während man mit dem Daumen die Gewindebohrung für die Zündkerze des ersten Zylinders zuhält (die Zündkerze dazu ausschrauben). Sobald man die Kompression am Daumen spürt und die Kerbe in der Riemenscheibe der Kurbelwelle steht in der in Bild 34 gezeigten Lage, d.h. gegenüber der "0"-Marke, ist die richtige Motorstellung hergestellt.
- Mit einer Reissnadel einen Strich in die Aus-

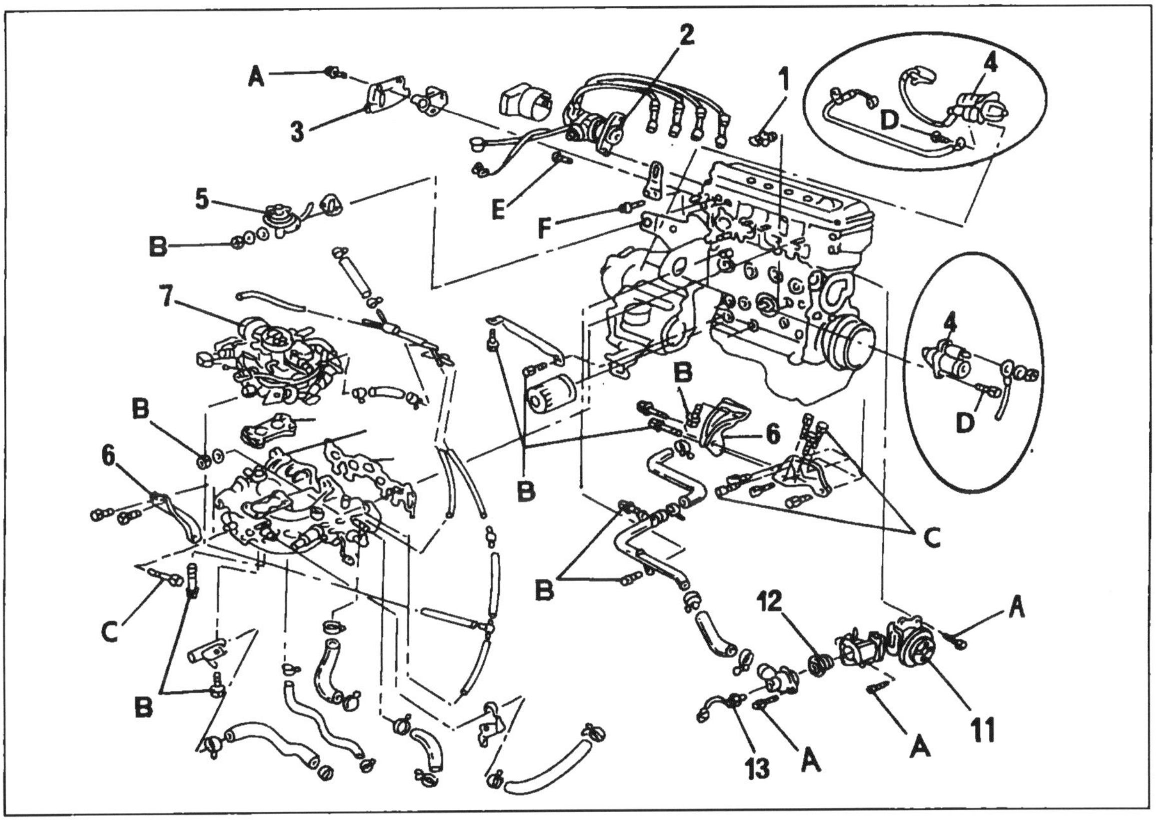

Bild 33
Am Motor angebaute Teile bei einem GA-Vergasermotor. Bei eingebautem Abgasrückführungssystem sind zusätzliche Teile am Vergaser angebracht.
1 Öldruckschalter
2 Zündverteiler (mit OT-Geber beim Einspritzmotor)
3 Zündspule
4 Anlasser
5 Kraftstoffpumpe
6 Auspuffkrümmerstütze
7 Vergaser
8 Vergaserzwischenflansch
9 Ansaugkrümmer
10 Ansaugkrümmerdichtung
11 Wasserpumpe
12 Thermostat
13 Thermoschalter
A 6,3 - 8,3 Nm
B 16 - 21 Nm
C 30 - 40 Nm
D 31 - 42 Nm
E 9 - 11 Nm
F 22 - 29 Nm

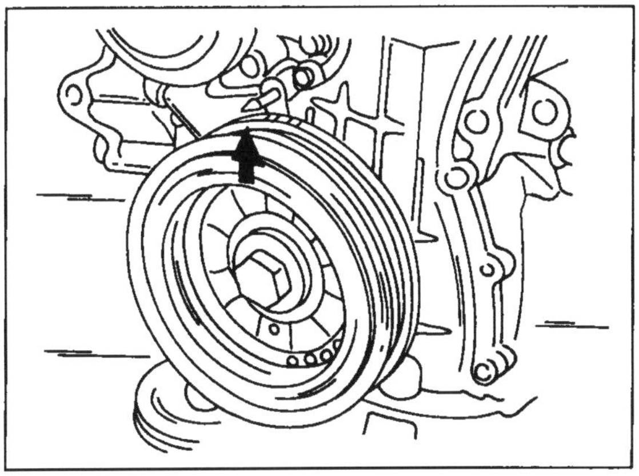

Bild 34
Die Kolben des ersten Zylinders steht auf dem oberen Totpunkt, wenn die "O"-Marke mit der Zapfenspitze ausgerichtet ist.

senkante des Zündverteilers gegenüber der Spitze des Verteilerläufers einzeichnen. Beim späteren Einbau des Verteilers braucht dieser nur wieder in der markierten Stellung eingebaut werden.

- Zündverteilerschraube lösen und den Verteiler herausziehen.
- Verbleibende Zündkerzen ausschrauben.
- Kraftstoffleitungen, Unterdruckleitungen und alle anderen Nebenteile vom Motor abschrauben.
- Die Zylinderkopfhaube und den Ölabscheider vom Motor abschrauben.
- Die Stützen des Ansaugkrümmers abschrauben.
- Das Ansaugrohr sowie die in der Nähe liegenden Teile abschrauben. Beim Einspritz-Motor besteht der Ansaugkrümmer aus zwei Teilen, an denen die in Bildern 35 und 36 gezeigten Teile angebracht sind. Die Teile wie erforderlich abschrauben, bis man die beiden Ansaugkrümmerhälften auseinanderschrauben und dann vom Motor abschrauben kann. Alle freigewordenen Dichtungen abnehmen.

te. Den Auspuffkrümmer nach Entfernen des Wärmeschutzbleches abschrauben. Die drei in den Ansaugkrümmer eingeschraubten Leitungen lösen und herausziehen. Auch die Lambda-Sonde ist in den Krümmer eingeschraubt.

- Den Steuerkettenantrieb und die Nockenwellen ausbauen, wie es in Kapitel 2.4.1 beschrieben ist. Dazu gehört auch das Lösen und der Ausbau der Kurbelwellenriemenscheibe.
- Der Zylinderkopf kann als nächstes ausgebaut werden. Da die Arbeiten mit dem Ausbau der Steuerkette verwandt sind, werden sie zusammen in Kapitel 2.8 beschrieben. Wir möchten bereits an dieser Stelle erwähnen, dass die Zylinderkopfschrauben eine bestimmte Länge haben müssen, um sie wieder zu verwenden. Beim Aus- und Einbau des Zylinderkopfes wird darauf eingegangen.

Ehe die nächsten Arbeiten durchgeführt werden, ist daran zu denken, dass alle Kolben, Pleuelstangen, Lager und Lagerdeckel entsprechend ihres Einbaus zu kennzeichnen sind. Die Kolben können durch Einkratzen der Zylindernummern in die

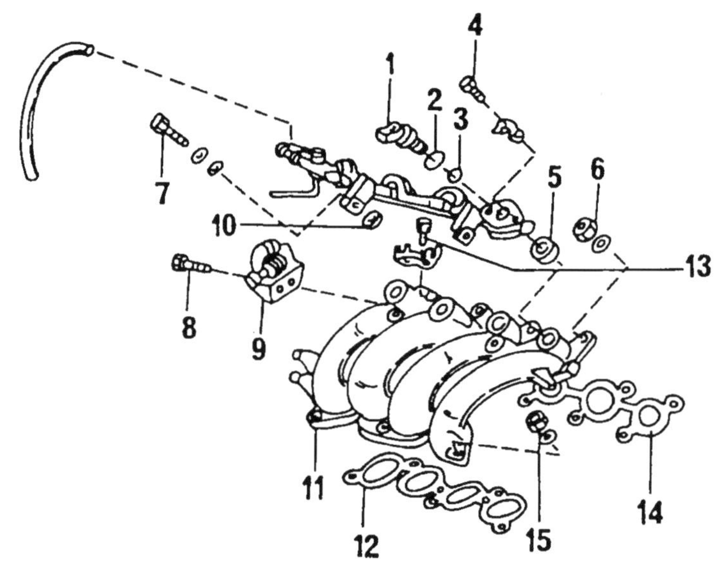

Bild 35
Oberteil des Ansaugkrümmers und die in der Nähe liegenden Teile (gezeigt beim SR20DE-Motor).
1 Einspritzventil
2 "O"-Dichtung, immer erneuern
3 "O"-Dichtring, immer erneuern
4 Schraube, 3-4 Nm
5 Gummiunterlage
6 Mutter, 18-21 Nm
7 Schraube, 20-25 Nm
8 Schraube, 18-22 Nm
9 Trommel für Drosselklappenbetätigung
10 Gummiunterlage
11 Ansaugkrümmeroberteil
12 Krümmerdichtung
13 Schraube, 6-8 Nm
14 Dichtung
15 Mutter, 18-21 Nm

- Auf der anderen Seite des Motors das Abdeckblech des Auspuffkrümmers abschrauben und danach den Krümmer entfernen. Von dieser Seite des Motors auch den Aufhängungsbügel der Drehstromlichtmaschine, den Spannbügel für den Antriebsriemen der Lichtmachine, die Konsole für den Kompressor (falls eingebaut), das Wasserauslassgehäuse und den Ölmessstab entfernen.
- Bei einem Vergasermotor den Ansaugkrümmer zusammen mit dem Vergaser abschrauben und zur Seite legen. Die einzelnen am Vergaser angeschlossenen Schläuche kennzeichnen, ehe sie abgezogen werden. Das Abgasregelventil und die Kraftstoffpumpe liegen ebenfalls auf dieser Sei-

Ölkohle des Kolbenbodens gezeichnet werden (nicht zu tief, um das Aluminium nicht zu zerkratzen). Die Pleuelstangen und Lagerschalen entweder mit einem Körner zeichnen oder alle Teile säuberlich auf der Werkbank so auslegen, dass keine Verwechslungen stattfinden können.

- Ölwanne abschrauben. Den Motor dabei so ausrichten, dass sich die Ölwanne an der Unterseite befindet. Der Ölschlamm kann dabei nicht in die Innenseite des Motors gelangen.
- Ölansaugsieb aus der Innenseite des Kurbelgehäuses abschrauben. Wie man feststellen kann, besteht die Ölwanne beim Einspritzmotor aus zwei Teilen, kann aber zum Zweck der Motor-

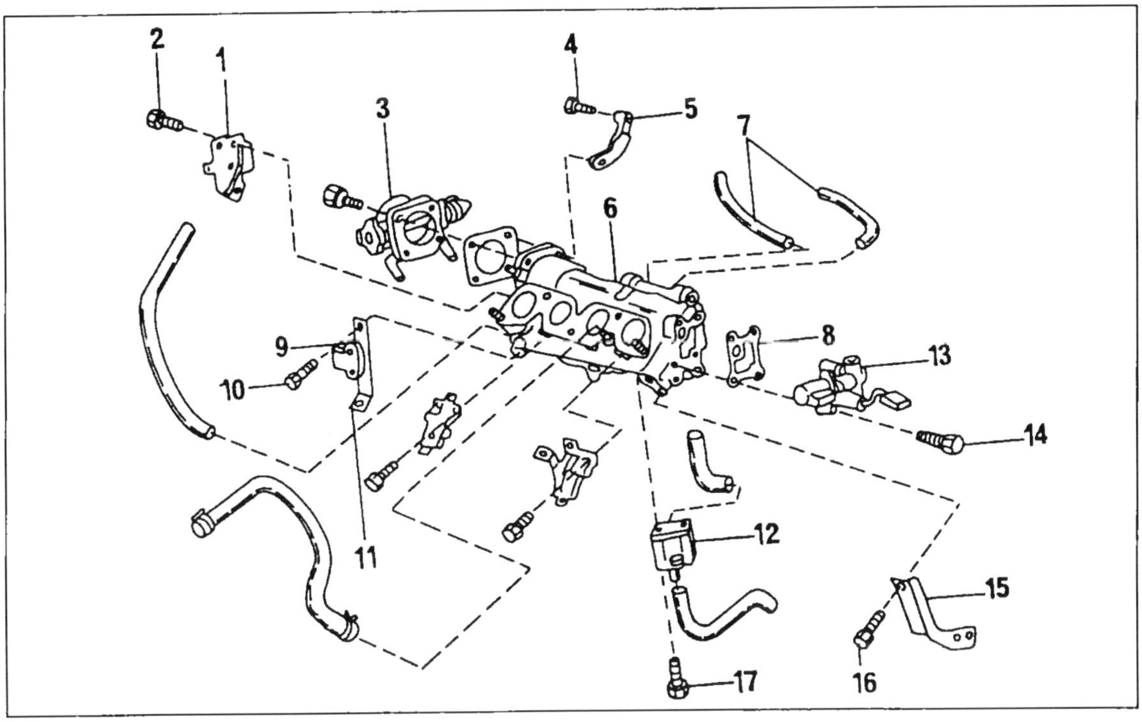

Bild 36
Unterteil des Ansaugkrümmers und die in der Nähe montierten Teile.
1 Ansaugkrümmerstütze
2 Schraube, 16 - 21 Nm
3 Drosselklappengehäuse
4 Schraube, 16 - 21 Nm
5 Ansaugkrümmerstütze
6 Ansaugkrümmerunterteil
7 Unterdruckschläuche
8 Dichtung
9 Stromtransistor
10 Schraube, 16 - 21 Nm
11 Ansaugkrümmerstütze
12 Luftregler
13 Zusatzluftventil
14 Schraube, 6 - 8 Nm
15 Ansaugkrümmerstütze
16 Schraube, 16 - 21 Nm
17 Schraube, 6 - 8 Nm

zerlegung als Ganzteil abgeschraubt werden. Im Abschnitt "Motorschmierung" werden genauere Einzelheiten gegeben.

● Einen Hammerstiel zwischen Kurbelwelle und Kurbelgehäusewandung verklemmen und die Schrauben des Schwungrades der Reihe nach lösen. Das Schwungrad mit einem Gummihammer abschlagen, aber darauf achten, dass es nicht herunterfallen kann. Falls ein automatisches Getriebe eingebaut ist, die Antriebsscheibe des Drehmomentwandlers in ähnlicher Weise abmontieren.

● Kurbelwelle durchdrehen bis alle Kolben ungefähr in der Mitte ihres Hubs stehen und mit einem Schaber vorsichtig den Ölkohlering an der Oberseite der Zylinderbohrungen abkratzen, ohne dabei die Bohrungen zu beschädigen.

● Einen grösseren Behälter unter den Motor untersetzen und verbleibendes Öl sowie im Block befindliches Kühlwasser auffangen.

● Hinteren Deckel vom Zylinderblock abschrauben und den Dichtring entfernen.

● Der Reihe nach die Lagerdeckel von den Pleuelstangen abschrauben. Leicht mit einem Gummihammer gegen die Deckel schlagen und Deckel zusammen mit der Lagerschale herunterheben. Die Deckel und Pleuelstangen sind normalerweise mit den Zahlen 1 bis 4 gezeichnet, man sollte jedoch unbedingt kontrollieren, ob diese Kennzeichnungen an gegenüberliegenden Stellen der Pleuelstangen und Lagerdeckel sichtbar sind.

● Kolben mit der Pleuelstange von der Unterseite durch die Zylinder stossen. Je zwei Kolben sollten sich jeweils auf dem unteren Totpunkt befinden, um den Ausbau zu erleichtern. Die Lagerdeckel und -schalen sollten am besten wieder an die betreffende Pleuelstange angeschraubt werden, um sie zusammenzuhalten.

● Kurbelwelle ausbauen. Die Lagerung ist bei den Einspritzmotoren und beim Vergasermotor unterschiedlich. Der Ausbau der Welle wird in Einzelheiten in Kapitel 2.6 für die beiden Ausführungen beschrieben.

2.3 Zusammenbau des Motors

Nachdem der Motor zerlegt worden ist, sollten alle Teile gründlich gereinigt und kontrolliert werden. In den folgenden Kapiteln wird in Einzelheiten auf alle erforderlichen Reparaturarbeiten eingegangen. Der Zusammenbau geschicht in umgekehrter Reihenfolge wie das Zerlegen, unter Beachtung der folgenden Punkte:

● Teile nur in vollkommen gesäubertem Zustand zusammenbauen.

● Werkzeuge, Werkbänke und Hände frei von Schmutz oder Spänen halten, wenn Teile mit kleinen Lauftoleranzen eingebaut werden. Auch der kleinste Fremdkörper könnte in die Lagerstelle gelangen. Nur flusenfreie Lappen zum Sauberwischen von Teilen benutzen.

● Einen sauberen Schmierfilm an alle Teile auftragen, ehe sie in den Motor eingebaut werden. Diese Arbeit jedoch vor dem Einbau durchführen, da andernfalls das Öl manchmal nicht an die Lagerstellen gelangen kann.

- Alle wieder verwendeten Teile einwandfrei auf Beschädigung oder Verschleiss kontrollieren. Nicht mehr einwandfreie Teile müssen immer erneuert werden. Auf keine Weise an dieser Stelle sparen, da eine Neuzerlegung bei erneutem Ausfall eines bestimmten Teiles auf jeden Fall teurer wird.

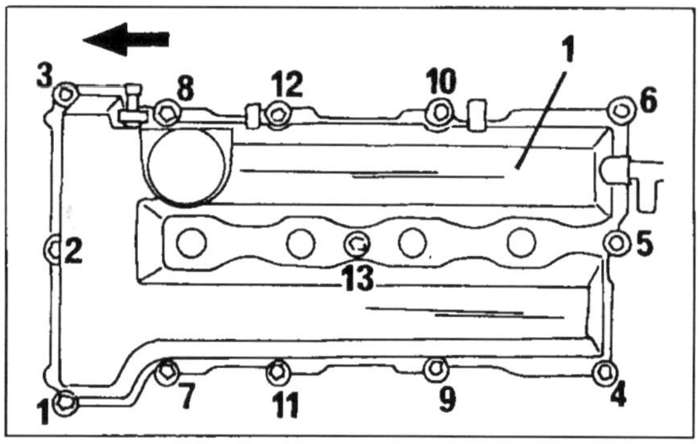

Bild 37
Reihenfolge zum Lösen der Zylinderkopfhaube. Beim Anziehen in entgegengesetzter Reihenfolge vorgehen. Der Pfeil weist zur Stirnseite des Motors.
1 Zylinderkopfhaube

- Alle Ersatz- oder Austauschteile von einer Nissan-Werkstatt beziehen. Dabei immer die Fahrgestellnummer und Motornummer angeben, damit Ihr Händler sofort in der Lage ist, das richtige Teile für Ihr Fahrzeug festzustellen. Teile werden im Lauf der Jahre öfters geändert, um deren Leistung oder Betriebsdauer zu verbessern und nur anhand der offiziellen Unterlagen kann der Lieferant das richtige Teil bestimmen.

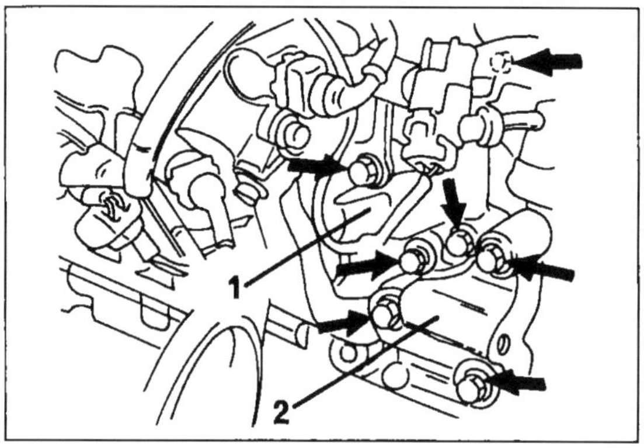

Bild 38
Die Pfeile zeigen die Befestigungsschrauben des Ölfiltersockels und der Lenkhilfspumpe.
1 Ölfiltersockel
2 Konsole der Pumpe

- Den Anzugsdrehmomenten am Ende der Reparaturanleitung ist beim Festziehen aller Schrauben und Muttern zu folgen, wenn ein Wert für ein bestimmtes Teil angegeben ist. Schrauben und Muttern, für welche keine Anzugsdrehmomente angegeben sind, muss man mit Gefühl anziehen.

2.4 Zylinderkopf und Steuerantrieb

2.4.1 Aus- und Einbau

Bei den folgenden Beschreibungen werden jene Arbeiten beschrieben, die erforderlich sind, wenn Zylinderkopf und Steuerantrieb eingebaut sind. Die Beschreibung bezieht sich ebenfalls auf den Aus- und Einbau der Nockenwellen. Aufgrund der Unterschiede werden der Vergasermotor und die Einspritzmotoren getrennt beschrieben. Der Hauptunterschied zwischen den beiden Motorenausführungen ist die Verwendung einer einzelnen Steuerkette beim 2,0 Liter-Einspritzmotor und von zwei Ketten beim GA-Motor mit Vergaser oder Benzineinspritzung.

Bei der folgenden Beschreibung werden einige Arbeiten nur als Hinweise erwähnt. Zwecks Durchführung eines spezifischen Arbeitsschritts muss man im betreffenden Kapitel nachlesen.

Fahrzeuge mit 2,0 Liter-Motor

- Druck in der Kraftstoffanlage entlasten, wie es auf Seite 14 beschrieben wurde. Dazu die in Bild 17 gezeigte Sicherung herausnehmen.
- Alle unter der Vorderseite des Fahrzeuges montierten Unterzugsbleche abschrauben.
- Fahrzeug vorn auf Böcke setzen, das rechte Rad abschrauben und das Abdeckblech aus dem vorderen, rechten Radkasten abschrauben.
- Kühlanlage ablassen, wie es in Kapitel 4.1 beschrieben ist.
- Kühler ausbauen.
- Den Ansaugluftschlauch zum Ansaugkrümmer ausbauen.
- Antriebsriemen an der Stirnseite des Motors entspannen und abnehmen. Die Riemenscheibe der Wasserpumpe abschraüben.
- Drehstromlichtmaschine ausbauen.
- Lenkhilfspumpe ausbauen.
- Gaszug ausbauen.
- Alle Zündkerzen ausschrauben.
- Die Zylinderkopfhaube ausbauen. Um die Zylinderkopfhaube dabei nicht zu verziehen, muss man sich an eine bestimmte Reihenfolge beim Lösen halten. Diese ist in Bild 37 gezeigt. An der Seite des Zylinderkopfes befindet sich ein Ölabscheider (Ölfangbehälter), welcher ausgebaut werden muss.
- Alle Stützen des Ansaugkrümmers abschrauben. Mehrere Stützen werden verwendet, welche man in Bild 36 sehen kann.
- Den Ölfiltersockel und die Konsole für die Lenkhilfspumpe ausbauen. Die Befestigungsschrauben sind in Bild 38 gezeigt.
- Motor durchdrehen (Stecknuss auf der Schraube der Kurbelwellenriemenscheibe aufstecken), bis die Marke in der Kurbelwellenriemenscheibe gegenüber dem Zapfen im Steuerkettendeckel steht (siehe Bild 34). Bei dieser Kurbelwellenstellung wird man feststellen, dass das Steuerzeichen in jedem Steuerrad der Nocken-

welle in der in Bild 39 gezeigten Lage liegt.

- Eine Mutter und eine Schraube entfernen und den Kettenspanner aus dem Zylinderkopf herausziehen. Auf dem Kettenspanner befinden sich eine Dichtung und ein "O"-Dichtring. Beide Teile müssen erneuert werden.
- Verteilerdeckel abnehmen und den Verteilerkopf betrachten. Der Verteilerläufer wird in der in Bild 40 gezeigten Lage stehen. Um diese Stellung für den Einbau beizubehalten, muss man gegenüber der Mitte des Läufers mit einer Reissnadel in das Verteilergehäuse ritzen. Danach die beiden Schrauben (Pfeile) entfernen und den Verteiler herausziehen.
- Zwei Schrauben lösen und die Kettenführung ausbauen.
- Die beiden Schrauben der Nockenwellenkettenräder lösen. Die Nockenwellen müssen dazu gegengehalten werden. Hinter dem Nockenwellenrad ist ein Sechskant in die Welle eingearbeitet, an welchem man einen verstellbaren Schlüssel ansetzen kann, wie es Bild 41 zeigt.
- Nockenwellenlagerdeckel, Nockenwellen, Ölleitung und das Leitblech ausbauen. Eine bestimmte Reihenfolge muss beim Lösen der Lagerdeckel für die beiden Nockenwellen beachtet werden. Diese ist in Bild 42 gezeigt und ist zu befolgen.
- Nach Lösen der Schlauchschellen die folgenden Schläuche abschliessen: Schlauch zum Zylinderblock, Schläuche von der Heizung und, falls zutreffend, Wasserschlauch vom Ölkühler.
- Den Anlasser ausbauen. Ebenfalls muss ein Wasserrohr abgeschraubt werden.

Die Zylinderkopfschrauben an der Aussenseite abschrauben. Diese liegen an der in Bild 43 gezeigten Stelle, drei in der Nähe der Wasserpumpenriemenscheibe und eine in der Nähe des Zündverteilers.

- Zylinderkopfschrauben von der Aussenseite nach der Mitte vorgehend in gleichmässigen Stufen lockern und den Kopf herunterheben. Ansaug- und Auspuffkrümmer verbleiben am Zylinderkopf. Bild 44 zeigt die Reihenfolge zum Lösen der Schrauben. Falls der Kopf an der Dichtung kleben sollte, kann man kurz mit einem Gummihammer dagegenschlagen, um ihn zu lösen. Niemals versuchen den Kopf durch Einschieben eines Schraubenziehers zwischen die Dichtflächen zu trennen. Den Kopf einstweilen auf einer Werkbank ablegen, falls er später zerlegt oder über-

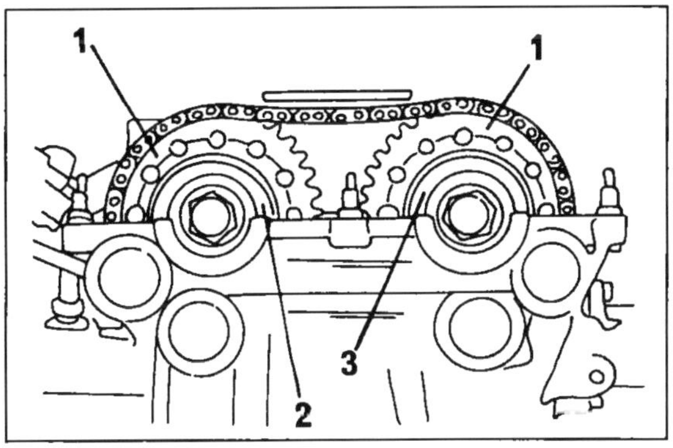

Bild 39
Die Steuerzeichen (1) in den Steuerrädern der Nockenwelle müssen in der gezeigten Lage stehen, wenn der Kolben des ersten Zylinders auf dem oberen Totpunkt steht.
1 Steuerzeichen
2 Rechtes Steuerrad
3 Linkes Steuerrad

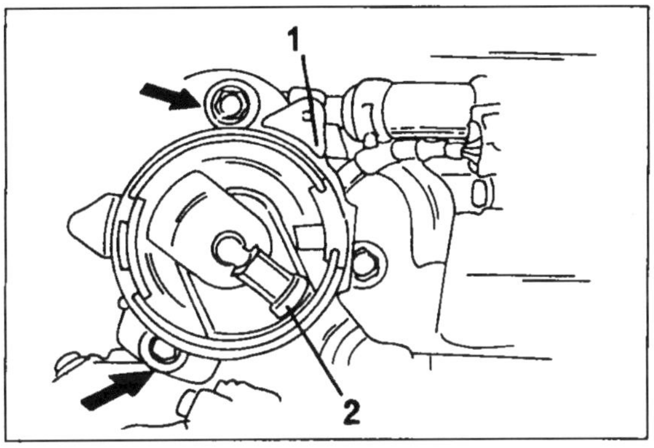

Bild 40
Vor Ausbau des Verteilers (1) eine Linie gegenüber dem Läufer (2) in die Gehäusekante (Pfeil) einritzen.

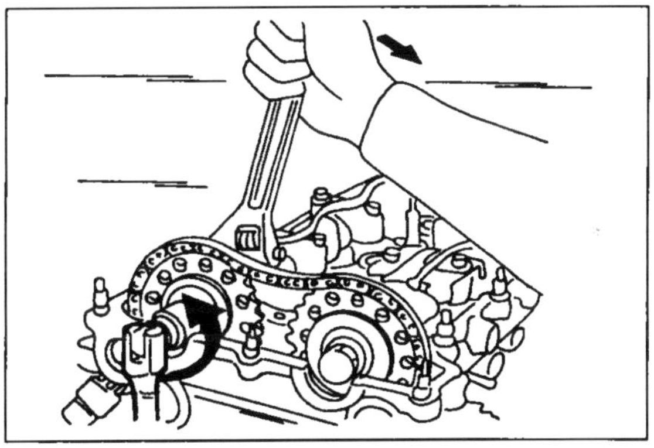

Bild 41
Lösen der Schrauben der beiden Kettenräder der Nockenwellen. Ein verstellbarer Schlüssel wird am Sechskant der Nockenwellen angesetzt.

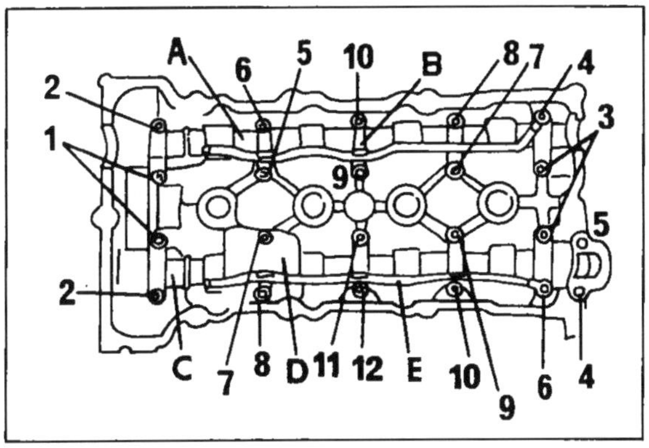

Bild 42
Reihenfolge zum Lösen der Lagerdeckelschrauben für die beiden Nockenwellen.
A Rechte Nockenwelle
B Nockenwellenlagerdeckel
C Linke Nockenwelle
D Leitblech
E Ölleitung

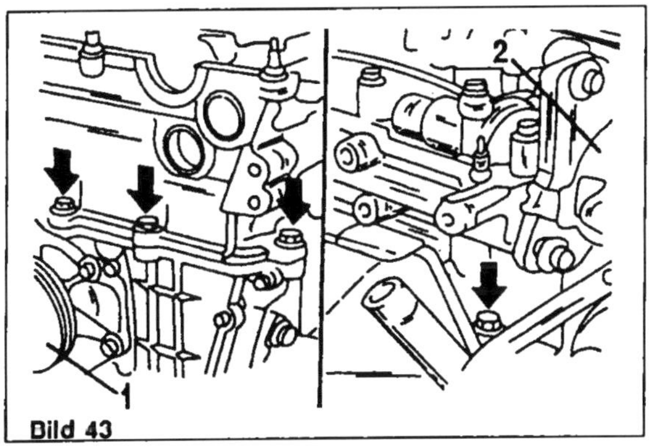

Bild 43

Bild 43 (links)
Die Lage der aussen sitzenden Schrauben des Zylinderkopfes. Drei auf der Seite der Wasserpumpenriemenscheiben (1) und eine auf der Seite des Verteilers (2).

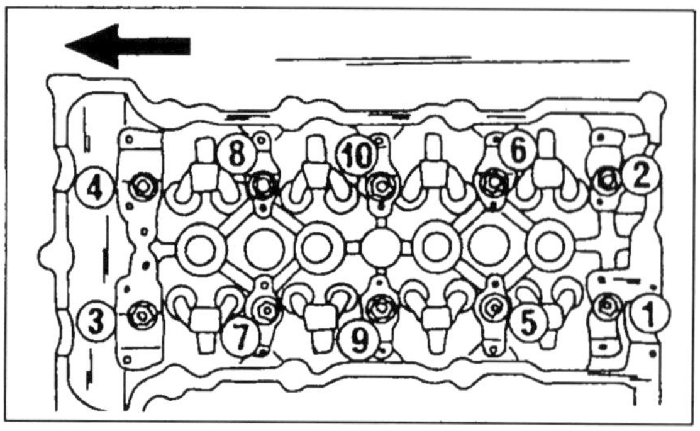

Bild 44
Reihenfolge zum Lösen der Zylinderkopfschrauben. Der Pfeil weist nach vorn.

holt werden soll.

- Ölwanne ausbauen (Kapitel 3.1).
- Von der Unterseite des Kurbelgehäuses das Ölsansaugsieb und das Ölleitblech ausbauen.
- Schraube der Riemenscheibe der Kurbelwelle lösen. Um die Welle gegen Mitdrehen zu halten, kann man einen Gang einlegen. Die Kurbelwellenriemenscheibe mit zwei Reifenhebeln abdrücken. Eine festsitzende Riemenscheibe kann man mit einem Abzieher abziehen. Zwei Gewindebohrungen sind in die Riemenscheibe eingearbeitet,

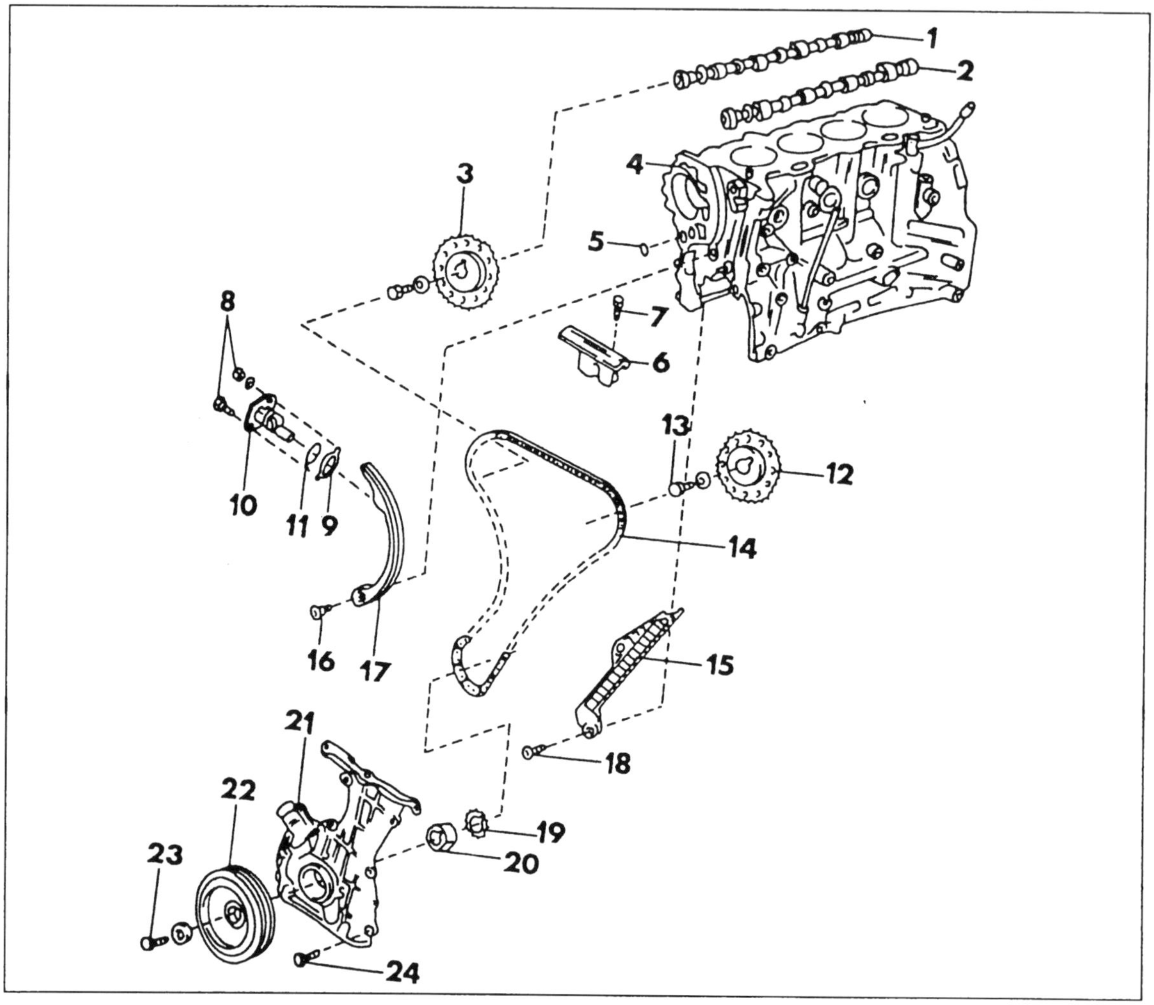

Bild 45
Die Einzelteile der Steuerung.
1 Rechte Nockenwelle
2 Linke Nockenwelle
3 Nockenwellenkettenrad
4 Zylinderblock
5 "O"-Dichtring
6 Kettenführung, oben
7 Schraube, 16-19 Nm
8 Schraube, Mutter, 6-8 Nm
9 Dichtung
10 Kettenspanner
11 "O"-Dichtring
12 Nockenwellenkettenrad
13 Schraube, 137-157 Nm
14 Steuerkette
15 Kettenführung
16 Schraube, 13-19 Nm
17 Kettenführung
18 Schraube, 13-19 Nm
19 Kurbelwellenkettenrad
20 Abstandsstück
21 Steuerdeckel
22 Riemenscheibe
23 Schraube, 145-155 Nm
24 Schraube, 6,5-7,5 Nm

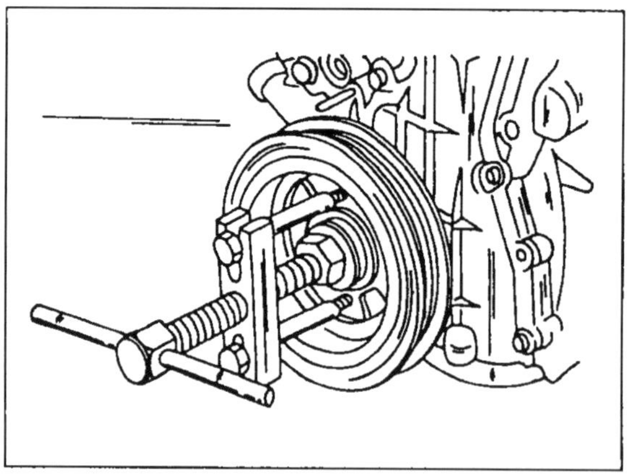

Bild 46
Abziehen der Kurbelwellenriemenscheibe.

um einen Abzieher des in Bild 46 gezeigten Aussehens anzusetzen.

- Der Motor muss jetzt aus den Aufhängungen gehoben werden. Dazu kann man einen Rollwagenheber mit einer geeigneten Stahlplatte unter die Unterseite des Kurbelgehäuses untersetzen, so dass die Stahlplatte gegen den Hauptlagerrahmen der Kurbelwelle ansitzt.
- Die vordere Motoraufhängung ausbauen.
- Steuerdeckel von der Stirnseite des Motors abschrauben. Insgesamt müssen 10 Schrauben gelöst werden.
- Die rechte und die linke Kettenführung lösen.

● Die Steuerkette herunterheben und, falls erforderlich, das Steuerrad der Kurbelwelle herunterziehen. Darauf achten, wie es aufgesteckt ist. Alle ausgebauten Teile, besonders die Teile der Steuerung gründlich reinigen und kontrollieren. Verschlissene Zahnräder können an sehr blanken Stellen erkannt werden, die man dann auch in den Rollen der Kette feststellen kann. Die Überprüfung der Teile des Zylinderkopfes, einschliesslich der Nockenwellen, wird in Kapitel 2.4.2 behandelt. Beim Einbau der Teile der Steuerung und des Zylinderkopfes in folgender Reihenfolge vorgehen. Alle geltenden Anzugsdrehmomente müssen Bild 45 entnommen werden und werden im Text nicht noch einmal erwähnt.

● Das Kurbelwellenrad über die Kurbelwelle schlagen. Der Bund des Kettenrades muss zur Kurbelwelle weisen. Darauf achten, dass die Scheibenfeder richtig eingreift.

● Kurbelwelle durchdrehen, bis der Keil im Kettenrad genau senkrecht oben steht. Das Steuerzeichen im Kettenrad befindet sich dabei in der "4 Uhr-Stellung". Die Steuerkette betrachten und das gezeichnete Kettenglied ausfindig machen. Zwei durch 20 Kettenglieder voneinander getrennte Steuerzeichen wird man auf einer Seite der Kette feststellen. Diese sind für die Nockenwellen bestimmt. Wenn man 48 Glieder nach einer Seite abzählt, wird man das gekennzeichnete Glied für das Kurbelwellenrad erhalten. Dieses Glied hat auch eine andere Farbe als die beiden anderen. Die Kette jetzt so über die Zähne des Kurbelwellenrades legen, dass das Kettenglied über den Zahn mit der Kennzeichnung kommt.

● Die Kettenführungen entsprechend Bild 47 montieren und festziehen. Die Kette oben lose hängenlassen.

● Alte Dichtung vom Steuerdeckel und der Dichtfläche des Zylinderblocks entfernen und die Deckelfläche mit Dichtungsmasse einschmieren (eine Wulst, ca. 2 - 3 mm breit). Das Abstandsstück (20) für den Ölpumpenantrieb (Bild 45) auf die Kurbelwelle aufstecken und den Deckel am Zylinderblock anschrauben. Alle herausgequetschte Dichtungsmasse abwischen, auch an der Oberseite und Unterseite des Deckelabschlusses.

● Vordere Motoraufhängung wieder einbauen und den Wagenheber entfernen.

● Kurbelwellenriemenscheibe auf die Welle aufschlagen und die Schraube festziehen. Kurbelwelle dabei gegen Mitdrehen gegenhalten. Die "0"-Marke der Riemenscheibe sollte gegenüber dem Zapfen im Steuerdeckel stehen (mit Bild 34 vergleichen).

● Ölansaugsieb und Ölleitblech montieren. Diese Arbeiten werden in Kapitel 3.1 beschrieben.

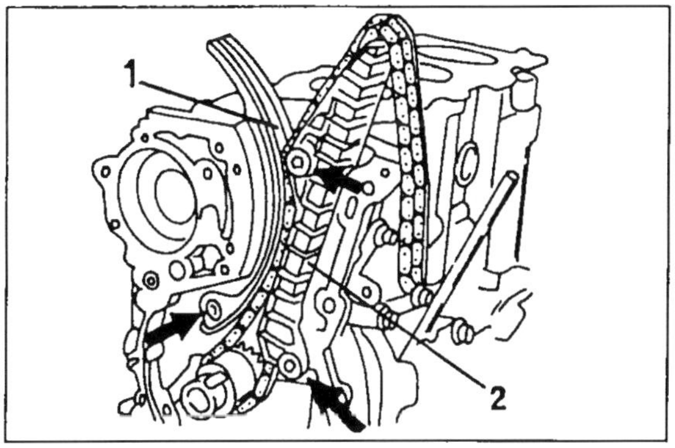

Bild 47
Einbau der rechten Kettonführung (1) und der linken Kettenführung (2).

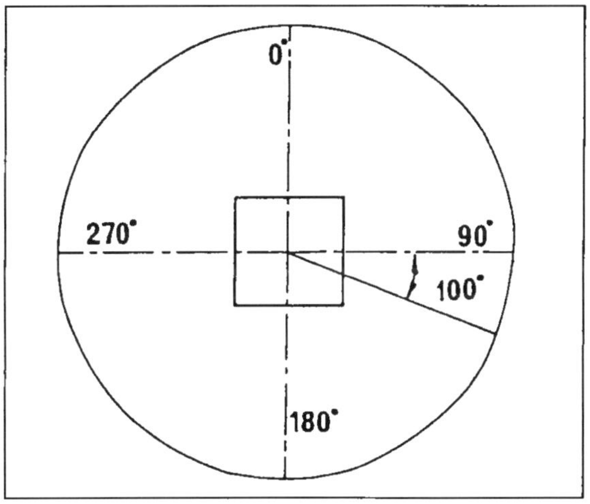

Bild 48
Ansicht einer selbsthergestellten Gradscheibe. Diese muss zum Anziehen der Zylinderkopfschrauben benutzt werden.

● Die Verbindungsstellen zwischen dem Steuerdeckel und dem Zylinderblock mit etwas Dichtungsmasse einschmieren und die Zylinderkopfdichtung auflegen.

● Den Zylinderkopf mit dem montierten Ansaug- und Auspuffkrümmer aufsetzen und mit einem Gummihammer anschlagen.

● Vor dem Einsetzen der Zylinderkopfschrauben müssen diese vermessen werden. Falls das Mass einer Schraube zwischen dem Ende des Gewindes und der Unterseite des Schraubenkopfes mehr als 158,2 mm beträgt, muss die betreffende Schraube erneuert werden.

● Die Zylinderkopfschrauben jetzt in umgekehrter Reihenfolge zu Bild 44 anziehen. Die Schraubengewinde und Unterseiten der Schraubenköpfe mit Öl einschmieren und alle Schrauben fingerfest anziehen. Eine Gradscheibe (siehe auch Bild 48) ist zum Anziehen erforderlich. Das Anziehen der Schrauben erfolgt jetzt in folgender Reihenfolge:

— Alle Schrauben entsprechend dem Anzugsdiagramm in Bild 44 mit einem Drehmoment von 40 Nm anziehen.
— Alle Schrauben entsprechend dem Anzugsdiagramm in Bild 44 mit einem Anzugsdrehmoment von 80 Nm anziehen.
— Alle Schrauben vollkommen lockern.
— Alle Schrauben entsprechend dem Anzugsdia-

gramm in Bild 44 mit einem Drehmoment von 35 - 45 Nm anziehen.

— Alle Schrauben jetzt im Winkelanzug anziehen. Dies geschieht wiederum in der in Bild 44 gezeigten Anzugsreihenfolge. Jede Schraube muss um 90 bis 100° nachgezogen werden. Um den richtigen Winkel zu erhalten, braucht man eine Gradscheibe, die man sich aber selbst herstellen kann. Ein rundes Stück Pappe herstellen und in vier gleichmässige Segmente von je 90° unterteilen. Eines der Segmente jetzt erneut unterteilen, wie es in Bild 48 gezeigt ist, um den Winkelbereich von 90 - 100° herzustellen. Genau in die Mitte der hergestellten Pappscheibe ein Vierkantloch einschneiden, welches die Grösse des Vierkantantriebs der verwendeten Stecknuss und Verlängerung hat. Beim Anziehen jetzt folgendermassen vorgehen:

— Die Gradscheibe auf die Verlängerung aufstecken und die Verlängerung in die Stecknuss einsetzen.

— Stecknuss auf Schraube (10) in Bild 44 aufsetzen und den Bezugspunkt "0°" auf der Scheibe mit einem beliebigen Punkt am Zylinderkopf ausrichten.

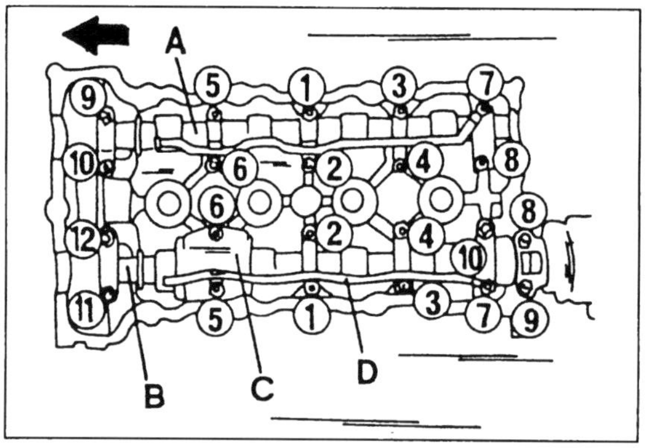

Bild 49
Reihenfolge zum Anziehen der Lagerdeckel für die Nockenwelle. Der grosse Lagerdeckel gehört zur linken Nockenwelle.
A Rechte Nockenwelle
B Linke Nockenwelle
C Ölleitblech
D Ölleitung

— Die Schraube jetzt anziehen, bis die Markierung 90 - 100° erreicht ist.

— Alle anderen Schrauben in gleicher Weise nachziehen, jedoch sind die angegebenen Winkel so genau wie möglich einzuhalten.

— In der gleichen Anzugsreihenfolge die Schrauben nochmals mit 90 bis 100° anziehen. Auf keinen Fall dürfen die Schrauben auf einmal um 180 - 200°, d.h. ca. eine halbe Umdrehung angezogen werden. Der Winkelanzug muss in zwei Durchgängen durchgeführt werden.

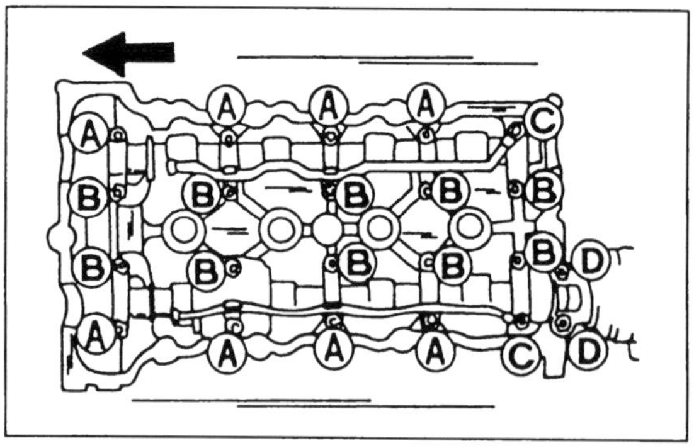

Bild 50
Die einzelnen im Text erwähnten Schrauben sind mit den Buchstaben A bis D gekennzeichnet.

- Die Zylinderkopfschrauben (4 Stück) an der Aussenseite einschrauben.
- Wasserrohr und Anlasser montieren.
- Alle Wasserschläuche wieder anschliessen. Kontrollieren, dass die Schläuche und Schlauchschellen wieder verwendet werden können.
- Fläche des Endlagerdeckels der linken Nockenwelle einwandfrei von alter Dichtungsmasse reinigen und ebenfalls die Montagestelle des Zylinderkopfes von dieser reinigen. Die Auflagefläche danach mit Dichtungsmasse einstreichen.
- Nockenwellenlagerzapfen gut einölen und in die Lagerbohrungen einlegen. Die Nockenwellen durchdrehen, bis die Passstifte in den Endflächen die folgende Stellung einnehmen:

  Der Stift der rechten Welle muss senkrecht oben stehen (12 Uhr).

  Der Stift der linken Welle muss ebenfalls oben stehen, aber in der 10 Uhr-Stellung.
- Die Nockenwellenlagerdeckel müssen jetzt angezogen werden. Diese Arbeit ist ziemlich kompliziert und muss unter Bezug auf Bilder 49 und 50 durchgeführt werden. Ein Bild gibt die Anzugsreihenfolge der Schrauben, während das andere Bild auf die verschiedenen Schrauben hinweist, die unterschiedliche Anzugsdrehmomente haben. Folgendermassen vorgehen:

— Beim Festziehen der rechten Nockenwelle die Schrauben (9) und (10) und danach die Schrauben (1) bis (8) in dieser Reihenfolge mit 2 Nm anziehen.

— Beim Festziehen der linken Nockenwelle die Schrauben (11) und (12) und danach die Schrauben (1) bis (10) in dieser Reihenfolge mit 2 Nm anziehen.

— Alle Schrauben in der oben angegebenen Reihenfolge mit einem Drehmoment von 6 Nm anziehen.

— Alle in Bild 50 mit A, B und C bezeichneten Schrauben in der oben angegebenen Reihenfolge mit einem Anzugsdrehmoment von 9 - 12 Nm anziehen.

— Alle in Bild 50 mit D bezeichneten Schrauben mit 18 - 25 Nm anziehen.

- Steuerräder der Nockenwellen aufstecken (Passstifte in Eingriff), während die Steuerkette gleichzeitig in Eingriff gebracht wird. Die Steuermarken der Kettenräder und die gezeichneten Kettenglieder müssen fluchten, wie es in Bild 39 zu sehen ist.
- Schrauben eindrehen, die Nockenwellen gegenhalten (Bild 41) und die Schrauben mit 14 - 16 Nm festziehen.
- Kettenführung (6) in Bild 45 montieren.

● Zündverteiler einbauen. Der Mitnehmerschlitz in der Nockenwelle muss fast waagerecht stehen. Nach Einbau Verteiler mit Bild 40 vergleichen.

● Als nächstes den Kettenspanner einbauen. Dazu muss Bezug auf Bild 51 genommen werden, um den Spanner vorzuspannen. Dazu die Sicherungsspange (1) nach innen drücken und dann den Kolben (2) in den Spanner hineinstossen, bis man den Haken (4) über den Stift (3) einrasten kann. Kettenspanner mit dem Pfeil im Spanner zur Vorderseite des Motors weisend anschrauben. Nachdem der Spanner festgeschraubt ist, klinkt der Haken (4) aus, und der Spanner kann automatisch arbeiten.

● Ölfiltersockel und Konsole für die Lenkhilfspumpe anschrauben (siehe Bild 38).

● Die Stützstreben für den Ansaugkrümmer montieren.

● Alle Reste alter Dichtung von der Zylinderkopffäche und der Zylinderkopfhaube entfernen und beide Dichtflächen mit Dichtungsmasse einschmieren.

● Dichtung auflegen und die Befestigungsmuttern in umgekehrter Reihenfolge von Bild 37 anziehen. Zuerst die in der Mitte liegende Mutter, gefolgt von den Muttern (4), (3), (1) und (6) mit 4 Nm anziehen. Danach alle Muttern in der umgekehrten Reihenfolge auf 8 - 10 Nm anziehen. Wiederum ist die Mutter in der Mitte die erste Mutter.

● Alle anderen Arbeiten in umgekehrter Reihenfolge wie beim Ausbau durchführen.

Fahrzeuge mit 1,4- und 1,6 Liter-Motor

Der folgende Text behandelt die bis Ende Baujahr 1992 gebauten Modelle mit Vergaser und ab 1993 gebaute Modelle mit Kraftstoffeinspritzung. Bestimmte Unterschiede liegen vor, die wir während der Beschreibung besonders hervorheben.

● Alle unter der Vorderseite des Fahrzeuges montierten Unterzugsbleche abschrauben.

● Bei einem Einspritzmotor den Druck aus der Kraftstoffanlage entlasten, wie es auf Seite 14 beschrieben wurde (siehe auch Bild 17).

● Fahrzeug vorn auf Böcke setzen, das rechte Rad abschrauben und das Abdeckblech aus dem vorderen, rechten Radkasten abschrauben.

● Kühlanlage ablassen, wie es in Kapitel 4.1 beschrieben ist.

● Die Antriebsriemen für die Drehstromlichtmaschine und die Lenkhilfspumpe ausbauen. Die Pumpe zusammen mit der Konsole vom Motor abschrauben. Nicht von den Schläuchen abschliessen.

● Das vordere Auspuffrohr vollkommen ausbauen.

● Motor in geeigneter Weise mit Seilen an ein Hebezeug hängen und die vordere Motoraufhängung ausbauen. Dies ist der in Bild 24 gezeigte Bügel.

● Bei einem Vergasermotor den Luftfilter ausbauen; bei einem Einspritzmotor den Ansaugschlauch zwischen Luftfilter und Ansaugsammelrohr ausbauen und danach den Luftfilter abmontieren.

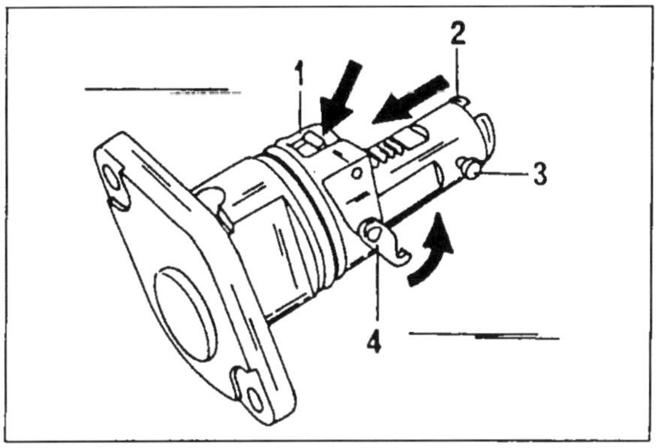

Bild 51
Einzelheiten zum Vorspannen des Kettenspanners (siehe Text).
1 Sicherungslasche
2 Kolben
3 Stift
4 Haken

● Alle Zündkerzen ausschrauben.

● Die Zylinderkopfhaube ausbauen. Um die Zylinderkopfhaube dabei nicht zu verziehen, muss man sich an eine bestimmte Reihenfolge beim Lösen halten. Diese ist in Bild 52 gezeigt, wobei man feststellen wird, dass es hier Unterschiede zwischen dem Vergasermotor und dem Einspritzmotor gibt. Je nach Aussehen der Zylinderkopfhaube werden die Schrauben gelockert.

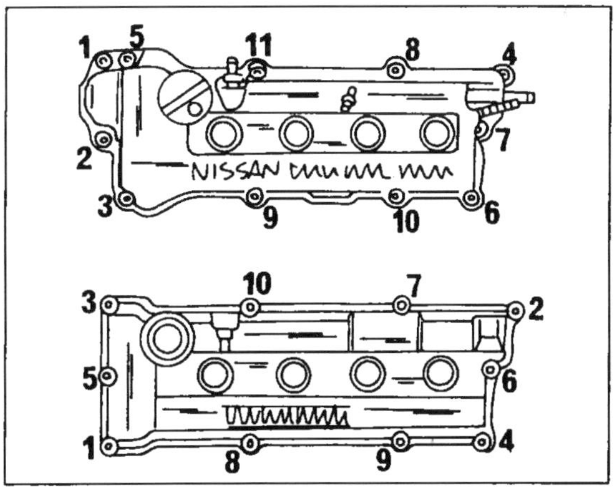

Bild 52
Reihenfolge zum Lösen der Schrauben der Zylinderkopfhaube. Die Schrauben anhand der Form der Zylinderkopfhaube lockern. Der untere Deckel wird normalerweise beim Vergasermotor vorgefunden.

● Motor durchdrehen (Stecknuss auf der Schraube der Kurbelwellenriemenscheibe aufstecken), bis die Marke in der Kurbelwellenriemenscheibe gegenüber dem Zapfen im Steuerkettendeckel steht (siehe Bild 53). Bei dieser Kurbelwellenstellung steht der Kolben des ersten Zylinders auf dem oberen Totpunkt im Verdichtungshub.

● Verteilerdeckel abnehmen und den Verteilerkopf betrachten. Der Verteilerläufer wird ähnlich wie in Bild 40 gezeigt stehen. Um diese Stellung

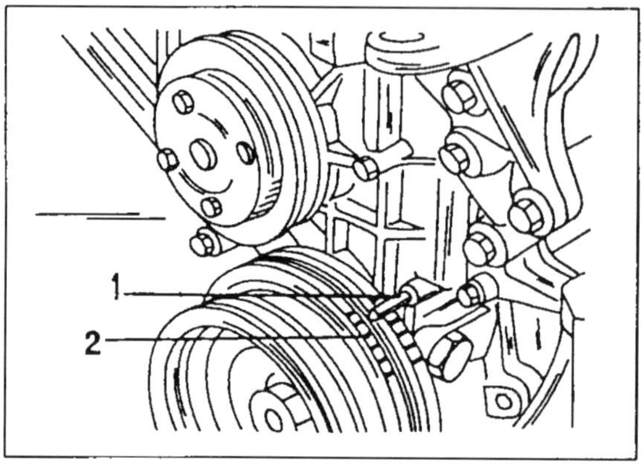

Bild 53
Wenn der Kolben des ersten Zylinders auf dem oberen Totpunkt steht, müssen der Zapfen (1) und die "0"-Marke in der Riemenscheibe (2) fluchten.

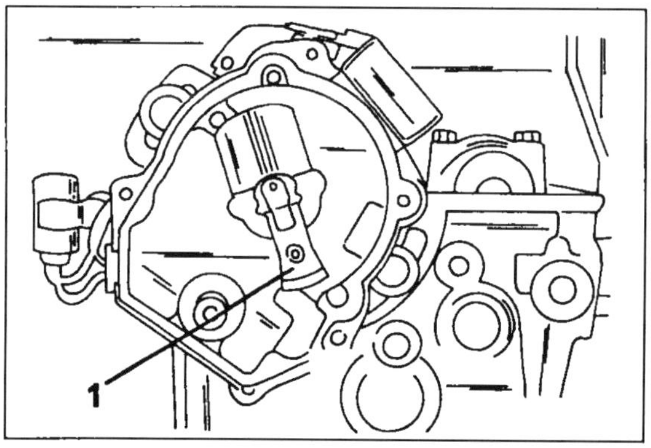

Bild 54
Stellung des Verteilerläufers bei OT-Stellung des ersten Zylinders, wenn es sich um einen Einspritzmotor handelt.

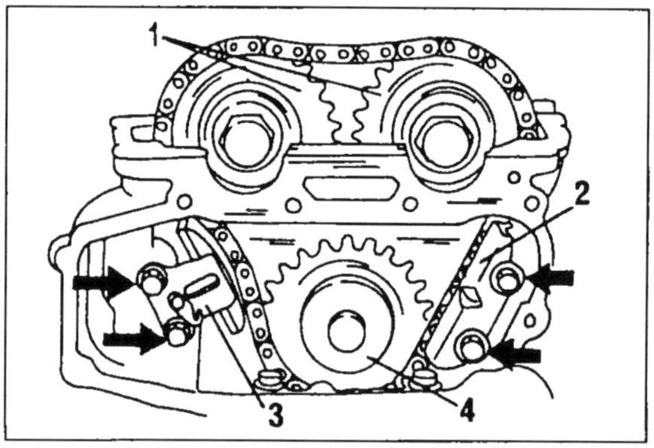

Bild 55
Ansicht der eingebauten Kettenräder, des Kettenspanners und der Kettenführung bei einem Vergasermotor. Die Pfeile zeigen die Befestigungsschrauben.
1 Steuerzeichen in Kettenrädern der Nockenwellen
2 Kettenführung
3 Kettenspanner
4 Zwischenkettenrad

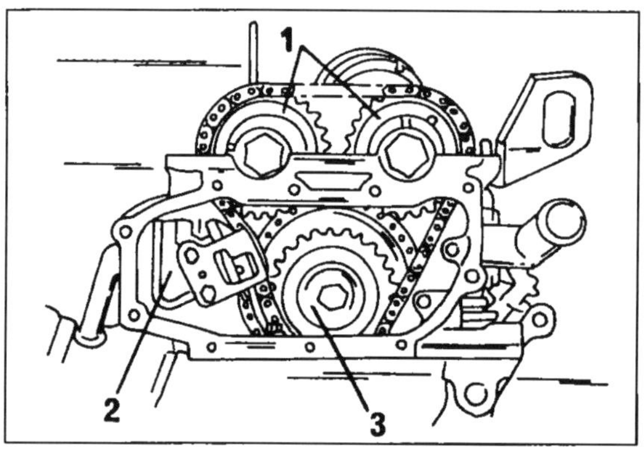

Bild 56
Ansicht der Nockenwellenräder, des Kettenspanners und des Zwischenwellenrades beim Einspritzmotor.
1 Nockenwellenkettenräder
2 Kettenspanner
3 Zwischenwellenrad

für den Einbau beizubehalten, muss man gegenüber der Mitte des Läufers mit einer Reissnadel in das Verteilergehäuse ritzen. Danach den Zündverteiler ausbauen. Zu beachten ist die Stellung des Verteilerläufers bei eingebauter Einspritzanlage, da dieser in etwas unterschiedlicher Stellung stehen wird. Bild 54 zeigt diese Ausfluchtung.

- Das Thermostatgehäuse ausbauen.
- Den Deckel der Nockenwellenräder abschrauben.
- Die Riemenscheibe der Wasserpumpe ausbauen.
- Kettenspanner ausbauen. Dieser ist mit zwei Schrauben befestigt.
- Unter Bezug auf Bild 55 oder 56 kontrollieren, ob die beiden Steuerzeichen in den Nockenwellenkettenrädern gegenüberstehen und danach den inneren Kettenspanner auf der linken Seite und die Kettenführung auf der rechten Seite ausbauen (Vergasermotor) oder den Kettenspanner in Bild 56 abschrauben (Einspritzmotor).
- Schrauben der Nockenwellenkettenräder lockern und entfernen. Die Nockenwellen müssen dabei in geeigneter Weise gegengehalten werden. Beide Kettenräder herunterziehen und gleichzeitig die Steuerkette aus dem Eingriff bringen. Die Nockenwellen jetzt nicht mehr durchdrehen, da sonst die Ventile gegen die Kolben anschlagen können. Falls nur der Zylinderkopf ausgebaut werden soll, muss man die Kette stramm ziehen und in geeigneter Weise festbinden.
- Schrauben der Nockenwellenlagerdeckel in mehreren Durchgängen in der in Bild 57 gezeigten Reihenfolge lockern. Die Deckel entsprechend der Einbaulage kennzeichnen und abnehmen. Beide Nockenwellen herausheben.

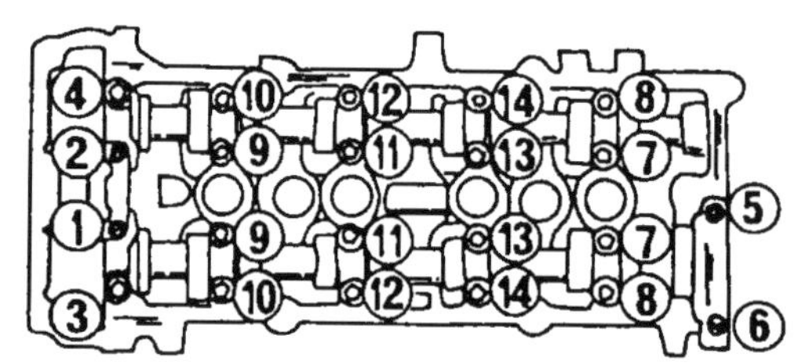

Bild 57

Bild 57 (rechts)
Reihenfolge zum Lösen der Deckel der beiden Nockenwellen.

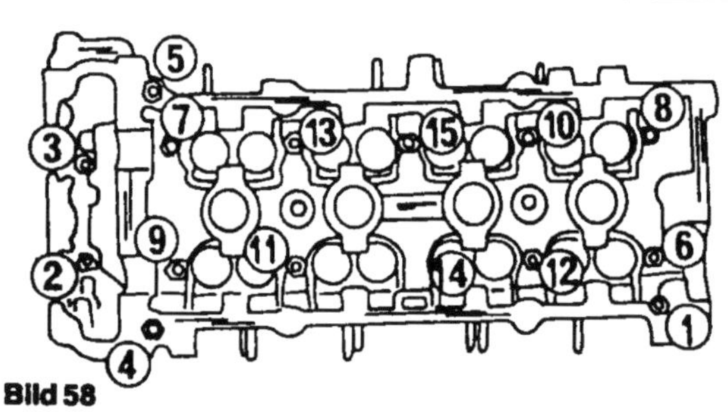

Bild 58

Bild 58 (rechts)
Reihenfolge zum Lösen der Zylinderkopfschrauben.

- Schraube in der Mitte des Zwischenkettenrades lockern (4, Bild 55 oder 3, Bild 56) und das Zwischenrad herunterziehen.
- Unter Bezug auf Bild 58 die Zylinderkopfschrauben von der Aussenseite nach der Mitte

Bild 59
Die vordere Motoraufhängung und der Träger müssen ausgebaut werden.

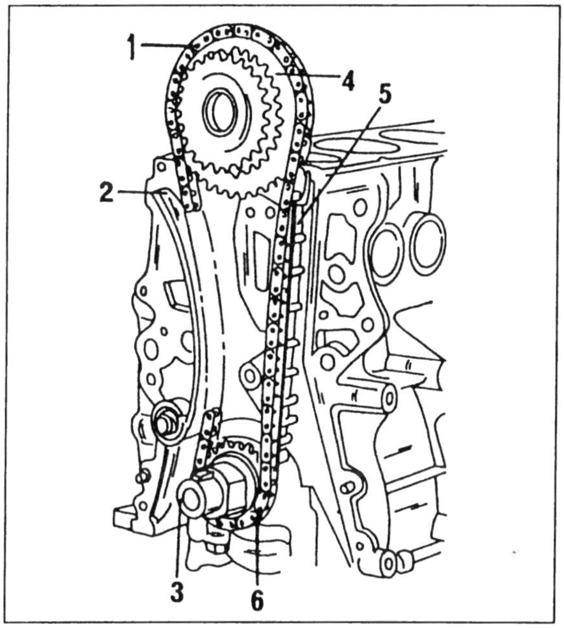

Bild 60
Ansicht der eingebauten unteren Steuerkette.
1 Untere Steuerkette
2 Kettenführung
3 Abstandsring, Ölpumpenantrieb
4 Zwischenkettenrad
5 Kettenführung
6 Kurbelwellenkettenrad

zu vorgehend in gleichmässigen Stufen lockern und den Kopf herunterheben. Ansaug- und Auspuffkrümmer verbleiben am Zylinderkopf. Falls der Kopf an der Dichtung kleben sollte, kann man kurz mit einem Gummihammer dagegenschlagen, um ihn zu lösen. Niemals versuchen den Kopf durch Einschieben eines Schraubenziehers zwischen die Dichtflächen zu trennen. Den Kopf einstweilen auf einer Werkbank ablegen, falls er später zerlegt oder überholt werden soll.

- Von der Rückseite die Welle des Zwischenrades herausziehen.
- Obere Steuerkette ausbauen.
- Kontrollieren, dass der Motor einwandfrei am Hebezeug hängt und den mittleren Motorträger ausbauen.
- Ölwanne ausbauen und Ölansaugsieb ausbauen (Kapitel 3.1).
- Kurbelwelle gegen Mitdrehen gegenhalten (einen Gang einlegen) und die Schraube der Kurbelwellenriemenscheibe lockern. Die Riemenscheibe mit zwei Reifenhebeln abdrücken.
- Einen Rollwagenheber unter den Motor setzen und den Motor anheben. Ein Stück Hartholz zwischen Wagenheber und Motor einlegen. Das vordere Motorlager vom Aufhängungsträger abschrauben. Dies ist das in Bild 59 gezeigte Motorlager.
- Steuerdeckel abschrauben. Eine Schraube ist in die Wasserpumpe eingesetzt.
- Die in Bild 60 gezeigten Teile von der Stirnseite des Motors abmontieren.

Der Einbau der Steuerung und des Zylinderkopfes geschieht in folgender Reihenfolge. Bild 61 zeigt die Einzelteile der Steuerung zusammen mit den Anzugsdrehmomenten.

- Kontrollieren, dass der Kolben des ersten Zylinders immer noch auf dem oberen Totpunkt steht. Die beiden Keile in der Kurbelwelle müssen senkrecht oben stehen.
- Kettenführung montieren.
- Kurbelwellensteuerrad aufschlagen und die untere Steuerkette auflegen. Das Kettenrad ist mit einem Steuerzeichen versehen und das silberne Kettenglied muss über den Zahn mit dem Steuerzeichen kommen. Das Kettenrad muss natürlich mit dem Steuerzeichen nach aussen weisend aufgeschlagen werden. Das andere silberne Kettenglied ist symmetrisch eingesetzt, so dass die Kette beliebig herum aufgelegt werden kann. Die Kette strammziehen und oben zusammenbinden, damit sie nicht wieder herunterrutschen kann.
- Den Steuerdeckel montieren:
  — Deckelfläche mit Dichtungsmasse einschmieren.
  — Nochmals kontrollieren, dass die Steuerzeichen an Kette und Kettenrad fluchten.
  — Abstandsstück für den Ölpumpenantrieb mit der Ölpumpe ausrichten.
  — Kette auf eine Seite der Kettenführung drücken, damit sie nicht in Berührung mit der Wasserabdichtgegend des Deckels kommt.
  — Zwei neue "O"-Dichtringe in die Innenseite des Deckels einsetzen.
  — Beim Aufsetzen des Deckels darauf achten, dass der Öldichtring nicht beschädigt wird.
- Vordere Motoraufhängung montieren (siehe Bild 59).
- Ölansaugsieb und Ölwanne montieren (Kapitel 3.1).
- Riemenscheibe der Kurbelwelle montieren und die Schraube anziehen.
- Mittleren Motorträger montieren (siehe Kapitel 2.1.5).
- Das grosse Kettenrad der Zwischenwelle so ausrichten, dass das Steuerzeichen in diesem Rad mit dem silbernen Glied in der unteren Steuerkette in Eingriff kommt. Dann unter Bezug auf Bild 62 die obere Steuerkette auflegen, so dass das Steuerzeichen am kleinen Kettenrad mit dem silbernen Glied der oberen Kette fluchtet.

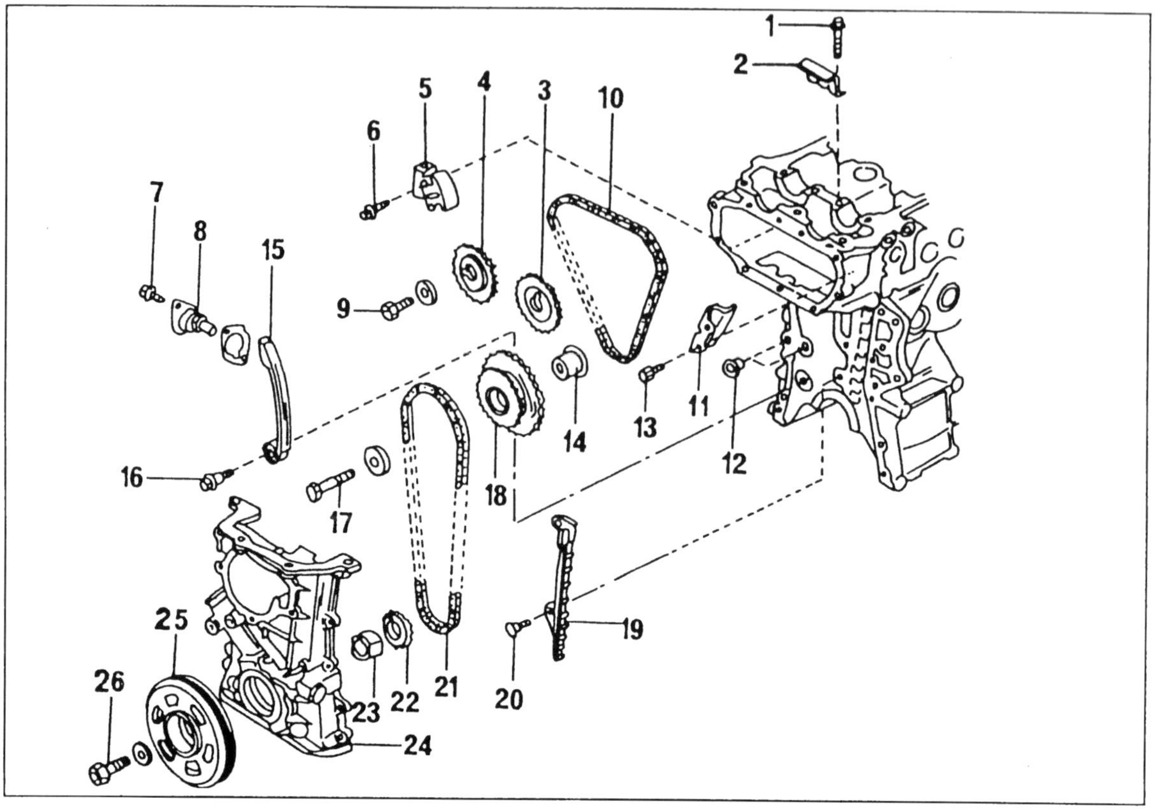

Bild 61
Die Teile der Steuerung des 1,4- oder 1,6 Liter-Motors.
1 Schraube, 9 - 12 Nm
2 Kettenführung
3 Nockenwellenkettenrad (Auslass)
4 Nockenwellenkettenrad, (Einlass)
5 Kettenspanner
6 Schraube, 6 - 8,5 Nm
7 Schraube, 6 - 12 Nm
8 Kettenspanner
9 Schraube, 100 - 130 Nm
10 Obere Steuerkette
11 Kettenführung
12 "O"-Dichtring
13 Schraube, 6 - 8,5 Nm
14 Zwischenradwelle
15 Kettenspannerschiene
16 Lagerbolzen, 13 - 19 Nm
17 Schraube, 45 - 60 Nm
18 Zwischenkettenrad
19 Kettenführung
20 Schraube, 13 - 19 Nm
21 Untere Steuerkette
22 Kurbelwellenkettenrad
23 Abstandsstück, Ölpumpe
24 Steuerdeckel
25 Riemenscheibe
26 Schraube, 135 - 155 Nm

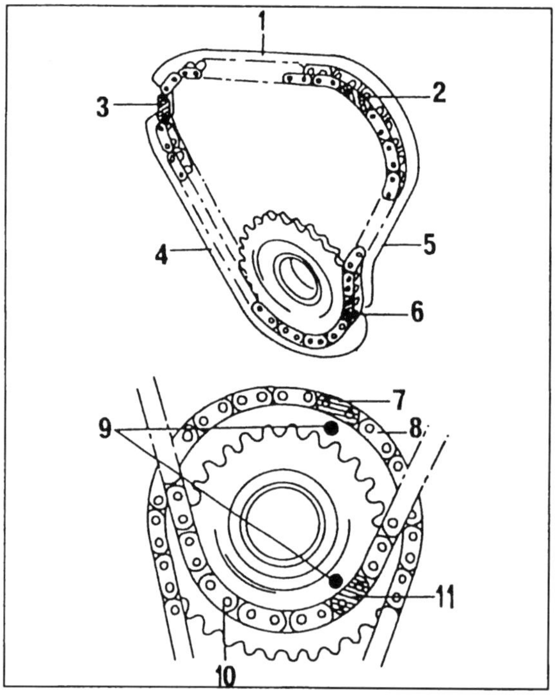

Bild 62
Lage der Steuerzeichen für die obere und untere Steuerkette.
1 16 Kettenglieder zwi- Steuerzeichen (2) und (3) der Kette
2 Steuerzeichen der Kette (Silberfarbe)
3 Steuerzeichen der Kette (Silberfarbe)
4 22 Kettenglieder zwischen Steuerzeichen (3) und (6) der Kette
5 16 Kettenglieder zwischen Steuerzeichen (2) und (6) der Kette
6 Steuerzeichen der Kette (Silberfarbe)
7 Steuermarke der unteren Kette (Silberfarbe)
8 Untere Steuerkette
9 Steuerzeichen am Steuerrad der Zwischenwelle
10 Obere Steuerkette
11 Steuerzeichen der unteren Kette (Silberfarbe)

Beide Steuerzeichen der Kettenräder der Zwischenwelle müssen nach aussen weisen. Die Welle der Zwischenräder von hinten einschieben.

● Zylinderkopf mit einer neuen Dichtung montieren. Scheiben werden auf die Zylinderkopfschrauben aufgelegt, die mit der flachen Seite auf den Zylinderkopf kommen. Den Zylinderkopf mit dem montierten Ansaug- und Auspuffkrümmer aufsetzen und mit einem Gummihammer anschlagen. Alle Schrauben eindrehen.

● Die Zylinderkopfschrauben jetzt in umgekehrter Reihenfolge zu Bild 58 anziehen. Die Schraubengewinde, die Unterseiten der Schraubenköpfe und die Scheiben mit Öl einschmieren und alle Schrauben fingerfest anziehen. Das Anziehen der Schrauben erfolgt jetzt in folgender Reihenfolge:

- Alle Schrauben entsprechend dem Anzugsdiagramm in Bild 58 mit einem Drehmoment von 29 Nm anziehen.
- Alle Schrauben entsprechend dem Anzugsdiagramm in Bild 58 mit einem Anzugsdrehmoment von 60 Nm anziehen.
- Alle Schrauben vollkommen lockern.
- Alle Schrauben entsprechend dem Anzugsdiagramm in Bild 58 mit einem Drehmoment von 30 Nm anziehen.
- Alle Schrauben jetzt im Winkelanzug anziehen. Dies geschieht wiederum in der in Bild 58 gezeigten Anzugsreihenfolge. Jede Schraube muss um 50 bis 55° nachgezogen werden. Um den richtigen Winkel zu erhalten, braucht man eine Gradscheibe, die man sich aber selbst herstellen kann. Ein rundes Stück Pappe herstellen und in vier gleichmässige Segmente von je 90° unterteilen. Eines der Segmente jetzt erneut unterteilen, um einen Ausschnitt von 45° zu erhalten. Die 50 - 55°-Einteilung entsprechend unterhalb der 45°-Linie einzeichnen, wie es in Bild 63 gezeigt ist. Genau in die Mitte der her-

gestellten Pappscheibe ein Vierkantloch einschneiden, welches die Grösse des Vierkantantriebs der verwendeten Stecknuss und Verlängerung hat. Beim Anziehen jetzt folgendermassen vorgehen:

— Die Gradscheibe auf die Verlängerung aufstecken und die Verlängerung in die Stecknuss einsetzen.
— Stecknuss auf Schraube (15) in Bild 58 aufsetzen und den Bezugspunkt "0°" auf der Scheibe mit einem beliebigen Punkt am Zylinderkopf ausrichten.
— Die Schraube jetzt anziehen, bis die Markierung 50 - 55° erreicht ist.
— Alle anderen Schrauben in gleicher Weise nachziehen, jedoch sind die angegebenen Winkel so genau wie möglich einzuhalten.

Falls keine Gradscheibe verwendet wird, kann man die Schrauben auf 60 Nm anziehen, nachdem sie das zweite Mal auf 30 Nm angezogen wurden.

Abschliessend die Schrauben an den Aussenseiten (Schrauben 1 bis 5 in Bild 58) mit einem Anzugsdrehmoment von 6,5 - 8,5 Nm anziehen.

● Kettenantrieb in geeigneter Weise blockieren und die Schraube des Zwischenkettenrades anziehen (54 - 60 Nm).

● Nockenwellen, Nockenwellenlagerdeckel und Zündverteiler montieren. Um sie nicht zu verwechseln, sind die Nockenwellen mit einem Buchstaben versehen. Die Einlassnockenwelle hat den Buchstaben "I" an der in Bild 63 gezeigten Stelle, die Auslassnockenwelle ein "E". Die Lagerzapfen der Nockenwellen gut einölen.

● Die Lagerdeckel entsprechend Bild 65 aufsetzen. Die Deckel sind an den gezeigten Stellen gekennzeichnet. Die Pfeilkennzeichung (2) muss nach vorn weisen. Jeder Deckel hat eine eingeschlagene Zahl.

● Die Nockenwellenlagerdeckel in umgekehrter Reihenfolge zu Bild 57 anziehen. Nockenwellenlagerzapfen gut einölen. Falls Teile der Ventile oder die Nockenwellen erneuert wurden, müssen die Ventilspiele eingestellt werden, wie es in Kapitel 2.4.5 beschrieben ist.

● Die Kettenräder der Nockenwellen in die Steuerkette einlegen und die Räder an den Wellen anschrauben. Dabei Bezug auf Bild 66 nehmen und die einzelnen Kettenglieder zwischen den beiden silberfarbenen Gliedern an der Oberseite zählen. Jedes Kettenrad ist an einem Zahn mit einem Steuerzeichen versehen, welcher in das silberfarbene Glied eingesetzt werden muss. Auch das Steuerzeichen im Kettenrad der Zwischenwelle muss entsprechend Bild 66 ausgerichtet sein. Man baut also den gesamten Kettenantrieb entsprechend Bild 66 ein, d.h. Steuerzeichen in Kettenrädern der Nockenwelle und dem Zwischenrad müssen jeweils mit den Zähnen mit den Steuerzeichen in Eingriff kommen. Die Führungen in der Innenseite der Nockenwellenräder befinden sich dann in der gezeigten Lage.

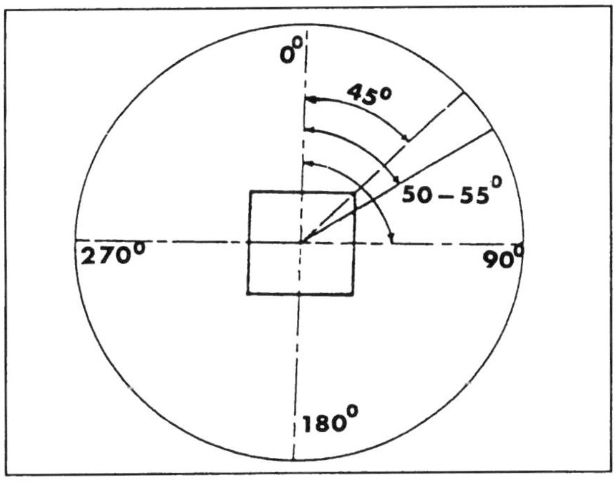

Bild 63
Ansicht einer selbsthergestellten Gradscheibe für den 1,4- und 1,6 Liter-Motor.

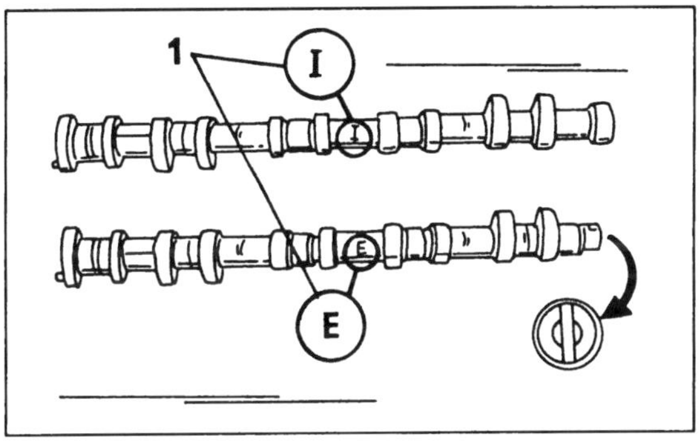

Bild 64
Nockenwellen eines 1,4- und 1,6 Liter-Motors sind an den gezeigten Stellen mit Buchstaben gezeigt. Ebenfalls ist der Mitnehmerschlitz der Auslassnockenwelle zu sehen.

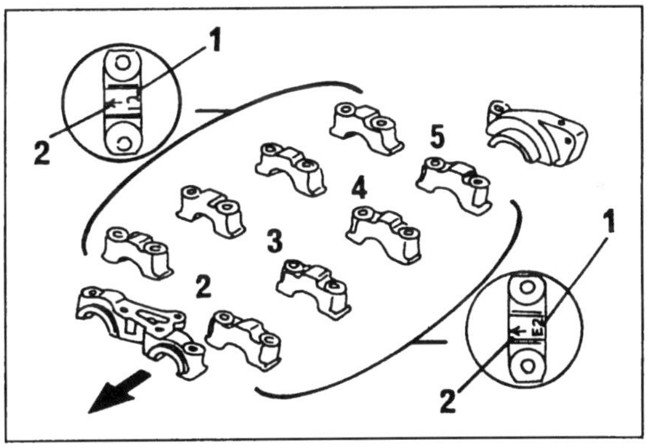

Bild 65
Die Kennzeichnung der Nockenwellenlagerdeckel. Oben die Deckel für die Einlassnockenwelle, unten für die Auslassnockenwelle.
1 Kennzahl der Deckel
2 "Vorn"-Kennzeichnung

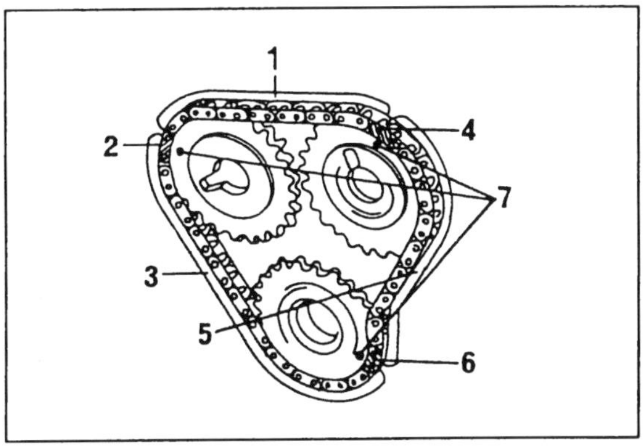

Bild 66
Richtig zusammengebaute, obere Steuerkette zusammen mit den eingesetzten Steuerrädern.
1 16 Kettenglieder
2 Steuerzeichen, links
3 22 Kettenglieder
4 Steuerzeichen, rechts
5 16 Kettenglieder
6 Steuerzeichen, unten
7 Steuerzeichen in Kettenrädern

● Die beiden Nockenwellen vorsichtig durchdrehen (die Kurbelwelle muss dabei ebenfalls verdreht werden, damit die Ventile nicht gegen die Kolben anschlagen können), bis die beiden Passstifte die in Bild 67 gezeigte Lage einnehmen. In dieser Nockenwellenstellung die Kettenräder auf die Wellen stecken (Führungen in den Kettenrädern über die Passstifte) und die Schrauben einsetzen. Die Schrauben mit dem vorgeschriebenen Anzugsdrehmoment festziehen. Nochmals kontrollieren, dass die in Bild 66 gezeigten Steuerzeichen ausgerichtet sind.

Bild 67
Die beiden Passstifte (1) müssen in der gezeigten Lage stehen, ehe die Steuerräder aufgebracht werden.

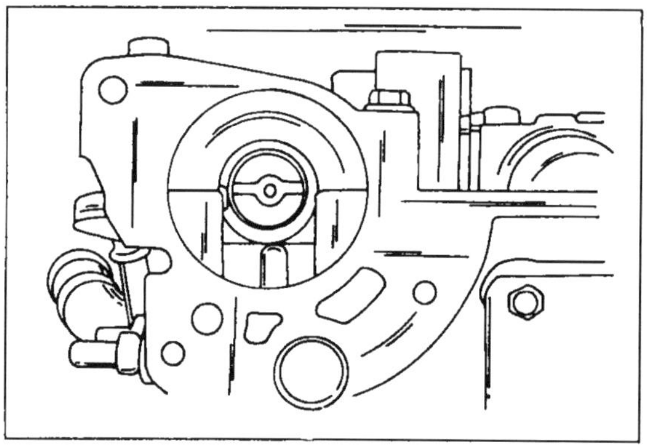

Bild 68
Der Mitnehmerschlitz im Ende der Nockenwelle muss waagerecht ausgerichtet sein.

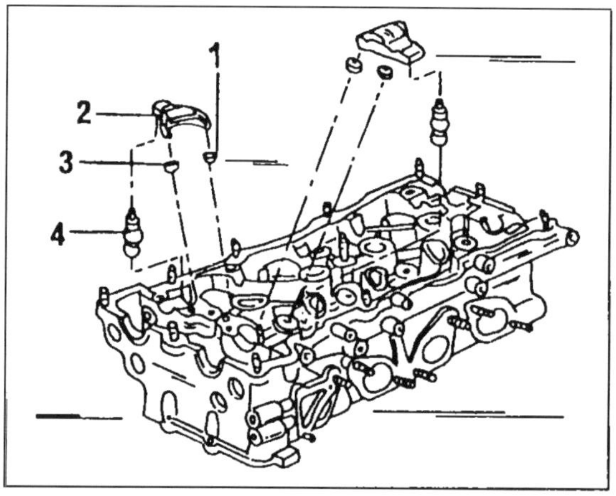

Bild 69
Teile des Kipphebelmechanismus beim 2,0 Liter-Motor.
1 Kipphebelführung
2 Kipphebel
3 Ausgleichsscheibe
4 Hydraulisches Ausgleichselement

● Inneren Kettenspanner und Kettenführung entsprechend Bilder 55 und 56 montieren. Kontrollieren, dass der zum Sperren des Kettenspanners benutzte Haken frei wird.

● Kettenspanner von der Aussenseite einschrauben. Motor langsam durchdrehen, um zu kontrollieren, dass sich Kurbeltrieb und Kettenantrieb einwandfrei drehen können. Kolben des ersten Zylinders wieder auf den oberen Totpunkt bringen.

● Dichtung des Thermostatgehäuses mit Dichtungsmasse einschmieren und das Gehäuse anschrauben.

● Riemenscheibe der Wasserpumpe anschrauben.

● Zündverteiler montieren. Der Mitnehmerschlitz im Ende der Nockenwelle muss waagerecht stehen, wie man es in Bild 68 sehen kann.

● Abdeckung der Nockenwellenräder aufschrauben.

● Die halbrunden Abdichtgummieinsätze in der Innenseite ca. 3 mm breit mit Dichtungsmasse einschmieren und in die Aufnahmen des Zylinderkopfes einsetzen. Einsätze gut ausrichten, damit die Oberseite bündig mit der Zylinderkopffläche abschliesst.

● Dichtung der Zylinderkopfhaube mit Dichtungsmasse einschmieren und die Haube montieren. Schrauben entgegengesetzt der Reihenfolge in Bild 52 anziehen, je nachdem, welche Form die Zylinderkopfhaube hat.

● Alle anderen Arbeiten in umgekehrter Reihenfolge wie beim Ausbau durchführen.

2.4.2 Zylinderkopf und Ventile zerlegen

Beide in dieser Ausgabe behandelten Motoren haben einen Zylinderkopf mit darin eingebauten Nockenwellen, jedoch hört die Ähnlichkeit da bereits auf. Die beiden Motorengruppen werden aus diesem Grund getrennt behandelt. Beim 2,0 Liter-Einspritzmotor werden Kipphebel verwendet, welche die hydraulischen Ausgleichselemente für die Ventilspiele mit einem Ende betätigen. Beim 1,4- und 1,6 Liter-Motor, ganz gleich mit welcher Kraftstoffaufbereitung, wirken die Nocken der beiden Nockenwellen direkt auf umgekehrte Becherstössel. Auch die Lagerung der Nockenwellen ist unterschiedlich.

2,0 Liter-Einspritzmotor

● Kipphebel, Ausgleichsscheiben, Kipphebelführungen und hydraulische Ausgleichselemente unter Bezug auf Bild 69 ausbauen.

● Wärmeschutzblech vom Auspuffkrümmer abschrauben und den Krümmer lösen. Dabei von der Aussenseite nach innen vorgehen.

● Die Kraftstoffleitungen abschrauben.

● Den Ansaugkrümmer lösen. Die Schrauben sind nach einem bestimmten Schema zu lockern, um den Krümmer nicht zu verziehen. Bild 70 zeigt den angeschraubten Krümmer mit der Reihenfolge zum Lösen der Muttern. Das Sammelrohr vom Ansaugkrümmer abschrauben, falls dies erforderlich ist.

- Wasserauslass und Thermostatgehäuse zusammen mit dem Wasserrohr abschrauben.
- Die Ventile ausbauen. Dazu die Ventilfedern mit Hilfe eines Ventilhebers zusammendrücken. Bild 72 zeigt einen geeigneten Ventilheber für diesen Motor. Die Ventilkegelhälften, Ventilfederteller und Ventilfedern abnehmen. Falls kein Ventilheber zur Verfügung steht, ein Stück Holz in die Verbrennungskammer unter den Ventilteller legen und ein Stück Rohr auf die Oberseite des Ventiltellers aufsetzen. Mit einem Hammer auf das Rohr schlagen, wobei die Ventilkegelhälften aus ihren Rillen springen und in der Innenseite des Rohres verbleiben.
- Ventilschaftdichtringe mit einer Zange von den Ventilen abziehen. Diese müssen immer erneuert werden.

Bild 71 zeigt die Einzelteile des Zylinderkopfes mit der Lage der einzelnen Teile. Die zweite Nockenwelle wird mit ähnlichen Teilen gelagert, jedoch ist einer der Endlagerdeckel grösser. In Bild 65 ist die Lagerung der Nockenwelle gezeigt.

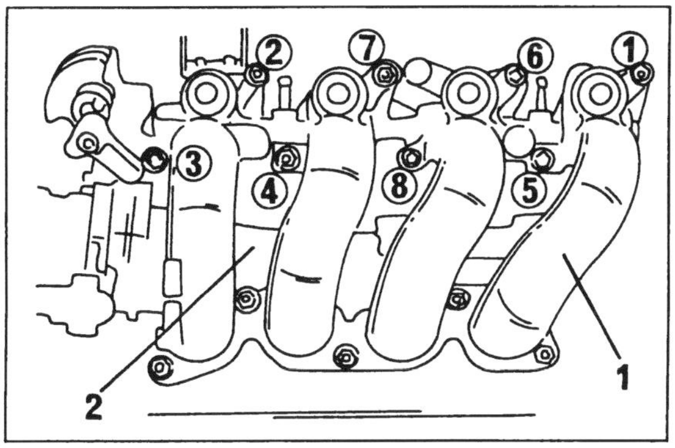

Bild 70
Ausbau des Ansaugkrümmers (1) und des Sammelrohres (2). Die Zahlen weisen auf die Reihenfolge zum Lösen der Muttern hin.

1,4- und 1,6 Liter-Motoren

Der Zylinderkopf dieser Motoren wurde bereits

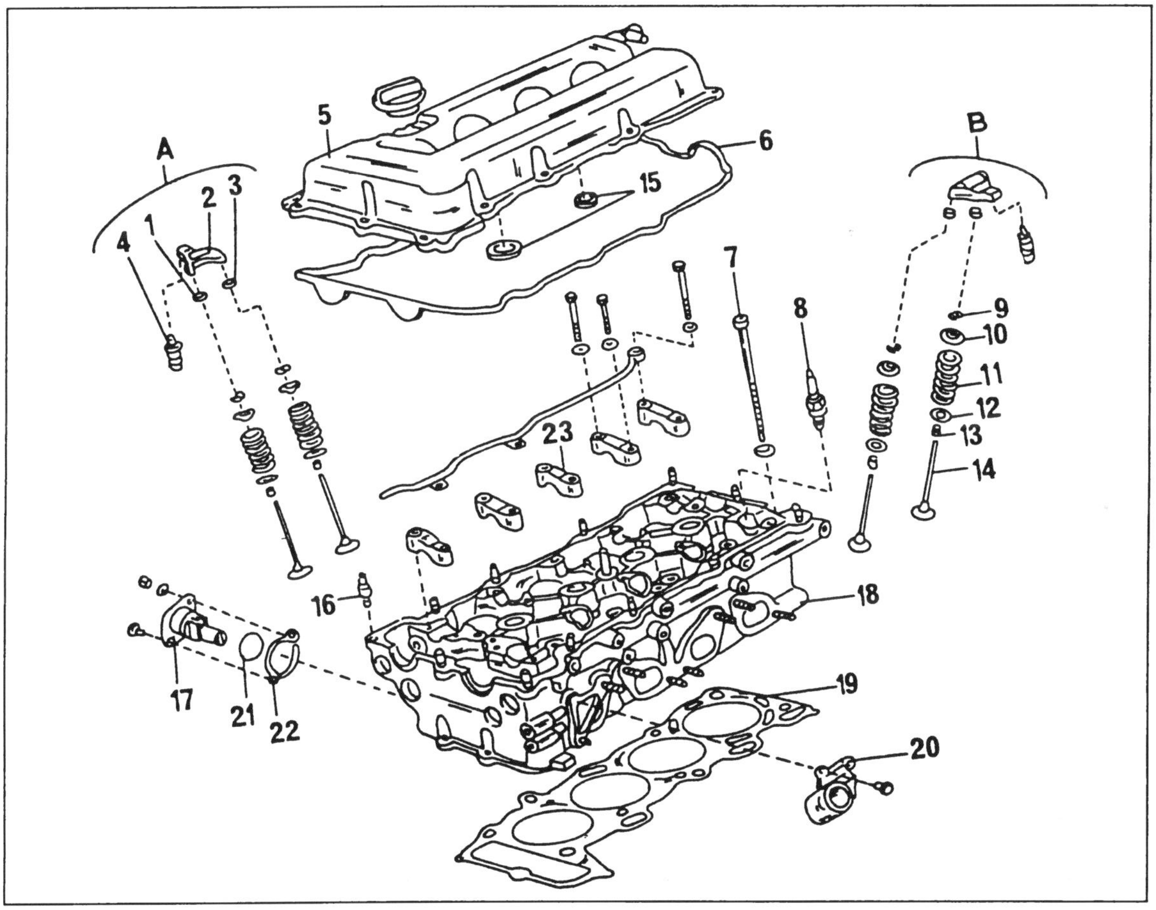

Bild 71
Die Einzelteile des Zylinderkopfes eines 2,0 Liter-Motors.
A Einlasseite
B Auslasseite
1 Ausgleichsscheibe
2 Kipphebel
3 Kipphebelführung
4 Ausgleichselement
5 Zylinderkopfhaube
6 Haubendichtung
7 Zylinderkopfschraube
8 Zündkerze
9 Ventilkegelhälften
10 Ventilfederteller
11 Ventilfeder
12 Ventilfedersitz
13 Ventilschaftdichtring
14 Ventil
15 Runddichtungen
16 Schraube, 12 - 15 Nm
17 Kettenspanner
18 Zylinderkopf
19 Zylinderkopfdichtung
20 Wasserauslassstutzen
21 "O"-Dichtring
22 Dichtung
23 Nockenwellenlagerdeckel

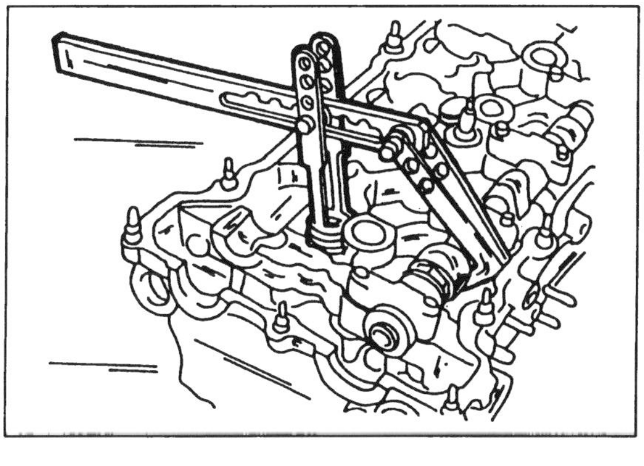

Bild 72
Ausbau der Ventile beim 2,0 Liter-Motor.

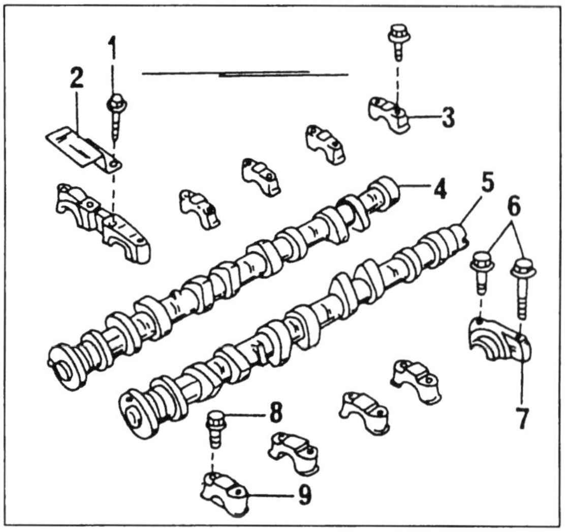

Bild 73
Die Nockenwelle und deren Lagerung beim Vergaser- oder Einspritzmotor (1,4 und 1,6 Liter).
1 Schraube, 9-12 Nm
2 Kettenführung
3 Lagerdeckel
4 Einlassnockenwelle
5 Auslassnockenwelle
6 Schrauben, 9-12 Nm
7 Verteileranbaugehäuse
8 Schrauben, 9-12 Nm
9 Lagerdeckel

beim Ausbau mehr oder weniger in seine Einzelteile zerlegt, d.h. nur die Ventile verbleiben im Zylinderkopf. Diese werden in gleicher Weise wie oben beschrieben ausgebaut. Die Stössel und die Stösseleinstellscheiben herausnehmen und entsprechend der Ventilnummer zusammenhalten. Die Lagerung der Nockenwelle dieses Motors ist in Bild 73 gezeigt.

2.4.3 Zylinderkopf überholen

Kipphebelmechanismus (2,0 Liter-Motor)

Kipphebel auf allgemeinen Verschleiss kontrollieren. Die hydraulischen Elemente im Durchmesser ausmessen und erneuern, falls sie nicht innerhalb 16,690 - 16,993 mm liegen. Mit einer Innenmessuhr die Bohrungen für die Elemente ausmessen (17,000 - 17,020 mm). Dazu muss man eine Innenmessuhr in der in Bild 74 gezeigten Weise verwenden. Der Unterschied zwischen den erhaltenen Massen ist das Laufspiel, welches innerhalb 0,07 - 0,040 mm liegen muss.

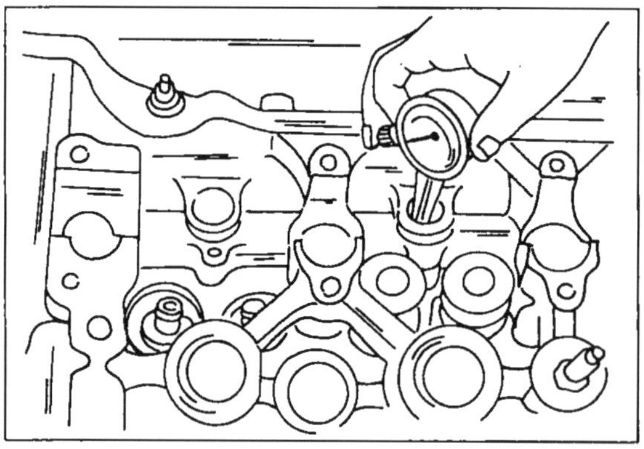

Bild 74
Ausmessen der Aufnahmebohrungen für die hydraulischen Ausgleichselemente.

Ventilsitze

Für alle erwähnten Messungen muss der entsprechende Sollwert oder Verschleisswert der Mass- und Einstelltabelle am Ende des Buches entnommen werden. Masse sind bei den einzelnen Motoren unterschiedlich.

Die Sitze im Zylinderkopf sind mit entsprechenden Fräsern oder Schleifsteinen auf die in Frage kommenden Winkel nachzuarbeiten. Die genauen Ventilsitzwinkel sind der Mass- und Einstelltabelle zu entnehmen. Unter dem richtigen Motor nachlesen.

Zum Verringern der Ventilsitzbreite stehen Fräser mit verschiedenen Winkeln zur Verfügung, die ebenfalls in der Mass- und Einstelltabelle angegeben sind.

Die Ventile sind abschliessend in herkömmlicher Weise einzuschleifen, wobei jedoch darauf hingewiesen werden soll, dass ein gutes, jedoch nicht zum Einbau bestimmtes Ventil zum Einschleifen verwendet werden soll.

Falls die Ventilsitze sehr abgenutzt oder gar geplatzt sind, können neue Ventilsitzringe eingezogen werden, wobei der Zylinderkopf auf die entsprechenden Masse aufzubohren ist. Diese Arbeit sollten Sie einem Nissan-Händler überlassen, da die Ventilsitzringe unbedingt konzentrisch mit den Ventilführungen eingearbeitet werden müssen.

Ventile

Ventilschäfte auf übermässigen Verschleiss, Riefenbildungen oder Risse kontrollieren. Ein Stahllineal entlang der gut gereinigten Ventilschäfte anlegen und überprüfen, ob die Schäfte gerade sind. Verbiegungen sind nicht gestattet, da die Schäfte anderenfalls in den Führungen klemmen können. Ventilteller auf Abbrand oder Narbenbildungen überprüfen. Zwischen Ventiloberfläche und der Oberkante des Ventiles muss noch ein bestimmtes Mass vorhanden sein. Dieses Mass wird als Ventilkantenbreite bezeichnet und sollte innerhalb der angegebenen Werte liegen. Auf keinen Fall das Mindestmass unterschreiten. Wiederum sind die gültigen Masse in der Mass- und Einstelltabelle angegeben.

Ventilteller können in einer Ventilschleifmaschine nachgeschliffen werden, vorausgesetzt, dass die Ventilkantenbreite noch verbleibt.

Falls die Enden der Ventilschäfte nicht mehr glatt sind (sie können nicht einwandfrei von den Kipphebeln oder Stösseln betätigt werden), kann man sie in einer Schleifmaschine glatt abschleifen, vorausgesetzt, dass man nicht mehr als 0,2 mm abschleifen muss, um die Schaftenden wieder einwandfrei herzustellen.

Ventilführungen

Die Ventilführungen sind in den Zylinderkopf einge-

presst. Falls das Spiel zwischen Ventilschaft und Führung zu gross ist (mehr als 0,10 mm), können die Ventilführungen ausgetauscht werden. Zuerst das Spiel kontrollieren. Dazu das Ventil wie in Bild 75 gezeigt, in den Zylinderkopf einschieben und 15 mm herausziehen. Eine Messuhr in der gezeigten Weise anbringen und den Ventilschaft hin- und herbewegen. Falls das Spiel mehr als 0,2 mm beträgt, die Führung erneuern. In diesem Fall auch neue Ventile einbauen.
Zum Ausbau einer Ventilführung einen passenden Dorn verwenden. Den Zylinderkopf in heissem Wasser erwärmen (besser wäre ein Ofen, damit man den Kopf auf 110 bis 130° C erwärmen kann) und die Führungen von der Verbrennungskammerseite aus dem Kopf ausschlagen (Bild 76).
Führungen mit Übergrösse-Durchmesser stehen zur Reparatur zur Verfügung (unterschiedliche Durchmesser) und die Bohrungen im Zylinderkopf sind entsprechend aufzureiben, um die neuen Führungen aufzunehmen. Unbedingt an die angegebenen Masse halten, um den genauen Pressitz zu erhalten. Vor dem Einpressen der neuen Führungen müssen die Aufnahmebohrungen der Führungen auf die angegebenen Masse aufgerieben werden.
Zylinderkopf wieder auf eine Temperatur von 110 - 130° C erhitzen und die neuen Führungen von der Oberseite aus in den Zylinderkopf einschlagen, bis das herausstehende Stück (Mass "L" in Bild 77) beim 2,0 Liter-Motor 14,0 - 14,2 mm oder bei den anderen Motoren 11,5 - 11,7 mm heraussteht. Diese Arbeit sehr langsam und sorgfältig durchführen, um die Führung nicht zu weit einzuschlagen.
Nachdem alle Führungen eingeschlagen sind, den Kopf abkühlen lassen und die Führungsbohrungen mit einer verstellbaren Reibahle der entsprechenden Grösse aufreiben. Die Bohrungen mit Bohröl aufreiben, um keine Rattermarken zu hinterlassen. Die Ventilführungen immer von der Verbrennungskammerseite aus aufreiben.

Eine genauere Kontrolle des Laufspiels der Ventilschäfte ist durch Messen des Aussendurchmessers der Ventilschäfte (Bild 78) und Innendurchmessers der Ventilführungen möglich. Zum Messen der Bohrungen ist jedoch ein Innenmikrometer erforderlich, wie es in Bild 79 gezeigt ist. Das eine Mass vom anderen abziehen um das Laufspiel zu erhalten.

Die Ventilsitze müssen immer nachgefräst werden, nachdem man die Führungen aufgerieben hat, um die Geradlinigkeit zwischen der Führung und dem Sitz beizubehalten. Andernfalls können die Ventile nicht einwandfrei schliessen.

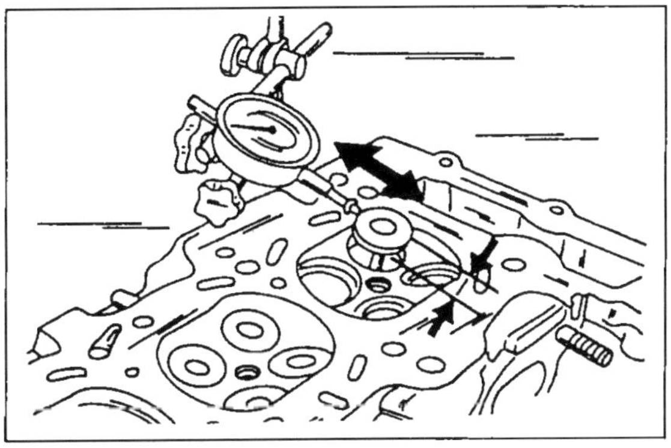

Bild 75
Kontrolle eines Ventilschaftes auf Verschleiss in der Bohrung.

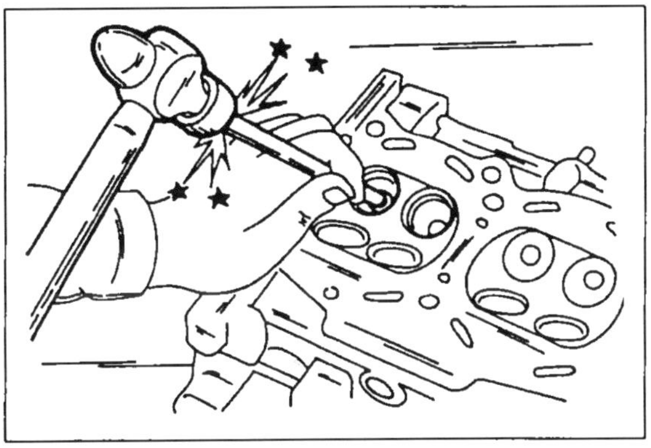

Bild 76
Ausschlagen von Ventilführungen. Diese von der gezeigten Seite her ausschlagen.

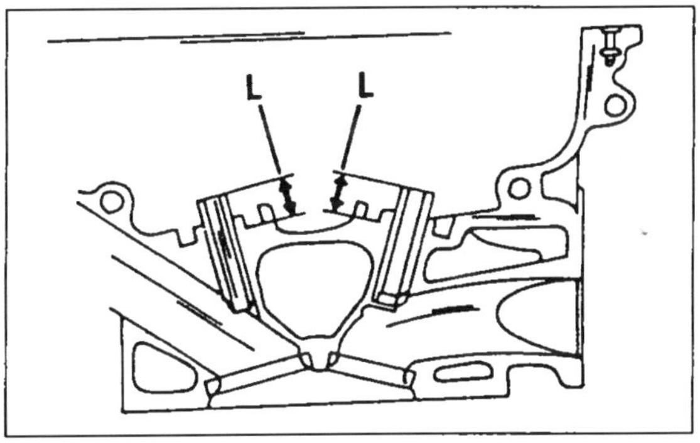

Bild 77
Das Mass "L" ist das Vorstehmass der Ventilführungen.

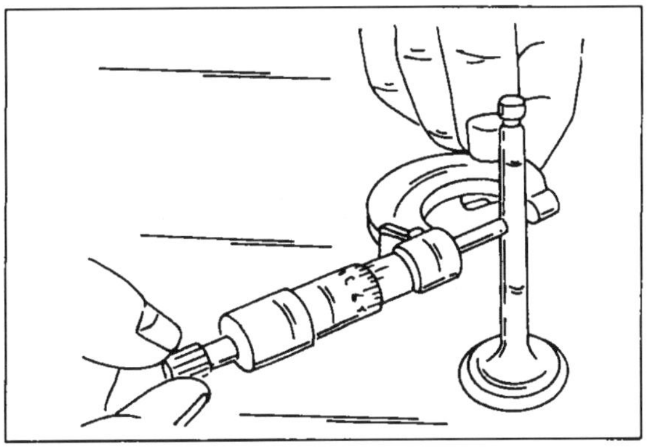

Bild 78
Ausmessen des Durchmessers der Ventilschäfte. An drei verschiedenen Stellen der Länge ausmessen.

Ventilfedern

Es ist immer ratsam die Ventilfedern zu erneuern, wenn der Motor eine hohe Kilometerleistung hinter sich hat. Die Federn können kontrolliert werden, indem man eine alte Feder, Ende gegen Ende gegen eine neue Feder auf eine lange Schraube

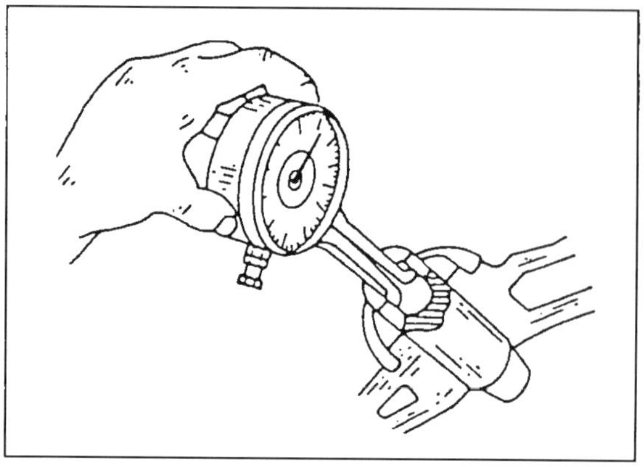

Bild 79
Ausmessen der Bohrung einer Ventilführung mit einer Messuhr.

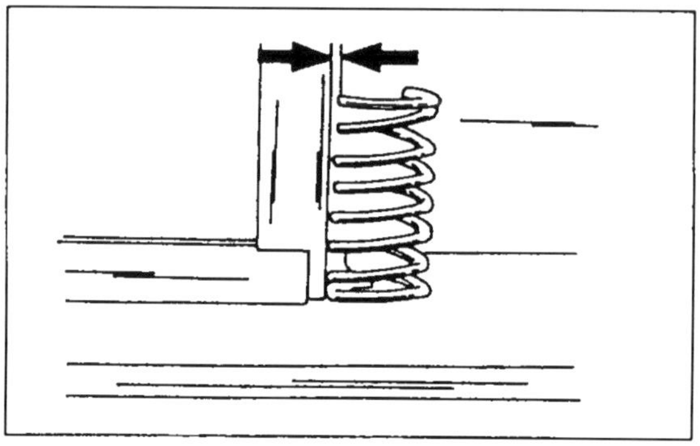

Bild 80
Kontrolle einer Ventilfeder auf Verzug. Die Feder wie gezeigt aufsetzen und die Abweichung an der Oberseite überprüfen.

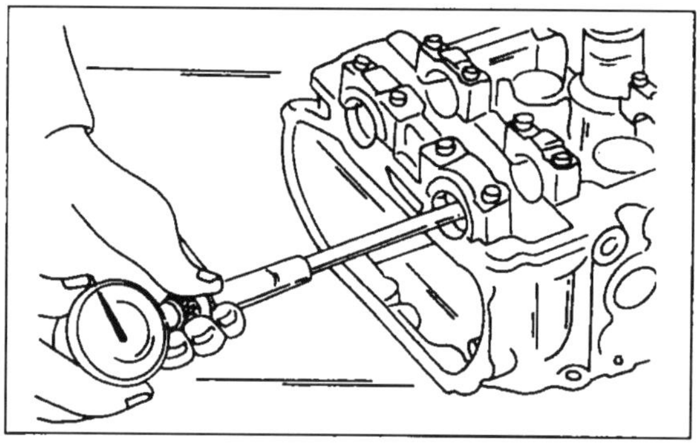

Bild 81
Ausmessen der Lagerbohrungen für die Nockenwellen. Hier bei einem 1,4- oder 1,6 Liter-Motor gezeigt.

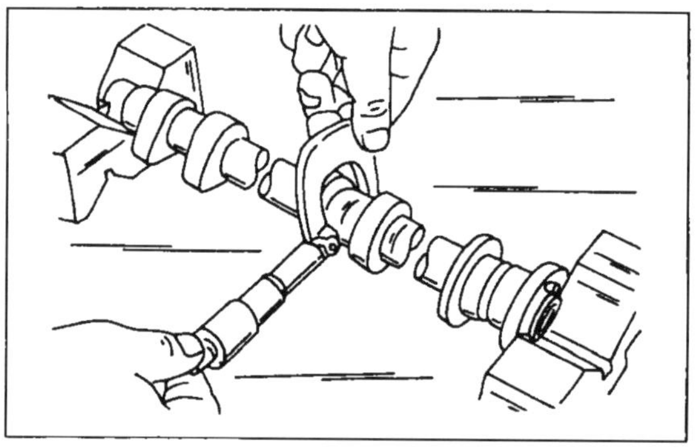

Bild 82
Ausmessen der Durchmesser der Nockenwellenlagerzapfen. Alle Zapfen im 90°-Winkel ausmessen, um zwei Richtwerte zu erhalten.

steckt und eine Mutter auf die Schraube dreht (mit entsprechenden Scheiben). Muttern anziehen, bis die Federn unter Druck stehen und danach die Länge der Federn ausmessen. Falls die gebrauchte Feder 10% kürzer ist als die neue Feder, sollte der komplette Satz erneuert werden.

Zur einwandfreien Kontrolle der Ventilfedern sollte ein vorschriftsmässiges Federprüfgerät verwendet werden. Falls dieses zur Verfügung steht, kann man die Einbaubelastungen und die damit verbundenen Federnlängen anhand der Angaben überprüfen.

Die Federn der Reihe nach auf eine glatte Fläche (Glasplatte) aufstellen, dass sich die geschlossene Wicklung an der Unterseite befindet. Einen Stahlwinkel an der Feder ansetzen (Bild 80). Den Spalt zwischen der Feder und dem Stahlwinkel an der Oberseite ausmessen, welcher nicht grösser als angegeben sein darf. Andernfalls ist die Feder verzogen und muss erneuert werden.

Die Ventilfedern sind so einzubauen, dass das geschlossene Ende nach unten weist. Wenn man sich die Federn ansieht, wird man feststellen, dass die Wicklungen auf einer Seite weiter auseinanderstehen als auf der anderen Seite.

Nockenwelle überprüfen

Beim 1,4- und 1,6 Liter-Motor fallen die Ventilstössel unter diese Arbeit. Leichte Schäden an den Nocken oder Lagerzapfen können mit einem Ölstein geglättet werden. Kratzer oder gar Risse erfordern eine Erneuerung der Nockenwelle.

Die Lagerzapfen der Nockenwelle werden mit einem Mikrometer ausgemessen, um den Durchmesser auf Mass und Unrundheit zu kontrollieren. Die gefundenen Werte mit den vorher gefundenen Werten für die Nockenwellenlagerbohrungen vergleichen. Zur Ausmessung alle Lagerdeckel aufsetzen und mit dem vorgeschriebenen Anzugsdrehmoment anziehen. Mit einer Innenmessuhr wie in Bild 81 gezeigt die einzelnen Lagerbohrungen ausmessen. Anhand der Angaben in der Mass- und Einstelltabelle bestimmen, in welchem Zustand sich die Teile befinden. Um den Durchmesser der Lagerzapfen genau zu erhalten, legt man die Nockenwelle in zwei Prismen ein, wie es in Bild 82 gezeigt ist.

Die Höhe der Nocken mit einem Mikrometer ausmessen. Dazu die Wangen eines Mikrometers zwischen der Spitze und dem Rücken jedes Nockens ansetzen, um das grösste Mass zu erhalten (siehe Bild 83). Das Ergebnis mit den Angaben in der Mass- und Einstelltabelle vergleichen. Abgenutzte

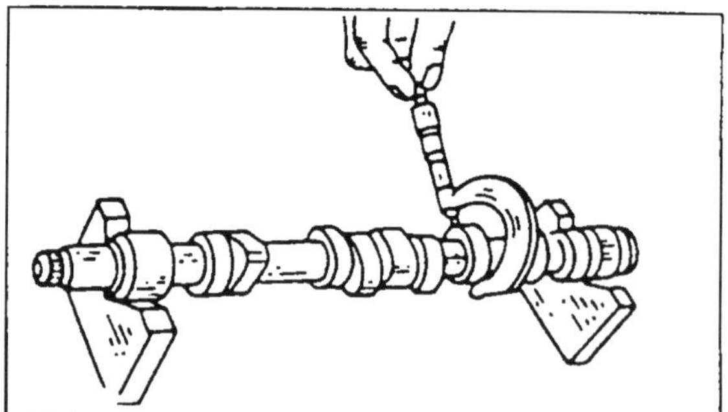

Bild 83

Bild 83 (rechts)
Ausmessen der Nockenhöhe mit einer Messuhr.

Nocken beeinflussen die Ventilsteuerung und damit das Öffnen und Schliessen der Ventile, wodurch wieder die Zylinderfüllung in Leidenschaft gezogen wird.
Den Schlag der Nockenwelle ausmessen, indem man die Welle mit zwei Lagerzapfen in zwei Prismen einlegt und die Spitze einer Messuhr an den mittleren Lagerzapfen anlegt, wie es in Bild 84 gezeigt ist. Die Nockenwelle langsam durchdrehen und die Anzeige der Messuhr ablesen. Falls diese bei zwei Umdrehungen mehr als 0,10 mm beträgt, muss die Welle erneuert werden.
Zur Kontrolle des Axialspiels der Nockenwellen diese in den Zylinderkopf einsetzen und mit den Lagerdeckeln befestigen. Eine Messuhr an der Stirnfläche der Nockenwelle aufstellen und die Welle hin- und herbewegen, wie es in Bild 85 bei einem 2,0 Liter-Motor gezeigt ist. Bei den anderen Motoren wird dies in ähnlicher Weise durchgeführt. Beträgt die Anzeige mehr als 0,20 mm, die Anlagefläche der Nockenwelle und die Innenseite des Deckels kontrollieren. Je nach Befund das entsprechende Teil erneuern.
Beim einem Motor mit Ventilstösseln die Stössel in ihrem Durchmesser und die Bohrungen für die Stössel im Zylinderkopf ausmessen. Der Unterschied zwischen den beiden gefundenen Massen ist das Laufspiel. Falls es zu gross ist, müssen die Stössel oder der Zylinderkopf erneuert werden.

Zylinderkopf überprüfen
Die Zylinderkopffläche muss immer auf Verzug kontrolliert werden, wenn der Kopf ausgebaut wurde. Besonders beim Durchbrennen einer Zylinderkopfdichtung könnte es sein, dass sich die Fläche verzogen hat.
Zur Kontrolle ein Stahllineal auf die Oberfläche auflegen und mit einer Fühlerlehre in den in Bild 86 gezeigten Richtungen die Fläche vermessen. Falls sich eine Fühlerlehre von mehr als 0,10 mm einschieben lässt, kann man den Kopf planschleifen lassen. Bis zu 0,2 mm können vom Kopf abgetragen werden, jedoch darf man in diesem Fall den Zylinderblock nicht nachschleifen lassen. Andernfalls kann man den Zylinderkopf und den Zylinderblock nachschleifen lassen, solange man nicht mehr als 0,20 mm abschleifen muss. Nach dem Nachschleifen des Zylinderkopfes muss man die Höhe des Zylinderkopfes ausmessen. Dazu muss man eine grosse Schiebelehre verwenden, die über beide Flächen reicht. Solange der Zylinderkopf noch die angegebene Höhe hat, kann man ihn wieder verwenden. Nach Nachschleifen eines Kopfes ist es auch möglich, dass die Nokkenwelle Klemmstellen erhält. In diesem Fall muss der Zylinderkopf doch erneuert werden. Vorschlag: Genau in Werkstatt prüfen lassen.

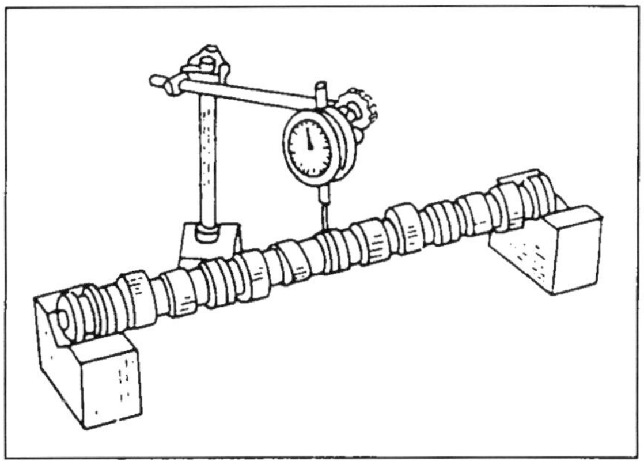

Bild 84
Nockenwelle am mittleren Lagerzapfen auf Schlag kontrollieren. Nockenwellen können nicht gerichtet werden.

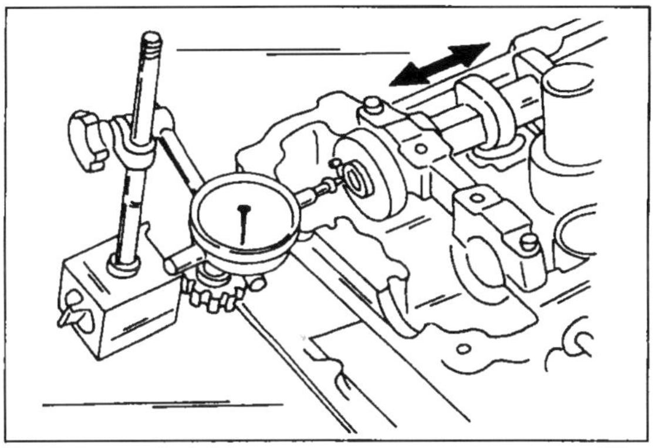

Bild 85
Ausmessen des Axialspiels der Nockenwelle. In diesem Fall bei einem 2,0 Liter-Motor gezeigt.

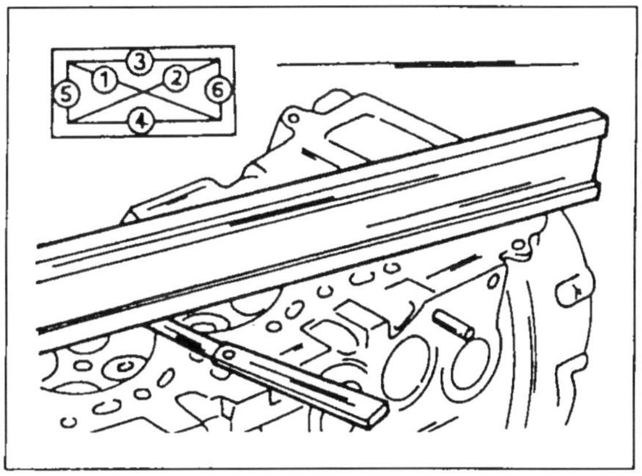

Bild 86
Kontrolle der Zylinderkopffläche auf Verzug. Die Messungen in den gezeigten Richtungen (insgesamt 6) durchführen.

2.4.4 Zylinderkopf zusammenbauen

- Falls Ventile, der Zylinderkopf, die Kipphebelführung und/oder der Ventilsitzring erneuert wurden, muss die Ausgleichsscheibe unter dem Kipphebelarm neu bestimmt werden. Zu dieser Arbeit wird ein Spezialwerkzeug gebraucht, um die Höhe des eingebauten Ventils zu messen. Wir schlagen vor, dass man den Kopf in eine Nissan-Werkstatt bringt, damit die richtigen Scheiben bestimmt werden können, falls man Zweifel über die Stärke der Scheibe hat.

Ventile, Ventilsitze, Kanäle und Dichtflächen einwandfrei reinigen. Die Innenseiten der Ventilführungen reinigen, indem man ein Stück in

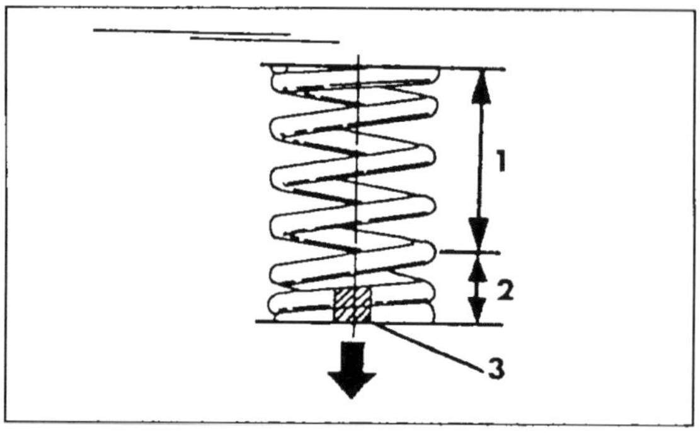

Bild 87
Richtig eingebaute Ventilfeder. Die Seite mit dem Pfeil muss zum Zylinderkopf weisen.
1 Breite Wicklungen
2 Schmale Wicklungen
3 Farbkennzeichnung

Benzin getauchten Lappen durch die Führungen zieht. Dies gilt besonders, wenn Ventile eingeschliffen wurden, um keine Reste der Einschleifpaste in den Bohrungen zu hinterlassen. Beim Zusammenbau folgendermassen vorgehen:

2,0 Liter-Motor

- Ventilschaftöldichtringe über die Ventile montieren. Das Ende des Ventiles, mit den Rillen für die Ventilkegelhälften, muss mit etwas Staniolpapier umwickelt werden (aus einer Zigarettenpackung). Die Dichtringe für die Ventilschäfte werden mit einem Stück Rohr vorsichtig aufgeschoben, nachdem man den Ventilfedersitz aufgelegt hat. Die Dichtringe dabei aber nicht beschädigen.

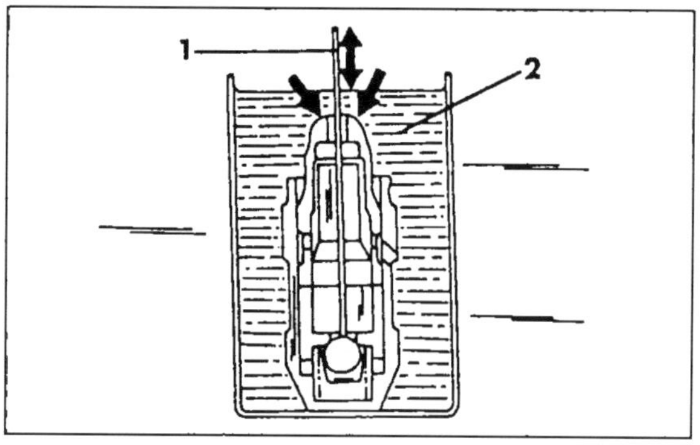

Bild 88
Kontrolle eines hydraulischen Ausgleichelements. Kolben in Richtung der beiden Pfeile nach unten drücken, während man mit einem Metallstab in Pfeilrichtung auf das Kugelventil drückt.
1 Metallstab
2 Motoröl

- Ventile in die entsprechenden Bohrungen einschieben. Ventile der anfänglich gebauten Motoren hatten keine Kennzeichnung. Neue Ventile sind in der Mitte mit "53J" (Einlassventile) oder "5J" (Auslassventile) gezeichnet. Mit anderen Kennzeichnungen versehene Ventile eignen sich nicht für diesen Motor.
- Ventilfedern aufsetzen, mit den geschlossenen Wicklungen zum Zylinderkopf. Ausserdem ist die Unterseite der Ventilfedern mit Farbe gezeichnet. Diese Seite kommt zum Zylinderkopf.
- Federteller aufsetzen und die Federn mit einem Ventilheber oder unter einer Presse zusammendrücken, bis sich die Ventilkegelhälften einwandfrei in die Nuten einsetzen lassen. Bild 72 zeigt wie der Ventilheber angesetzt wird.
- Druck des Ventilhebers zurücklassen und mit einem Hammer auf die Ventilfeder schlagen, um festzustellen, ob die Ventilkegelhälften einwandfrei sitzen.
- Falls die Stiftschrauben des Zylinderkopfes erneuert wurden, müssen sie fest in den Kopf geschraubt werden, indem man zwei Muttern gegeneinander kontert und einen Schlüssel an der oberen Mutter ansetzt.
- Kipphebel, Ausgleichsscheiben, Kipphebelführungen und hydraulische Ausgleichselemente entsprechend Bild 69 montieren. Die Ausgleichselemente müssen jetzt kontrolliert werden. Wenn man die Kipphebel ca. 1 mm nach unten drücken kann, wenn man den Hebel auf der dem Ventil gegenüberliegenden Seite nach unten drückt, befindet sich Luft in dem betreffenden Element. Diese muss ausgeschieden werden, da die Luft nicht von selbst herauskommt. Obwohl die Arbeit mit einigen Schwierigkeiten verbunden ist, muss man die Elemente entlüften, da diese andernfalls beim Lauf des Motors "klappern". Zum Entlüften die Elemente wieder ausbauen, in einen mit Motoröl gefüllten Behälter einsetzen, so dass die Unterseite auf dem Boden aufsitzt. Mit einem Finger auf den Kolben drücken und einen kleinen Stab in die Öffnung des Elements einschieben. Den Stab auf- und abbewegen. Der Stab drückt dabei auf die Rückschlagkugel im Element und vertreibt die Luft. Die Luft ist ausgeschieden, wenn man den Kolben nicht mehr bewegen kann. Bild 88 zeigt Einzelheiten dieser Arbeit.

Der verbleibende Zusammenbau des Zylinderkopfes ist mit dem Einbau des Kopfes indentisch und wurde bereits in Kapitel 2.4.1 beschrieben.

1,4- und 1,6 Liter-Motor

Um den Zylinderkopf dieses Motors zusammenzubauen braucht man nur die Ventile sowie die abgebauten Teile montieren. Zu beachten ist jedoch, dass man die Ventilspiele einstellen muss, wie es in Kapitel 2.4.5 beschrieben wird. Die Ventile werden entsprechend den Anweisungen auf der letzten Seite eingebaut.

Der weitere Zusammenbau des Kopfes geschieht im Zusammenhang mit dem Einbau und wird in Kapitel 2.4.1 unter "Vergasermotor" beschrieben.

2.4.5 Ventilspiel einstellen

Ventilspiele sind bei allen Motoren im warmen Zustand einzustellen, jedoch darf der Motor dabei nicht laufen. Um dem Motor jedoch das erforderliche Betriebsspiel zu geben, wenn er nach der Reparatur zusammengebaut wird, gelten bei der folgenden Einstellung die Kaltwerte in der Mass- und Einstelltabelle. Das Spiel aller Ventile muss je-

doch nachgeprüft werden, wenn der Motor seine Betriebstemperatur erhalten hat. Falls die Ventilspiele nachgestellt werden müssen, sind die entsprechenden Vorarbeiten durchzuführen, d.h. Zylinderkopfhaube abmontieren, Zündkerzen herausschrauben, usw.
Das Ventilspiel wird zwischen dem Ende des Stössels und dem Nocken an der Nockenwelle gemessen. Die Einstellung erfolgt folgendermassen:

- Motor in Drehrichtung durchdrehen (falls die Kerzen ausgeschraubt werden, kann man dies am Keilriemen durchführen), bis die Kerbe in der Riemenscheibe mit der TDC-Markierung (o.T.) am Zündeinstellblech übereinstimmt. Der erste Zylinder steht jetzt auf dem oberen Totpunkt (Bild 89). Wenn der Motor jetzt langsam hin- und hergedreht wird, kann man feststellen, dass sich die Stössel des ersten oder vierten Zylinders auf- und abbewegen, d.h. die Ventile schneiden sich. Falls dies der Fall bei den Ventilen des vierten Zylinders ist, steht der Kolben des ersten Zylinders auf dem oberen Totpunkt; andernfalls den Motor eine halbe Umdrehung durchdrehen.
- Ventile des ersten Zylinders und alle in Bild 90 gezeigten Ventile ausmessen und die Spiele jedes einzelnen Ventils aufschreiben.
- Zur Kontrolle der Ventilspiele eine Blattfühlerlehre zwischen die Oberfläche des Stössels und den Nocken einschieben, wie es in Bild 91 gezeigt ist. Eine Anzeige eines gut eingestellten Spiels wird erhalten, wenn man die Lehre zuerst etwas stramm einsetzen muss und sie danach in den Spalt hineinschnellt.
- Motor um eine halbe Umdrehung durchdrehen, bis der Kolben des vierten Zylinders auf dem oberen Totpunkt steht. Kontrollieren, dass die beiden Nockenspitzen der Ventile des vierten Zylinders nach oben weisen und die Ventile in Bild 92 in der oben beschriebenen Weise kontrollieren.

Falls alle Ventilspiele innerhalb des Einstellbereichs liegen, können die ausgebauten Teile wieder eingebaut werden. Andernfalls muss man das Spiel der betreffenden Ventile folgendermassen berichtigen. Wir möchten darauf hinweisen, dass zwei Spezialwerkzeuge in Nissan-Werkstätten benutzt werden, um die Einstellscheiben auszutauschen. Einen starken Stabmagneten muss man auf jeden Fall zur Verfügung haben. Der Stössel des einzustellenden Ventils muss nach innen gedrückt werden, um die Scheibe mit dem Magneten herauszuheben.

- Motor durchdrehen, bis der Nocken des einzustellenden Ventils mit der Spitze nach oben weist.
- Mit einem kleinen Schraubenzieher den Stössel verdrehen, bis die Kerbe in der Kante zur Mitte des Zylinderkopfes weist.
- Stössel jetzt entweder mit dem Spezialwerkzeug oder mit einem Schraubenzieher nach innen drücken und die Einstellscheibe mit einem kleinen Schraubenzieher seitlich verschieben, bis man sie mit dem Stabmagneten herausheben kann. Eine zweite Person sollte den Stössel dabei nach unten halten, damit man die Scheibe gut

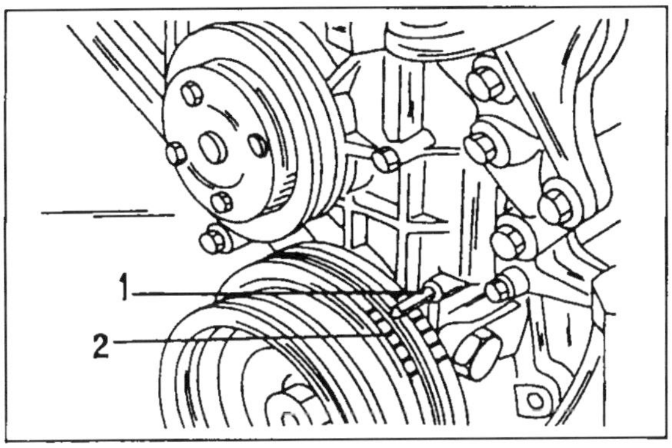

Bild 89
Wenn der Kolben des ersten Zylinders auf dem oberen Totpunkt steht, müssen der Zapfen (1) und die "0"-Marke in der Riemenscheibe (2) fluchten.

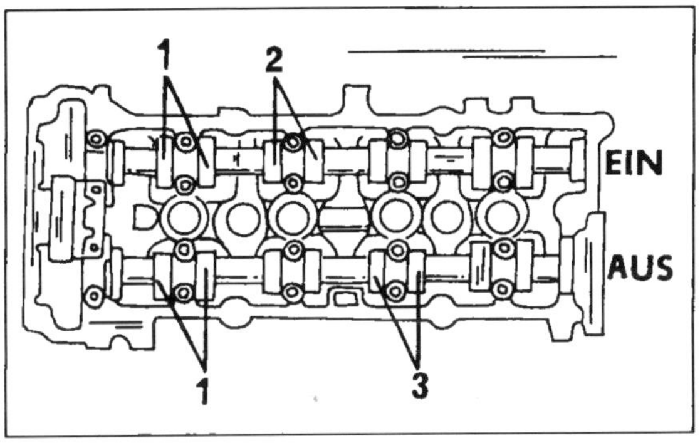

Bild 90
Messen der Ventilspiele, wenn der Kolben des ersten Zylinders auf OT steht. Nur die gezeigten Ventile ausmessen.

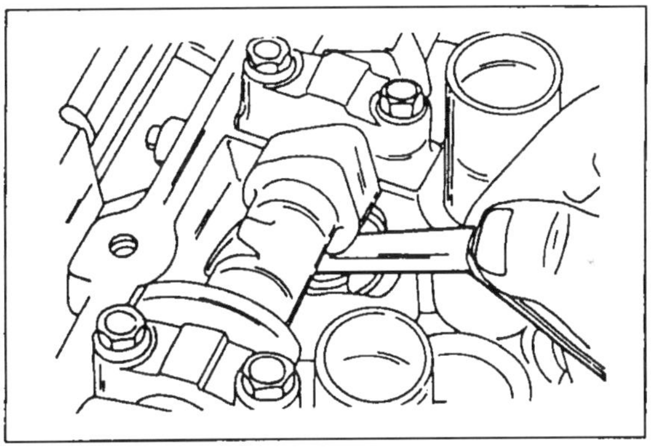

Bild 91
Ventilspiele durch Einschieben von Fühlerlehren in der gezeigten Weise ausmessen.

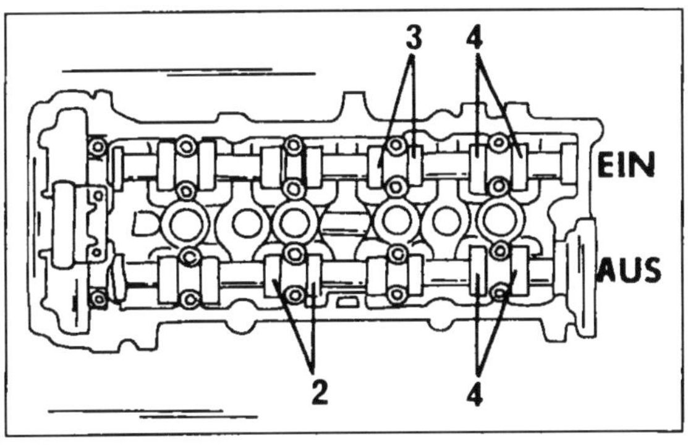

Bild 92
Messen der Ventile wenn der Kolben des vierten Zylinders auf dem oberen Totpunkt steht. Nicht die Einlass- und Auslassnockenwellen verwechseln.

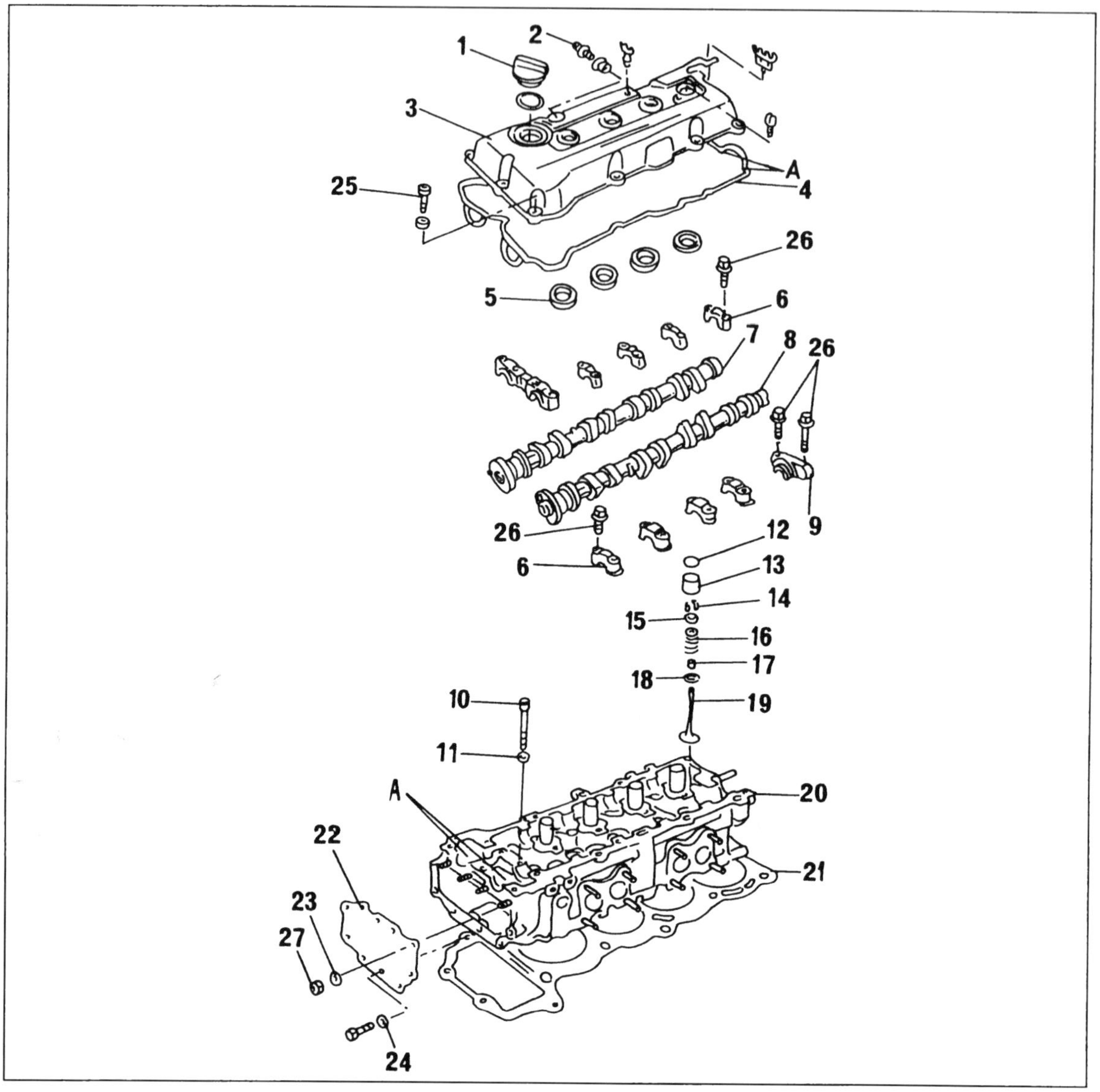

Bild 93
Montagebild des Zylinderkopfes wie er bei 1,4- oder 1,6 Liter-Motoren ab Baujahr 1993 eingebaut ist.
1 Öleinfüllverschlussdeckel
2 Belüftungsventil
3 Zylinderkopfhaube
4 Haubendichtung
5 Öldichtring
6 Nockenwellenlagerdeckel
7 Einlassnockenwelle
8 Auslassnockenwelle
9 Verteileradapter
10 Zylinderkopfschraube
11 Scheibe
12 Einstellscheibe (Ventile)
13 Ventilstössel
14 Ventilkegelhälften
15 Ventilfederteller
16 Ventilfeder
17 Ventilschaftöldichtring
18 Ventilfedersitz
19 Ventil
20 Zylinderkopf
21 Zylinderkopfdichtung
22 Verschlussdeckel
23 Scheibe
24 Scheibe
25 Schraube, 2-4 Nm
26 Schraube, 9-12 Nm
27 Schraube, 7-8,5 Nm

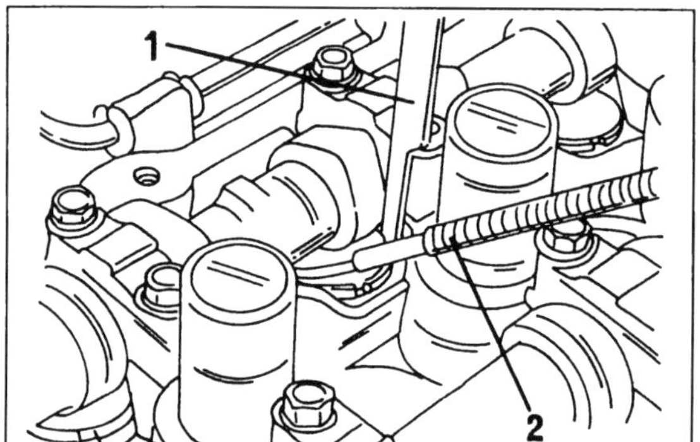

Bild 94
Herausnehmen einer Ventileinstellscheibe. Den Stössel mit dem Werkzeug (1) nach unten drücken und die Scheibe mit einem Stabmagneten (2) herausnehmen. **Die Scheibe dabei nicht fallen lassen.**

herausziehen kann. Bild 94 zeigt wie man die Arbeit durchführen kann. Das Werkzeug (1) wird zum Hineindrücken des Stössels benutzt.

● Mit einem Mikrometer die Stärke der Scheibe ausmessen. Obwohl diese eingestanzt ist (TS 224 bedeutet eine Stärke von 2,24 mm), muss man sie trotzdem ausmessen, da sie sich abgenutzt haben könnte. Aus der erhaltenen Stärke und der folgenden Formel kann man jetzt die Stärke der einzulegenden Scheibe errechnen:

N = R + (M — 0,37) — Einlassventile
N = R + (M — 0,40) — Auslassventile
wobei:

"N" die Stärke der zu findenden Scheibe, "R" die Stärke der ursprünglichen Scheibe und "M" der Wert des gemessenen Ventilspiels ist.

● Ausgleichsscheiben stehen in 50 verschiedenen Stärken von 2,00 bis 2,98 mm, mit Abstufungen von 0,02 mm zwischen Stärken, zur Verfügung. Aus dieser Auswahl eine Scheibe auswählen, die dem gemessenen Wert am nächsten kommt. Die Stärkenkennzeichnung muss nach dem Einbau an der Unterseite liegen. Beim Einschieben der Scheibe den Stössel wieder nach innen drücken und die Scheibe mit dem Stabmagnet und einem kleinen Schraubenzieher in die richtige Lage schieben.

● Alle eingestellten Ventilspiele nach dem Einbau von neuen Scheiben nochmals nachprüfen. Wie bereits erwähnt müssen die Spiele bei betriebswarmem Motor nochmals kontrolliert und ggf. nachgestellt werden.

- Alle ausgebauten Teile montieren. Beim Aufstecken der Zündkerzenkabel keine Fehler machen, da der Motor sonst nicht anspringen kann.

2.5 Kolben und Pleuelstangen

2.5.1 Aus- und Einbau

Die Teile des Kolbens sind in Bild 95 gezeigt. Unterschiedlich ist die Anordnung der Kolbenringe. Beim 1,4- und 1,6 Liter-Motor werden dreiteilige Ölabstreifringe verwendet, beim 2,0 Liter-Motor wird ein kombinierter Ölabstreifring an den Kolben verwendet. Zum Ausbau der Kolben müssen der Motor ausgebaut und der Zylinderkopf abgenommen werden. Die Ölwanne muss natürlich ebenfalls ausgebaut sein, um an die Pleuellager heranzukommen. Die diesbezüglichen Kapitel durchlesen.

Kolben und Pleuelstangen werden mit einem Hammerstiel von der Innenseite des Zylinderblocks nach oben zu herausgestossen, nachdem die Pleuellagerdeckel und Lagerschalen abmontiert wurden. Vor der Durchführung dieser Arbeiten sind die nachstehenden Anweisungen betreffend Kennzeichnung und Einbaurichtung zu beachten:

- Jeden Kolben und die dazugehörige Pleuelstange mit der Nummer des Zylinders versehen aus welchem sie ausgebaut werden. Dies kann man am besten durchführen, indem man die Zylindernummer mit Farbe auf den Kolbenboden aufzeichnet. Ebenfalls einen zur Vorderseite des Motors weisenden Pfeil in den Kolbenboden einzeichnen. Wenn die Kolben später von Ölkohle gereinigt werden, darf man jedoch nicht den Pfeil wegkratzen ohne ihn wieder auf den Kolbenboden einzuritzen.
- Beim Ausbau eines Kolbens mit der Pleuelstange die genaue Einbaurichtung des Pleuellagerdeckels beachten und sofort nach dem Ausbau den Pleuel und den Lagerdeckel auf einer Seite auf die eingeschlagene Zylindernummer untersuchen.
- Kolbenböden sind mit einer Kerbe in der Kolbenbodenkante (2,0 Liter-Motor) oder einem Pfeil (andere Motoren) gezeichnet, welcher nach vorn weisen muss. Die Pleuelstangen haben Ölspritzbohrungen. Bei eingebauten Einheiten müssen die Ölbohrungen, Pleuellagerkennzeichnungen und das "Vorn"-Zeichen wie in Bild 96 gezeigt ausgerichtet sein. Das Bild zeigt die Teile eines 2,0 Liter-Motor. Bei den anderen Motoren ist das Gegenteil der Fall, d.h. die Nummer in Pleuelstange und Pleuellagerdeckel liegt auf der gleichen Seite wie das Ölspritzloch (siehe Bild 101, Kapitel 2.5.5).

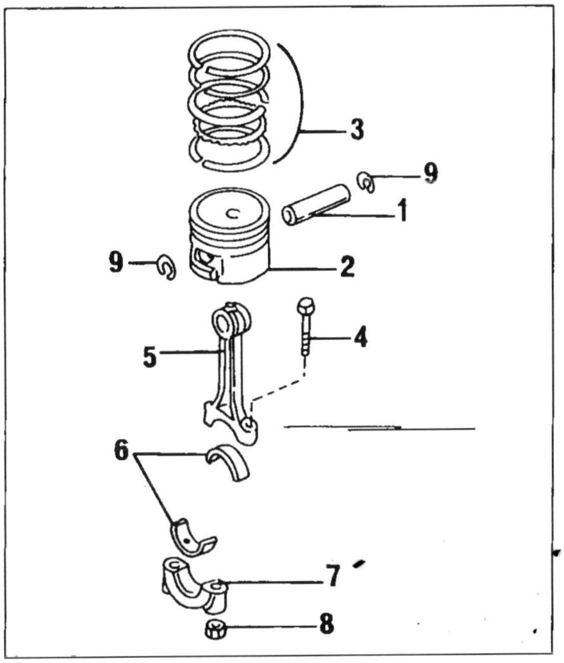

Bild 95
Die Teile des Kolbens eines 1,4- oder 1,6 Liter-Motors.
1 Kolbenbolzen
2 Kolben
3 Kolbenringe
4 Pleuelschraube
5 Pleuelstange
6 Pleuellagerschalen
7 Pleuellagerdeckel
8 Pleuellagermutter
9 Kolbenbolzensicherungsringe

- Die Lagerschalen entsprechend der Pleuelstange und zum Lagerdeckel zeichnen. Ebenfalls obere und untere Lagerschalen mit Farbe auf dem Rücken zeichnen.
- Lagerdeckel und Schalen entfernen.
- Kolben und Pleuelstangen mit einem Hammerstiel von der Innenseite des Zylinderblocks nach oben herausstossen. Falls erforderlich, den Ölkohlering an der Oberseite der Zylinderbohrungen mit einem Schaber abkratzen.

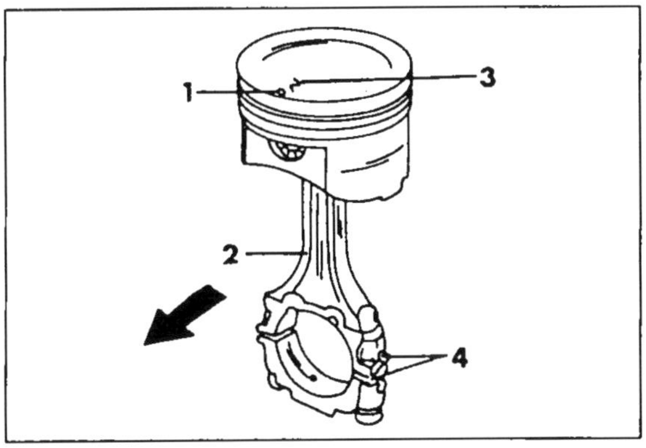

Bild 96
Vorschriftsmässig zusammengebaute Kolben- und Pleuelstangeneinheit eines 2,0 Liter-Motors. Bild 101 zeigt den Kolben der anderen Motoren.
1 "Vorn"-Zeichen
2 Ölspritzloch
3 Kolbengrösse
4 Zylindernummer

- Kolbenringe mit einer Kolbenringzange der Reihe nach über den Kolbenboden abnehmen, wie es in Bild 97 gezeigt ist. Falls die Ringe wieder verwendet werden sollen, sind sie entsprechend zu zeichnen. Falls keine Kolbenringzange zur Verfügung steht, können Metallstreifen an ge-

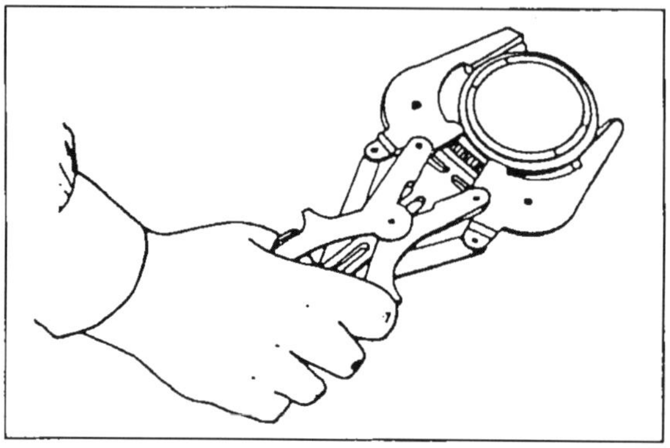

Bild 97
Abnehmen oder Aufsetzen der Kolbenringe mit einer Kolbenringzange.

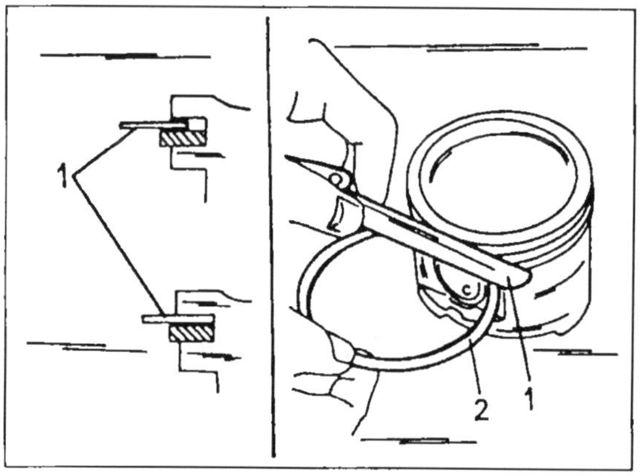

Bild 98
Ausmessen des Höhenspiels der Kolbenringe in den Nuten des Kolbens. Die Lehre muss sich entsprechend der unteren Ansicht auf der linken Seite einschieben lassen.
1 Blattfühlerlehre
2 Kolbenring

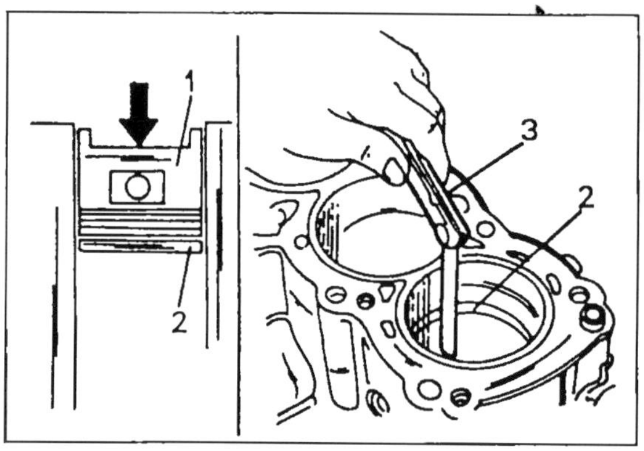

Bild 99
Kontrolle der Stossspiele von Kolbenringen. Ringe mit einem umgekehrten Kolben nach unten schieben und dann wie rechts gezeigt messen.
1 Kolben
2 Kolbenring
3 Blattfühlerlehre

genüberliegenden Seiten des Kolbens unter den Ring geschoben werden. Einen Streifen unbedingt unter das Ende des Ringes unterlegen, um Kratzer zu vermeiden.

● Die Sicherungsringe für den Kolbenbolzen ausfedern und den Kolbenbolzen aus dem Kolben und der Pleuelstange auspressen. Dazu den Kolben auf eine Temperatur von 60 - 70° anwärmen (heisses Wasser). Den Kolben in geeigneter Weise unterlegen und den Bolzen durch Kolben und Pleuelstangenauge pressen. Alle zu einer Kolben- und Pleuelstangeneinheit gehörenden Teile zusammenhalten.

2.5.2 Kolben und Pleuelstangen überprüfen

Alle Teile gründlich kontrollieren. Falls Teile Anzeichen von Fressern, Kratzern oder Verschleiss aufweisen, müssen sie erneuert werden.

Das Höhenspiel der Kolbenringe in den Nuten des Kolbens ausmessen, indem man die Kolbenringe der Reihe nach in die jeweilige Nut einsetzt, wie es in Bild 98 gezeigt ist. Mit einer Fühlerlehre den Spalt zwischen der Ringfläche und der Kolbennutenfläche ermitteln. Falls die Spalte der Ringe mehr als 0,20 mm betragen, sind entweder die Ringe oder der Kolben abgenutzt. Die Nennwerte der Höhenspiele sind in der Mass- und Einstelltabelle angegeben.

Als nächstes der Reihe nach alle Kolbenringe von der Oberseite des Kurbelgehäuses in die Zylinderbohrungen einsetzen. Mit einem umgekehrten Kolben die Ringe ca. um die Länge der Kolben in die Bohrung eindrücken. Dadurch sitzen sie gerade in der Bohrung. Eine Fühlerlehre in den Spalt zwischen den beiden Ringenden einschieben, wie es in der rechten Ansicht von Bild 99 gezeigt ist, um das Kolbenringstossspiel auszumessen. Bei keinem Ring darf das Mass mehr als 1,0 mm betragen. Die Nennwerte sind in der Mass- und Einstelltabelle angegeben.

Bei zu geringem Spiel (bei neuen Ringen zum Beispiel, die man ebenfalls ausmessen muss), können die Ringenden abgefeilt werden. Dazu eine Schlichtfeile in einen Schraubstock spannen und die Ringenden dagegen abfeilen. Bei zu grossem Stossspiel muss der betreffende Ring erneuert werden.

Falls nur die Kolbenringe erneuert werden sollen, ohne dass man die Zylinder ausbohrt, muss das Kolbenringstossspiel an der Unterseite der Zylinder ausgemessen werden. Die oberen und mittleren Kolbenringe sind an der Oberseite gezeichnet (nicht bei allen Motoren). Alle Ringe müssen so eingebaut werden, dass man das Zeichen (falls vorhanden) nach Aufziehen der Ringe von oben lesen kann.

Kolbenbolzen und Pleuelstangenbüchse auf Verschleiss oder Fressstellen kontrollieren. Falls auch nur eine Pleuelstange nicht mehr einwandfrei ist, muss der gesamte Satz erneuert werden.

Der Sitz des Kolbenbolzens im Kolben muss so geschaffen sein, dass sich der Kolben bei Zimmertemperatur mit dem Daumen in den Kolben eindrücken lässt. Das Spiel zwischen Bolzen und Kolbenauge beträgt 0,004 - 0,00 mm, kann jedoch schwer gemessen werden. Aus diesem Grund muss man die Prüfung mit Gefühl durchführen.

Die Pleuelstangen ebenfalls in einem Pleuelrichtgerät auf Verdrehung oder Verbiegung kontrollieren lassen. Falls man sich ein solches Gerät besorgen kann, sind die Verschleisswerte von 0,15 mm auf 100 mm für Verdrehung und 0,30 mm für Verzug zu beachten. Eine derartige Messung sieht wie in Bild 100 gezeigt aus.

2.5.3 Pleuellagerlaufspiel ausmessen

Diese Arbeit wird im Kapitel 2.6.5 im Zusammenhang mit der Kurbelwelle beschrieben. Sie wird mit "Plastigage" durchgeführt oder man kann den Innendurchmesser des Pleuellagers und den Aussendurchmesser der Kurbelzapfen vermessen.

2.5.4 Kolben und Pleuelstangen zusammenbauen

- Pleuelauge auf eine Temperatur von 60° - 70° C anwärmen (in heisses Wasser einlegen). Einen passenden Dorn besorgen, der sich in die Innenseite des Kolbenbolzens einsetzen lässt.
- Kolbenbolzen und Pleuelaugenbohrung gut einölen.
- Einen Kolbenbolzen-Sicherungsring auf einer Seite in den Kolben einfedern. Kontrollieren, dass er gut in der Nut sitzt.
- Bolzen mit einem passenden Dorn in den Kolben und die angewärmte Pleuelstange einpressen. Die folgenden Hinweise müssen beim Zusammenbau von Kolben und Pleuelstangen beachtet werden:
- Der Pfeil im Kolbenboden (entweder der eingezeichnete oder bei neuen Kolben die eingeschlagene Markierung — siehe Bild 95) muss zur Vorderseite des Motors weisen.
- Die Zylindernummerkennzeichnungen müssen an Pleuelstange und Lagerdeckel übereinstimmen (Bild 95). Auf die Unterschiede zwischen einem 2,0 Liter-Motor und den anderen Motoren achten.
- Kontrollieren, dass sich der Kolben nach dem Zusammenbau einwandfrei auf der Pleuelstange hin- und herkippen lässt.
- Kolbenringe sind entweder mit einer Kolbenringzange (Bild 97) vom Kolbenboden aus aufzusetzen oder es werden wiederum die beim Ausbau erwähnten Metallstreifen verwendet und die Ringe über die Kolbenmäntel gezogen. Wenn der Ring in einer Höhe mit der Nut liegt, werden die Streifen herausgezogen, so dass der Ring in die Nut einschnappen kann. Die beiden Verdichtungsringe könnte man verwechseln und aus diesem Grund ist deren Querschnitt zu betrachten, ehe sie angebracht werden. Wenn man die Ringe einwandfrei gezeichnet hat, sollte es keine Verwechslungen geben. Ausserdem sind die beiden Verdichtungsringe, wie bereits erwähnt, auf einer Seite mit einer Kennzeichnung versehen (der Buchstabe "R" kann bei einem 1,4- oder 1,6 Liter-Motor eingeschlagen sein) und diese Beschriftung muss jeweils vom Kolbenboden aus sichtbar sein.

Die zusammengebauten Kolben einstweilen bis zum Einbau auf einer sauberen Fläche ablegen und abdecken, damit kein Staub heran kann. Da die Teile bereits eingeölt sind, muss man besonders darauf achten, dass keine Fremdkörper an den Kolben anhaften, wenn die Kolben abgelegt werden.

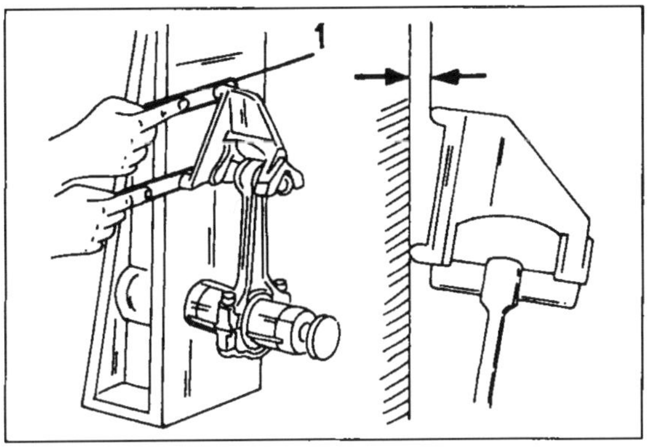

Bild 100
Pleuelstangen werden in der gezeigten Weise auf Verzug oder Verbiegung kontrolliert. Eine Fühlerlehre (1) an der gezeigten Stelle einschieben. Rechts ist gezeigt, wie die Pleuelstange von der Planfläche abweisen kann.

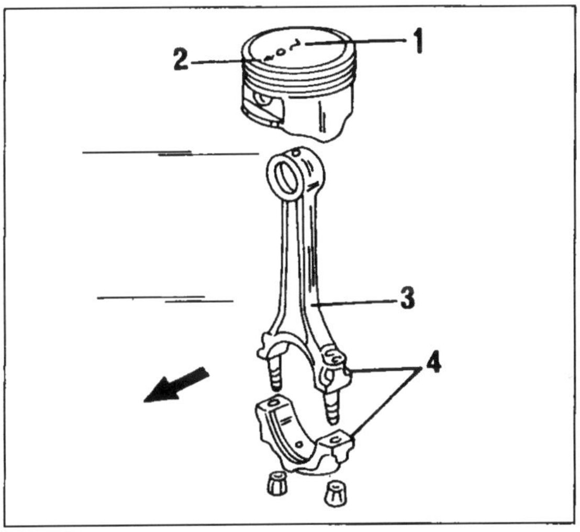

Bild 101
Richtiger Zusammenbau von Kolben und Pleuelstange beim 1,4- oder 1,6 Liter-Motor. Der Pfeil weist zur Vorderseite des Motors.
1 Kolbengrösse
2 "Vorn"-Zeichen
3 Ölspritzloch
4 Zylindernummer

2.5.5 Kolben und Pleuelstangen einbauen

- Zylinderbohrungen gut einölen.
- Pleuelschrauben in die Pleuelstangen einsetzen und die Lagerschalen einlegen.
- Alle Pleuel entsprechend den Zylindernummern auslegen. Die Ölspritzbohrungen in den Pleuelstangen müssen sich auf der richtigen Seite des Zylinderblocks befinden. Bild 95 zeigt wie der Kolben und die Pleuelstange beim 2,0 Liter-Motor zusammenkommen. Bild 101 zeigt wie die Teile beim Vergasermotor zusammenkommen.
- Die Markierungen in den Kolbenböden, d.h. die Kerbe an der Kolbenkante (2,0 Liter) oder der Pfeil (1,4/1,6 Liter) müssen zur Vorderseite des Motors weisen.
- Kolbenringstösse in gleichmässigen Abständen von 120° auf dem Umfang des Kolbens verteilen. Bild 102 zeigt wie die Stösse im Verhält-

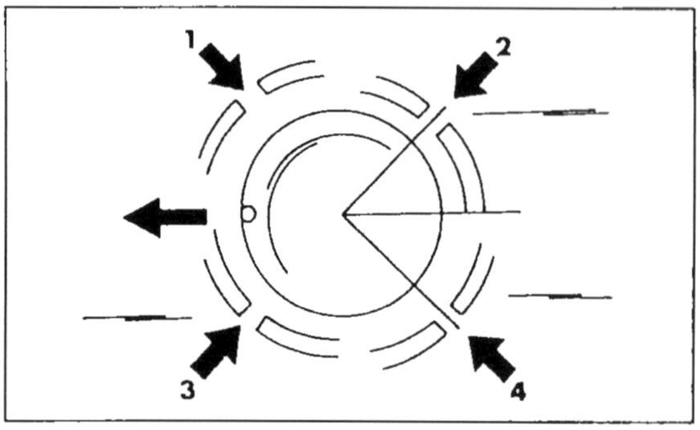

Bild 102
Anordnung der Kolbenringstösse. Der grosse Pfeil weist zur Vorderseite des Motors.
1 Stoss des Expanderringes
2 Stoss des oberen Ringes und des oberen Seitenringes (Ölabstreifring)
3 Stoss des zweiten Ringes
4 Stoss des unteren Seitenringes (Ölabstreifring)

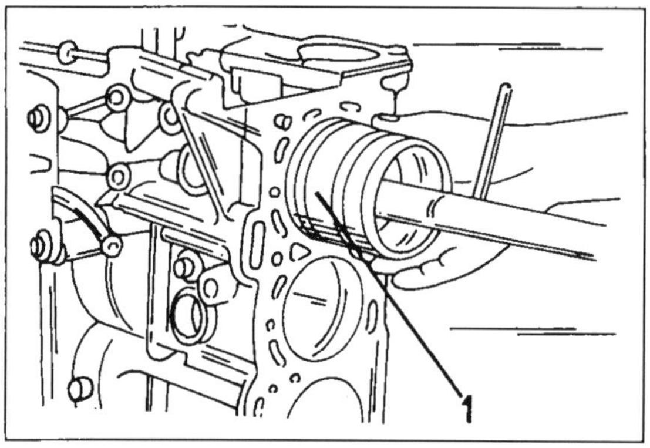

Bild 103
Einbau eines Kolbens. Das aufgesetzte Kolbenringspannband (1) gleitet während dem Einschieben vom Kolben.

Hinweis: Falls eine Gradscheibe zur Verfügung steht, kann man die Muttern nach Erstanzug mit 35 bis 40° (1,4/1,6 Liter) bezw. 60 bis 65° nachziehen (2,0 Liter). Diese Winkel gelten anstelle der gegebenen "Nm"-Werte.

nis zum Kolbenbolzen versetzt sind. Bei beiden Motorausführungen geschieht die Anordnung in gleicher Weise.

● Ein Kolbenringspannband um die Kolbenringgegend legen und die Kolbenringe in die Nuten drücken. Kontrollieren, dass sie einwandfrei eingedrückt sind. Falls kein Spannband zur Verfügung steht, kann ein breiter Schlauchbinder verwendet werden, oder ein dünner Metallstreifen wird so um die Ringe gelegt und die Enden werden so zusammengedrückt, dass die Ringe in die Nuten springen. Den Kolben erst einsetzen, nachdem nochmals kontrolliert wurde, dass keine Fremdkörper anhaften. Wird der Kolben, wie in Bild 103 gezeigt, mit einem Hammerstiel nach innen gestossen, wird das Spannband frei und kann abgenommen werden. Falls man einen Schlauchbinder verwendet, kann man diesen um den unteren Kolbenring legen und den Kolben einschieben, bis der Ring in der Bohrung sitzt. Danach den Schlauchbinder um den zweiten Ring legen und diesen in die Bohrung

Bild 104
Ausmessen des Axialspiels der an der Kurbelwelle montierten Pleuelstangen. Eine Fühlerlehre wird zwischen Pleuelstangenseite und Kurbelwellenanlauffläche eingeschoben.

einführen. Abschliessend die gleiche Arbeit mit dem oberen Kolbenring durchführen.

● Kurze Gummi- oder Kunststoffschlauchstücke auf die Schrauben des Pleuels aufschieben, damit die Bohrung nicht zerkratzt werden kann.

● Kurbelwelle durchdrehen, bis zwei der Kurbelzapfen im unteren Totpunkt stehen.

● Pleuel von oben in die Bohrung einschieben. Den Motor dazu auf die Seite legen, damit die Pleuelstange auf den Lagerzapfen geführt werden kann und die Bohrung oder den Pleuelzapfen nicht zerkratzt. Die Pleuellagerschale sollte sich bereits im Pleuel befinden, mit der Nase in der Aussparung und den beiden Ölschmierlöchern in einer Linie.

● Kolben hineinschieben, bis die Ringe der Reihe nach in die Bohrung rutschen, wie es in Bild 103 gezeigt ist, und der Pleuelfuss auf dem Kurbelzapfen aufsitzt.

● Zweite Lagerschale in den Lagerdeckel einlegen, die Schale gut einölen und den Deckel auf die Schrauben der Pleuelstange drücken und leicht anschlagen. Die Gummischlauchstücke müssen vorher natürlich wieder abgezogen werden. Unbedingt darauf achten, dass die Zahlen in Pleuelstange und Lagerdeckel auf der gleichen Seite liegen und zueinander passen, da man im letzten Moment noch einen Fehler machen kann.

● Die Anlageflächen der Muttern auf dem Pleuellagerdeckel einölen.

● Neue Pleuelmuttern abwechselnd auf ein Anzugsdrehmoment von 14 - 16 Nm anziehen. Um ein gutes Drehmoment zu erhalten, sollte man den Zylinderkopf auf die Dichtfläche aufsetzen. Block von einer zweiten Person halten lassen und die beiden jeweils obenstehenden Pleuellager anziehen. In der gleichen Weise die Pleuellagermuttern nochmals anziehen, auf 40 - 45 Nm bei einem 2,0 Liter-Motor oder 23 - 29 Nm bei den anderen Motoren.

● Nach Einbau des Pleuels die Kurbelwelle einige Male durchdrehen, um Klemmer sofort festzustellen.

● Kennzeichnung aller Pleuel nochmals kontrollieren und ebenfalls überprüfen, ob die Kolben in die richtige Richtung weisen.

● Mit einer Fühlerlehre das Spiel zwischen der Seitenfläche der Pleuelstange und der Anlauffläche der Kurbelwelle ausmessen, wie es in Bild 104 gezeigt ist. Dies ist das Axialspiel der Pleuellager und sollte 0,50 mm nicht überschreiten. Als Abhilfe kommt nur die Erneuerung der betreffenden Pleuelstange oder gar der Kurbelwelle in Frage.

2.6 Kurbelwelle und Kurbelwellenlager

Der Hauptunterschied zwischen dem 2,0 Liter-

Motor und den anderen Motoren liegt vielleicht in der Lagerung der Kurbelwelle. Beide Ausführungen der Lagerung weisen von der konventionellen Bauweise ab. Beim Vergasermotor und den "GA"-Motoren ab Baujahr 1993 ist die Kurbelwelle fünfmal gelagert. An beiden Enden wird ein Doppel-Hauptlagerdeckel verwendet, in der Mitte ein einzelner Lagerdeckel. Beim 2,0 Liter-Motor dagegen werden fünf Hauptlagerdeckel verwendet, jedoch ist ein Hauptlagerdeckelträger über die Deckel gesetzt, um diese in ihrer Lage zu halten. Bilder 105 und 106 zeigen die beiden Ausführungen der Kurbelwellenlagerung.

2.6.1 Axialspiel der Kurbelwelle ausmessen

Vor dem Ausbau der Kurbelwelle, welcher bei ausgebautem Motor durchgeführt werden muss, sollte das Axialspiel ausgemessen werden, um beim Zusammenbau zu wissen, ob die eingebauten Anlaufscheiben am mittleren Lager beim Zusammenbau ersetzt werden müssen. Folgendermassen vorgehen:

- Eine Messuhr vor dem Schwungradende der Kurbelwelle aufsetzen, wie es in Bild 107 gezeigt ist und kontrollieren, ob das Axialspiel weniger als 0,3 mm beträgt. Dies ist das höchstzulässige Spiel. Die Messuhr muss zuerst auf Null gesetzt werden.
- Darauf achten, dass das Axialspiel vollkommen aufgenommen wird, indem man einen Hebel (am besten den Holzgriff eines Werkzeuges, um Schäden zu vermeiden) in eine Kurbelwange einsetzt und die Welle damit nach einer Seite drückt, wie es durch die Pfeile in der Abbildung gezeigt ist.

2.6.2 Kurbelwelle ausbauen

Zum Ausbau der Kurbelwelle muss der Motor ausgebaut sein. In Kapitel 2.2 sind die meisten der Vorarbeiten beschrieben, die jedoch ebenfalls in den folgenden Kapiteln in Einzelheiten behandelt werden:

- Zylinderkopf ausbauen (Kapitel 2.4.1).
- Ölwanne ausbauen (Kapitel 3.1).
- Steuerantrieb ausbauen (Kapitel 2.4.1).
- Schwungrad, Motorzwischenplatte und Dichtringflansch von der Rückseite abmontieren.
- Kolben und Pleuelstangen ausbauen.
- Bei einem 2,0 Liter-Motor unter Bezug auf Bild 105 die Hauptlagerdeckelschrauben von der Aussenseite zur Mitte zu lockern (die beiden auf der Schwungradseite sitzenden Schrauben zuerst lockern) und den Hauptlagerdeckelträger, die Hauptlagerdeckel und die eingelegten Hauptlagerschalen abnehmen. Jeden Deckel und die Schale in geeigneter Weise zeichnen (Farbstriche), so dass sie wieder in die ursprüngliche La-

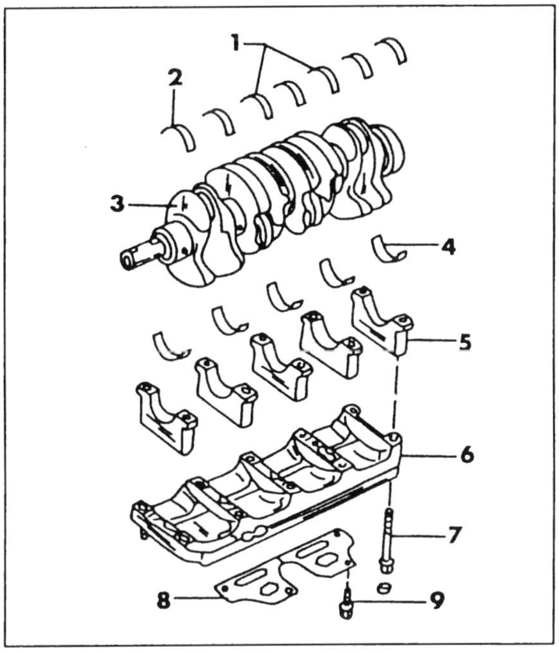

Bild 105
Die Lagerung der Kurbelwelle beim 2,0 Liter-Motor.
1 Anlaufhalbscheiben
2 Obere Hauptlagerschalen
3 Kurbelwelle
4 Untere Hauptlagerschalen
5 Hauptlagerdeckel
6 Hauptlagerdeckelträger
7 Deckelschrauben
8 Ölleitblech
9 Schraube, 6,5 - 7,5 Nm

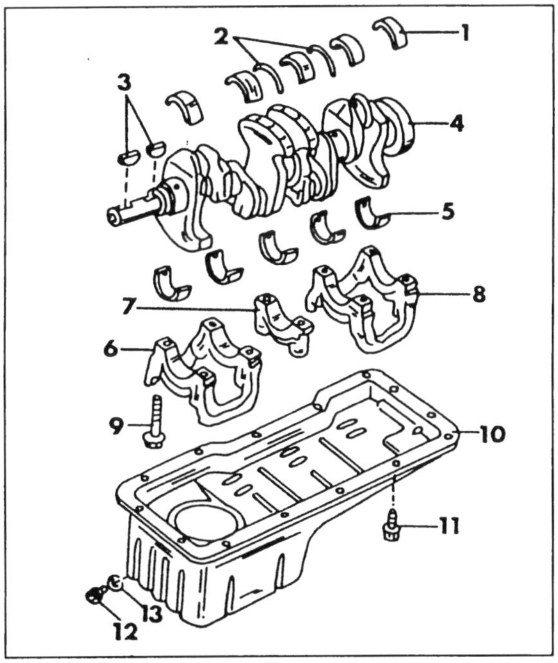

Bild 106
Die Lagerung der Kurbelwelle beim Vergasermotor und bei den "GA"-Motoren ab Baujahr 1993.
1 Obere Hauptlagerschalen
2 Anlaufhalbscheiben
3 Scheibenfedern
4 Kurbelwelle
5 Untere Hauptlagerschalen
6 Vorderer Hauptlagerdeckel
7 Mittlerer Hauptlagerdeckel
8 Hinterer Hauptlagerdeckel
9 Deckelschraube, 47 - 53 Nm
10 Ölwanne
11 Schraube, 6,5 - 8,5 Nm
12 Ölablassstopfen, 30 - 40 Nm
13 Dichtring

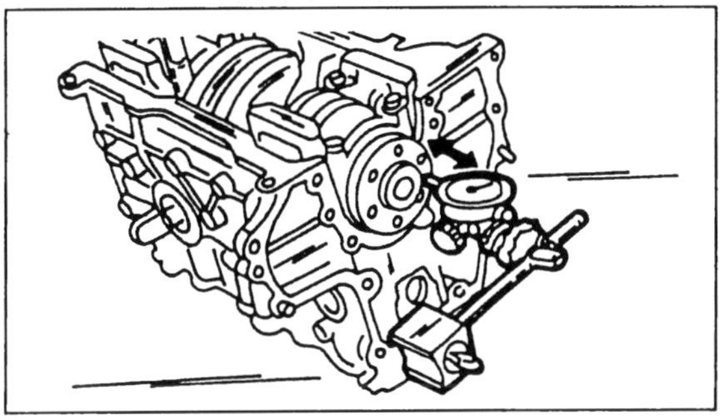

Bild 107
Ausmessen des Axialspiels der Kurbelwelle. Beide Motorausführungen werden in gleicher Weise gemessen.

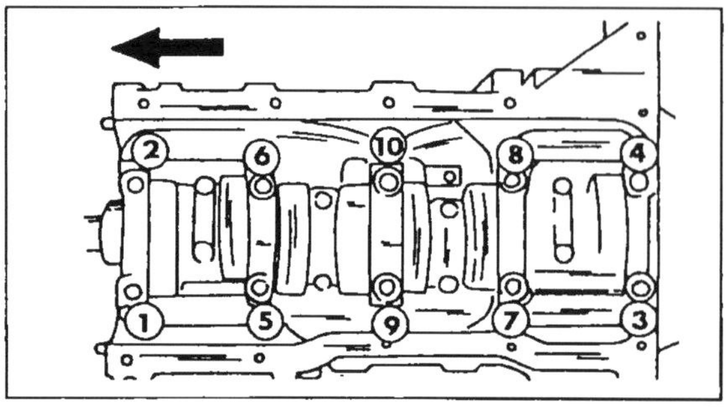

Bild 108
Reihenfolge zum Lösen der Hauptlagerdeckelschrauben bei einem Vergasermotor oder "GA"-Motor ab Baujahr 1993.

ge zurückgebracht werden können. Kurbelwelle herausheben und die oberen Hälften der Hauptlagerschalen aus dem Zylinderblock herausnehmen. Die Schalen mit den anderen Schalen und den entsprechenden Deckeln zusammenhalten.

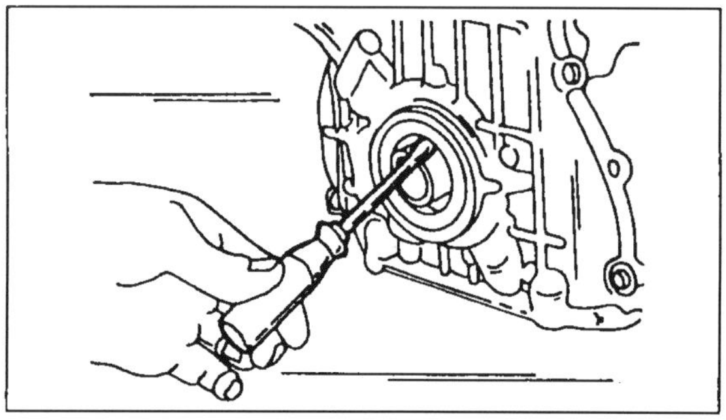

Bild 109
Dichtring vorsichtig mit einem Schraubenzieher aus dem Steuerdeckel heraushebeln (2,0 Liter).

Die beiden Anlaufhalbscheiben kennzeichnen und vom mittleren Lager entfernen.

- Bei einem Vergasermotor oder einen "GA"-Motor ab Baujahr 1993 unter Bezug auf Bild 106 die drei Lagerdeckel entsprechend der in Bild 108 gezeigten Reihenfolge in mehreren Stufen lockern und die Deckel der Reihe nach abnehmen. Die Kurbelwelle ausbauen, wie es beim 2,0 Liter-Motor beschrieben wurde.

2.6.3 Kurbelwellendichtringe

Der vordere Dichtring sitzt im Steuerdeckel; der hintere Dichtring sitzt in einem am Zylinderblock angeschraubten Flansch. Beide Öldichtringe können auch bei eingebautem Motor erneuert werden. Je nach Ausführung kann der vordere Deckel entweder montiert bleiben oder ist auszubauen.

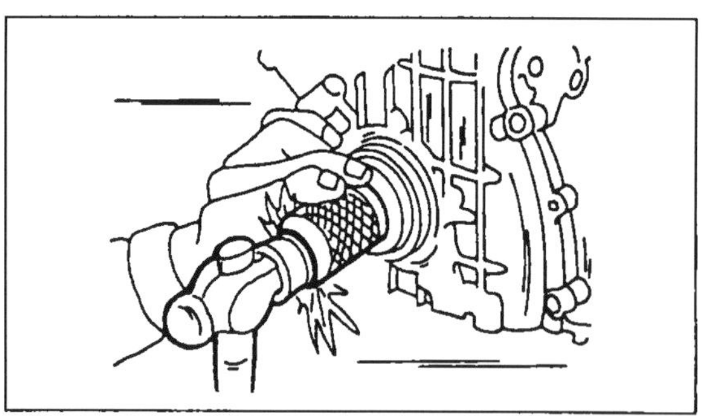

Bild 111
Beim Einschlagen des vorderen Dichtringes muss der Dorn auf der gesamten Aussenfläche aufsitzen (2,0 Liter).

Vorderen Kurbelwellendichtring erneuern

- Bei einem 2,0 Liter-Motor die Unterzugsbleche, den Deckel im rechten Radkasten und den Seitendeckel des Motors abschrauben und die Kurbelwellenriemenscheibe ausbauen. Den Öldichtring vorsichtig mit einem Schraubenzieher herausdrücken, wie es in Bild 109 zeigt.
- Bei einem Vergasermotor oder einem "GA"-Motor ab Baujahr 1993 (mit Einspritzung) die Antriebsriemen und alle an der Stirnseite des Motors montierten Teile ausbauen, wie es in Kapitel 2.4.1 beschrieben ist, bis man den Steuerdeckel abschrauben kann. Den Öldichtring von der Vorderseite aus mit einem Schraubenzieher heraushebeln, wie es in Bild 110 gezeigt ist. Den Deckel dabei nicht beschädigen.

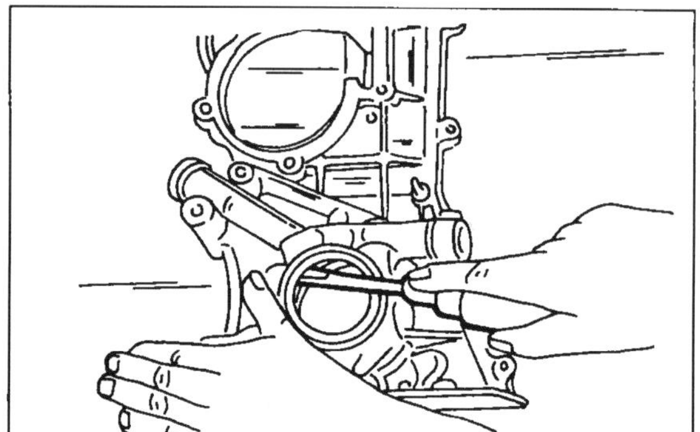

Bild 110

Bild 110 (rechts)
Bei einem "GA"-Motor wird der vordere Dichtring bei ausgebautem Deckel erneuert.

Zum Gegenhalten der Kurbelwellenriemenscheibe einen Gang einlegen.

- Neuen Dichtring mit einem passenden Dorn einschlagen (in beiden Fällen von aussen, in Bild 111 beim 2,0 Liter-Motor gezeigt). Die Dichtlippe mit etwas Fett einschmieren. Je nach Motor den Deckel entweder montieren oder die ausgebauten Teile wieder montieren. Antriebsriemen je nach eingebauten Aggregaten nach Zusammenbau einstellen.

Hinteren Kurbelwellendichtring erneuern

- Getriebe, Schwungrad und Kupplung ausbauen (oder bei automatischem Getriebe die Antriebsscheibe).
- Die Schrauben des Dichtringflansches lösen und den Deckel abnehmen. Die Dichtfläche vorsichtig mit einem Schaber von alter Dichtungsmasse reinigen. Mit etwas Geschick kann man den Dichtring auch aus dem eingebauten Dichtring heraushebeln.
- Dichtring von der Innenseite nach aussen herausschlagen ohne dabei das Gehäuse zu beschädigen. Einen guten, scharfen Dorn dazu verwenden.

Der Einbau geschieht wie folgt:

- Den neuen Dichtring vorsichtig mit einem

Hammer einschlagen, um ihn mittig anzusetzen. Dabei die Dichtlippe nicht beschädigen. Bild 112 zeigt wie der Deckel dabei aufgelegt ist. Die Aussenfläche des Dichtringes muss bündig sitzen.

- Dichtringgehäuse mit Dichtungsmasse einschmieren und den Deckel wieder montieren.
- Alle anderen Arbeiten in umgekehrter Reihenfolge wie beim Ausbau durchführen.

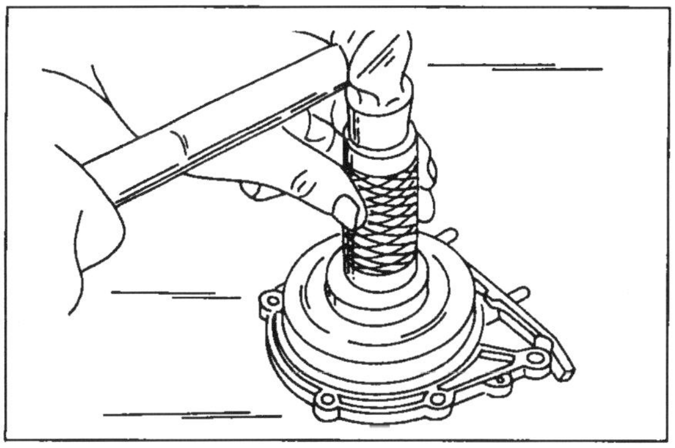

Bild 112
Der hintere Dichtring der Kurbelwelle wird in der gezeigten Weise eingeschlagen.

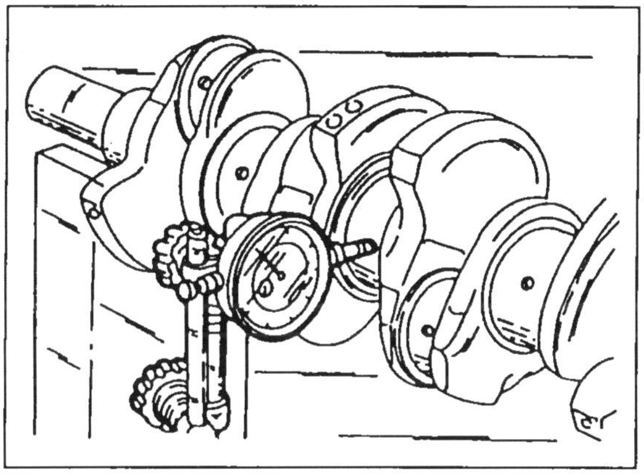

Bild 113
Kontrolle der Kurbelwelle auf Schlag. Eine Messuhr am mittleren Hauptlagerzapfen ansetzen und die Welle, in Prismen gelagert, langsam durchdrehen.

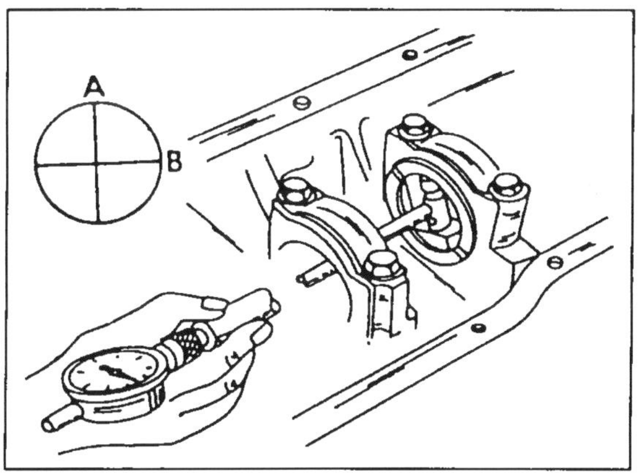

Bild 114
Ausmessen der Innendurchmesser der Hauptlagerschalen bei montierten Deckeln. Messungen in Richtungen "A" und "B" durchführen. Ebenfalls an den beiden Aussenkanten der Lager.

2.6.4 Teile der Kurbelwelle überprüfen

- Kurbelwelle sorgfältig auf Schäden kontrollieren und die Hauptlager- und Pleuellagerzapfen genau ausmessen. Kurbelwellenhauptlagerzapfen und Kurbelzapfen können nachgeschliffen werden, damit man die Welle mit Übergrösse-Lagerschalen einbauen kann.
- Kurbelwelle zwischen die Spitzen einer Drehbank einspannen oder die beiden äusseren Lagerzapfen in Prismen einlegen (Bild 113) und mit einer Messuhr am mittleren Lagerzapfen auf Schlag kontrollieren. Der Schlag darf nicht grösser als 0,04 mm sein. Zu beachten ist, dass der an der Messuhr angezeigte Schlag bei einer Umdrehung der Kurbelwelle durch zwei geteilt werden muss, um den wirklichen Verzug zu erhalten. Falls der Schlag grösser ist, muss die Welle erneuert werden.

2.6.5 Lagerlaufspiel der Haupt- und Pleuellager ausmessen

Normalerweise werden Lagerspiele mit "Plastigage"-Kunststoffdraht ausgemessen, jedoch wird bei diesen Motoren ein genaues Ausmessen der Lagerzapfendurchmesser und der Innendurchmesser der Lagerschalen empfohlen. Bei der Bestimmung des Lagerlaufspiels folgendermassen vorgehen, vorausgesetzt, dass ein Innen- und ein Aussenmikrometer zur Verfügung stehen:

- Lagerschalen gut reinigen und in die Lagerbohrungen des Zylinderblocks einlegen (entsprechend der Lagerkennzeichnungen). Die unteren Lagerschalen in die Hauptlagerdeckel einlegen und die Deckel auf das Kurbelgehäuse aufsetzen. Beim 2,0 Liter-Motor den Lagerdeckelträger anschrauben.
- Alle Schrauben der Hauptlagerdeckel von innen nach aussen vorgehend mit dem vorgeschriebenen Anzugsdrehmoment anziehen (siehe Anzugsdrehmomente am Ende des Buches sowie Anzugsdiagramm des betreffenden Motors — Bild 108 für "GA"-Motor, Bild 120 für den 2,0 Liter-Motor).
- Mit einer Innenmessuhr in der in Bild 114 gezeigten Weise den Innendurchmesser der einzelnen Lager ausmessen. Dabei die Messspitzen zuerst wie im Bild gezeigt ansetzen und danach im rechten Winkel davon. Erhaltene Masse für jedes Lager und jede Messrichtung aufschreiben. Der Unterschied zwischen Messrichtung "A" und "B" gibt die Unrundheit der Bohrungen an.
- Unter Bezug auf Bild 115 jeden Hauptlagerzapfen im Durchmesser ausmessen. Dabei in den Richtungen "A" und "B" sowie an den Stellen "1" und "2" messen. Der Unterschied zwischen den Messungen "A" und "B" gibt die Unrundheit der Lagerzapfen an; der Unterschied zwischen den Messungen "1" und "2" die Verjüngung der Zapfen. Die Masse für jeden Lagerzapfen und jede Messstelle aufschreiben.
- Die Unterschiede zwischen den "A-B"- und den "1 - 2"-Messungen ausrechnen. Falls die

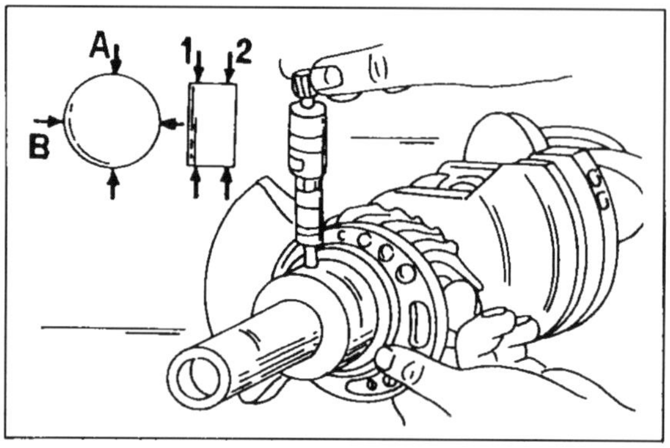

Bild 115
Ausmessen der Kurbelwellenhauptlagerzapfen. Durchmesser an den Stellen "1" und "2" und in Richtungen "A" und "B" ausmessen.

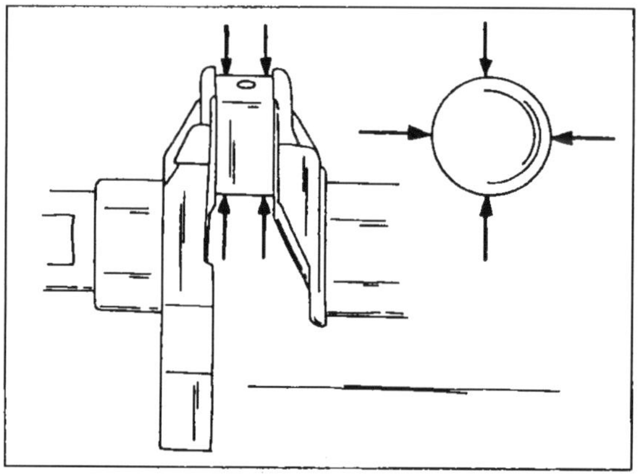

Bild 116
Ausmessen der Pleuellagerzapfen. Durchmesser an den Pfeilstellen ausmessen.

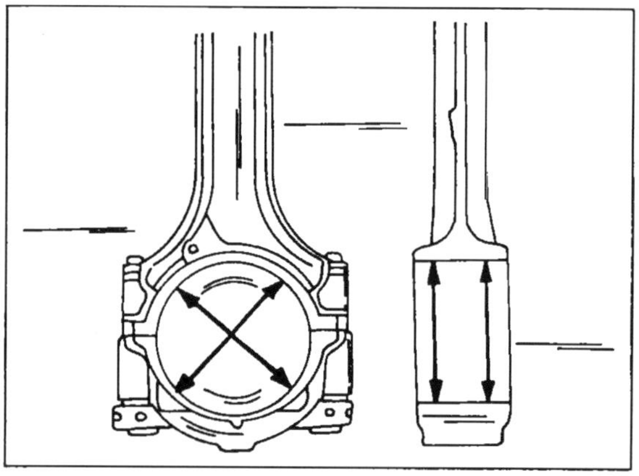

Bild 117
Ausmessen der Innendurchmesser der Lagerschalen eines Pleuellagers. An den Pfeilstellen messen.

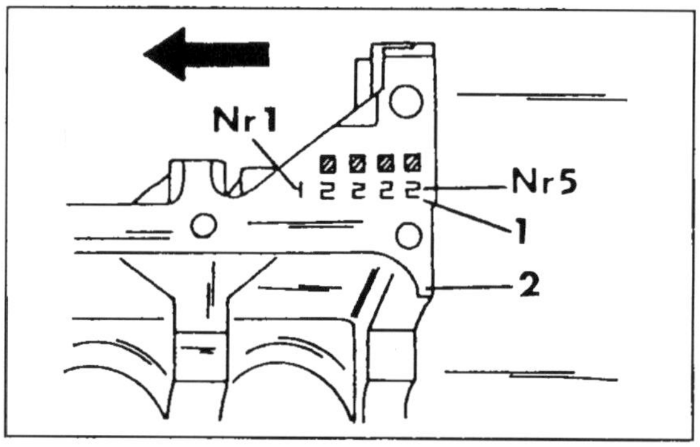

Bild 118
Zylinderblöcke sind an der gezeigten Stelle mit der Grösseneinteilung der Hauptlagerzapfen gezeichnet.
1 Zahl der Klasseneinteilung
2 Zylinderblock

Verjüngung oder die Unrundheit ausserhalb der Grenzwerte liegen, müssen die Lagerzapfen nachgeschliffen werden. Liegen sie innerhalb der zulässigen Werte, den Aussendurchmesser der Hauptlagerzapfen vom Innendurchmesser der Lagerschalenbohrung des **gleichen** Lagers abziehen. Das Ergebnis ist das Lagerlaufspiel, welches den Angaben in der Mass- und Einstelltabelle zu entnehmen ist.

- Alle Lagerspiele in der oben beschriebenen Weise ausrechnen. Falls die Spiele irgendeines Lagers den Verschleisswert erreicht haben, muss man die Kurbelwelle nachschleifen lassen, um Übergrösse-Lagerschalen einzubauen.
- Die gleichen Messungen an den Kurbelzapfen und den Pleuellagern durchführen. Die Pleuellagermuttern mit dem vorgeschriebenen Anzugsdrehmoment anziehen (Pleuel dazu in einen Schraubstock einspannen) und die Kurbelzapfen sowie die Innendurchmesser der eingesetzten Pleuellagerschalen entsprechend Bilder 116 und 117 ausmessen.
- Lagerlaufspiele entsprechend der oben beschriebenen Weise errechnen und aus den Ergebnissen den Zustand der Kurbelzapfen bestimmen. Beträgt das Laufspiel eines Kurbelzapfens mehr als die Verschleissgrenze, muss die Kurbelwelle nachgeschliffen werden.

Die Auswahl der richtigen Lagerschalen ist keine leichte Arbeit und wir empfehlen, dass Sie sich anhand der unten beschriebenen Anweisungen an Ihren Ersatzteil-Lieferanten wenden, um die richtigen Lagerschalen für Kurbelwellen und Pleuellager zu erhalten:

- In den Zylinderblock sind an der in Bild 118 gezeigten Stelle Zahlen eingeschlagen, die auf die Klasseneinteilung der Kurbelwellenlager hinweisen. In das Gegengewicht der Kurbelwelle sind ähnliche Zahlen eingeschlagen. Auf die Kurbelwelle gesehen, ist die Grössenklasse für das erste Lager links angegeben, wenn es sich um einen Einspritzmotor handelt. Verwendet werden die Zahlen 0 bis 3. Beim "GA"-Motor ist jedoch das Gegenteil der Fall, d.h. die von vorn gesehen links eingeschlagene Zahl gibt das Lager Nr. 5 an. Bei diesem Motor werden auch nur die Zahlen 0 bis 2 verwendet. Um die richtigen Lagerschalen zu bestellen, die mit Farbkennzeichnungen versehen sind, können Sie die Zahlen im Zylinderblock und die Zahlen in der Kurbelwelle kopieren und Ihrem Händler vorlegen. Dieser wird damit in der Lage sein die richtigen Lagerschalen auszuwählen. Falls die Welle nachgeschliffen wurde, erhalten Sie automatisch die richtigen Schalen.

Eine ähnliche Grösseneinteilung gilt für die Pleuellagerschalen, die man anhand der vier Zahlen anstelle der fünf Zahlen erkennen kann.

2.6.6 Kurbelwelle einbauen

Unter Bezug auf die verschiedenen Montagebilder:

● Motor so hinsetzen, dass die Kurbelgehäuseseite nach oben weist. Die oberen Hälften der Kurbelwellenlagerschalen in die Lagerbohrungen einsetzen. Die Schalen mit den Ölbohrungen kommen in den Zylinderblock. Links und rechts des Lagers Nr. 3 die beiden Anlaufscheibenhälften anlegen. Falls neue Lagerschalen eingebaut werden, müssen diese entsprechend der Farbkennzeichnung in die entsprechenden Bohrungen kommen. Die Führungsnasen der Lagerschalen müssen in die Aussparungen der Lagerbohrungen eingreifen. Die Lagerflächen gut einölen.

● Die Kurbelwelle vorsichtig in die Lager senken.

● Die Lagerschalen entsprechend den obigen Anweisungen, gut eingeölt auf die Lagerzapfen aufsetzen.

● Die Lagerdeckel über die Lager anbringen. Dabei folgendes beachten:

— Bei einem Vergasermotor oder einem "GA"-Motor mit Einspritzung Bezug auf Bild 119 nehmen und die Deckel entsprechend aufsetzen. Alle Deckel sind mit Pfeilen gezeichnet, die nach Aufsetzen der Deckel nach vorn weisen müssen. Die Deckelschrauben einsetzen und wie in Bild 111 in zwei oder drei Stufen auf ein endgültiges Anzugsdrehmoment von 47 bis 53 Nm anziehen. Die Kurbelwelle vor dem Anziehen der Deckelschrauben einige Male seitlich hin- und herbewegen, damit sie sich in den Lagerschalen setzen kann.

— Bei einem 2,0 Liter-Motor die Lagerdeckel entsprechend ihrer Kennzeichnung aufsetzen und den Lagerdeckelträger darübersetzen. Die Schrauben in der in Bild 120 gezeigten Anzugsreihenfolge in zwei oder drei Stufen auf ein Drehmoment von 33 - 39 Nm anziehen. Danach in der gleichen Reihenfolge in gleicher Weise auf ein endgültiges Anzugsdrehmoment von 75 - 85 Nm anziehen.

● Das Axialspiel der Kurbelwelle mit einer Messuhr kontrollieren, wie es in Kapitel 2.6.1 beschrieben wurde. Falls das Axialspiel nicht stimmt, wurde die Messung bei der Reparatur nicht einwandfrei durchgeführt.

● Das Öldichtringgehäuse an der Rückseite anschrauben. Die Dichtfläche mit Dichtungsmasse einschmieren.

● Die Kolben einbauen (Kapitel 2.5.5).

● Die hintere Motorzwischenplatte anschrauben.

● Das Schwungrad oder die Antriebsscheibe des Drehmomentwandlers ansetzen und die Schrauben auf das vorgeschriebene Anzugsdrehmoment anziehen. Das Schwungrad oder die Scheibe müssen dabei gegengehalten werden und am besten ist es, wenn man einen Holzklotz zwischen Kurbelwelle und Schwungrad einsetzt. Nur Schrauben mit guten Gewinden verwenden und die Gewinde leicht einölen.

● Der weitere Zusammenbau des Motors geschieht jetzt in der bereits beschriebenen Weise, d.h. Zylinderkopf, Steuerung, Ölwanne usw. entsprechend den Anweisungen unter den einzelnen Überschriften montieren. Der Einbau der Ölwanne wird in Kapitel 3.1 behandelt.

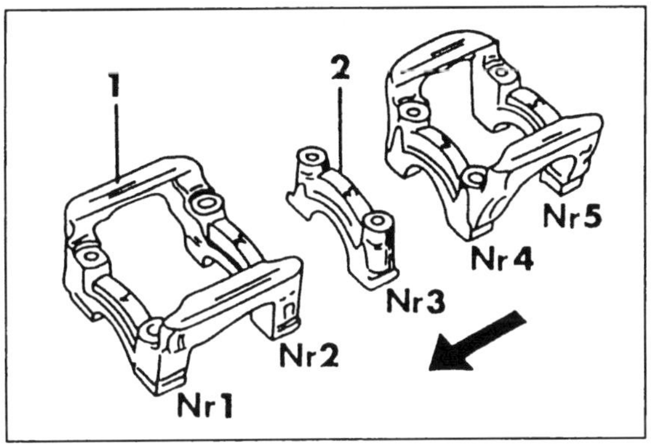

Bild 119
Die Lagerdeckel der Kurbelwelle eines Vergasermotors oder eines "GA"-Motors ab Baujahr 1993. Die unteren Zahlen geben an wo die Deckel hingehören. Der grosse Pfeil weist nach vorn.
1 Lagerdeckel
2 Eingeschlagener Pfeil

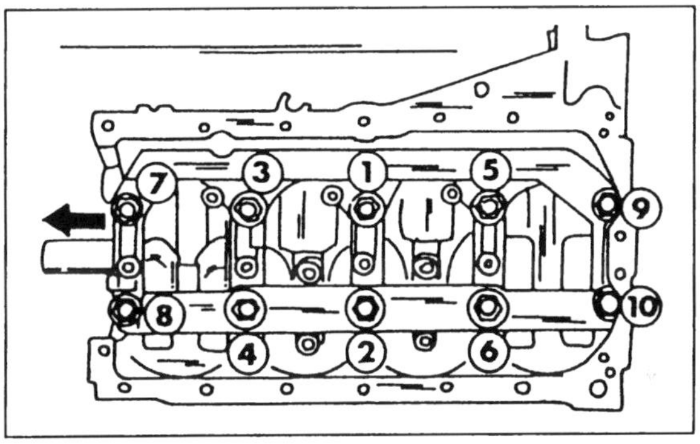

Bild 120
Anzugsreihenfolge der Hauptlagerdeckel bei einem 2,0 Liter-Motor. Der Pfeil weist nach vorn.

2.7 Zylinderblock

Bei einer Ganzzerlegung den Zylinderblock einwandfrei reinigen und alle Fremdkörper aus Hohlräumen und Ölkanälen entfernen. Besonders auch darauf achten, dass Reinigungsflüssigkeiten vollkommen entfernt werden. Falls möglich mit Pressluft trockenblasen.

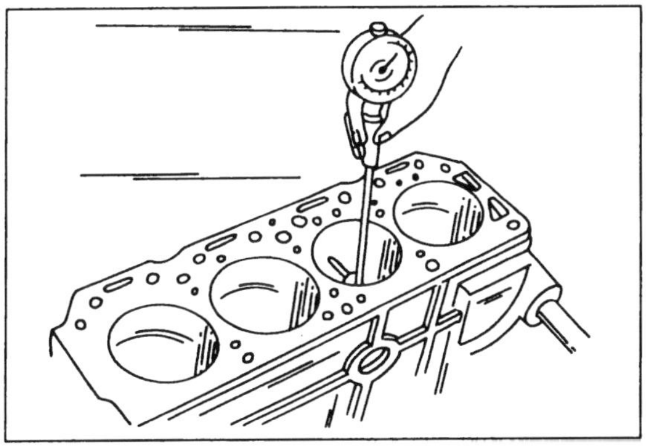

Bild 121
Ausmessen einer Zylinderbohrung mit einer Innenmessuhr.

Zum Ausmessen der Zylinderbohrungen ist eine Zylindermessuhr erforderlich (Bild 121), mit der es möglich ist, die Mitte und die Unterseite der Bohrung auszumessen. Falls eine Messuhr nicht vorhanden ist, können die folgenden Arbeiten nicht durchgeführt werden. Die Messungen der Zylinderbohrungen sind in Längs- und Querrichtung durchzuführen (Bild 122). Wiederum sind Unterschiede zwischen einem Einspritzmotor und einem Vergasermotor zu beachten.

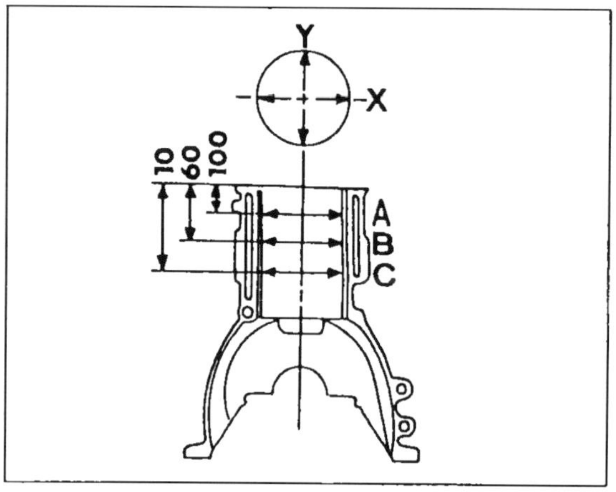

Bild 122
Messdiagramm für den Zylinderblock. In den drei Höhen (A, B und C) und in Richtungen "X-X" und "Y-Y" messen.

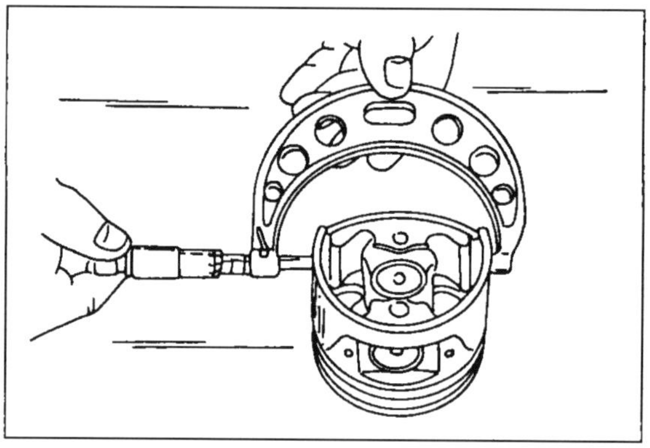

Bild 123
Ausmessen des Kolbendurchmessers. Das Mass "a" ist beim 2,0 Liter-Motor und den anderen Motoren nicht gleich (siehe Text).

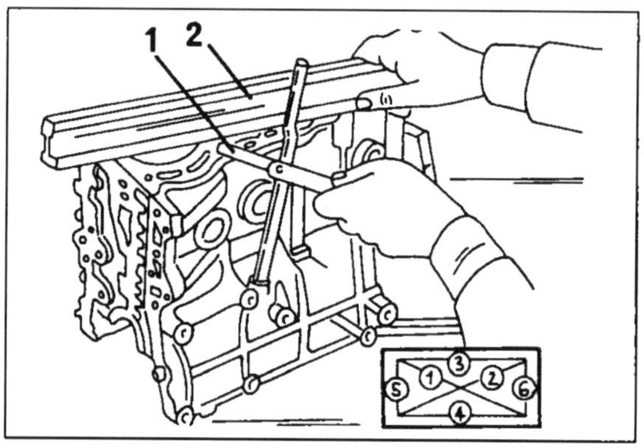

Bild 124
Ausmessen der Zylinderblockfläche auf Verzug.
1 Fühlerlehre
2 Stahllineal

- Bei einem 2,0 Liter-Motor die Messung entsprechend Bild 122 durchführen, d.h. 10 mm, 60 mm und 100 mm von der Oberkante der Zylinderbohrung. Die Messungen in den Richtungen "X" und "Y" durchführen.
- Bei einem Vergasermotor oder einem "GA"-Motor erfolgt die erste Messung 20 mm von der Oberkante der Zylinderbohrung. Die beiden anderen Messungen sind gleich.

Insgesamt sind also 6 Messungen pro Zylinderbohrung erforderlich. Alle gefundenen Werte aufschreiben und mit den Angaben in der Mass- und Einstelltabelle vergleichen. Unrundheiten (Unterschied zwischen den Messungen "X" und "Y") sowie Verjüngung (Unterschied zwischen der oberen und unteren Messung) werden durch genaue Vermessung herausgefunden.

Zu beachten ist, dass alle Zylinder nachgebohrt werden müssen, auch wenn nur einer der Zylinder nicht innerhalb der Massangaben liegt. Eine Abweichung von 0,04 mm von den Sollmassen ist zulässig. Übergrösse-Kolben sind in den in der Mass- und Einstelltabelle angegebenen Grössen erhältlich.

Das Endmass einer Zylinderbohrung wird bestimmt, indem man den Kolben entsprechend Bild 123 ausmisst, d.h. die Mikrometerwangen werden 0,5 mm ("GA"-Motor) oder 11,0 mm (2,0 Liter-Motor) von der Unterkante des Kolbenmantels und im 90°-Winkel zum Kolbenbolzen angesetzt. Zu diesem Mass das Kolbenlaufspiel von 0,010-0,030 mm (2,0 Liter-Motor) oder 0,015-0,035 mm (1,4/1,6 Liter-Motor) hinzurechnen. Ausserdem ist eine Zugabe von 0,02 mm für das abschliessende Aushonen der Zylinder zu berücksichtigen.

Zum Prüfen des Kolbenlaufspiels den Kolben und die Zylinderbohrung wie beschrieben ausmessen und den Unterschied zwischen den Massen pro Zylinder errechnen. Falls man keine Erfahrungen mit dem Ausmessen von Zylinderbohrungen hat, sollte man den Block in eine mechanische Werkstatt zur Vermessung bringen.

Falls man sich eine Skizze anfertigt, kann man die Messergebnisse danebenschreiben, um eine gute Übersicht zu erhalten. Der Unterschied zwischen der oberen und unteren Messung gibt die Verjüngung an. Der Unterschied zwischen der Längsmessung und der Quermessung weist auf Ovalität (Unrundheit) hin. An keiner Stelle darf der Durchmesser mehr als 0,04 mm vom Sollmass abweichen.

In der Oberfläche des Zylinderblocks sind Zahlen eingeschlagen, die auf die Grössenklasse der Kolben hinweisen. Falls der Zylinderblock einmal erneuert werden sollte, muss man Kolben mit der gleichen Grössenklasse einbauen.

Die Zylinderblockfläche wird wie in Bild 124 gezeigt auf Verzug kontrolliert. Dazu ein Stahllineal (2) auf die Blockfläche auflegen und den Spalt mit einer Fühlerlehre (1) ausmessen. Den Block in Längsrichtung, Querrichtung und Diagonalrichtung vermessen, wie es im kleinen Diagramm gezeigt ist. Das Höchstmass beträgt 0,10 mm. Zu beachten ist, dass der Zylinderblock und der Zylinderkopf zusammen nur um 0,2 mm abgeschliffen werden können. Falls man den Kopf nicht nachschleifen muss, ist ausserdem die Höhe des Zylinderblocks zu beachten, die der Mass- und Einstelltabelle zu entnehmen ist. Falls der Zylinderblock nach Planschleifen unter die Mindesthöhe kommen könnte, muss er erneuert werden.

2.8 Kompression der Zylinder überprüfen

Falls angenommen wird, dass ein Zylinder nicht mehr den Kompressions- oder Verdichtungsdruck besitzen sollte, welcher ihm vom Werk aus gegeben ist, kann man sich einen Kompressionsdruckprüfer besorgen und den Druck der einzelnen Zylinder kontrollieren. Zur Kontrolle die Zündkerzen ausschrauben, den Kompressionsdruckprüfer in die jeweilige Kerzenöffnung drücken und den Anlasser betätigen lassen. Der Schreiber des Druckprüfers gibt die Zylinderkompression an. Durch Verschleiss verursachte undichte Ventile, Kolben oder Kolbenringe werden dadurch angezeigt.
Wenn der Motor sich noch in ziemlich neuem Zustand befindet, sollte der Verdichtungsdruck innerhalb der in der Mass- und Einstelltabelle angegebenen Sollwerte liegen. Die angeführte Verschleissgrenze darf nicht unterschritten sein.
Falls die Kompression niedriger ist, sollte man sich überlegen, ob man einen Austauschmotor einbaut oder den Motor einer Überholung unterzieht. Ebenfalls ist es wichtig, ob nur ein Zylinder eine schlechte Verdichtung aufweist oder alle. Falls z.B. ein Unterschied von 1,0 bar innerhalb der einzelnen Zylinder vorliegt, könnte es sein, dass die Ventile des "schlechten" Zylinders hängen und man nur den Zylinderkopf, d.h. die Ventile überholen braucht. Ebenfalls ist es möglich, dass die Kolbenringe hängen, so dass die Verdichtung entlang des Kolbens in das Kurbelgehäuse entweichen kann. Falls man bei Einfüllen von etwas Öl in die Zylinderbohrungen eine bessere Kompression erhält, ist dies ein Zeichen, dass die Kolbenringe verschlissen sind.
Bei gleichmässigem Verlust der Verdichtung kann man in den meisten Fällen auf verschlissene Zylinderbohrungen schliessen.

2.9 Ansaugkrümmer — 2,0 Liter

Nur der Ansaugkrümmer dieses Motors soll besonders hervorgehoben werden. Der Ausbau des Krümmers der anderen Motoren wird dagegen als ziemlich leicht angesehen. Zu beachten ist jedoch, dass man den Druck aus der Kraftstoffanlage entlasten muss, falls es sich um einen Einspritzmotor handelt. Beim Ausbau folgendermassen vorgehen:

- Den Druck aus der Kraftstoffanlage ablassen, wie es auf Seite 14 beschrieben wurde.
- Die Kühlanlage ablassen (Kapitel 4.1.1).
- Den Luftansaugschlauch vom Ansaugkrümmer abmontieren.
- Die Schläuche der Kurbelgehäusebelüftung von der Zylinderkopfhaube abschliessen.
- Alle Unterdruckschläuche, Kraftstoffschläuche, Kabelstränge, Steckverbinder, usw. abschliessen.
- Die in Bild 125 gezeigten Stützen des Ansaugkrümmers an beiden Enden abschrauben.

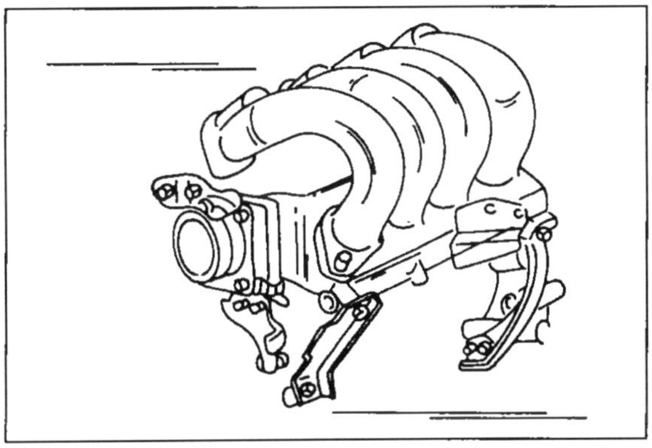

Bild 125
Die Stützen sind an den gezeigten Stellen angeschraubt.

- Das Kraftstoffverteilerrohr abschrauben. Die Schrauben gleichmässig von aussen nach innen lösen.
- Die Befestigungsmuttern des Ansaugkrümmers entsprechend der Zahlenreihenfolge von Bild 126 lockern und den Krümmer vom Motor abziehen und herausnehmen. Die Dichtung muss immer erneuert werden.

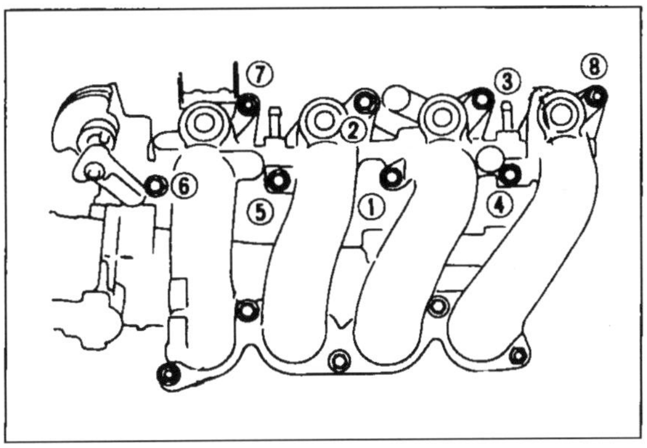

Bild 126
Die Reihenfolge zum Lösen der Ansaugkrümmerbefestigung. Die Muttern in umgekehrter Reihenfolge anziehen.

- Falls erforderlich, die beiden Teile des Krümmers trennen, d.h. das Sammelrohr vom eigentlichen Krümmer abschrauben.

Der Einbau geschieht in umgekehrter Reihenfolge wie der Ausbau. Die Muttern in entgegengesetzter Reihenfolge von Bild 126 anziehen. Die Dichtung muss immer erneuert werden.

krümmers lösen und das Auspuffrohr vom Krümmer trennen. Je nach Ausführung ist ein Einzelrohr

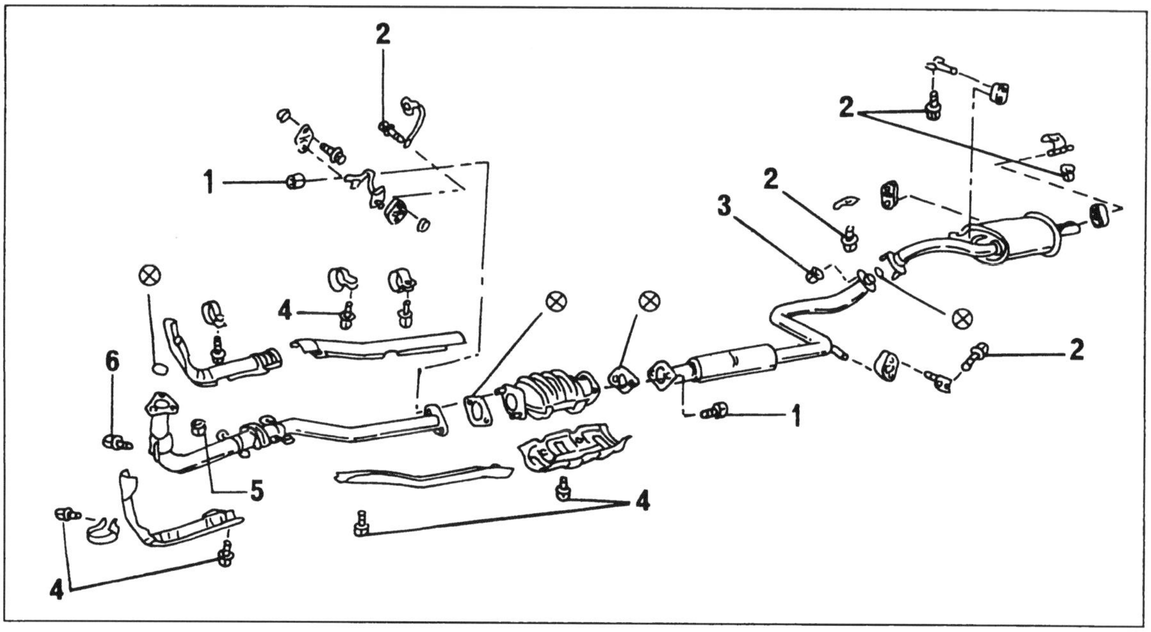

Bild 127
Die Teile der Auspuffanlage bei einem Fahrzeug mit Zweiradantrieb. Die in Bild 128 gezeigten Unterschiede sind zu beachten. Die Dichtungen sind mit den Kreuzen gezeigt.
1 = 43-55Nm
2 = 13-16Nm
3 = 30-40Nm
4 = 5-6,5Nm
5 = 30-33Nm
6 = 20-25Nm

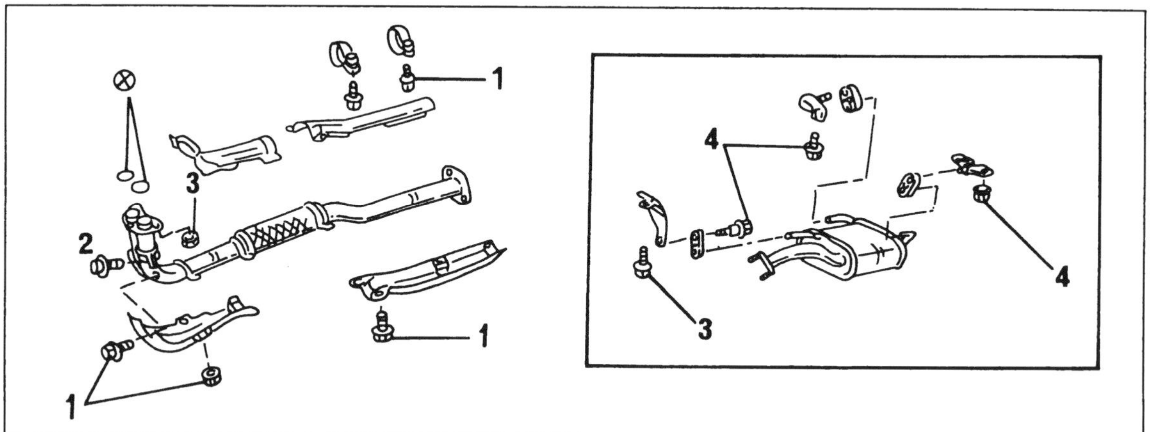

Bild 128
Unterschiedliche Teile werden beim 2,0 Liter-Motor vorn oder hinten eingebaut. Links bei der Limousine, im Quadrat der hintere Abschnitt beim Coupé.
1 = 5-6,5Nm
2 = 20-25Nm
3 = 45-50Nm
4 = 13-16Nm

2.10 Die Auspuffanlage

2.10.1 Aus- und Einbau der Anlage

Offensichtlich ist die Auspuffanlage der verschiedenen in dieser Ausgabe behandelten Modelle unterschiedlich zusammengesetzt, so dass wir uns nur auf Ausführungen mit Katalysator beschränken. Unterschiede gibt es auch bei Fahrzeugen mit Zweirad- und Vierradantrieb. Bei Modellen ohne Katalysator ist dieser durch einen Schalldämpfer ersetzt. Bilder 127 bis 129 zeigen die verschiedenen Abschnitte der Auspuffanlagen. Die folgenden Arbeiten sind unter Bezug auf diese Bilder durchzuführen:

- Auspuffanlage in geeigneter Weise von unten abstützen, bis die letzte Aufhängung gelöst ist.
- Die Muttern von der Unterseite des Auspuffkrümmers lösen und das Auspuffrohr vom Krümmer trennen. Je nach Ausführung ist ein Einzelrohr oder ein Doppelrohr am Krümmer angeschlossen.
- Alle Wärmeschutzbleche von der Unterseite der Auspuffanlage abschrauben.
- Muttern der Schraube entfernen um das Auspuffrohr vom Metallwinkel zu lösen.
- Lambda-Sonde aus der Seite des vorderen Auspuffrohres ausschrauben, falls es sich um einen 2,0 Liter-Motor handelt.
- Die Schrauben entfernen und die Aufhängung vom Schalldämpfer entfernen.
- Um den vorderen Abschnitt der Anlage auszubauen, die Muttern entfernen, die Schrauben nach oben entfernen und das Rohr vom Katalysator trennen.
- Zum Ausbau des hinteren Abschnitts der Anlage die Muttern entfernen und die Gummiaufhängung lösen. Falls nur der Hauptschalldämpfer und/oder das Rohr ausgebaut werden sollen, die

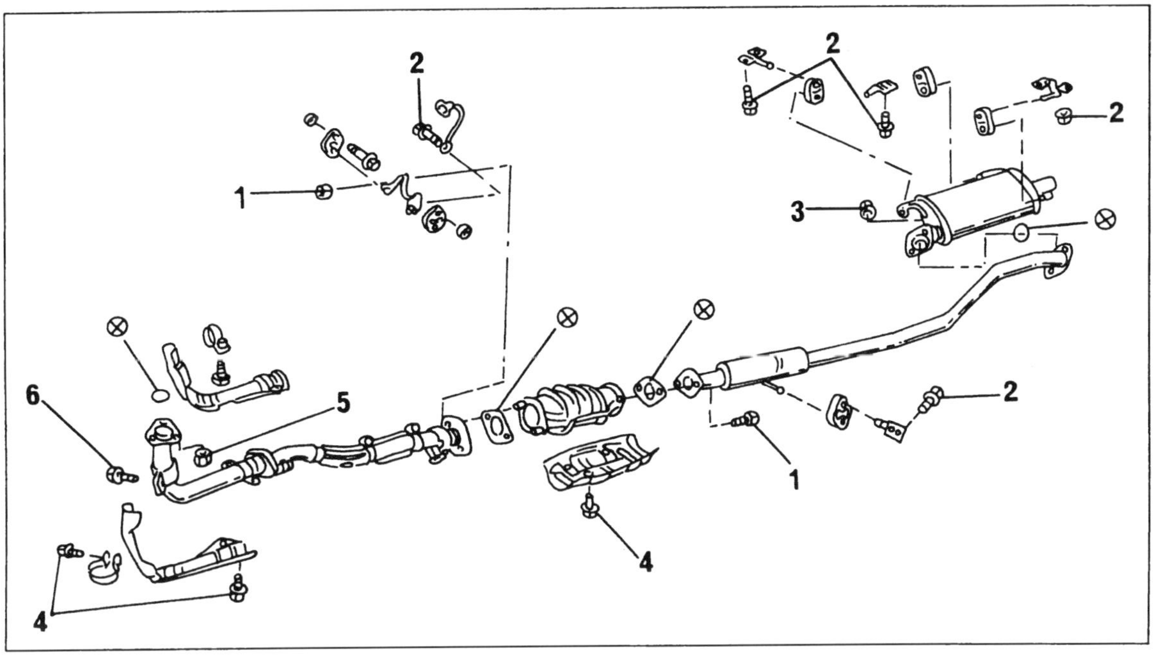

Bild 129
Die Auspuffanlage bei einem Fahrzeug mit Vierradantrieb. Die mit den Kreuzen in Kreisen gezeigten Dichtungen müssen immer erneuert werden.
1 = 45 - 55 Nm
2 = 13 - 16 Nm
3 = 30 - 40 Nm
4 = 5 - 6,5 Nm
5 = 30 - 33 Nm
6 = 21 - 25 Nm

entsprechenden Befestigungsteile entfernen und das hintere Rohr am Verbindungsflansch des Schalldämpfers oder Katalysators abschrauben. Bei einer Ausführung ohne Katalysator ist das Zwischenrohr zwischen dem Hauptschalldämpfer und dem vorderen Auspuffrohr eingesetzt und muss entsprechend gelöst werden.

- Auspuff wie erforderlich zerlegen, falls die Anlage komplett ausgebaut wurde, und die Neuteile in die Anlage einsetzen.

Beim Einbau der beschriebenen Teile sind die folgenden Punkte zu beachten, angenommen, dass die komplette Anlage erneuert wird:

— Alle Anzugsdrehmomente sind den Montagebildern zu entnehmen.
— Die Dichtungen zwischen dem vorderen Rohr und dem Katalysator, der Rückseite des Katalysators und dem hinteren Rohr, dem hinteren Rohr und dem Hauptschalldämpfer immer erneuern, auch wenn sie noch gut aussehen. Diese sind in den Bildern mit Kreuzen in Kreisen gezeichnet. Nur im Notfall kann man eine noch verhältnismässig gut aussehende Dichtung mit guter Dichtungsmasse wieder montieren.
— Auf guten Abstand zwischen allen Teilen des Auspuffs und anderen Teilen der Karosserie achten.
— Die Lambda-Sonde, falls zutreffend, in das Auspuffrohr einschrauben und mit 18 - 24 Nm anziehen.
— Nach dem Einbau alle Gummiaufhängungen überprüfen. Diese müssen frei von Spannung sein, da sie andernfalls in kurzer Zeit abreissen.

- Alle Aufhängungen entsprechend der Montagebilder des Auspuffs montieren. Verdächtig aussehende Gummiaufhängungsteile sollte man erneuern, da sie bald abreissen werden.

2.10.2 Katalysator

Etwas soll über den eingebauten Katalysator gesagt werden.

- Der Katalysator des 1,4 Liter-Motors ist direkt an der Unterseite an den Flansch des Auspuffkrümmers angeschraubt und wird mit einer Dichtung sowie einem "O"-Dichtring abgedichtet. Die Anordnung der Teile ist in Bild 130 zu sehen.

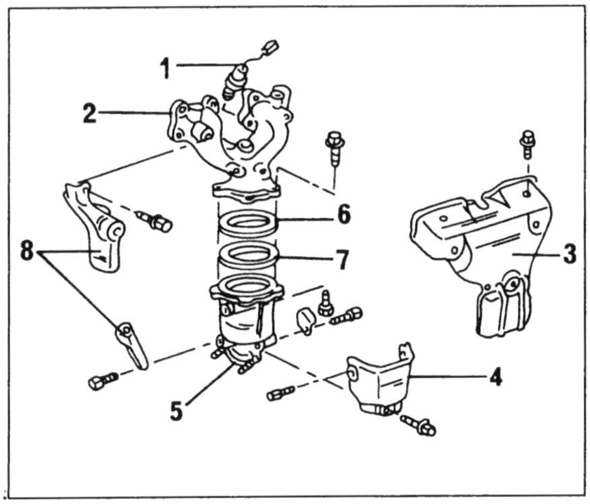

Bild 130
Die Teile am Auspuffkrümmer bei einem 1,4 Liter-Motor (mit Vergaser oder Einspritzung). Die Krümmerschrauben mit 37 - 50 Nm, die Flanschverbindung mit 30 - 35 Nm anziehen.
1 Lambda-Sonde
2 Auspuffkrümmer
3 Wärmeschutzblech
4 Wärmeschutzblech
5 Katalysator
6 Dichtung
7 "O"-Dichtring
8 Krümmerstützen

- Eine "O_2"-Sonde ist in die Auspuffanlage (2,0 Liter-Motor) oder den Auspuffkrümmer eingesetzt. Die äussere Elektrode der Sonde ist den Abgasen des Auspuffs ausgesetzt. Die innere Elektrode ist mit der Atmosphäre verbunden.

Durch bestimmte chemische Reaktionen der Materialzusammenstellung der Sonde und des unterschiedlichen Sauerstoffgehalts der Abgase und in der Atmosphäre wird eine Spannung in der Sonde erzeugt.

- Bei einer Betriebstemperatur von mehr als 300° C überträgt die Sonde ein Spannungssignal zum Steuergerät. Ist die Spannung niedriger als 450 Millivolt, wird das Gemisch angereichert, ist die Spannung grösser als 450 Millivolt, wird das Gemisch abgemagert.
- Um eine konstante Betriebstemperatur beizubehalten, wird die Sonde beheizt. Das Heizelement der Sonde wird mit Strom versorgt und bleibt unter Strom solange die Kraftstoffpumpe in Betrieb ist. Zum Ausbau der Sonde vorher den Kabelstecker abziehen.
- Der Katalysator ist in die Auspuffanlage vor den Schalldämpfern eingesetzt. Die Auspuffgase strömen durch den Katalysator und kommen dabei mit dem in der Innenseite des Katalysators befindlichen Edelmetall (Platin/Rhodium) in Berührung. Unter Einfluss von Oxidierung werden die Schadstoffe in nicht giftige Gase umgewandelt. Die chemische Umwandlung beginnt bei einer Temperatur von 250° C.

Wie es bereits bekannt ist, darf nur bleifreies Benzin (normal oder Super bleifrei, d.h. 95 oder 98 Oktan) in Fahrzeuge mit Katalysator eingefüllt werden.

Ein Fahrzeug mit einem heissen Katalysator nicht über trockenem Gras oder dergleichen parken, da sich der Unterboden entzünden und das Fahrzeug Feuer fangen könnte.

Der Motor arbeitet mit einer Druckumlaufschmierung und wird durch eine in den Steuerdeckel eingesetzte Ölpumpe mit Öl versorgt. Das Grundprinzip der Arbeitsweise ist bei allen Motoren gleich, d.h. bei beiden Ausführungen läuft ein Innenzahnrad in einem Aussenzahnrad, jedoch ist die Zahnform der beiden Pumpenräder unterschiedlich. Ein Deckel verschliesst die Pumpenräder jeweils am Steuerdeckel. Ein auf die Kurbelwelle aufgesetztes Antriebsstück, eine Art Abstandshülse, treibt das innere Zahnrad an. Zur Motorschmierung gehören weiterhin ein nicht verstellbares Ölüberdruckventil, ein Wegwerfölfilter und ein Ansaugfilter für die Ölpumpe. Die Verteilung des Schmieröls erfolgt entsprechend der herkömmlichen Weise.

3.1 Aus- und Einbau der Ölwanne

Die Konstruktion der Ölwanne ist bei den 2,0 Liter-Motoren und den beiden anderen Motoren (Typ "GA") unterschiedlich. Beim "GA"-Motor wird eine konventionelle Ölwanne verwendet, die bereits in Bild 106 gezeigt wurde. Beim 2,0 Liter-Motor dagegen besteht die Ölwanne aus zwei Teilen, einem oberen Teil aus Aluminium und einem unteren Teil aus Stahlblech. Der Aus- und Einbau unterscheidet sich dementsprechend.

1,4/1,6 Liter-Motoren

- Bleche unter dem Vorderwagen abmontieren.
- Motoröl ablassen.
- Fahrzeug vorn auf Böcke setzen.
- Den mittleren Motorträger ausbauen. Den Motor dazu in geeigneter Weise abstützen.
- Das vordere Auspuffrohr ausbauen.
- Die Ölwanne abschrauben und abnehmen. Falls sie festhängt, keinen Schraubenzieher zwischen die beiden Dichtflächen einschlagen. Versuchen, sie mit einem Gummihammer zu lösen.

Die Flächen der Ölwanne und des Zylinderblocks einwandfrei reinigen. Reste des alten Dichtungsmittels vorsichtig mit einem Schaber abkratzen. Die Ölwanne wird mit Dichtungsmasse montiert, welche Sie bei Ihrem Nissan-Händler erhalten werden. Die Dichtungsmasse kommt in einer Tube, dessen Ende man abschneidet, um eine Wulst von 3,5 - 4,5 mm aus der Tube zu erhalten. Gleichmässig eine Wulst Dichtungsmasse ringsherum auf der Ölwanne auftragen und zwar an der Innenseite der Schraubenlöcher. Darauf achten, dass die Schraubenlöcher nicht mit Dichtungsmasse gefüllt werden.

Die Ölwanne muss innerhalb 5 Minuten nach Auftragen der Dichtungsmasse am Zylinderblock angeschraubt werden. Die Schrauben gleichmässig ringsherum auf das vorgeschriebene Anzugsdrehmoment anziehen. Nach Festschrauben der Ölwanne muss man mindestens 30 Minuten warten, ehe man das Motoröl einfüllen oder den Motor anlassen kann.

Die ausgebauten Teile wieder in umgekehrter Reihenfolge montieren und den Motor mit der vorgeschriebenen Ölmenge auffüllen, vorausgesetzt, dass 30 Minuten verstrichen sind, seit die Ölwanne

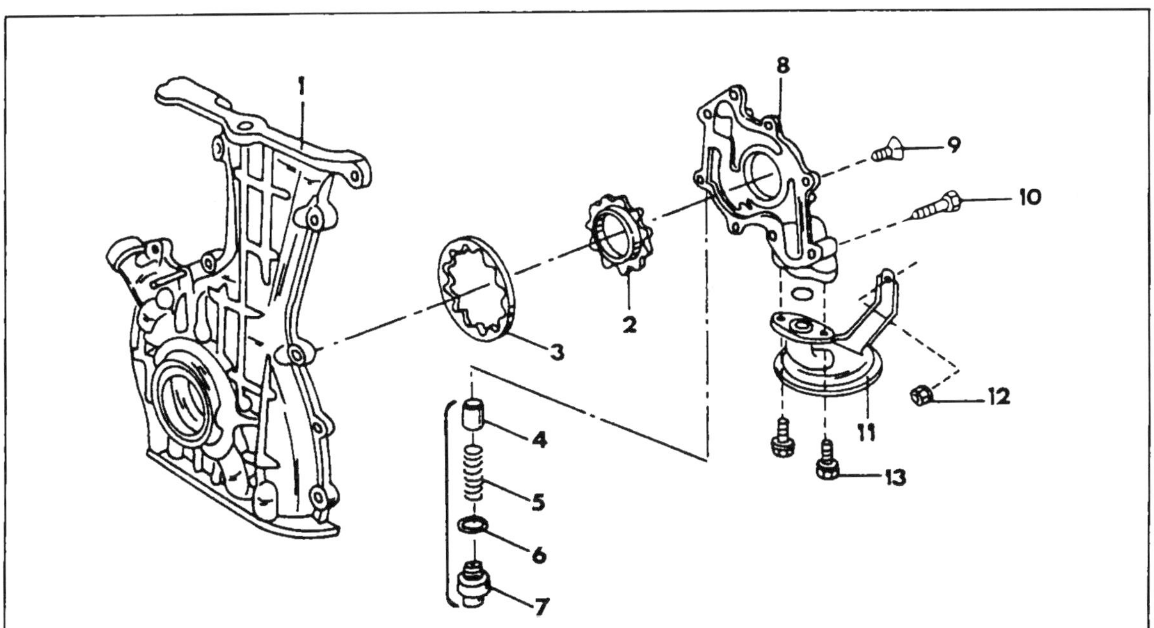

Bild 131
Die Teile der Ölpumpe beim 2,0 Liter-Motor.
1 Steuerdeckel
2 Inneres Pumpenrad
3 Äusseres Pumpenrad
4 Überdruckventilkolben
5 Druckfeder
6 Dichtscheibe
7 Verschlussstopfen
8 Ölpumpendeckel
9 Schraube, 4 - 5 Nm
10 Schraube, 6,5 - 8,5 Nm
11 Ölansaugsieb
12 Mutter, 6,5 - 7,5 Nm
13 Schrauben, 13 - 16 Nm

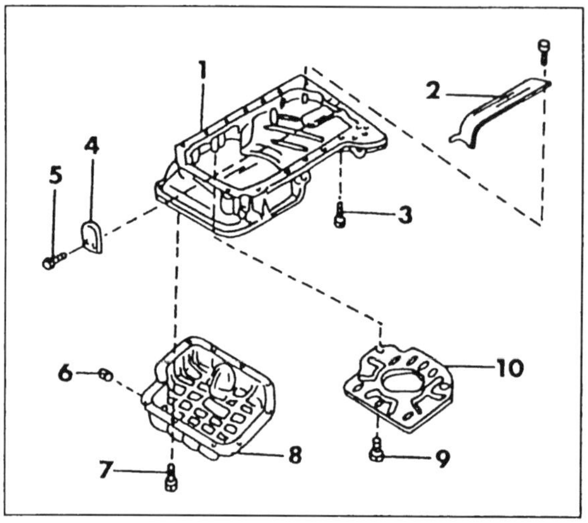

Bild 132
Die Einzelteile der Ölwanne eines Einspritzmotors.
1 Aluminium-Ölwanne
2 Ölleitblech
3 Ölwannenschraube
4 Hintere Abdeckplatte
5 Schraube, 6,5 - 7,5 Nm
6 Ölablassstopfen, 30 - 40 Nm
7 Ölwannenschrauben, 6,5 - 7,5 Nm
8 Stahlblech-Ölwanne
9 Schraube, 6,5 - 7,5 Nm
10 Ölleitblech

Bild 133
Abdrücken der Ölwanne (siehe Text).

angeschraubt wurde.
Motor anlassen und kontrollieren, dass die Dichtflächen der Ölwanne keine Leckstellen entwickelt haben.

2,0 Liter-Motor
Die Arbeiten zum Ausbau der Ölwanne sind beim 2,0 Liter-Motor etwas komplizierter. Bild 132 zeigt die Einzelteile der Ölwanne.

- Bleche unter dem Vorderwagen abschrauben.
- Motoröl ablassen.
- Die Schrauben der Stahlblechölwanne (8) lösen. Die Schrauben gleichmässig ringsherum lockern und die Ölwanne abnehmen. Keinen scharfen Schraubenzieher zwischen den beiden Ölwannen einschlagen.

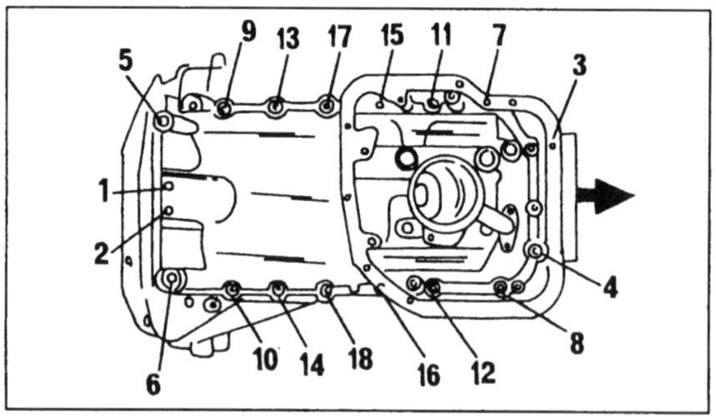

Bild 134
Anzugsreihenfolge der Aluminium-Ölwanne. Der Pfeil weist zur Vorderseite des Motors.

- Öl abtropfen lassen und das jetzt sichtbare Ölleitblech (10) abschrauben.
- Fahrzeug vorn auf Böcke setzen, das Triebwerk in geeigneter Weise an ein Hebezeug hängen und den mittleren Motorträger ausbauen. Bei eingebauter Getriebeautomatik das Schaltseil abschliessen, bei eingebauter Klimaanlage den Kompressor lösen und auf eine Seite legen.
- Abdeckplatte an der Rückseite abschrauben.
- Die Schrauben der Aluminium-Ölwanne lösen. Alle Schrauben gleichmässig lösen. Da sich die Ölwanne verziehen kann, muss das in Bild 133 gezeigte Anzugsdiagramm in umgekehrter Reihenfolge befolgt werden.
- Die Ölwanne muss jetzt vom Zylinderblock abgedrückt werden, da sie ziemlich fest sitzt. Um diese Arbeit durchzuführen, muss man sich Bild 134 ansehen. In dem Bild sind zwei Schrauben gezeigt, die den Motor am Getriebe halten. Die Schrauben an Stellen (1) herausdrehen und an Stellen (2) einschrauben und anziehen, bis sich die Ölwanne vom Zylinderblock abhebt. Danach die Wanne vorsichtig abdrücken, ohne dabei das Metall zu beschädigen. Die beiden eingedrehten Schrauben natürlich vorher wieder entfernen.

Der Einbau geschieht in umgekehrter Reihenfolge. Die Dichtfläche der Aluminium-Ölwanne mit Dichtungsmasse einschmieren, wie es bei den anderen Motoren beschrieben wurde.
Die Ölwanne anbringen und die Schrauben Nr. 1 bis 16 in Bild 133 in der gezeigten Reihenfolge mit 16 - 19 Nm anziehen. Die Schrauben 17 und 18 mit 6,5 - 7,5 Nm anziehen.

- Die beiden Schrauben zwischen Motor und Getriebe wieder eindrehen und festziehen.
- Alle ausgebauten Teile wieder montieren.
- Das Ölleitblech anschrauben und die Schrauben mit 6,5 - 7,5 Nm anziehen.
- Stahlblechölwanne mit Dichtungsmasse einschmieren, wie es beim Vergasermotor beschrieben wurde. Schrauben gleichmässig und über Kreuz mit 6,5 - 7,5 Nm anziehen.

3.2 Die Ölpumpe

3.2.1 Aus- und Einbau der Pumpe

Der Aus- und Einbau der Ölpumpe geschieht bei allen Motoren in ähnlicher Weise.

- Alle Antriebsriemen an der Stirnseite des Motors ausbauen.
- Zylinderkopf ausbauen (Kapitel 2.4.1).
- Ölwannen ausbauen (Kapitel 3.1).
- Ölansaugsieb und Ölleitblech ausbauen.
- Steuerdeckel ausbauen (Kapitel 2.4.1).
- Ölpumpe zerlegen, wie es im nächsten Kapitel

beschrieben ist.
Vor Einbau des Steuerdeckels alle Reste alter Dichtungsmasse mit einem Schaber abkratzen. Ebenfalls die Fläche des Zylinderblocks reinigen. Den Deckel auf der Fläche mit Dichtungsmasse einschmieren und alle Teile wieder in umgekehrter Reihenfolge montieren.

3.2.2 Ölpumpe überholen

Bild 131 zeigt die Ölpumpe eines 2,0 Liter-Motors. Beiden anderen Motoren werden ähnliche Teile verwendet, nur dass die Pumpenräder unterschiedlich gestaltet sind.

- Den Deckel aus der Innenseite des Steuerdeckels abschrauben, die beiden Zahnräder sauberwischen und mit einem kleinen Schraubenzieher eine Markierung in die Aussenseite der beiden Pumpenräder einritzen. Bei den "GA"-Motoren hat das innere Pumpenrad eine Rille am Aussenumfang, welche nach dem Zusammenbau der Pumpe zur Ölpumpendeckelseite weisen muss.
- Die beiden Zahnräder aus der Pumpenbohrung herausnehmen.
- Das Überdruckventil nach Entfernen des Stopfens mit der Feder herausziehen.

Alle Teile gründlich reinigen und folgendermassen kontrollieren:

- Die beiden Pumpenräder wieder in das Pumpengehäuse einsetzen und das Axialspiel zwischen der Oberseite des Pumpengehäuses und der Oberseite der Zahnräder durch Auflegen eines Stahllineals und Ausmessen mit einer Fühlerlehre kontrollieren, wie es in Bild 135 gezeigt ist. Das höchstzulässige Spiel beträgt 0,10 mm zwischen Lineal und innerem Pumpenrad und 0,11 mm zwischen Lineal und äusserem Pumpenrad. Falls erforderlich, kann man das Axialspiel geringfügig verringern, indem man die Fläche des Pumpengehäuses mit Schmirgelleinwand auf einer Richtplatte abzieht.
- Eine schmale Fühlerlehre zwischen die Aussenseite des äusseren Pumpenrades und die Gehäusebohrung einsetzen. Das Spiel darf nicht grösser als 0,20 mm sein. Bild 136 zeigt die Messung. Ebenfalls, wie in diesem Bild gezeigt, das Spiel zwischen den zusammenliegenden Zähnen kontrollieren. Der Spalt muss kleiner als 0,18 mm sein.
- Bei der Pumpe "GA"-Motors ist ein sichelförmiger Einsatz in das Pumpengehäuse eingesetzt. Bei dieser Pumpe die Spalte zwischen diesem Einsatz und den Zähnen des jeweiligen Pumpenrades ausmessen und mit den Massangaben in Bild 137 vergleichen.

Falls die gemessenen Werte die Verschleissgrenze überschreiten, müssen entweder die Pumpenräder oder der Steuerdeckel erneuert werden.

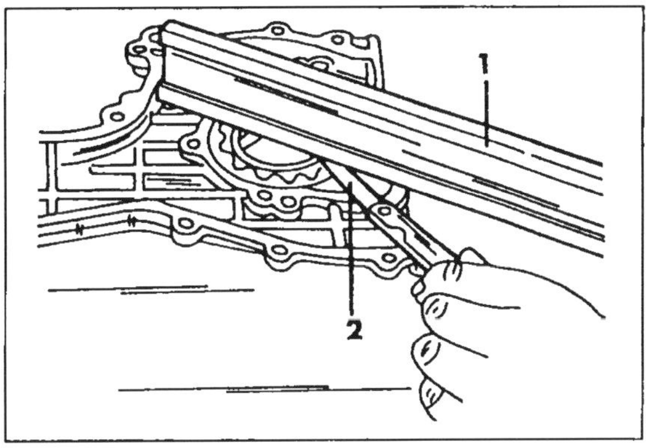

Bild 135
Ausmessen des Axialspiels der Pumpenräder mit einem Stahllineal (1) und einer Fühlerlehre (2).

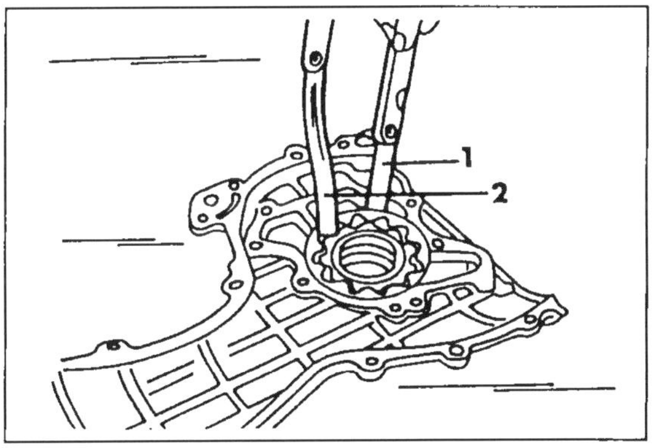

Bild 136
Ausmessen der Spalte zwischen dem äusseren Pumpenrad und der Bohrung (1) und den Zähnen der Pumpenräder (2) bei einem 2,0 Liter-Motor.

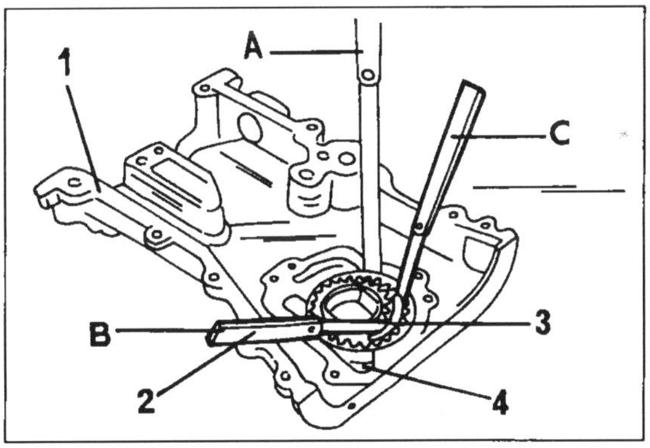

Bild 137
Bei einer Ölpumpe eines "GA"-Motors müssen die mit A, B und C gezeigten Spiele ausgemessen werden.
1 Vorderer Deckel
2 Fühlerlehre
3 Halbmondförmiger Einsatz
4 Äusseres Pumpenrad
A = 0,11 - 0,20 mm
B = 0,22 - 0,33 mm
C = 0,22 - 0,32 mm

Der Zusammenbau der Ölpumpe geschieht in umgekehrter Reihenfolge wie das Zerlegen. Die Pumpenräder entsprechend der Kennzeichnungen einsetzen. Beim inneren Rad der Pumpe des Vergasermotors muss die Seite des Zahnrades mit der Aussenrille sichtbar sein, ehe man den Pumpendeckel montiert. Pumpenräder vor Aufsetzen des Deckels gut einölen, damit die Pumpe beim ersten Lauf des Motors nicht festfressen kann.
Falls Teile des Überdruckventiles erneuert wurden, ist die Bohrung für den Ventilkolben auf gutes Aussehen hin zu kontrollieren. Den Stopfen mit einer neuen Dichtung einschrauben und mit 50 - 70 Nm (2,0 Liter-Motor) oder 40 - 60 Nm ("GA"-Motoren).

3.3 Ölfilter und Ölkühler

Die Filterpatrone wird unter Verwendung eines Filterschlüssels gelöst. Ein solcher Schlüssel ist in den meisten Kraftfahrzeug-Zubehörgeschäften erhältlich.
Falls kein Schlüssel zur Verfügung steht und der Filter soll erneuert werden, kann man einen Schraubenzieher durch die Seite des Filters treiben und den Filter durch Hebelwirkung auf den Griff abdrehen (der Filter muss ohnehin erneuert werden). Bei einem Einspritzmotor ist der Ölfilter neben dem Ölkühler montiert. Der Aus- und Einbau verändert sich dadurch nicht.

Die Schläuche an den Anschlüssen befestigen und die Kühlanlage auffüllen. Den Motor anlassen und den Ölkühler sowie die Schlauchanschlüsse auf Leckstellen kontrollieren.

3.4 Prüfen des Motorölstandes

Ölstand nur kontrollieren, wenn das Fahrzeug auf ebenem Boden abgestellt ist. Falls der Motor bis kurz vorher in Betrieb war, ihn eine Weile stehenlassen, so dass alles verteilte Öl in die Ölwanne zurücklaufen kann.

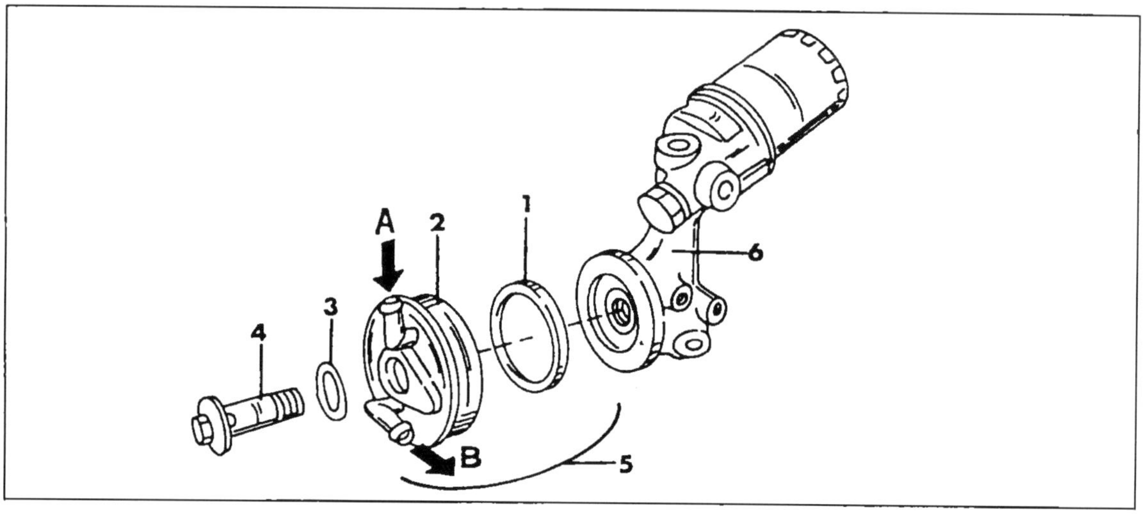

Bild 138
Ansicht des Ölfilters bei eingebautem Ölkühler.
1 Dichtung, immer erneuern
2 Ölkühler
3 "O"-Dichtring
4 Schraube, 35-45 Nm
5 Ölkühler
6 Ölfilter
A Kühlwassereinlauf
B Kühlwasserauslauf

Nach Abschrauben des Filters den Sitz am Zylinderblock einwandfrei reinigen und die Dichtung des neuen Filters mit Motoröl einschmieren. Neuen Filter anschrauben, bis der Dichtring aufsitzt und aus dieser Stellung um weitere ½ bis ¾ Umdrehung anziehen. Dazu nur die Hände, ohne jegliche Verwendung von Werkzeugen, benutzen.
Motor anlassen und eine Weile laufen lassen. Kontrollieren, ob die Filterverbindung frei von Leckstellen ist.
Beim 2,0 Liter-Motor ist ein mit der Kühlanlage verbundener Ölkühler eingebaut, welcher wie in Bild 138 gezeigt am Ölfilter angeschraubt ist. Zum Ausbau des Ölfilters müssen die beiden Kühlmittelschläuche abgeschlossen werden, d.h. die Kühlanlage ist entsprechend abzulassen.
Danach die Schraube (4) im Bild lösen und den Ölkühler abnehmen. Ein Dichtring ist zwischen Ölkühler und Ölfilter eingelegt. Den Dichtring immer erneuern.
Beim Einbau die Schraube (4) mit einem neuen Dichtring versehen und in den Ölkühler einschrauben. Den Ölkühler ausrichten, so dass die beiden Anschlüsse "A" und "B" wie in Bild 138 gezeigt ausgrichtet sind die die Schrauben mit 35 Nm anziehen.

Ölmessstab herausziehen und mit einem Lappen sauberwischen. Den Ölmessstab wieder einstecken, erneut herausziehen und den Ölstand am Ölmessstab ablesen.
Falls erforderlich, nachfüllen, bis das Öl an der Markierung "H" steht. Immer darauf achten, dass nur das vorgeschriebene Motoröl eingefüllt wird.
Falls das Motoröl bis zur unteren Marke am Ölmessstab steht, muss man ungefähr einen Liter Motoröl nachfüllen, um das Öl wieder auf den richtigen Stand zu bringen. Immer eine gute Sorte Motoröl verwenden — nicht sparen.
Falls das Motoröl gewechselt werden soll, kann man darüber auf Seite 9 nachlesen. Immer für die Jahreszeit geeignetes Motoröl einfüllen. Eine zuverlässige Ölsorte ist empfohlen.

3.5 Motoröldruck prüfen

Falls ein Druckmanometer zur Verfügung steht, kann man den Öldruck des Motors prüfen, falls der Öldruck sehr niedrig ist. Dies wird unter anderem durch verlangsamtes Verlöschen der Öldruckkontrolleuchte im Armaturenbrett angezeigt. Da der Motor zur Öldruckkontrolle warm sein muss, muss beim Arbeiten darauf geachtet werden, dass man sich nicht an heissem Öl oder an Teilen des Motors verbrennt. Bei den unten angegebenen Prüfwerten wird davon ausgegangen, dass das eingefüllte Öl ein Viskosität von SAE 20W-20 hat und die Öltemperatur 80° C beträgt.

- Motor warmlaufen lassen und abstellen.
- Kabel vom Öldruckschalter abklemmen und den Schalter ausschrauben.
- Druckmanometer anstelle des Öldruckschalters einschrauben.
- Motor anlassen und mit verschiedenen Drehzahlen laufen lassen. Die folgenden Öldrücke müssen bei gutem Zustand des Schmierungssystems erhalten werden:

2,0 Liter-Motor:	
Leerlauf	Mehr als 0,78 bar
3000/min	4,5 bar
1,4/1,6 Liter-Motoren:	
Leerlauf	0,5 - 1,9 bar
3000/min	3,4 - 4,4 bar

Bei der obigen Prüfung wird natürlich angenommen, dass die Ölwanne einwandfrei gefüllt ist.

4 Die Kühlanlage

Bei der Kühlanlage handelt es sich um eine Thermosyphonanlage mit einem aus Aluminium hergestellten Röhrenkühler, einer Schleuderwasserpumpe und einem Wachsthermostat. Der Kühler ist in herkömmlicher Weise vor dem Motor montiert. Ein Ausgleichsdehngefäss wird in der Kühlanlage verwendet.
Ein oder zwei Ventilatoren sitzen in der Kühlerverkleidung und werden elektrisch durch einen Temperaturschalter an der Unterseite des Kühlers aus- und eingeschaltet. Beim 2,0 Liter-Motor wird der zweite Ventilator bei Fahrzeugen mit Klimaanlage eingebaut. Bilder 139 und 142 zeigen die am Kühler sitzenden Teile bei den beiden Motorenausführungen.

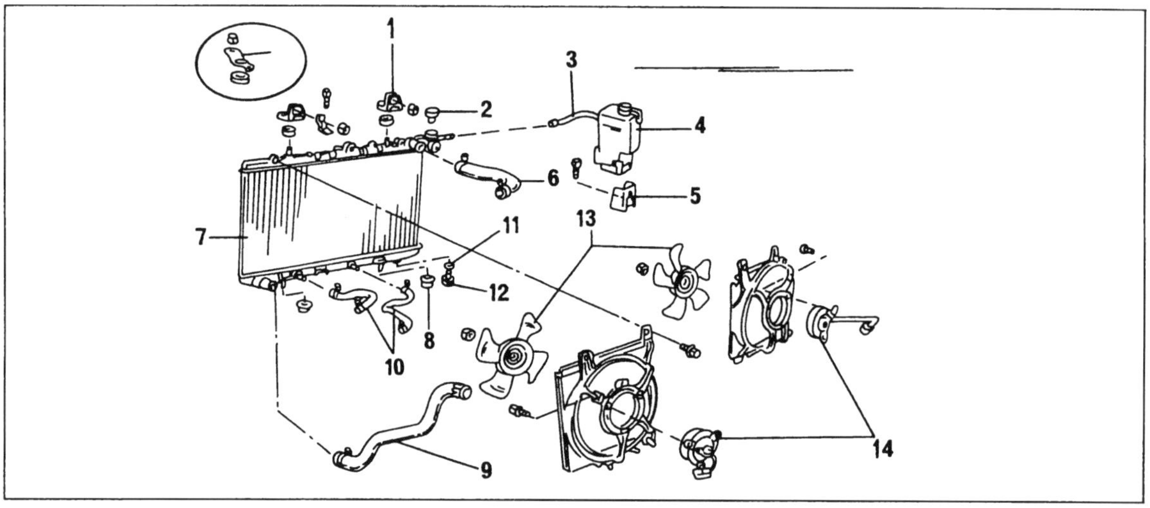

Bild 139
Kühlerinstallation bei einem 1,4- oder 1,6 Liter-Motor. Oben links ist die Kühlerbefestigung bei einem Coupé gezeigt.
1 Kühlerbefestigung
2 Kühlerverschlussdeckel
3 Überlaufschlauch
4 Dehngefäss
5 Halter, Dehngefäss
6 Oberer Kühlerschlauch
7 Kühler
8 Kühlergummilager
9 Unterer Kühlerschlauch
10 Ölkühlerschläuche
11 Dichtscheibe
12 Ablassstopfen
13 Lüfterflügel
14 Ventilatormotoren

- Der Thermostat sitzt im Wasserstutzen. Bei niedrigen Kühlmitteltemperaturen bleibt der Thermostat geschlossen und das Kühlmittel kann den Kühler umgehen, so dass es durch den fortschreitend wärmer werdenden Motor schneller erwärmt werden kann.

4.1 Kühlmittel wechseln

- Kühlerverschlussdeckel abschrauben. Dies darf nur bei kaltem Motor durchgeführt werden. Falls der Motor heiss ist, den Deckel bis auf die erste Raste drehen (mit einem Lappen) und abwarten, bis der Dampf abgeblasen ist.
- Falls der Frostschutz in der Anlage aufgefangen werden soll, sind entsprechende Vorkehrungen zu treffen. Bei einigen Arbeiten an der Kühlanlage braucht das Kühlmittel nicht vollkommen abgelassen werden. So reicht es zum Beispiel beim Ausbau des oberen Wasserschlauches oder Thermostats aus, wenn das Kühlmittel bis zur Höhe des betreffenden Teiles abgelassen wird.
- Regulierhebel der Heizung auf die "Warm"-Stellung setzen.
- Unteren Kühlwasserschlauch abschliessen und das Wasser ablaufen lassen. In die Seite des Zylinderblocks ist ein Ablassstopfen eingesetzt (in der Nähe des Ölmessstabes), welchen man herausschrauben muss, um den Block zu entleeren. Ebenfalls muss eine Entlüftungsschraube gelöst werden. Bilder 140 und 141 zeigen wo dieser Stopfen sitzt.

Wie aus den Bildern ersichtlich ist, liegen Unterschiede zwischen den Motoren vor, die beim Auffüllen der Anlage zu beachten sind. Nur so kann sie einwandfrei gefüllt werden.

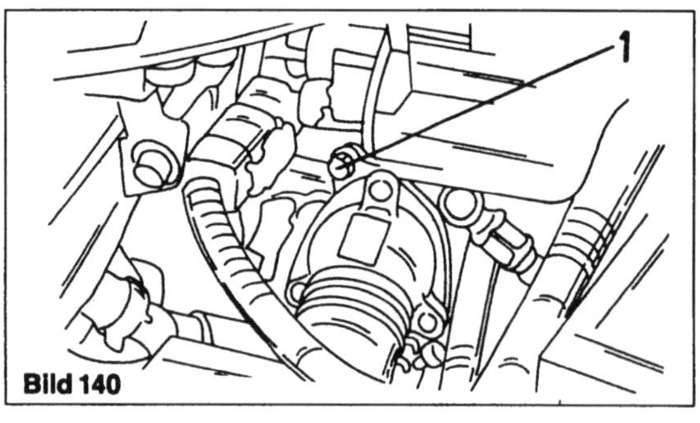

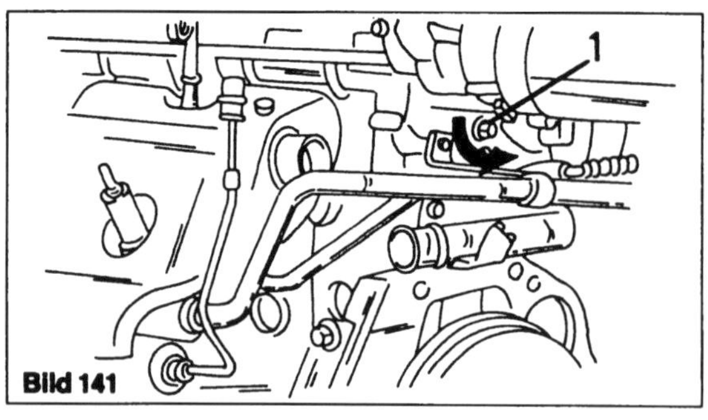

Bild 140
Die Lage des Entlüftungsstopfens (1) bei einem 2,0 Liter-Motor.

Bild 141 (rechts)
Die Lage des Entlüftungsstopfens (1) bei einem 1,4- oder 1,6 Liter-Motor. Den Stopfen in Pfeilrichtung lockern.

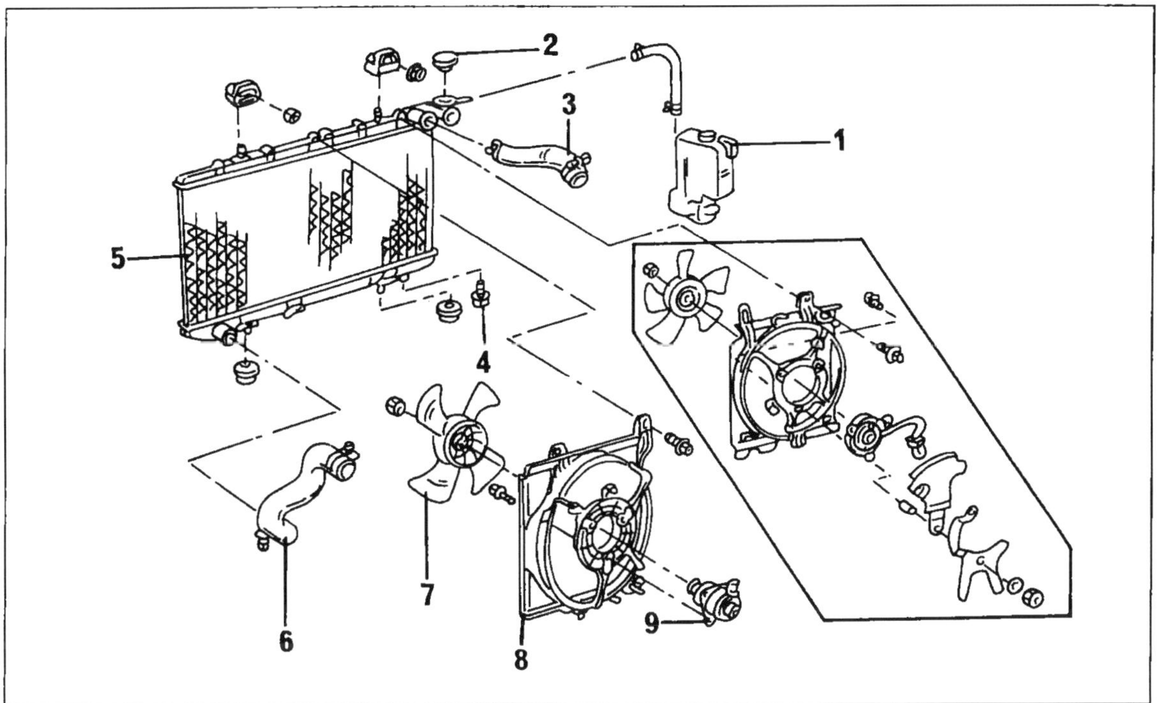

Bild 142
Kühlerinstallation bei einem 2,0 Liter-Motor. Im Ausschnitt ist der zweite Ventilator bei eingebauter Klimaanlage gezeigt.
1 Dehngefäss
2 Kühlerverschlussdeckel
3 Oberer Kühlerschlauch
4 Wasserablassstopfen
5 Kühler
6 Unterer Kühlerschlauch
7 Kühlungsventilator
8 Kühlerverkleidung
9 Ventilatormotor

Ebenfalls zu entfernen ist eine mit einer Schelle befestigte Gummikappe, die an der in Bild 143 gezeigten Stelle sitzt. Kappe und Schelle sollten laut Vorschrift erneuert werden, wenn man sie entfernt.
Falls die Kühlanlage zwecks Säuberung geleert wird, das Dehngefäss ausbauen und entleeren. Dehngefäss reinigen und wieder montieren.

- Nach dem Ablassen den Wasserschlauch wieder anschliessen und den Ablassstopfen wieder in den Zylinderblock einschrauben.

Nach dem Ablassen der Kühlanlage im Rahmen einer routinemässigen Erneuerung des Kühlmittels sollte die Kühlanlage durchgespült werden. Dazu einen Wasserschlauch in den Kühlereinfüllstutzen einsetzen und Wasser durch die Kühlanlage laufen lassen, bis es sauber aus den Ablassöffnungen herausläuft. Zur Unterstützung der Durchspülung den Motor dabei laufen lassen.
Zum Auffüllen der Kühlanlage:

- Ablassstellen nochmals auf vorschriftsmässiges Schliessen kontrollieren.
- Frostschutzmittelmischung entsprechend der zu erwartenden Temperaturen herstellen. 30% Frostschutzmittel gibt einen Frostschutz bis ca. —15° C., 50% bis —35° C.
- Kühlanlage langsam durch den Kühlereinfüllverschluss auffüllen und auch das Dehngefäss füllen. Die Entlüftungsschraube(n) schliessen, sobald Kühlmittel aus den Öffnungen herausspritzt. Das Kühlmittel muss soeben in der Einfüllöffnung sichtbar sein. Die Gummikappe wieder an der in Bild 143 gezeigten Stelle befestigen.
- Kühlerverschlussdeckel aufschrauben.

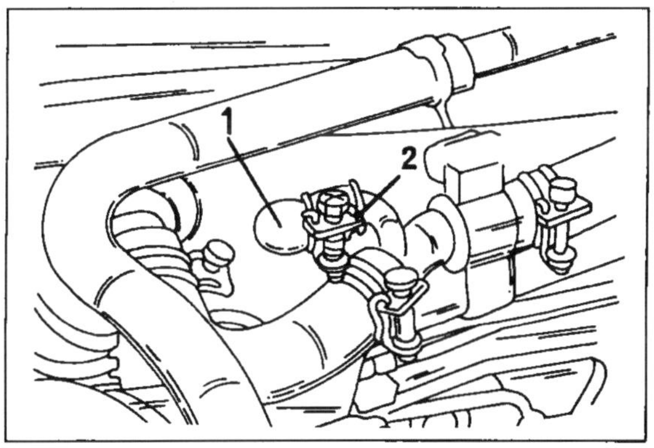

Bild 143
Die Kappe (1) wird mit der Schelle (2) gehalten und muss zum Entlüften der Kühlanlage entfernt werden.

- Motor laufen lassen, bis die normale Betriebstemperatur erreicht ist (der Ventilator schaltet ein) und danach den Motor wieder abkühlen lassen. Einige Stunden später den Kühlmittelstand erneut kontrollieren.

Die Füllmenge der Anlage ist unterschiedlich, je nach eingebautem Motor, und ist der Mass- und Einstelltabelle zu entnehmen. 0,7 Liter müssen in das Dehngefäss gefüllt werden.

4.2 Der Kühler

4.2.1 Ausbau des Kühlers

Beim Aus- und Einbau unter Bezug auf Bilder 139 und 142 vorgehen.

- Kühlanlage ablassen (Kapitel 4.1).

- Oberen und unteren Kühlerschlauch nach Lösen der Schlauchschellen vom Kühler und Motor abziehen.
- Bei einem Fahrzeug mit automatischem Getriebe die Einlass- und Auslassleitungen des Ölkühlers abschliessen. Einen Behälter untersetzen, um auslaufendes Öl aufzufangen.
- Batterie abklemmen.

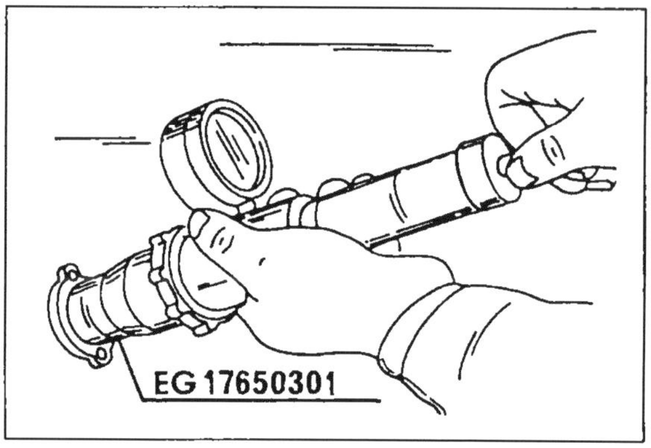

Bild 144
Abdrücken des Kühlerverschlussdeckels mit einer Druckpumpe.

- Elektrische Kabel an Ventilatormotor oder -motoren und Temperaturschalter abklemmen.
- Befestigungsmuttern an der Oberseite lösen, die Blechwinkel abnehmen und den Kühler herausheben, ohne dabei mit den Kühlerwaben gegen irgendwelche Teile des Motors oder der Karosserie anzustossen. Die Gummilagerungen an der Unterseite der Ventilatorverkleidung können erneuert werden, falls sie nicht mehr gut aussehen.
- Falls erforderlich die eingebauten Kühlerverkleidungen oder die einzelne Verkleidung vom Kühler abschrauben.

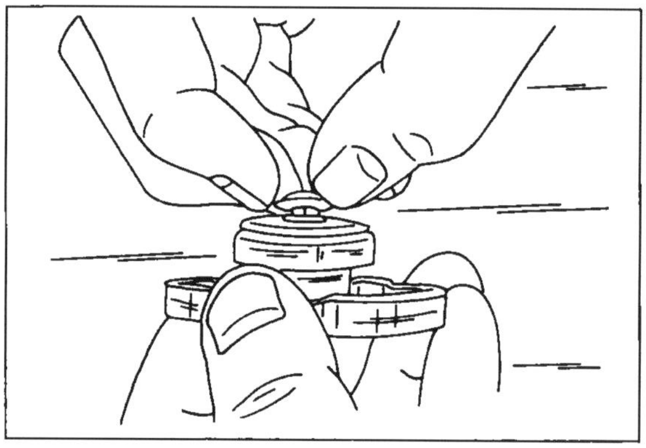

Bild 145
Das Ventil eines Kühlerverschlussdeckels kann in gezeigter Weise auf einwandfreies Schliessen kontrolliert werden.

4.2.2 Einbau

Der Einbau geschieht in umgekehrter Reihenfolge wie der Ausbau. Die Wasserschläuche sind bei Verdacht auf Defekte immer zu erneuern. Nicht vergessen die Stecker der Lüftermotoren und des Temperaturschalters anzuschliessen. Die Kühlanlage auffüllen, wie es in Kapitel 4.1 beschrieben wurde. Nachdem der Motor seine Betriebstemperatur erreicht hat, alle Anschlüsse auf Leckstellen hin kontrollieren. Ebenfalls kontrollieren, dass der Ventilatormotor aus- und einschaltet.

4.2.3 Kühler und Verschlussdeckel kontrollieren

Falls eine Pumpe zum Abdrücken des Kühlers zur Verfügung steht, kann man diese am Kühler anbringen und die Anlage unter einen Druck von 1,6 bar setzen. Der Druck in der Anlage sollte nicht abfallen. Falls der Druck abfällt, liegt eine Leckstelle vor. Das Fahrzeug in diesem Fall auf eine trockene Stelle fahren, um festzustellen, wo das Kühlmittel herausläuft.
Mit der gleichen Pumpe kann man auch den Öffnungsdruck des Kühlerverschlussdeckels kontrollieren. Pumpe am Deckel anbringen und betätigen (siehe Bild 144b). Der Druck muss bei einem Wert von ca. 0,9 bar sofort abfallen, d.h. das Ventil im Deckel öffnet. Falls dies nicht der Fall ist, muss man den Verschlussdeckel erneuern. Ein nicht öffnendes Ventil führt schnell zu Überhitzungen des Motors. Falls das Ventil jedoch im geöffneten Zustand festgeklemmt ist, kann die Anlage nicht unter Druck kommen.
Bei Überhitzungen wird, aus Erfahrung gesprochen, der Kühlerverschlussdeckel sehr oft übersehen. Nach einwandfreier Reinigung des Deckels das Ventil in der in Bild 145 gezeigten Weise erfassen und herausziehen. Nach Loslassen des Ventils muss es in die vollkommen geschlossene Stellung zurückschnappen.

4.3 Die Wasserpumpe

Die Wasserpumpe kann nicht zerlegt werden und ist bei Ausfall oder Beschädigung zu erneuern. Zur Inspektion die Wasserpumpenwelle auf Spiel im Lager und das Flügelrad auf übermässigen Rostansatz kontrollieren. Keine Dichtung wird auf der Wasserpumpe verwendet, d.h. eine gute Dichtungmasse muss zum Einbau zur Verfügung stehen.

4.3.1 Aus- und Einbau der Pumpe

- Kühlanlage entleeren, wie es in Kapitel 4.1 beschrieben ist.
- Befestigungsschrauben der Riemenscheibe für die Wasserpumpe lockern. Dabei mit der Hand Druck auf den Keilriemen ausüben, damit sich die Riemenscheibe nicht mitdrehen kann.
- Befestigungsschrauben der Drehstromlicht-

maschine an der Maschine und am Stellbügel lockern und den Keilriemen abnehmen.

- Riemenscheibe der Wasserpumpe vollkommen abschrauben.
- Wasserpumpe abschrauben und abnehmen.

Sofort alle Reste der alten Dichtungsmasse mit einem Schaber vorsichtig von der Pumpe und dem Zylinderblock entfernen.

Wasserpumpe in einer Hand halten und mit der anderen Hand die Nabe der Riemenscheibe durchdrehen. Bei einem schlechten Lager spürt man in der Hand eine unruhige Bewegung. In diesem Fall die Pumpe immer erneuern. Das Flügelrad in der Innenseite der Pumpe darf nicht von Rost zersetzt sein.

Beim Einbau der Wasserpumpe eine Wulst Dichtungsmasse von ca. 2 - 3 mm Breite auf den gesamten Umfang der Dichtfläche aufschmieren. Wie die Pumpenfläche nach Aufschmieren der Dichtungsmasse aussehen muss, zeigt Bild 146. Di Pumpe in umgekehrter Reihenfolge wieder einbauen. Abschliessend die Kühlanlage wieder auffüllen und auf Leckstellen hin kontrollieren. Die Riemenspannung einstellen, wie es in Kapitel 4.3.2 beschrieben ist.

4.3.2 Antriebsriemenspannung einstellen

Je nach eingebauten Aggregaten ist die Anordnung der einzelnen Keilriemen nicht bei allen Ausführungen gleich. Bild 147 zeigt die Verlegung der Riemen beim 2,0 Liter-Motor, Bild 148 zeigt wie sie beim 1,4- oder 1,6 Liter-Motor verlegt sind. Ehe die Spannung der Riemen kontrolliert wird, muss man den oder die Riemen auf Risse, ausgefranste Seiten oder Lösen der Gummischichten kontrollieren. Die Spannung der Riemen wird an den in den Bildern durch die Pfeilspitze gezeigten Stellen in der Mitte zwischen den Riemenscheiben kontrolliert. Falls die unten angegebenen Werte bei einem eingebauten Riemen überschritten werden, d.h. der Riemen lässt sich weiter durchdrücken als angegeben, muss eine Einstellung durchgeführt werden. Bei allen Riemen sind die Grenzwerte angeführt:

2,0 Liter-Motor (siehe Bild 147)

Lichtmaschine, ohne Klimaanlage	13,0 mm
Lichtmaschine, mit Klimaanlage	12,5 mm
Lenkhilfspumpe/Wasserpumpe	7,0 mm
Luftkompressor	Siehe Lichtmaschine

1,4/1,6 Liter-Motor (siehe Bild 148)

Lichtmaschine mit Servolenkung	11,0 mm
Lichtmaschine ohne Servolenkung	10,0 mm
Lenkhilfspumpe	7,5 mm
Luftkompressor	9,5 mm

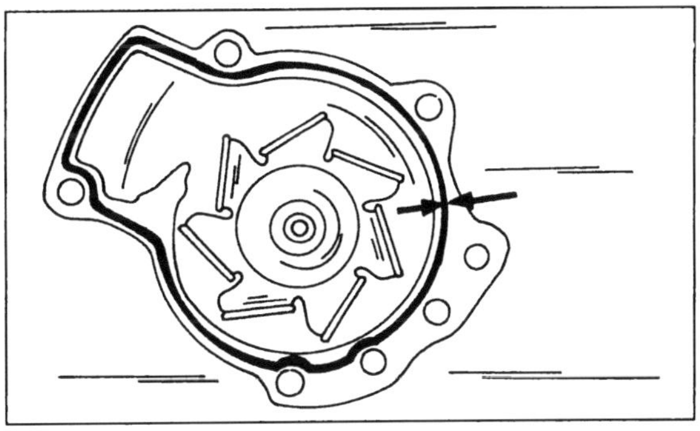

Bild 146
Die Dichtungsmasse ist in der gezeigten Weise auf die Dichtfläche der Pumpe aufzutragen.

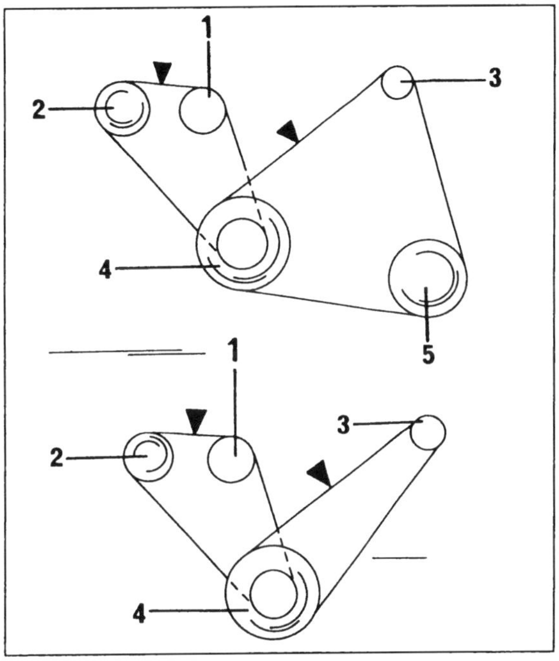

Bild 147
Verlegung der Antriebsriemen bei einem 2,0 Liter-Motor. Oben mit Klimaanlage, unten ohne Klimaanlage. Die Spannung an den Pfeilstellen kontrollieren.
1 Riemenscheibe der Wasserpumpe
2 Riemenscheibe der Lenkhilfspumpe
3 Riemenscheibe der Drehstromlichtmaschine
4 Riemenscheibe der Kurbelwelle
5 Riemenscheibe des Kompressors (Klimaanlage)

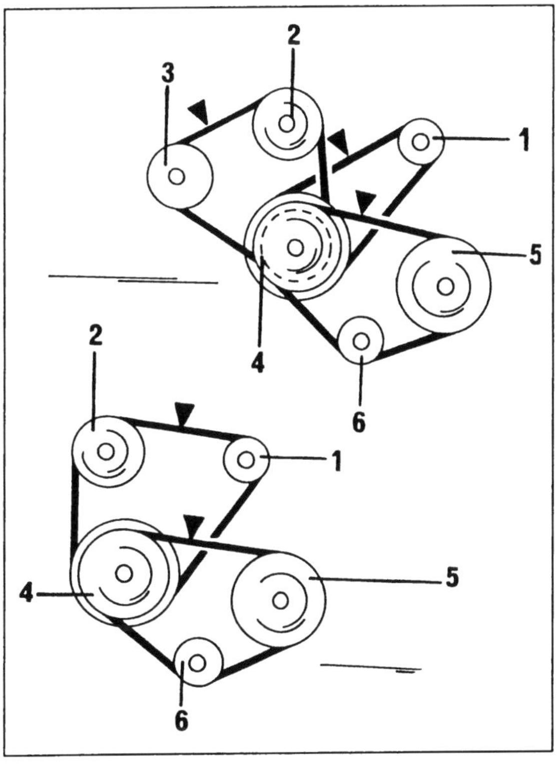

Bild 148
Verlegung der Antriebsriemen bei einem 1,4- oder 1,6 Liter-Motor. Oben mit Servolenkung, unten ohne Servolenkung. Die Spannung an den Pfeilstellen kontrollieren.
1 Riemenscheibe der Drehstromlichtmaschine
2 Riemenscheibe der Wasserpumpe
3 Riemenscheibe der Lenkhilfspumpe
4 Riemenscheibe der Kurbelwelle
5 Riemenscheibe des Kompressors (Klimaanlage)
6 Laufrolle

Falls die angegebenen Werte nicht erhalten werden können, ist eine Einstellung erforderlich. Die Einstellung der einzelnen Riemen geschieht durch einen Riemenspanner. Obwohl die Anordnung unterschiedlich ist, geschieht die Verstellung in gleicher Weise. Die Feststellschraube an der Seite des Riemenspanners oder die Mutter der Spannrolle lockern und die jeweilige Einstellschraube verstellen, bis die Spannung hergestellt ist. Die Schraube wieder anziehen und die Spannung nachprüfen.

Bild 149
Vorrichtung zum Spannen des Riemens der Wasserpumpe bei eingebauter Servolenkung. Die Kontermutter in Pfeilrichtung lockern, ehe die Schraube verstellt wird.
1 Einstellschraube
2 Kontermutter

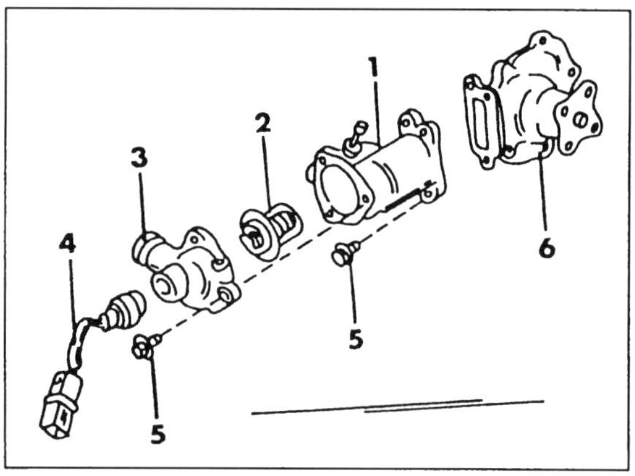

Bild 150
Die Einzelteile der Thermostatinstallation bei einem "GA"-Motor.
1 Thermostatgehäuse
2 Thermostat
3 Wassereinlassstutzen
4 Stecker und Temperaturschalter
5 Schraube, 6,5 - 8,5 Nm
6 Wasserpumpe

Die Spannung eines Riemens nur bei kaltem Motor überprüfen. Ist der Motor heiss, muss man ihn mindestens 30 Minuten lang stehen lassen, ehe man die Riemenspannung kontrolliert.

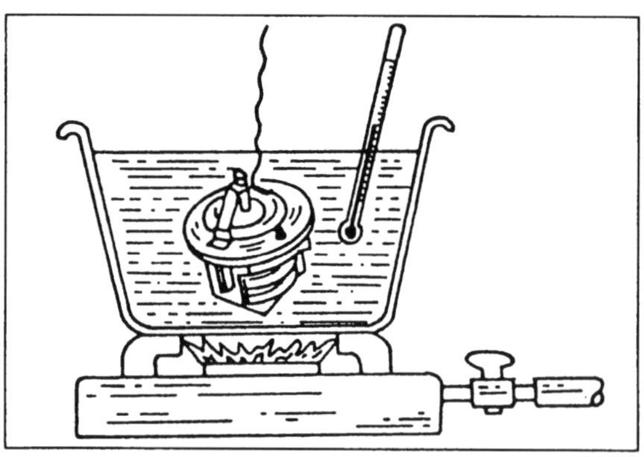

Bild 151
Kontrolle eines Thermostats. Thermostat und Thermometer in der gezeigten Weise in ein Gefäss einhängen und das Wasser allmählich erhitzen.

Falls ein Antriebsriemen erneuert wird, muss man die Spannung nach Einbau des betreffenden Riemens in der oben beschriebenen Weise einstellen, bis sich der Riemen laut folgender Werte durchdrücken lässt, wobei man einen Druck von ca. 10 kg ausüben muss. Beim Auflegen des Riemens für die Drehstromlichtmaschine darauf achten, dass die Rippen des Riemens einwandfrei in den Rillen der Riemenscheiben liegen. Der Riemen muss so weit wie möglich an der Vorderseite der jeweiligen Riemenscheibe liegen, d.h. er muss eine einwandfreie Flucht zwischen den beiden Scheiben erhalten.

2,0 Liter-Motor (siehe Bild 147)

Lichtmaschine, ohne Klimaanlage	7,0 - 8,0 mm
Lichtmaschine, mit Klimaanlage	6,5 - 7,5 mm
Lenkhilfspumpe/Wasserpumpe	3,5 - 4,5 mm

1,4 und 1,6 Liter-Motor (siehe Bild 148)

Lichtmaschine mit Servolenkung	6,0 - 8,0 mm
Lichtmaschine ohne Servolenkung	6,0 - 8,0 mm
Lenkhilfspumpe	3,0 - 5,0 mm
Kompressor	5,0 - 7,0 mm

Da sich neue Riemen nach kurzer Zeit bereits etwas strecken, sollte man die Spannung nach ca. 500 km nachprüfen. Falls die Einstellung dabei innerhalb der unten angegebenen Werte liegt, braucht keine Nachstellung durchgeführt werden:

2,0 Liter-Motor (siehe Bild 147)

Lichtmaschine, ohne Klimaanlage	8,0 - 9,0 mm
Lichtmaschine, mit Klimaanlage	7,0 - 8,0 mm
Lenkhilfspumpe/Wasserpumpe	4,0 - 5,0 mm

1,4 und 1,6 Liter-Motor (siehe Bild 148)

Lichtmaschine mit Servolenkung	7,0 - 9,0 mm
Lichtmaschine ohne Servolenkung	7,0 - 9,0 mm
Lenkhilfspumpe/Wasserpumpe	4,0 - 6,0 mm

4.4 Thermostat

Der Thermostat befindet sich in einem Gehäuse, welches beim 2,0 Liter-Motor und bei den anderen Motoren ("GA"-Motoren) an unterschiedlicher Stelle eingebaut ist. Beim "GA"-Motor ist es an der Wasserpumpe angeschraubt und in Bild 150 ist diese Ausführung gezeigt. Gemeinsam haben alle Motoren einen Thermostatgehäusedeckel, an welchem ein Wasserschlauch angeschlossen ist. Zu beachten ist, dass der Thermostat mit einem Luftloch oder einem kleinen Stift versehen ist, welches sich an der Oberseite befinden muss.
Der Thermostat kann überprüft werden, indem man ihn in einen mit kaltem Wasser gefüllten

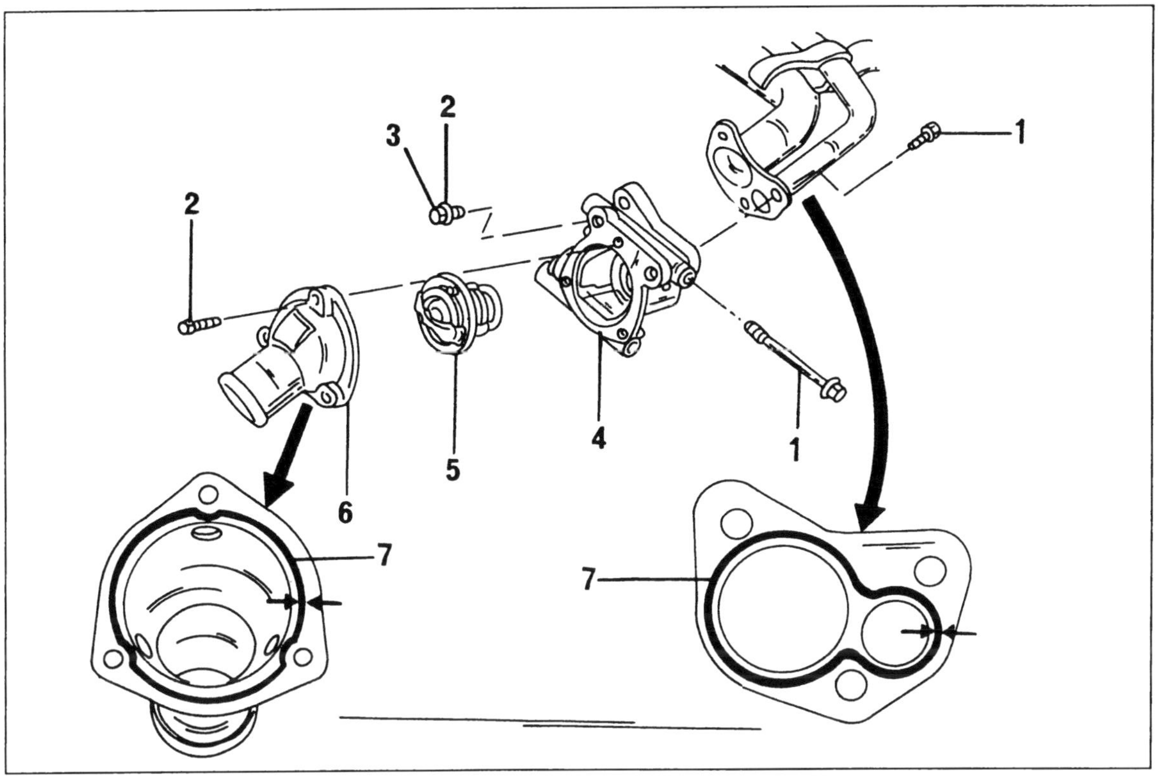

Bild 152
Thermostateinbau bei einem 2,0 Liter-Motor. Die Dichtungsmassenwulst (7) in einer Breite von 2 - 3 mm auftragen.
1 Schraube, 16 - 21 Nm
2 Schraube, 6,6 - 8,5 Nm
3 Entlüftungsschraube
4 Thermostatgehäuse
5 Thermostat
6 Wassereinlassstutzen
7 Dichtungsmasse

Behälter an einem Stück Draht festgebunden einhängt, wie es in Bild 151 gezeigt ist. Darauf achten, dass der Thermostat nicht den Boden oder die Seiten des Behälters berühren kann, d.h. der Thermostat muss im Wasser "schweben". Ein Thermometer in das Wasser halten. Das Wasser allmählich erhitzen und kontrollieren, bei welcher Temperatur der Thermostat zu öffnen beginnt. Dies sollte bei ca. 76,5° C stattfinden. Der Thermostat sollte bei einer Temperatur von 90° C vollkommen geöffnet sein. Die Öffnungstemperatur des Thermostats ist in den Rahmen eingestanzt.

Beim Einbau des Thermostaten diesen zur Hand nehmen und feststellen wo sich das Belüftungsloch oder der Stift befindet. Das Loch oder der Stift muss an der Oberseite liegen. Thermostaten können auch mit einem Pfeil und dem Wort "Top" gezeichnet sein. Der Pfeil muss nach oben weisen.

Alle Dichtflächen der ausgebauten Teile von alter Dichtungsmasse reinigen und eine Wulst Dichtungsmasse von 2 bis 3 mm Breite auf die Dichtflächen aufschmieren. Dies trifft für Deckel und, falls ausgebaut, auf das Gehäuse zu. Bild 152 zeigt die letztgenannte Ausführung des 2,0 Liter-Motors. Im Bild ist auch zu sehen, wie die Dichtflächen einzuschmieren sind. Das Gehäuse, bzw. den Gehäusedeckel wieder anschrauben. Den Kühlmittelstand berichtigen oder die Anlage füllen und die Anlage auf Leckstellen hin überprüfen.

5 Vergaser-Kraftstoffanlage und Abgasregulierung

Die Kraftstoffanlage setzt sich aus der mechanischen Kraftstoffpumpe, dem Vergaser, dem Luftfilter sowie den zur Verbindung erforderlichen Leitungen zusammen. Verschiedene Einrichtungen zur Regulierung der Abgase in den Auspuffgasen arbeiten in Verbindung mit der Kraftstoffanlage. Diese betreffen vor allem die mit Katalysator arbeitenden Fahrzeuge, bei denen unter anderem ein Abgasrückführungsventil (ausser 1,4 Liter-Motor), ein Steuerschalter für das Kraftstoff-Luftgemisch, ein Lufteinlassventil, eine Lambda-Sonde, ein Schalter zur Leerlaufanhebung und andere Teile zur bestmöglichen Ausscheidung von giftigen Abgasen eingebaut sind.

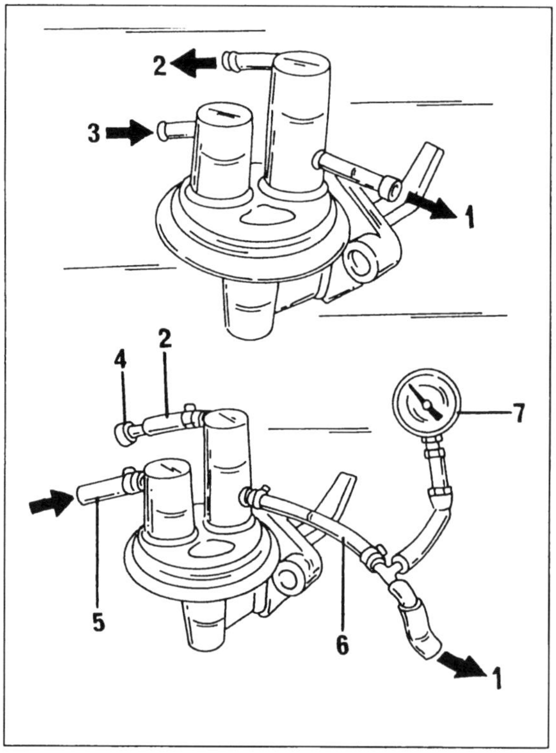

Bild 153
Ansicht der Kraftstoffpumpe mit Lage der drei angeschlossenen Schläuche. Das untere Bild zeigt Einzelheiten zur Kontrolle des Förderdrucks der Kraftstoffpumpe.
1 Schlauch zum Vergaser
2 Kraftstoff-Rücklaufschlauch
3 Vom Kraftstoffilter
4 Eingesetzter Blindstopfen
5 Kraftstoffzulaufschlauch
6 Kraftstoffauslassschlauch
7 Druckmesser

Die Kraftstoffpumpe wird durch einen Exzenter an einer der Nockenwellen des Motors betätigt. Der Pumpenhebel liegt auf dem Exzenter auf und wird durch die unrunde Bewegung des Exzenters nach innen und aussen bewegt, wodurch der Pumpendruck zustandekommt.

Der Kraftstoff wird durch einen austauschbaren Filter aus dem Tank angesaugt. Im Tank befindet sich ein Schwimmer, welcher als Tankgeber für den im Armaturenbrett befindlichen Kraftstoffmesser dient.

Alle Motoren sind mit einem Fallstrom-Verbund-Vergaser ausgerüstet, welcher mit zwei Stufen arbeitet und mit einer Startautomatik versehen ist. Ein Drosselklappendämpfer ist eingebaut, welcher ein Zuschnappen der Drosselklappe vermeidet. Eine Öffnungsmembrane für die Drosselklappe der zweiten Stufe wird durch Unterdruck betätigt.

Die Düsenbestückung des Vergasers ist in der Mass- und Einstelltabelle angeführt.

5.1 Die Kraftstoffpumpe

Eine konventionelle, mechanische Kraftstoffpumpe ist bei Fahrzeugen mit Zweiradantrieb eingebaut. Eine elektrische Pumpe wird beim 4 x 4-Modell verwendet.

5.1.1 Aus- und Einbau — Mechanische Pumpe

- Die drei Kraftstoffleitungen von der Pumpe abschliessen. Um keine Fehler beim Anschliessen zu machen, muss man sich Bild 153 betrachten.
- .Die Pumpe abschrauben.
- Die Pumpe mit den beiden Dichtungen und dem Zwischenflansch vom Motor abnehmen. Dabei die Pumpe etwas anwinkeln, um den Hebel herauszuziehen.

Der Einbau der Kraftstoffpumpe geschieht in umgekehrter Reihenfolge wie der Ausbau. Die Dichtungen sollten erneuert werden, falls sie nicht mehr einwandfrei sind.

5.1.2 Prüfung der Kraftstoffpumpe

Niedriger Förderdruck oder eine niedrige Fördermenge kann zu mangelnder Kraftstoffzufuhr führen. Die Pumpe kann in eingebautem Zustand kontrolliert werden, wenn sich der Motor auf seiner Betriebstemperatur befindet und im Leerlauf läuft. Vor der Kontrolle der Pumpe zuerst kontrollieren, ob alle Leitungen frei sind und dass der Filter nicht verstopft ist.

- Einen Druckmesser mit einem geeigneten "T"-Stück zwischen Pumpe und Vergaser anschliessen, wie es in Bild 153 gezeigt ist. Den Rücklaufschlauch zum Kraftstofftank von der Pumpe abschliessen und den Anschluss an der Pumpe in geeigneter Weise verschliessen. Zum Beispiel kann man eine Schraube passenden Durchmessers in das Schlauchende schieben.
- Den Motor mit verschiedenen Drehzahlen laufen lassen und den Druckmesser ablesen. Die Druckanzeige sollte innerhalb 0,20 - 0,34 bar liegen.
- Falls der angegebene Wert nicht erhalten wer-

den kann, Pumpe ausbauen und überprüfen.

5.1.3 Reparatur der Kraftstoffpumpe

Die Kraftstoffpumpe ist ein verschlossenes Teil und kann nicht zerlegt werden, da der obere Deckel auf das Unterteil der Pumpe während der Produktion aufgezogen ist. Falls die bei der Prüfung der Pumpe angegebenen Werte nicht erhalten werden können, muss eine neue Pumpe eingebaut werden.
Die Pumpe kann einer Kurzprüfung unterzogen werden, indem man die Einlass- und Auslassanschlüsse zuhält und den Pumpenhebel betätigt. Am Sauggeräusch der Pumpe wird man schnell erkennen, ob die Pumpe ihre Saug- und Druckwirkung besitzt. Die Prüfung besagt jedoch nicht, ob die Pumpe einwandfrei unter Druck arbeitet.

5.2 Kraftstoffilter

Der an der in Bild 154 gezeigten Stelle sitzende Kraftstoffilter muss alle 40 000 km oder alle 24 Monate, je nachdem welcher Zeitpunkt eher eintritt, erneuert werden. Zum Ausbau die Schläuche nach Lockern der Schlauchschellen vom Filter abziehen und den Filter aus der Haltespange herausziehen.
Den neuen Filter in umgekehrter Reihenfolge wieder einbauen.

5.3 Der Vergaser

Der Vergaser arbeitet mit der ersten Stufe bei normalem Betrieb und mit der zweiten Stufe, wenn der Motor unter voller Belastung steht. Die Drosselklappe der zweiten Stufe wird durch eine Unterdruckmembrane durch den im Lufttrichter erzeugten Unterdruck betätigt.
Alle Düsen und Luftbohrungen werden bei der Herstellung festgelegt, um die beste Leistung unter allen Bedingungen zu erzielen. Die Düsenbestückung aus diesem Grund nicht ändern, es sei denn, bestimmte Änderungen zum Frisieren werden vorgenommen, wobei man jedoch wissen muss, welche Düsen zu wechseln sind. Eine grössere Zahl auf einer Düse deutet auf eine grosse Bohrung, so dass Haupt- und Leerlaufdüsen mit grösseren Zahlen ein fetteres Gemisch ergeben, während grössere Luftdüsen ein mageres Gemisch herstellen.
Der Vergaser hat die folgenden Merkmale:

- Die Drosselklappe der zweiten Stufe wird durch eine Unterdruckmembrane in Betrieb gebracht, die durch den im Lufttrichter erzeugten Unterdruck betätigt wird. Ein Unterdruckkanal befindet sich in den Lufttrichtern der ersten und zweiten Stufe und der gemeinsame Unterdruck betätigt die Membrane.
- Eine Beschleunigungspumpe sorgt für die ausgezeichnete Beschleunigung des Fahrzeuges. Bei der Pumpe handelt es sich um eine Kolbenpumpe, die mit der Drosselklappe verbunden ist. Die Beschleunigungspumpe arbeitet im Zusammenhang mit einem Regelventil.

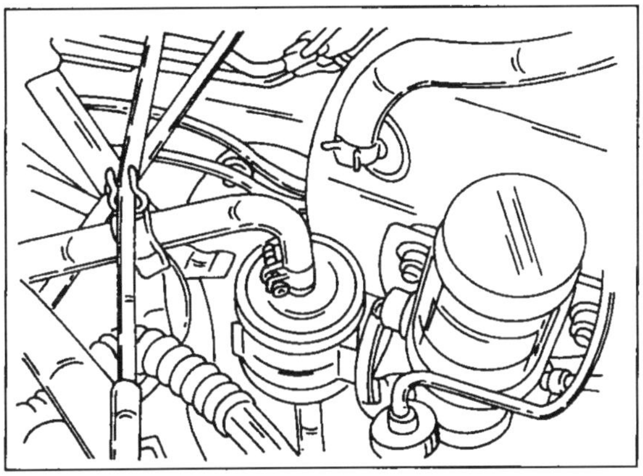

Bild 154
Die Lage des Kraftstoffilters beim Vergasermotor.

- Ein Regelventil für das Kraftstoff/Luftgemisch ist eingebaut. Das Ventil schaltet sich aus und ein und schliesst dabei die Luftausgleichsdüse und die Hauptdüse entsprechend der durch Beschleunigung, Abbremsung, Kühlmitteltemperatur und Batteriespannung verlangten Erfordernisse. An den entsprechenden Stellen eingesetzte Geber (Sensoren) sind mit dem elektronischen Steuergerät verbunden, um das Regelventil entsprechend zu öffnen oder zu schliessen.
- Der eingebaute Drosselklappendämpfer gewährleistet ein weiches Schliessen der Drosselklappe beim Zurücklassen des Gaspedals.
- Der Vergaser arbeitet mit einer Startautomatik. Diese wird durch ein Heizelement elektrisch beheizt.
- Ein Regelventil übernimmt die Leerlaufanhebung, d.h. bei eingebauter Servolenkung zum Beispiel, wird gewährleistet, dass der Leerlauf seinen vorgeschriebenen Wert beibehält, also nicht durch die zusätzliche Belastung auf den Motor absinkt. Eine getrennte Leerlaufdüse ist dafür eingebaut, die neben der normalen Leerlaufdüse sitzt.
- Ein Absperrventil, elektrisch betätigt, unterbricht die Kraftstoffzufuhr zum Vergaser wenn der Motor durch die Hinterräder im Schub getrieben wird.

Drosselklappenschalter, Leergangschalter und Kupplungsschalter sind andere Teile.

5.3.1 Vergaser aus- und einbauen

- Luftfilter ausbauen (Kapitel 5.4).
- Die Kabelsteckerverbindung des Motorkabelstrangs trennen. Dieser verbindet die Startautomatik sowie die Regelventile für die Kraftstoffabsperrung, die Leerlaufanhebung, die Beschleunigungspumpe und das Kraftstoff/Luftgemisch sowie den Drosselklappenschalter. Um den Stecker dabei nicht zu beschädigen, muss man ihn jedoch entsprechend der folgenden Anweisungen trennen.

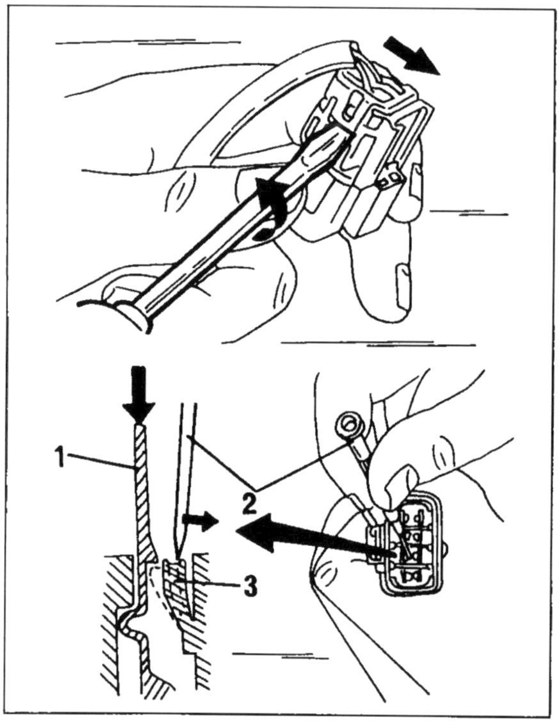

Bild 155
Einzelheiten zum Trennen des Verbindungssteckers für den Vergaser-Kabelstrang.
1 Klemme
2 Schraubenzieher
3 Sicherungszunge

- Zuerst die hintere Spange entfernen, wie es in der oberen Ansicht von Bild 155 gezeigt ist und in Pfeilrichtung herausdrücken. Mit einem kleinen Schraubenzieher die Sicherungsspange (3) ankippen und die Klemme gleichzeitig in Pfeilrichtung der unteren Ansicht herausschieben. Beim Trennen des Steckers nicht am Kabelstrang ziehen. Ebenfalls nicht die Abdichtung an der Unterseite der Klemme beschädigen.
- Betätigungszug der Drosselklappen am Widerlager lockern, indem man die Kontermutter und Einstellmutter löst und das Seilende aus dem Betätigungssegment des Vergasers aushängt.
- Kraftstoffleitung und Unterdruckleitung vom Vergaser entfernen.
- Die vier Muttern des Vergasers vom Ansaugkrümmer lösen, Scheiben entfernen und den Vergaser abnehmen. Die Dichtung zwischen Vergaser und Krümmer entfernen und sofort einen sauberen Lappen auf die Ansaugöffnung legen, damit keine Fremdkörper in den Motor fallen können.

Der Einbau des Vergasers geschieht in umgekehrter Reihenfolge wie der Ausbau. Eine neue Dichtung für den Ansaugkrümmerflansch verwenden, aber vor dem Anbringen kontrollieren, ob beide Flächen sauber sind. Keine Dichtungsmasse verwenden. Nach dem Einbau des Vergasers die verschiedenen Einstellungen durchführen, wie sie in Kapitel 5.3.3 beschrieben sind.

5.3.2 Vergaser zerlegen und zusammenbauen

Die Zerlegung des Vergasers bringt keinerlei Schwierigkeiten mit sich, jedoch sollten die folgenden Punkte beachtet werden:

- Die Hauptdüsen des Vergasers sind von oben in das Vergasergehäuse geschraubt, d.h. der Vergaserdeckel muss abgeschraubt werden, um an die Düsen zu kommen.
- Der Vergaserdeckel kann nach Abschliessen des Verbindungsgestänges, des Pumpenbetätigunggestänges (Federspange und Sicherungsring), der Rückholfeder, des Anschlagstiftes und Lösen der Schrauben abgehoben werden.
- Die meisten der Düsen befinden sich in der Oberseite des Vergaserhauptgehäuses und können zum Beispiel gereinigt werden, ohne dass man den Vergaser weiter zerlegt.
- Die Mischrohre können nach Herausschrauben der beiden Luftkorrekturdüsen in der Mitte der Vergaserbohrungen herausgezogen werden.
- Zur Kontrolle der Beschleunigungspumpe kann der Pumpenarm ausgebaut werden.
- Von der Seite des Vergasers den Schauglasrahmen abschrauben und Schauglas mit Dichtung abnehmen. Die Dichtung sollte immer erneuert werden. Benzin findet gern Leckstellen.
- Um das Drosselklappenteil vom Vergasergehäuse zu trennen, das Verbindungsgestänge zwischen Unterdruckmembrane und Drosselklappenhebel abschliessen und die drei Befestigungsschrauben des Drosselklappenteils lösen. Die Drosselklappen sollten nicht ausgebaut werden.
- Die Unterdruckmembranen nicht zerlegen.
- Den Schwimmer nach Herausdrücken der Schwimmerwelle herausnehmen und das Schwimmernadelventil herausdrehen.

Alle Teile gründlich reinigen und mit Pressluft durchblasen. Keine Nadeln oder anderen spitzen Gegenstände zum Durchstossen von Düsen verwenden. Dichtungen sollten immer erneuert werden, auch wenn die abgenommenen Dichtungen noch verhältnismässig gut aussehen.

Zur Kontrolle der Beschleunigungspumpe die Schwimmerkammer mit Kraftstoff füllen und die Pumpe betätigen. Kontrollieren, dass ein gleichmässiger Kraftstoffstrahl aus der Spritzdüse

austritt.
Der Zusammenbau des Vergasers geschieht in umgekehrter Reihenfolge wie das Zerlegen. Alle im folgenden Kapitel beschriebenen Einstellungen, welche bei ausgebautem Vergaser durchzuführen sind, müssen während des Zusammenbaus vorgenommen werden.

5.3.3 Vergasereinstellungen

Leerlauf und CO-Anteil einstellen

Die Einstellung des Leerlaufgemischs ist werkseitig eingestellt und sollte keine Nachstellung erfordern. Nur falls der CO-Anteil nach längerem Betrieb nicht mehr den Sollwerten entspricht, sollte man den Vergaser neu einstellen, wobei jedoch der Beschreibung Schritt für Schritt zu folgen ist. Nachdem der Leerlauf und der CO-Anteil verstellt wurden, müssen die später erwähnten Einstellungen durchgeführt werden.
Vor der Kontrolle und Einstellung müssen die folgenden Verhältnisse geschaffen werden, d.h. die folgend genannten Teile oder Systeme müssen sich in einwandfreiem Zustand befinden:

- Bei eingebauter Servolenkung die Vorderräder in die Geradeausstellung setzen. Die Handbremse sollte man vorsichtshalber anziehen.
- Die Batterie muss gut geladen sein.
- Die Zündanlage muss sich in gutem Zustand befinden und einwandfrei arbeiten.
- Motorölstand und Kühlmittelstand müssen stimmen.
- Alle Unterdruckschläuche müssen aufgesteckt sein.
- Das Luftansaugsystem darf keine undichten Stellen haben (Öleinfüllverschluss und Ölmessstab müssen gut abdichten).
- Die Kompression der Zylinder muss gut sein.
- Das Abgasrückführungssystem muss einwandfrei arbeiten.
- Die Drosselklappe muss sich einwandfrei öffnen und schliessen lassen.
- Alle elektrischen Stromabnehmer ausschalten, d.h. zum Beispiel Scheinwerfer, Heizungsgebläse, beheizte Heckscheibe, usw.
- Der Kühlungsventilator darf nicht laufen.

Bei der Kontrolle des Leerlaufs folgendermassen vorgehen:

Fahrzeuge mit Katalysator

- Motor auf Betriebstemperatur bringen, d.h. die Nadel des Fernthermometers muss in der Mittelstellung stehen. Während der Einstellung muss der Motor auf Betriebstemperatur bleiben, d.h. der Motor muss vielleicht zwischendurch wieder angelassen werden, um sich erneut zu erwärmen. Der Motor muss mit weniger als 1000/min drehen.
- Drehzahlmesser entsprechend den Anweisungen des Herstellers anschliessen.
- Motor anlassen und an der Seite des Schauglases des Vergasers kontrollieren, dass der Kraftstoffstand auf der Mittellinie steht.
- Motor zwei oder drei Minuten lang mit ca. 2000 - 3000 U/min beschleunigen und danach eine Minute lang im Leerlauf laufen lassen.
- Leerlauf am Drehzahlmesser ablesen. Der Motor sollte mit einer Drehzahl 750 ± 50/min (Schaltgetriebe) bzw. 850 ± 50/min (Getriebeautomatik) laufen.
- Falls der Leerlauf nicht stimmt, die Schraube (1) in Bild 156 verstellen, bis der Leerlauf stimmt. Falls man den Leerlauf nicht herstellen kann und alle oben genannten Systeme und Teile sind in gutem Zustand, könnte es in schlimmen Fällen sein, dass man den Vergaser erneuern muss.

Bild 156
Die Rändelschraube dient zur Einstellung des Vergasers.

Den Motor abstellen. Der Drehzahlmesser bleibt angeschlossen.

- In der Mitte des Abdeckbleches für den Auspuffkrümmer den Anschlussstecker der Lambda-Sonde abziehen. Dieser sitzt an der in Bild 157 gezeigten Stelle. Ein zweiter Stecker muss vom Luftansaugregelventil abgezogen werden. Dieses befindet sich in der in Bild 158 gezeigten Lage.
- Rechts neben dem Wärmeschutzblech des

Bild 157
Den Stecker der Lambda-Sonde (1) vor Kontrolle des CO-Anteils trennen. Rechts sitzt die Kappe für das Abnahmerohr zur CO-Anteil-Messung (2).

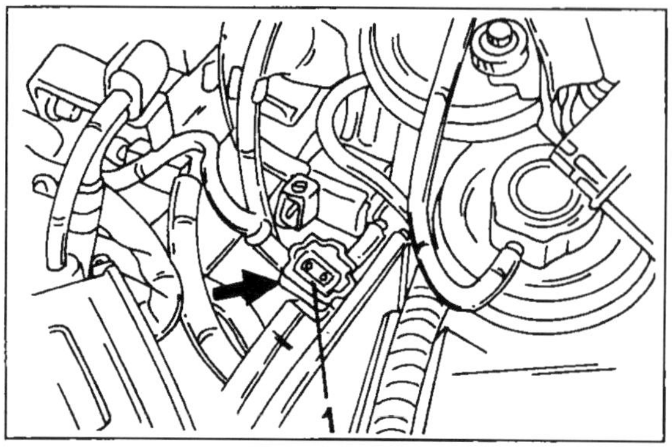

Bild 158
Die Lage des Luftansaugregelventils (1).

Auspuffkrümmers ist das Abnahmerohr für die CO-Messung zu sehen (2, Bild 157). Die Verschlusskappe des Rohres abziehen und einen CO-Prüfer entsprechend den Anweisungen des Herstellers anschliessen. Die Verbindung zwischen Messgerät und Rohr muss luftdicht abgeschlossen sein.

- Motor anlassen, ihn auf 2000 - 3000/min beschleunigen und dann in den Leerlauf zurückbringen. Die Anzeige am CO-Prüfer ablesen. Diese sollte innerhalb 1,0 ± 0,5 % liegen. Falls der CO-Anteil nicht stimmt, muss die in das Drosselklap-

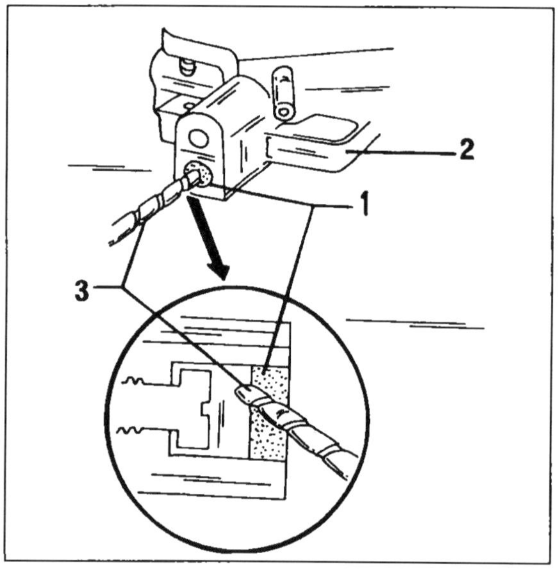

Bild 159
Die Plombenkappe (1) für die Einstellschraube des CO-Anteils im Drosselklappengehäuse (2) kann in der gezeigten Weise mit einem Spiralbohrer (3) ausgebohrt werden.

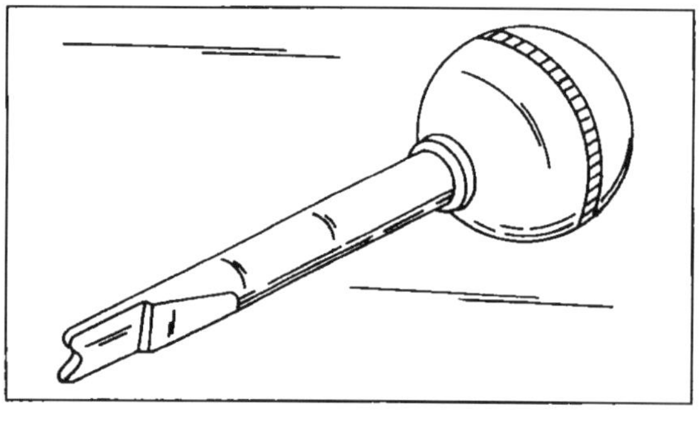

Bild 160
Der Spezialschraubenzieher zum Einstellen des Leerlaufgemischs.

penteil eingesetzte Einstellschraube entsprechend verstellt werden. Diese wird jedoch durch eine Plombenkappe verschlossen, damit man sie nicht unbefugt verstellen kann. Da der Vergaser zum Ausbohren des Stopfens ausserdem ausgebaut werden muss, empfehlen wir, dass man diese Arbeit in einer Werkstatt durchführen lässt. Bild 159 zeigt wo der Stopfen sitzt. Falls man die Arbeit selbst durchführen will, darf man nicht zu tief in den Stopfen bohren. Nach Ausbohren den Vergaser wieder montieren und die innen liegende Schraube mit einem gewöhnlichen Schraubenzieher verdrehen, bis der CO-Anteil innerhalb der angegebenen Werte liegt. Nach der Einstellung den Leerlauf erneut kontrollieren und abschliessend einen neuen Stopfen in die Bohrung drücken. Der Vergaser braucht dazu nicht wieder ausgebaut werden.

Fahrzeuge ohne Katalysator

Der Leerlauf wird ähnlich wie ein mit Katalysator ausgerüsteter Motor eingestellt, um das Gemisch jedoch einzustellen, braucht man einen Spezialschraubenzieher, welcher in die Kerben der Gemischregulierschraube eingesetzt werden kann (siehe Bild 160), einen Drehzahlmesser und, zur Erzielung besserer Resultate, einen CO-Anteilmesser. Die Arbeiten können im Notfall jedoch auch ohne dieses letztgenannte Gerät durchgeführt werden, wenn man den Anweisungen genau folgt, jedoch muss man sich an die Gesetze über die Umweltverschmutzung halten. Als erstes den Leerlauf einstellen:

- Die bereits beschriebenen Vorbereitungsarbeiten treffen, und den Leerlauf am Drehzahlmesser ablesen. Falls der Leerlauf nicht innerhalb 750 ± 50/min bei eingebautem Schaltgetriebe oder 850 ± bei eingebauter Getriebeautomatik liegt, muss der Leerlauf eingestellt werden. Die Einstellschraube für den Leerlauf sieht ähnlich aus, wie sie in Bild 156 gezeigt ist.

Den CO-Anteil jetzt entsprechend der vorhandenen Instrumente kontrollieren und ggf. einstellen.

Ohne CO-Anteilmesser:

- Kontrollieren, dass der Motor immer noch seine Betriebstemperatur hat.
- Um das Gemisch einzustellen, ist eine Schraube unterhalb der Leerlaufeinstellschraube in den Vergaser eingesetzt. Diese Schraube mit dem Spezialschraubenzieher vollkommen hineindrehen (nicht zu fest) und um zwei volle Umdrehungen herausdrehen. Der Leerlauf sollte jetzt um ca. 50/min. angestiegen sein, verglichen mit dem bereits angegebenen Wert.
- Mit dem Spezialschraubenzieher die Leerlauf-Gemischregulierschraube verstellen bis der Motor weich mit der höchstmöglichen Drehzahl läuft. Wenn dies der Fall ist, die Leerlaufeinstellschraube

hineindrehen, bis der Motor mit der vorgeschriebenen Drehzahl läuft. Der CO-Anteil sollte jetzt mehr oder weniger stimmen, d.h. er muss zwischen 1,5 ± 0,5 % liegen.

Mit CO-Anteilmesser:

- Leerlauf einstellen, wie es bereits beschrieben wurde.
- Kontrollieren, dass der Motor immer noch seine Betriebstemperatur hat.
- Einen CO-Anteilmesser entsprechend den Anweisungen des Herstellers anschliessen. Der Schlauch muss mindestens 40 cm in das Auspuffrohr eingeschoben werden.
- An der Seite des Schauglases des Vergasers kontrollieren, dass der Kraftstoffstand auf der Mittellinie steht.
- Mit dem Spezialschraubenzieher die Gemischregulierschraube verstellen, bis der CO-Prüfer einen Wert von 1,5% ± 0,5% anzeigt.
- Beschriebene Einstellungen wiederholen, bis der CO-Anteil und die Drehzahl stimmen.

Schnelleerlauf einstellen

Die Kontrolle muss bei eingebautem Vergaser, die Einstellung bei ausgebautem Vergaser durchgeführt werden:

- Motor warmlaufen lassen und den Arm für den Schnelleerlauf auf die zweite Stufe des Stufennockens aufsetzen, wie es in Bild 161 zu sehen ist.
- Motor anlassen und die Motordrehzahl mit einem Drehzahlmesser kontrollieren. Die Anzeige muss innerhalb der unten angegebenen Werte liegen, wobei auf die Unterschiede zwischen einem eingebauten Schaltgetriebe und einer Getriebeautomatik zu achten ist:

1,4 Liter-Motor:	
Mit Schaltgetriebe:	
Ohne Katalysator	2400 ± 200/min
Mit Katalysator	2200 ± 200/min
Mit Getriebeautomatik:	
Ohne Katalysator	2700 ± 200/min
Mit Katalysator	2500 ± 200/min
1,6 Liter-Motor:	
Mit Schaltgetriebe	2100 ± 200/min
Mit Getriebeautomatik	2400 ± 200/min

- Falls die Einstellung nicht stimmt, den Vergaser ausbauen, um den beschleunigten Leerlauf einzustellen:
- Schnelleerlaufarm auf die zweite Stufe des Stufennockens aufsetzen.
- Mit einem Spiralbohrerschaft das Spaltmass zwischen der Kante der Drosselklappe der ersten Stufe und der Vergaserbohrung ausmessen. Falls dieses nicht innerhalb der unten angegebenen Werte liegt, die Schraube (1) in Bild 161 verstellen.

1,4 Liter-Motor:	
Mit Schaltgetriebe:	
Ohne Katalysator	0,62 ± 0,07 mm
Mit Katalysator	0,59 ± 0,07 mm
Mit Getriebeautomatik:	
Ohne Katalysator	0,79 ± 0,07 mm
Mit Katalysator	0,75 ± 0,07 mm
1,6 Liter-Motor:	
Mit Schaltgetriebe	0,59 ± 0,07 mm
Mit Getriebeautomatik	0,75 ± 0,07 mm

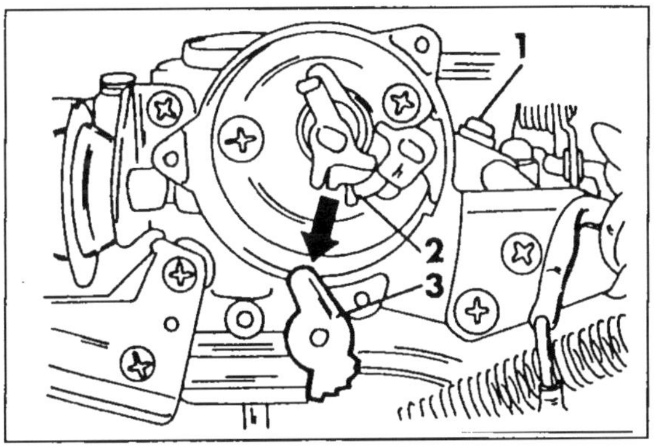

Bild 161
Einzelheiten zum Einstellen des beschleunigten Leerlaufs (Schnelleerlauf).
1 Einstellschraube
2 Schnelleerlaufnocken
3 Grossansicht des Schnellleerlaufnockens

- Vergaser wieder einbauen und die Drehzahl erneut wie oben beschrieben kontrollieren.

Schwimmereinstellung

Zum Einstellen oder zur Kontrolle des Schwimmerstandes ist der Vergaser auszubauen.
Vor der Einstellung des Schwimmerstandes den Motor laufen lassen. Das Kraftstoffniveau an der Seite des Vergasers durch das Schauglas ablesen. Dieses wird man an der Seite des Vergasers an der in Bild 162 gezeigten Stelle sehen.

Bild 162
Der Pfeil zeigt wo die Mittellinie des Schauglases zur Anzeige des Kraftstoffniveaus zu finden ist.

Der Kraftstoffspiegel muss entlang der durch den Pfeil angegebenen Markierungslinie verlaufen. Falls dies nicht der Fall ist, die folgenden Arbeiten durchführen.

- Vergaser ausbauen.
- Den Vergaserdeckel mit dem daran angebrachten Schwimmer ausbauen.
- Den Vergaserdeckel umkehren so dass der Schwimmer wie in Bild 163 gezeigt aufliegt.
- Mit einem Spiralbohrerschaft das Mass "H" ausmessen. Dies muss zwischen 9,5 und 10,5 mm betragen.

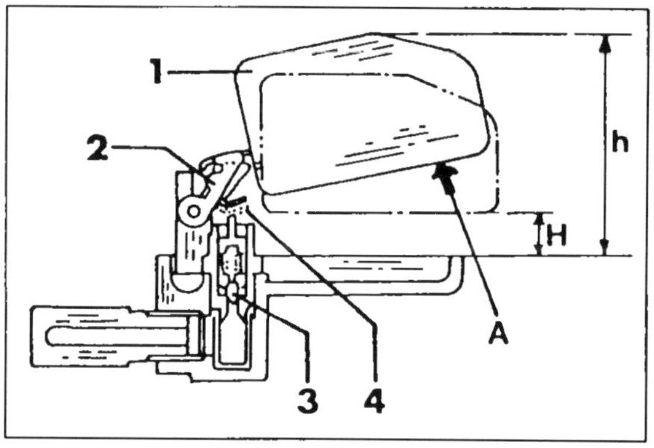

Bild 163
Einzelheiten zur Einstellung des Schwimmers (siehe Text).
1 Schwimmer
2 Schwimmeranschlag
3 Schwimmernadelventil
4 Schwimmersitz

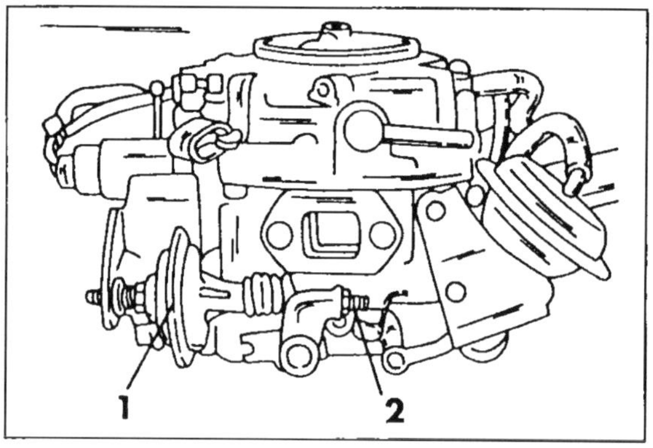

Bild 164
Zur Einstellung des Drosselklappendämpfers.
1 Drosselklappendämpfer
2 Einstellschraube

- Falls das Mass nicht stimmt, die Anschlagzunge (4) verbiegen.
- Den Schwimmer jetzt vorsichtig an der Pfeilstelle in Bild 163 anheben, bis er anschlägt und das Mass "h" zwischen der Auflagefläche des Deckels und der Oberkante des Schwimmers ausmessen.
- Falls das Mass nicht zwischen 43,0 - 44,0 mm liegt, den Schwimmeranschlag (2) vorsichtig verbiegen.

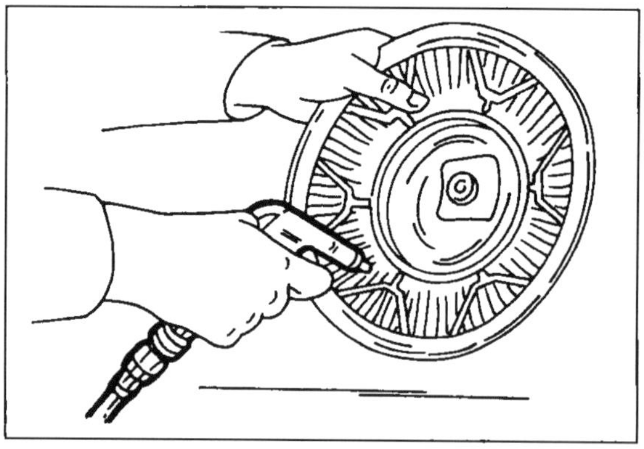

Bild 165
Einen Luftfiltereinsatz von der gezeigten Seite aus durchblasen.

Drosselklappendämpfer

Zur Kontrolle der vorschriftsmässigen Arbeitsweise des Drosselklappendämpfers den Motor im Leerlauf laufen lassen. Leerlauf und CO-Anteil müssen stimmen.

- Einen Drehzahlmesser entsprechend den Anweisungen des Herstellers anschliessen.
- Drosselklappengestänge mit der Hand bewegen, bis die Spitze des Dämpfers soeben den Anschlaghebel berührt. Die Drehzahl muss in diesem Moment die folgenden Werte haben:

1,4 Liter-Motor:	
Ohne Katalysator	2540 ± 200/min
Mit Katalysator	2500 ± 200/min
1,6 Liter-Motor	2500 ± 200/min

- Falls erforderlich, die Kontermutter des Dämpfers lockern und die Einstellschraube verstellen, bis die Drehzahl stimmt. Kontermutter wieder anziehen (Bild 164).

5.4 Luftfilter

Der Luftfilter ist mit einem Papierfiltereinsatz versehen, welcher nicht gereinigt werden kann. Zum Ausbau des Filtereinsatzes den Deckel abschrauben und das alte Filterelement herausnehmen. Die Bohrung zum Vergaser mit einem geeigneten Lappen abdecken und den angesammelten Staub mit einem Lappen aus dem Filtergehäuse auswischen. Den neuen Einsatz trocken einsetzen und den Deckel wieder anbringen.

Die Luftfilter arbeiten mit einer automatischen Temperaturregulierung, welche gewährleistet, dass die Temperatur der angesaugten Luft innerhalb eines konstanten Bereiches bleibt. *Falls der Motor laufend abstellt, der Kraftstoffverbrauch sehr hoch oder die Leistung niedrig ist, stimmt etwas mit der Temperaturregulierung nicht.* Beim Ausbau des Luftfilters folgendermassen vorgehen:

- Befestigungsschrauben des Luftfilters lösen.
- Deckel des Filters abschrauben und den Filtereinsatz herausheben.
- Klemmschraube des Filters an der Unterseite lockern und den Filter abheben.
- Luftschlauch und den Schlauch zwischen dem Vergaser und dem Luftfilter abschliessen.

Der Einbau des Filters geschieht in umgekehrter Reihenfolge.

Falls man den Filtereinsatz ausgebaut hat, ist es immer angebracht, dass man ihn kurz mit Pressluft reinigt. In diesem Fall den Filtereinsatz in der in Bild 165 gezeigten Weise halten, d.h. die Luft muss von der gezeigten Seite durch den Einsatz geblasen werden.

5.5 Die Abgasanlage

5.5.1 Positive Belüftungsanlage

Durch diese Anlage werden die Blow-by-Gase durch den Ansaugkrümmer und den Luftfilter zurückgeführt. Ein Ventil (1) in Bild 166 ist in die Anlage eingesetzt, um die Gase aus dem Kurbelgehäuse wieder in den Ansaugkrümmer zurückzuführen.

Die zur Belüftung erforderliche Luft wird durch den Vergaserluftfilter angesaugt und durch einen zwischen Luftfilter und Zylinderkopfhaube angeschlossenen Schlauch in die Oberseite des Zylinderkopfes und von da in das Kurbelgehäuse geleitet.

Bei Vollast reicht der Unterdruck im Ansaugkrümmer aus, die Blow-by-Gase durch das Ventil und den Schlauch wieder in umgekehrter Richtung abzusaugen.

Um die einwandfreie Arbeitsweise der Belüftung zu gewährleisten, sollten die folgenden Arbeiten alle 20 000 km durchgeführt werden:

- Motor im Leerlauf laufen lassen und den Schlauch vom Ventil abziehen. Falls das Ventil einwandfrei arbeitet, wird ein Luftgeräusch vernommen werden, wenn die Luft durchströmt. Legt man einen Finger über die Ventilöffnung, kann man den Unterdruck fühlen.

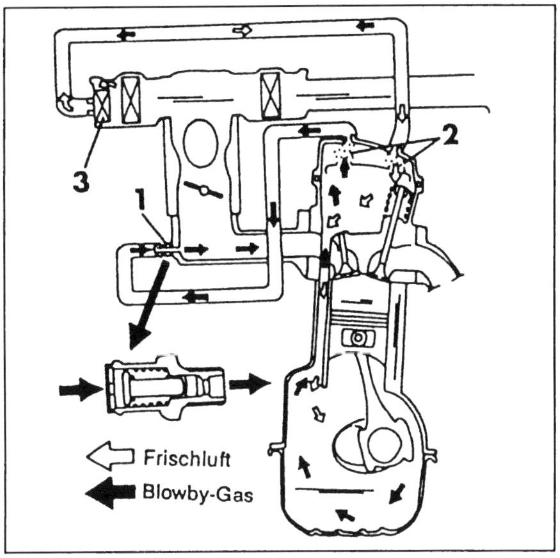

Bild 166
Die Pfeile geben die Strömungsrichtung der Gase im Kurbelgehäuse an, die schliesslich durch das Regelventil strömen und wieder angesaugt werden. Weisse Pfeile zeigen die Strömung der Frischluft, schwarze Pfeile zeigen die Strömung der Kurbelwellengase.
1 Regelventil
2 Stahlnetz
3 Filter

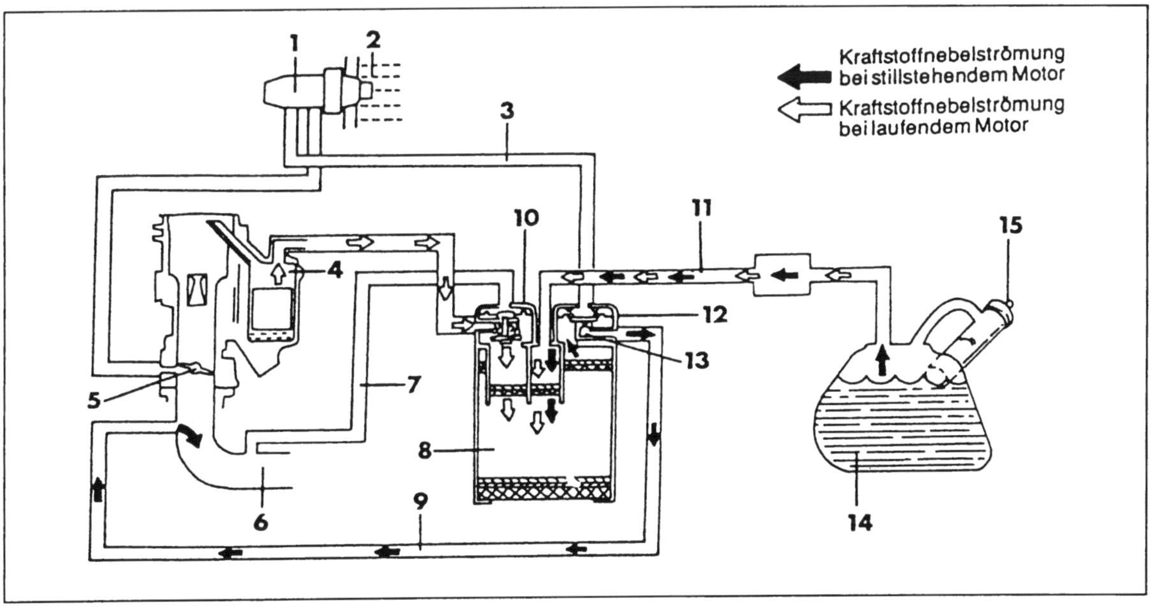

Bild 167
Das Aktivkohlefiltersystem. Die schwarzen Pfeile zeigen die Strömung bei laufendem Motor, die weissen Pfeile zeigen die Strömung bei stehendem Motor.
1 Thermal-Unterdruckventil
2 Kühlmittel des Motors
3 Unterdruckleitung
4 Schwimmerkammer
5 Drosselklappenventil
6 Ansaugkrümmer
7 Unterdruckleitung
8 Aktivkohlebehälter
9 Entlüftungsleitung zum Behälter
10 Belüftungs-Schaltventil
11 Entlüftungsleitung für Benzindämpfe
12 Belüftungs-Regelventil
13 Belüftungsöffnung
14 Kraftstofftank
15 Tankverschlussdeckel mit Unterdruck-Entlastungsventil

- Alle Schläuche zu diesem Zeitpunkt abschliessen und mit Pressluft durchblasen. Verstopfte Schläuche immer erneuern.

5.5.2 Aktivkohlefiltersystem

Dieses System dient zur Verringerung der aus der Kraftstoffanlage ausgestossenen, schädlichen Dämpfe, indem diese durch einen Aktivkohlebehälter geleitet werden. Bild 167 zeigt ein Schema der Anlage, aus welchem zu sehen ist, wie die einzelnen Teile miteinander verbunden sind. Wenn der Motor abgestellt ist, werden die Kraftstoffdämpfe aus dem luftdicht verschlossenen Kraftstofftank in einen mit Aktivkohle gefüllten Behälter geleitet und darin aufbewahrt. Die in der Schwimmerkammer des Vergasers befindlichen Benzindämpfe werden ebenfalls durch eine äussere Belüftungsleitung in den Behälter zurückgeführt, da das Belüftungsventil normalerweise geöffnet ist.

Während der Motor läuft, verbleiben die Benzindämpfe im Behälter, bis sie durch eingeblasene Luft über eine Entlüftungsleitung wieder dem Ansaugkrümmer zurückgeführt werden. Während

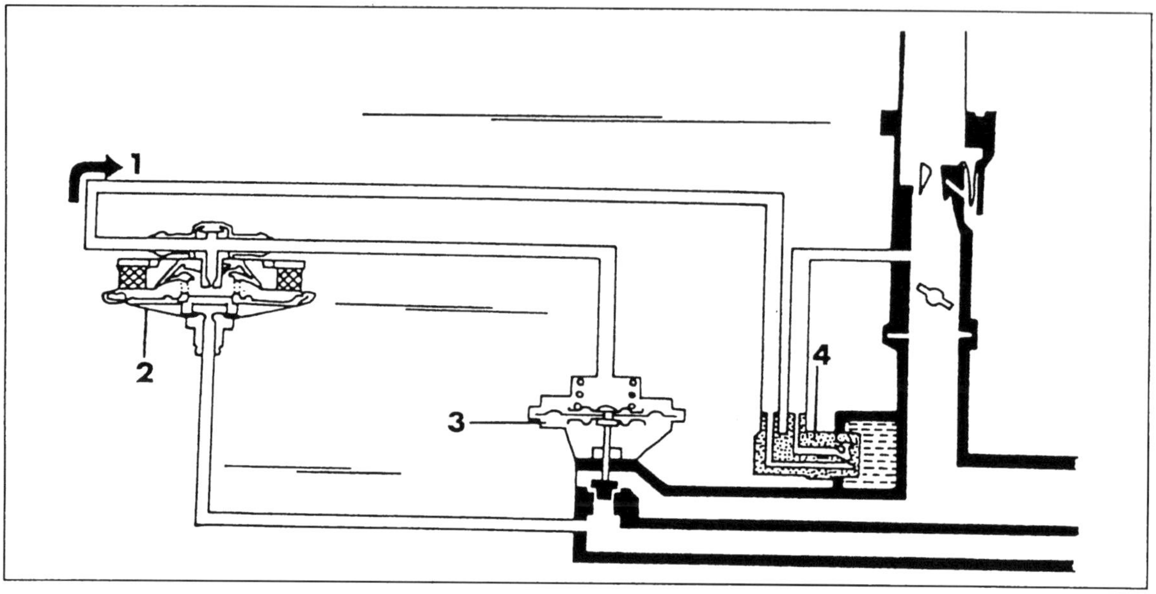

Bild 168
Die Abgas-Rückführungsanlage
1 Drosselklappen-Unterdruck
2 Abgasdruck-Regelventil
3 Abgasrückführungsventil
4 Thermo-Unterdruckventil

die Drehzahl ansteigt, steigt auch der Unterdruck an und das Belüftungs-Regelventil öffnet, was den Benzindämpfen erlaubt wieder in den Ansaugkrümmer zurückzukehren. Beträgt die Temperatur des Motors weniger als 70° C, wird das Belüftungs-Regelventil durch die Funktion eines Thermal-Unterdruckventils geschlossen und schneidet damit das Überströmen der Benzindämpfe zum Ansaugkrümmer ab. Das Belüftungs-Regelventil steuert die Strömung der Belüftungsluft im Verhältnis zur Menge der Ansaugluft.

Falls man Teile dieser Anlage ausbauen muss, ist vor allem auf die Anschlussweise der einzelnen Schläuche zu achten. Besonders am Aktivkohlebehälter muss man die Schläuche genau entsprechend der Anschlüsse zeichnen, damit man sie wieder in ursprünglicher Weise aufstecken kann.

5.5.3 Abgas-Rückführungsanlage

Diese Anlage führt die Abgase in die Verbrennungskammern zurück, um die Verbrennungstemperaturen zu senken und damit schädliche, während des Verbrennungsvorganges entwickelte Gase zu verringern. Ein Regelventil reguliert die Menge der vom Auspuffkrümmer zum Ansaugkrümmer zurückkehrenden Gase im Verhältnis zur Grösse des Unterdrucks im Vergaser.

Bild 168 zeigt ein Schema der Anlage. Das Abgasrückführungsventil steuert die Abgasmenge welche wieder in den Ansaugkrümmer gelangen kann, indem ein an einer Membrane angebrachtes Ventil öffnen oder schliessen kann. Die Membrane wird durch Unterdruck betätigt, welchen sie durch Öffnen und Schliessen der Vergaserdrosselklappe erhält.

Das Thermal-Unterdruckventil ist auf der rechten Seite des Ansaugkrümmers montiert. Das Ventil spricht auf die Temperatur des Kühlmittels an und öffnet oder schliesst die Unterdrucköffnung im Unterdruckventil. Wenn die Öffnung offen ist, kann der Unterdruck des Vergasers an die Membrane des Abgasrückführungsventils gelangen und betätigt dadurch das in einem konischen Sitz sitzende Ventil. In der Nähe des Abgasrückführungsventils ist ein weiteres Steuerventil angebracht, welches den Abgasdruck überwacht, um die Membrane zu betätigen, welche den Unterdruck im Vergaser zum Abgasrückführungsventil überträgt.

Das Abgasrückführungssystem sollte keine Störungen geben. Schläuche dürfen nicht eingerissen oder anderweitig beschädigt sein. Bei abgestelltem Motor kann man die Membrane des Abgasrückführungsventils mit einem Finger von unten auf- und abbewegen. Sie muss sich leicht bewegen lassen. Alle anderen Prüfarbeiten muss man in einer Werkstatt durchführen lassen, da auch das Thermal-Unterdruckventil, das Abgasdruck-Regelventil, usw. schadhaft sein können.

5.6 Andere Systeme der Anlage

In der folgenden Beschreibung werden auf andere Teile der Kraftstoffanlage eingegangen, welche bei Fahrzeugen mit Katalysator und Abgasrückführungssystem eingebaut sind.

Ein *elektronisches Steuergerät* steuert die allgemeine Arbeitsweise der Vergaseranlage. Es ist im Fahrerraum neben den Pedalen montiert.

Wie bereits erwähnt, sitzt die *Lambda-Sonde* für den Betrieb des Katalysators in der Mitte des Auspuffkrümmers, genauer gesagt in der Öffnung des Wärmeschutzblechs. Kapitel 2.10.2 gibt weitere Angaben über die Lambda-Sonde.

Ein *Temperaturgeber für das Kühlmittel* ist in den Kühlwassermantel in den Ansaugkrümmer eingesetzt (von vorn gesehen auf der linken Seite des Motors, an der in Bild 169 gezeigten Stelle). Die Stromzufuhr zum Temperaturgeber kann man kontrollieren. Dazu den Stecker abziehen, die Zündung einschalten und mit einem Voltmeter die Spannung zwischen der rechten Klemme im Stecker und Masse kontrollieren. Die Anzeige sollte 5 V betragen. Um auf einwandfreie Massezufuhr zu kontrollieren, mit einem Ohmmeter zwischen der anderen Klemme und Masse kontrollieren. Eine Anzeige sollte zustandekommen.
Der eigentliche Temperaturgeber kann im eingebauten Zustand nach Abziehen des Steckers kontrolliert werden. Mit einem Ohmmeter zwischen den Klemmen des Gebers messen. Der Widerstand muss zwischen 2,1 - 2,9 Ohm liegen (ca. 20° C), kann aber bis zu 0,30 - 0,33 Ohm betragen (bei Betriebstemperatur des Motors). Andernfalls den Temperaturgeber erneuern.

Am Vergaser ist der *Drosselklappenschalter* an der in Bild 170 gezeigten Stelle angeschraubt. Der Schalter wird entsprechend der Bewegung des Fahrpedals betätigt. Der Schalter öffnet, wenn die Drosselklappe im Leerlauf steht, ist aber in allen anderen Stellungen der Drosselklappe geschlossen.
Der Schalter kann kontrolliert werden, indem man mit einem Ohmmeter zwischen den beiden Klemmen "a" und "b" in Bild 171 kontrolliert. Steht das Fahrpedal in Ruhestellung, darf keine Anzeige zustandekommen, wird das Fahrpedal durchgetreten, muss eine Anzeige zustandekommen.

Ein *Leergangschalter* ist in das Getriebe eingeschraubt. Dieser teilt die Stellung des Schalthebels dem Steuergerät mit. In ähnlicher Weise funktioniert der am Kupplungspedal angebrachte *Kupplungsschalter.* Dieser teilt dem Steuergerät mit, ob das Kupplungspedal durchgetreten oder zurückgelassen ist.

Um den Steuergerät die Stellung der Kurbelwelle mitzuteilen, ist ein *OT-Geber* in den Zündverteiler eingebaut. Der Geber überwacht die Drehzahl des Motors und die Stellung der Kolben, auf deren Grundlage der Zündzeitpunkt und andere Funktionen aufgebaut sind. Um den Geber auf Funktion zu überprüfen würde zu weit führen, jedoch soll gesagt werden, dass man den kompletten Zündverteiler erneuern muss, falls der Geber nicht einwandfrei arbeiten sollte.

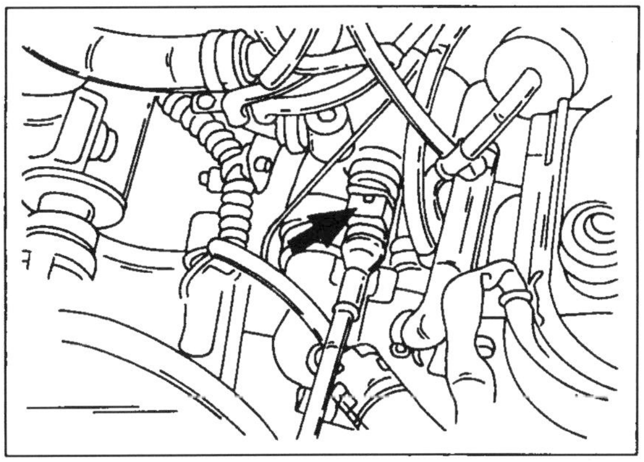

Bild 169
Der Temperaturgeber des Kühlmittels ist an der gezeigten Stelle eingebaut.

Bild 170
Der Drosselklappenschalter ist am Vergaser angeschraubt.

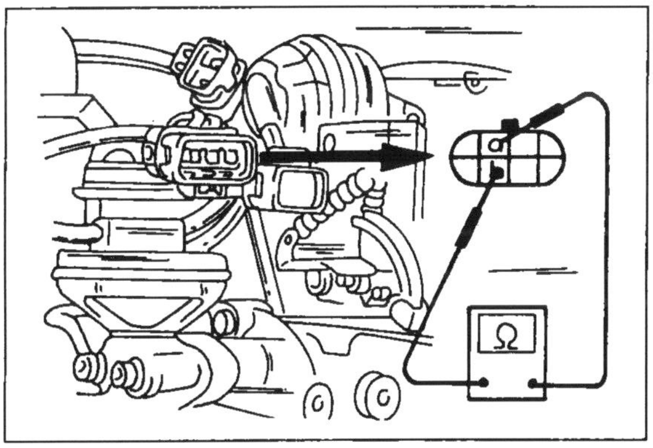

Bild 171
Ein Drosselklappenschalter kann zwischen den beiden Klemmen auf Funktion überprüft werden.

Das zum Steuergerät kommende Zündsignal wird durch eine *Zündspule und einen Zündtrafo* verstärkt. Der Primärkreis der Zündspule wird ein- und ausgeschaltet und führt dem Sekundärkreis die erforderliche Hochspannung zu. Bild 172 zeigt wie die beiden Teile aussehen.

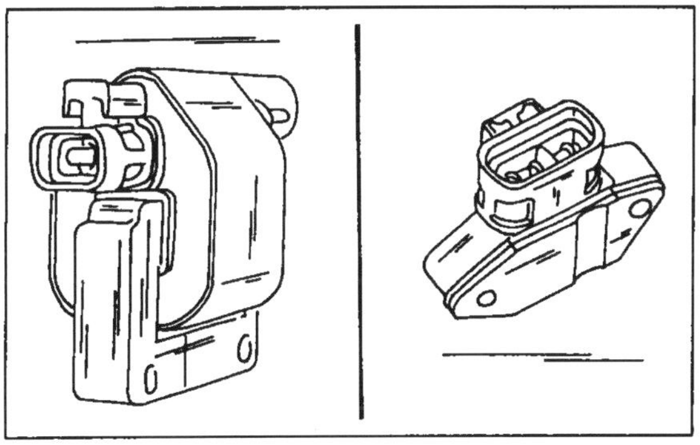

Bild 172
Die Zündspule (links) und der Zündtrafo (rechts) haben das gezeigte Aussehen.

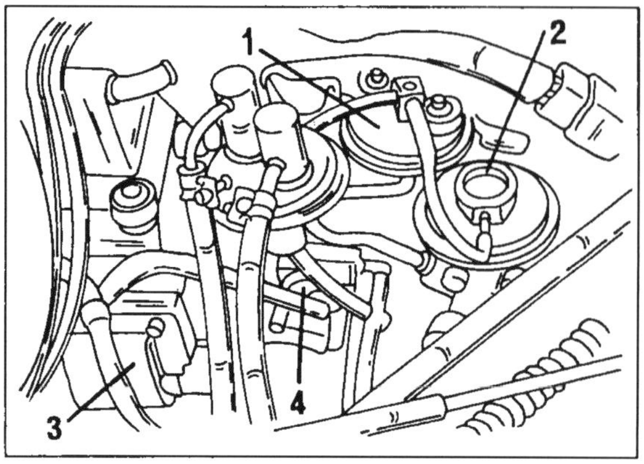

Bild 173
Die Lage verschiedener Teile am Motor.
1 Drucksensor
2 Abgasrückführungsventil
3 Zündspule
4 Luftansaugregelventil

Ein *Sensor für die Fahrgeschwindigkeit* ist in den Tachometer eingebaut. Der Sensor informiert das Steuergerät über die augenblickliche Geschwindigkeit des Fahrzeuges. Der Sensor wandelt diese in ein Impulssignal um.

Ein *Kraftstoffabsperrventil* ist am Vergaser angebracht. Das Ventil ist mit dem Leerlaufsystem verbunden. Steht das Ventil unter Strom, kann der Kraftstoff eintreten, wird der Strom unterbrochen (Fahrpedal in Ruhestellung), wird die Kraftstoffzufuhr abgesperrt.
Das Kraftstoffgemisch wird durch eine Vorwärmeinrichtung vorgewärmt (nur wenn eine Abgasrückführungsanlage eingebaut ist). Die Vorwärmeinrichtung ist zwischen dem Vergaser und dem Ansaugkrümmer eingesetzt. Es wird durch das Steuergerät reguliert und zerstäubt den Kraftstoff bei Kaltstart des Motors.

Ein *Luftansaugregelventil* ist eingebaut. Es sitzt an der in Bild 173 gezeigten Stelle. Durch das Ventil wird gefilterte Ansaugluft in das Auspuffrohr geleitet. Wenn der Druck in der Auspuffanlage weniger als der atmosphärische Druck beträgt, ist das Ventil geöffnet und leitet Luft in das Auspuffrohr ein. Steigt der Druck an, schliesst sich das Ventil und keine Luft kann eintreten.

Ebenfalls in Bild 173 ist ein *Drucksensor* gezeigt. Dieser nimmt einen niedrigen Unterdruck im Ansaugkrümmer wahr und gibt dem Steuergerät entsprechendes Signal, um den Betrieb entsprechend anzugleichen.

6 Die Kraftstoff-Einspritzanlagen

Wie bereits bekannt, wird eine Einspritzanlage, abgesehen vom 2,0 Liter-Motor auch ab Baujahr 1993 in den 1,4- und 1,6 Liter-Motor (Typ "GA" eingebaut. Es kommt eine Zentral- oder Mehrpunkteinspritzanlage zum Einbau. Alle Anlagen haben gemeinsam, dass die Zündanlage zusammen mit der Einspritzanlage durch das elektronische Steuergerät gesteuert wird. Im folgenden Text soll kurz auf den allgemeinen Aufbau und die Unterschiede der beiden Anlagen eingegangen werden.

6.1 Mehrpunkt-Einspritzanlage (SR20DE-Motor)

Wenn man die Motorhaube öffnet, wird man schnell die bei modernen Fahrzeugen übliche Verwirrung von Schläuchen, Leitungen und anderen Teilen sehen, die entweder zur Einspritzanlage oder der damit verbundenen Zündanlage gehören. Bild 174 zeigt einen Blick in den Motorraum, um zu zeigen wo die Hauptteile der beiden Anlagen liegen. Für Wissbegierige soll kurz auf die Funktion einiger Teile eingegangen werden.

Der *Geber für den Kurbelwellenwinkel (13)* ist in den Zündverteiler eingebaut und gilt als ein Hauptteil der gesamten Anlage. Der Geber überwacht die Drehzahl des Motors und die Stellung der Kolben und sendet ein entsprechendes Signal zum Steuergerät, um die Einspritzung, Zündung und anderen Funktionen zu steuern. Der Geber hat eine Läuferscheibe und einen Stromwellen bildenden Stromkreis. Die Scheibe hat 360 Schlitze, die jeweils 1° der Kurbelwellenumdrehung angeben, sowie vier weitere Schlitze, die für die einzelnen Zylinder dienen und in 180°-Abständen angeordnet sind. Licht- und Photozellen sind in den Stromkreis eingebaut. Wenn die Läuferscheibe zwischen der Licht- und Photozelle vorbeiläuft, unterbrechen die Schlitze in der Läuferscheibe fortlaufend das von der Lichtzelle auf die Photozelle übertragene Lichtsignal. Ohne auf weitere Einzelheiten einzugehen, kann man sagen, dass dabei Impulse erzeugt werden, die durch den Stromwellenkreis umgewandelt und als nutzbare Impulse dem elektronischen Steuergerät zugeführt werden. Dieses wertet die Impulse entsprechend aus und unternimmt die erforderlichen Korrekturen in der Einspritz- und Zündanlage.

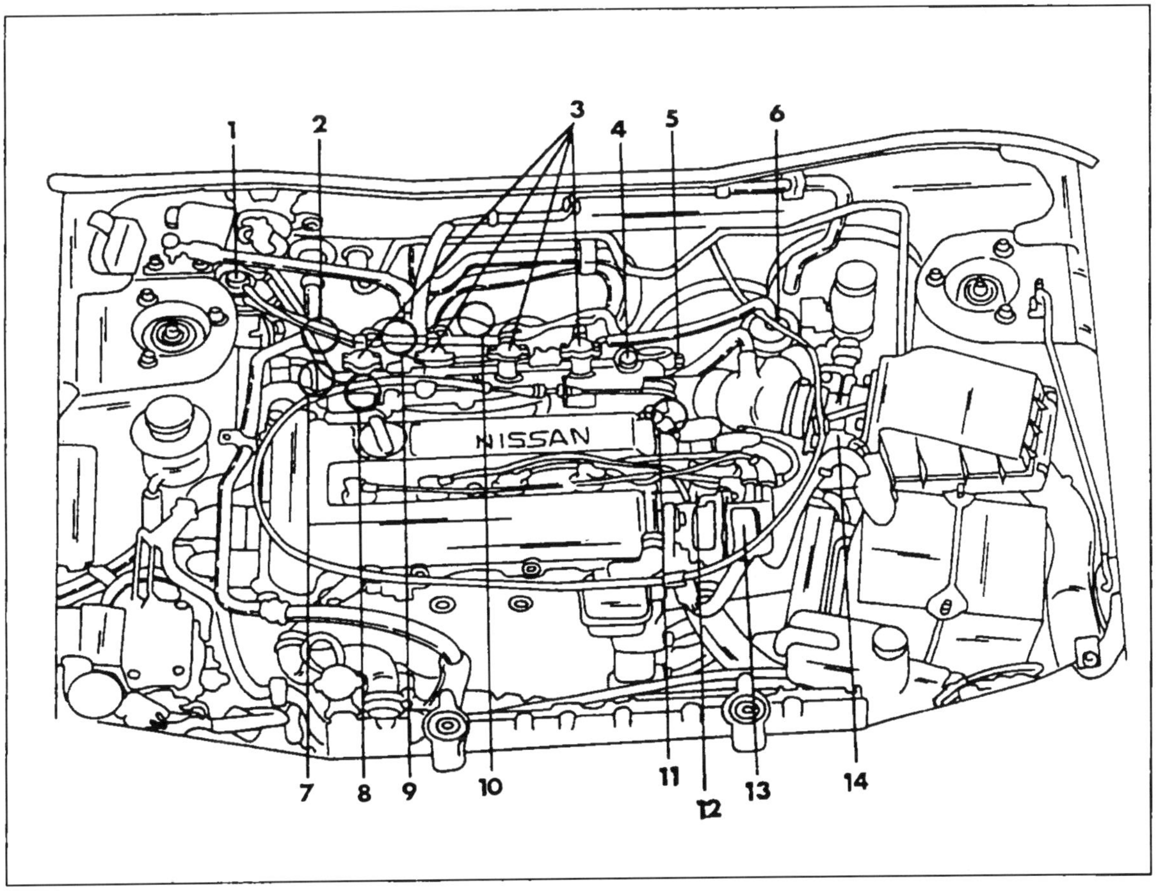

Bild 174
Die Lage der einzelnen Teile der Kraftstoffeinspritzanlage und Zündanlage im Motorraum eines Fahrzeuges mit SR20DE-Motor.

1 Aktivkohlebehälter
2 Zusatzluftventil
3 Einspritzventile
4 Kraftstoffdruckregler
5 Drosselklappen-Stellungsgeber
6 Kraftstoffilter
7 Schaltventil, Leerlaufregulierung
8 Geber für Kühlmitteltemperatur
9 Luftregler
10 Widerstand
11 Stromtransistor
12 Zündspule
13 Kurbelwellenwinkelgeber
14 Luftströmungsmesser

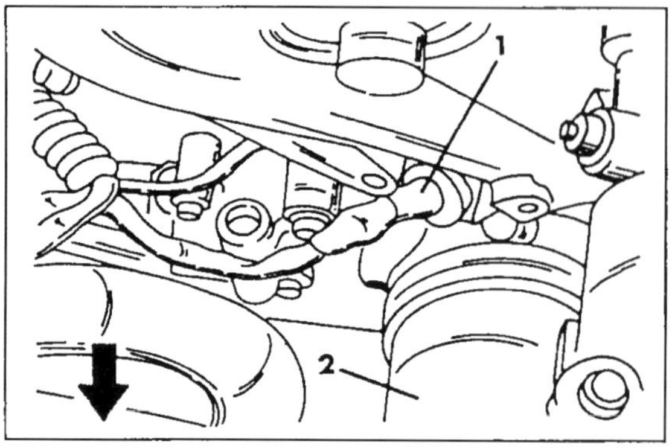

Bild 175
Die Lage des Temperaturfühlers für die Kühlmitteltemperatur (1) in der Nähe des Ölfilters (2).

Der *Luftströmungsmesser* (14) sitzt neben dem Luftfilter und misst den Strömungswert der Ansaugluft. Die Messung findet statt, indem das elektronische Steuergerät elektrische Signale erhält, welche sich im Einklang mit der von einem im Ansaugluftstrom sitzenden Heissdraht abgegebenen Wärme verändern. Wenn die Ansaugluft in den Ansaugkrümmer strömt und dabei den Heissdraht umströmt, wird die durch den Heissdraht erzeugte Wärme durch die Luft mitgenommen. Die Wärmemenge hängt von der Luftströmung ab. Da die Temperatur des Heissdrahtes jedoch bis zu einem gewissen Grad automatisch gesteuert wird, ist es erforderlich den Heissdraht mit mehr Strom zu versorgen, um die Temperatur des Heissdrahts beizubehalten. Das elektronische Steuergerät wird durch die elektrischen Veränderungen über die Luftströmung unterrichtet.

Der *Temperaturfühler für den Motor (8)* sitzt hinter dem Ölfilter an der in Bild 175 gezeigten Stelle. Der

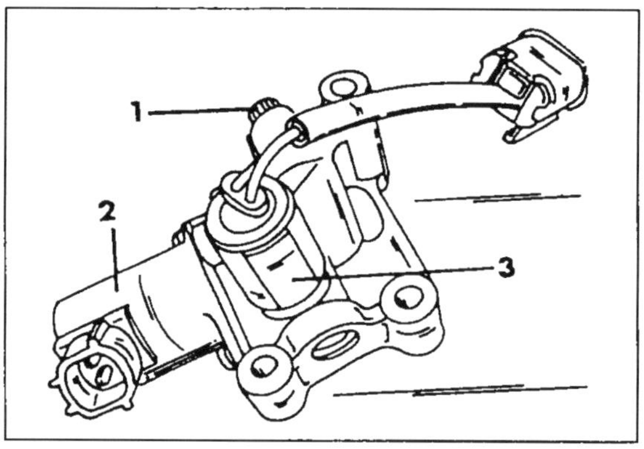

Bild 176
Ansicht des Zusatzluftventils und der damit verbundenen Teile.
1 Leerlaufeinstellschraube
2 Zusatzluftventil
3 Schaltventil

Geber übernimmt eine laufende Überwachung der Kühlmitteltemperatur und teilt diese als Signal dem elektronischen Steuergerät mit. Der Geber ist mit einem Thermistor versehen, welcher auf Änderungen der Temperatur anspricht. Elektrische Widerstände des Thermistors verringern sich durch den Einfluss von Temperaturanstieg.

Der *Drosselklappenfühler (5)* spricht auf die Bewegung des Gaspedals an. Er verwandelt die Stellung der Drosselklappe in ein Ausgangssignal und überträgt dieses zum elektronischen Steuergerät.

Die Leerlaufstellung der Drosselklappe wird durch das Steuergerät bestimmt, wenn dieses das betreffende Signal vom Drosselklappen-Stellungsgeber erhält und steuert zum Beispiel die Absperrung der Kraftstoffzufuhr.

Bei den *Kraftstoffeinspritzventilen* (3) handelt es sich um kleine Schaltventile. Wenn das elektronische Steuergerät ein Signal zu einem Ventil überträgt, zieht eine Wicklung im Ventil das Nadelventil zurück und Kraftstoff wird in den Ansaugkrümmer eingespritzt. Wie lange die Einspritzung dauert, wird ebenfalls durch das Steuergerät bestimmt.

Ein *Kraftstoffdruckregler (4)* hält einen ständigen Druck von ca. 3,0 bar in der Anlage. Da die eingespritzte Kraftstoffmenge von der Dauer der Einspritzung abhängig ist, muss der Druck auf den genannten Wert gehalten werden.

Das vom Steuergerät kommende Signal wird durch den *Stromtransistor (11)* verstärkt, wodurch der Primärstromkreis der Zündspule ein- und ausgeschaltet wird, um die vorschriftsmässige Hochspannung dem Sekundärkreis der Spule zuzuführen. Die Zündspule hat nicht die im allgemeinen bekannte Form einer Spule.

Ein *Luftregler (9)* ermöglicht eine Umgehung des normalen Luftweges wenn der Motor kalt ist oder während dem Warmlaufen mit beschleunigtem Leerlauf läuft. Der Regler spricht auf Temperaturen an und schliesst die Luftklappe je nach vorhandenen Temperaturen.

An Stelle (2) sitzt das *Zusatzluftregelventil*, welches in Verbindung mit dem *Steuerventil (7)* arbeitet. Diese zusammengehörigen Teile erhalten Signale vom Steuergerät und regulieren den Leerlauf des Motors auf einen voreingestellten Wert. Bild 176 zeigt wie diese Schalteinheit aussieht. Eine Leerlaufeinstellschraube ist an der gezeigten Stelle eingesetzt.

Ein *Geber für die Fahrgeschwindigkeit* ist in den Tachometer eingebaut und wandelt die durch das Instrument angezeigte Fahrgeschwindigkeit in Impulse um, die dem Steuergerät mitgeteilt werden.

Um die Leerlaufdrehzahl beizubehalten, wenn zusätzliche Belastungen auf den Motor durch Betätigen der Servolenkung auferlegt werden, ist ein Öldruckschalter in die Hochdruckleitung der Lenkungsanlage eingesetzt, welcher ein Belastungssignal dem Steuergerät mitteilt. Dieses informiert das Zusatzluftventil, um die erforderliche Leerlaufanhebung je nach Belastungsgrösse vorzunehmen.

Am Zylinderblock ist ein Fühler angebracht, welcher über Detonierungen im Motor informiert (Klopfsensor). Wenn der Motor durch Detonierungen in Schwingungen versetzt wird, werden diese durch den Geber in ein Spannungssignal umgewandelt, welches als Ausgangssignal zum Steuergerät gelangt.

Der *Kraftstoffilter (6)* befindet sich in einem Metallgehäuse um den hohen Kraftstoffdrücken zu widerstehen. Je ein Schlauch ist oben und unten am Filter angeschlossen. Der Filter sitzt in einer Federspange. Ehe man den Filter erneuert (alle 40 000 km oder 2 Jahre empfohlen), muss man den Kraftstoffdruck in der Anlage entlasten, um ein Ausspritzen des Kraftstoffs zu vermeiden (siehe Seite 14). Nur den vorgeschriebenen Filter einbauen.

Der *Aktivkohlebehälter (1)* dient dem auf Seite 75 für den Vergasermotor beschriebenen Zweck.

Alle die Zündanlage betreffenden Einzelheiten sind in Kapitel 7 zu finden. Bild 177 zeigt den Behälter und die beiden daran angeschlossenen Schläuche.

Die *Kraftstoffpumpe* sitzt im Tank. Das Steuergerät erregt die Kraftstoffpumpe einige Sekunden lang nachdem die Zündung eingeschaltet wurde, um das Anlassen des Motors zu erleichtern. Sobald das Steuergerät vom Kurbelwellenwinkelgeber ein "180°-Signal" erhält, weiss es, dass sich der Motor dreht und setzt die Pumpe in Betrieb. Falls dieses Signal nicht erhalten wird, stellt der Motor ab und die Pumpe stellt den Betrieb ein, wobei Batterieleistung gespart und Sicherheit gegeben wird. Das Steuergerät bringt die Pumpe über ein getrenntes Relais in Betrieb.

Bei Fahrzeugen mit Katalysator ist eine *Lambda-Sonde* in die Auspuffanlage (in das Auspuffrohr) eingesetzt. Diese übernimmt die Sauerstoffmessung im Abgas und verändert das Kraftstoff/Luftgemisch in entsprechender Weise.

6.1.1 Leerlauf- und CO-Anteil-Einstellung

Die Einstellung des Leerlaufs und CO-Anteils wird normalerweise automatisch durch das Steuergerät beibehalten, jedoch ist es möglich, dass man Einstellungen vornehmen kann, falls man nach langem Fahrbetrieb z.B. nicht mehr mit dem Leerlauf zufrieden ist. Eine Nissan-Werkstatt wäre die beste Abhilfe, jedoch kann man den Leerlauf ohne weiteres berichtigen, wenn man sich genau an die folgende Beschreibung hält.

Vor der Kontrolle und Einstellung müssen die folgenden Verhältnisse geschaffen werden, d.h. die folgend genannten Teile oder Systeme müssen sich in einwandfreiem Zustand befinden:

- Die Vorderräder in die Geradeausstellung setzen. Die Handbremse anziehen.
- Die Batterie muss gut geladen sein.
- Die Zündanlage muss sich in gutem Zustand befinden und einwandfrei arbeiten.
- Motorölstand und Kühlmittelstand müssen stimmen.
- Alle Unterdruckschläuche müssen aufgesteckt sein.
- Das Luftansaugsystem darf keine undichten Stellen haben.
- Die Kompression der Zylinder muss gut sein.

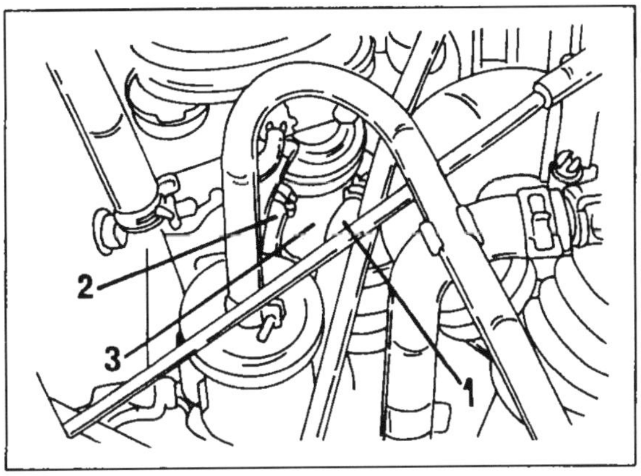

Bild 177
Der Aktivkohlebehälter ist an der gezeigten Stelle montiert. In Bild 174 ist er mit (1) bezeichnet.
1 Eingangsschlauch
2 Belüftungsschlauch
3 Aktivkohlebehälter

- Die Drosselklappe muss sich einwandfrei öffnen und schliessen lassen.
- Alle Sicherungen müssen eingesetzt sein.
- Alle elektrischen Stromabnehmer ausschalten, d.h. zum Beispiel Scheinwerfer, Heizungsgebläse, beheizte Heckscheibe, usw.
- Beim Messen des CO-Anteils das Messrohr des CO-Prüfers mindestens 40 cm in das Endrohr einschieben.
- Bei automatischem Getriebe dieses in Schaltstellung "N" schalten.
- Eine eingebaute Klimaanlage ausschalten.
- Der Kühlungsventilator darf nicht laufen.

Bei der Kontrolle des Leerlaufs folgendermassen vorgehen:

- Motor auf Betriebstemperatur bringen, d.h. die Nadel des Fernthermometers muss in der Mittelstellung stehen. Während der Einstellung muss der Motor auf Betriebstemperatur bleiben, d.h. der Motor muss vielleicht zwischendurch wieder angelassen werden, um sich erneut zu erwärmen. Der Motor muss mit weniger als 1000/min drehen.
- Motor abstellen und den Drehzahlmesser entsprechend den Anweisungen des Herstellers anschliessen.
- Bei abgestelltem Motor den Geber für die Drosselklappenstellung herausfinden (siehe Bild 174) und den Stecker abziehen. Den Motor jetzt anlassen.
- Motor zwei oder drei Minuten lang mit ca. 2000 - 3000 U/min. beschleunigen und danach ca. zwei Minuten lang im Leerlauf laufen lassen.
- Leerlauf am Drehzahlmesser ablesen. Der Motor sollte mit einer Drehzahl 800/min laufen.
- Falls der Leerlauf nicht stimmt, die Schraube (1) in Bild 176 verstellen, bis der Leerlauf stimmt. Drehen nach links verringert den Leerlauf, Drehen nach rechts erhöht ihn. Falls man

den Leerlauf nicht herstellen kann und alle obengenannten Systeme und Teile sind in gutem Zustand, muss man sich an eine Nissan-Werkstatt wenden.

- Den Motor abstellen. Der Drehzahlmesser bleibt angeschlossen.
- Motor abstellen, den Stecker des Gebers für die Drosselklappenstellung wieder aufstecken und den Motor wieder anlassen.
- Motor 2 oder 3 Mal auf 2000/min beschleunigen und den Leerlauf am Drehzahlmesser ablesen. Dieser sollte jetzt innerhalb 850 ± 50/min liegen. Ein schlechter Leerlauf kann durch ein Zusatzluftventil, dessen Kabelstrang oder durch das elektronische Steuergerät verursacht werden.
- Den CO-Anteil entsprechend den Anweisungen des Geräteherstellers ausmessen. Falls dieser nicht ca. 0,5 % beträgt, muss man den Grund dafür in einer Werkstatt untersuchen lassen. Das vorschriftsmässige Messen und auch das Einstellen des CO-Anteils ist mit Schwierigkeiten verbunden und wird aus diesem Grund nicht beschrieben.

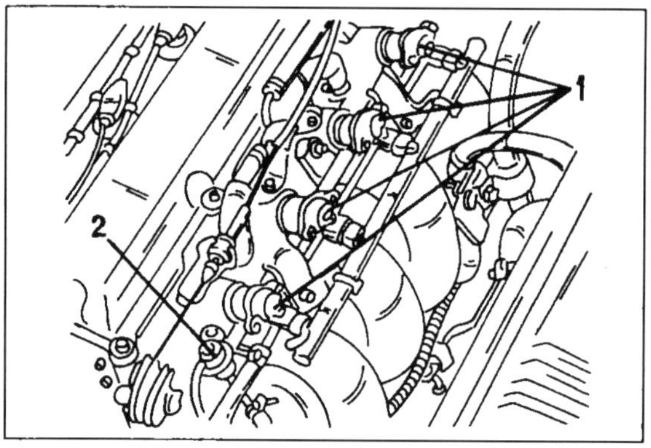

Bild 178
Die Einspritzventile (1) sind in die Seite des Motors eingeschraubt. Der Druckregler (2) ist ebenfalls zu sehen.

6.1.2 Arbeiten an der Anlage

Falls irgendwelche Arbeiten an der Anlage durchgeführt werden sollen, bei denen man Kraftstoffanschlüsse abschliessen muss, ist es zuerst erforderlich, dass man den Druck in der Anlage entlastet. Dabei folgendermassen vorgehen:

- Den Deckel der Sicherungsdose öffnen und die in Bild 17 gezeigte Sicherung herausnehmen. Dies ist die Sicherung für die Kraftstoffpumpe. Den Motor jetzt anlassen. Nach einer Weile wird er abstellen, da er keinen Kraftstoff mehr erhält. Den Motor noch zwei- oder dreimal mit dem Anlasser durchdrehen, um allen Druck auszuscheiden. Die Sicherung sofort wieder einsetzen. Alle Kraftstoffschläuche zwischen Motor und Karosserie können jetzt abgeschlossen werden.

Bei allen weiteren, in der Hauptsache elektrischen Arbeiten, die man nur mit dem notwendigen Fachkenntnissen durchführen sollte, müssen die folgenden Vorsichtsmassnahmen beachtet werden:

- Nur eine 12 V-Batterie verwenden.
- Niemals die Batteriekabel abklemmen während der Motor läuft.
- Niemals die Kabelanschlüsse der Einspritzventile abschliessen während der Motor läuft.
- Niemals direkt an der Batterie angeschlossene Messinstrumente an die Einspritzventile anlegen.
- Der Luftströmungsmesser ist sehr empfindlich und muss dementsprechend behandelt werden. Er darf nicht zerlegt werden. Er darf auch nicht in irgendwelchen Flüssigkeiten ausgewaschen werden.
- Das Zusatzluftventil kann nicht zerlegt werden.
- Auch die kleinste undichte Stelle im Luftansaugsystem kann den Lauf des Motors beeinflussen.
- Das elektronische Steuergerät kann nicht repariert werden.
- Beim Anlassen des Motors nicht das Gaspedal durchtreten. Den Motor nicht sofort nach dem Anlassen auf hohe Drehzahlen bringen oder ihn kurz vor dem Abstellen auf Touren bringen.
- Falls kein Kraftstoff im Tank ist, nicht den Anlasser zum Anlassen des Motors betätigen, da die Kraftstoffpumpe nicht ohne Benzin laufen darf.
- Die Kabelstecker des Kabelstranges für das Steuergerät immer vorschriftsmässig anschliessen. Eine schlechte Verbindung kann zu Spitzenspannungen und dadurch zu Schäden in der Zündspule und anderen Teilen führen. Den Hauptkabelstrang mindestes 10 mm von anderen Kabeln fernhalten, um Ausseneinflüsse auf die Kabelverbindungen zu vermeiden. Alle Kabelstränge müssen trocken gehalten werden. Immer die Zündung ausschalten und das Massekabel der Batterie abklemmen, ehe man irgendeinen Anschluss löst.

6.2 Zentral-Einspritzanlage ("GA"-Motor)

Wenn man die Motorhaube öffnet, wird man schnell die bei modernen Fahrzeugen übliche Verwirrung von Schläuchen, Leitungen und anderen Teilen sehen, die entweder zur Einspritzanlage oder der damit verbundenen Zündanlage gehören. Bild 179 zeigt einen Blick in den Motorraum, um zu zeigen wo die Hauptteile der Anlage liegen. Obwohl die Anlage des 2,0 Liter-Motors und der beiden anderen Motoren in ähnlicher Weise aufgebaut ist, liegen jedoch bestimmte, wichtige Unterschiede vor, so dass wir die wichtigsten Einzelheiten nochmals zusammenfassen.

Der *Geber für den Kurbelwellenwinkel (13)* ist in den Zündverteiler eingebaut und gilt als ein Hauptteil der gesamten Anlage. Der Geber überwacht die Drehzahl des Motors und die Stellung der Kolben

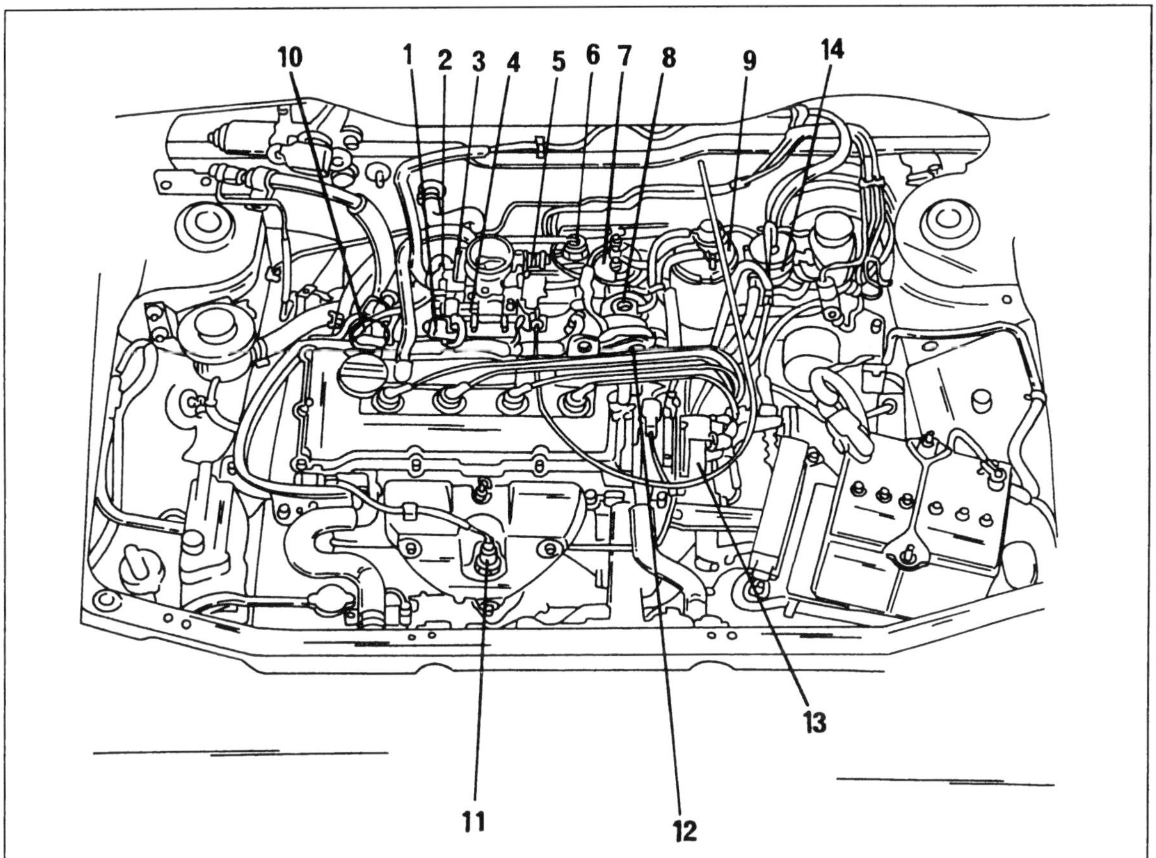

Bild 179
Ansicht des Motorraums eines 1,4- oder 1,6 Liter-Motors ab Baujahr 1993.
1 Zusatzluftventil
2 Drosselklappen-Sensor
3 Luftströmungsmesser
4 Steuerventil
5 Schnelleerlaufnocken
6 Regelventil, Abgasrückführung und Aktivkohlebehälter
7 Drucksensor
8 Abgasrückführungs-Regelventil
9 Aktivkohlebehälter
10 Temperaturgeber
11 Lambda-Sonde
12 Druckregler
13 Sensor für Kurbelwellenstellung, Zündtrafo und Zündspule
14 Kraftstoffilter

und sendet ein entsprechendes Signal zum Steuergerät, um die Einspritzung, Zündung und anderen Funktionen zu steuern. Der Geber hat eine Läuferscheibe und einen Stromwellen bildenden Stromkreis. Die Scheibe hat 360 Schlitze, die jeweils 1° der Kurbelwellenumdrehung angeben, sowie vier weitere Schlitze, die für die einzelnen Zylinder dienen und in 180°-Abständen angeordnet sind. Licht- und Photozellen sind in den Stromkreis eingebaut. Wenn die Läuferscheibe zwischen der Licht- und Photozelle vorbeiläuft, unterbrechen die Schlitze in der Läuferscheibe fortlaufend das von der Lichtzelle auf die Photozelle übertragene Lichtsignal. Ohne auf weitere Einzelheiten einzugehen, kann man sagen, dass dabei Impulse erzeugt werden, die durch den Stromwellenkreis umgewandelt und als nutzbare Impulse dem elektronischen Steuergerät zugeführt werden. Dieses wertet die Impulse entsprechend aus und unternimmt die erforderlichen Korrekturen in der Einspritz- und Zündanlage. Bild 180 zeigt einen Blick auf den Zündverteiler, um einen besseren Überblick zu geben.
Der *Luftströmungsmesser* (3) sitzt neben dem Luftfilter und misst den Strömungswert der Ansaugluft. Die Messung findet statt, indem das elektronische Steuergerät elektrische Signale erhält, welche sich im Einklang mit der von einem im Ansaugluftstrom sitzenden Heissdraht abge-

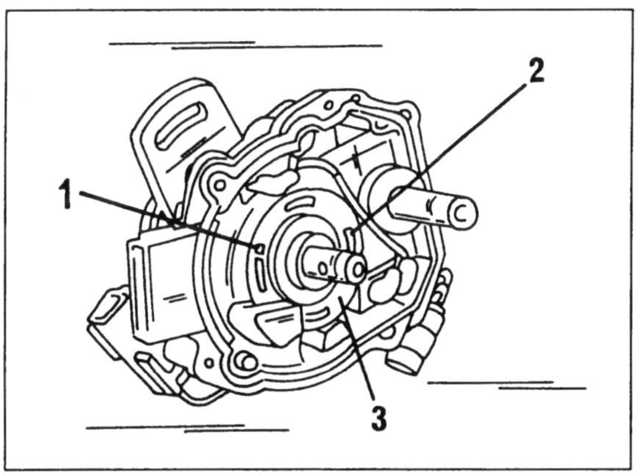

Bild 180
Ansicht des Zündverteilers.
1 180°-Schlitz für Zylinder 1
2 180°-Signal
3 Rotorscheibe

gebenen Wärme verändern. Wenn die Ansaugluft in den Ansaugkrümmer strömt und dabei den Heissdraht umströmt, wird die durch den Heissdraht erzeugte Wärme durch die Luft mitgenommen. Die Wärmemenge hängt von der Luftströmung ab. Da die Temperatur des Heissdrahtes jedoch bis zu einem gewissen Grad automatisch gesteuert wird, ist es erforderlich den Heissdraht mit mehr Strom zu versorgen, um die Temperatur des Heissdrahts beizubehalten. Das elektronische Steuergerät wird durch die elektrischen Veränderungen über die Luftströmung unterrichtet.
Der *Temperaturfühler für den Motor (10)* ist in den Ansaugkrümmer eingeschraubt. Der Geber über-

nimmt eine laufende Überwachung der Kühlmitteltemperatur und teilt diese als Signal dem elektronischen Steuergerät mit. Der Geber ist mit einem Thermistor versehen, welcher auf Änderungen der Temperatur anspricht. Elektrische Widerstände des Thermistors verringern sich durch den Einfluss von Temperaturanstieg.

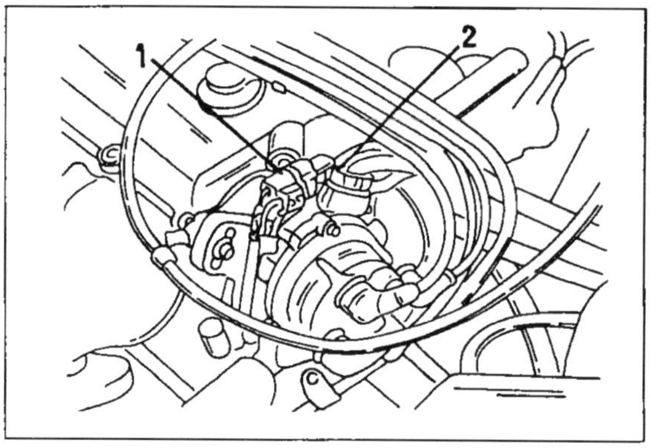

Bild 181
Die Lage der Stecker für die Zündspule (1) und den OT-Geber sowie den Zündtrafo (2).

Der *Drosselklappen-Sensor (2)* spricht auf die Bewegung des Gaspedals an. Er verrichtet die Auf Seite 80 beschriebene Funktion.

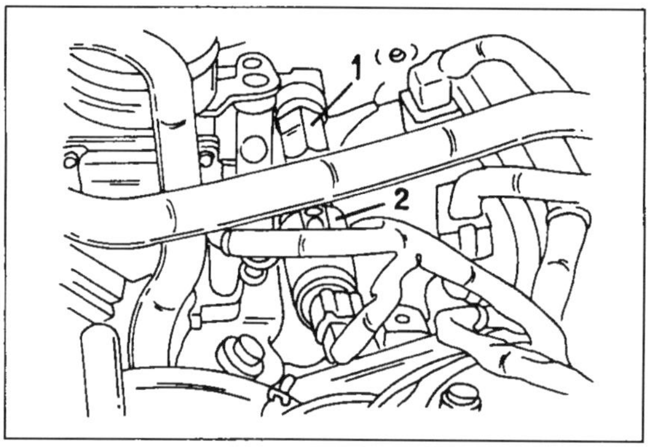

Bild 182
Die beiden Ventile zum Anheben der Motordrehzahl. Ventil (1) ist bei eingebauter Klimaanlage eingebaut. Ventil (2) ist das Zusatzluftventil.

Beim *Kraftstoffeinspritzer* handelt es sich um ein kleines, elektrisches Schaltventil. Wenn das elektronische Steuergerät ein Signal zum Einspritzer überträgt, zieht eine Wicklung im Ventil das Kugelventil zurück und Kraftstoff wird durch die Spritzdüse auf das Drosselklappenventil gespritzt. Wie lange die Einspritzung dauert wird ebenfalls

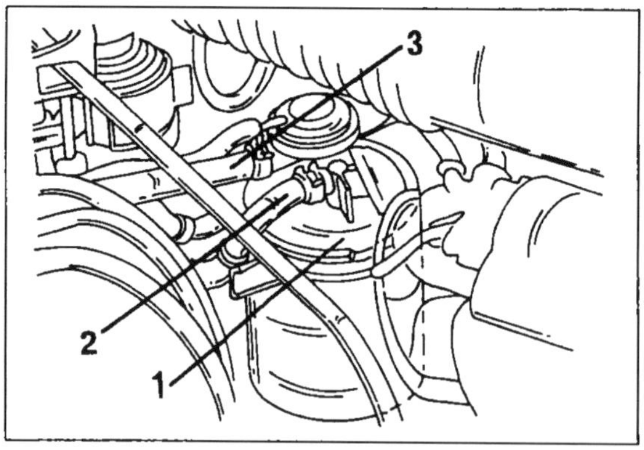

Bild 183
Der eingebaute Aktivkohlebehälter (1). Die Kraftstoffdämpfe werden durch den Schlauch (2) in den Behälter und durch den Schlauch (3) wieder zurückgeführt.

durch das Steuergerät bestimmt.
Ein *Kraftstoffdruckregler (12)* hält einen ständigen Druck von ca. 3,05 bar in der Anlage. Da die eingespritzte Kraftstoffmenge von der Dauer der Einspritzung abhängig ist, muss der Druck auf den genannten Wert gehalten werden.
Der *Stromtransistor* ist zusammen mit der Zündspule in die Innenseite des Zündverteilers eingebaut. Er verrichtet den gleichen Zweck wie auf Seite 80 beschrieben. Nach Abnehmen des Verteilerdeckels wird man die in Bild 181 gezeigten Anschlussstecker sehen.
Ein *Schnelleerlaufnocken (5)* ist am Drosselklappengehäuse angebracht und gewährleistet eine ausreichende Motordrehzahl solange der Motor kalt ist. Der Nocken wird durch ein Thermoelement gesteuert, welches mit Wachs gefüllt ist, das sich durch einwirkende Temperaturen ausdehnen und zusammenziehen kann und einen Hebel betätigt.
An Stelle (1) sitzt das *Zusatzluftregelventil*, welches durch das Steuergerät aus- und eingeschaltet wird, um die angeforderte Luft entsprechend durchzulassen.
Ein *Geber für die Fahrgeschwindigkeit* ist in den Tachometer eingebaut und wandelt die durch das Instrument angezeigte Fahrgeschwindigkeit in Impulse um, die dem Steuergerät mitgeteilt werden.
Um die Leerlaufdrehzahl beizubehalten, wenn zusätzliche Belastungen auf den Motor durch Betätigen der Servolenkung auferlegt werden, ist ein Öldruckschalter in die Hochdruckleitung der Lenkungsanlage eingesetzt.
In den Zündverteiler ist ein Fühler eingesetzt, welcher über Detonierungen im Motor informiert. Wenn der Motor durch Detonierungen in Schwingungen versetzt wird, werden diese durch den Geber in ein Spannungssignal umgewandelt welches als Ausgangssignal zum Steuergerät gelangt.
Der *Kraftstoffilter (14)* befindet sich in einem Metallgehäuse um den hohen Kraftstoffdrücken zu widerstehen. Je ein Schlauch ist oben und unten am Filter angeschlossen. Der Filter sitzt in einer Federspange. Ehe man den Filter erneuert (alle 40 000 km oder 2 Jahre empfohlen), muss man den Kraftstoffdruck in der Anlage entlasten, um ein Ausspritzen des Kraftstoffs zu vermeiden. Nur den vorgeschriebenen Filter einbauen.
Der *Aktivkohlebehälter* dient dem auf Seite 75 für den Vergasermotor beschriebenen Zweck. Bild 183 zeigt den eingebauten Behälter mit den beiden Schläuchen.
Die *Kraftstoffpumpe* sitzt im Tank (Seite 81).
Ein Schaltventil (4) dient zum Anheben des Leerlaufs, wenn eine eingebaute Klimaanlage eingebaut ist. Bild 182 zeigt wie dieses Ventil sowie das Zusatzluftventil sitzen.
Ein *Abgasdruckregelventil (7)* überwacht den Auspuffdruck, um den zum Abgasrückführungsventil

kommenden Unterdruck im Drosselklappengehäuse zu regulieren. Die zurückgeführten Abgase werden durch dieses Ventil entsprechend der Stellung des Abgasregelventils oder den Betriebsbedingungen des Motors gesteuert. Bild 184 zeigt wo dieses Ventil und andere bereits genannte Teile am Motor sitzen.
Alle die Zündanlagen betreffenden Hinweise sind Kapitel 7 zu entnehmen, soweit sie erwähnenswert sind.
Bei Fahrzeugen mit Katalysator ist eine *Lambda-Sonde* (11) in die Auspuffanlage eingesetzt. Diese übernimmt die Sauerstoffmessung im Abgas und verändert das Kraftstoff/Luftgemisch in entsprechender Weise. Die Sonde sitzt in der Mitte des Wärmeschutzblechs für den Auspuffkrümmer.
Die Einspritzanlage arbeitet im Zusammenhang mit einem *Abgasrückführungssystem.* Ein Abgas-Rückführungsregelventil reguliert die Menge der Abgase welche wieder in den Ansaugkrümmer zurückkehren. Eine Membrane im Ventil wird durch die Einwirkung von Unterdruck auf die Drosselklappe bewegt, um die Abgase entweder abzusperren oder durchzulassen.

6.2.1 Leerlauf und CO-Anteil

Die Einspritzanlage reguliert den Leerlauf automatisch innerhalb bestimmter Werte. Der Leerlauf wird durch Feineinstellung der Luftmenge reguliert, welche über das Zusatzluftventil die Drosselklappe umgehen kann. Das Zusatzluftventil schaltet fortsetzend aus und ein, um die genaue Luftmenge zu steuern. Der Kurbelwellenwinkelgeber "erfühlt" die genaue Drehzahl des Motors und teilt diese dem Steuergerät mit. Aus den erhaltenen Informationen ist das Steuergerät in der Lage das Zusatzluftventil entsprechend zu öffnen oder zu schliessen, um den Leerlauf immer auf einem vorprogrammierten Wert zu halten. Andere Faktoren, wie zum Beispiel Warmlauf des Motors, Betrieb im Schub, Kraftstoffverbrauch und Motorbelastung (Klimaanlage, elektrische Belastung) werden automatisch ausgewertet und angeglichen.
Obwohl es nicht erforderlich sein sollte, kann der Leerlauf kontrolliert und ggf. nachgestellt werden. Vor der Kontrolle und Einstellung müssen die auf Seite 81 angeführten Verhältnisse geschaffen werden, d.h. die genannten Teile oder Systeme müssen sich in einwandfreiem Zustand befinden. Bei der Kontrolle des Leerlaufs in ähnlicher Weise vorgehen, wie auf Seiten 81 und 82 beschrieben ist. Der Motor muss mit 700 ± 50/min bei eingebautem Schaltgetriebe oder 800 ± 50/min bei eingebauter Getriebeautomatik laufen. Falls

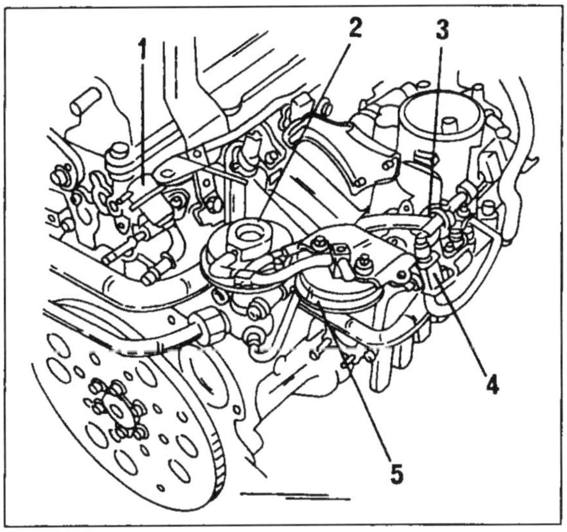

Bild 184
Die Lage verschiedener Teile am Motor.
1 Kraftstoffdruckregler
2 Abgasrückführungsventil
3 Schnelleerlaufnocken
4 Regelventil für Abgasrückführungssystem und Aktivkohlefiltersystem
5 Abgasdruckregelventil

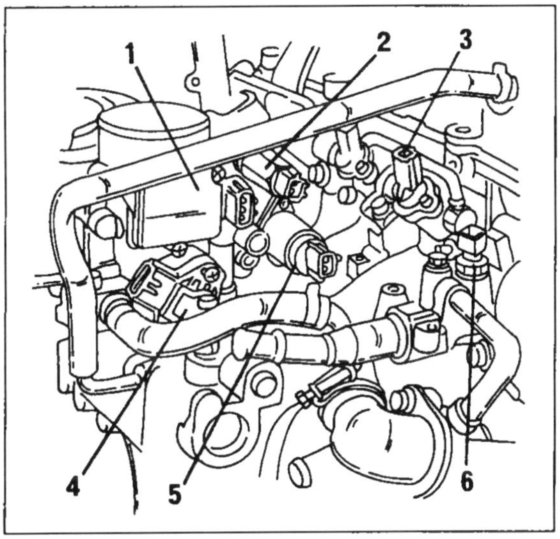

Bild 185
Anordnung von Teilen der Kraftstoffeinspritzung am Motor.
1 Luftströmungsmesser
2 Regelventil für Leerlaufanhebung (bei eingebauter Klimaanlage)
3 Einspritzeinheit
4 Drosselklappenstellungs-Sensor
5 Zusatzluftventil
6 Kühlmittel-Temperaturgeber

diese Werte nicht erhalten werden können, sollten Sie sich an eine Nissan-Werkstatt wenden, um die Störungsursache feststellen zu lassen.

6.3 Luftfilter

Der Luftfilter ist mit einem Papierfiltereinsatz ver-

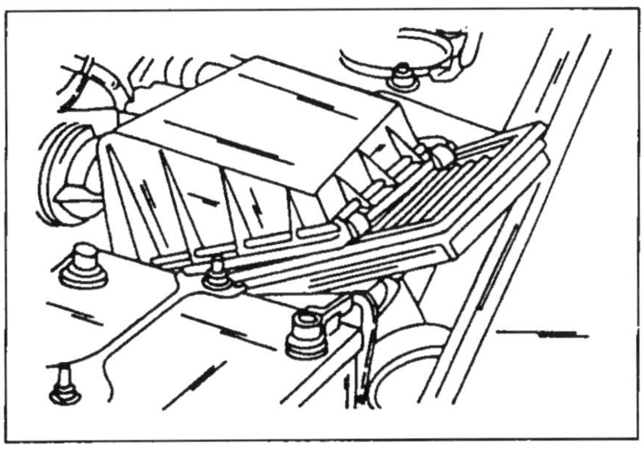

Bild 186
Aus- und Einbau des Luftfiltereinsatzes bei einem SR20DE-Motor.

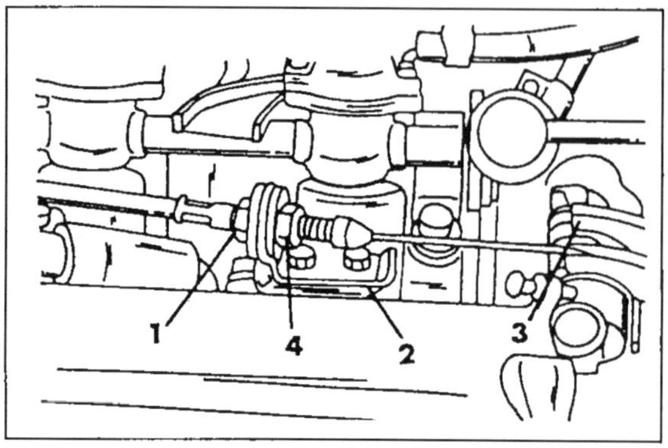

Bild 187
Zur Einstellung des Drosselklappenseils.
1 Einstellmutter
2 Widerlager
3 Drosselklappensegment
4 Kontermutter

sehen, welcher nicht gereinigt werden kann. Der Filtereinsatz sollte alle zwei Jahre oder nach 60 000 km erneuert werden. Zum Ausbau des Filtereinsatzes den Deckel entfernen und das alte Filterelement herausnehmen. Bild 186 zeigt den Ausbau des Filtereinsatzes bei einem 2,0 Liter-Motor. Bei den anderen Motoren sieht es ähnlich aus. Den angesammelten Staub mit einem Lappen aus dem Filtergehäuse auswischen. Den neuen Einsatz trocken einsetzen und den Deckel wieder anbringen.

6.4 Drosselklappenseil

Ehe das Drosselklappenseil ausgebaut wird, muss man die Stellung der Einstellmutter genau kennzeichnen. Wenn man beim Einbau die Mutter wieder in die alte Lage bringt, sollte die Drosselklappe einwandfrei öffnen und schliessen. Kontrollieren, ob die Drosselklappe bei durchgetretenem Gaspedal vollkommen geöffnet ist und in die Leerlaufstellung zurückkehrt wenn das Gaspedal zurückgelassen wird.
Falls der Gaszug erneuert werden soll:

- Gaszug aus dem Hebel am Gaspedal aushängen.
- Die beiden Muttern am Widerlager des Drosselklappenseils lockern (siehe Bild 187) bis das Seil herausgehoben werden kann. Das Drosselklappensegment entgegengesetzt der Federspannung verdrehen und das Ende des Seils aus dem Drosselklappensegment aushängen.
- Seilhalterung an der Stirnwand des Motorraums entfernen und das Seil vom Motorraum aus herausziehen.

Der Einbau geschieht in umgekehrter Reihenfolge wie der Ausbau. Das Seil jetzt folgendermassen einstellen:

- Die Einstellmutter des Seils, d.h. die am weitesten vom Drosselklappensegment entfernte Mutter, anziehen, bis sich das Segment soeben zu bewegen beginnt.
- Aus dieser Stellung die Einstellmutter 1 ½ bis 2 Umdrehungen zurückschrauben und die Kontermutter auf der gegenüberliegenden Seite des Widerlagers anziehen.
- Gaspedal durchtreten und kontrollieren, ob sich die Drosselklappe vollkommen öffnet.

6.5 Unterdruckschläuche

Beim SR20DE-Motor wird man wenig Schwierigkeiten mit der Verwechslung der Unterdruckschläuche haben. Zu beachten ist, dass man nicht die Schläuche am Aktivkohlebehälter falsch aufsteckt, da einer mit dem Ansaugkrümmer und der andere mit dem Drosselklappengehäuse verbunden ist. Ein dritter Schlauch ist zwischen dem Druckregler und dem Ansaugkrümmer angeschlossen.
Verwirrend dagegen ist der Anschluss der Schläuche bei einem "GA"-Motor, da bei diesem verschiedene Schläuche angeschlossen sind. Bild 188 zeigt wie die einzelnen Schläuche zwischen den einzelnen Teilen verlegt sind.

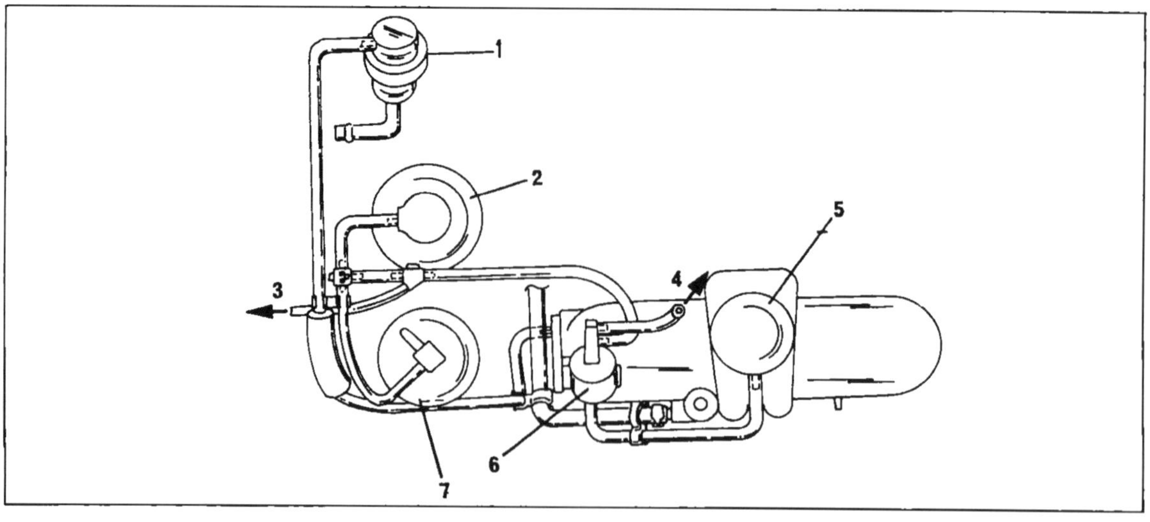

Bild 188
Die Verlegung der Unterdruckschläuche bei einem "GA"-Motor.
1 Kraftstoffdruckregler
2 Abgasrückführungsventil
3 Zum Aktivkohlebehälter
4 Zum Luftfilter
5 Drosselklappengehäuse
6 Regelventil für Abgasrückführungs- und Aktivkohlebehältersysteme
7 Abgasdruckregelventil

Wie bereits erwähnt arbeitet die Zündanlage, auch beim Vergasermotor, zusammen mit dem elektronischen Steuergerät, bzw. der Kraftstoffeinspritzung. Nur bei eingebautem Vergasermotor ohne Katalysator ist ein konventioneller Zündverteiler eingebaut, welcher den Zündzeitpunkt entsprechend der Auswirkung von Fliehkraft und Unterdruck reguliert, welche je nach Drehzahl, bzw. Motorbelastung, in Betrieb kommen. Bei Erhöhung der Motordrehzahl bewegen sich die Fliehgewichte im Verteiler durch die Fliehkraftwirkung nach aussen, gegen die Wirkung kleiner Rückzugsfedern, und verdrehen dabei den Verstellnocken im Verhältnis zur Verteilerwelle, so dass die Zündung fortschreitend früher gestellt wird. Die Unterdruckdose ist durch eine kleine Leitung mit dem Vergaser verbunden. Bei hohem Unterdruck wird die Zündung vorgestellt, wird jedoch zurückgestellt, wenn der Motor unter hoher Belastung steht.
Der Antrieb des Zündverteilers erfolgt von einer der Nockenwellen.
Bei den Einspritzmotoren wird der Zündzeitpunkt durch das elektronische Steuergerät reguliert, um das beste Kraftstoff/Luftgemisch unter allen Betriebsbedingungen des Motors herzustellen. Die Daten der Zündverstellung werden im Speicher des Steuergeräts aufgezeichnet. Das Steuergerät erhält Informationen, wie z.B. die Dauer der Einspritzung und die Stellung der Kurbelwellenzapfen und diese werden dem Stromtransistor weitergegeben, welcher den entsprechenden Zündzeitpunkt in jedem gegebenen Moment bestimmt. Die Zündzeitpunktverstellung wird ebenfalls während dem Anlassen des Motors, während dem Warmlauf des Motors, im Leerlauf, während Beschleunigung des Motors und währenddessen der Motor im Schub von den Hinterrädern getrieben wird, auf den besten Wert gebracht.

7.1 Der Zündverteiler

7.1.1 Wartung des Zündverteilers

Der Verteilerdeckel ist innen und aussen in regelmässigen Abständen zu reinigen, um Kohlereste, Staub oder Feuchtigkeit zu entfernen. Den Verteilerläufer ebenfalls reinigen. Zum Reinigen einen in Benzin angefeuchteten Lappen verwenden; dabei gleichzeitig den Verteilerdeckel auf Rissstellen hin kontrollieren.
Verteilerläufer erneuern, wenn die Kontakte sehr abgeschliffen sind. Die Messingkontakte dürfen auf keinen Fall nachgefeilt oder nachgeschliffen werden.
Die Aussenflächen aller Hochspannungskabel sauber und frei von Feuchtigkeit halten, um eine einwandfreie Stromführung durch die Zündanlage zu garantieren. Gelegentlich alle Leitungen aus dem Zündverteiler ziehen, die Anschlussenden reinigen und kontrollieren. Die Leitungen dürfen nicht verkürzt werden, um schlechte Anschlussenden zu berichtigen. Leitungen immer erneuern.

7.1.2 Aus- und Einbau des Zündverteilers

Wenn der Verteiler aus dem Motor ausgebaut wird, muss er wieder in der gleichen Stellung eingebaut werden, um die Zündeinstellung beizubehalten. Alle Teile aus diesem Grund in geeigneter Weise kennzeichnen und, ohne den Motor durchzudrehen, den Zündverteiler wieder so einsetzen, dass der Mitnehmer in der gleichen Stellung in Eingriff kommen.

- Die Zündkabel vom Verteilerdeckel abziehen, oder den Verteilerdeckel durch Zurückdrücken der Federspangen vom Verteiler abnehmen.
- Das Kabel an der Seite des Verteilers durch Ziehen am Stecker abklemmen und die Leitung von der Unterdruckdose abziehen, falls eine angeschlossen ist.
- Motor durchdrehen, bis der Kolben des ersten Zylinders auf dem oberen Totpunkt des Verdichtungshubes steht (siehe Bild 189 beim Einspritzmotor oder Bild 53 beim Vergasermotor) und die Stellung der Läuferspitze mit einer Reissnadel in der Aussenkante des Verteilergehäuses anzeichnen, ähnlich wie es in Bild 40 bereits gezeigt wurde.
- Schrauben des Verteilers lösen und den Verteiler gerade aus dem Motor herausziehen.

Falls der Motor nicht durchgedreht oder keine Reparaturen am Verteiler durchgeführt wurden, den

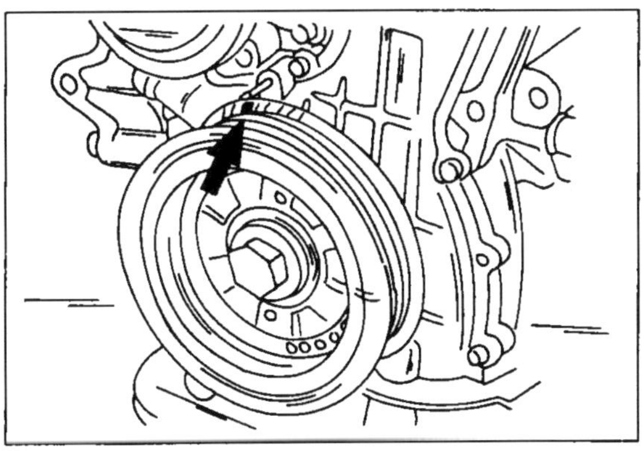

Bild 189
Der erste Zylinder steht auf dem oberen Totpunkt, wenn die Kerbe in der Riemenscheibe in einer Linie mit dem Zapfen steht (2,0 Liter-Einspritzmotor).

Verteiler wieder in der ursprünglichen Lage einbauen.

Falls der Verteiler zerlegt wurde, oder er soll nach einer Überholung des Motors eingebaut werden, ist folgendermassen vorzugehen:

- Kolben des ersten Zylinders auf den oberen Totpunkt im Verdichtungshub bringen, d.h. alle Ventile müssen geschlossen sein (Zylinderkopfhaube dazu abnehmen).
- Verteilerläufer so verdrehen, dass er auf die eingezeichnete Marke im Rand des Verteilergehäuses weist, wie es aus Bild 40 ersichtlich ist.
- Verteiler in dieser Stellung einsetzen und festziehen. Alle Kabel wieder anschliessen und die Unterdruckleitung am Verteiler aufstecken.
- Abschliessend Zündzeitpunkt kontrollieren (Kapitel 7.2).

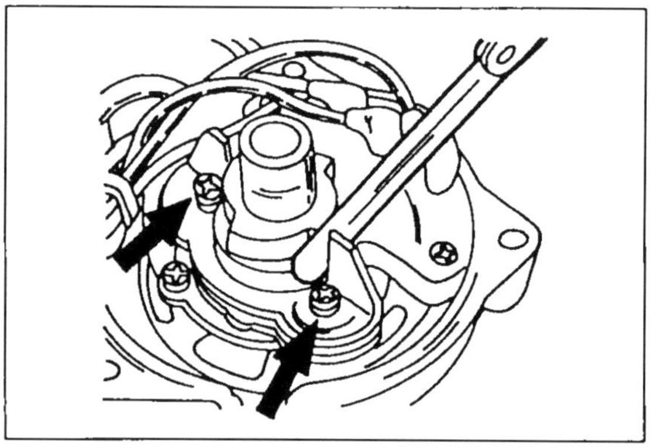

Bild 190
Ausmessen des Spalts zwischen dem Läufer und Stator des Zündverteilers.

7.1.3 Zündverteilerreparaturen

Reparaturen am Zündverteiler werden heutzutage kaum durchgeführt, so dass wir von einer Beschreibung der Arbeiten absehen, zumal dass die Verteiler bei den Einspritzmotoren und beim Vergasermotor mit Katalysator einen Teil der elektronischen Anlage bilden, die man nicht stören sollte. Nur ein Verteiler eines ohne Katalysator arbeitenden Motors kann man praktisch gesehen überholen, wenn die Einzelteile im Handel erhältlich sind. Der Verteiler ist konventionell aufgebaut.

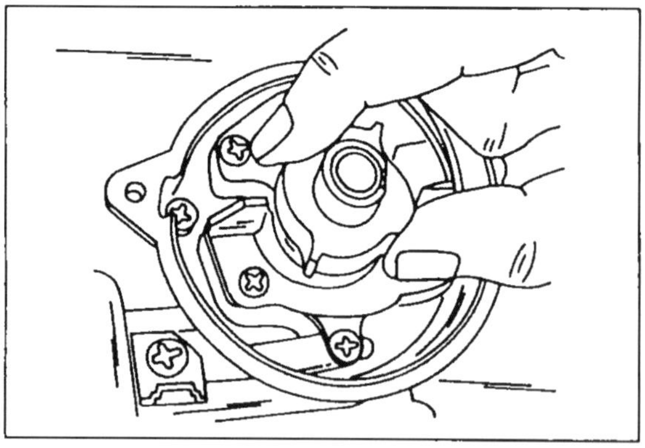

Bild 191
Kontrolle des Fliehkraftmechanismus am Läufer.

Falls der Verteiler einen ernsthaften Schaden erlitten hat, muss er bestimmt erneuert werden.

7.1.4 Luftspalt einstellen

Diese Arbeit ist nur bei einem Verteiler in einem Motor ohne Katalysator erforderlich. Um eine einwandfreie Erzeugung des Zündfunkens im richtigen Moment herzustellen, muss ein bestimmter Luftspalt zwischen den vier Spitzen des Läufers und dem feststehenden Stator vorhanden sein. Dieser Spalt muss zwischen 0,3 und 0,5 mm liegen. Zur Messung die Verteilerkappe abnehmen und die Kurbelwelle durchdrehen, bis eine Spitze des Läufers gegenüber dem Stator steht, wie es aus Bild 190 ersichtlich ist. Eine Fühlerlehre zwischen den dabei entstandenen Spalt einschieben, wie es im Bild gezeigt ist. Falls erforderlich die beiden Schrauben (Pfeile) lockern und den Stator nach aussen verschieben, bis der Spalt hergestellt ist. Die Schrauben danach wieder anziehen und den Spalt nachmessen.

7.1.5 Unterdruck- und Fliehkraftverstellung kontrollieren

Auch diese Arbeit trifft nur auf Fahrzeuge ohne Katalysator zu. Die Unterdruckverstellung kann nur mit elektronischen Instrumenten genau überprüft werden. Eine Kontrolle über die Arbeitsweise der Unterdruckdose kann man jedoch folgendermassen durchführen, wenn man eine Lichtblitzlampe zur Verfügung hat:

- Die Kerbe in der Riemenscheibe der Kurbelwelle finden und mit einem Klecks Farbe kennzeichnen. Die angeschraubten Bleche sind dazu abzuschrauben, um an die Riemenscheibe zu kommen.
- Lichtblitzlampe entsprechend den Anweisungen des Herstellers anschliessen und den Motor anlassen. Den Motor im Leerlauf laufen lassen.
- Die Drehzahl des Motors erhöhen, während man den Strahl der Lichtblitzlampe auf die Kurbelwellenriemenscheibe richtet. Die Kerbe beginnt dabei zu wandern, wodurch jedoch zuerst die Verstellung des Fliehkraftmechanismus angezeigt wird.
- Den Schlauch von einer zweiten Person vom Zündverteiler abziehen lassen und dabei die Kerbe in der Riemenscheibe beobachten. Wird der Schlauch nacheinander abgezogen und wieder aufgesteckt, muss sich die Kerbe der Riemenscheibe im Schein der Lichtblitzlampe hin- und herbewegen.
- Falls dies der Fall ist und die Bewegungen nicht ruckweise stattfinden, kann man annehmen,

dass die Unterdruckverstellung einwandfrei arbeitet. Andernfalls kann ein Schaden in der Unterdruckdose vorliegen. Auch der Unterdruckschlauch könnte eine undichte Stelle haben.
Um den Fliehkraftmechanismus zu kontrollieren, als erstes die Verteilerkappe abnehmen und den Läufer in der in Bild 191 gezeigten Weise erfassen (siehe Seite 88). Den Läufer nach links verdrehen und wieder zurücklassen. Der Läufer muss ohne Zögern wieder in die ursprüngliche Stellung zurückkehren.
Den Motor jetzt anlassen und die Lichtblitzlampe wieder auf die Riemenscheibe richten. Bei verschiedenen Drehzahlen muss die Kerbe in der Riemenscheibe im Strahl der Lampe "wandern", wodurch angezeigt wird, dass der Verstellmechanismus arbeitet, jedoch kann aus der Prüfung nicht erfahren werden, ob die Verstellung bei den verschiedenen Drehzahlen vorschriftsmässig vorgeht. Dies kann wiederum nur mit Spezialinstrumenten genau gemessen werden.

7.1.6 Zündverteilerreparaturen

Reparaturen am Zündverteiler bei einer Transistor-Zündanlage oder einer elektronischen Zündanlage werden heutzutage kaum durchgeführt, so dass wir von einer Bescheibung der Arbeiten absehen. Falls der Verteiler einen ernsthaften Schaden erlitten hat, muss er bestimmt erneuert werden.

7.2 Einstellen des Zündzeitpunktes

Obwohl der Zündzeitpunkt automatisch verstellt wird, ist es möglich ihn zu verstellen. Die Vorbereitungsarbeiten sind die gleichen wie sie beim Einstellen des Leerlaufs für den betreffenden Motor beschrieben wurden. Die Zündung wird eingestellt, wenn der Motor im Leerlauf läuft. Unterschiedliche Arbeiten sind bei den verschiedenen Motoren erforderlich.

Einspritzmotoren
Vor der Kontrolle und Einstellung müssen bestimmte Bedingungen geschaffen werden, um genaue Ergebnisse zu erhalten, d.h. die auf Seite 65 erwähnten Teile oder Systeme müssen entsprechend kontrolliert und ggf. richtiggestellt werden. Der Leerlauf muss auf dem vorgeschriebenen Wert eingestellt sein.
Nachdem der Motor auf Betriebstemperatur gebracht wurde und ein Drehzahlmesser sowie eine Lichtblitzlampe entsprechend den Anweisungen des Herstellers angeschlossen wurde, folgende Arbeiten durchführen.

- Bei abgestelltem Motor den Geber für die Drosselklappenstellung herausfinden (siehe Bild 174 oder 179) und den Stecker abziehen. Den Motor jetzt anlassen.
- Motor zwei oder drei Minuten lang mit ca. 2000 - 3000 U/min. beschleunigen und danach ca. zwei Minuten lang im Leerlauf laufen lassen.
- Den Leerlauf am Drehzahlmesser ablesen. Der Motor sollte mit einer Drehzahl 800/min laufen.
- Die Zündzeitpunktanzeige im Strahl der Lichtblitzlampe an der Kurbelwellenriemenscheibe ablesen. Falls der Zündzeitpunkt nicht innerhalb 15 ± 2° beim 2,0 Liter-Motor oder 10 ± 2° bei den anderen Motoren vor dem oberen Totpunkt liegt, ist eine Verstellung möglich. Dazu die Befestigungsschrauben des Verteilers lockern (siehe Bild 40) und den Zündverteiler verdrehen, bis der richtige Zündzeitpunkt erhalten wird. Bei einer Neueinstellung sollte man immer bestrebt sein den Wert auf genau 15° bzw. 10° zu bringen. Die Schrauben wieder anziehen und den Zündzeitpunkt nachprüfen.
- Abschliessend den abgezogenenen Stecker wieder aufstecken.

Hinweis: Auch bei Fahrzeugen ohne Katalysator erfolgt die Einstellung des Zündzeitpunktes in gleicher Weise.

Die Riemenscheibe der Kurbelwelle ist an der Kante mit einer Kerbe versehen, um die Zündeinstellung äusserlich anzuzeigen. Ein Einstellblech ist am Steuerdeckel angebracht und jeder Teilstrich gibt 5° an. Bilder 53 und 189 zeigen die Zündzeitpunktmarkierungen.

Vergasermotor
Beim Vergasermotor muss man zwischen Fahrzeugen mit oder ohne Katalysator unterscheiden.

Mit Katalysator
Ehe der Zündzeitpunkt kontrolliert werden kann, müssen die auf Seite 71 angeführten Bedingungen erfüllt werden.

- Motor auf Betriebstemperatur bringen, d.h. die Nadel des Fernthermometers muss in der Mittelstellung stehen. Während der Einstellung muss der Motor auf Betriebstemperatur bleiben, d.h. der Motor muss vielleicht zwischendurch wieder angelassen werden, um sich erneut zu erwärmen. Der Motor muss mit weniger als 1000/min drehen.
- Einen Drehzahlmesser und eine Lichtblitz-

lampe entsprechend den Anweisungen des Herstellers anschliessen.

- Motor zwei oder drei Minuten lang mit ca. 2000 -3000 U/min. beschleunigen und danach eine Minute lang im Leerlauf laufen lassen.

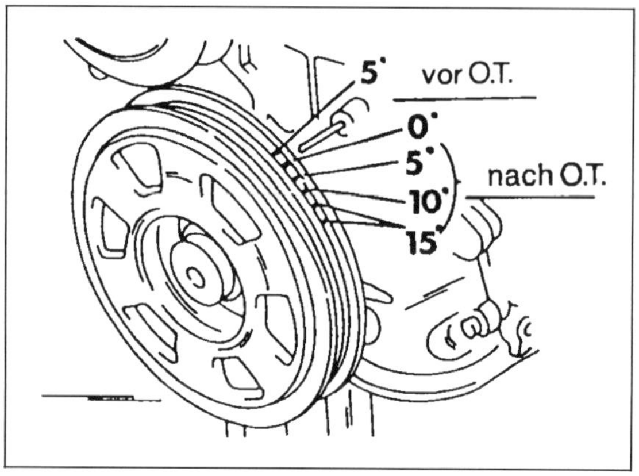

Bild 192
Ansicht der Zündzeitpunktmarkierungen an der Kurbelwellenriemenscheibe. Die "0"-Marke ist mit gelber Farbe gezeichnet.

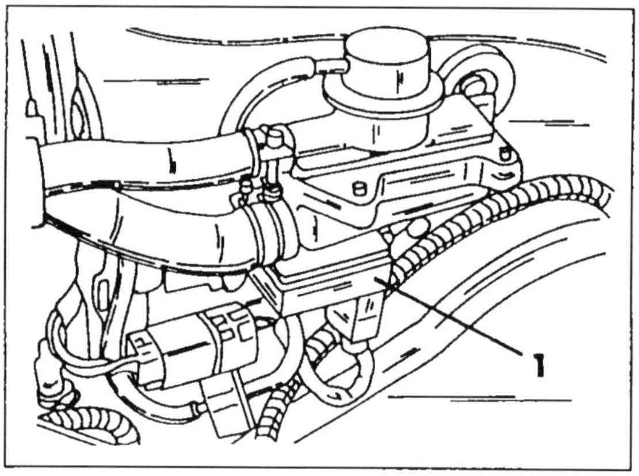

Bild 193
Die Lage des Gebers für den Abgasdruck (1).

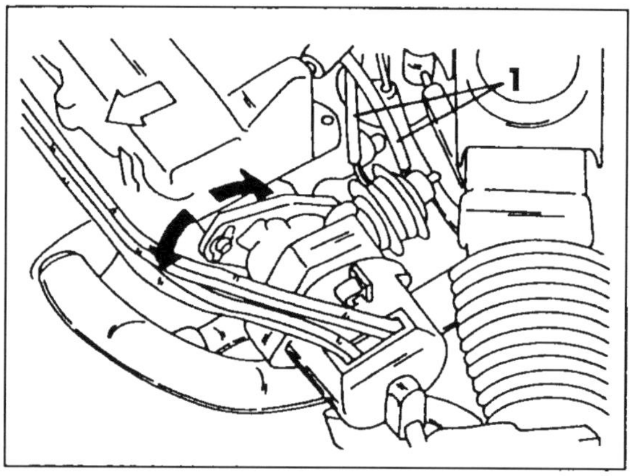

Bild 194
Verdrehen des Verteilers. Drehen nach links stellt den Zündzeitpunkt später, Drehen nach rechts stellt ihn vor. Die Unterdruckschläuche (1) sind an der gezeigten Stelle aufgesteckt. Der weisse Pfeil weist nach vorn.

- Leerlauf am Drehzahlmesser ablesen. Der Motor sollte mit der vorgeschriebenen Drehzahl laufen. Falls der Leerlauf nicht stimmt, muss er vorher eingestellt werden. Auf Seite 71 sind die notwendigen Arbeiten beschrieben.
- Die Zündzeitpunktanzeige im Strahl der Lichtblitzlampe an der Kurbelwellenriemenscheibe ablesen. Falls der Zündzeitpunkt nicht innerhalb der in der Mass- und Einstelltabelle liegenden Werte liegt, muss eine Einstellung durchgeführt werden. Bild 192 zeigt wo der Zündzeitpunkt im Strahl der Lichtblitzlampe abgelesen werden kann.
- Wenn der Zündzeitpunkt eingestellt wird, muss man ihn jedoch auf einen unterschiedlichen Wert bringen. An der in Bild 193 gezeigten Stelle ist der eingebaute Geber für den Abgasdruck zu sehen (vor dem Motorraum stehend auf der rechten Seite des Fahrzeuges, in der Nähe des Aufhängungsturms des Federbeins). Diese Einrichtung "erfühlt" niedrigen Unterdruck im Ansaugkrümmer und sendet ein elektrisches Signal zum elektronischen Steuergerät. Da dadurch der Zündzeitpunkt beeinflusst wird, muss er ausser Betrieb gesetzt werden. Dazu den aufgesteckten Unterdruckschlauch abziehen und eine Schraube des geeigneten Gewindes in das Ende des Schlauches einsetzen, um ihn zu verschliessen.
- Die Befestigungsschrauben des Verteilers lockern und den Zündverteiler verdrehen, bis die Strichmarkierungen "0°" und "5°" ungefähr gegenüber dem Zapfen stehen, wenn man mit der Lichtblitzlampe darauf scheint. Die Schrauben wieder festziehen.
- Den Schlauch wieder aufstecken und die Zündung nachkontrollieren. Dieses Mal muss der in der Mass- und Einstelltabelle angegebene Wert erhalten werden. Die angeführten Daten muss man genau studieren, da zwei verschiedene Verteiler eingebaut sein können und die Einstellung etwas voneinander abweicht.

Hinweis: Auch bei Fahrzeugen ohne Katalysator erfolgt die Einstellung des Zündzeitpunktes in gleicher Weise.

Ohne Katalysator

Bei einem ohne Katalysator arbeitenden Motor ist die Einstellung etwas komplizierter, da, je nach eingebautem Zündverteiler die Unterdruckleitung entweder auf der Vergaserseite abgezogen und verschlossen werden muss, oder sie bleibt aufgesteckt. Zum Verschliessen des Schlauches eine passende Schraube in das Schlauchende schieben. Die Mass- und Einstelltabelle gibt genauere Anweisungen. Der Zündzeitpunkt ist dementsprechend unterschiedlich. Andernfalls erfolgt die Einstellung in der bei Modellen mit Katalysator beschriebenen Weise.

7.3 Zündkerzen

Die Zündkerzen haben einen Gewindedurchmesser von 14 mm. Vom japanischen Hersteller werden die in der Mass- und Einstelltabelle angegebenen Kerzentypen empfohlen, jedoch können geeignete

Kerzen mitt dem entsprechenden Wärmewert anderer Hersteller verwendet werden.
Der Elektrodenabstand der Kerzen beträgt 0,8 - 0,8 mm.
Zündkerzen sollten mindestens alle 10 000 km mit einem Sandstrahlgebläse gereinigt werden. Dabei den Elektrodenabstand auf den entsprechenden Wert stellen. Beim Einstellen des Abstandes niemals die mittlere Elektrode verbiegen, da dadurch der Porzellanisolator platzen kann. Der Abstand ist in der Mass- und Einstelltabelle angegeben.
Vor dem Ausschrauben der Kerzen kontrollieren, ob sich keine Fremdkörper in den Kerzenaufnahmevertiefungen befinden. Eine beim Ausschrauben der Kerze in die Kerzenbohrung fallende Scheibe, Schraube, ein Stein oder ähnliches kann Ventile, Ventilsitze oder den Zylinderkopf beim ersten Lauf des Motors zerstören.
Aus dem Kerzengesicht lassen sich Schlüsse auf Eignung und einwandfreies Arbeiten der Kerzen, auf die Vergasereinstellung, den Gemischzustand und den Zustand des Motors (Kolben, Kolbenringe, etc.) ziehen. Allgemein gilt dafür:

Kerzen einwandfrei
Isolatorfuss mit schwachem, graugelben bis braunen, meist pulverförmigen Niederschlag bedeckt. Die Elektroden weisen, abgesehen von der Abbrandfläche, graugelben bis braunen pulverförmigen Belag auf. Das Gehäuseinnere hat hellbraunen oder gelblichen bis schwarzbraunen Belag. Der Motor ist in Ordnung. Der Wärmewert der Kerze ist richtig gewählt.

Kerze verrusst
Isolatorfuss, Elektroden und Gehäuseinneres mit meist dickerem, pulvrigen, schwarzgrauen, samtartigen Belag bedeckt. Die Ursache dafür liegt an zu fettem Gemisch, zu wenig Luft, Starterklappe zu lange betätigt, zu grosser Elektrodenabstand, Kerze hat zu hohen Wärmewert und bleibt im Betrieb zu kalt. Zur Abhilfe eine Kerze mit unterschiedlichem Wärmewert einbauen.

Kerze verölt
Isolatorfuss, Elektroden und Kerzengehäuse mit fettem, ölglänzendem Russ bedeckt. Ölkohlebildung. Die Ursache dafür kann im Eindringen von Motoröl in den Verbrennungsraum oder an verschlissenen Zylindern und Kolben liegen.

Kerze überhitzt
Isolatorfuss mit dunkelbraunem bis grau-schwarzem, gläsigem oder rauhem festgebackenen Niederschlag bedeckt, meist starke Krusten und Perlenbildung am Isolatorfussende. Elektroden, besonders Mittelelektrode, angegriffen. Oberfläche meist aufgerauht, aufgequollen oder zerfressen. Als Ursache kann man ein zu mageres Gemisch, eine lose Kerze, schlecht schliessende Ventile oder eine Kerze mit zu niedrigem Wärmewert verantwortlich machen, die dadurch zu heiss wird. Bei Verwendung von Kraftstoffen mit Bleizusatz ist der Isolatorfuss bei ordnungsgemässem Zustand grau gebrannt. Ablagerungen zwischen dem Porzellanisolator der mittleren Elektrode und dem Kerzengehäuse sind möglichst durch Sandstrahl des Kerzenprüfgeräts zu reinigen. Beim Einschrauben der Kerzen ist unbedingt darauf zu achten, dass das Kerzengewinde vorher gründlich gereinigt wird.
Da die Lebensdauer der Kerzen normalerweise bei mindestens 15 000 km liegt, reicht eine Reinigung alle 10 000 km aus. Beim Einschrauben der Kerzen achten, dass diese nicht zu übermässig angezogen werden, da dadurch nur die Dichtscheibe beschädigt wird. Ein Anzugsdrehmoment von 20 bis 30 Nm sollte nicht überschritten werden. Einen guten Kerzenschlüssel zum Anziehen der Kerzen benutzen, um die Sechskantflächen nicht zu beschädigen.

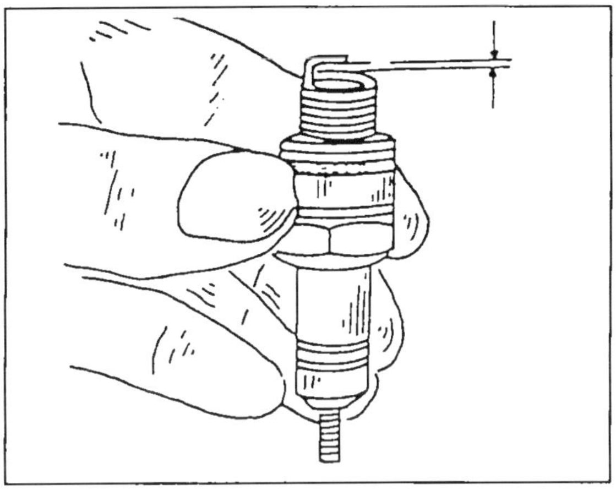

Bild 195
Elektrodenabstände werden zwischen den beiden Pfeilen gemessen.

8 Die Kupplung

Die Kupplung ist eine Einscheibentrockenkupplung mit einer Tellerfederdruckplatte. Die Betätigung der Kupplung erfolgt mit Hilfe eines Kupplungsseils, ganz gleich, welcher Motor eingebaut ist.

8.1 Kupplung im eingebauten Zustand überprüfen

Ehe man eine Kupplung zwecks Erneuerung ausbaut, kann man die folgenden Arbeiten durchführen, um festzustellen, wo der Fehler liegen könnte:

- Motor anlassen und im Leerlauf laufen lassen.
- Kupplungspedal durchtreten und ca. 3 Sekunden warten.

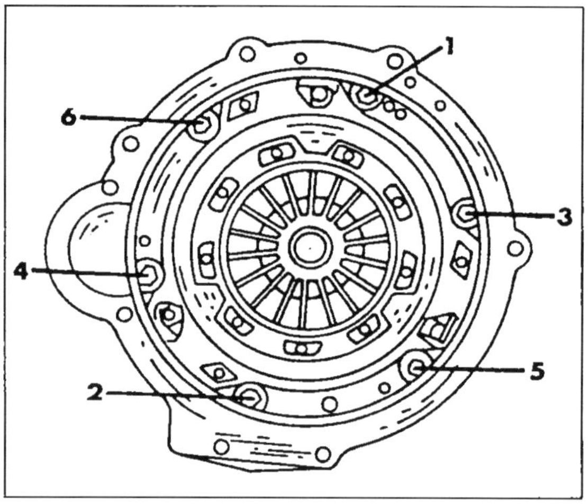

Bild 196
Reihenfolge zum Lösen der Kupplungsschrauben. Die Schrauben in umgekehrter Reihenfolge anziehen.

- Den Rückwärtsgang einlegen. Falls Kratzgeräusche vom Getriebe gehört werden können, kann man annehmen, dass die Kupplung oder die Mitnehmerscheibe erneuert werden müssen, da die Verbindung zwischen der Kupplung und dem Schwungrad unterbrochen ist.

Um eine Kupplung auf Durchrutschen zu kontrollieren:

- Das Fahrzeug fahren, bis Getriebe und Kupplung ihre Betriebstemperatur erhalten haben.
- Fahrzeug anhalten und die Handbremse fest anziehen.
- Dritten Gang einschalten.
- Kupplungspedal durchtreten, den Motor auf 3000 - 4000/min. beschleunigen und das Kupplungspedal plötzlich zurücklassen. Die Kupplung arbeitet einwandfrei, wenn der Motor sofort abstellt.

Falls die Kupplung bereits viele Kilometer hinter sich hat, wird man allmählich spüren, dass die Kupplung anfängt zu schleifen. In diesem Fall zuerst die Einstellung kontrollieren. Eine schleifende Kupplung kann man auch feststellen, wenn man am Berg anfährt. Wenn man beim Gasgeben das Gefühl hat, dass der Motor schneller dreht als dies durch den Vorwärtsantrieb spürbar ist, bedeutet dies, dass der Motor schneller dreht als die Kupplungsverbindung.

Wenn die Kupplung durchrutscht, bedeutet dies, dass sie nicht mehr die volle Motorkraft auf die Antriebsverbindung des Getriebes herstellt. Die Mitnehmerscheibe wird zwischen den Reibflächen von Schwungrad und Kupplungsdruckplatte nicht mehr genügend festgeklemmt. In den meisten Fällen kann man annehmen, dass Öl aus dem Motor oder dem Getriebe an die Kupplungsbeläge gekommen ist oder die Kupplungsbeläge sind verbrannt oder abgenutzt. Austausch der Mitnehmerscheibe oder in den meisten Fällen des Kupplungskörpers ist in diesem Fall die einzige Abhilfe.

8.2 Kupplung ausbauen

Die Kupplung kann nur nach Ausbau des gesamten Triebwerks und nachträglichem Abflanschen des Motors oder nach getrenntem Ausbau des Getriebes ausgebaut werden.

- Motor oder Getriebe ausbauen (Kapitel 2.1 oder 9.1).
- Einbaulage der Kupplung im Verhältnis zum Schwungrad kennzeichnen. Dazu verwendet man einen Körner, mit welchem man in den Kupplungsdeckel und die Aussenseite des Schwungrades schlägt.
- Kupplungsschrauben gleichmässig in der in Bild 196 gezeigten Nummernreihenfolge lösen, bis der Federdruck entlastet ist.
- Kupplungsdeckel abnehmen und die Mitnehmerscheibe herausnehmen.
- Mit einem Lappen sofort die Innenseite des Schwungrades auswischen und die Reibfläche des Schwungrades überprüfen. Falls die Mitnehmerscheibe bis auf die Nietenköpfe abgenutzt ist, könnte es sein, dass sich die Niete in die Schwungradfläche eingearbeitet haben. Falls erforderlich das Schwungrad erneuern, wie es im betreffenden Kapitel beschrieben ist.

Falls der Motor und das Getriebe ausgebaut werden müssen, sollte die Kupplung immer abgeschraubt werden, so dass man sie kontrollieren kann. Eine Erneuerung der Kupplung zu diesem Zeitpunkt erspart Ärger in der Zukunft.

8.3 Kupplung überholen

Druckplatte und Deckel auf Beschädigung oder Verzug kontrollieren. Bei Schäden beide Teile im Satz erneuern.
Kontrollieren, ob die Federn der Mitnehmerscheibe noch einwandfrei sind und dass die Keilverzahnungen der Scheibe nicht übermässig ausgeschlagen sind. Da verölte Kupplungsbeläge nicht gereinigt werden können, ist die Mitnehmerscheibe in derartigen Fällen zu erneuern.
Kupplungsbeläge auf Wiederverwendbarkeit kontrollieren, indem man mit einer Tiefenlehre von der Oberfläche der Beläge bis auf die Oberseite der Nietenköpfe ausmisst (Bild 197). Falls das Mass weniger als 0,30 mm beträgt, muss die Scheibe erneuert werden. Die Scheibe ebenfalls erneuern, falls das Mass bald erreicht ist.
Um Mitnehmerscheiben auf Schlag zu kontrollieren, spannt man sie auf einem passenden Dorn oder einer Kupplungswelle zwischen die Spitzen einer Drehbank. Eine Messuhr mit einem geeigneten Halter neben der Scheibe so aufsetzen, dass der Messfinger gegen den Rand der Scheibe anliegt und zwar 95 mm (Vergaser) oder 102,5 mm (andere Motoren) vom Mittelpunkt der Scheibe ("R" in Bild 198). Die Scheibe langsam durchdrehen und die Anzeige der Messuhr ablesen. Falls die Anzeige grösser als 1,0 mm ist, kann man die Scheibe, falls erwünscht, vorsichtig mit einer Zange richten. Andernfalls die Scheibe erneuern.
Die Gleitpassung der Mitnehmerscheibennabe auf den Keilverzahnungen der Kupplungswelle kontrollieren. Dazu die Scheibe aufstecken und an der Aussenkante zwischen Daumen und Zeigefinger erfassen. Die Scheibe im Drehsinn hin- und herbewegen. Falls ein Spiel von mehr als 0,8 mm festgestellt werden kann, liegt Verschleiss in den Keilverzahnungen vor. Die Ursache dafür ist meistens bei der Mitnehmerscheibe zu finden.
Die inneren Enden der Tellerfeder auf Abnutzung hin kontrollieren. Falls tiefe Einlaufstellen festgestellt werden, muss man die komplette Kupplung erneuern.
Die Spitzen der Tellerfeder müssen alle innerhalb 0,8 mm auf der gleichen Höhe liegen. Verbogene Spitzen können wieder geradegebogen werden. Dazu wird normalerweise ein Spezialwerkzeug verwendet, wie es Bild 199 zeigt, jedoch kann man einen Stahlstreifen mit einem Schlitz versehen und die Enden biegen, wie es im Bild gezeigt ist.

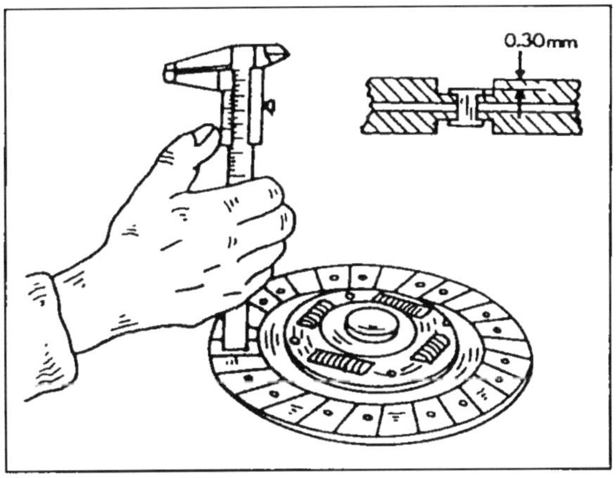

Bild 197
Ausmessen der Stärke der Kupplungsscheibenbeläge bis auf die Nietenköpfe.

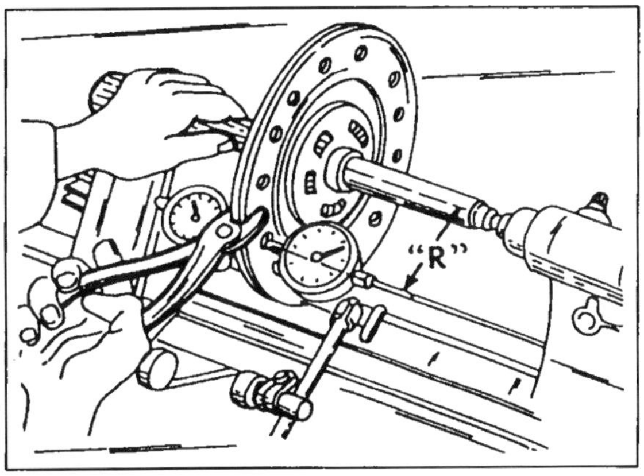

Bild 198
Ausmessen der Mitnehmerscheibe auf Schlag. Messuhr entsprechend dem Radiusmass "R" (siehe Text) ansetzen. Falls erforderlich, mit der Zange leicht nachrichten.

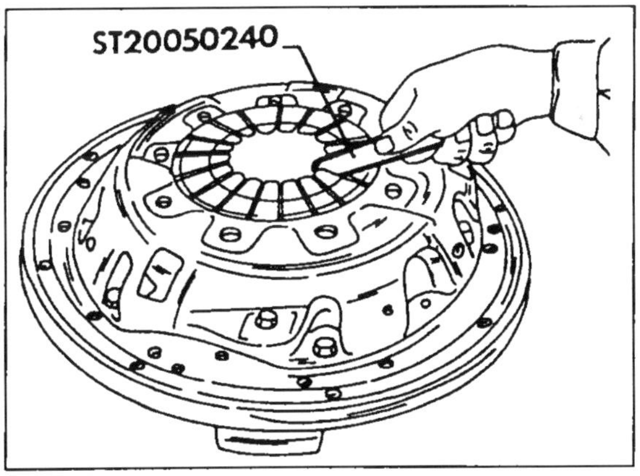

Bild 199
Verbiegen der Enden in der Innenseite der Tellerfeder.

8.4 Kupplung einbauen

Der Einbau der Kupplung geschieht in umgekehrter Reihenfolge wie der Ausbau. Die folgenden Punkte sollten besonders beachtet werden:

- Zum Zentrieren der Mitnehmerscheibe ist normalerweise ein Zentrierdorn erforderlich (KV30101000), welcher wie in Bild 200 gezeigt, in die Mitnehmerscheibe eingeschoben wird. Falls kein Dorn vorhanden ist, kann eine zur Verfügung stehende Kupplungswelle benutzt werden (mit Glück kann man sich eine derartige Welle in einer Werkstatt besorgen). Falls keine der beiden Möglichkeiten ausgenutzt werden kann, ist es möglich, dass man die Mitnehmerscheibe mit einem Dorn ausrichtet, dessen Aussendurchmesser dem Innendurchmesser der Keilverzahnungen entspricht. Werkzeugausleihstationen ha-

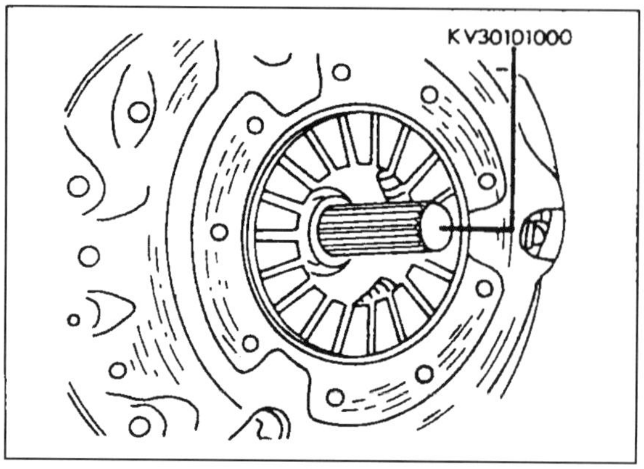

Bild 200
Benutzung des Spezialzentrierdorns beim Einbau der Kupplung.

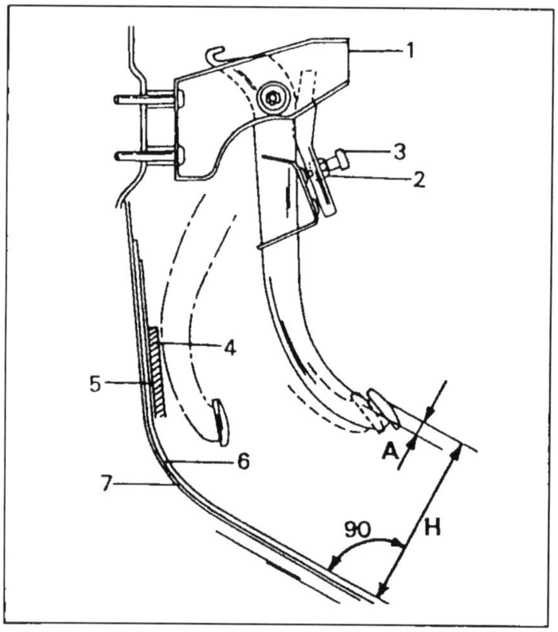

Bild 201
Einzelheiten zum Einstellen des Kupplungspedals.
1 Pedallagerbock
2 Kontermutter
3 Pedalanschlagschraube
4 Bodenteppich
5 Bodenisolierung
6 Bitumenbelag
7 Bodenblech
A = Pedalspiel
H = Pedalhöhe

ben meistens einen Universalsatz mit derartigen Dornen und einer davon wird in Ihr Getriebe passen. Geschickte Hände können die Scheibe auch nach Augenmass ausrichten. Beim Einsetzen der Mitnehmerscheibe die längere Seite der Kupplungsscheibennabe nach aussen bringen.

- Vor Montage der Kupplung die Keilverzahnungen der Kupplungswelle mit etwas Fett einschmieren.
- Falls die ursprüngliche Kupplung wieder montiert wird, den Kupplungskörper entsprechend der Kennzeichnungen am Schwungrad montieren.
- Kupplungsschrauben über Kreuz in mehreren Durchgängen in der in Bild 196 gezeigten Nummernreihenfolge auf ein Anzugsdrehmoment von 22 - 29 Nm anziehen. Dabei wird der Zentrierdorn (oder die Welle) häufig herausgezogen und hineingeschoben, um zu kontrollieren, ob die Flucht noch stimmt.

8.5 Kupplungseinstellungen

Zwei Einstellungen könnten erforderlich werden. Dies ist einmal die Einstellung der Höhe des Kupplungspedales und zum anderen Mal die Einstellung des Kupplungspedalspieles.

8.5.1 Pedalhöhe einstellen

Die Pedalhöhe "H" in Bild 201 muss 150 - 160 mm bei einem Fahrzeug mit Zweiradantrieb oder 162 - 172 mm bei einem Fahrzeug mit Vierradantrieb betragen. Zur Einstellung die Kontermutter (2) des Pedalanschlages (3) oder, falls eingebaut, des Kupplungspedalschalters lockern und den Anschlag oder den Schalter verstellen, bis die Höhe stimmt. Die Kontermutter mit 16 - 22 Nm anziehen.

8.5.2 Pedalspiel einstellen

Das Pedalspiel muss eingestellt werden, wenn die

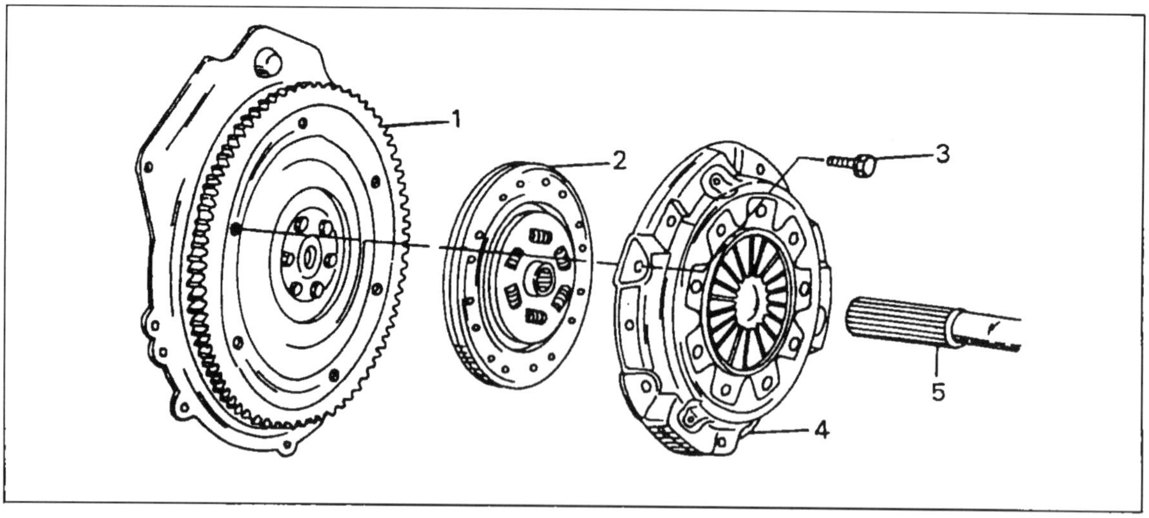

Bild 202
Teile der Kupplung.
1 Schwungrad
2 Mitnehmerscheibe
3 Schrauben, 22 - 29 Nm
4 Kupplungskörper
5 Getriebeantriebswelle

Kupplung nicht einwandfrei ausrückt oder falls neue Teile eingebaut worden sind. Unter Bezug auf Bild 203:

- Kontermutter (1) lockern und die Einstellmutter (2) in der Innenseite des Gabelstücks verstellen, bis das Spiel "A" zwischen den Pfeilen innerhalb 2,5 bis 3,5 mm liegt.
- Die Kontermutter (1) wieder anziehen.
- Kupplungspedal einige Male durchtreten und das Spiel nachkontrollieren.

8.6 Ausrückmechanismus

- Triebwerk ausbauen und das Getriebe vom Motor trennen (Kapitel 2.1) oder das Getriebe ausbauen (Kapitel 9.1).
- Federspangen aus dem Kupplungsausrücklager in der Innenseite des Kupplungsgehäuses aushängen, aber darauf achten, wie sie eingebaut sind.
- Ausrücklager abstreifen.
- Kupplungsausrückwelle verdrehen, bis die beiden Sicherungsstifte die in Bild 204 gezeigte Lage einnehmen.
- Die Stifte mit einem passenden Dorn ausschlagen.
- Ausrückwelle herausziehen und die Ausrückgabel mit der Rückholfeder in der Innenseite abnehmen.

Das Ausrücklager auf Verschleiss oder Schäden kontrollieren, indem man den Aussenring in einer Hand hält und den Innenring bei gleichzeitigem Druck nach innen hin- und herdreht. Harte Stellen, Geräusche oder übermässiges Spiel erfordern den Einbau eines neuen Lagers.
Die Feder am neuen Lager anbringen und das Lager an der inneren Rille einfetten. Ebenfalls die Berührungsstellen des Ausrückhebels und Lagers sowie der Ausrückwelle einfetten.
Ausrückwelle und -gabel in umgekehrter Reihenfolge einbauen. Die Feder der Ausrückwelle in der Innenseite so einhängen, dass die beiden Federenden entsprechend Bild 204 angeordnet sind.
Gleitfläche des vorderen Deckels einschmieren und das Ausrücklager aufstecken, und die beiden Federspangen, wie vorgefunden, befestigen.

- Triebwerk wieder einbauen (Kapital 2.1) oder das Getriebe einbauen, falls es getrennt ausgebaut wurde.

8.7 Störungen an der Kupplung

Wie bereits erwähnt, kann eine Kupplung durchrutschen. Ausserdem kann eine Kupplung rupfen.
Bei einer rupfenden Kupplung setzt sich das Fahrzeug ruckweise in Bewegung, d.h. die Übertragung der Motordrehzahl auf die Antriebsräder erfolgt nicht gleichmässig. Verschiedene Ursachen können für diese Störung verantwortlich sein.

- Die Motor- oder Getriebeaufhängung ist defekt oder die Befestigungsschrauben sind locker.

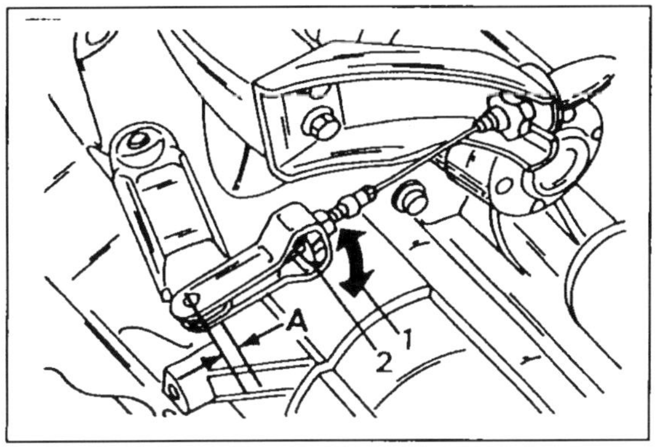

Bild 203
Einzelheiten zum Einstellen des Kupplungsseils. Das zwischen den Pfeilen 'A' liegende Spiel am Ausrückhebel muss mit der Einstellmutter (2) nach Lockern der Kontermutter (1) eingestellt werden.

Dies bedeutet, dass das Triebwerk beim Einkuppeln ins Schwingen kommt.

- Der Kupplungsbelag auf der Mitnehmerscheibe ist verbrannt oder verhärtet, d.h. keine gleichmässige Reibwirkung zwischen Kupplung und Schwungrad ist möglich. Falls man z.B. ein anderes Fahrzeug über eine längere Strecke abgeschleppt hat, kann dies passieren.

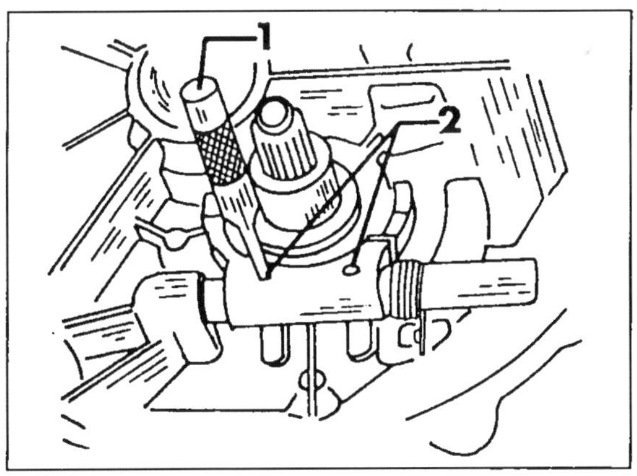

Bild 204
Mit einem Dorn (1) die Sicherungsstifte (2) ausschlagen, wenn die Ausrückwelle für die Kupplung ausgebaut werden soll.

- Die Druckplatte hat sich aufgrund von starker Wärmebildung verzogen, d.h. die Reibfläche ist nicht mehr einwandfrei glatt.

In allen Fällen müssen die Kupplung und Mitnehmerscheibe ausgebaut werden, um die Störungsquelle herauszufinden.
Sollte die Kupplungsanlage unterwegs ausfallen oder die Kupplung nicht mehr aus- oder einkuppeln, kann man die Reise zumindest in die nächste Werkstatt oder zu einem nahen Endziel fortsetzen. Es ist sogar möglich, dass man das Getriebe mit etwas Gefühl hoch- und runterschaltet.
Falls die Kupplung ausfällt, während der Wagen

rollt und der Gang eingeschaltet ist, und der Gang soll ausgeschaltet werden, das Gas wegnehmen und den Schalthebel in die Leergangstellung schalten. Klemmt der Gang, kann man ein wenig Gas geben, bis der Schalthebel frei wird.
Um ohne Kupplung anzufahren, folgendermassen vorgehen:

- Motor ausschalten und den ersten Gang einlegen.

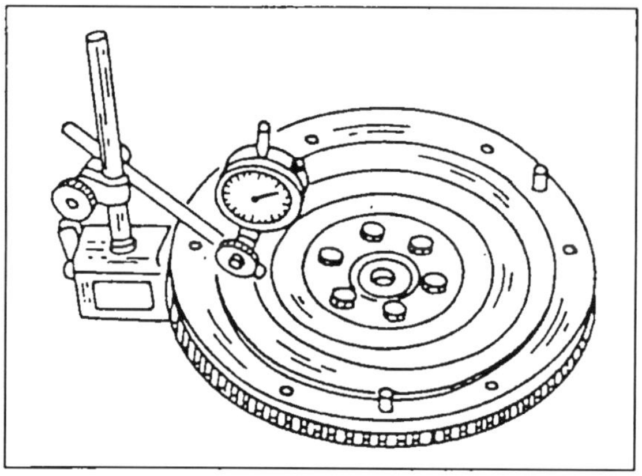

Bild 205
Kontrolle eines Schwungrades auf Schlag der Reibfläche.

- Den Anlasser betätigen. Ihr Wagen wird sich stotternd in Bewegung setzen, bis die Motordrehzahl sich dem Antrieb angeglichen hat. Falls der Motor kalt ist, sollte man ihn vorher warmlaufen lassen, damit er nicht sofort wieder stehenbleibt. Fährt man auf ebener Strasse im zweiten Gang an, kann man auf diese Weise bis zur nächsten Werkstatt weiterkommen.
- Will man das Hochschalten versuchen, wie oben beschrieben im ersten Gang anfahren und den Motor bis auf ca. 1000/min. beschleunigen. Das Gas etwas zurücknehmen und den Schalthebel in die Leergangstellung ziehen. Das Gaspedal jetzt vollkommen zurücklassen und den Schalthebel in Richtung der Stellung für den zweiten Gang drücken. Bei angeglichener Motor- und Getriebedrehzahl wird der Gang einspringen. Ist die Zwischenzeit der Schaltung zu lange, muss man wieder etwas Gas geben, damit sich der Gang einlegen lässt. Das Hochschalten nur bei niedrigen Geschwindigkeiten vornehmen, so etwa in den zweiten Gang bei ca. 20 km/h, in den dritten Gang bei ca. 25 km/h und in den 4. Gang bei etwa 35 km/h schalten. Es wird kaum angenommen, dass man in den fünften Gang schalten will.
- Beim Zurückschalten muss die Motordrehzahl beschleunigt werden, damit sich der nächste Gang einlegen lässt. Gas etwas zurücklassen, den Gang herausnehmen und mit Gefühl auf den Gashebel treten. Im gleichen Augenblick den Schalthebel in die Stellung des nächstniedrigeren Ganges drücken. Bei richtiger Motordrehzahl wird der Gang ohne Zögern einspringen. Auch beim Zurückschalten sollte man die Fahrgeschwindigkeit entsprechend abbremsen, um die Schaltung unter Kontrolle zu halten. Bei kratzenden Gängen muss man das Schalten erneut kontrollieren. Durch die Synchronisierung wird das Schalten leicht gemacht.

8.8 Führungslager für Kupplungswelle

Das Führungslager in der Innenseite des Schwungrades kann man im eingebauten Zustand kontrollieren, indem man den Zeigefinger in das Lager einführt und das Lager hin- und herdreht, während es dabei auf und ab bewegt wird.
Falls schwere Stellen oder übermässiges Spiel festgestellt werden, kann man das Lager erneuern. Zum Ausziehen des Lagers wird am besten ein Schlaghammer benutzt. Das Schwungrad kann dabei entweder eingebaut oder ausgebaut sein. Einen geeigneten Adapter unter den Innenring des Lagers ansetzen und den Schlaghammer am Adapter anbringen. Gewicht des Schlaghammers gegen den Anschlag schlagen, bis das Lager herauskommt.
Das neue Lager wird in das Schwungrad eingeschlagen, bis es bündig mit der Aussenseite des Schwungrades abschneidet.

8.9 Schwungrad

Falls die Kupplung ausgebaut wurde, muss man das Schwungrad kontrollieren. Besonders die Zähne des Zahnradkranzes sind zu überprüfen. Da sich der Zahnkranz nicht getrennt erneuern lässt, muss das gesamte Schwungrad erneuert werden. Falls die Reibfläche noch gut aussieht, sollte man sie gut mit Sandpapier ausschmirgeln. Kleine, sichtbare Brandstellen dabei entfernen.
Ehe man ein Schwungrad wieder anschraubt, sollte man es auf Schlag kontrollieren. Dies geschieht mit einer Messuhr, wie es in Bild 205 gezeigt ist. Beim langsamen Durchdrehen des Schwungrades darf sich die Nadel der Messuhr nicht um mehr als 0,2 mm bewegen. Andernfalls muss das Schwungrad erneuert werden, da eine verzogene Reibfläche sich ungünstig auf die Mitnehmerscheibe und damit die Arbeitsweise der Kupplung auswirkt.
Beim Einbau eines neuen Schwungrades unbedingt die Motorenstärke angeben, da wie bei der Kupplung nicht bei allen Motoren das gleiche Schwungrad eingebaut ist. Die Schwungradschrauben werden gleichmässig auf ein Drehmoment von 83 - 93 Nm angezogen.

9 Getriebe und Differential

Der Antrieb besteht im Grunde genommen aus dem Getriebe, dem Achsantrieb und dem Differential in einem kompakt konstruierten Gehäuse. Der Achsantrieb ist direkt mit dem Getriebe verbunden und befindet sich im Getriebegehäuse. Das Getriebeöl schmiert gleichzeitig den Achsantrieb.
Zum Einbau kommt bei allen Modellen ein Fünfganggetriebe, welches aber nicht bei allen Modellen die gleiche Bezeichnung trägt, obwohl es im Grundaufbau ziemlich gleich ist.

9.1 Aus- und Einbau des Getriebes

9.1.1 Ausbau

Zwei Rollwagenheber sollten zum Ausbau des Getriebes zur Verfügung steht, um den Motor und das Getriebe getrennt voneinander anheben zu können.

- Massekabel der Batterie abklemmen.
- Den grossen Luftansaugschlauch ausbauen.
- Das Getriebeöl ablassen. Der Ablassstopfen befindet sich an der Unterseite am Getriebegehäuse.
- Antriebswellen aus dem Getriebe ausbauen, wie es in Kapitel 11.1.1 beschrieben ist. Dabei sind die Vorsichtsmassnahmen zu beachten.
- Kupplungsseil aus dem Ausrückhebel aushängen. Bild 206 zeigt wo das Kupplungsseil mit dem Ausrückhebel verbunden ist.
- Tachometerspirale abschliessen.
- Elektrische Leitungen von allen in das Getriebe eingeschraubten Schaltern abklemmen.
- Kabel vom Anlasser abklemmen und den Anlasser abschrauben und herausheben.
- Wie bereits auf Seite 13 in Bild 15 gezeigt, die Schaltstange und die Stabilisatorstange vom Getriebe trennen.
- Das vordere Auspuffrohr von allen Befestigungen lösen und herausnehmen.
- Einen Wagenheber unter die Ölwanne des Motors untersetzen. Einen Holzblock zwischen den Wagenheberteller und die Ölwanne einlegen, um die Wanne nicht zu verbeulen.
- Einen zweiten Wagenheber unter das Getriebe untersetzen und dieses leicht aus den Aufhängungen heben. Die Befestigungsschrauben und Aufhängung des Getriebes können jetzt ausgebaut werden.
- Getriebeaufhängungen an der Rückseite und auf der linken Seite ausbauen. Aufhängung auf der rechten Seite und an der Rückseite abschrauben.
- Schrauben zwischen Motor und Getriebe lösen. Den Wagenheber dazu betätigen, damit man an die unteren Schrauben kommt.
- Das Getriebe aus dem Eingriff mit dem Motor bringen und auf dem Wagenheber herausziehen. Darauf achten, dass das Getriebe nicht vom Wagenheber fallen kann. Ebenfalls darauf achten, dass dabei an keine anderen Teile des Motors angestossen wird und dass das Gewicht des Getriebes nicht auf der Kupplungswelle ruhen kann.

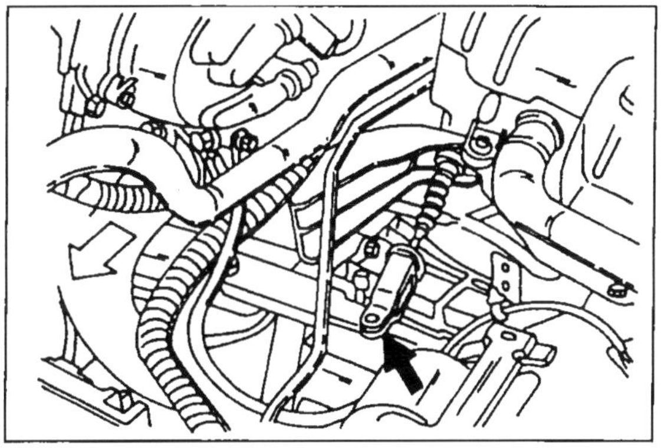

Bild 206
Das Kupplungsseil an der Stelle des schwarzen Pfeils aus dem Ausrückhebel befreien. Der weisse Pfeil weist zur Vorderseite des Motors.

9.1.2 Einbau

Der Einbau des Getriebes geschieht in umgekehrter Reihenfolge wie der Ausbau, unter Bezug auf die folgenden Punkte:

- Vor dem Einbau die Anlageflächen der hinteren Motorzwischenplatte und des Kupplungsgehäuses einwandfrei reinigen.
- Die Keilverzahnungen der Kupplungswelle und die Innenseite der Mitnehmerscheibe in der Kupplung leicht mit Fett einschmieren.
- Getriebe an den Motor ansetzen und die Kupplungswelle in Eingriff mit der Mitnehmerscheibe bringen. Dazu kann man den Motor am Keilriemen etwas hin- und herdrehen, bis der Eingriff zustandekommt. Die Schrauben erst anziehen nachdem der Spalt zwischen Motor und Getriebe fast geschlossen ist. Die Schrauben abschliessend entsprechend den folgenden Anweisungen einsetzen und auf die vorgeschriebenen Anzugsdrehmomente anziehen, die nicht bei allen Getriebeausführungen und Modellen gleich sind. Ebenfalls werden Schrauben verschiedener Länge verwendet und einige Schrauben halten den Motor am Getriebe, während andere vom Getriebe her in den Motor eingeschraubt werden.

— Bei eingebautem "GA"-Motor die Schrauben entsprechend Bild 207 anziehen. Schrauben (A) befestigen das Getriebe am Motor, Schrauben

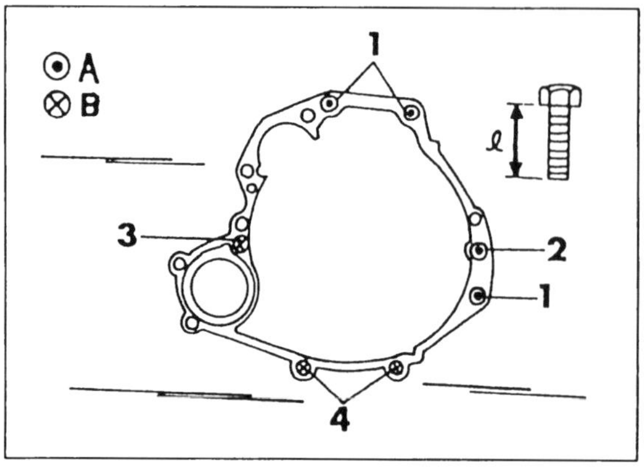

Bild 207
Befestigung des Getriebes am Motor wenn ein "GA"-Motor eingebaut ist.
Schraubenlänge 'l':
1 70 mm
2 85 mm
3 30 mm
4 25 mm
Anzugsdrehmomente:
1 bis 3 = 30-40 Nm
Alle anderen = 16-21 Nm

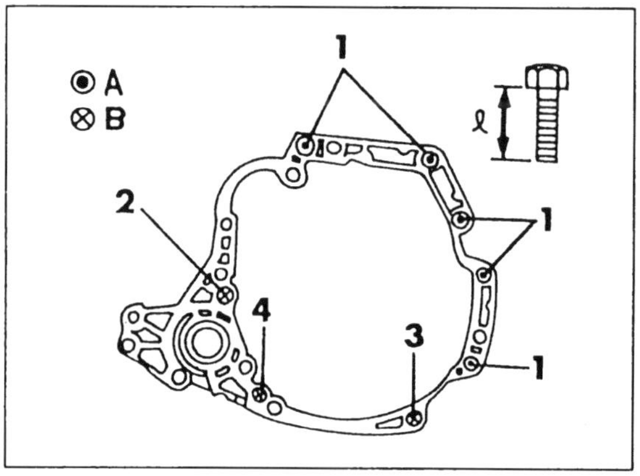

Bild 208
Befestigung des Getriebes am Motor wenn ein 2,0 Liter-Motor eingebaut ist.
Schraubenlänge "l":
1 55 mm
2 65 mm
3 35 mm
4 45 mm
Anzugsdrehmomente:
1 und 2 = 70-80 Nm
3 und 4 = 30-40 Nm

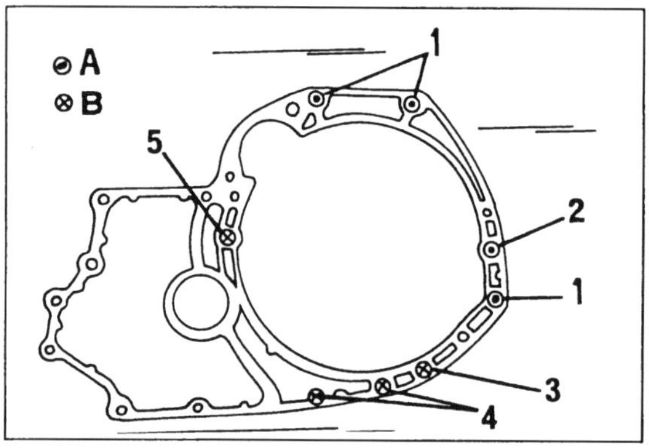

Bild 209
Befestigung des Getriebes am Motor wenn ein Fahrzeug mit Vierradantrieb vorliegt.
Schraubenlänge:
1 70 mm
2 85 mm
3 55 mm
4 20 mm
5 40 mm
Anzugsdrehmomente:
1 bis 5 = 30-40 Nm

(B) befestigen den Motor, zusammen mit dem Stützwinkel, am Getriebe. Alle Schrauben haben eine unterschiedliche Länge. Falls das Getriebe eines Fahrzeuges mit Vierradantrieb eingebaut wird, hält man sich an Bild 209.

— Bei eingebautem 2,0 Liter-Motor die Schrauben entsprechend Bild 208 anziehen. Auch diese Schrauben sind von unterschiedlicher Länge und müssen entsprechend angezogen werden. Wiederum halten einige Schrauben das Getriebe am Motor (A) und andere den Motor am Getriebe (B).

● Beim Anziehen der Schrauben auf die verschiedenen Drehmomente gleichmässig ringsherum vorgehen und in mehreren Stufen festziehen.

● Schaltstange und Stabilisatorstange entsprechend Bild 15 auf Seite 13 montieren.

● Getriebe mit Öl füllen. Die Füllmenge ist nicht bei allen Getriebeausführungen gleich, wie es aus der untenstehenden Aufstellung ersichtlich ist:

1,4 Liter-Motor, alle Modelle	2,6 Liter
1,6 Liter-Motor, alle Modelle	2,9 Liter
2,0 Liter	3,5 - 3,7 Liter

● Zum Anschliessen der Antriebswellen in Kapitel 11.1.2 nachlesen.

● Kupplungsseil anschliessen und das Pedalspiel entsprechend der Beschreibung in Kapitel 8.5.2 einstellen.

9.2 Getriebe überholen

Da viele Spezialwerkzeuge zum Zerlegen, Einstellen und Zusammenbau des Getriebes erforderlich sind, und ausserdem vier verschiedene Getriebe in die in dieser Ausgabe behandelten Modelle eingebaut sind, sehen wir von einer Beschreibung einer Getriebeüberholung ab. Wir empfehlen, dass man versucht ein Austauschgetriebe gegen Rückgabe des alten Aggregats zu erhalten, falls das Getriebe einmal einen ernsthaften Schaden erleiden sollte. Man muss jedoch zwischen den einzelnen Getrieben unterscheiden, um das richtige Getriebe einzubauen. Die folgenden Getriebe sind bei den einzelnen Modellen eingebaut:

1,4 Liter-Motor, alle	Getriebetyp RS5F30A
1,6 Liter-Motor, alle	Getriebetyp RS5F31A
2,0 Liter-Motor	Getriebetyp RS5F32A

9.3 Die Schaltung

9.3.1 Schalthebel und Schaltgestänge aus- und einbauen

● Staubschutzabdeckung um den Schalthebel herum lösen und diese auf dem Schalthebel nach oben ziehen.

● Einen dicken Lappen um den Schalthebelknopf legen und mit einer Wasserpumpenzange den Knopf abschrauben. Unbedingt darauf achten, dass die Zangenbacken den Knopf nicht beschädigen können.

● Fahrzeug aufbocken und von der Unterseite das Schaltgestänge und die Stützstrebe von der Seite des Getriebes abschrauben (siehe Bild 15, Seite 13).

● Die vier Schrauben und Muttern des Schalthebellagers entfernen und das gesamte Lager mit

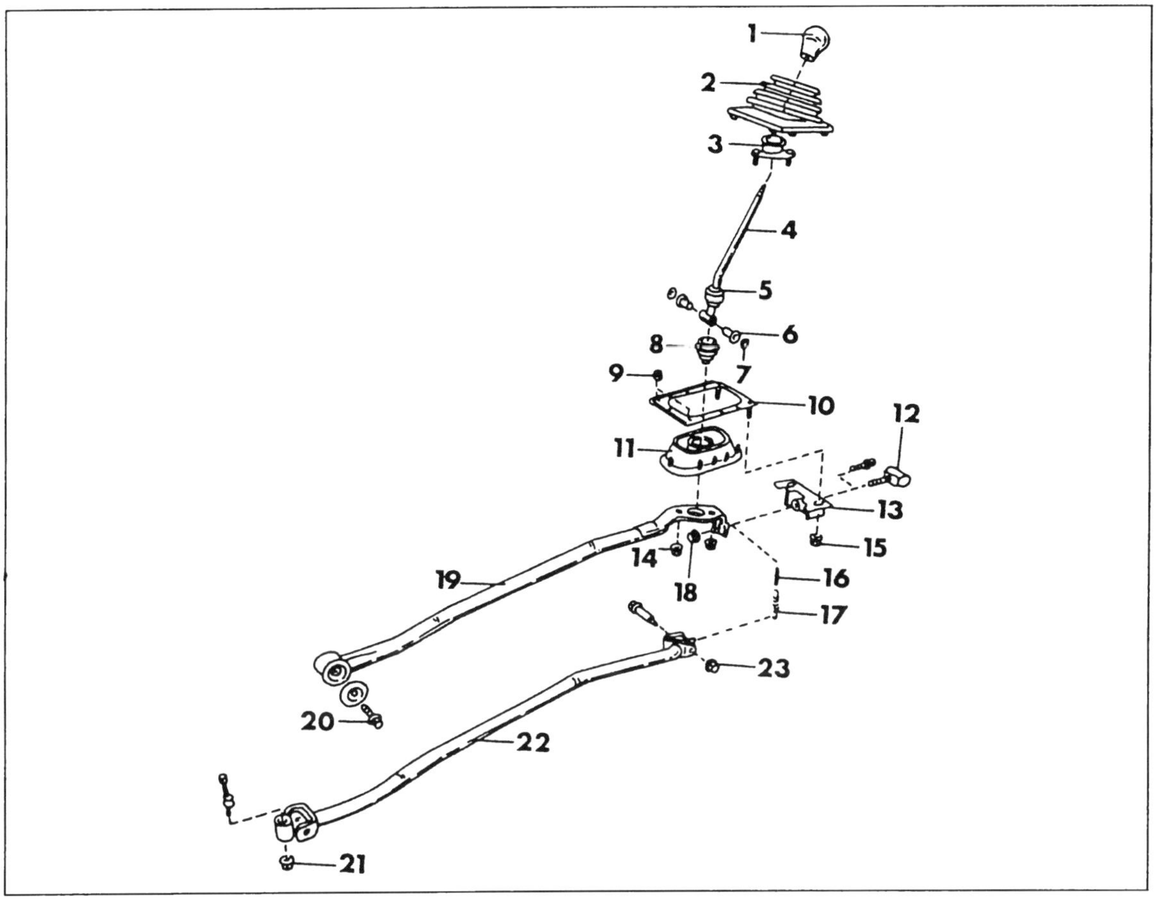

Bild 210
Teile der Schaltung an der Aussenseite des Getriebes.
1 Schalthebelknopf
2 Staubschutzabdeckung
3 Führung für Schalthebel
4 Schalthebel
5 Oberes Schalthebellager
6 Büchse
7 "O"-Dichtring
8 Staubschutztülle
9 Mutter, 0,5 - 0,6 Nm
10 Gummiabdichtung
11 Schaltungslagerrahmen
12 Dämpfer, nur bei 2,0 Liter-motor
13 Befestigungshalter
14 Mutter, 12 - 15 Nm
15 Mutter, 12 - 15 Nm
16 Rückzugfedergummi
17 Rückzugfeder
18 Mutter, 22 - 30 Nm
19 Stabilisatorstange
20 Schraube, 37 - 50 Nm
21 Mutter, 14 - 18 Nm
22 Schaltstange
23 Mutter, 18 - 24 Nm

den daran angebrachten Gestängen herausnehmen.
Der Einbau geschieht in umgekehrter Reihenfolge. Alle in Bild 210 angegebenen Anzugsdrehmomente müssen beachtet werden. Das Schalthebellager wird mit den Muttern an der Unterseite des Wagenbodens befestigt.
Nach dem Einbau alle Gänge durchschalten, um einwandfreie Arbeitsweise zu gewährleisten.

9.3.2 Teile der Schaltung erneuern

Bild 210 zeigt ein Montagebild der Schaltungsteile. Falls irgendwelche Einzelteile erneuert werden sollen, kann man dem Bild folgen. Beim Zusammenbau alle gleitenden Teile mit etwas Fett einschmieren. Alle "O"-Dichtringe müssen immer erneuert werden, auch wenn sie noch gut aussehen sollten.

10 Das automatische Getriebe

Das automatische Getriebe ist eine Kombination aus einem Viergang-Schaltgetriebe und einem Drehmomentwandler. Aufgrund der Kompliziertheit des Getriebes sollte man unter keinen Umständen versuchen dieses zu zerlegen. Automatische Getriebe können am besten in Spezialwerkstätten gebracht werden, die sich ausschliesslich mit diesen Bauteilen befassen.

10.1 Aus- und Einbau

Der Ausbau des automatischen Getriebes kann ohne Ausbau des Motors durchgeführt werden. Ein Rollwagenheber sollte zur Verfügung stehen.

- Massekabel der Batterie abklemmen und die Batterie sowie die Batteriehalterung ausbauen.

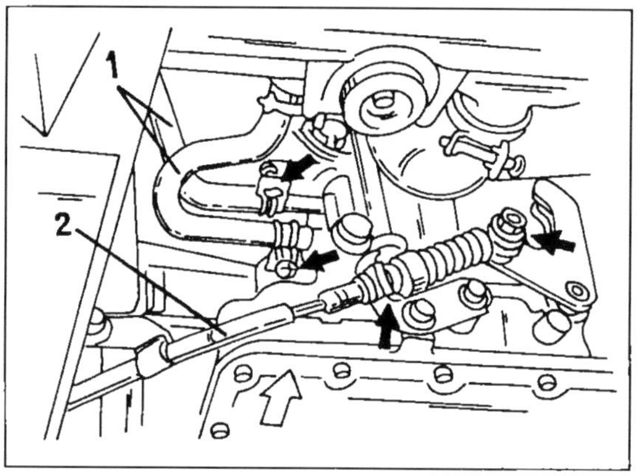

Bild 211
Die Pfeile weisen auf die Befestigungsschellen der Ölkühlerschläuche und des Schaltseils. Der Pfeil weist in Fahrtrichtung.
1 Ölschläuche
2 Schaltseil

- Den grossen Luftansaugschlauch bei einem Einspritzmotor ausbauen.
- Vorderseite des Fahrzeuges auf Böcke setzen oder das Fahrzeug über eine Montagegrube fahren.
- Den Stecker des Kabelstrangs für das Schaltventil am Getriebe und des Kabelstrangs für den Rückfahrleuchtenschalter abziehen.

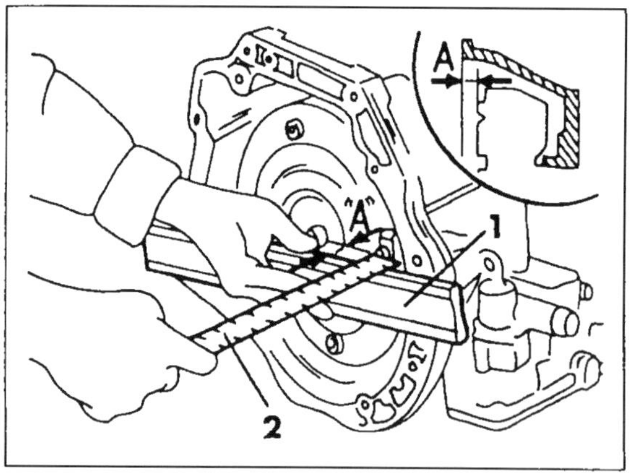

Bild 212
Beim Einbau des Drehmomentwandlers das Mass "A" in der gezeigten Weise mit einem Stahllineal (1) und einem Messlineal (2) ausmessen.

- Schaltseil auf der Getriebeseite abschliessen und den Drosselklappenzug für das Getriebe auf der Motorseite abschliessen. Ebenfalls die Schläuche des Getriebeölkühlers nach Lösen der Schlauchschellen abziehen. Auslaufende Flüssigkeit auffangen (Bild 211).

Getriebeöl ablassen. Ein Ablassstopfen ist in die Unterseite des Getriebes eingesetzt.

- Antriebswellen ausbauen, wie es in Kapitel 11.1.1 beschrieben ist.
- Tachometerspirale abschliessen.
- Einen Wagenheber unter den Motor untersetzen. Am besten eignet sich dazu ein hydraulischer Wagenheber. Einen Holzklotz zwischen Wagenheberteller und Ölwanne einsetzen.
- Das vordere Auspuffrohr ausbauen.
- Einen Rollwagenheber unter das Getriebe untersetzen und das Getriebe leicht anheben. Den Wagenheber dabei nicht unter die Ablassschraube untersetzen.
- Anlasser abschrauben und herausziehen.
- Den mittleren Träger für die Triebwerkaufhängung abschrauben und herausnehmen. Darauf achten, dass Motor und Getriebe gut abgestützt sind.
- Die Abdeckung an der Rückseite des Drehmomentwandlergehäuses abschrauben und die Schrauben der Antriebsscheibe vom Drehmomentwandler abschrauben. Den Motor dazu durchdrehen, bis alle Schrauben erreicht werden können. Der Drehmomentwandler sollte mit einem Schraubenzieher gegengehalten werden, damit er sich nicht durchdrehen kann.
- Befestigungsschrauben zwischen Motor und Getriebe entfernen und die Aggregate trennen. Den Drehmomentwandler in geeigneter Weise mit Reissnadelstrichen kennzeichnen, damit er wieder in der ursprünglichen Lage montiert werden kann.
- Die linke Aufhängung des automatischen Getriebes ausbauen.
- Rollwagenheber langsam mit dem darauf liegenden Getriebe herausziehen. Darauf achten, dass umliegende Teile dabei nicht beschädigt werden.

Der Einbau des automatischen Getriebes geschieht in umgekehrter Reihenfolge unter Beachtung der folgenden Punkte:

- Drehmomentwandler auf die Welle schieben und kontrollieren, dass der Abstand vom Ende des Wandlers bis zur Getriebegehäusefläche 21,0 mm beträgt. Die Messung erfolgt vom Ende der Getriebefläche bis zur Vorderseite des Wandlers (Bild 212).
- Kontrollieren, dass die eingezeichneten Reissnadelstriche des Wandlers übereinstimmen.

- Gewinde der Mitnehmerscheibenschrauben mit Gewindesicherungsmittel einschmieren und die Schrauben der Reihe nach anziehen. Zu beachten ist die verschiedene Länge der Schrauben, die ebenfalls nicht alle das gleiche Anzugsdrehmomente haben. Ausserdem halten einige Schrauben das automatische Getriebe am Motor während andere den Motor am Getriebe halten. Die Befestigung erfolgt ähnlich wie es Bild 208 zeigt. Folgendes unter Bezug auf dieses Bild beachten:
  - Die Schrauben an Stellen (1) an der Oberseite und unmittelbar darunter, haben eine Länge von 50 mm und werden mit 30 - 40 Nm angezogen.
  - Die Schrauben an Stelle (1), unten rechts im Bild, haben eine Länge von 50 mm und werden mit 30 - 40 Nm angezogen.
  - Die Schraube an Stelle (3) und Stelle (4) hat eine Länge von 25 mm und wird auf ein Anzugsdrehmoment von 16 - 22 Nm angezogen.
  - Die Schraube an Stelle (2) hat eine Länge von 30 mm und wird auf ein Anzugsdrehmoment von 30 - 40 Nm angezogen.
  - Getriebe mit Flüssigkeit füllen (Typ Dexron II).
- Schaltseil anschliessen und einstellen (siehe Kapitel 10.2.1)
- Anlasssperrschalter kontrollieren und gegebenenfalls einstellen, wie es in Kapitel 10.2.2 beschrieben ist.
- Ölstand im Achsantrieb kontrollieren.

10.2 Einstellungen am automatischen Getriebe

10.2.1 Schaltung einstellen

Die Einstellung des Schaltseils ist wesentlich zur einwandfreien Arbeitsweise des Getriebes. Beim Durchschalten des Wählhebels sollte man in allen Schaltstufen ein gutes Eingreifen fühlen. Falls dies nicht der Fall ist oder das Schaltseil wurde ausgebaut, stellt man es folgendermassen wieder ein:

- Wählhebel in die Stellung "P" schalten.
- Schaltseilende am Hebel des Getriebes anschliessen und die Kontermutter des Seils festziehen.
- Schaltseil an dem in Bild 213 gezeigten Hebel anschliessen und das Seil mit der Halterung am Getriebe anschrauben.
- Das Schaltseil in Bild 213 nach rechts ziehen. Dies muss jedoch mit einer Federwaage durchgeführt werden. Dazu die Federwaage am Hebel einhängen und dann nach rechts ziehen. Eine Anzeige von 0,7 kg muss zustandekommen.
- Schaltseil um 1,0 mm nach links bewegen und die Kontermutter festziehen.
- Wählhebel aus Stellung "P" durch alle Gänge in Stellung "1" schalten, um die Schaltung zu prüfen. Kontrollieren, dass das Getriebe in der Stellung "P" (parken) gesperrt wird. Andernfalls die erforderlichen Nachstellungen in der beschriebenen Weise vornehmen.
- Nach jeder Einstellung den Motor wieder anlassen und die Gänge erneut durchschalten.
- Abschliessend die beiden Muttern am Seilende wieder anziehen.

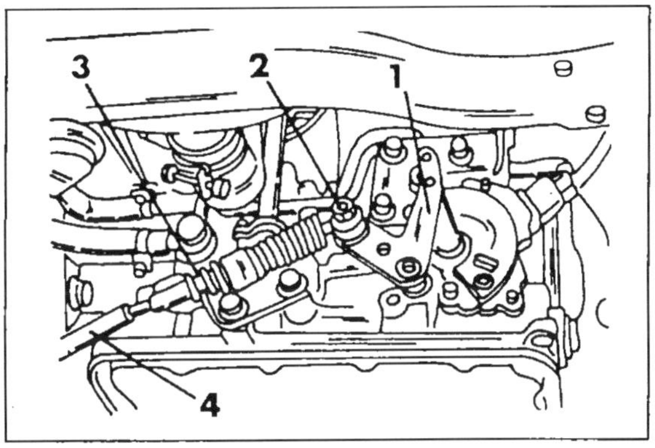

Bild 213
Zur Einstellung des Schaltseiles (siehe Text).
1 Wählhebel am Getriebe
2 Befestigungsmutter
3 Befestigungswiderlager
4 Schaltseil

10.2.2 Anlasssperrschalter einstellen

Der Anlasssperrschalter gewährleistet ein Anlassen des Motors nur in den Schaltstellungen "N" und "P" und dient ebenfalls zum Einschalten der Rückfahrleuchten. Aus diesem Grund ist dessen Einstellung wesentlich:

- Das Schaltseilende vom Hebelanschluss abschliessen.
- Die Befestigungsschrauben des Schalters lockern.
- Wählhebel in Stellung "N" schalten.
- Einen Rundstab von 4,0 mm Durchmesser in die Einstellöcher des Schalters und den in Bild 214 gezeigten Wählhebel einschieben und die Schrauben wieder anziehen. Kontrollieren, dass der Schalter einwandfrei funktioniert.

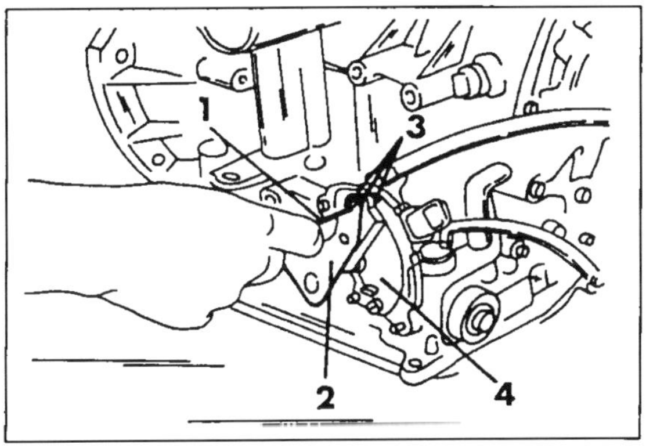

Bild 214
Zur Einstellung des Anlasssperrschalters (siehe Text).
1 Rundstab
2 Wählhebel
3 Einstellöcher
4 Sperrschalter

10.2.3 Kontrolle des Ölstandes/Ölwechsel

Motor und Getriebe warmfahren und das Fahrzeug auf ebener Fläche abstellen. Das Getriebe in die Stellung "P" schalten und den Ölmessstab herausziehen. Kontrollieren, dass die Flüssigkeit zwischen den Marken "Cold" und "Hot" steht, je nachdem, wie heiss die Getriebeflüssigkeit ist. Nachdem das Fahrzeug 10 Minuten lang gefahren wurde, muss das Öl an der "Hot"-Marke stehen.
Falls die Flüssigkeit unter der Marke "Cold" steht (wenn das Getriebe kalt ist), Flüssigkeit durch das Einfüllrohr nachfüllen. Durch Einfüllen von ca. 0,5 Liter steigt das Öl am Messstab über die "Cold"-Marke an. Das Getriebe darf auf keinen Fall überfüllt werden.
Um die Flüssigkeit zu wechseln, den Ablassstopfen aus der Seite des Getriebes herausschrauben und die Flüssigkeit in einen sauberen Behälter ablaufen lassen. Das Getriebe sollte vorteilhafter warm, aber nicht zu heiss sein.
Getriebe in der oben beschriebenen Weise auffüllen. Die Gesamtfüllmenge des Getriebes beträgt 7,0 Liter, jedoch verbleibt eine bestimmte Ölmenge im Getriebe, d.h. man muss das Getriebe langsam füllen, bis der Flüssigkeitsstand am Ölmessstab stimmt.

Jedes Ende der Antriebswellen ist mit einem Gleichlaufgelenk versehen. Bei allen Fahrzeugen wird am äusseren Ende der Welle ein in sich verschlossenes Gelenk eingebaut, welches man zwar erneuern, aber nicht reparieren kann. Je nach Fahrzeugmodell werden Wellen jedoch mit oder ohne Stützlager eingebaut. Bei einer Welle ohne Stützlager wird eine einzelne Welle verwendet, welche am inneren Ende ein Dreisterngelenk hat. Diese Wellenausführung ist bei eingebautem 1,4 oder 1,6 Liter-Motor auf beiden Seiten und auf der linken Seite des 2,0 Liter-Modells vorzufinden. Bei der Ausführung mit Stützlager ist die Welle zwischen dem äusseren Gleichlaufgelenk und einem Kugelgelenk eingebaut. Das Kugelgelenk sitzt in einem getrennten Gelenk mit eigener Welle, welche durch das Stützlager geführt wird und mit dem Getriebe verbunden ist. Diese Welle wird auf der rechten Seite von Fahrzeugen mit 2,0 Liter-Motor eingebaut.
Im allgemeinen gilt:

- Antriebswellen für eine Ausführung mit 1,4 Liter-Motor und 1,6 Liter-Motor sehen zwar ähnlich aus, haben aber unterschiedliche Gleichlaufgelenke an beiden Enden.
- Antriebswellen für ein Fahrzeug mit Vierradantrieb haben auf der Radseite das gleiche Gelenk wie Fahrzeuge mit Zweiradantrieb und 1,6 Liter-Motor. Auf der Getriebeseite wird auf der rechten Welle und auf der linken Welle ein unterschiedliches Gleichlaufgelenk montiert.
- Antriebswellen für ein Modell mit 2,0 Liter-Motor sind von unterschiedlicher Konstruktion. Wellen des Sunnys und NX100 sind gleich.

Das äussere Ende der Antriebswellen ist mit einer Keilverzahnung versehen und wird an der Vorderradnabe befestigt. Bei eingebauter ABS-Anlage sitzt ein Zahnkranz auf dem vorderen Ende der Welle. Das innere Ende der Welle wird mit Keilverzahnungen und einem Sprengring in der Innenseite des Ausgleichsseitenrades gehalten, wenn kein Stützlager eingebaut ist. Bei eingebautem Stützlager ist die Verbindungswelle in der gleichen Weise im Getriebe befestigt.
Die Wellen werden in unterschiedlicher Weise an der Innenseite des Getriebes befestigt.
Beide Gleichlaufgelenke werden durch Gummimanschetten von aussen geschützt und erfordern keinerlei regelmässige Wartung.

11.1 Aus- und Einbau

Der Aus- und Einbau einer Achswelle kann zusammen mit der Radnabe und dem Achschenkel durchgeführt werden und diese Arbeiten sind in Kapitel 13.1.1 beschrieben. Die Antriebswelle danach vom Achsschenkel trennen, wie es im gleichen Kapitel beschrieben ist. Den Sprengring aus der Rille am inneren Ende der Antriebswelle entfernen, da dieser immer erneuert werden muss. Falls man jedoch nur die Antriebswelle ausbauen will, ist den untenstehenden Anweisungen zu folgen:

- Radmuttern und Mutter der Achswelle lockern, während das Rad auf dem Boden aufsteht und die Vorderseite des Fahrzeuges auf Böcke setzen.
- Bremssattel vom Achsschenkel abschrauben und mit einem Stück Draht an der Vorderradaufhängung befestigen. Den Bremssattel nicht am Schlauch herunterhängen lassen. *Das Bremspedal nicht mehr betätigen, bis der Bremssattel wieder eingebaut ist.*
- Mutter des Kugelgelenks der Spurstange entfernen und das Gelenk mit einem geeigneten Abzieher vom Lenkspurhebel trennen (siehe Kapitel "Lenkung").
- Die Kugelgelenkverbindung an der Oberseite des Achsschenkels trennen (siehe Abschnitt "Vorderradaufhängung"), den Achsschenkel nach aussen ziehen und die Achswelle mit einem Weichmetallhammer aus dem Achsschenkel herausschlagen. Zur Sicherheit, um Schäden am Gewinde der Achswelle zu vermeiden, sollte man die Mutter wieder auf die Achswelle schrauben, bis die Aussenseite der Mutter bündig abschneidet. Darauf achten, dass die Gummimanschetten der Achswellen dabei nicht beschädigt werden. Ein dicker Lappen kann um die Gummimanschette gewickelt werden, um sie zu schützen. Es könnte ebenfalls sein, dass man einen Abzieher zum Ausziehen braucht.
- Die Achswelle jetzt aus dem Eingriff mit dem Getriebe bringen. Ist ein automatisches Getriebe eingebaut, muss man die rechte Achswelle ausbauen, ehe man die linke Welle heraus-

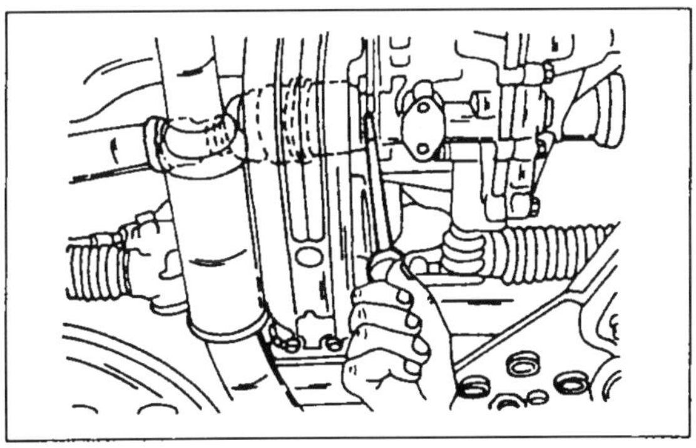

Bild 215
Einen Schraubenzieher hinter dem Gleichlaufgelenk ansetzen, um das Gleichlaufgelenk aus dem Getriebe zu drücken (rechte Achswelle).

drücken kann. Beim Ausbau der Welle aus dem Getriebe folgendermassen vorgehen:

— Beim Ausbau einer rechten Welle ohne Stützlager einen kräftigen Schraubenzieher oder Reifenhebel in der in Bild 215 gezeigten Weise in den Spalt zwischen Gleichlaufgelenk und Getriebe einsetzen und die Welle mit einem kurzen Ruck gegen den Schraubenzieher herausdrükken.

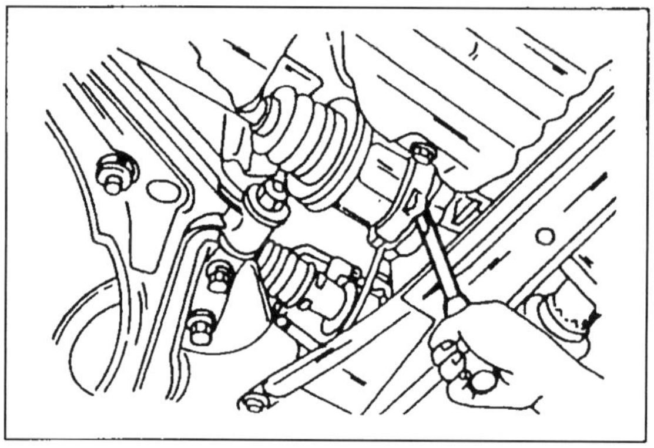

Bild 216
Ausbau einer Antriebswelle aus dem Getriebe bei eingebautem Stützlager (rechte Welle).

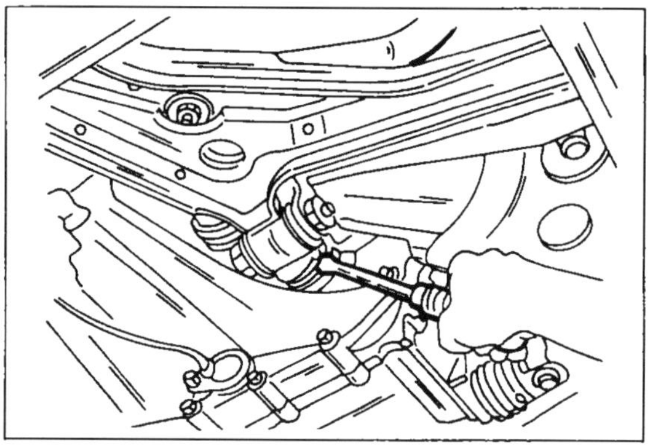

Bild 217
Ausbau einer Antriebswelle aus dem Getriebe bei eingebautem Schaltgetriebe (linke Welle).

— Beim Ausbau einer rechten Welle mit Stützlager den Schraubenzieher an der in Bild 216 gezeigten Stelle ansetzen und die Welle in gleicher Weise herausdrücken.

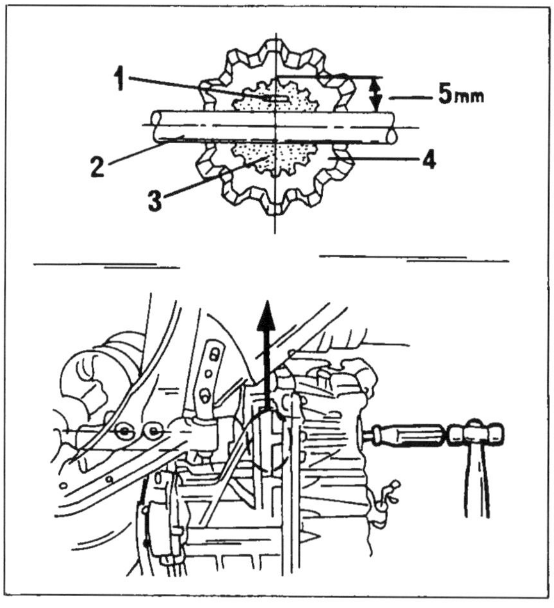

Bild 218
Ausbau der linken Achswelle bei eingebauter Getriebeautomatik. Die Welle mit einem Schraubenzieher ausschlagen. Den Schraubenzieher 5 mm von der Kegelradachse ansetzen.
1 Schraubenzieher
2 Ausgleichskegelradwelle
3 Achswelle
4 Differentialseitenrad

— Beim Ausbau der linken Antriebswelle bei eingebautem Schaltgetriebe muss ein kräftiger Schraubenzieher benutzt werden. Diesen an der in Bild 217 gezeigten Stelle einsetzen und den Schraubenziehergriff mit einem kurzen Ruck nach innen drücken, damit der Wellensprengring aus der Rille springen kann.

— Beim Ausbau der linken Antriebswelle bei eingebauter Getriebeautomatik ist die Arbeit etwas schwieriger, da man die Welle von der anderen Seite des Getriebes mit einem langen Schraubenzieher herausschlagen muss, welcher aber mit einer durchgehenden Klinge versehen sein muss, um den Griff nicht zu beschädigen. Das Ansetzen des Schraubenziehers ist in der oberen Ansicht von Bild 218 zu sehen. Der Schraubenzieher muss an der gezeigten Stelle angesetzt werden. Unbedingt aufpassen, dass man dabei nicht das Differentialseitenrad oder die Achse der Differentialkegelräder beschädigt.

Der Einbau geschieht in umgekehrter Reihenfolge wie der Ausbau. Der Öldichtring auf der betreffenden Seite des Getriebes muss immer erneuert werden. Nissan-Werkstätten verwenden einen Einbauschutz für die Öldichtringe. Da dieser höchstwahrscheinlich nicht zur Verfügung stehen wird, muss man beim Einschlagen des Dichtringes mit der notwendigen Vorsicht vorgehen.

Die Antriebswelle am Ende mit einem neuen Sicherungsring versehen und die Welle mit den Keilverzahnungen in der Innenseite des Differentialseitenrades in Eingriff bringen. Fest gegen die Welle drücken, bis der Sprengring in die Rille in der Innenseite des Differentialseitenrades einspringt. Nachdem die Welle in Eingriff ist, mit einem kurzen Ruck an der Welle ziehen, um zu kontrollieren, ob der Sprengring einwandfrei eingegriffen hat.

Alle anderen Arbeiten in umgekehrter Reihenfolge durchführen. Nachdem die Räder wieder auf dem Boden stehen, die Mutter der Antriebswelle mit 200 - 280 Nm anziehen, die Muttersicherung aufsetzen und Wellenmutter und Muttersicherung neu versplinten. Alle anderen Anzugsdrehmomente sind in der Tabelle am Ende des Buches angegeben.

11.2 Antriebswelle überholen

Das radseitige Gleichlaufgelenk sowie das Kugel-Gleichlaufgelenk einer rechten Welle eines 2,0 Liter-Modells können nicht zerlegt werden. Nur die Gummimanschetten kann man erneuern. Das innere Gleichlaufgelenk der linken Welle eines

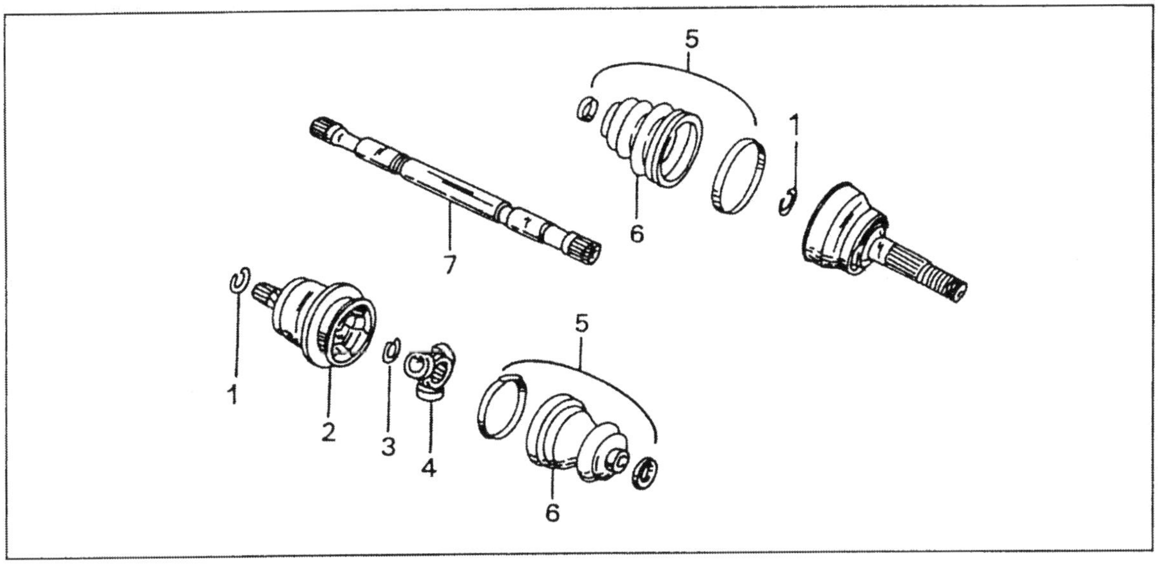

Bild 219
Die Teile einer zerlegten Achswelle mit Dreisterngelenk an der Innenseite.
1 Sicherungsring
2 Inneres Gleichlaufgelenkgehäuse
3 Sicherungsring
4 Gelenkstern
5 Spannbänder der Gummimanschetten
6 Gummimanschette
7 Achswelle

Fahrzeuges mit 2,0 Liter-Motor sowie beider Wellen eines Fahrzeuges mit 1,4- oder 1,6 Liter-Motor können überholt werden, wie es untenstehend beschrieben ist. Ebenfalls kann man das Stützlager zerlegen, um das darin sitzende Kugellager auszutauschen, falls dieses ausgeschlagen ist.

Beim Zerlegen eines Dreisterngelenks unter Bezug auf Bild 219 folgendermassen vorgehen (vorzufinden im 1,4- und 1,6 Liter):

- Antriebswelle in einen Schraubstock spannen und die beiden Spannbänder der Gummimanschette entfernen. Die Spannbänder können sofort weggeworfen werden.
- Das Gelenkgehäuse im Verhältnis zur Achswelle kennzeichnen und vom Ende der Welle ziehen.
- Antriebswelle wie in Bild 220 gezeigt im Schraubstock halten und mit Farbe den Dreistern und die Welle kennzeichnen.
- Sprengring (3) vom Ende der Welle (7) entfernen. Den Sprengring sofort wegwerfen.
- Die Antriebswelle so unter eine Presse untersetzen, dass das Dreisterngelenk auf dem Pressentisch aufliegt und die Welle durch den Stern pressen. Die Welle von unten halten, da sie sonst herunterfällt.
- Gummimanschette von der Welle ziehen.

Alle Teile reinigen und gründlich kontrollieren. Der Gelenkstern kann nicht zerlegt werden und ist komplett zu erneuern, falls die Nadelrollenlager ausgeschlagen sind. Kerbverzahnungen in der Innenseite des Gelenksterns auf Abnutzungen kontrollieren, ehe das Teil wieder eingebaut wird.

Beim Zusammenbau der Antriebswelle folgendermassen vorgehen:

- Neue Manschette und neues kleines Spannband auf die Welle schieben.
- Antriebswelle mit Blechbacken in einen Schraubstock einspannen.
- Gelenkstern entsprechend den Kennzeichnungen (Bild 220) auf die Welle aufstecken. Falls ein neuer Gelenkstern verwendet wird, spielt dies keine Rolle. Der Gelenkstern ist auf einer Seite mit einer Anfasung an der Innenseite versehen und diese Seite muss zuerst auf die Welle geschoben werden.
- Gelenkstern mit einem Weichmetallhammer auf die Welle aufschlagen und einen neuen Sprengring (3) einfedern. Die abgerundete Seite des Sprengringes kommt zum Gelenkstern.
- Das Gelenk jetzt mit Fett füllen. Je nach Fahrzeugmodell ist die Fettmenge unterschiedlich. Die Gelenkzuteilung ist anhand der Mass- und Einstelltabelle herauszufinden:

TS70C-Gelenk (1,4 Liter-Modell)	185 - 195 g
TS79C-Gelenk (1,6 Liter-Modell)	225 - 235 g

Das Fett in das Gelenk einkneten und die Gummimanschette anbringen.

- Grosses Spannband anbringen und stramm ziehen. Danach das Ende umbiegen, so dass es zwischen die Laschen kommt und die beiden Laschen zur Sicherung über das Band umschlagen.

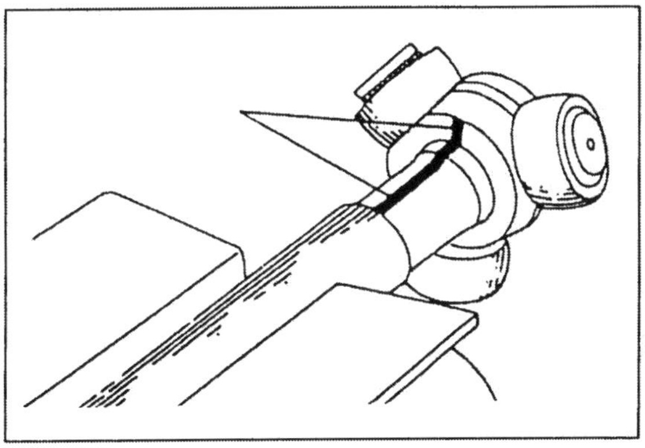

Bild 220
Vor Ausbau des Dreisterngelenks die Welle und das Gelenk mit Farbe kennzeichnen.

● Die Manschette auseinanderziehen, bis das Mass "L" in Bild 221 bei einem Fahrzeug mit 1,4 Liter-Motor 95,5 - 97,5 mm oder bei einem 1,6 Liter-Motor 101,5 - 103,5 mm beträgt. Das kleine Spannband in gleicher Weise anbringen.

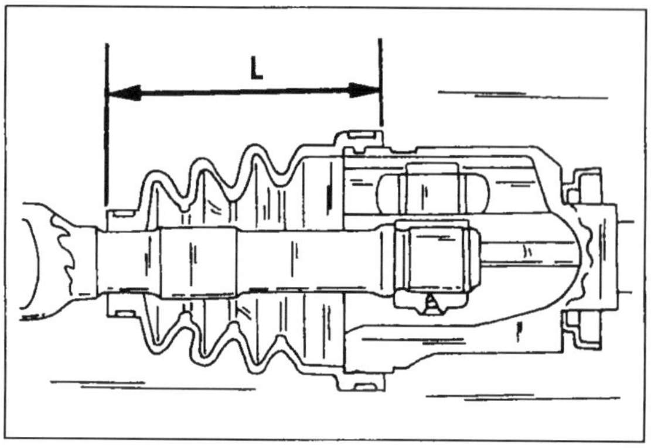

Bild 221
Manschette auf der Getriebeseite auseinanderziehen, bis das Mass "L" den Angaben im Text entspricht.

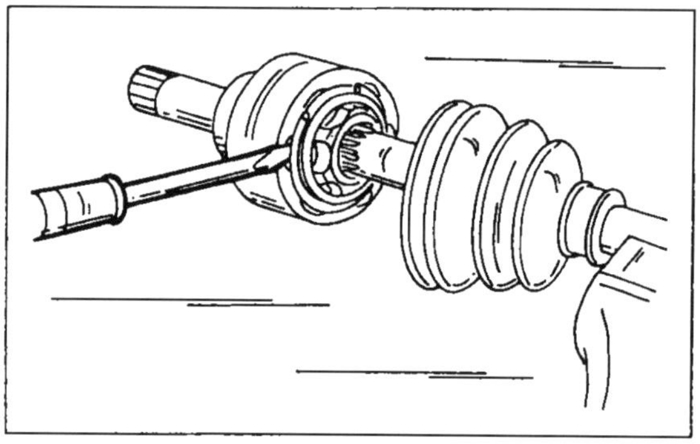

Bild 222
Den grossen Sicherungsring mit einem Schraubenzieher aus der Gelenkglocke ausfedern (2,0 Liter-Modelle).

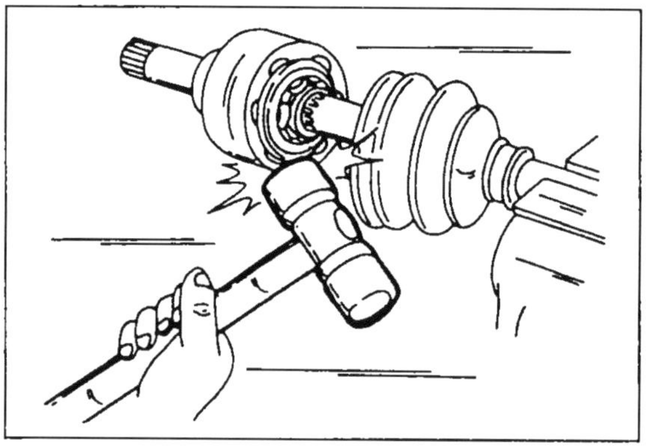

Bild 223
Abschlagen des Gleichlaufgelenks.

Das innere Gelenk eines 2,0 Liter-Modells (Typ DS86) oder eines Fahrzeuges mit Vierradantrieb kann folgendermassen erneuert werden. Es kann nicht zerlegt werden:

● Falls das Gelenk erneuert werden soll, den Zahnkranz für die ABS-Anlage von der Welle herunterziehen.

● Die Gelenkmanschette nach Lösen der beiden Spannbänder auf der Welle zurückschieben.

● Das Fett aus der Innenseite der Welle auswischen und den grossen Sicherungsring mit einem Schraubenzieher aus der Rille heben, wie es in Bild 222 gezeigt ist.

● Sprengring mit einer Sprengringzange aus der Nut heben. Den Sprengring sofort wegwerfen, da er nicht ein zweites Mal verwendet werden kann.

● Die Einbaulage des Gelenks mit einem Farbstrich oder sonstigem Kennzeichen an der Welle markieren und das Gelenk von der Welle herunterziehen. Falls das Gelenk erneuert werden soll, kann man es mit einem Hammer abschlagen, während die Welle mit Blechbacken in einem Schraubstock eingespannt ist, wie man es in Bild 223 sehen kann.

● Die Achswelle einwandfrei reinigen und die Welle wieder in einen Schraubstock einspannen.

● Die Gummimanschette auf die Welle schieben, grosse Öffnung nach aussen. Die Verzahnungen mit Klebband abwickeln.

● Einen neuen Sicherungsring in die Welle einschnappen und den Kugelkäfig, den inneren Laufring und die Kugeln auf die Welle schieben. Falls die gleichen Teile wieder verwendet werden, muss man die Markierungen wieder in Flucht bringen. Das Gelenk aufschlagen, bis der Sprengring innen einschnappt.

● Einen neuen Sprengring aussen vor dem Gelenk einfedern und den grossen Sicherungsring (ebenfalls erneuern) in die Rille der Gelenkglocke einsetzen. Kontrollieren, dass beide Sicherungsringe einwandfrei sitzen.

● Das Gelenk mit der vorgeschriebenen Fettmenge füllen (140 - 160 g).

● Grosses Spannband anbringen und stramm ziehen. Danach das Ende umbiegen, so dass es zwischen die Laschen kommt und die beiden Laschen zur Sicherung über das Band umschlagen.

● Manschette auseinanderziehen, bis deren Länge, ähnlich wie in Bild 221 gemessen, zwischen 97 bis 99 mm liegt.

● Kleines Spannband in gleicher Weise wie das grosse Spannband befestigen. Kontrollieren, dass beide Spannbänder gut sitzen.

Das in Bild 219 gezeigte Gleichlaufgelenk an der Aussenseite der Achswelle (Birfield-Gelenk) kann folgendermassen erneuert werden. Hier handelt es sich um Gelenkausführungen ZF80, ZF90 und BF86, deren Zuordnung der Mass- und Einstelltabelle zu entnehmen ist:

● Falls das Gelenk erneuert werden soll, den Zahnkranz für die ABS-Anlage von der Welle herunterziehen.

● Die Gelenkmanschette nach Lösen der beiden Spannbänder auf der Welle zurückschieben.

● Die Einbaulage des Gelenks mit einem Farbstrich oder sonstigem Kennzeichen an der Welle markieren und das Gelenk von der Welle herunterziehen. Falls das Gelenk erneuert werden soll, kann man es mit einem Hammer abschlagen, während die Welle mit Blechbacken in einem Schraubstock eingespannt ist. Andernfalls einen Weichmetallhammer zum vorsichtigen Abschlagen benutzen.

- Die Achswelle einwandfrei reinigen und die Welle wieder in einen Schraubstock einspannen.
- Die Gummimanschette auf die Welle schieben, grosse Öffnung nach aussen.
- Das Gleichlaufgelenk mit dem Achsstumpf auf die Welle schieben. Falls die gleichen Teile wieder verwendet werden, muss man die Markierungen wieder in Flucht bringen.
- Die alte Achswellenmutter aufschrauben, bis das Ende bündig abschneidet und das Gelenk mit einem Weichmetallhammer auf die Welle schlagen, bis man den Sprengring an der Innenseite mit einer spitzen Sprengringzange einfedern kann.
- Das Gelenk mit der vorgeschriebenen Fettmenge füllen:

ZF80-Gelenk	90 - 100 g
ZF90-Gelenk	155 - 175 g
BF86-Gelenk	105 - 125 g

- Grosses Spannband anbringen und stramm ziehen. Danach das Ende umbiegen, so dass es zwischen die Laschen kommt und die beiden Laschen zur Sicherung über das Band umschlagen.
- Manschette auseinanderziehen, bis deren Länge, wie in Bild 221 gemessen, die folgenden Masse hat:

ZF80-Gelenk	80,5 - 92,5 mm
ZF90-Gelenk	96,0 - 88,0 mm
BF86-Gelenk	99,5 - 101,5 mm

- Kleines Spannband in gleicher Weise wie das grosse Spannband befestigen. Kontrollieren, dass beide Spannbänder gut sitzen.

Eine rechte Welle eines Fahrzeuges mit Einspritzmotor folgendermassen instandsetzen:

Das äussere Gelenk dieser Welle ist in gleicher Weise aufgebaut wie es in Bild 219 gezeigt ist. Dies gilt ebenfalls für die eigentliche Welle. Das Ende der Welle (7) im Bild sitzt jedoch nicht in einem Dreisterngelenk, sondern in einem Kugelgelenk, welches in der Innenseite einer Gelenkglocke am Ende der Zwischenwelle läuft. Bild 224 zeigt die zusätzlichen Teile einer solchen Welle, welche durch das Stützlager geführt wird.

- Spannbänder der Manschette entfernen und die Innenseite der Welle und das Gelenk von Fett reinigen. Falls man Welle und Gelenk wieder zusammenbauen will (beim Erneuern der Manschette zum Beispiel), die Wellenverbindung am Gelenk in geeigneter Weise kennzeichnen.
- Welle fest in einen Schraubstock einspannen und das Gelenk mit einem Weichmetallhammer abschlagen, wie es in Bild 223 gezeigt ist. An verschiedenen Stellen des Umfangs schlagen.
- Gelenk herunterziehen und die Gummimanschette abnehmen.
- Das Ende der Welle mit Klebband umwickeln und die Manschette mit der kleinen Schelle über die Welle schieben.
- Das Gelenk mit einer Fettmenge von 140 bis 160 g füllen und die Manschette anbringen. Die Manschette muss am kleinen Ende gut in der Rille sitzen, wie es aus Bild 225 ersichtlich ist. Beide Manschettenspannbänder gut festziehen und durch Umbiegen der seitlichen Laschen sichern.

Die Arbeiten gelten auch bei der rechten Welle eines Fahrzeuges mit Vierradantrieb. Die linke Welle ist ein "TS"-Gelenk.

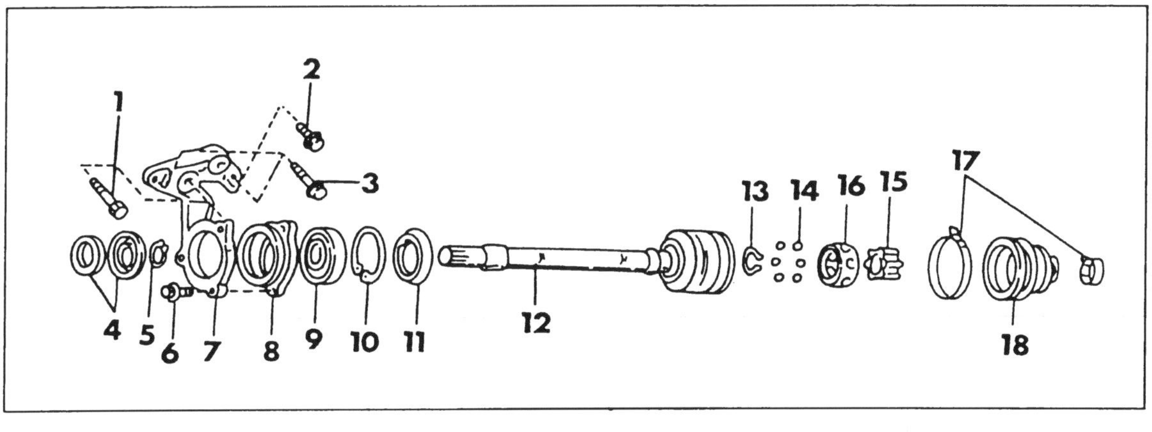

Bild 224
Die Einzelteile einer Antriebswelle mit dem Stützlager.
1 Schraube, 30 - 40 Nm
2 Schraube, 25 - 35 Nm
3 Schraube, 45 - 60 Nm
4 Staubschutzringe
5 Sprengring
6 Schraube, 13 - 19 Nm
7 Lagerkonsole
8 Stützlagergehäuse
9 Kugellager
10 Sprengring
11 Staubschutzring
12 Zwischenwelle
13 Sicherungsring
14 Kugeln
15 Innerer Lagerring
16 Kugelkäfig
17 Manschettenbänder
18 Manschette

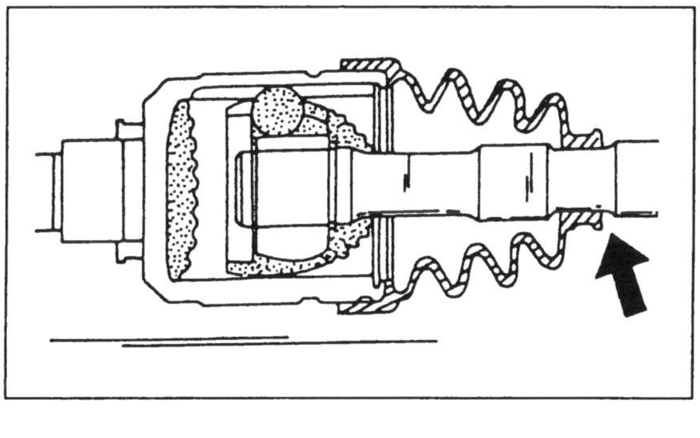

Bild 225
Die Manschette muss an der Pfeilstelle gut in der Rille der Achswelle sitzen.

Fahrzeuge mit Vierradantrieb

Auf der Getriebeseite wird bei der linken Welle ein TS82-F-Gelenk eingebaut. Bei diesem handelt es sich um ein Dreisterngelenk, welches man in ähnlicher Weise behandelt, wie es auf Seite 105 beschrieben wurde. Das Gelenk wird mit einer Fettmenge von 185 - 195 g gefüllt. Die Länge der Manschette (Bild 221) muss 95 bis 97 mm betragen. Ein DS80-Gelenk wird zusammen mit der rechten Welle verwendet. Bei diesem Gelenk handelt es sich um das auf Seite 106 beschriebene Gelenk, d.h. zum Ausbau müssen der in Bild 222 gezeigte grosse Sicherungsring und der vor dem Gelenk sitzende Sprengring aufgefedert werden, ehe man das Gelenk abmontieren kann.

Auf der Radseite wird ein ZF90-Gelenk eingebaut, wie es auch bei Modellen mit 1,4- und 1,6 Liter-Motor mit Zweiradantrieb verwendet wird. Das Gelenk wird in der auf Seite 106, unten rechts und Seite 107 beschriebenen Weise behandelt. Das Gelenk mit 160 - 170 g Fett füllen. Die Manschette muss ein Mass "L" in Bild 221 von 96 - 98 mm haben.

Erneuerung des Stützlagers

Das Stützlager muss zuerst von seiner Befestigung abgeschraubt werden, ehe man es zerlegen kann.

- Die äussere Staubschutzabdeckung mit einem Schaftdorn von der Welle abschlagen. Staubschutzringe (4) in Bild 224 kommen zusammen herunter.
- Mit einem Schraubenzieher den Staubschutzring (11) aus dem Lagergehäuse herausdrücken und den darunterliegenden Sprengring mit einer Seegerringzange öffnen und ausfedern.
- Lagergehäuse unter eine Presse setzen und die Welle auspressen.
- Das Lager (9) aus dem Gehäuse ausschlagen.

Der Zusammenbau geschieht in umgekehrter Reihenfolge wie das Zerlegen. Die Staubschutzringe auf beiden Seiten vorsichtig mit einem kleinen Dorn aufschlagen, ohne sie dabei zu beschädigen.

Alle in dieser Anleitung behandelten Fahrzeuge sind mit einer Zahnstangenlenkung ausgerüstet. Die Verbindung von der Zahnstange erfolgt durch Spurstangen direkt auf die Lenkspurhebel an den Achsschenkeln der Vorderradaufhängung. Entweder eine mechanische Lenkung oder eine Servolenkung können eingebaut sein.

Die Lenksäule ist als Sicherheitssäule konstruiert, welche bei Frontalzusammenstössen in sich zusammenfällt. Aus diesem Grund ist bei Arbeiten an der Lenksäule mit grösster Vorsicht vorzugehen, und keine Hammerschläge und dergleichen sind in diesem Bereich zulässig.

Mit dem Einbau eines Airbags sind Arbeiten an der Lenksäule heikel. Vor Ausbau des Lenkrades oder ähnlicher Teile sollte man sich deshalb überlegen, ob man die notwendigen Erfahrungen dazu hat.

Falls man ein wenig Erfahrungen mit Zahnstangenlenkungen hat, kann man diese ohne weiteres überholen.

12.1 Die Zahnstangenlenkung

12.1.1 Aus- und Einbau

Bild 227 zeigt wie die mechanische Lenkung in das Fahrzeug eingebaut ist. Der Aus- und Einbau erfolgt unter Bezug auf dieses Bild:

- Vorderseite des Fahrzeuges anheben und auf Böcke setzen.
- Splinte aus den Kronenmuttern der Spurstangengelenke herausziehen, Muttern lösen und die Kugelgelenke mit einem geeigneten Abzieher trennen, wie es in Bild 226 gezeigt ist. Das Bild zeigt den Spezialabzieher, jedoch eignet sich jeder beliebige Kugelbolzenabzieher zu dieser Arbeit.
- Die vier Befestigungsschrauben der Lenkung lösen.
- Unteres Gelenk vom Lenkritzel trennen.
- Die Befestigungsschrauben der Lenkung vollkommen entfernen und die Lenkung zusammen mit den Spurstangen seitlich herausziehen.

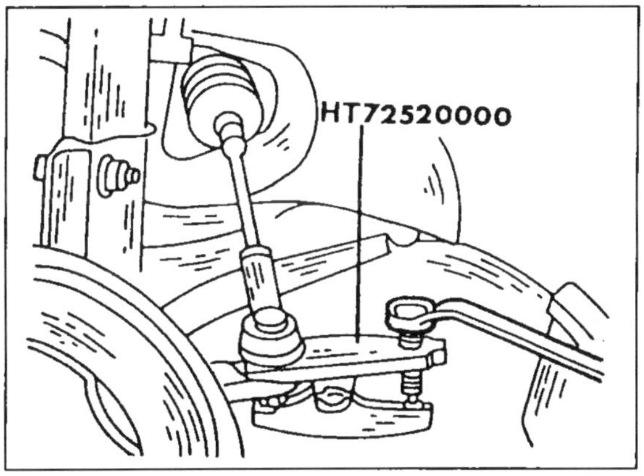

Bild 226
Abdrücken eines Spurstangenkugelbolzens aus dem Spurstangenhebel mit dem Spezialabzieher.

Der Einbau der Lenkung geschieht in umgekehrter Reihenfolge wie der Ausbau, unter Beachtung der folgenden Punkte:

- Die Schrauben der Lenkung mit einem Anzugsdrehmoment von 73 - 97 Nm festziehen.
- Die Abflachung des Lenkritzels mit der Schraubenbohrung des Flansches ausrichten,

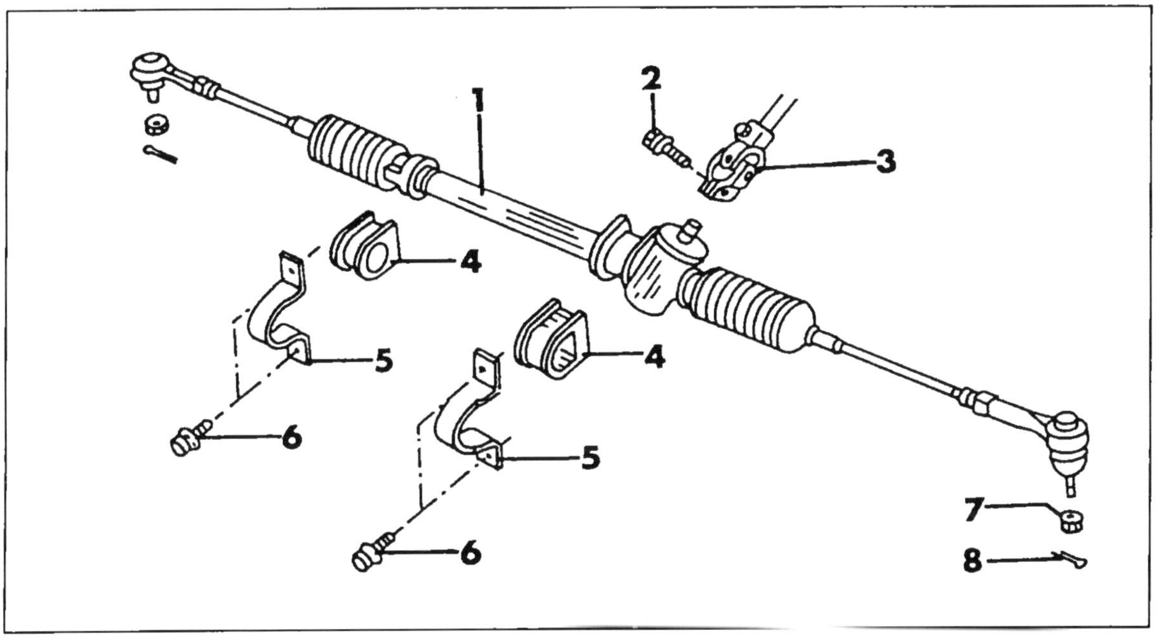

Bild 227
Die Befestigungsteile der mechanischen Lenkung.
1 Lenkung
2 Schraube, 25 - 30 Nm
3 Unteres Lenkungsgelenk
4 Gummilagerung
5 Montageschelle
6 Schraube, 73 - 97 Nm
7 Kronenmutter, 30 - 40 Nm
8 Splint, immer erneuern

wie es in Bild 228 gezeigt ist, und die Klemmschraube vorsichtig einschlagen. Danach die Mutter mit einem Anzugsdrehmoment von 25 bis 29 Nm anziehen.

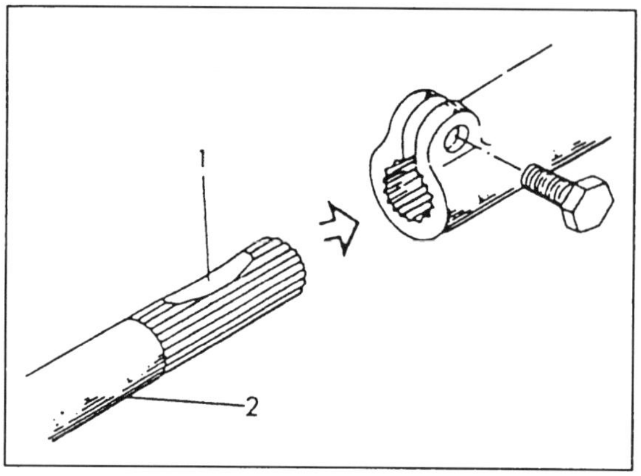

Bild 228
Die Fläche (1) muss mit dem Klemmschlitz der Lenkwelle (2) in eine Linie kommen.

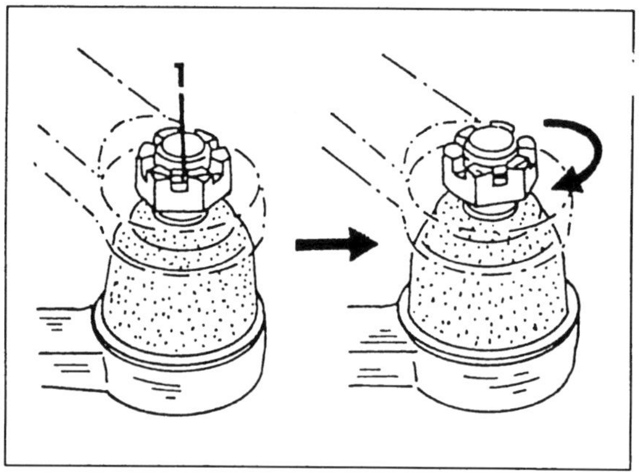

Bild 229
Anziehen der Kronenmuttern der Spurstangengelenke. Falls das Splintloch (1) ausser Linie ist, die Mutter wie rechts gezeigt weiter anziehen.

- Beim Anziehen der Muttern für die Spurstangengelenke diese mit einem Anzugsdrehmoment von 30 - 40 Nm anziehen, ohne Rücksicht auf die Lage des Splintloches im Kugelbolzens zu nehmen. Die Lage des Loches jetzt kontrollieren und die Mutter weiter anziehen, bis sich der Splint einsetzen lässt. Das Anzugsdrehmoment der Mutter darf jedoch nicht mehr als 50 Nm betragen.
- Kontrollieren, dass die Lenkradspeichen in richtiger Lage liegen, wenn die Vorderräder in Geradeausstellung stehen. Es könnte sein, dass man das Lenkritzel um eine Umdrehung zu weit gedreht hat.

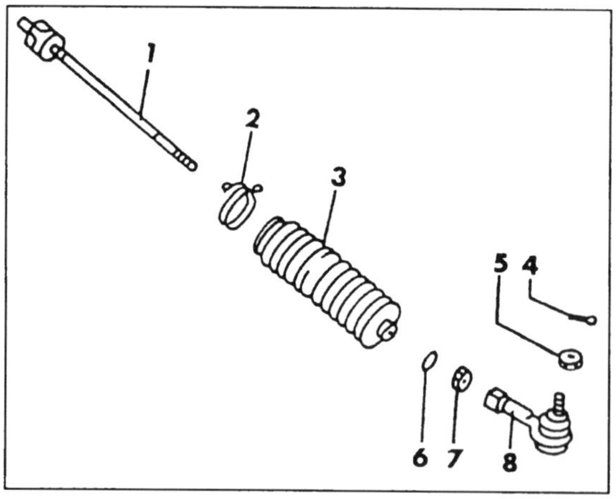

Bild 230
Die Teile der Spurstange auf einer Seite.
1 Spurstange
2 Manschettenschelle
3 Lenkungsmanschette
4 Splint
5 Kronenmutter
6 Befestigungsschelle
7 Kontermutter
8 Spurstangenkopf

12.1.2 Lenkung überholen

Eine Zerlegung der Lenkung wird im allgemeinen nicht geraten, da in den meisten Fällen die Zahnstange und/oder das Zahnstangengehäuse erneuert werden müssen, wenn man annimmt, dass die Lenkung ausgeschlagen ist. Da diese beiden Teile die Hauptteile der Lenkung sind, ist es weitaus besser eine neue Lenkung einzubauen.
Auswechseln kann man dagegen die beiden Spurstangen (abgesehen von den Spurstangenköpfen). Die Lenkung sollte dazu ausgebaut sein. Bild 230 zeigt die davon betroffenen Teile.

- Aussenseite der Lenkung gründlich reinigen und Lenkung in einen Schraubstock einspannen.
- Kontermuttern der beiden Spurstangen lösen und die Spurstangenköpfe abschrauben.
- Lenkungsmanschetten nach Lösen der Befestigungsschellen abstreifen.
- Sicherungsblech an der Zahnstange mit einem Meissel zurückschlagen, wie es in Bild 231 auf der nächsten Seite gezeigt ist.
- Zahnstange an der Innenseite mit einem Gabelschlüssel gegenhalten und die Spurstangen abschrauben. Die Spurstangen abdrehen und die untergelegten Scheiben abnehmen. Die Sicherungsscheiben müssen immer erneuert werden.

Alle Teile gründlich reinigen und verschlissene oder andernfalls angegriffene Teile erneuern.
Der Zusammenbau geschieht in umgekehrter Reihenfolge wie das Zerlegen, jedoch müssen die folgenden Punkte und Einstellungen beachtet werden:

- Sicherungsblech auf die Zahnstange auflegen und die Spurstangen einschrauben. Spurstange bei Gegenhaltung der Zahnstange auf 78 - 98 Nm anziehen. Die Zunge des Sicherungsbleches über zwei Flächen des Spurstangengelenks umschlagen.
- Spurstangenköpfe anschrauben und Kontermutter provisorisch anziehen. Die Grundlänge der Spurstangen beträgt 184,0 mm und wird zwischen der Aussenfläche der Kontermutter und dem Anfang der Lenkmanschette gemessen. Diese Länge einstweilen herstellen.
- Lenkmanschetten anbringen und die inneren Enden der Manschetten wieder am Zahnstangengehäuse anbringen.
- Die Vorspur muss nach dem Einbau der Lenkung eingestellt werden (siehe Kapitel 12.5), um die Spurstangen auf die richtige Länge zu bringen und die Mittelstellung der Lenkung herzustellen.

12.2 Lenkrad und Lenksäule

12.2.1 Kontrolle auf übermässiges Spiel

Die beschriebenen Prüfungen sind für eine mechanische als auch für eine Servolenkung gültig: Das Lenkrad auf gegenüberliegenden Seiten mit beiden Händen erfassen und hin- und herbewegen. Falls das tote Spiel mehr als 35 mm beträgt, gemessen, wie es Bild 232 zeigt, muss die Lenkung eingestellt werden. Wird das Lenkrad auf und ab und hin und her bewegt, und man stellt dabei übermässiges Spiel fest, bedeutet dies, dass das Lager der Lenksäule ausgeschlagen ist oder die Kreuzgelenke der Lenkwelle zu viel Spiel haben. Die Lagerung der Lenksäule sollte man bei einem Nissan-Händler erneuern lassen.
Um die Lenkung auf einwandfreie Einstellung zu kontrollieren, bedient man sich einer Federwaage (bei eingebauter Servolenkung):

- Fahrzeug auf einer trockenen, ebenen Stelle abstellen und die Handbremse anziehen. Die Reifendrücke müssen stimmen, damit man keine Reibung überwinden braucht.
- Motor anlassen.
- Die Lenkungsflüssigkeit auf Betriebstemperatur bringen. Dazu kann man das Lenkrad einige Male hin- und herbewegen, es sei denn, das Fahrzeug wurde kurz vorher gefahren.
- Die Federwaage mit dem Haken in eine Lenkradspeiche einhängen, wie es Bild 233 zeigt.
- An der Federwaage nach unten ziehen und damit eine komplette Umdrehung des Lenkrades durchführen. Kontrollieren, ob die Anzeige weniger als 4,0 kg beträgt.
- Falls die angegebenen Werte nicht erhalten werden können, die Kugelgelenke der Spurstangen kontrollieren. Falls diese in Ordnung sind, muss man die Lenkung ausbauen, um den Lenkungsdämpfer einzustellen. Da dazu die Zerlegung der Lenkung erforderlich ist, muss man die Arbeit in einer Werkstatt durchführen lassen. In schlimmen Fällen muss die Lenkung erneuert werden.

12.2.2 Lenksäule — Aus- und Einbau (einschliesslich Lenkrad)

Die folgenden Anweisungen gelten bei Fahrzeugen ohne Airbag. Am Ende des Abschnitts wird auf Fahrzeuge mit Airbag eingegangen.
Ein Lenkradabzieher muss zum Abziehen des Lenkrades zur Verfügung stehen. Die Lenkradnabe ist mit zwei Gewindelöchern versehen, in welche er eingeschraubt werden kann.

- Vorderseite des Fahrzeuges auf Böcke setzen und die Batterie abklemmen.
- Den Hupendruckknopf ausbauen. Dieser ist je nach Lenkradausführung unterschiedlich befestigt. Der Ausbau lässt sich leichter durchfüh-

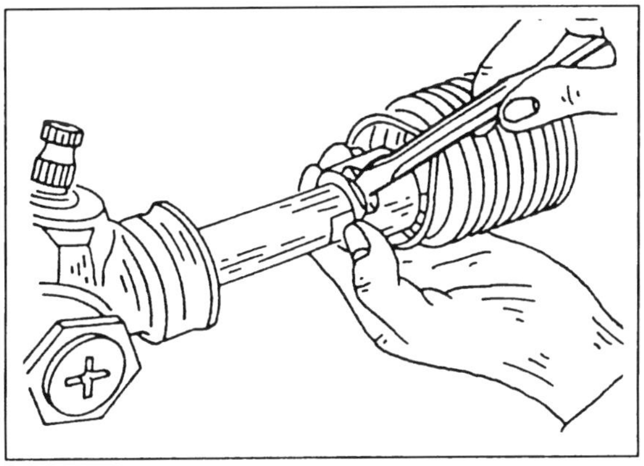

Bild 231
Zurückschlagen des Sicherungsbleches von der Spurstange an der Zahnstangenbefestigung.

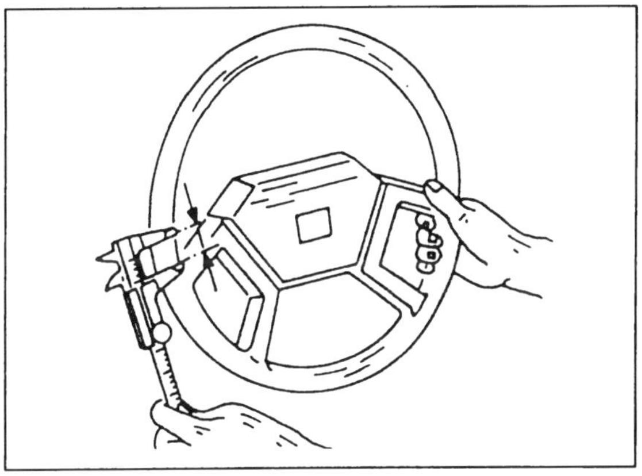

Bild 232
Lenkrad hin- und herbewegen und das Spiel an der Lenkradfelge mit einer Schiebelehre ausmessen.

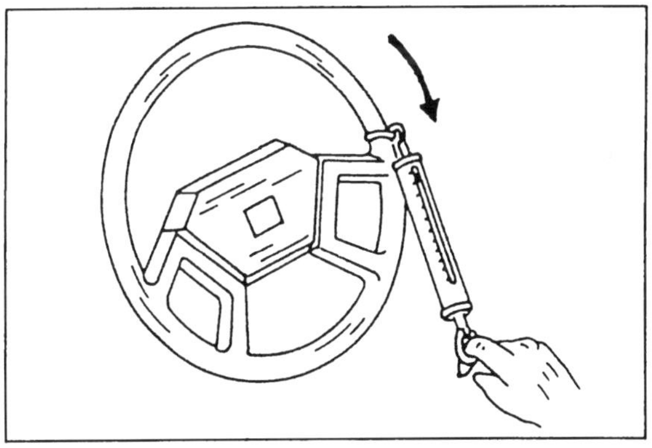

Bild 233
Kontrolle des Lenkungsaufwands bei einer Servolenkung.

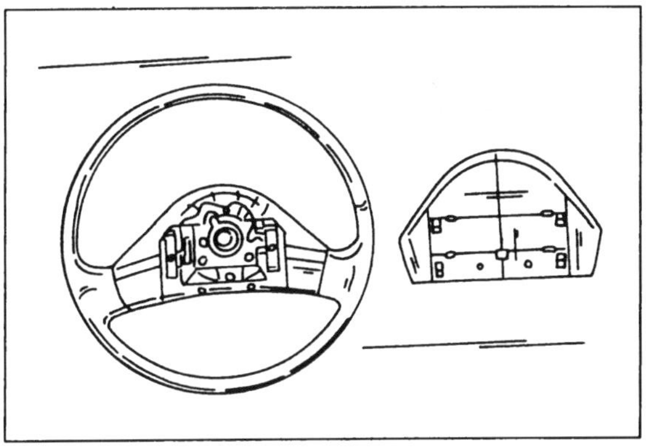

Bild 234
Ausbau des Hupendruckknopfes (Lenkradabpolsterung) bei einem Lenkrad mit zwei Speichen.

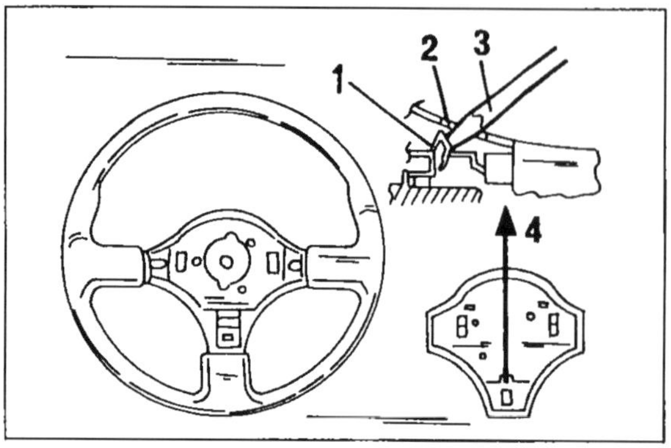

Bild 235
Ausbau des Hupendruckknopfes (Lenkradabpolsterung) bei einem Lenkrad mit drei Speichen.
1 Klemmspange
2 Loch
3 Schraubenzieher
4 Lenkradspeiche

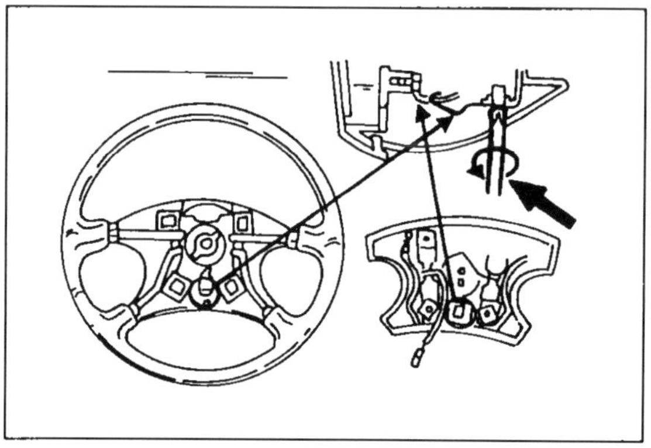

Bild 236
Ausbau des Hupendruckknopfes (Lenkradabpolsterung) bei einem Lenkrad mit vier Speichen. Den Kreuzschlitzschraubenzieher an der Pfeilstelle einsetzen und nach links verdrehen.

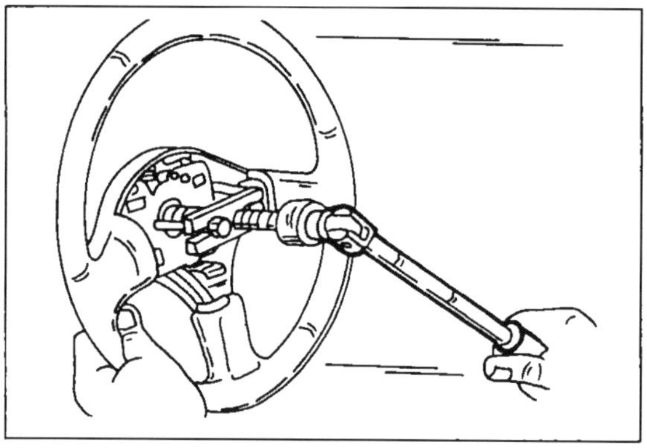

Bild 237
Das Lenkrad wird in gezeigter Weise mit einem Abzieher von der Lenkwelle heruntergezogen.

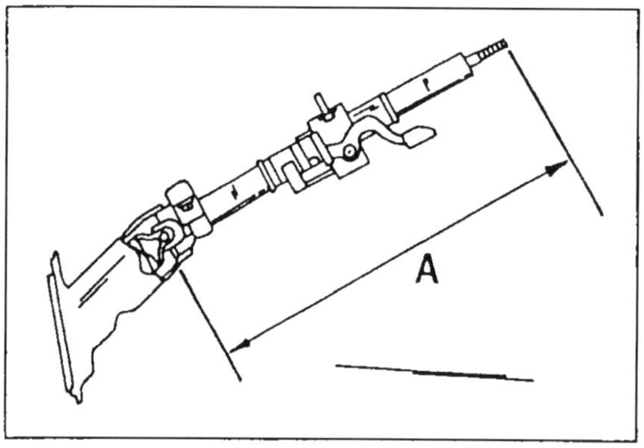

Bild 238
Die Lenksäule zwischen den Pfeilen "A" ausmessen.

ren als die Beschreibung:

— Bei einem Zweispeichenlenkrad werden Plastikclips und Klemmspangen zur Befestigung benutzt. Zum Ausbau die Clips mit der Hand abdrücken und die Klemmspangen vorsichtig mit einem zwischen Hupendrücker und Lenkrad eingesetzten Schraubenzieher abdrücken (Bild 234).
— Bei einem Dreispeichenlenkrad wird der Hupendrücker mit drei Klemmspangen gehalten. Zum Ausbau einen Schraubenzieher von der Rückseite in das Loch der unteren Lenkradspeiche einsetzen und die Klemmspangen nach oben drücken (Bild 235).
— Bei einem Vierspeichenlenkrad einen Kreuzschlitzschraubenzieher in das Loch an der Unterseite der Lenkradspeiche einführen und die Klemmspangen entfernen. Den Hupendrücker dann mit der Hand abziehen (Bild 236).

● Die Lenkradnabe im Verhältnis zur Lenkwelle zeichnen (vorsichtig einen Körner verwenden).
● Lenkradmutter abschrauben. Das Lenkrad dabei an der Felge gegenhalten. Nicht das Lenkradschloss einrasten, um die Lenkwelle zu sperren, da andernfalls der Arretierstift abgeschert werden könnte. Das Lenkrad abziehen (Bild 237).
● Die beiden Hälften der Lenkradverkleidung abschrauben und den Kabelstrang des Kombischalters abklemmen. Der Schalter verbleibt an der Lenksäule.
● Die Abdeckung vom Bodenblech abschrauben und die Abdeckung zurückziehen.
● Die Klemmschraube des Lenkungskreuzgelenks zwischen Lenksäule und Kreuzgelenk lösen und herausschlagen.
● Die beiden Schrauben der oberen Lenksäulenhalterung am Armaturenbrett lösen.
● Zwei Muttern der unteren Lenksäulenhalterung entfernen.
● Lenksäule aus dem Fahrzeug heben, wobei gleichzeitig das untere Ende aus dem Eingriff mit dem Kreuzgelenk zu bringen ist.

Der Einbau der Lenksäule geschieht in umgekehrter Reihenfolge. Zuerst das Kreuzgelenk an der Lenkwelle anbringen und die Schraube einsetzen und anziehen. Obere und untere Befestigungen anbringen und die Schrauben anziehen. Das Lenkrad entsprechend der Kennzeichnung aufstecken und die Lenkradmutter bei gleichzeitiger Gegenhaltung des Lenkrades mit 30 - 40 Nm anziehen. Nach Einbau des Lenkrades das Fahrzeug probefahren und kontrollieren, ob die Lenkradspeichen in der richtigen Stellung stehen. Andernfalls das Lenkrad wieder abziehen und um einen oder zwei Zähne versetzen.

12.2.3 Kontrolle der Lenksäule

Falls angenommen wird, dass die Lenksäule gestaucht wurde (nach einem Unfall zum Beispiel), kann man das Lenkrohr ausmessen. Dazu das Mass "A" in Bild 238 ausmessen. Falls dieses Mass nicht innerhalb 536,2 - 537,8 mm liegt, ist die

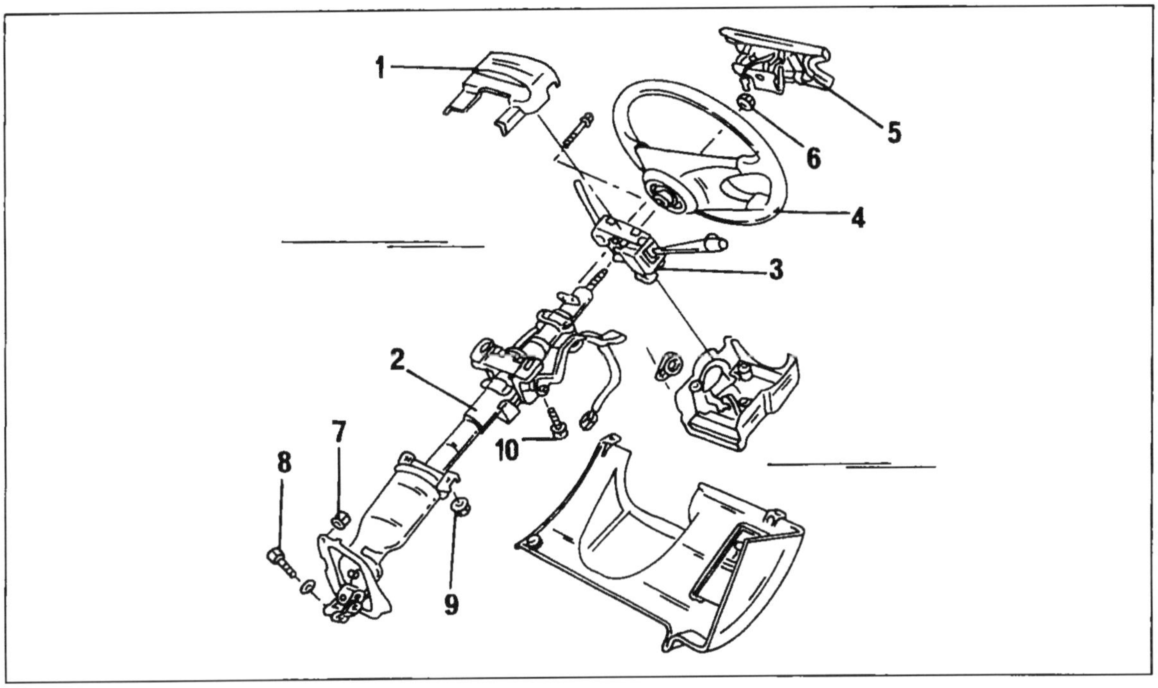

Bild 239
Die Teile der Lenksäule.
1 Obere Lenksäulenverkleidung
2 Lenksäule
3 Kombischalter
4 Lenkrad
5 Hupendruckknopf
6 Mutter, 30 - 40 Nm
7 Mutter, 4 - 5 Nm
8 Schraube, 25 - 30 Nm
9 Mutter, 16 - 20 Nm
10 Schraube, 13 - 18 Nm

Lenksäule verformt und muss erneuert werden. Durch eine Zusammenstauchung wird auch die obere Lagerung der Lenksäule verformt. Die Gewindeeinsätze verlaufen normalerweise bündig mit der Befestigungsschelle. Falls sie verschoben sind, hat sich die Säule gestaucht.

12.3 Die Servolenkung

Die Servolenkung ist ebenfalls eine Zahnstangenlenkung, welche durch eine Lenkhilfspumpe und die dazugehörigen Leitungen unter Druck gesetzt wird und die Bewegungen des Lenkrades von Seite zu Seite erleichtert. Die Servolenkung oder die Lenkhilfspumpe sollten nicht überholt werden, da es wirtschaftlicher ist Austauschteile oder neue Teile einzubauen. Im folgenden Text werden nur einfache Arbeiten beschrieben.

12.3.1 Flüssigkeitsstand kontrollieren

Bei kalter Flüssigkeit die Verschraubung des Vorratsbehälters abschrauben und den Flüssigkeitsstand am Messstab überprüfen. Falls der Spiegel nicht innerhalb des "Cold"-Bereiches steht (siehe Bild 240), muss Flüssigkeit nachgefüllt werden (Dexron-Getriebeflüssigkeit). Falls es möglich ist, dass Luft in die Anlage gekommen ist, das Lenkrad bei laufendem Motor aus einem Anschlag in den anderen drehen, bis keine Luftblasen mehr im Vorratsbehälter aufsteigen. Kontrolliert man den Flüssigkeitsstand bei heisser Lenkungsflüssigkeit (zwischen 50 - 80° C), muss der Spiegel innerhalb des "Hot"-Bereiches liegen.

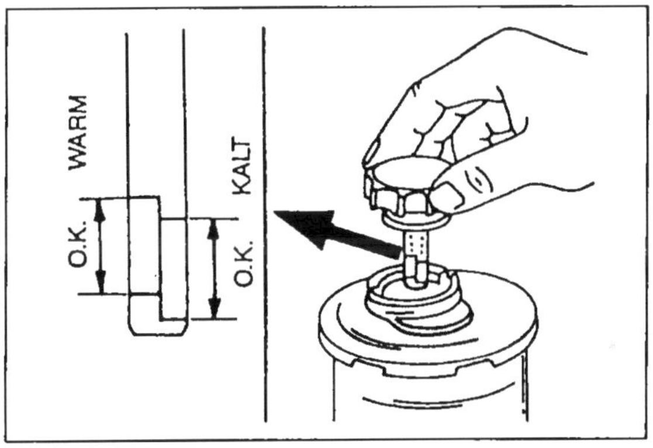

Bild 240
Kontrolle des Flüssigkeitsstandes im Vorratsbehälter der Servolenkung.

12.3.2 Aus- und Einbau der Servolenkung

Die Lenkung kann nicht bei allen Modellen bei eingebautem Motor ausgebaut werden. Beim "GTI" muss der Motor vorher ausgebaut werden.

- Vorderseite des Fahrzeuges anheben und auf Böcke setzen.
- Die Enden der Splinte in den Muttern der Spurstangengelenke aufbiegen und sie mit einem Seitenschneider herausziehen.
- Die Muttern der Spurstangengelenke lösen.
- Die Kugelgelenke mit einem geeigneten Abzieher trennen, wie es bereits in Bild 226 gezeigt wurde.
- Schelle des Hydraulikschlauchs lösen und den Schlauch abziehen.
- Die Überwurfmutter der Leitung an der Lenkung abschrauben, die Leitung herausziehen und

auslaufende Flüssigkeit in einem Behälter auffangen.

- Die vier Befestigungsschrauben der Lenkung lösen.
- Unteres Gelenk der Lenkwelle vom Lenkritzel trennen. Ebenfalls die obere Klemmschraube des Lenkungs-Kreuzgelenks entfernen, damit man das Gelenk später vollkommen herausziehen kann.
- Den Kabelstrang von der Befestigung am Nebenrahmen befreien.
- Die Befestigungsschrauben der Lenkung vollkommen entfernen und die Montagebügel abnehmen.
- Einen Wagenheber mit einem Holzklotz unter dem Triebwerk untersetzen, dieses anheben, bis es gut gehalten unter Spannung steht und den mittleren Motorträger abschrauben und herausnehmen. Die hintere Motoraufhängung muss ebenfalls ausgebaut werden.

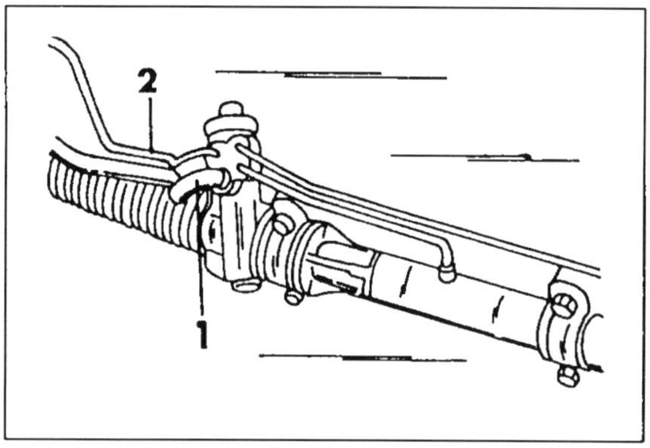

Bild 241
Die beiden Leitungsanschlüsse an der Servolenkung.
1 Niederdruck-Leitung
2 Hochdruckleitung

- Die Lenkung jetzt herausnehmen. Diese dazu zuerst nach links schieben, danach absenken und von der rechten Seite des Fahrzeuges aus herausheben. Die Spurstangen verbleiben an der Lenkung. Das Kreuzgelenk muss während dem Herausheben aus dem Eingriff mit dem Lenkritzel und der Lenksäule gebracht werden.

Der Einbau der Lenkung geschieht in umgekehrter Reihenfolge wie der Ausbau, unter Beachtung der folgenden Punkte:

- Lenkung mit einem Anzugsdrehmoment von 73 - 97 Nm festziehen.

Bild 242
Einzelheiten zum Einstellen der Spannung des Riemens der Lenkhilfspumpe bei eingebautem 2,0 Liter-Motor.
1 Einstellschraube
2 Konterschraube

- Die Abflachung des Lenkritzels mit der Schraubenbohrung des Flansches ausrichten und die Klemmschraube vorsichtig einschlagen, ohne das Gewinde zu beschädigen (Bild 228). Die Mutter mit einem Anzugsdrehmoment von 25 bis 30 Nm anziehen.
- Die beiden hydraulischen Leitungen an der Lenkung unter Bezug auf Bild 241 anziehen. Die Niederdruckleitung (1) auf 20 - 25 Nm, die Hochdruckleitung (2) auf 15 - 25 Nm.
- Beim Anschliessen der beiden Spurstangen wie beim Einbau der mechanischen Lenkung vorgehen (siehe ebenfalls Bild 229 auf Seite 110).
- Kontrollieren, dass die Lenkradspeichen in richtiger Lage liegen, wenn die Vorderräder in Geradeausstellung stehen. Es könnte sein, dass man das Lenkritzel um eine Umdrehung zu weit gedreht hat.

12.3.3 Lenkung überholen

Wie bereits bei der mechanischen Lenkung erwähnt wurde, lohnt es sich nicht die Lenkung zu überholen. Bei grösseren Lenkungsschäden sollte man eine Austauschlenkung einbauen. Andernfalls eine neue Lenkung.

12.3.4 Keilriemenspannung der Lenkhilfspumpe prüfen

Die Verlegung des Antriebsriemens für die Lenkhilfspumpe ist in Bildern 147 und 148 bei den beiden Motorausführungen zu sehen. Auf den Seiten 65 und 66 sind die Masse angegeben, um welche sich der Riemen durchdrücken lässt, wenn man mit gutem Daumendruck auf den Riemen drückt. Wie die Anordnung des Riemens ist auch die Einstellung bei "GA"- und "SR"-Einspritzmotor unterschiedlich. Beide Riemen sind mit einer Spannvorrichtung versehen, die aber unterschiedlich aussieht. Falls eine Einstellung erforderlich ist, folgende Arbeiten durchführen:

- Bei einem 2,0 Liter-Motor unter Bezug auf Bild 242 die Schraube (2) lockern und die Einstellschraube (1) anziehen, bis die richtige Spannung hergestellt ist. Die Schraube (2) danach mit 16 - 22 Nm anziehen. Nach der Einstellung die Spannung an der gezeigten Stelle in Bild 147 auf Seite 65 nachprüfen und mit dem vorgeschriebenen Wert vergleichen.
- Bei einem 1,4- oder 1,6 Liter-Motor unter Bezug auf Bild 243 die Kontermutter (2) an der Innenseite der Spannvorrichtung lockern und die Einstellschraube (1) verstellen, bis die richtige Spannung hergestellt ist. Die Kontermutter (2) mit einem Anzugsdrehmoment von 6 - 9 Nm anziehen.

Falls der Keilriemen zu locker ist, kann die Pumpe nicht den erforderlichen Druck für die Lenkung herstellen. Zögernde Lenkradbewegungen könnten die Folge sein.

12.3.5 Lenkungsanlage füllen und entlüften

- Fahrzeug auf einer ebenen Fläche abstellen.
- Motor warmlaufen lassen.
- Motor mit 1000/min. oder weniger laufen lassen und das Lenkrad aus einem Anschlag in den anderen drehen, um die Temperatur der Flüssigkeit zu erhöhen.
- Die Verschraubung des Vorratsbehälters der Servolenkung abschrauben und kontrollieren, ob der Flüssigkeitsstand innerhalb der beiden Markierungen am Messstab steht (Bild 240). Falls die Kontrolle bei kalter Flüssigkeit durchgeführt wird, liegt der Stand etwas niedriger auf dem Ölmessstab.
- Falls erforderlich Flüssigkeit (wie es in automatischen Getrieben verwendet wird) nachfüllen, um den Flüssigkeitsstand zu berichtigen.
- Verschraubung wieder einschrauben.

Falls die Lenkungsanlage entleert wurde, muss sie nach der Wiederauffüllung folgendermassen entlüftet werden:

- Vorderseite des Fahrzeuges auf Böcke setzen.
- Lenkrad zwei oder drei Mal aus einem Anschlag in den anderen drehen. Falls der Flüssigkeitsspiegel absinkt, Flüssigkeit ergänzen.
- Flüssigkeitsstand im Vorratsbehälter kontrollieren, wie es oben beschrieben wurde.
- Motor anlassen und im Leerlauf laufen lassen.
- Lenkrad zwei oder drei Mal aus einem Anschlag in den anderen drehen.
- Vorderräder wieder auf den Boden ablassen.
- Motor mit 1000 /min. laufen lassen.
- Lenkrad einige Male aus einem Anschlag in den anderen drehen.
- Lenkrad in die Mittelstellung drehen.
- Verschraubung des Vorratsbehälters herausdrehen und den Flüssigkeitsstand ablesen. Den Motor jetzt anlassen und kontrollieren, ob der Flüssigkeitstand im Behälter ansteigt. Falls das Öl um mehr als 5 mm ansteigt, müssen die Entlüftungsarbeiten erneut durchgeführt werden, da immer noch Luft in der Anlage eingeschlossen ist.
- Verschraubung wieder einsetzen.

12.3.6 Flüssigkeitswechsel

Falls die Flüssigkeit lange in der Anlage war, die Lenkhilfspumpe oder die Lenkung wurden ausgebaut, oder das Lenköl ist mit Luft durchsetzt, sollte man die Flüssigkeit erneuern:

- Vorderseite des Fahrzeuges auf Böcke setzen.
- Den Rücklaufschlauch nach Lösen der Schlauchschelle vom Vorratsbehälter abziehen und die Flüssigkeit in einen untergehaltenen Behälter laufen lassen.

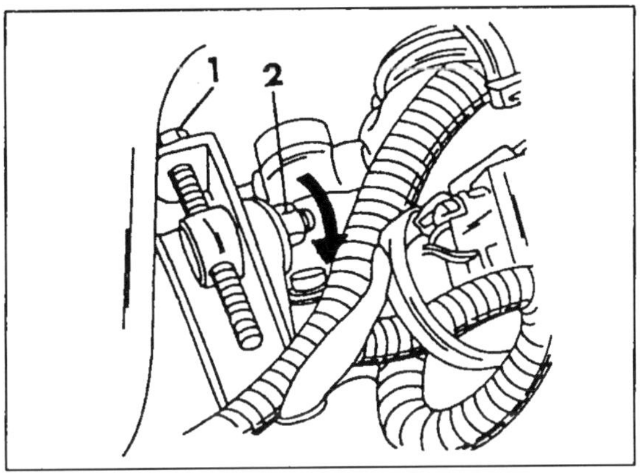

Bild 243
Einzelheiten zum Einstellen der Spannung des Riemens der Lenkhilfspumpe bei eingebautem 2,0 Liter-Motor.
1 Einstellschraube
2 Konterschraube

- Lenkrad aus einem Anschlag in den anderen einschlagen, bis alle Flüssigkeit aus der Anlage ausgeschieden ist.
- Anlage auffüllen und entlüften, wie es in Kapitel 12.3.5 beschrieben ist. Unbedingt die richtige Flüssigkeit dazu verwenden. Dexron-Flüssigkeit wird normalerweise eingefüllt, es sei denn, dass von Ihrem Nissan-Händler eine andere Flüssigkeit vorgeschlagen wird.
- Fahrzeug probefahren und kontrollieren, dass die Lenkung einwandfrei auf die Bewegungen des Lenkrades bei der Fahrt als auch im Stillstand anspricht.

12.4 Erneuerung der Lenkungsmanschetten

Die Erneuerung einer Lenkungsmanschette kann bei eingebauter Lenkung durchgeführt werden.

- Fahrzeug vorn aufbocken und das Rad abschrauben.
- Das Kugelgelenk der Spurstange vom Lenkhebel abschliessen.
- Die Kontermutter in der Nähe des Spurstangenkopfes lockern und den Gelenkkopf abschrauben, während gleichzeitig die Umdrehungen gezählt werden, um den Kopf vollkommen zu entfernen.
- Die Klemmschellen an der Innenseite der Spurstange und die kleine Klemmschelle an der Aussenseite lösen und die Manschette herunterziehen.

● Neue Lenkungsmanschette aufstecken und mit dem Sicherungsdraht innen befestigen.

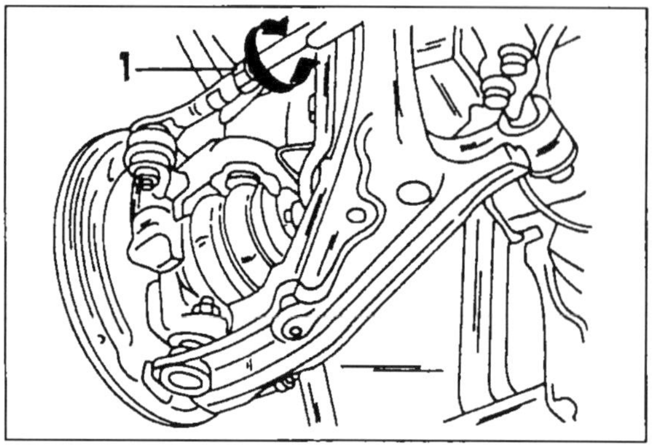

Bild 244
Verstellen der Spurstangen. Die Kontermuttern (1) vorher lockern.

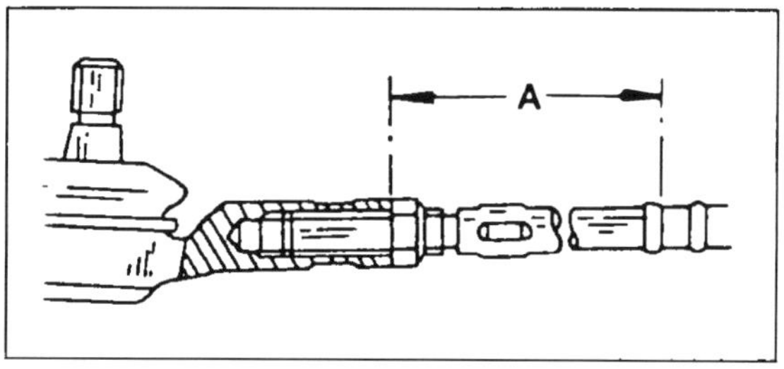

Bild 245
Das Mass "A" zwischen den Spurstangen muss auf den angegebenen Wert eingestellt werden.

● Den Spurstangenkopf auf die Spurstange um genau die gleiche Anzahl Umdrehungen die zum Abschrauben erforderlich waren, wieder aufschrauben.
● Den Spurstangenkopf am Lenkhebel anschliessen und die Kronenmutter mit 37 - 46 Nm anziehen. Einen neuen Splint einsetzen.
● Nach dem Einbau die Vorspur kontrollieren und ggf. einstellen.

12.5 Vorderradeinstellung (Lenkungsgeometrie)

Bei der Kontrolle der Radeinstellung der Vorderräder muss das Fahrzeug auf ebenem Boden stehen und die Reifen müssen mit dem vorgeschriebenen Luftdruck gefüllt sein. Vor dem Ausmessen der Vorspur ist es wichtig, dass Lenkung, Radaufhängung und Radlager vorschriftsmässig montiert wurden und vollkommen ohne Spiel sind.
Sturz, Nachlauf und Spreizung können nicht eingestellt werden. Falls die angegebenen Werte bei der Messung in herkömmlicher Weise überschritten werden, kann man annehmen, dass Teile der Vorderradaufhängung verzogen sind, die entsprechend erneuert werden müssen.
Bei der Ausmessung des Sturzes und Nachlaufs ist das Fahrzeug in Betriebszustand zu bringen, d.h. wie es im Verkehr verwendet wird. Ausserdem ist der Kraftstofftank zu füllen.
Die Werte sind in der Masstabelle angegeben.

12.5.1 Vorspur einstellen

Die Vorspur wird nach Lockern der Kontermuttern der Spurstangen und Verlängern oder Verkürzen der Spurstange eingestellt. Die Spurstangen sind an den Enden mit Linksgewinde auf einer Seite und mit Rechtsgewinde auf der anderen Seite versehen, so dass das Mittelrohr nach links oder rechts gedreht werden kann, um die Einstellung zu verstellen (Bild 244).
Falls die Spurstangen ausgebaut waren, müssen sie vor Beginn der Spureinstellung auf ein Mass von 184,0 mm eingestellt werden. Das Mass ist zwischen den Pfeilen in Bild 245 zu messen.
Beim Messen der Vorspur folgendermassen vorgehen:
● Ein geeignetes Spurmass an der Vorderseite der Räder an den Felgenhörnern anlegen und die Skala auf Null stellen. Die Anlagestellen des Spurmasses mit Kreide zeichnen.
● Spurmass abnehmen und Fahrzeug um eine halbe Umdrehung der Räder nach vorn schieben, bis die mit Kreide gezeichneten Stellen in Höhe der Naben sich an der Rückseite der Räder befinden.
● Das immer noch auf Null gestellte Spurmass jetzt hinter den Rädern anlegen und die Taststifte verstellen. Das an der Skala angezeigte Mass ablesen.
● Falls das Mass an der Rückseite grösser als an der Vorderseite ist und innerhalb der in der Mass- und Einstelltabelle angegebenen Werten liegt, stimmt die Einstellung. Zu beachten, dass die Spurweite auf Nachspur stehen kann (bis zu —0,5 mm), ohne dass man irgendwelche Einstellungen durchführen muss.
● Zur Berichtigung der Einstellung die Kontermuttern in Bild 244 beider Spurstangen lockern und die beiden Spurstangen um den gleichen Wert mit einem angesetzten Gabelschlüssel verstellen. Die Vorspur erneut messen und abschliessend die Kontermuttern mit einem Anzugsdrehmoment von 37 - 46 Nm anziehen.

12.5.2 Nachlauf überprüfen

Der Nachlauf kann mit einem gewöhnlichen Nachlaufwinkelmessgerät ausgemessen werden. Optische Geräte sind natürlich am genauesten. Unter Nachlaufwinkel versteht man die Schrägstellung des Achsschenkels nach hinten, verglichen mit einer von der Fahrbahnfläche im rechten Winkel nach oben gezogenen Linie, wenn man auf die Seite von Rad und Federbein sieht. Wenn man sich eine durch das Federbein gezogene Linie vorstellt, muss diese vor dem Vorderrad auf die Fahrbahn auftreffen. Bild 246 zeigt die Darstellung des Nachlaufwinkels.

Der Nachlauf ist in der Mass- und Einstelltabelle angegeben.
Falls beim Messen festgestellt wird, dass der Nachlauf ausserhalb der angegebenen Werte liegt, muss man die Vorderradaufhängung auf Verzug kontrollieren. Ein hartes Auffahren auf einen Bordstein zum Beispiel, kann den Nachlauf nachträglich beeinträchtigen.

12.5.3 Sturz überprüfen und einstellen

Unter Sturz versteht man die Schrägstellung des Achsschenkels nach aussen, wenn man auf die Vorderseite des Rades sieht, verglichen mit einer senkrecht durch das Rad gezogenen Linie zur Fahrbahn. Bild 247 veranschaulicht die Sturzeinstellung. Der Sturzwinkel kann mit einem herkömmlichen Sturzwinkelmessgerät kontrolliert werden, jedoch sind optische Geräte natürlich am genauesten. Sturzwinkel werden in Graden und Minuten ausgedrückt.
Falls beim Messen festgestellt wird, dass der Sturzwinkel ausserhalb der angegebenen Werte liegt, kann man annehmen, das ein Teil oder mehrere Teile der Vorderradaufhängung verzogen sind. Diese deshalb kontrollieren oder kontrollieren lassen.

12.5.4 Lenkeinschlagwinkel einstellen

Zur genauen Einstellung der Lenkeinschlagwinkel sind die Vorderräder auf Drehscheiben aufzusetzen. Die Einschlagwinkel sind der Mass- und Einstelltabelle zu entnehmen. Wie man daraus ersehen wird, ist der Einschlagwinkel des kurveninneren Rades und des kurvenäusseren Rades unterschiedlich. Ausserdem gibt es den sogenannten Spurdifferenzwinkel, bei welchem ein Rad auf einen Einschlag von 20° gesetzt wird. Nur wenn man gegen einen harten Gegenstand

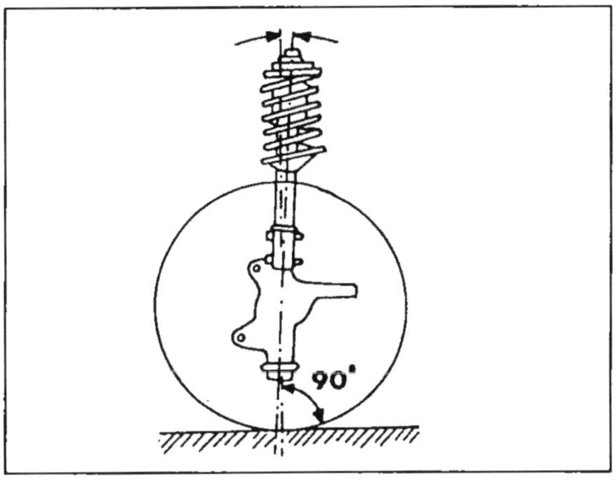

Bild 246
Darstellung des Nachlaufs. Der Pfeil weist in die Fahrtrichtung.

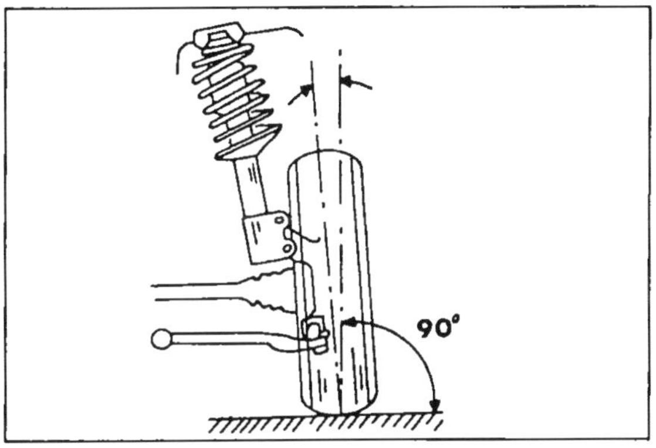

Bild 247
Darstellung des Sturzwinkels. Der Sturz wird zwischen den Pfeilen angezeigt.

gefahren ist, könnte es sein, dass sich der Lenkeinschlagwinkel verändert hat. Am besten in einer Werkstatt ausmessen lassen.

12.6 Lenkrad/Lenksäule (Fahrzeuge mit Airbag)

Der Aufbau der Lenksäule ist ähnlich wie bei Fahrzeugen ohne Airbag, mit dem Unterschied, dass die Airbag-Einheit an der Aussenseite des Lenkrades sitzt. Falls irgendwelche Arbeiten an Lenkrad oder Lenksäule durchgeführt werden

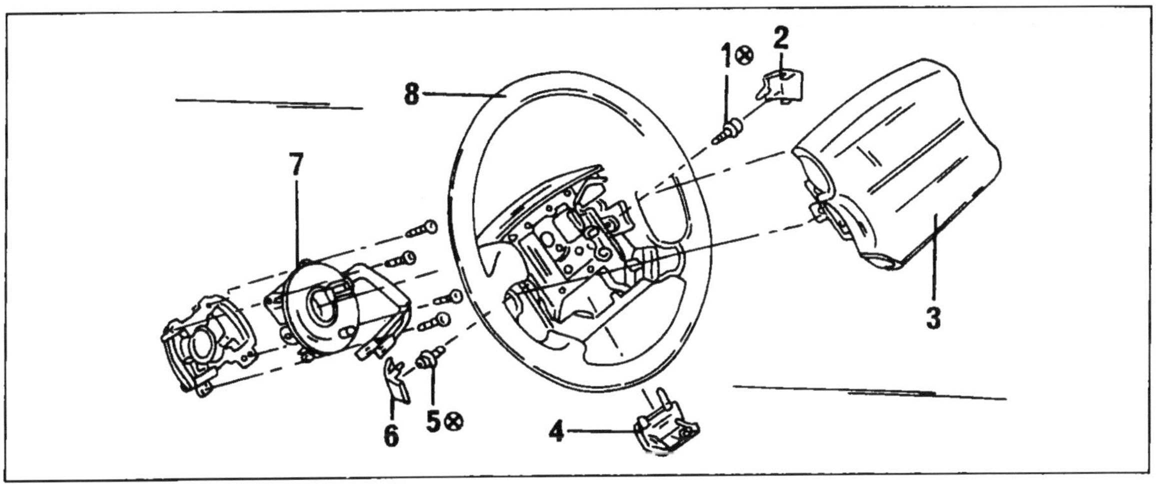

Bild 248
Ansicht des Lenkrades mit Airbageinheit.
1 Spezialschraube, 15 - 25 Nm
2 Linke Seitenabdeckung
3 Airbageinheit
4 Untere Abdeckung
5 Spezialschraube, 15 - 25 Nm
6 Linke Seitenabdeckung
7 Spiralenkabel
8 Lenkrad

müssen, muss man sich die folgenden Vorsichtsmassnahmen einprägen:

- Vor Beginn der Arbeiten die Zündung ausschalten, beide Batteriekabel abklemmen und mindestens 10 Minuten warten.
- Die Airbageinheit immer mit der abgepolsterten Seite nach oben weisend ablegen.
- Niemals versuchen die Airbageinheit zu zerlegen.
- Die verwendeten Spezialschrauben (siehe Bild 248) sind mit Verbundmittel behandelt. Niemals ausgeschraubte Schrauben wieder verwenden.

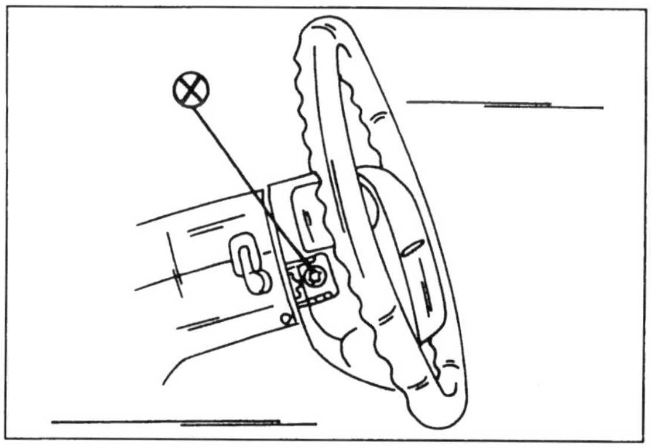

Bild 249
Die Airbageinheit ist auf beiden Seiten mit Spezialschrauben gehalten.

- Niemals irgendwelche Werkzeuge in den Anschlussstecker der Airbageinheit einsetzen.
- Niemals irgendwelche Instrumente zur Kontrolle der Airbageinheit benutzen.
- Airbageinheit niemals fallen lassen.
- Die Airbageinheit darf nicht Temperaturen von mehr als ca. 95° C ausgesetzt werden. Falls Sie Ihr Fahrzeug einmal ausserhalb einer Nissan-Werkstatt nachlackieren lassen, müssen Sie dies der Werkstatt mitteilen.
- Die Airbageinheit von Fett oder Wasser fernhalten.

An der Lenksäule wird ein besonderes Spiralenkabel verwendet. Beim Einbau dieses Kabels muss man besondere Vorsichtsmassnahmen beachten. Beim Ausbau des Lenkrades folgendermassen vorgehen:

- Die untere Abdeckung (4) in Bild 248 herausdrücken und den Kabelstecker abziehen.
- Die seitlichen Abdeckungen (2) und (6) herausdrücken und die beiden Spezialschrauben (1) und (5) mit einem "Torx"-Kopf-Schraubenzieher (Grösse T50) herausdrehen. Diese sitzen an der in Bild 249 gezeigten Stelle.
- Die Airbageinheit herunterheben und in der oben beschriebenen Weise behandeln.
- Lenkrad in die Geradeausstellung setzen, den Stecker abziehen und die Lenkradmutter abschrauben. Dabei das Lenkrad an der Felge gegenhalten.
- Das Lenkrad abziehen (Bild 237).
- Die Lenksäulenverkleidungen ausbauen.
- Einen Stecker abziehen und die vier Schrauben lösen. Das Spiralenkabel kann jetzt abgenommen werden.

Der weitere Ausbau der Lenksäule geschieht in gleicher Weise, wie es bei der Ausführung ohne Airbag beschrieben wurde.

Beim Einbau ist besonders die Anordnung des Spiralenkabels zu beachten. Falls dieses nicht einwandfrei eingebaut wird, kann es beim Betätigen der Lenkung abreissen.

Achtung: Das Lenkrad kann nur ca. 2 ½ Umdrehungen aus der Mittelstellung nach links oder rechts verdreht werden, ehe das Kabel abreissen kann. Dies ist besonders wichtig, wenn man die beiden Spurstangen abgeschlossen hat, da es dann möglich ist, das Lenkrad weiter zu drehen.

- Vorderräder in die Geradeausstellung bringen.
- Das Spiralenkabel in die Neutralstellung bringen. Dazu Bild 250 betrachten und das Kabel verdrehen, bis die beiden in der unteren Ansicht gezeigten Markierungen fluchten, d.h. das Kabel liegt jetzt auf der rechten Seite.
- Den Stecker aufstecken und die vier Schrauben anziehen.
- Die Lenksäulenverkleidung wieder montieren.
- Den Hupenstecker wieder anschliessen und das Spiralenkabel mit den Klauen im Lenkrad in Eingriff bringen.
- Die Lenkradmutter anziehen.
- Die Airbageinheit aufsetzen und mit neuen Spezialschrauben befestigen. Den Stecker aufstecken.
- Die seitlichen und die untere Abdeckung eindrücken.
- Lenkrad vorsichtig nach links und rechts verdrehen, um das Spiralenkabel zu kontrollieren. Die Airbag-Leuchte darf dabei nicht blinken.

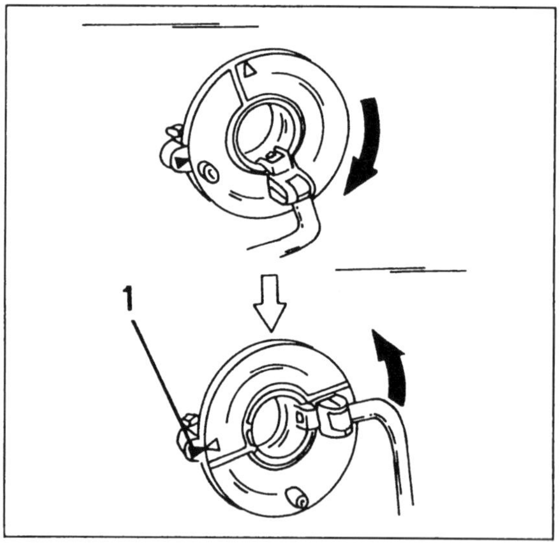

Bild 250
Zum Einbau des Spiralenkabels. Dieses in Pfeilrichtung verdrehen, bis die Fluchtmarken (1) gegenüberstehen.

13 Die Vorderachse und Vorderradaufhängung

Eine Mac-Pherson-Radaufhängung mit unteren Dreiecksquerlenkerarmen und einem Kurvenstabilisator wird bei allen Modellen eingebaut. Abgesehen von der unterschiedlichen Ausführung der Antriebswellen bei Fahrzeugen mit Zweirad- und Vierradantrieb gibt es auch Unterschiede in der Befestigung des unteren Querlenkers. Auf einer der folgenden Seiten werden Ansichten der Aufhängungen der beiden Modellvarianten gezeigt, woraus man die Unterschiede ermitteln kann.

13.1 Radnabe und Achsschenkel

13.1.1 Ausbau

Der Ausbau der Radnabe und des Achsschenkels ist ebenfalls vorgeschlagen, wenn man die Antriebswelle, sei es für Reparatur, Ausbau des Getriebes oder andere Arbeiten, ausbauen muss.

- Radmuttern und die Mutter der Achswelle lockern, während die Räder auf dem Boden aufstehen.
- Vorderseite des Fahrzeuges auf Böcke setzen und das Rad abnehmen.
- Bremssattel ausbauen. Dazu die beiden in Bild 251 gezeigten Schrauben entfernen. Den Bremssattel mit einem Stück Draht an der Vorderradaufhängung festbinden. Den Sattel nicht am Schlauch herunterhängen lassen.
- Splint aus der Kronenmutter des Spurstangengelenks herausziehen, die Mutter lösen und das Gelenk mit einem passenden Abzieher (siehe Bild 226) vom Lenkhebel trennen. Um das Gewinde nicht zu beschädigen, kann man die Mutter verkehrt herum auf den Bolzen schrauben, bis sie bündig abschneidet.
- Die Mutter wieder auf die Achswelle schrauben, bis die Aussenseiten von Mutter und Welle bündig abschneiden und die Achswelle mit einem Weichmetallhammer etwas nach innen schlagen, damit sie sich vom Radlager lösen kann.
- An der Unterseite des Federbeins die beiden in Bild 252 gezeigten Schrauben und Muttern entfernen.
- Querlenker und Achsschenkel nach unten drücken, bis der Achsschenkel mit der oberen Befestigung aus dem Federbein frei wird. Falls erforderlich den Klemmschlitz des Federbeins vorsichtig mit einem Schraubenzieher öffnen.
- Mutter des Aufhängungskugelgelenks abschrauben und das Kugelgelenk vom Achsschenkel trennen. Dazu wird ein Kugelbolzenabzieher benutzt, den man in der in Bild 253 gezeigten Weise ansetzt.
- Falls der Achsschenkel mit der Achswelle ausgebaut werden soll, das Getriebeöl ablassen (Stopfen herausdrehen und einen Behälter unterstellen).

Bild 251
Die Pfeile weisen auf die Befestigungsschrauben eines Bremssattels.

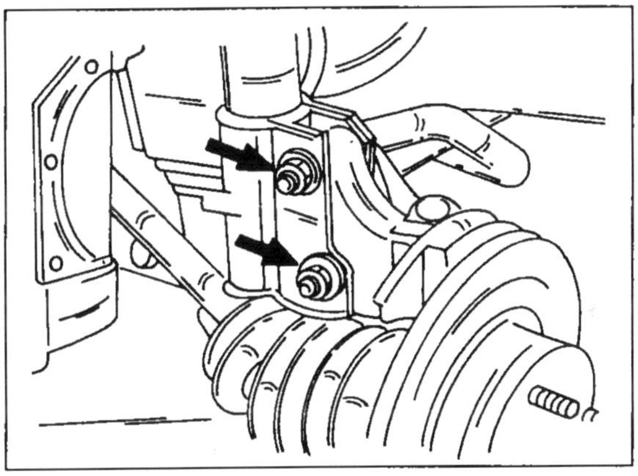

Bild 252
Die beiden mit den Pfeilen gezeigten Schrauben weisen auf die Befestigung des Federbeins am Achsschenkel. Bei früheren Sunny-Modellen wurden Exzenterschrauben eingebaut, die jetzt weggelassen wurden.

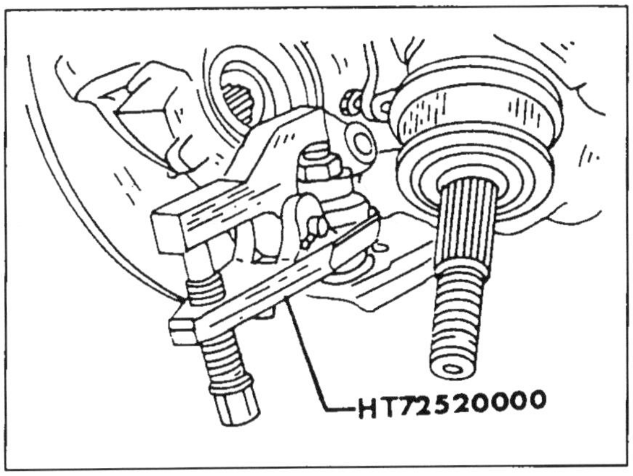

Bild 253
Abdrücken des Kugelbolzens des Aufhängungstraggelenks mit dem Spezialabzieher.

- Die Antriebswellen aus dem Getriebe herausdrücken, wie es in Kapitel 11 für die linke und rechte Welle bei eingebautem Schaltgetriebe oder Getriebeautomatik beschrieben wurde.
- Radnabe, Achsschenkel und Antriebswelle zusammen aus dem Fahrzeug herausziehen oder

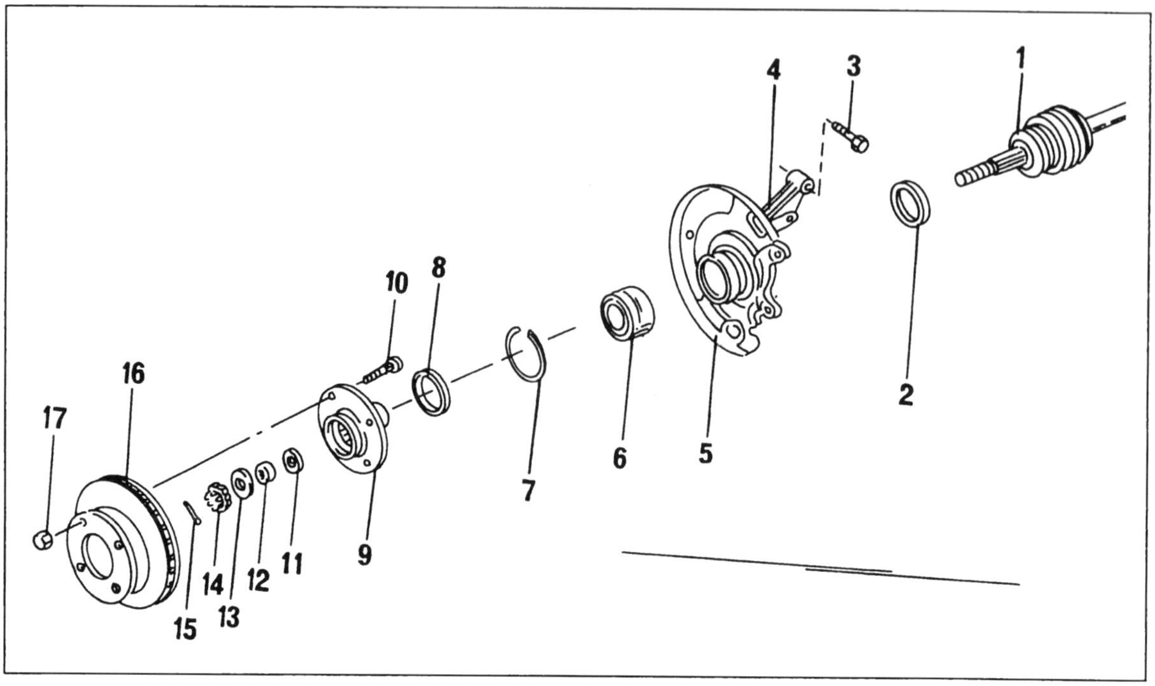

Bild 254
Zur Erneuerung eines Radlagers.
1 Achswelle
2 Öldichtring
3 Schraube, 160-190 Nm
4 Achsschenkel
5 Spritzblech
6 Radlager
7 Lagersprengring
8 Äusserer Fettdichtring
9 Radnaben
10 Radbolzen
11 Unterlegscheibe
12 Achswellenmutter, 200-280 Nm
13 Isolierungsscheibe
14 Mutternsicherung
15 Splint
16 Bremsscheibe
17 Radmutter, 100-120 Nm

Achswelle im Getriebe lassen und nur den Achsschenkel zusammen mit der Radnabe von der Achswelle herunterziehen.

13.1.2 Zerlegung und Erneuerung der Radlager

Falls die Radnabe oder das Radlager aus dem Achsschenkel ausgebaut werden, muss man das komplette Radlager erneuern. Das Radlager kommt mit innerem Laufring und äusserem Laufring als Ganzteil.

- Falls die Welle noch im Achsschenkel sitzt, muss sie mit einem Weichmetallhammer ausgeschlagen werden. Den Achsschenkel dazu in einen Schraubstock einspannen.

Falls die Radlager erneuert werden sollen, unter Bezug auf Bild 254 vorgehen. Zu beachten ist, dass beim Ausbau der Radnabe oder des Radlagers aus dem Achsschenkel das komplette Radlager, d.h. Lagerlaufring, Lagerkäfig und Öldichtring erneuert werden müssen.

- Achsschenkel in einen Schraubstock einspannen und mit einem Dorn die Radnabe von innen nach aussen ausschlagen. Der innere Lagerlaufring verbleibt auf der Nabe und kommt ebenfalls heraus. Der Lagerlaufring muss mit einem Zweiklauenabzieher von der Nabe gezogen werden oder man presst die Nabe mit geeigneten Pressplatten durch den Lagerring.
- Den Sprengring in der Aussenseite des Achsschenkels mit einer Sprengringzange entfernen.
- Achsschenkel unter eine Presse legen und das Radlager von innen nach aussen aus dem Achsschenkel auspressen. Ein Stück Rohr zum Auspressen benutzen.

Alle Teile gründlich reinigen. Die Lager müssen immer zusammen mit den Laufringen erneuert werden, da sie zusammen eingelaufen sind. Der Achsschenkel kann nur mit einem magnetischen Prüfgerät auf Risse, usw. kontrolliert werden.

13.1.3 Zusammenbau des Achsschenkels

Beim Einbau der Radlager und Zusammenbau des Achsschenkels folgendermassen vorgehen:

- Bohrung des Achsschenkels und die Aussenseite des Radlagers gut von Fett reinigen und das neue Radlager von der Aussenseite in den Achsschenkel einpressen. Dabei den Druck nur auf dem inneren Lagerlaufring des Radlagers ausüben. Darauf achten, dass die Öldichtringe nicht beschädigt werden.
- Den grossen Sprengring in die Rille einfedern. Kontrollieren, dass der Sprengring ringsherum einwandfrei sitzt.
- Die beiden Öldichtringe an den Dichtlippen mit Fett einschmieren. Übermässiges Fett abwischen.
- Achsschenkel auf den Pressentisch auflegen und die Radnabe in das Radlager und den Achsschenkel einpressen. Unbedingt darauf achten, dass der Pressdruck nicht mehr als 3 Tonnen beträgt.
- Die Lagervorspannung muss jetzt kontrolliert werden. Dazu den Achsschenkel auf dem Pressentisch liegen lassen und den Druck auf die Aussenseite der Radnabe auf 3,5 - 5,0 Tonnen erhöhen. Druck beihalten und den Achsschenkel einige Male

hin- und herbewegen. Der Achsschenkel sollte sich trotz des Drucks ohne Klemmschellen drehen lassen.

13.1.4 Achsschenkel und Antriebswelle einbauen

Der Einbau des Achsschenkels mit der Achswelle geschieht in umgekehrter Reihenfolge wie der Ausbau. Immer einen neuen Sicherungsring in das Ende der Antriebswelle einfedern. Einzelheiten über den genauen Einbau der Antriebswellen sind in Kapitel 11 gegeben. Beim Einsetzen der Antriebswellen in das Differential die Verzahnungen genau ausrichten. Nach dem Einbau an der Welle ziehen, um festzustellen, ob der Ring einwandfrei eingeschnappt ist.
Alle in der Anzugsdrehmomenttabelle am Ende des Buches angegebenen Drehmomente sind zu beachten.

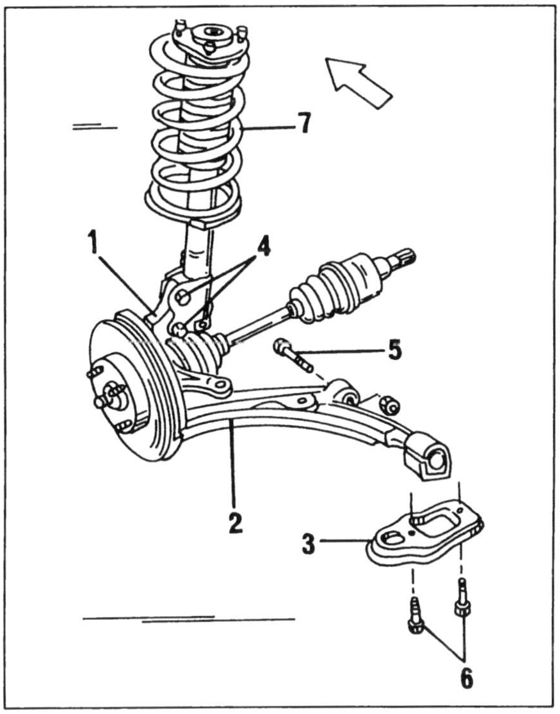

Bild 255
Die Vorderradaufhängung auf einer Seite (Fahrzeuge mit Zweiradantrieb).
1 Achsschenkel
2 Querlenker
3 Querlenkerlagerung
4 Schrauben, 112 - 136 Nm
5 Schraube, 105 - 125 Nm
6 Schrauben, 80 - 100 Nm
7 Federbein

13.2 Vorderfeder und Federbein

13.2.1 Ausbau

Bilder 255 und 256 zeigen die Teile der Vorderradaufhängung auf einer Seite, wobei darauf hingewiesen werden muss, dass Bild 256 die Radaufhängung eines Fahrzeuges mit Vierradantrieb zeigt. Die linke Aufhängung entspricht mehr oder weniger der in Bild 255 gezeigten, mit dem Unterschied, dass die Querlenkerlagerung durch eine Schelle geschieht. Die Bilder können bei den folgenden Arbeiten hinzugezogen werden. Zu beachten ist, dass das Federbein nicht zerlegt werden kann, d.h. falls der eingebaute Stossdämpfer seine Dämpffähigkeit verloren hat, muss das gesamte Federbein erneuert werden.

- Vorderseite des Fahrzeuges anheben und auf Böcke setzen.
- Das Rad lockern und abnehmen.
- Bremsleitung und Bremsschlauch in der Innenseite des Radkastens trennen. Dazu die Überwurfmutter lösen und das Federblech aus dem Schlauch herausschlagen. Die Leitungsenden zustopfen, um Eindringen von Schmutz zu vermeiden.
- Einen Wagenheber unter den Querlenker setzen und diesen leicht anheben.
- Die beiden Muttern in Bild 252 lösen und die Schrauben ausschlagen, ohne dabei die Gewinde zu beschädigen.
- Wagenheber langsam ablassen, während der Achsschenkel aus dem Eingriff mit dem Federbein gebracht wird. Den Achsschenkel dazu langsam nach unten drücken. Falls erforderlich den Klemmschlitz des Achsschenkels mit einem Schraubenzieher öffnen.

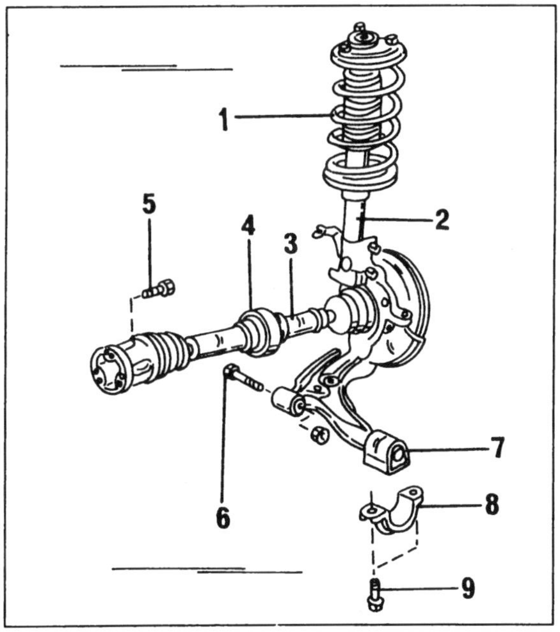

Bild 256
Ansicht eines Federbeins auf der rechten Seite bei einem Fahrzeug mit Vierradantrieb.
1 Schraubenfeder
2 Federbein
3 Antriebswelle
4 Schwingungsdämpfer
5 Schraube, 40 - 50 Nm
6 Schraube, 100 - 120 Nm
7 Querlenker
8 Montageschelle
9 Schraube, 120 - 150 Nm

- Vom Motorraum aus die Mutter in der Öffnung des oberen Federbeinlagers teilweise lockern, falls das Federbein zerlegt werden soll.
- Federbein von unten halten und die drei Muttern des Federbeins von der Karosserie abschrauben. Bild 257 zeigt die Befestigung des Federbeins an der Oberseite.
- Federbein nach unten ausführen und herausnehmen.
- Das Federbein sofort reinigen.

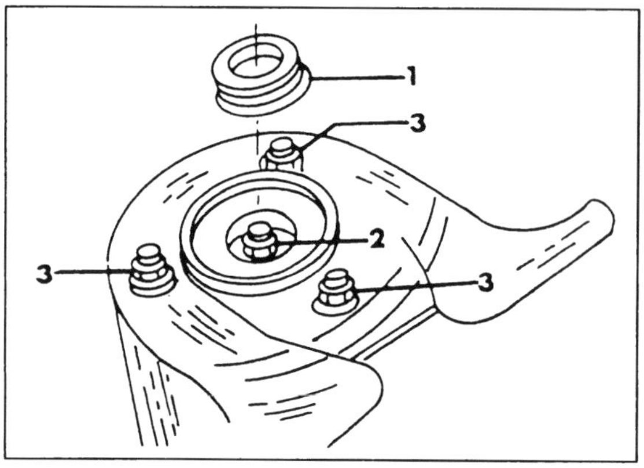

Bild 257
Die Befestigung des Federbeins an der Oberseite.
1 Abdeckplatte
2 Kolbenstangenmutter
3 Federbeinbefestigung

13.2.2 Federbein zerlegen

Bild 258 zeigt die Einzelteile eines Federbeins wie es in einem Fahrzeug mit Zweiradantrieb eingebaut ist. Abgesehen von der Form einiger Teile werden ähnliche Teile bei einem 4 x 4-Modell verwendet.

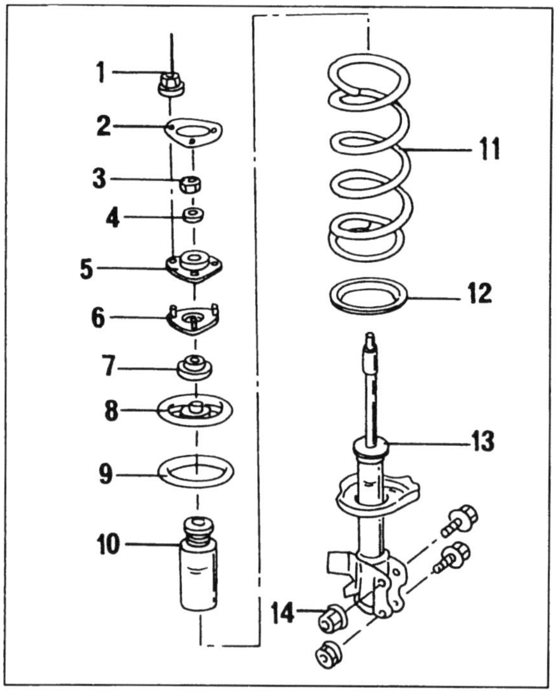

Bild 258
Die Einzelteile eines Federbeins.
1 Mutter, 25 - 30 Nm
2 Dichtung
3 Mutter, 63 - 73 Nm
4 Scheibe
5 Federbeingummilager
6 Federbeinmontageflansch
7 Drucklager
8 Oberer Federsitz
9 Gummiauflage
10 Rückprallgummi
11 Schraubenfeder
12 Gummisitz
13 Federbein
14 Mutter, 115 - 133 Nm

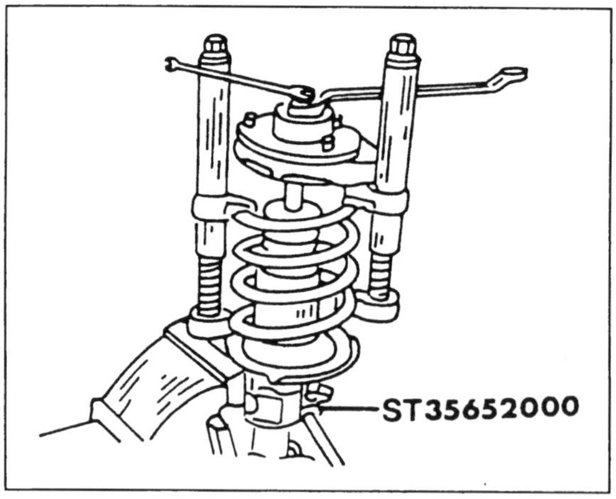

Bild 259
Lösen der Kolbenstangenmutter. Die Feder ist mit dem Federspanner zusammengedrückt.

Falls man ein Federbein zerlegen will, so sind die folgenden Punkte vor dem Beginn der Arbeiten zu beachten:

- Die Schraubenfedern der verschiedenen in dieser Ausgabe behandelten Ausführungen sind unterschiedlich. Ausserdem sind unterschiedliche Federn in Abhängigkeit vom eingebauten Motor eingebaut. Beim Bestellen von neuen Teilen ist dies zu beachten. Die Federn sind mit Farbstrichen gezeichnet. Ebenfalls dürfen die Federn nicht verwechselt werden, falls beide ausgebaut wurden.
- Die Federbeine können nicht zerlegt werden, um den Stossdämpfer zu erneuern. Falls die Dämpffähigkeit nicht mehr vorhanden ist oder die Kolbenstange ist abgenutzt, muss das gesamte Federbein erneuert werden.
- Beim Erneuern der Schraubenfeder darauf achten, dass kein Schmutz in das Federbein gelangen kann.
- Federbein niemals in einen Schraubstock einspannen, sondern eine Platte anfertigen, an die man das Federbein anschrauben kann. Die Platte kann dann eingespannt werden.

Voraussetzung zur Zerlegung ist die Verwendung eines Federspanners.

- Unter Bezug auf Bild 259 die Schraubenfeder in geeigneter Weise zusammendrücken, bis man das obere Federbeinlager mit der Hand verdrehen kann. Zwei Federspannhaken können dazu verwendet werden.
- Mutter der Kolbenstange in der Innenseite des oberen Lagers lösen, während die Kolbenstange mit einem Gabelschlüssel gegengehalten wird.
- Unter Bezug auf Bild 258 alle Teile des oberen Lagers und danach die Schraubenfeder vom Federbein abnehmen. Darauf achten, dass die Kolbenstange nicht zerkratzt oder anderweitig beschädigt wird.

Alle Teile gründlich mit Waschbenzin reinigen und mit Pressluft trockenblasen. Darauf achten, dass alle Teile frei von Staub oder Schmutz sind. Verschlissene oder beschädigte Teile durch Neuteile ersetzen.

13.2.3 Federbein zusammenbauen

Federbein in folgender Reihenfolge wieder zusammenbauen:

- Luft aus dem Stossdämpfer ausscheiden, indem man den Kolben mehrere Male nach oben und unten bewegt, wobei darauf zu achten ist, dass der Kolben jedesmal über den gesamten Hub betätigt wird. Kolbenstange herausziehen, wenn sich die Achsschenkelseite an der Unterseite befindet. Kolbenstange hineinschieben, wenn sich die Achsschenkelseite an der Oberseite befindet.

● Vorderfeder mit den Spannern zusammendrücken und auf das Federbein aufsetzen. Darauf achten, dass sie richtig auf dem Federsitz aufliegt.
● Die in Bild 258 gezeigten Teile der Reihe nach auf die Feder aufsetzen. Den Rückprallgummi auf die Kolbenstange stecken. Auf die Einbaurichtung des Drucksitzes muss geachtet werden.
● Das Federbeinlager verdrehen, bis es die in Bild 260 gezeigte Lage eingenommen hat. Eine Pfeilspitze ist eingezeichnet, die zur Aussenseite des Fahrzeuges weisen muss.
● Eine neue Kolbenstangenmutter aufschrauben, die Kolbenstange gegenhalten, wie es in Bild 259 gezeigt ist und die Mutter mit einem Anzugsdrehmoment von 62 - 72 Nm anziehen.
● Federspanner langsam zurücklassen und kontrollieren, dass die Feder sich der Formung des Tellers auf dem Federbein anpasst (Bild 261).

13.2.4 Federbein einbauen

Der Einbau des Federbeins geschieht in umgekehrter Reihenfolge wie der Ausbau. Darauf achten, dass der Bremsschlauch beim Anschliessen nicht verdreht wird. Nach dem Einbau die Lenkung von einem Anschlag in den anderen drehen und kontrollieren, dass der Schlauch nicht an Teilen des Fahrzeuges anstossen kann.
Die Verbindung zwischen dem Achsschenkel und dem Federbein ist mit 114 - 133 Nm anzuziehen. Die Muttern des oberen Federbeinlagers mit 25 - 30 Nm anziehen.
Abschliessend die Bremsanlage entlüften.

13.3 Querlenker

13.3.1 Ausbau

Der Querlenker kann leicht ausgebaut werden, da es nicht notwendig ist, das Federbein aus dem Fahrzeug herauszunehmen, jedoch muss man die Antriebswelle aus dem Achsschenkel befreien. Bilder 255 und 256 zeigen die Befestigungsweise des Querlenkers.
● Vorderseite des Fahrzeuges aufbocken.
● Splint aus der Kronenmutter des Spurstangenkugelbolzens am Lenkhebel herausziehen, die Mutter lösen und das Spurstangengelenk mit einem geeigneten Abzieher (Bild 226) trennen. Diese Arbeit ist nicht unbedingt erforderlich, erlaubt aber mehr Beweglichkeit des Achsschenkels.
● Mutter der Achswelle lösen. Die Radnabe dabei in geeigneter Weise gegenhalten.

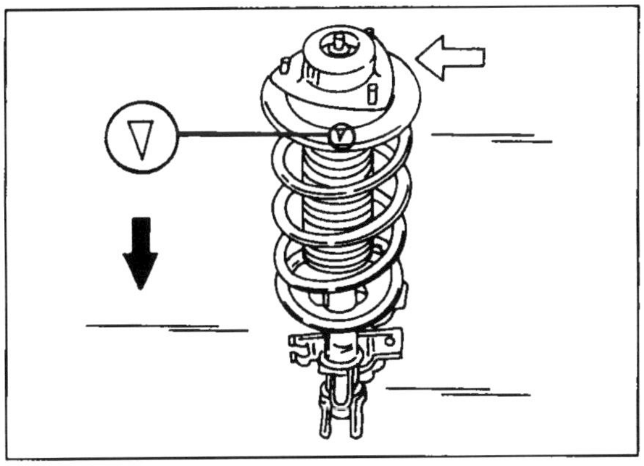

Bild 260
Das Federbeinlager mit dem Zeichen nach aussen weisend anbringen. Der rechte Pfeil gibt die Vorderseite des Fahrzeuges an.

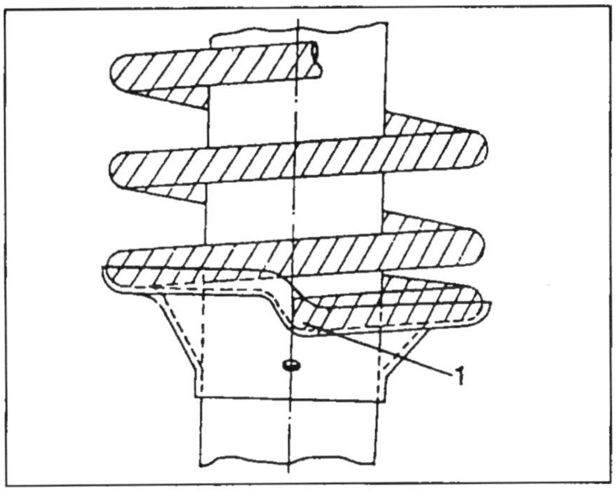

Bild 261
Vorschriftsmässiger Einbau der Vorderfedern. Der Pfeil (1) zeigt wie das untere Ende sitzen muss.

● Kurvenstabilisator vom Querlenker abschrauben, wie es in Kapitel 13.4.1 beschrieben ist.
● Die beiden Schrauben des Achsschenkels am Federbein entfernen und den Achsschenkel nach unten drücken, bis er vom Federbein frei ist.
● Mit einem Weichmetallhammer gegen das Ende der Achswelle schlagen, bis diese aus der Radnabe und dem Achsschenkel frei ist.
● Die Mutter des Kugelbolzens des Traggelenks entfernen und die Verbindung, wie in Bild 253 gezeigt, mit einem geeigneten Kugelbolzenabzieher trennen.
● Unter Bezug auf Bild 262 den Querlenker von der inneren Befestigung lösen. Dazu die beiden Schrauben der Montageschelle auf der einen Sei-

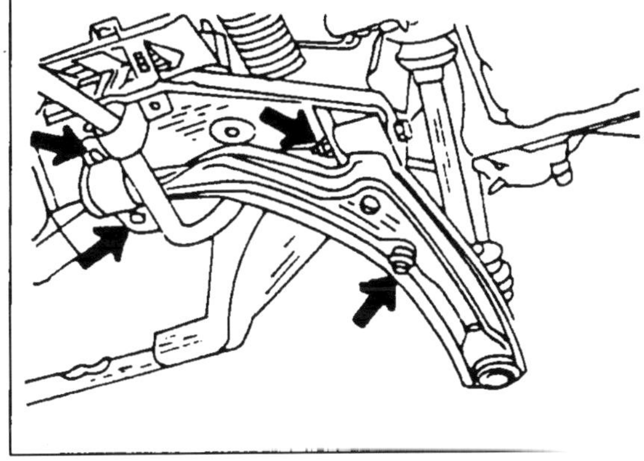

Bild 262
Die Befestigung eines Querlenkers.

te des Querlenkers und die Mutter von dem Lagerbolzen auf der anderen Seite entfernen. Die Montageschelle ist bei einem Fahrzeug mit Zweiradantrieb nicht symmetrisch und muss vor dem Abnehmen gezeichnet werden, damit die richtige Seite wieder an die Innenseite kommt. Bild 262 zeigt mit den Pfeilen wo der Querlenker bei einem Fahrzeug mit Zweiradantrieb befestigt ist. Der untere rechte Pfeil weist auf die Befestigungsmutter für das Gestänge des Kurvenstabilisators hin. Bei einem 4 x 4-Modell geschieht die Befestigung mit Ausnahme der Schellen in ähnlicher Weise.

den Punkte:

- Den Querlenker lose am Querlenker ansetzen und die Montageschelle mit den Schrauben auf der einen Seite und die Lagerschraube und Mutter auf der anderen Seite befestigen. Darauf achten, dass die vorher gezeichnete Seite der Montageschelle wieder zur Innenseite des Fahrzeuges kommt (mit Zweiradantrieb).
- Kugelbolzen des Querlenkers in Eingriff mit dem Achsschenkel bringen und die Kronenmutter mit einem Anzugsdrehmoment von 60 - 75 Nm anziehen.

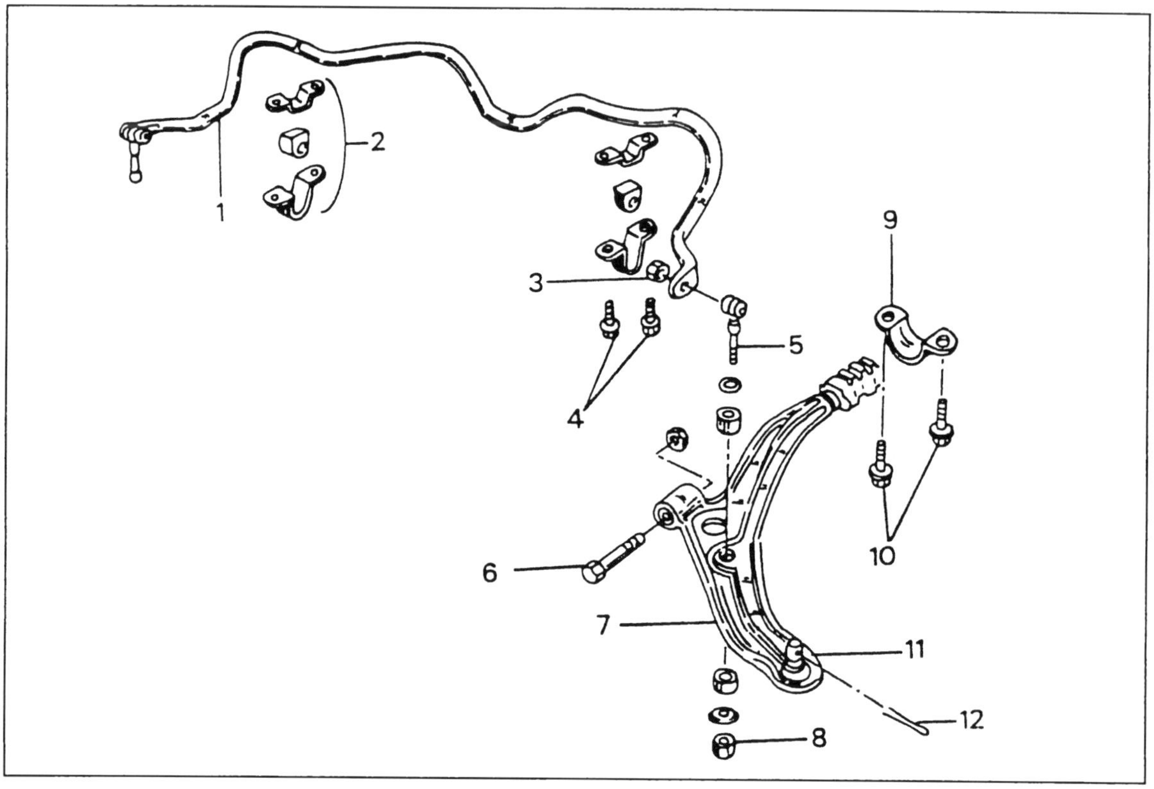

Bild 263
Die Einzelteile der Befestigung des Querlenkers und des Kurvenstabilisators. Die Stabilisatorstange hat nicht bei allen Modellen das gleiche Aussehen. Auch die Schellen des Querlenkers sind unterschiedlich.
1 Stabilisatorstange
2 Montageschellen mit Gummilager
3 Mutter, 46 - 52 Nm
4 Schrauben, 30 - 42 Nm
5 Stabilisatorgestänge
6 Schraube (Querlenker)
7 Querlenker
8 Mutter (siehe Text)
9 Montageschelle
10 Schrauben (Querlenker)
11 Unteres Kugelgelenk
12 Splint

13.3.2 Reparatur des Querlenkers

Die Büchsen im Befestigungsauge sowie die Büchse auf dem Lagerzapfen des Querlenkers können nicht erneuert werden, d.h. falls die Gummibüchsen ausgeschlagen sind, muss man den kompletten Querlenker erneuern.

Aufhängungskugelgelenke können nicht zerlegt oder erneuert werden. Das Axialspiel der Kugelgelenke sollte einen Wert von 0,10 mm nicht überschreiten. Falls das Kugelgelenk sehr lose erscheint, muss der Querlenker erneuert werden.

13.3.3 Einbau

- Der Einbau geschieht in umgekehrter Reihenfolge wie der Ausbau, unter Bezug auf die folgen-
- Achswelle in den Achsschenkel und die Radnabe einführen und die Verbindung zwischen Achsschenkel und Federbein wieder herstellen. Beide Muttern mit einem Anzugsdrehmoment von 115 - 133 Nm anziehen.
- Verbindungsgestänge des Kurvenstabilisators durch den Querlenker schieben, Gummibüchse und Scheibe an der Unterseite aufstecken und die Mutter mit einem Anzugsdrehmoment von 20 - 30 Nm (Zweiradantrieb) oder 16 - 22 Nm (Vierradantrieb) anziehen.
- Fahrzeug auf die Räder ablassen.
- Die Mutter des Querlenkers (mittlerer Pfeil, Bild 262) auf ein Anzugsdrehmoment von 103 - 123 Nm (Zweiradantrieb) oder 100 -120 Nm (Vierradantrieb) und die Schrauben (linke Pfeile) auf ein Anzugsdrehmoment von 80 - 100 Nm (Zweiradantrieb) oder 120 - 150 Nm (Vierradantrieb) anziehen. Dadurch werden die Büchsen auf die richtige Wei-

se vorgespannt. Alle anderen Anzugsdrehmomente sind der Aufstellung am Ende des Buches zu entnehmen.

13.4 Kurvenstabilisator

13.4.1 Ausbau

Abgesehen vom Aussehen ist der Kurvenstabilisator bei Zweirad- und Vierradmodellen in ähnlicher Weise befestigt. Bild 263 zeigt eine allgemeine Ansicht der Kurvenstabilisatorinstallation, wobei jedoch die Unterschiede sowie die unterschiedlichen Anzugsdrehmomente zu berücksichtigen sind.

- Vorderseite des Fahrzeuges aufbocken.
- Auspuffrohr an der Befestigung in der Nähe des vorderen Rohres und am Schalldämpfer von der Aufhängung lösen, falls es im Weg ist.
- Unter Bezug auf Bild 263 die Mutter (1) vom Ende des Verbindungsgestänges an der Unterseite des Querlenkers und die beiden Schrauben (2) des Kurvenstabilisators abschrauben. Die Lagerschellen abnehmen.
- Stabilisator von der Vorderseite der Karosserie herausnehmen. Das Auspuffrohr muss entsprechend zur Seite gedrückt werden, um den Kurvenstabilisator herauszunehmen.

13.4.2 Einbau

Die Gummibüchsen des Kurvenstabilisators können erneuert werden. Den Stabilisator auf Verzug kontrollieren, ehe er wieder eingebaut wird. Der Einbau geschieht in umgekehrter Reihenfolge wie der Ausbau. Die Schellen des Stabilisators müssen in einer bestimmten Richtung eingebaut werden, die aus Bild 265 zu entnehmen ist. Die Schrauben zuerst provisorisch anziehen und dann mit 31 - 42 Nm (Zweiradantrieb) oder 16 - 21 Nm (Vierradantrieb) anziehen, wenn die Räder wieder auf dem Boden aufsitzen. Die Mutter an der Unterseite mit 20 - 30 Nm (Vierradantrieb) oder 16 - 22 Nm (Vierradantrieb) anziehen.

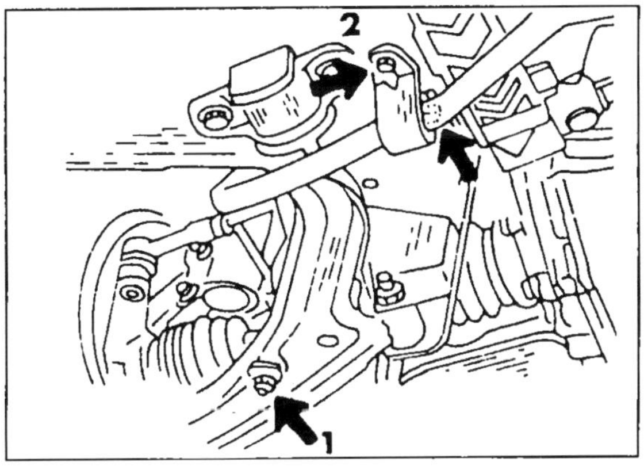

Bild 264
Die Befestigungsstellen des Kurvenstabilisators.
1 Mutter an Unterseite des Querlenkers
2 Schrauben der Montageschelle

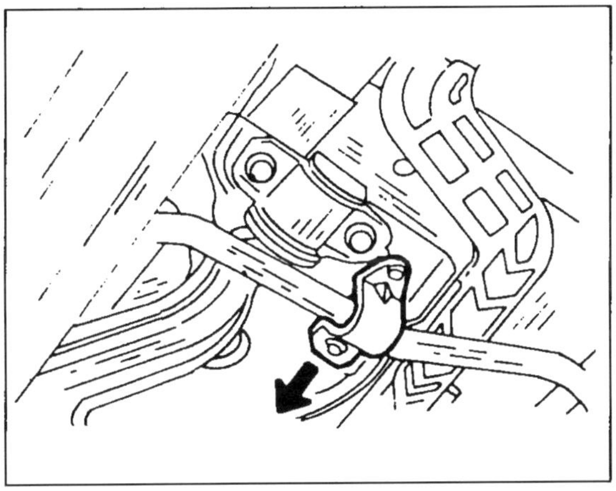

Bild 265
Richtiger Einbau der Montageschelle für den Kurvenstabilisator.

14 Hinterachsaufhängung – Zweiradantrieb

Eine Ansicht der Hinterradaufhängung ist in Bild 267 gezeigt. Wie beim Sunny-Vorgänger werden

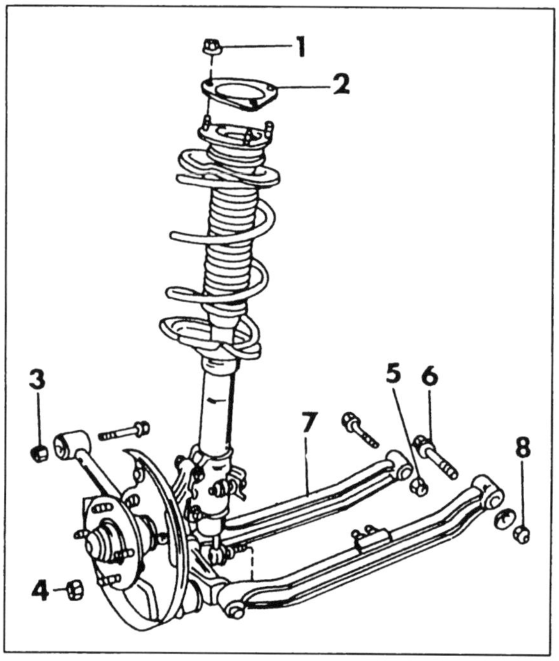

Bild 266
Ansicht der zusammengebauten Hinterradaufhängung auf einer Seite (mit Scheibenbremsen).
1 Mutter, 25-30 Nm
2 Dichtung
3 Mutter, 100-120 Nm
4 Mutter, 100-120 Nm
5 Mutter, 100-120 Nm
6 Einstellschraube
7 Parallelarm
8 Mutter, 100-120 Nm

von innen nach aussen verlaufende Parallelarme mit einem Kurvenstabilisator eingebaut, jedoch sind ausserdem zwischen der Radaufhängung und der Karosserie befestigte Schubstreben hinzugekommen. Der dem Federbein am nächsten liegende Aufhängungsarm ist mit einer Einstellvorrichtung versehen, mit welcher es möglich ist die Spureinstellung der Hinterräder einzustellen.
Die Einzelteile können wie erforderlich zwecks Reparatur oder Erneuerung einzeln ausgebaut werden. Es ist nicht notwendig, dass man die gesamte Hinterradaufhängung ausbaut, um einzelne Teile auszutauschen.
Die Hinterradnaben laufen auf Schrägrollenlagern und müssen mit einem bestimmten Anzugsdrehmoment angezogen werden.

14.1 Hintere Federbeine und Stossdämpfer

14.1.1 Ausbau

Da der Ausbau eines Teiles den Ausbau des anderen Teils beeinflusst, werden die Arbeiten zusammen beschrieben. Bilder 266 und 267 zeigen wie die Teile befestigt sind. Unter Bezug auf diese Bilder:

● Den Rücksitz ausbauen, die Verkleidung um die obere Stossdämpferbefestigung herum entfernen und die drei Muttern von der Oberseite des Stossdämpfers entfernen. Nicht die Mutter in der

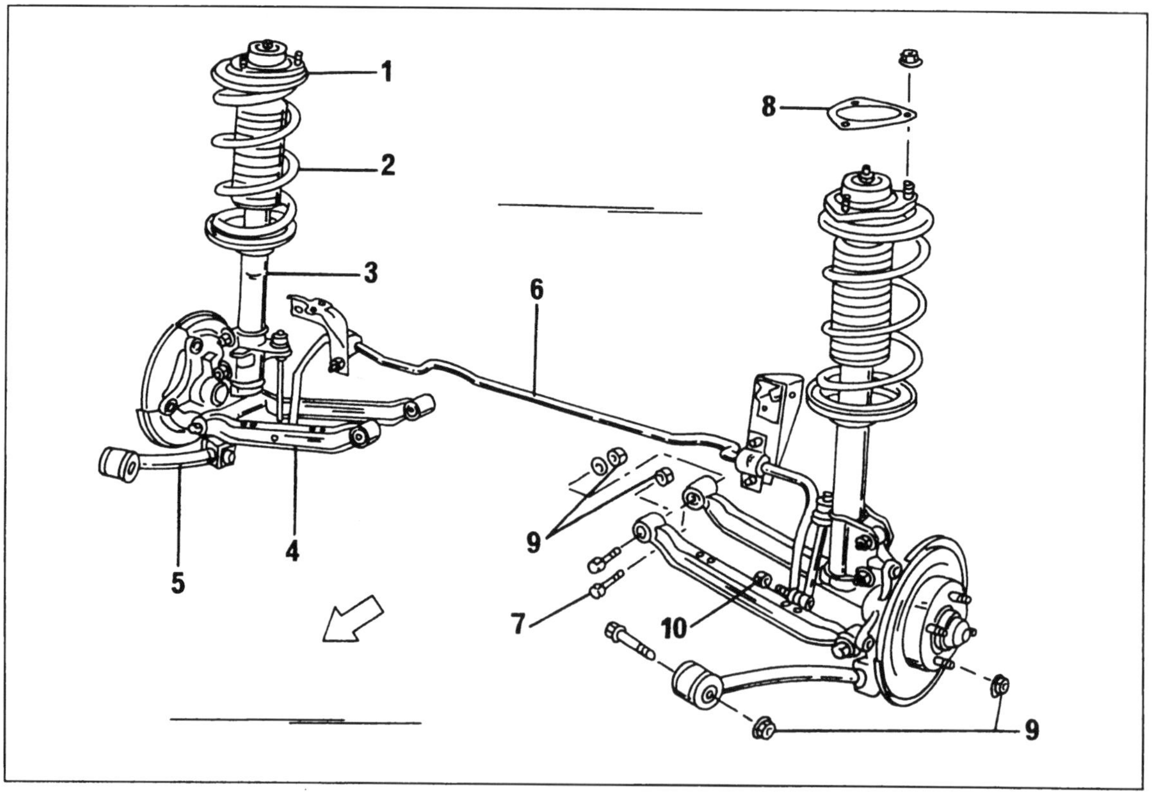

Bild 267
Ansicht der zusammengebauten Hinterradaufhängung bei eingebauter Scheibenbremse.
1 Federbeinlager
2 Schraubenfeder
3 Federbein
4 Parallelarm
5 Schubstrebe
6 Kurvenstabilisator
7 Einstellschraube
8 Dichtung
9 Mutter, 100-120 Nm
10 Mutter, 46-52 Nm

Mitte entfernen (Kolbenstangenmutter), jedoch kann man diese einige Umdrehungen lockern. Das Fahrzeug muss dabei auf den Rädern stehen.

- Rückseite des Fahrzeuges auf Böcke setzen und die Hinterräder abschrauben. Den ersten oder Rückwärtsgang einschalten, damit das Fahrzeug nicht von den Böcken rollen kann. Den Wagenheber im Moment unter dem hinteren Querträger lassen.
- Überwurfmutter der Bremsleitung am Anschluss des Bremsschlauches entfernen, die Leitung aus dem Schlauch herausziehen und das Federblech aus dem Schlauch herausschlagen. Den Schlauch aus dem Halteblech ziehen.
- Gestänge des Stabilisators vom Federbein abschrauben und aus dem Eingriff bringen.
- An der Unterseite des Federbeins die beiden Muttern und Schrauben des Federbeins vom Radnabenträger abschrauben und die Schrauben vorsichtig herausschlagen. Einen Schraubenzieher in den Klemmschlitz des Federbeins einsetzen und den Radnabenträger langsam nach unten drücken, bis dieser vom Federbein frei wird.
- Das Federbein nach unten herausziehen. Kontrollieren, an welcher Seite die oben aufgelegte Dichtung aufliegt, da sie noch an der Karosserie kleben könnte.

14.1.2 Federbein zerlegen

Die Teile eines zerlegten Federbeins sind in Bild 268 gezeigt.

- Federbein mit der Unterseite in einen Schraubstock einspannen. Um ein Zusammendrücken der Klemmstücke zu vermeiden, kann man eine Stecknuss dazwischen einsetzen, ehe der Schraubstock geschlossen wird.
- Einen Federspanner um die Wicklungen der Feder legen, wie es bei der Vorderfeder gezeigt wurde und die Mutter in der Mitte des Federbeins vollkommen abschrauben. Alle in Bild 268 gezeigten Teile vom Federbein abnehmen. Beide Federbeinlager sind in einer bestimmten Stellung aufgesetzt, die man vor Ausbau des Lagers kennzeichnen muss.
- Keine weiteren Arbeiten sind erforderlich, falls nur die Feder ausgetauscht werden soll. Stossdämpfer kontrollieren, indem man ihn senkrecht in einen Schraubstock spannt und auseinanderzieht und zusammenschiebt. Der Druck muss innerhalb des gesamten Arbeitsweges gleich sein. Tote Stellen, d.h. ruckartige Bewegungen der Kolbenstange bedeuten die Erneuerung der Stossdämpfer.
- Hinterfedern entsprechend dem Ersatzteil-Mikrofilm bestellen.

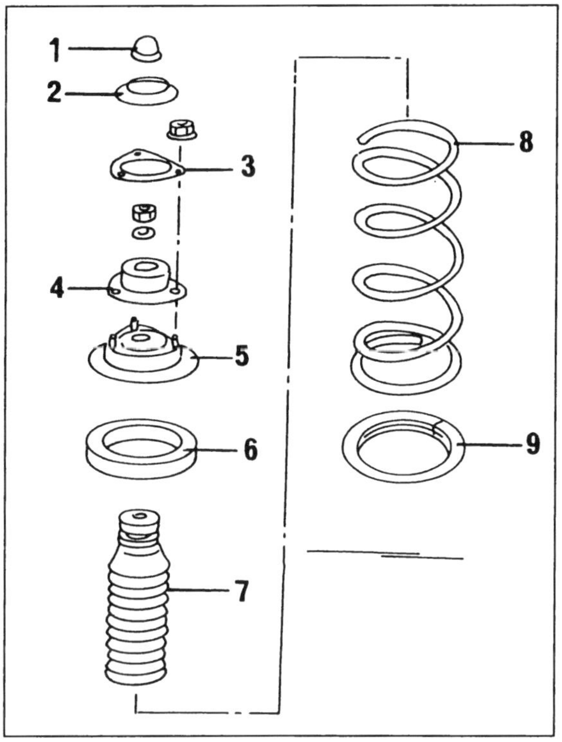

Bild 268
Die Einzelteile auf einem Federbein.
1 Abdeckkappe
2 Dichtring
3 Dichtung
4 Federbeinlager
5 Oberer Federsitz
6 Gummisitzring
7 Schutzmanschette
8 Schraubenfeder
9 Gummisitz

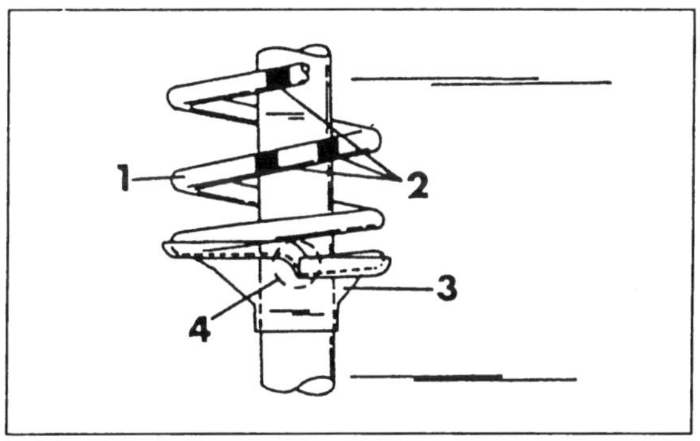

Bild 269
Einzelheiten zum Einbau einer Hinterfeder.
1 Schraubenfeder
2 Farbkennzeichnungen
3 Unterer Federsitz
4 Federende an Kreisstelle ansetzen

14.1.3 Federbein zusammenbauen

- Federbein in einen Schraubstock einspannen.
- Die zusammengespannte Schraubenfeder auf das Federbein aufsetzen. Kontrollieren, dass die Feder der Kontur des Sitztellers angepasst ist, wie es aus Bild 269 ersichtlich ist. Die Feder ist an einem Ende flach abgeschlossen. Diese Seite kommt zur Oberseite des Federbeins. Ausserdem ist die Feder einmal mit einer Farbmarkierung und noch einmal mit zwei Farbmarkierungen versehen. Die *zwei* Markierungen müssen sich an der Unterseite befinden.
- Federbeinlager auf die Kolbenstange aufstecken und danach verdrehen, bis es wieder in der ursprünglichen, gekennzeichneten Stellung im Verhältnis zum Federbein ausgerichtet ist. Falls man es versäumt hat, muss man sich an Bild

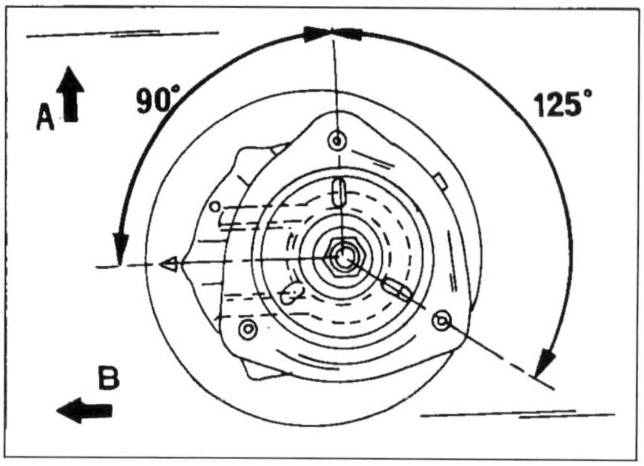

Bild 270
Richtig eingebautes Federbeinlager. Pfeil "A" weist zur Vorderseite des Fahrzeuges, Pfeil "B" weist zur Aussenseite.

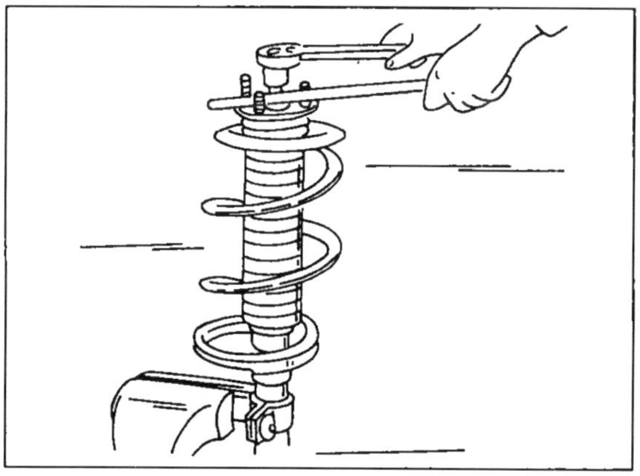

Bild 271
Beim Anziehen der Kolbenstangenmutter das Federbeinlager in der gezeigten Weise gegenhalten.

270 halten. In jede Federbeinlagerbefestigung ist eine Pfeilspitze eingearbeitet und das Federlager ist zu verdrehen, bis das Lager auf der linken oder der rechten Seite wie gezeigt ausgerichtet ist, d.h. in beiden Fällen muss der Pfeil zur Aussenseite des Fahrzeuges weisen, wobei die gezeigten Winkel zustandekommen.

- Eine neue Mutter aufschrauben und mit einem Anzugsdrehmoment von 62 - 72 Nm anziehen. Eine Fläche am Ende der Kolbenstange dient zum Gegenhalten, falls sich die Stange mitdrehen sollte. Zum Gegenhalten des Federbeinlagers eine Stange zwischen die Stiftschrauben des Lagers einsetzen, wie es in Bild 271 zu sehen ist, ohne dabei die Gewinde zu beschädigen.

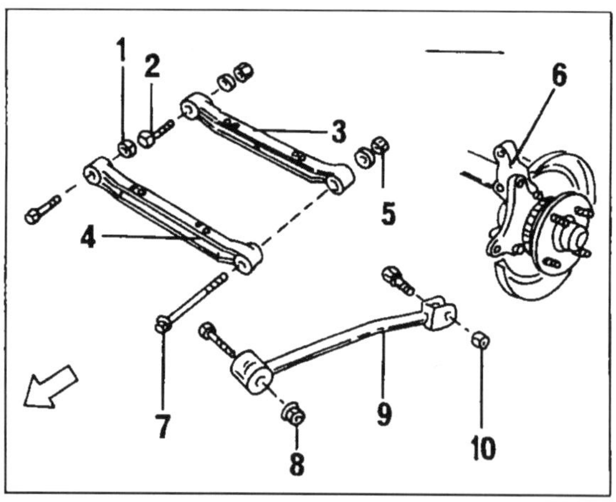

Bild 272
Anordnung der beiden Parallelarme und der Schubstrebe. Der Pfeil weist in Fahrtrichtung.
1 Mutter, 100 - 120 Nm
2 Einstellschraube
3 Parallelarm
4 Parallelarm
5 Mutter, 100 - 120 Nm
6 Radnabenträger
7 Lagerschraube
8 Schraube, 100 - 120 Nm
9 Schubstrebe
10 Mutter, 100 - 120 Nm

14.1.4 Federbein einbauen

- Radnabenträger in Eingriff mit dem Federbein bringen, die Schraubenlöcher ausrichten und die Schrauben von der Seite des Kurvenstabilisators her einschlagen. Die Muttern aufschrauben und mit 100 - 133 Nm anziehen.
- Stossdämpfer an der Oberseite mit den drei Muttern befestigen (Dichtung auflegen) und die Muttern mit 25 - 30 Nm anziehen.
- Gestänge des Kurvenstabilisators anschliessen und die Mutter mit 20 - 30 Nm anziehen.
- Alle anderen Arbeiten in umgekehrter Reihenfolge durchführen. Bremsanlage abschliessend entlüften.

14.2 Hintere Querlenker

14.2.1 Ausbau

Die Befestigungsweise der Querlenker oder Parallelarme ist in Bild 272 gezeigt. Alle Befestigungen der Lenkerstangen müssen angezogen werden, wenn das Fahrzeug mit seinen Rädern auf dem Boden aufsteht. Dies bedeutet, dass man die Hinterräder auf Auffahrrampen auffahren muss oder das Fahrzeug steht auf einer Hebebühne.

- Rückseite des Fahrzeuges auf Böcke setzen. Den ersten oder Rückwärtsgang einschalten, damit das Fahrzeug nicht von den Böcken rollen kann.
- Hinterräder abschrauben.
- Die Mutter vom Ende der Stabilisatorstange auf der betreffenden Seite des Fahrzeuges abschrauben und die auf der Stange befindlichen Teile herunterziehen.
- Die Schraube und Mutter des Querlenkers an der Aussenseite vom Radnabenträger entfernen und die Verbindung trennen.
- An der Innenseite des Querlenkers die Schraube und Mutter der Befestigung an der Karosserie entfernen und den Querlenker herausnehmen. Da die Spureinstellung der Hinterräder durch die hintere Querlenkerstange mit der Verstelleinrichtung eingestellt wird, muss man den Kopf der Befestigungsschraube und die Einstellskala mit einem Körner kennzeichnen, ehe die Mutter gelöst und die Schraube herausgeschlagen wird.

14.2.2 Einbau

Obwohl die Büchsen in den Querlenkern erneuert werden können, sollte diese Arbeit in einer Nissan-Werkstatt durchgeführt werden lassen, oder mindestens in einer Werkstatt, die im Besitz ei-

ner Presse ist. Die beiden Büchsen werden durch Aus- und Einpressen erneuert.
Der Einbau der Querlenker geschieht in umgekehrter Reihenfolge wie der Ausbau, jedoch sind einige Punkte zu beachten:

- Die Querlenker an der Innenseite ansetzen, die Schrauben einschlagen und die Scheibe und Mutter anbringen. Die Schraubenköpfe entsprechend der Kennzeichnung ausrichten, um die gleiche Spureinstellung der Hinterräder herzustellen.
- Die Querlenker am Radnabenträger montieren und mit den gezeigten Teile befestigen.
- Den Kurvenstabilisator entsprechend Kapitel 14.4 montieren.
- Fahrzeug auf die Räder ablassen und Rückseite einige Male durchwippen.
- Die Querlenker an den Lagerungen anziehen. Die Anzugsdrehmomente der inneren und äusseren Befestigung sind gleich. Alle Muttern bei gleichzeitigem Gegenhalten der Schrauben anziehen. Die Anzugsdrehmomente sind in Bild 272 angegeben. Besonders darauf achten, dass sich die Schrauben an der Innenseite nicht mitdrehen können.
- Kurvenstabilisator anschliessen und die Muttern anziehen.
- Die Geometrie der Hinterräder muss abschliessend kontrolliert und eingestellt werden, wie es in Kapitel 14.6 beschrieben ist. Wie bereits erwähnt, kann die Spureinstellung der Hinterräder mit Hilfe einer Einstellschraube an der Innenseite der Querlenker eingestellt werden. Falls man die erforderlichen Geräte dazu nicht besitzt, sollte man das Fahrzeug in eine Werkstatt fahren, um die Hinterradaufhängung einwandfrei einstellen zu lassen.

14.3 Hintere Längslenker

Die Längslenker oder Schubstreben sind zwischen dem Radlagergehäuse und der Karosserie eingesetzt. Beim Ausbau einer Längslenkerstange in ähnlicher Weise vorgehen, wie es bei den Parallelarmen beschrieben wurde. Das Anzugsdrehmoment der Schrauben und Muttern an jedem Ende ist gleich (100 - 120 Nm).

14.4 Kurvenstabilisator

Der Ausbau und Einbau des Kurvenstabilisators kann unter Bezug auf Bild 273 durchgeführt werden. Der Stabilisator ist mit einer Gestängeverbindung mit zwei Kugelbolzen an einer Halterung des Dämpferbeins befestigt und mit Blechschellen und Gummibüchsen an abschraubbaren Halterungen am Unterboden montiert. Das Fahrzeug an der Rückseite auf Unterstellböcke setzen, um an die Befestigungen zu kommen.
Beim Ausbau auf die Anordnung der Gummibüchsen achten. Diese haben einen Schlitz, welcher nach Einbau zur Oberseite weisen muss. Ehe die Muttern der Kugelgelenke der Verbindungsgestänge angezogen werden, muss man sie im rechten Winkel zum Gestänge ausrichten. Unbedingt darauf achten, dass die Kugelgelenke nicht verkantet sind. Nur in dieser Stellung die Muttern mit 46 - 52 Nm anziehen. Fahrzeug auf den Boden ablassen und die Schrauben der beiden Montageschellen unter Belastung anziehen. Die Schellen haben ein Langloch, welches auf beiden Seiten an der Unterseite des Kurvenstabilisators liegen muss.

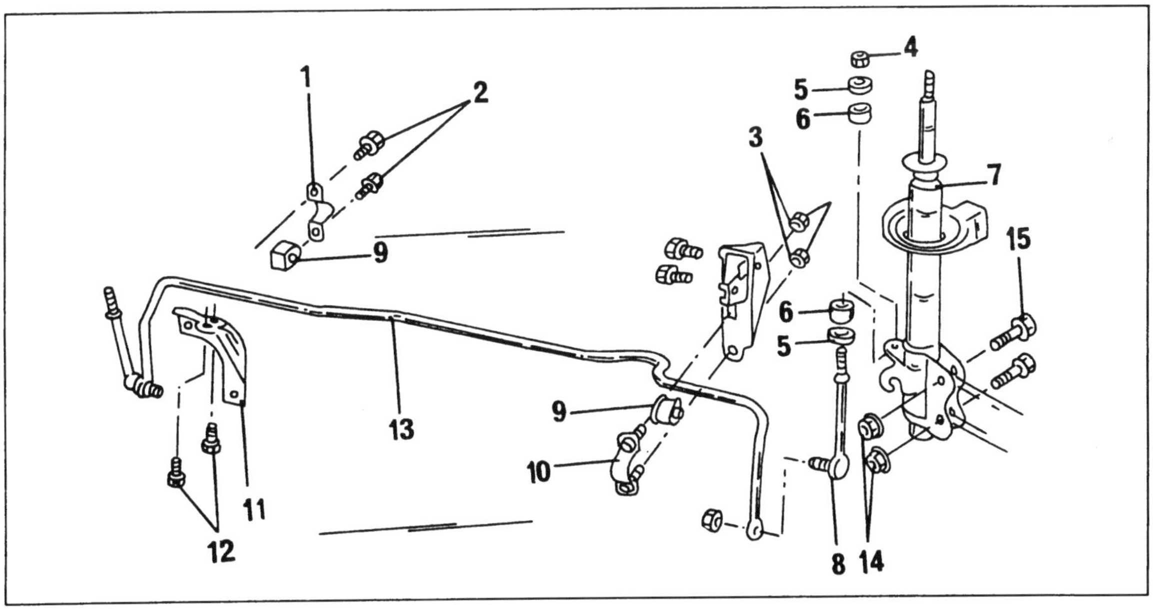

Bild 273
Befestigung des Kurvenstabilisators an der Hinterradaufhängung.
1 Montageschelle
2 Schrauben, 31 - 42 Nm
3 Muttern, 31 - 42 Nm
4 Mutter, 20 - 30 Nm
5 Formscheibe
6 Gummibüchse
7 Federbein
8 Verbindungsgestänge
9 Gummilager
10 Montageschelle
11 Befestigungswinkel
12 Schrauben, 31 - 42 Nm
13 Kurvenstabilisator
14 Muttern, 100 - 133 Nm

14.5 Hinterachsstumpf aus- und einbauen

Ein Achstumpf muss erneuert werden, wenn sich die Lagerringe darauf gedreht haben, das Mutterngewinde beschädigt oder der Achsstumpf verbogen ist. Die Hinterradnabe muss ausgebaut werden, wie es in Kapitel 14.7.1 beschrieben ist.

● Von der Rückseite der Bremsträgerplatte die Überwurfmutter des Radbremszylinders lösen (bei Trommelbremsen) oder den Bremssattel ausbauen. Auslaufende Bremsflüssigkeit aufsaugen.

● Die Bremsträgerplatte mit den Bremsbacken oder das Spritzblech (bei Scheibenbremsen) vom Achstumpf abschrauben und zur Seite legen, ohne dabei das Handbremsseil zu beschädigen, wenn man Bremsträgerplatte oder Bremssattel zur Seite legt.

● Von der Unterseite des Achsstumpfes die Schraube der Querlenker und des Längslenkers abschrauben und die beiden Schrauben lösen, die den Achsstumpf an der Unterseite des Federbeins halten. Ebenfalls das Gestänge des Kurvenstabilisators abschliessen, um mehr Bewegungsfreiheit beim Ausbau zu erhalten.

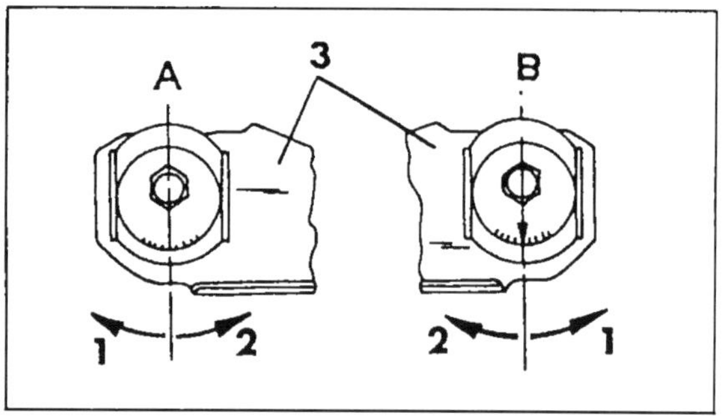

Bild 274
Verstellung der Schrauben an der Innenseite der Querlenker. Die Verstellrichtung des linken Querlenkers (A) und rechten Querlenkers (B) ist entgegengesetzt (siehe Text).
1 Verstellrichtung um Nachspur zu erhalten
2 Verstellrichtung um Vorspur zu erhalten
3 Parallellenkerarme

Den Achstumpf auf Verschleiss an den Lagersitzen, die Lauffläche für den Dichtring und das Gewinde des Achstumpfes kontrollieren.

Der Einbau geschieht in umgekehrter Reihenfolge wie der Ausbau, unter Beachtung der folgenden Punkte:

● Den Achsstumpf lose am Federbein anbringen und einen Wagenheber unter das Federbein untersetzen. Das Federbein anheben, bis es unter Spannung steht (Karosserie hebt sich soeben von den Böcken ab) und die Schrauben und Muttern mit den gültigen Anzugsdrehmomenten anziehen, wenn die Räder auf dem Boden aufstehen.

● Bremsträgerplatte montieren und die Schrauben anziehen. Das Anziehen erfolgt kreuzweise. Dabei die Bremsbacken nicht verschmutzen. Falls zutreffend, den Bremssattel montieren.

● Radnabe montieren, wie es in Kapitel 14.7.3 beschrieben wird.

● Bremsleitung anschliessen und Bremsanlage entlüften, wie es in Abschnitt "Bremsen" beschrieben wird, falls die Bremsleitung getrennt wurde.

● Fahrzeug auf die Räder ablassen und die Schrauben und Muttern der Querlenker und des Längslenkers auf die bereits angegebenen Anzugsdrehmomente anziehen.

14.6 Geometrie der Hinterräder

Der Sturz der Hinterräder wird werkseitig festgelegt und kann nicht verstellt werden.

Die Vorspur der Hinterräder muss gemessen werden, wenn die Querlenker oder Längslenker ausgebaut wurden und wird mit Hilfe der Einstellvorrichtung an der inneren Befestigung der Querlenkerstangen eingestellt.

Vorspur ausmessen, wie es bei der Einstellung der Vorspur in Kapitel "Lenkung" beschrieben wurde. Falls die Spur nicht zwischen —1,0 bis +3,0 mm liegt, die folgende Einstellung durchführen:

● Rückseite des Fahrzeuges auf Böcke setzen.

● Die Schraubenköpfe der beiden inneren Befestigungsschrauben der Querlenker anschauen und die Einteilung sowie den Bezugspunkt unter den Schraubenköpfen mit einem Körner an gegenüberliegenden Stellen kennzeichnen.

● Muttern beider Schrauben lockern und die Schrauben verdrehen, um die Vorspur zu verändern. Jede Einteilung des Schraubenkopfes verändert die Vorspur um ca. 2,0 mm. Da die Schraubenverstellung jedoch entgegengesetzt wirkt, muss man sich an Bild 274 und die folgenden Anweisungen halten:

— Beim **rechten** Lenkerarm die Schraube nach rechts verdrehen, um Nachspur zu erhalten oder nach links drehen, um Vorspur zu erhalten.
— Beim **linken** Lenkerarm die Schraube nach rechts verdrehen, um Vorspur zu erhalten oder nach links verdrehen, um Nachspur zu erhalten.
— Bei beiden Einstellrichtungen wird angenommen, dass man von der Rückseite des Fahrzeuges auf die beiden Schraubenköpfe sieht.

● Nach der Verstellung der Schrauben diese wieder innerhalb der Anschlagplatten (1) in Bild 274 bringen und die Muttern auf das vorgeschriebene Anzugsdrehmoment anziehen.

● Vorspur nachkontrollieren. Eventuell weitere Nachstellungen durchführen.

14.7 Hinterradnaben und Radlager

14.7.1 Bremstrommel/scheibe und Radnabe ausbauen

Um die Hinterradlager auf Verschleiss oder

Schäden zu kontrollieren, die Rückseite des Fahrzeuges auf Böcke setzen und das Rad an beiden Seiten erfassen und hineinschieben und herausziehen, wie es in Bild 275 gezeigt ist. Übermässiges Spiel weist auf ein beschädigtes Lager hin. Zur zweiten Kontrolle das Rad einige Male schnell durchdrehen und auf verdächtige Geräusche achten.

Zu viel Spiel bei der ersten Prüfung könnte auf schlechte Radlagereinstellung hinweisen. Um festzustellen, ob die Lager zu viel Axialspiel haben, kann man dieses nach Abschrauben der Hinterräder kontrollieren. Dazu eine Messuhr an der Hinterradaufhängung anbringen und den Taststift der Messuhr auf die Aussenkante der Bremstrommel oder die Aussenseite der Radnabe aufsetzen. Die Trommel hin- und herbewegen und die Messuhr beobachten (Bild 276). Falls die Anzeige mehr als 0,05 mm beträgt, muss man die Lager erneuern, da eine Einstellmöglichkeit nicht gegeben ist.

Radlager erfordern normalerweise keinerlei Wartung. Da das Radlager und die Radnabe immer komplett erneuert werden müssen, wenn man die Radnabe ausbaut, darf man diese Arbeit nicht unnötigerweise durchführen.

- Fettkappe abschlagen. Dazu die Bremstrommel durchdrehen, um die Kappe gleichmässig ringsherum abzuschlagen. Alles übermässige Fett von der Nabenmutter abwischen.
- Splint aus der Mutter herausziehen und die Nabenmutter lockern.
- Rückseite des Fahrzeuges auf Böcke setzen und das Rad abnehmen.
- Nabenmutter vollkommen abschrauben.
- Bei eingebauten Scheibenbremsen den Bremssattel ausbauen, ohne den Bremsschlauch abzuschrauben.
- Bremstrommel oder Bremsscheibe abmontieren und die Radnabe vom Achsstumpf herunterziehen. Sollte die Nabe sehr fest sitzen, kann man einen Abzieher versuchen. Eine Bremstrommel kann auch auf der Nabe gelassen werden. Beim Abziehen der Bremstrommel oder der Rad-

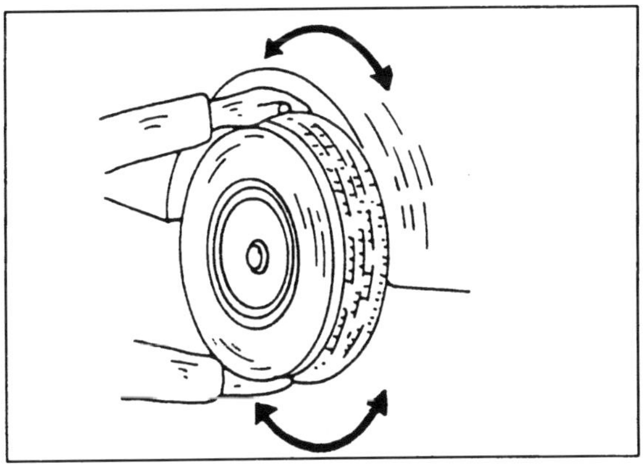

Bild 275
Kontrolle der Radlager auf übermässiges Spiel oder Beschädigung.

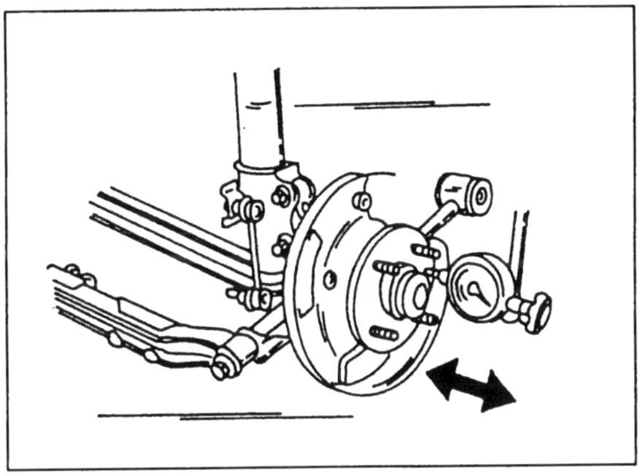

Bild 276
Kontrolle des Axialspiels einer Radnabe.

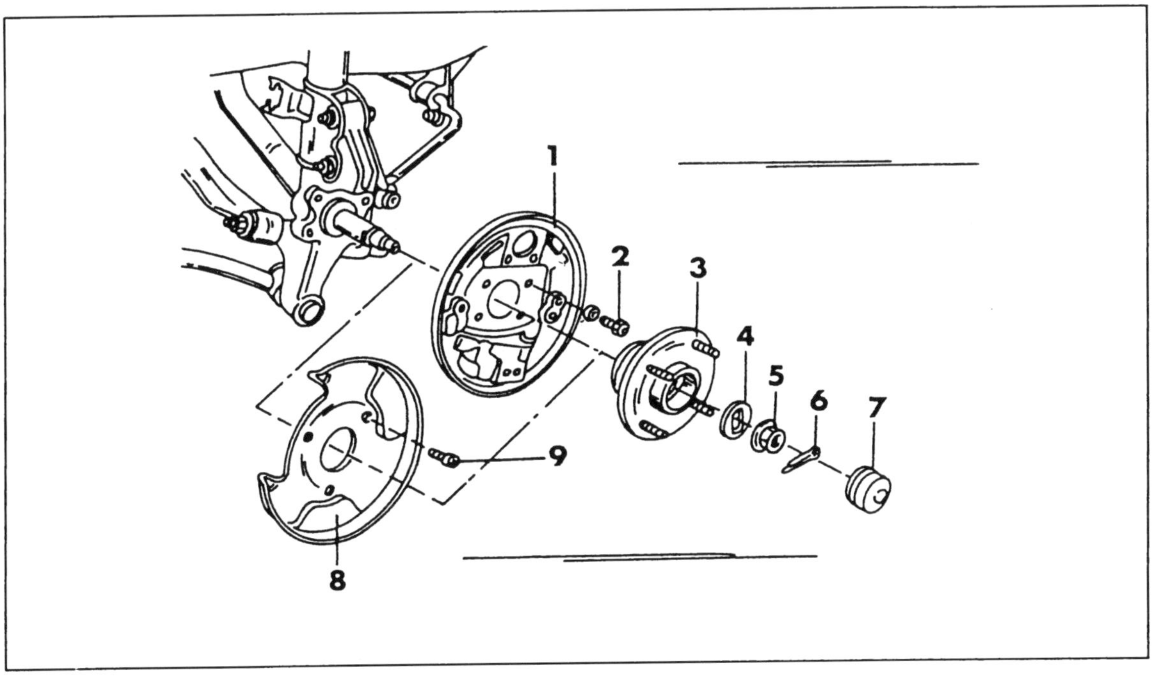

Bild 277
Die Teile eines Hinterradlagers
1 Bremsträgerplatte
2 Schraube, 38 - 52 Nm
3 Radnabe und Radlager
4 Unterlegscheibe
5 Radnabenmutter, 186 - 255 Nm
6 Splint
7 Nabenfettkappe
8 Spritzblech (Scheibenbremsen)
9 Schraube, 10 - 14 Nm

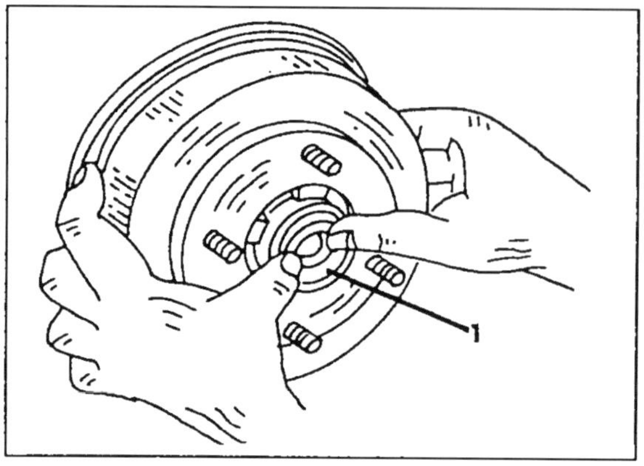

Bild 278
Abnehmen der Bremstrommel zusammen mit der Radnabe. Das äussere Radlager (1) dabei mit dem Daumen halten.

nabe mit den beiden Daumen das äussere Radlager festhalten, damit es nicht herunterfallen kann (siehe Bild 278).
Das gesamte Radlager, d.h. Lager und Radnabe müssen erneuert werden, wenn die Teile abgezogen wurden.

14.7.2 Radlager einbauen

Beim Einbau der Radnabe in umgekehrter Reihenfolge vorgehen. Folgendes beachten:

- Die Trommel mit der Nabe oder die Radnabe über den Achsstumpf schieben und mit einem Plastikhammer vollkommen aufschlagen.
- Eine neue Mutter (mit Unterlegscheibe) auf den Achsstumpf schrauben und mit einem Anzugsdrehmoment von 186 - 255 Nm anziehen. Die Mutter neu versplinten.
- Die Nabenfettkappe auf die Radnabe aufschlagen.
- Räder montieren, Wagen ablassen.

Achtung: Vor Arbeitsbeginn den Hinweis auf Seite 135 durchlesen

In alle in dieser Ausgabe behandelten Modelle ist eine Zweikreisbremsanlage mit Scheibenbremsen an den Vorderrädern und Trommelbremsen an den Hinterrädern, im Falle von Modellen mit Vergasermotor, oder mit Scheibenbremsen bei eingebautem Einspritzmotor eingebaut. Da bestimmte Modelle jedoch mit ABS ausgerüstet sind, sollte man sich mit der Anschlussweise der Bremsleitungen der verschiedenen Modelle vertraut machen, falls bei Arbeiten an der Bremsanlage irgendwelche Leitungen abgeschlossen werden. Die vorderen Scheibenbremsen arbeiten mit Gleitsätteln, wie sie jetzt in die meisten, modernen Fahrzeuge eingebaut werden, d.h. jeder Bremssattel besitzt einen Kolben anstelle der früher verwendeten zwei Kolben. Zwei verschiedene Ausführungen von Scheibenbremsen werden in den in dieser Ausgabe behandelten Modellen eingebaut. Alle Bremsen sind selbstnachstellend. Ein Bremsregelventil ist in die Anlage eingesetzt, um den Bremsdruck zu den Rädern zu regulieren. Bei Fahrzeugen ohne ABS und eingebauten Trommelbremsen befindet sich dieses Ventil in der Innenseite des Hauptbremszylinders, oder es ist getrennt angeordnet (bei Scheibenbremsen oder Trommelbremsen). Eingebaut können jedoch auch zwei lastenabhängige Bremsdruckregelventile, die den Bremsdruck entsprechend der auf die Hinterräder wirkenden Last regulieren. Bilder 279 bis 281 zeigen die drei in Frage kommenden Bremsanlagen. Fahrzeuge mit ABS werden in Kapitel 15.10 behandelt.

Eine mechanisch betätigte Handbremse wirkt über ein Seil auf die Hinterräder. Ein Bremskraftverstärker ist eingebaut.

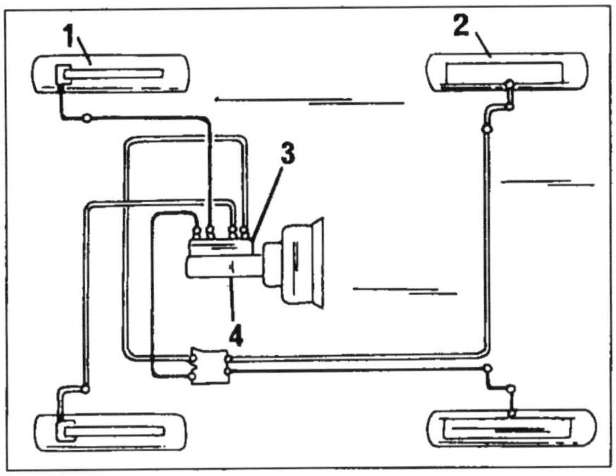

Bild 279
Verlegung der Bremsleitungen bei einem Fahrzeug mit Bremsdruckregelventil im Hauptbremszylinder (1,4 und 1,6 Liter, Vergaser und Einspritzung).
1 Vorderradbremse
2 Hinterradbremse
3 Bremsdruckregler (im Zylinder eingebaut)
4 Hauptbremszylinder

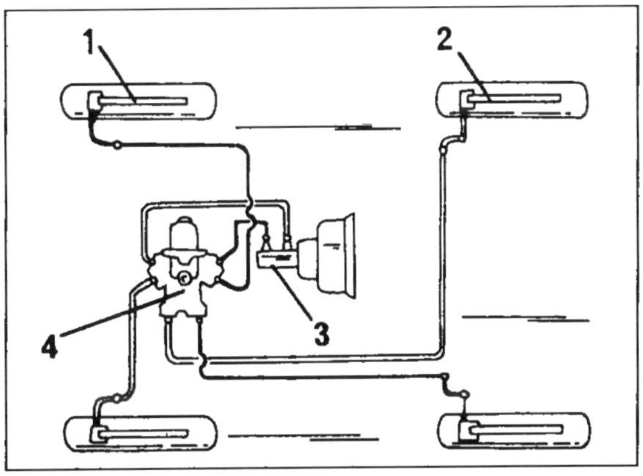

Bild 280
Verlegung der Bremsleitungen bei getrenntem Bremsregelventil (mit ABS, 1,6 Liter, Vergaser und Einspritzung).
1 Vorderradbremse
2 Hinterradbremse
3 Hauptbremszylinder
4 Bremsdruckregler

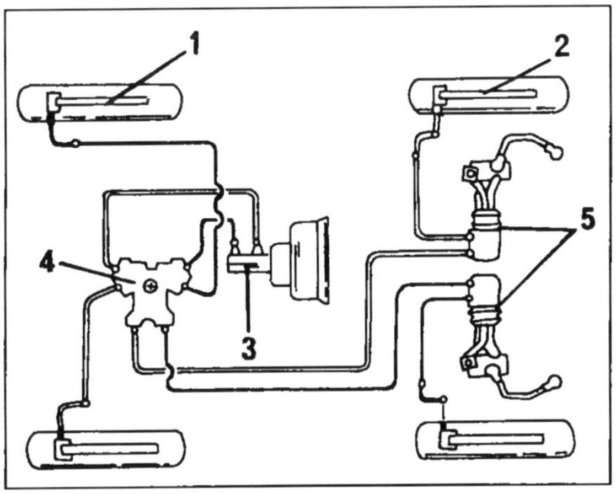

Bild 281
Verlegung der Bremsleitungen mit zwei lastenabhängigen Bremsdruckreglern (1,6 Liter mit ABS und 2,0 Liter)
1 Vorderradbremse
2 Hinterradbremse
3 Hauptbremszylinder
4 6-Weg-Anschluss
5 Bremsdruckregler

15.1 Vorderradbremsen

15.1.1 Erneuerung der Bremsklötze

Die Teile der Bremsanlage bei einem Fahrzeug mit 1,4 Liter- oder 1,6 Liter-Motor sind in Bild 282 auf der nächsten Seite gezeigt (Ausführung "CL"). Bild 283 zeigt die bei Fahrzeugen mit 2,0 Liter eingebaute Scheibenbremse (Ausführung "AD"). Das betreffende Bild sollte bei den folgenden Arbeiten hinzugezogen werden. Bremsklötze müssen immer auf beiden Seiten des Fahrzeuges zusammen erneuert werden.

- Vorderseite des Fahrzeuges aufbocken.
- Räder abnehmen.
- An der Innenseite des Bremssattels die in Bild 284 gezeigte Schraube entfernen und den gesamten Bremssattel nach oben kippen, um die Bremsklötze freizulegen.
- Die Führungsbleche oben und unten, innere und äussere Beilagbleche und die beiden Bremsklötze vom Bremssattel abnehmen. Zum Aushaken der Führungsbleche einen Schraubenzieher einsetzen.
- Nach dem Ausbau der Bremsklötze darf das Bremspedal nicht mehr betätigt werden, da andernfalls der Kolben herauskommt.

Hinweis: In den Abbildungen gezeigte, einfache Bremsleitungen gehören zum Primärkreis, die mit Doppellinien gezeigten Leitungen zum Senkundärkreis.

Bild 282
Die Teile einer Bremszange der Ausführung "CL".
1 Führungsbolzen
2 Gummimanschetten
3 Schrauben, 54 - 64 Nm
4 Bremszangenmontagerahmen
5 Abdeckblech
6 Innere Beilagscheibe
7 Innerer Bremsklotz
8 Bremsklotzfederblech
9 Äusserer Bremsklotz
10 Äussere Beilagscheibe
11 Anschlussschraube, 17 - 20 Nm
12 Kupferscheibe, immer erneuern
13 Zylinderschraube, 22 - 31 Nm
14 Entlüftungsschraube, 7 - 9 Nm
15 Zylindergehäuse
16 Kolbendichtring
17 Kolben
18 Staubschutzkappe

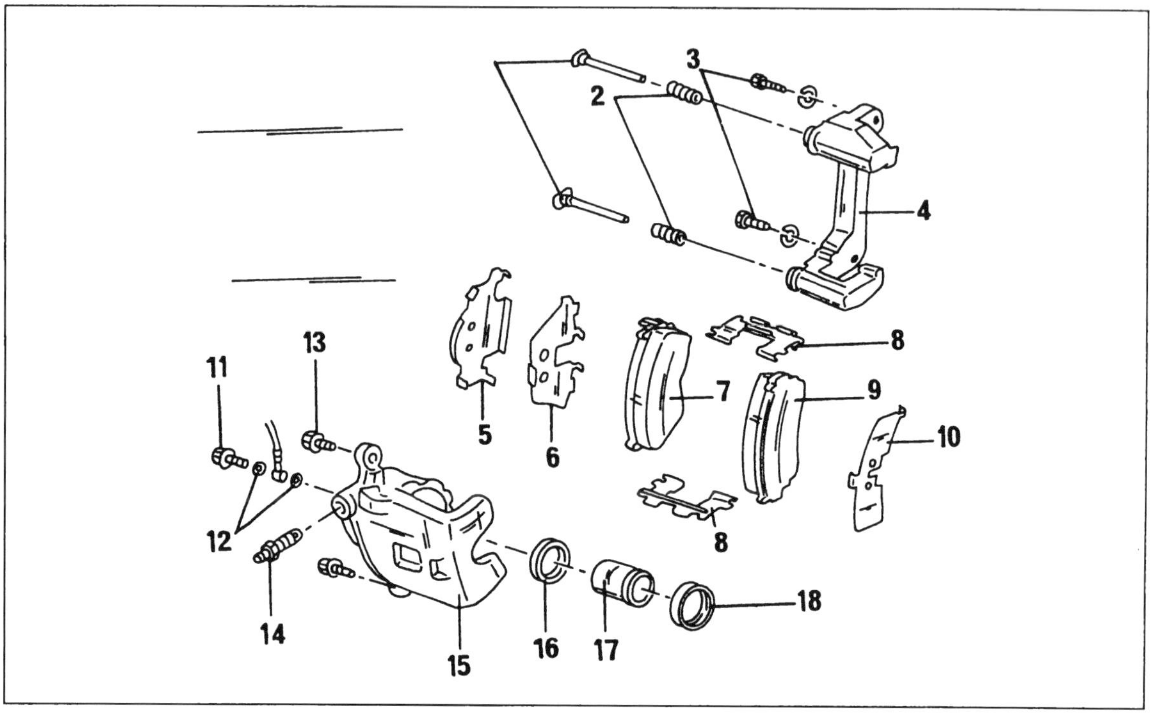

Bild 283
Die Teile einer Bremszange der Ausführung "AD" (2,0 Liter).
1 Führungsbolzen, 31 - 41 Nm
2 Gummimanschette
3 Schrauben, 54 - 64 Nm
4 Montagerahmen
5 Bremsklotzfederbleche
6 Abdeckblech
7 Innere Beilagscheibe
8 Bremsklotz
9 Äussere Beilagscheibe
10 Anschlussschraube, 17 - 20 Nm
11 Bremsschlauch
12 Kupferscheibe, immer erneuern
13 Entlüftungsschraube
14 Zylindergehäuse
15 Kolbendichtring
16 Kolben
17 Staubschutzmanschette
18 Sicherungsdrahtring

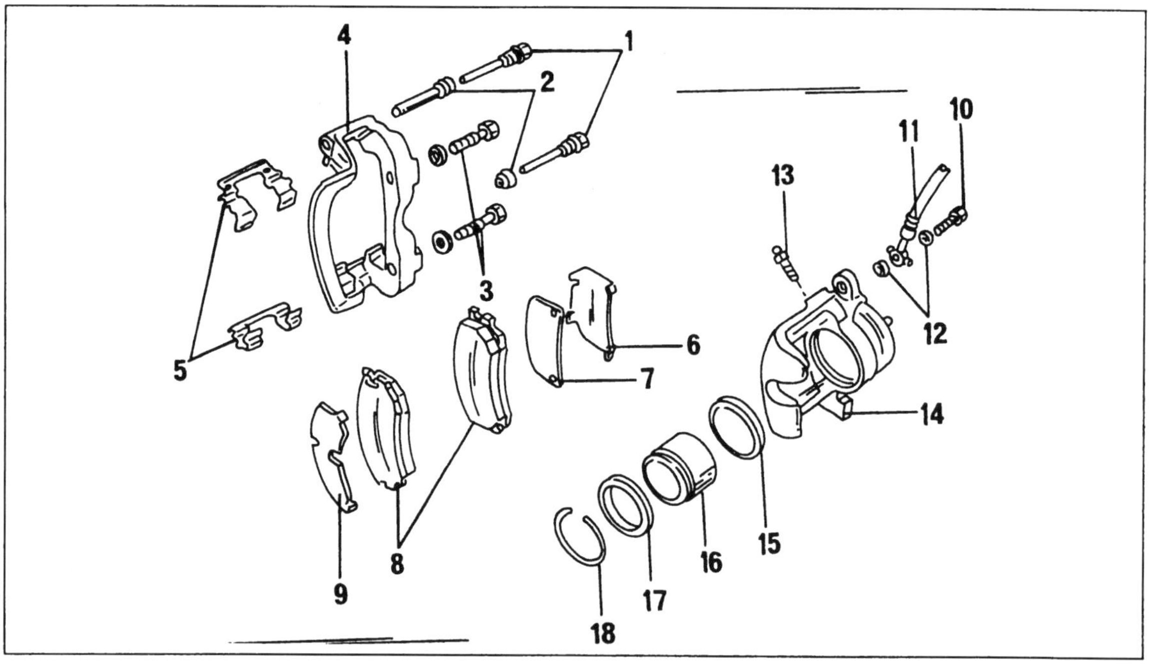

Bild 284
Nach Entfernen der gezeigten Schraube kann der Bremssattel nach oben gekippt werden. Sattel mit einem Stück Draht befestigen (siehe Bild 287).

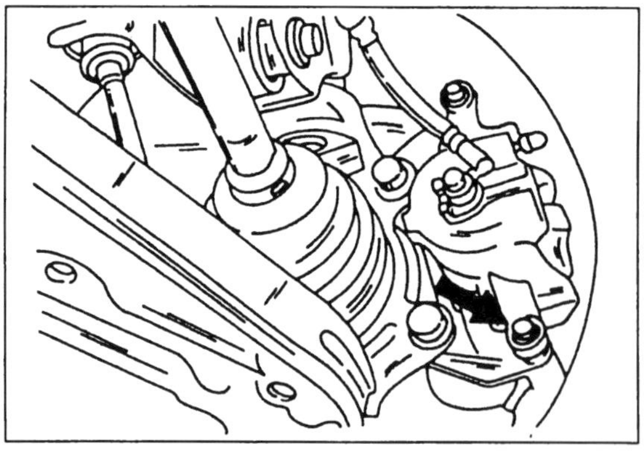

Bremsklötze erneuern, wenn das Belagmaterial bis auf 2,0 mm Stärke abgeschliffen ist. Niemals nur einen Bremsklotz erneuern, oder etwa die Bremsklötze von einer Seite mit der anderen vertauschen. Bild 285 zeigt an welcher Stelle man diese Stärke ausmisst. Bremsklötze aller Fahrzeugausführungen haben eine Nennstärke von 10 mm. Aus diesem Mass kann man schliessen, wieviel der nutzbaren Stärke noch übrig ist.

Bremsklotz-Reparatursätze enthalten bestimmte Teile, welche alle beim Einbau verwendet werden müssen.

Die Bremssättel mit Bremsflüssigkeit oder Spiritus reinigen. Niemals Benzin dazu verwenden. Kontrollieren, dass die Dichtringe der Kolben keine Leckstellen aufweisen.
Bremsscheibe auf tiefe Rillen kontrollieren, die durch abgeschliffene Bremsklötze verursacht wurden. Die Stärke der Bremsscheiben mit einem Mikrometer ausmessen, wie es in Bild 286 gezeigt ist. Scheiben haben unterschiedliche Stärken (siehe Mass- und Einstelltabelle). Falls die Scheiben schwächer als angegeben sind, müssen sie erneuert werden. Man kann auch nur eine Scheibe erneuern, aber höchstwahrscheinlich werden beide Scheiben angegriffen sein. Scheiben können 12 mm, 18 mm oder 24 mm stark sein.
Der Einbau der Bremsklötze geschieht in umgekehrter Reihenfolge wie der Ausbau, jedoch müssen die folgenden Punkte beachtet werden. Bild 287 zeigt die Teile eines Bremssattels und ebenfalls wie man den Bremssattelzylinder mit einem Stück Draht festgebunden hat:

- Inneren Bremsklotz mit dem Beilagblech einsetzen, den Bremssattel nach aussen ziehen und den äusseren Bremsklotz mit der Beilagscheibe einschieben.
- Die Führungsbleche der Bremsklötze einsetzen.
- Die Drahtbefestigung lösen und den Bremssattelzylinder nach unten klappen, ohne dabei die beiden eingesetzten Bremsklötze zu beschädigen.
- Die Schraube in Bild 284 einsetzen und mit dem in den Montagebildern angegebenen Anzugsdrehmoment anziehen. Das Anzugsdrehmoment ist etwas unterschiedlich für die beiden Bremssattel-Ausführungen.

Nach der Montage das Bremspedal einige Male durchtreten und kontrollieren, ob Luft in die Anlage eingedrungen ist. Ist dies der Fall, so ist die Bremsanlage zu entlüften (Kapitel 15.5).

15.1.2 Bremssattel überholen

- Bremsklötze ausbauen (Kapitel 15.1.1).
- Bremsleitung vom Bremssattel abschrauben. Diese ist mit einer Hohlschraube mit zwei Kupferscheiben angeschlossen. Die Dichtscheiben sollten immer erneuert werden. Die Öffnung im Sattel zustopfen, so dass die Flüssigkeit nicht heraustropfen kann. Ebenfalls etwas Klebband um den Ringanschluss des Bremsschlauches wikkeln, damit kein Schmutz in den Schlauch eindringen kann.
- Die beiden Schrauben des Bremssattels an der Innenseite lösen.
- Bremssattel herausheben.

Der Bremssattel kann auch zusammen mit den Bremsklötzen ausgebaut werden, die man anschliessend ausbauen kann, wie es in Kapitel 15.1.1 beschrieben wurde.
Falls die Bremsscheibe ausgebaut werden soll, kann sie von der Nabe abgeschraubt werden. Der Bremssattel kann unter Bezug auf Bilder 282 und 283 folgendermassen zerlegt werden:

- Bremsschlauch vom Bremssattel abschrauben.
- Den Staubschutzring mit einem Schrauben-

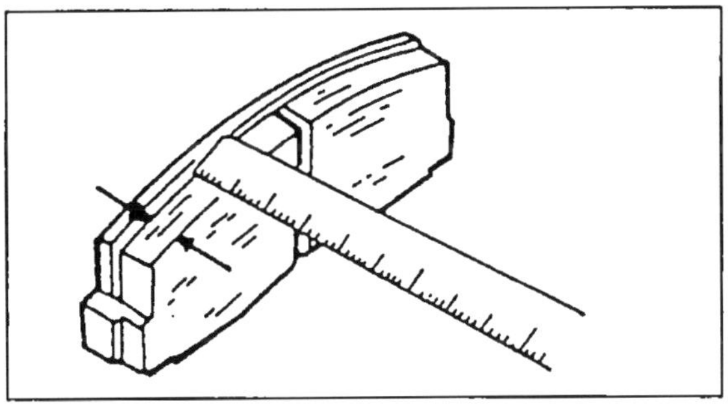

Bild 285
Ausmessen der Stärke des Bremsbelagmaterials.

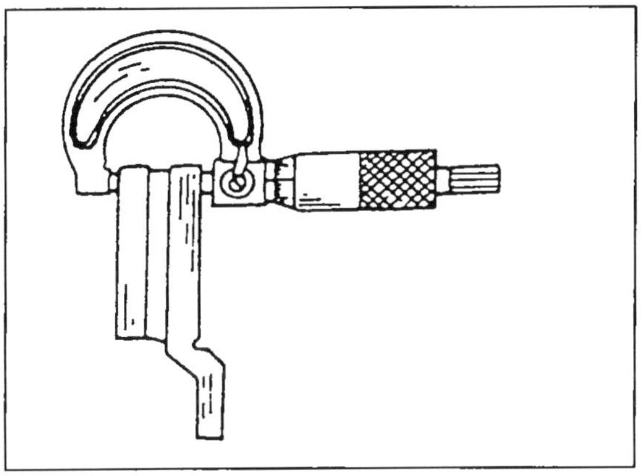

Bild 286
Ausmessen der Stärke einer Bremsscheibe.

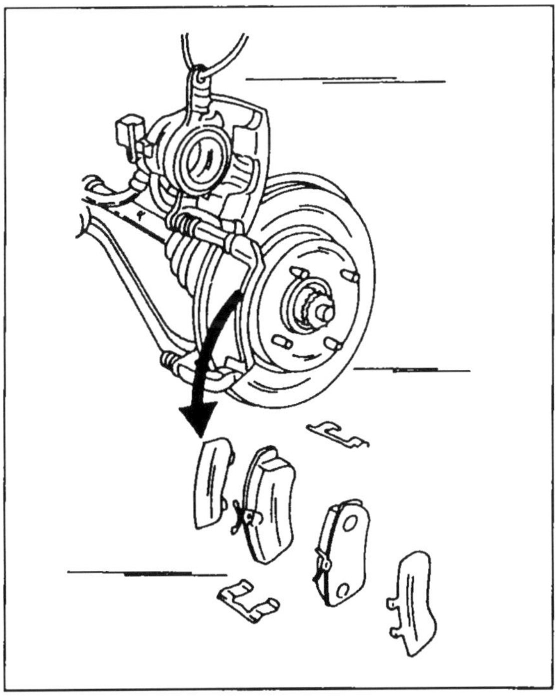

Bild 287
Einzelheiten zum Aus- und Einbau eines Bremssattels.

Hinweis: Die eingebaute Bremssattelausführung ist der Mass- und Einstelltabelle zu entnehmen.

Achtung: Bei Arbeiten an Bremsklötzen und den Bremsbacken immer ein Sprühmittel zur Kontrolle des Bremsstaubs benutzen (im Handel oder der Werkstatt erhältlich).

zieher vorsichtig aus der Zylinderbohrung heraushebeln. Bei einem Bremssattel der Ausführung "AD" wird die Staubschutzkappe mit einem Drahtsicherungsring gehalten, welcher vorher mit einem kleinen Schraubenzieher aus der Rille zu heben ist.
Der Kolben muss jetzt aus der Bohrung des Bremssattels herausgeblasen werden. Dazu verwendet man Pressluft. Am besten wäre es vielleicht, wenn man den Bremssattel an eine Tankstelle mitnimmt, um den Kolben auszublasen. Die Luftleitung wird am Anschluss für den Bremsschlauch an der in Bild 288 gezeigten Stelle angesetzt. Ein Stück Hartholz in die Aufnahme des Bremssattels einlegen, damit der Kolben nicht auf das Metall des Zylinders aufschlagen kann.

- Kolbendichtring mit einem stumpfen Gegenstand aus der Rille des Zylinders entfernen.

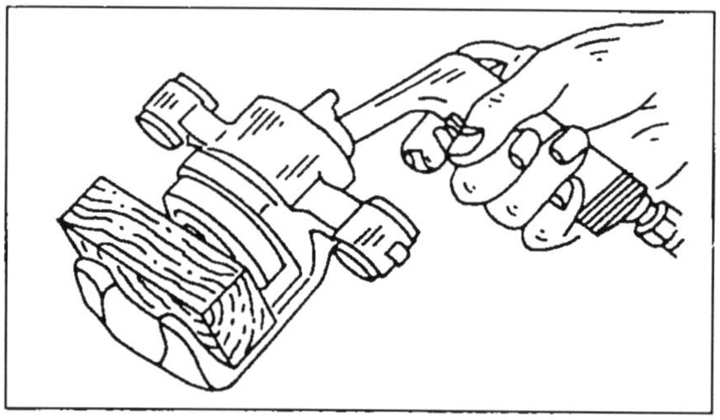

Bild 288
Ausblasen eines Kolbens aus dem Bremssattelzylinder.

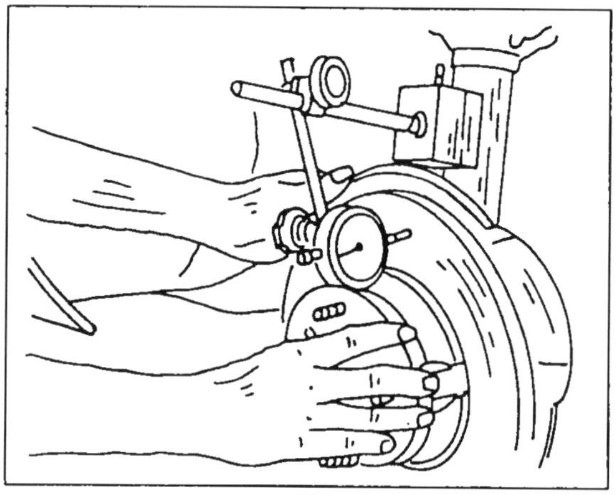

Bild 289
Kontrolle einer vorderen Bremsscheibe auf Schlag.

Die Innenseite der Zylinderbohrung auf Riefenbildung oder andere Schäden hin kontrollieren. Falls solche festgestellt werden, ist der gesamte Zylinder zu erneuern. Leichte Unebenheiten können vielleicht mit feinem Sandpapier herausgeglättet werden. Die Gleitfläche des Kolbens ist speziell behandelt und darf nicht mit Sandpapier abgezogen werden. Zylinderdichtring und Staubschutzring müssen erneuert werden.
Falls die beiden Gleitbolzen oder die damit verbundenen Manschetten nicht mehr einwandfrei aussehen, kann man sie erneuern. Die neuen Bolzen mit Bremsfett einschmieren.

Beim Zusammenbau alle Innenteile mit Bremsflüssigkeit oder Bremsfett einschmieren und danach den Bremssattel folgendermassen zusammenbauen:

- Zylinderdichtring in die Rille des Zylinders einsetzen.
- Staubschutzring mit Gummifett oder Bremsflüssigkeit einschmieren und den Ring am Kolben anbringen.
- Kolben in die Bohrung schieben und den Staubschutzring in die Rille des Zylinders eindrücken. Der Kolben muss mit der offenen Seite nach aussen weisen.
- Die beiden Gleitbolzen mit dem empfohlenen Bremsfett für Scheibenbremsen einschmieren, die Manschetten anbringen und die beiden Bolzen einsetzen.

Der Einbau des Bremssattels geschieht in umgekehrter Reihenfolge wie der Ausbau. Die Schrauben mit dem in Bildern 282 oder 282 angegebenen Drehmoment für die in Frage kommende Ausführung anziehen. Falls der Bremssattelträger abgeschraubt wurde, die Schrauben mit 54 - 65 Nm anziehen (alle Ausführungen). Die Bremsanlage entlüften (Kapitel 15.5).

15.1.3 Bremsscheiben

Der Ausbau der Bremsscheiben geschieht zusammen mit der Radnabe. Diese Arbeiten wurden bereits in Kapitel 13.1.1 beschrieben. Bremsscheibe danach von der Radnabe abnehmen und folgende Prüfungen durchführen:

- Bremsscheibe in ihrer Stärke ausmessen, um zu kontrollieren, dass an keiner Stelle ein Stärkenunterschied von mehr als 0,07 mm vorhanden ist (siehe Bild 286). Falls angenommen wird, dass die Scheibe verzogen ist, kann sie wieder mit der Nabe an den Achsschenkel montiert werden. Die Radlager jedoch vor der Kontrolle einwandfrei kontrollieren.
- Eine Messuhr am Achsschenkel anbringen (Bild 289) und die Spitze der Nadel gegen die Aussenkante der Bremsscheibe ansetzen. Die Bremsscheibe langsam durchdrehen und die Anzeige der Messuhr ablesen. Falls diese grösser als 0,07 mm ist, kann man annehmen, dass die Scheibe verzogen ist.

Der Einbau der Radnabe und der Bremsscheibe wurde bereits in Kapitel 13.1.3 beschrieben. Nachdem das Fahrzeug wieder auf den Rädern steht, die Achswellenmutter und die Räder vorschriftsmässig anziehen.
Das Bremspedal einige Male betätigen, um die Bremsklötze an die Bremsscheibe heranzubringen. Bei der ersten Fahrt die notwendige Vorsicht walten lassen.

15.2 Hinterradbremsen/Trommelbremsen

15.2.1 Erneuerung der Bremsbacken

Zu beachten ist, dass zwei verschiedene Bremsenausführungen in den Sunny- und LX100-Modellen eingebaut sind. Die unterschiedlichen Ausführungen sind in der Serie "N14" vorzufinden. In der Mass- und Einstelltabelle werden die Kennzeichnung der beiden Bauweisen angegeben.
In der folgenden Beschreibung werden die beiden Ausführungen zusammen behandelt. Falls abweichene Arbeiten erforderlich sind, werden diese besonders hervorgehoben.
Beim Ausbau folgendermassen vorgehen:

- Rückseite des Fahrzeuges auf Böcke setzen. Die Vorderräder sollten in geeigneter Weise verkeilt werden (Ziegelsteine unterlegen), damit der Wagen nicht von den Böcken rollen kann.
- Hinterräder abnehmen.
- Handbremse lösen.
- Bremstrommel abziehen. Falls die automatische Nachstellung einwandfrei gearbeitet hat, ist es möglich, dass die Bremsbacken an der Trommel hängen. Um die Trommel zu lösen, muss man den Nachstellmechanismus in der Innenseite zurückstellen. Hier liegen die ersten Unterschiede vor. Bei allen Ausführungen den Stopfen in der Rückseite der Bremsträgerplatte herausdrücken und einen Schraubenzieher in die freigewordene Öffnung einschieben, wie es in Bildern 290 oder 291 gezeigt ist.

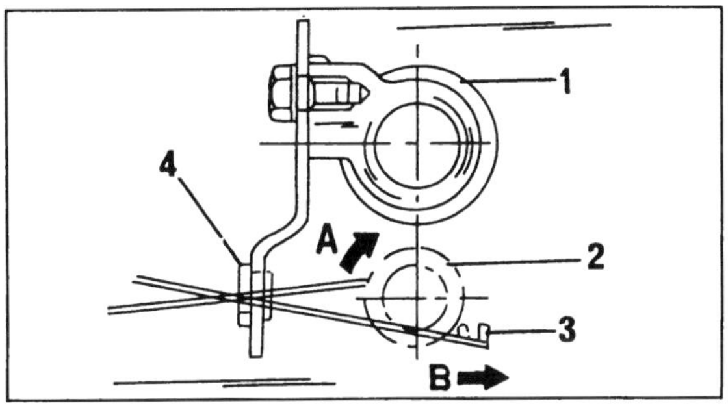

Bild 290
Zurückstellen der automatischen Nachstellvorrichtung in der Innenseite der Bremstrommel (Ausführung "LT18C").
1 Radbremszylinder
2 Verstellrädchen
3 Verstellhebel
4 Verschlussstopfen

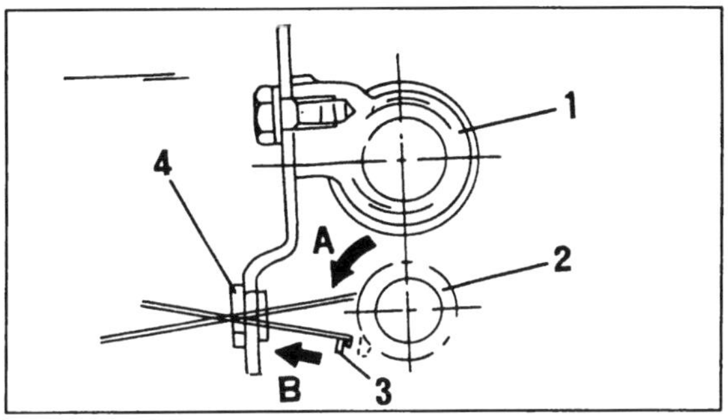

Bild 291
Zurückstellen der automatischen Nachstellvorrichtung in der Innenseite der Bremstrommel (Ausführung "LT23B").
1 Radbremszylinder
2 Verstellrädchen
3 Verstellhebel
4 Verschlusssstopfen

— Bei der Bremse "LT18C" (Bild 290) den Schraubenzieher an der gezeigten Stelle ansetzen und das Einstellrädchen in Richtung "A" verdrehen, um das Rädchen zurückzustellen. Danach den Schraubenzieher am Verstellhebel "B" ansetzen und in Richtung "B" drücken. In beiden Fällen muss man die genannten Teile "erfühlen".

— Bei der Bremsen "LT23B" (Bild 291) das Einstellrädchen in Richtung "A" verdrehen, bis die Backen locker sind. Danach braucht man einen kräftigen Drahthaken. Mit diesem den

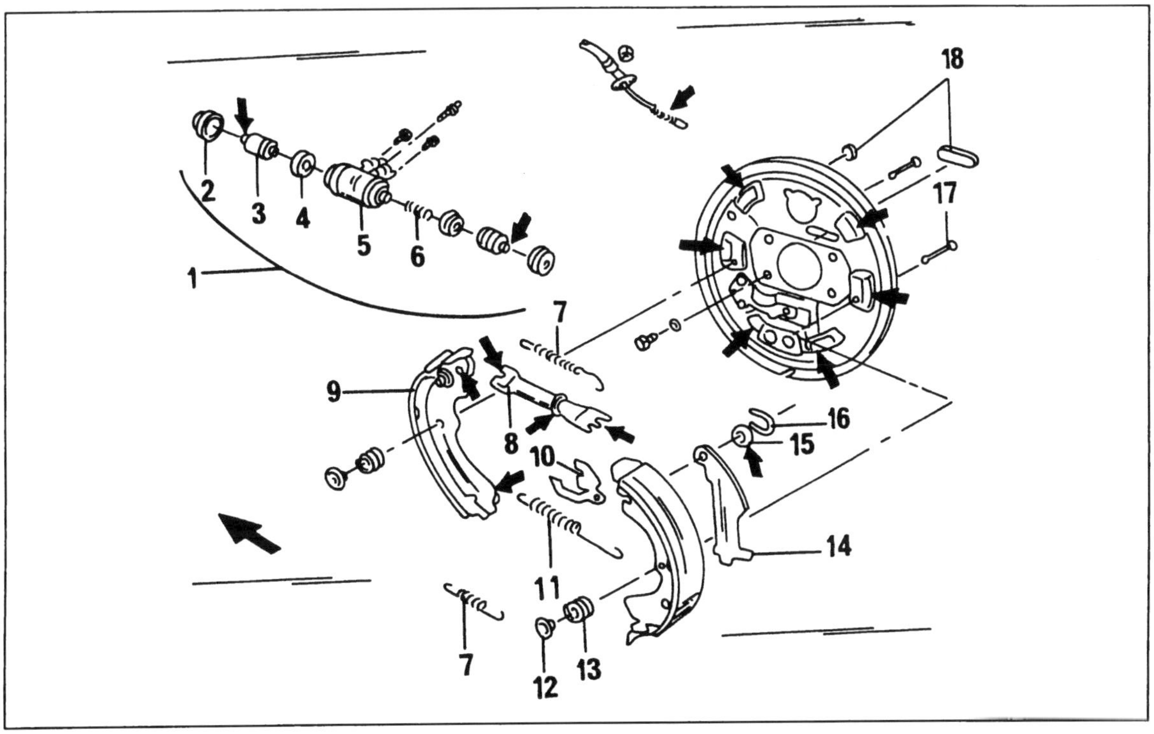

Bild 292
Montagebild der Trommelbremse "LT18C". Die mit den Pfeilen gezeigten Stellen mit Bremsfett einschmieren.
1 Radbremszylinder
2 Gummimanschette
3 Kolben
4 Kolbenmanschette
5 Zylindergehäuse
6 Rückholfeder
7 Rückzugfeder
8 Bremsbackenversteller
9 Bremsbacken
10 Verstellhebel
11 Rückzugfeder
12 Federsitz
13 Druckfeder
14 Verstellhebel
15 Scheibe
16 Sicherungsspange
17 Backenankerstift
18 Verschlussstopfen

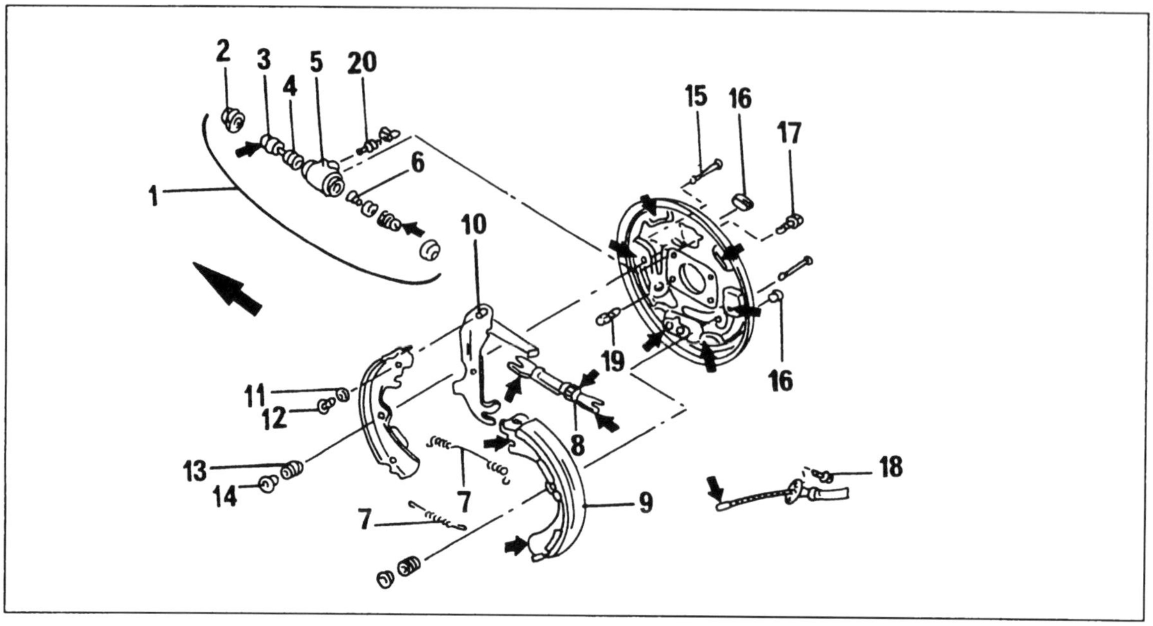

Bild 293
Montagebild der Trommelbremse "LT23B". Die mit den Pfeilen gezeigten Stellen mit Bremsfett einschmieren.
1 Radbremszylinder
2 Staubschutzkappe
3 Kolben
4 Kolbenmanschette
5 Zylindergehäuse
6 Rückholfeder
7 Rückzugfeder
8 Backenversteller
9 Bremsbacken
10 Verstellhebel
11 Scheibe
12 Sicherungsspange
13 Druckfeder
14 Federsitz
15 Backenankerstift
16 Verschlussstopfen
17 Schraube, 10 Nm
18 Schraube, 10 Nm
19 Schraube, 45 Nm
20 Schraube, 8 Nm

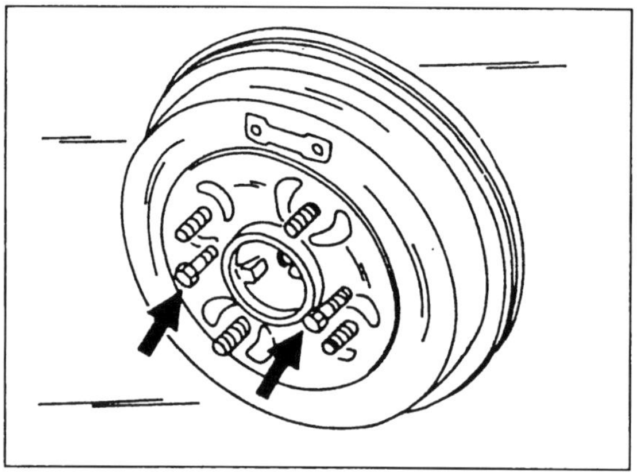

Bild 294
Eine festsitzende Trommel durch Einschrauben von zwei Schrauben an den gezeigten Stellen abziehen.

Verstellhebel erfühlen, dahintersetzen und den Hebel in Richtung "B" nach aussen schieben.
— Es werden jetzt zwei M8 x 1,25-Schrauben gebraucht, die man an den in Bild 294 gezeigten Stellen in die Trommel schraubt. Die Schrauben gleichmässig anziehen, bis die Trommel herunterkommt.

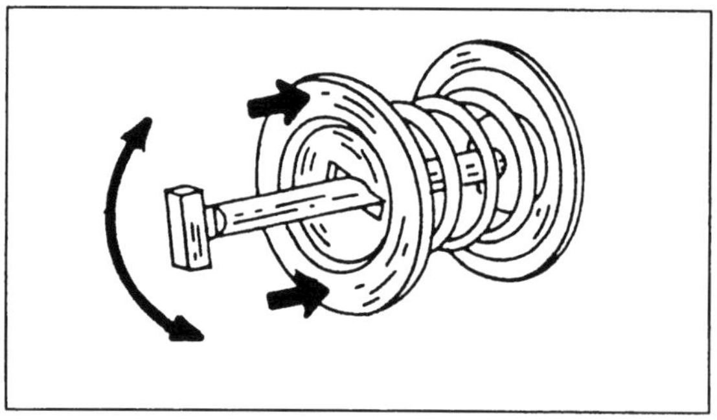

Bild 295
Einzelheiten zum Aus- und Einbau der Ankerstifte für die Bremsbacken.

● Ankerstifte und Federn ausbauen. Dazu den Ankerstift von der Rückseite gegen die Bremsträgerplatte drücken und mit einer Zange den Federsitz an der Vorderseite verdrehen, bis der Kopf des Stiftes durch den Federsitz geführt werden kann. Bild 295 veranschaulicht diese Arbeit. Den Sitz und die Feder abnehmen und den Stift von hinten herausziehen. Beide Stifte auf diese Weise ausbauen.

● Mit einer Zange die obere Rückholfeder aus den Bremsbacken aushängen, die Bremsbacken nach aussen drücken und den Versteller in der Mitte der Bremsbacken herausnehmen. Das untere Ende eines Bremsbackens aus dem Widerlager herausheben. Dabei wird die untere Rückzugfeder frei, die man jetzt abnehmen kann.

● Bremsbacken mit dem Handbremsseil vorsichtig abnehmen und das Handbremsseil aushängen. Die Feder dazu zusammendrücken, bis das Seilende aus dem Hebel gehoben werden kann.

● Falls eine weitere Zerlegung erforderlich ist, die Feder aus dem Nachstellhebel aushängen.

● Falls die Bremsbacken erneuert werden, muss man den Backenhebel auf den neuen Backen übertragen. Falls die Fläche der Bremstrommel Riefenbildung aufweist, kann man die Trommel ausdrehen lassen, vorausgesetzt, dass der angegebene Mindestdurchmesser beibehalten wird. Bremstrommeln ebenfalls auf Unrundheit ausmessen, besonders, wenn sich die Bremsen während des Betriebs überhitzt hatten.

Falls die Stärke des Bremsbackenmaterials weniger als 1,5 mm beträgt, müssen die Backen im Satz erneuert werden. Verbogene Federn, auch wenn sie beim Ausbau verbogen wurden, sind zu erneuern.

Der Radbremszylinder wird in Kapitel 15.2.2 behandelt.

Der Einbau der Bremsbacken geschieht in umgekehrter Reihenfolge wie der Ausbau. Die Enden der

Bremsbacken sowie die Anlagestellen der Backen an der Bremsträgerplatte leicht mit Bremsfett einschmieren, einschliesslich der Lagerstellen des Einstellhebels. In den Montagebildern sind diese Stellen mit den Pfeilen gezeigt. Die Einsteller müssen an den Gewindestellen der kleinen Rädchen und an der Verbindung zwischen Einsteller und Backenhebel mit Fett eingeschmiert werden und sind an der ursprünglichen Bremsträgerplatte anzubringen. Die folgenden Richtlinien sind einzuhalten. Bild 296 zeigen die Versteller für die beiden Bremsenausführungen. Der Pfeil in jeder Ansicht weist zur Vorderseite des Fahrzeuges.

"LT18C"

- Der Einsteller auf der rechten Seite hat Rechtsgewinde.
- Der Einsteller auf der linken Seite hat Linksgewinde und hat ausserdem eine Rille an der Aussenseite des Gewindestücks.

"LT23B"

- Der Einsteller auf der rechten Seite hat Rechtsgewinde und ist mit dem Buchstaben "R" gezeichnet.
- Der Einsteller auf der linken Seite hat Linksgewinde und ist mit dem Buchstaben "L" gezeichnet.

Falls die Bremsbacken erneuert wurden, den Backenhebel wieder am Bremsbacken anbringen, so dass er an der Vorderseite sitzt und eine neue Sicherungsspange am Lagerzapfen anbringen. Die Spange gut in die Nut einschnappen und danach, wie in Bild 297 gezeigt, mit einer Zange zusammendrücken. Hier liegen wieder Unterschiede vor:

- Bei der Ausführung "LT18C" ist der Hebel am Ablaufbacken angebracht (siehe auch Bild 292).
- Bei der Ausführung "LT23B" ist der Hebel am Anlaufbacken angebracht (siehe auch Bild 293).

Die untere Rückzugfeder zwischen die Bremsbacken einhängen, das Handbremsseil in den Hebel einsetzen und die Bremsbacken an der Bremsträgerplatte ansetzen. Die unteren Enden dabei auseinanderziehen, bis die Backen in das Widerlager eingesetzt werden können.

Den Versteller oben zwischen die Bremsbacken einsetzen und die Backenenden vorsichtig in die Kolben der Radbremszylinder einsetzen. Die obere Rückzugfeder auf einer Seite einhängen und das andere Ende mit einer Zange strecken und in den zweiten Backen einhängen. Zu beachten ist, dass die obere Feder der Ausführung "LT23B" mit schwarzer Farbe gezeichnet ist. Diese Seite muss an die Unterseite kommen, d.h. zum Versteller weisen.

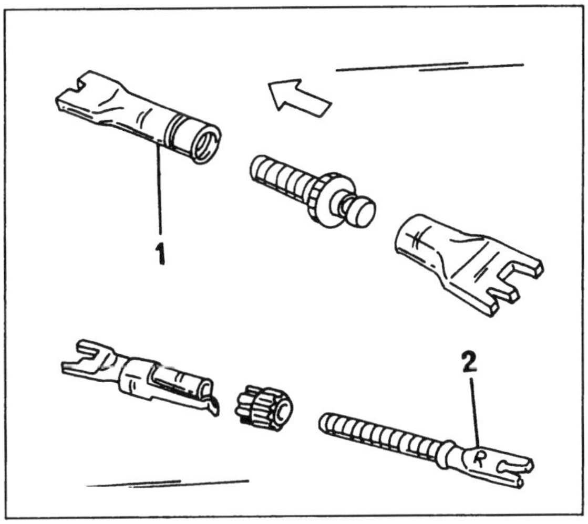

Bild 296
Richtiger Einbau der Versteller. Im oberen Bild für Ausführung "LT18C", im unteren Bild für Ausführung "LT23B".
1 Rille im linken Versteller (LT18C)
2 Buchstabe im Gewindestössel (LT23B)

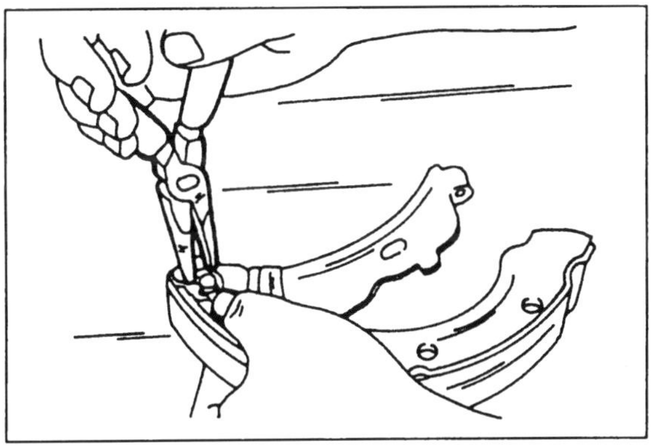

Bild 297
Nach Einbau des Sicherungsringes diesen ringsherum in die Rille des Lagerstiftes drücken.

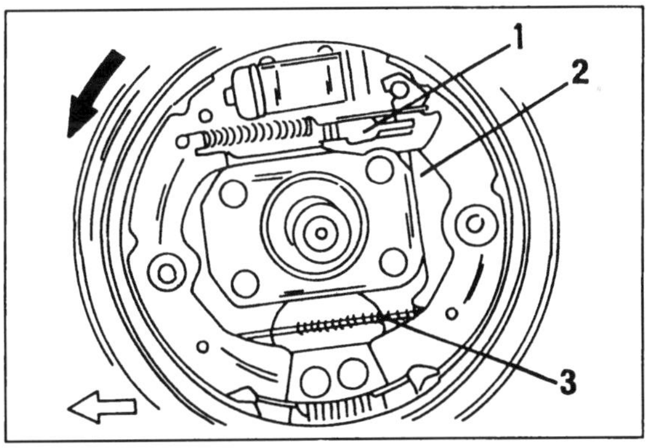

Bild 298
Richtiger Zusammenbau einer Hinterradbremse (Ausführung "LT18C").
1 Versteller
2 Verstellhebel
3 Handbremsseil am Hebel angeschlossen

Die Bremsbackenankerstifte von der Rückseite einsetzen und die Federn und Federsitze von vorn aufsetzen. Die Köpfe der Stifte um 90° verdrehen, bis die Köpfe in den Federsitzen liegen. Bild 295 zeigt schematisch wie die Arbeit durchgeführt wird.

Nachdem die Backen montiert sind, sie mit Bildern 298 und 299 vergleichen. Die beiden Pfeile weisen auf die Drehrichtung der Bremstrommel bzw. zur Vorderseite des Fahrzeuges.

Nach dem Einbau der Bremsbacken ist die Bremse in ihre Grundeinstellung für den Betrieb der Selbstnachstellung zu bringen. Dazu den Einstel-

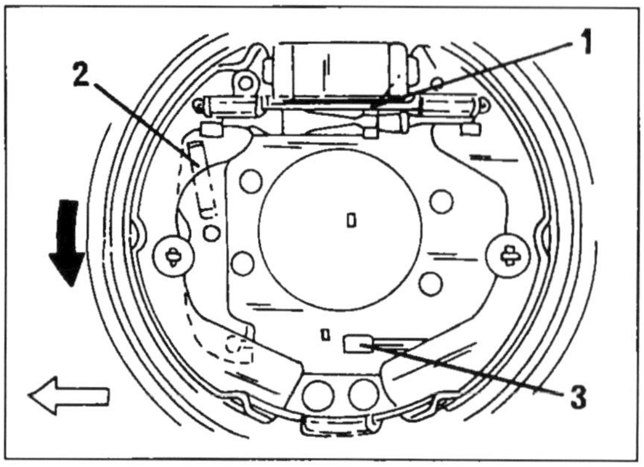

Bild 299
Richtiger Zusammenbau der Hinterradbremse (Ausführung "LT23B").
1 Versteller
2 Verstellhebel
3 Handbremsseil am Hebel angeschlossen

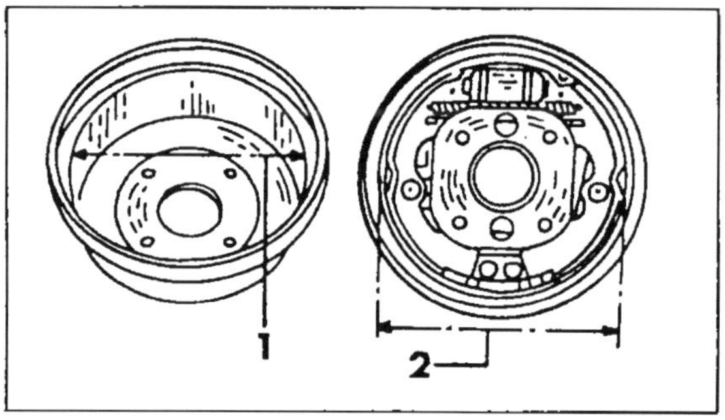

Bild 300
Ausmessen des Trommeldurchmessers (1) und des Aussendurchmessers der Bremsbacken (2). Der Bakkendurchmesser muss ca. 0,35 mm kleiner sein.

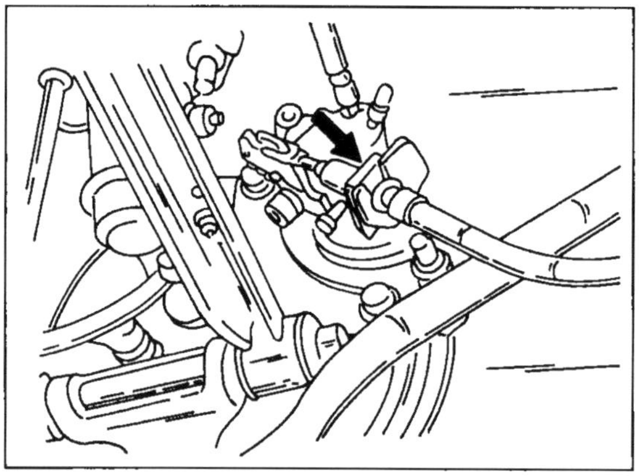

Bild 301
Ein Federspannblech hält das Handbremsseil an einem Winkelstück. Es wird mit einem kleinen Dorn ausgeschlagen.

ler verstellen, bis der Durchmesser der Bremsbacken ungefähr dem Durchmesser der Bremstrommel entspricht. Dazu wiederum die Bremstrommel und den Durchmesser der eingebauten Bremsbacken ausmessen, wie es links und rechts in Bild 300 gezeigt ist.
Die Bremstrommel aufstecken und die Handbremse einige Male betätigen. Das "Klickgeräusch" in der Bremstrommel sollte nach einer Weile nicht mehr hörbar sein.

15.2.2 Radbremszylinder

Zum Ausbau des Radbremszylinders:
- Bremsbacken ausbauen (Kapitel 15.2.1).
- An der Rückseite der Bremsträgerplatte die Überwurfmutter der Bremsleitung lösen.
- Radbremszylinder von der Bremsträgerplatte abschrauben.

Eine Zerlegung des Radbremszylinders ist möglich, falls man einen Reparatursatz dafür erhalten kann. Nach Abnehmen der beiden Staubschutzkappen kann man die Innenteile aus der Bohrung stossen. Falls ein Kolben festgefressen ist, muss man den gesamten Zylinder erneuern.
Die Manschetten mit den Fingern von den Kolben herunterziehen. Alle Teile in Bremsflüssigkeit reinigen und kontrollieren.
Die neuen Manschetten mit den Fingern auf die Kolben ziehen. Die Scharfkanten der Manschetten müssen jeweils nach innen weisen.
Zum Zusammenbau einen Kolben in die Bohrung schieben, ohne dabei die Manschettenkante umzustülpen (gut mit Bremsfett oder Bremsflüssigkeit eingeschmiert) und mit einem Finger halten. Von der anderen Seite die Feder einsetzen und den zweiten Kolben einschieben. Die beiden Staubschutzkappen anbringen. Um die Teile im Zylinder zu halten, kann man einstweilen ein Gummiband um den Zylinder wickeln.

15.3 Hintere Scheibenbremsen

Wie bei den Vorderradbremsen liegen auch bei den hinteren Scheibenbremsen Unterschiede in der Ausführung vor, d.h. die bei einem Fahrzeug mit 2,0 Liter-Motor eingebauten Scheibenbremsen unterscheiden sich von den mit ABS arbeitenden Scheibenbremsen. Die Zuordnung ist der Mass- und Einstelltabelle zu entnehmen.

15.3.1 Erneuerung der Bremsklötze

Beim Aus- und Einbau der Bremsklötze ist auf die Unterschiede der verschiedenen Ausführungen zu achten.
- Rückseite des Fahrzeuges aufbocken.
- Räder abnehmen.
- An der Innenseite des Bremssattels die Federspannbleche der Bremsseilbefestigung entfernen und die Handbremsseile aus den Betätigungshebeln aushängen. Die Befestigung ist in Bild 301 bei Fahrzeugen mit Zweiradantrieb gezeigt. Das Blech kann auch von der Unterseite aus eingesetzt sein.
- Den in Bild 302 gezeigten Gleitbolzen des Bremssattels aus dem Bremssattel entfernen, um diesen vom Montagerahmen zu lösen.
- Den gesamten Bremssattel nach oben kippen und mit einem Stück Draht an der Hinterradaufhängung festbinden, damit er nicht wieder herunterfallen kann.
- Die inneren und äusseren Beilagbleche und

die beiden Bremsklötze vom Bremssattel abnehmen. Je nach Ausführung die Bremsklotzführungen oben und unten entfernen. Bilder 303 und 304 zeigen die Teile der Bremsklötze bei Fahrzeugen mit Zweirad- und Vierradantrieb.

- Nach dem Ausbau der Bremsklötze darf das Bremspedal nicht mehr betätigt werden, da andernfalls der Kolben herauskommt.

Bremsklötze erneuern, wenn das Belagmaterial bis auf 2,0 mm Stärke abgeschliffen ist. Niemals nur einen Bremsklotz erneuern, oder etwa die Bremsklötze von einer Seite mit der anderen vertauschen. Bild 285 zeigt an welcher Stelle man diese Stärke ausmisst.

Bremsklotz-Reparatursätze enthalten bestimmte Teile, welche alle beim Einbau verwendet werden müssen.

Die Bremssättel mit Bremsflüssigkeit oder Spiritus reinigen. Niemals Benzin dazu verwenden. Kontrollieren, dass die Dichtringe der Kolben keine Leckstellen aufweisen.

Bremsscheibe auf tiefe Rillen kontrollieren, die durch abgeschliffene Bremsklötze verursacht wurden. Die Stärke der Bremsscheiben mit einem Mikrometer ausmessen, wie es in Bild 286 gezeigt ist. Falls die Scheiben schwächer als angegeben sind, müssen die Scheiben erneuert werden. Man kann auch nur eine Scheibe erneuern, aber höchstwahrscheinlich werden beide Scheiben angegriffen sein.

Der Einbau der Bremsklötze geschieht in umgekehrter Reihenfolge wie der Ausbau, jedoch müssen die folgenden Punkte beachtet werden:

- Eine Spitzzange verwenden und den Kolben wie in Bild 305 gezeigt im Uhrzeigersinn in den Bremssattel eindrehen. Dabei kann Flüssigkeit aus dem Vorratsbehälter überlaufen, d.h. man muss ein Auge auf dem Behälter halten, damit keine Flüssigkeit herausgedrückt wird. Indem der Kolben weiter im Zylinder sitzt, wird genügend Raum für die neuen Bremsklötze geschaffen.
- Inneren Bremsklotz mit dem Beilagblech einsetzen, den Bremssattel nach aussen ziehen und den äusseren Bremsklotz mit der Beilagscheibe einschieben. Falls eingebaut die Federbleche oben und unten entsprechend Bild 303 anbringen.
- Die Drahtbefestigung lösen und den Bremssattelzylinder nach unten klappen, ohne dabei die beiden eingesetzten Bremsklötze zu beschädigen.
- Die Schraube in Bild 302 einsetzen und mit einem Anzugsdrehmoment von 31 - 41 Nm bei der Ausführung "AD7HA" (Bild 306) oder 22 - 31 Nm bei "CL9HA" (Bild 307) anziehen.

Bild 302
Die Lage der Befestigungsschraube bei den beiden Bremssattelausführungen. Links bei der Ausführung "AD7HA" gezeigt. Bilder 306 und 307 zeigen die unterschiedliche Befestigungsweise.

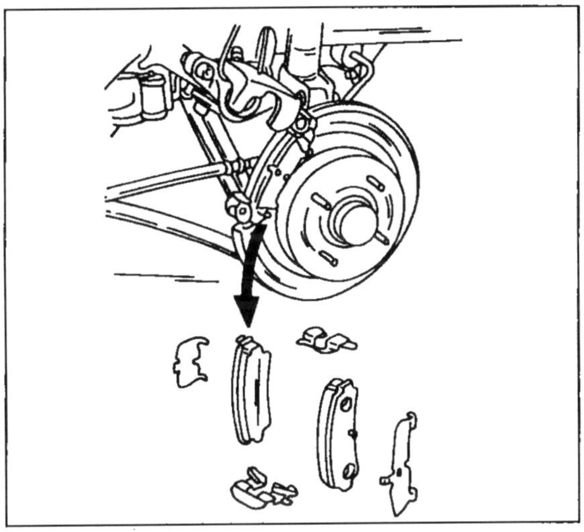

Bild 303
Ausbau der Bremsklötze einer hinteren Scheibenbremse im Falle eines Fahrzeuges mit Zweiradantrieb. Den Bremssattel wie gezeigt mit Draht festbinden.

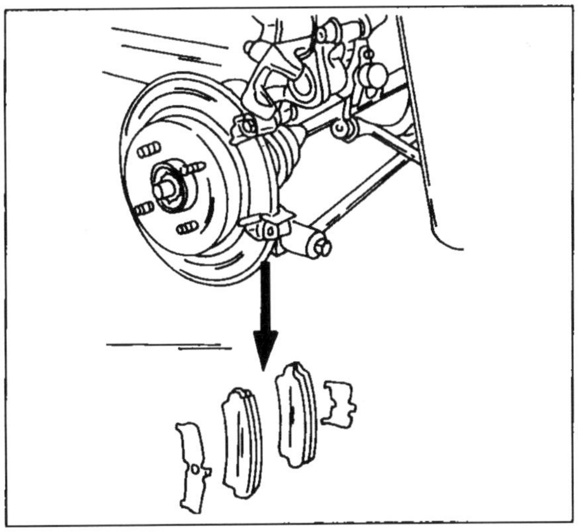

Bild 304
Ausbau der Bremsklötze bei einem Fahrzeug mit Vierradantrieb.

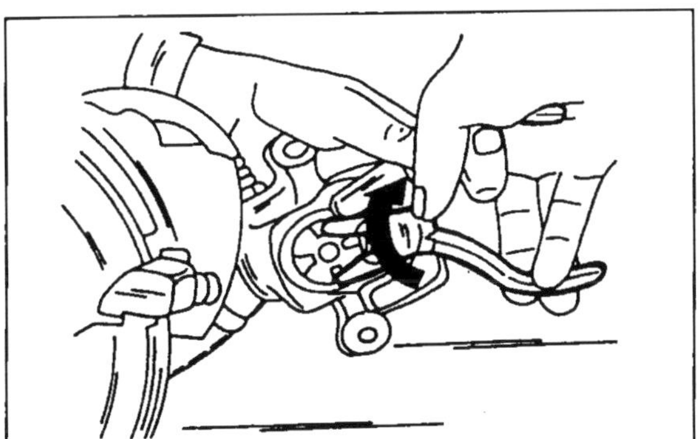

Bild 305

Bild 305 (links)
Vor dem Einbau der Bremsklötze den Kolben mit einer Zange in die Bohrung hineinschrauben.

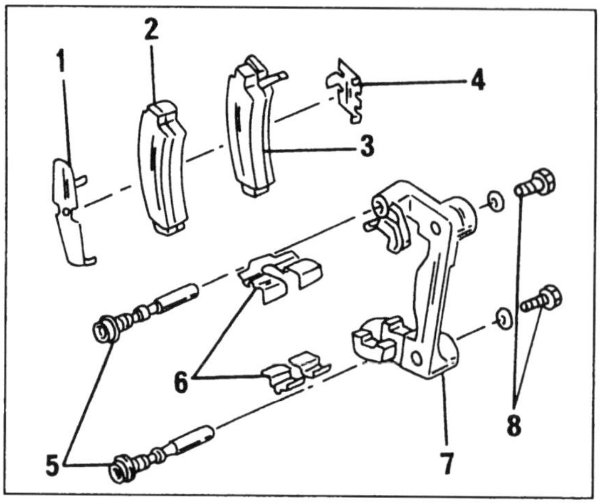

Bild 306
Bremsklötze und deren Befestigung bei der Bremssattelausführung "AD7HA".
1 Äussere Beilagscheibe
2 Äusserer Bremsklotz
3 Innerer Bremsklotz
4 Innere Beilagscheibe
5 Führungsbolzen, 31 - 41 Nm
6 Federbleche
7 Montagerahmen
8 Schrauben, 38 - 52 Nm

immer erneuert werden.
Der Montagerahmen kann ausgebaut werden. In diesen sitzen die Gleitbolzen und Gummimanschetten, welche man erneuern kann. Die Befestigung des Montagerahmens ist den Bildern 306 und 307 zu entnehmen.

15.4 Hauptbremszylinder

15.4.1 Aus- und Einbau

● Kabel vom Bremsflüssigkeitsanzeiger abklemmen.

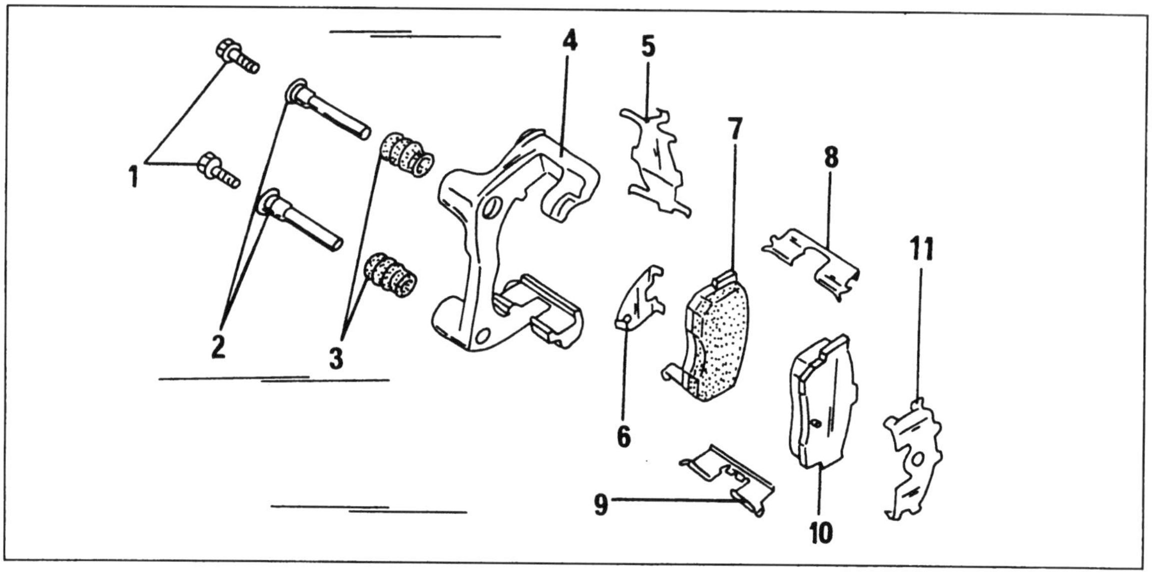

Bild 307
Einbauweise der Bremsklötze bei der Bremssattelausführung "CL9HA".
1 Schrauben, 22 - 31 Nm
2 Gleitbolzen
3 Gummimanschetten
4 Montagerahmen
5 Halteblech
6 Innere Beilagscheibe
7 Innere Beilagscheibe
8 Führungsblech
9 Führungsblech
10 Äusserer Bremsklotz
11 Äussere Beilagscheibe

Nach der Montage das Bremspedal einige Male durchtreten und kontrollieren, ob Luft in die Anlage eingedrungen ist. Ist dies der Fall, so ist die Bremsanlage zu entlüften, wie es in Kapitel 15.5 beschrieben ist.

15.3.2 Bremssattel überholen

Die Überholung eines hinteren Bremssattels ist etwas komplizierter als die Reparatur eines vorderen Bremssattels, da der Nachstellmechanismus sich in der Innenseite des Bremssattels befindet. Da man den Bremssattel auch fast vollkommen zerlegen muss, um an den Zylinderdichtring zu kommen, sehen wir von einer Beschreibung der Überholung ab. Um den Bremssattel vollkommen auszubauen, die in Kapitel 15.3.1 beschriebenen Arbeiten durchführen, aber dieses Mal die obere und untere Schraube herausdrehen, welche den Sattel am Montagerahmen halten. Die Hohlschraube der Bremsleitung lösen und die beiden Kupferscheiben entfernen. Die Scheiben sollten

● Die beiden Bremsleitungen vom Zylinder abschrauben. Die Leitungsenden in geeigneter Weise verschliessen.
● Befestigung des Hauptbremszylinders von der Stirnfläche des Bremskraftverstärkers lösen und den Zylinder vorsichtig herausheben, ohne dabei Bremsflüssigkeit auf die Lackstellen zu tropfen.
Der Einbau des Bremszylinders geschieht in umgekehrter Reihenfolge wie der Ausbau. Die Bremsanlage nach dem Einbau entlüften (Kapitel 15.5).

15.4.2 Hauptbremszylinder überholen

Obwohl der Hauptbremszylinder äusserlich bei allen Modellen gleich aussieht, liegen jedoch innerliche Unterschiede vor. Im modernen Automobilbau werden Hauptbremszylinder kaum noch überholt, so dass wir aus diesem Grund auf eine Beschreibung der Zerlegung und des Zusammenbaus verzichten. Falls Leckstellen am Vorratsbehälter festgestellt werden, kann man diesen vorsichtig mit einem Schraubenzieher abdrücken,

nachdem die Bremsflüssigkeit mit einem Sauger entleert wurde. Darunter sitzen zwei Gummitüllen, die man ebenfalls mit einem Schraubenzieher ausdrückt. Die neuen Gummitüllen werden in den Zylinder eingedrückt.
Bei der Erneuerung eines Hauptbremszylinders muss man darauf achten, dass der Zylinder sich für die eingebaute Bremsanlage eignet. Nur durch Angabe der Modellausführung und der Fahrgestellnummer ist das Ersatzteillager in der Lage Ihnen den richtigen Zylinder zu verkaufen.

15.5 Entlüften der Bremsen

Ein Entlüften der hydraulischen Anlage ist erforderlich, falls das Bremsleitungsnetz an irgendeiner Stelle geöffnet wurde, oder Luft auf andere Weise in die Anlage gekommen ist.
Vor der Entlüftung der Anlage sind Schmutz und Fremdkörper von den Entlüftungsstellen und dem Einfüllverschluss des Vorratsbehälters zu entfernen.
Falls nur ein Radbremszylinder oder ein Bremssattel abgeschlossen wurde, könnte es ausreichen, wenn man nur diesen betreffenden Bremskreis entlüftet, d.h. vorn links und hinten rechts oder vorn rechts und hinten links. Andernfalls kann die Entlüftung entweder an den Hinterrädern oder an den Vorderrädern begonnen werden, jedoch lautet die vom Hersteller empfohlene Reihenfolge hinten links, vorn rechts, hinten rechts und vorn links.
Verschiedene Geräte sind in Autozubehörgeschäften erhältlich, die das Entlüften von Bremsanlagen ohne Hilfe einer zweiten Person ermöglichen. Falls ein derartiges Gerät verwendet wird, folgt man den Anweisungen des Herstellers. Andernfalls muss ein Helfer beim Entlüften hinzugezogen werden.

- Einen durchsichtigen Kunststoffschlauch nach Entfernen der Staubschutzkappe auf das betreffende Entlüftungsventil aufstecken. Das andere Ende des Schlauches in ein mit etwas Bremsflüssigkeit gefülltes Glasgefäss einhängen.
- Bremspedal von einer zweiten Person auf den Boden durchtreten lassen. Die Entlüftungsschraube um eine halbe Umdrehung öffnen, wenn das Pedal auf dem Boden aufsitzt. Den aus dem Schlauch austretenden Flüssigkeitsstrom beobachten.
- Sobald keine Luftblasen mehr herauskommen, ist alle Luft aus der Anlage ausgeschieden. Das Bremspedal beim letzten Hub auf dem Boden halten und das Entlüftungsventil schliessen. Das Pedal langsam zurückkehren lassen.
- Gleiche Arbeiten in der angegebenen Reihenfolge an den anderen Entlüftungsschrauben durchführen.

Es wird nochmals darauf hingewiesen, dass der Stand der Bremsflüssigkeit laufend kontrolliert werden muss, so dass keine Luft in die Anlage gesaugt wird. Niemals aus der Anlage ausgepumpte Flüssigkeit wieder in den Behälter einfüllen. Auch keine Flüssigkeit verwenden, welche längere Zeit ohne Verschluss gestanden hat.

15.6 Bremskraftverstärker

Eine Überholung des Bremskraftverstärkers sollte nicht vorgenommen werden, da zum Zerlegen und Zusammenbauen Spezialwerkzeuge erforderlich sind. Ein Ausfall des Bremskraftverstärkers bedeutet keinen Verlust der Bremsleistung, lediglich ist der Kraftaufwand am Bremspedal grösser, um den gleichen Bremsweg einzuhalten.
Der Bremskraftverstärker kann auf seine Arbeitsweise folgendermassen kontrolliert werden:

- Bei abgestelltem Motor das Bremspedal mehrere Male durchtreten, bis aller Unterdruck aus der Anlage ausgeschieden ist.
- Bremspedal mit mässigem Druck durchtreten und den Motor anlassen.
- Falls der Bremskraftverstärker einwandfrei arbeitet, senkt sich das Bremspedal fühlbar.

Der Bremskraftverstärker kann ausgebaut werden, indem die Muttern von den vier Stiftschrauben von der Innenseite des Fahrzeuges aus gelöst werden, nachdem man den Hauptbremszylinder wie beschrieben ausgebaut hat. Bei einem 1,6 Liter-Motor mit Kraftstoffeinspritzung könnte es sein, dass man den Ansaugkrümmer ausbauen muss, um an die Befestigungen zu kommen. Bei anderen Modellen nach Überprüfung der Anordnung andere im Wege liegende Teile ausbauen.

- Die Stösselstange des Bremskraftverstärkers ist in der Innenseite des Fahrzeuges mit dem Bremspedal verbunden. Ebenfalls den Unterdruckschlauch zum Ansaugkrümmer abschliessen. Der Bremskraftverstärker muss beim Herausheben verdreht und verkantet werden, da der Raum ziemlich begrenzt ist.

Der Einbau des Bremskraftverstärkers geschieht in umgekehrter Reihenfolge wie der Ausbau. Falls der gleiche Servo und Hauptbremszylinder wieder eingebaut werden, sind keine Einstellungen erforderlich. Wird eines der Teile erneuert, muss man jedoch die Stösselstange in der Innenseite des Bremskraftverstärkers einstellen.
Dazu mit einer Tiefenlehre von der Anlagefläche des Bremskraftverstärkers (wo der Hauptbremzylinder angeflanscht ist) bis zur Mitte der Bohrung

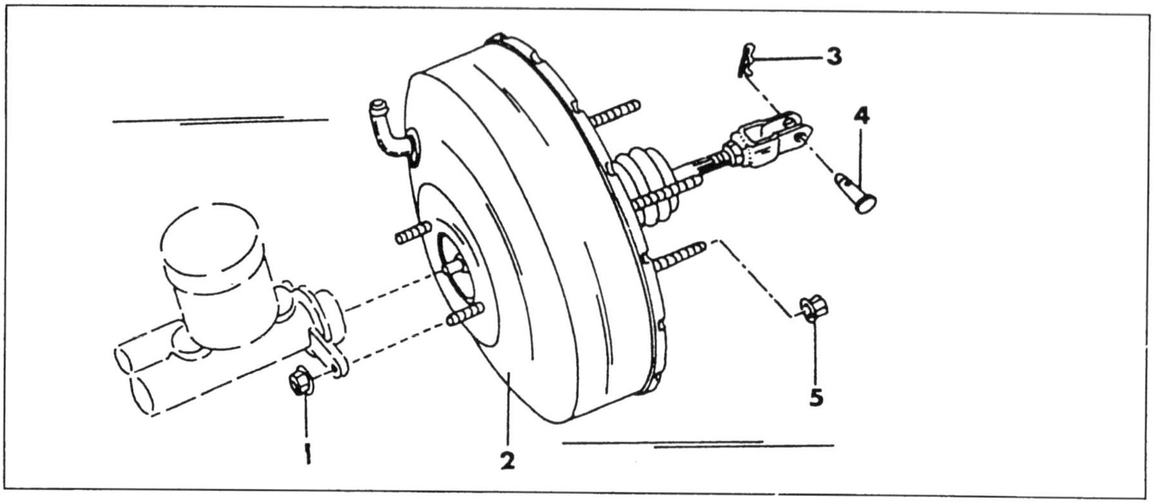

Bild 308
Der Bremskraftverstärker
1 Mutter, 8 - 11 Nm
2 Bremskraftverstärker
3 Splint
4 Splintbolzen
5 Mutter, 13 - 16 Nm

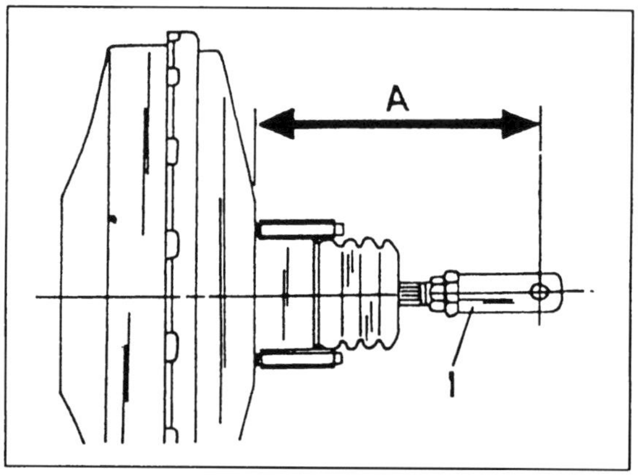

Bild 309
Beim Einbau eines neuen Bremskraftverstärkers muss das Mass "A" durch Verstellen der Stösselstange (1) auf 125 mm gebracht werden.

in der Stösselstange messen, wie es Bild 309 zeigt. Das Mass muss 125 mm betragen. Falls dies nicht der Fall ist, die Kontermutter der Stösselstange lockern und diese herausdrehen oder hineinschrauben.

15.7 Bremsregelventil

Ein Bremsdruckregelventil ist entweder in die Hauptbremszylinder eingebaut, ist getrennt angeordnet oder es sind zwei Ventile an der Unterseite der Karosserie angeschraubt und werden mit einem Gestänge und einem Hebel mit der Achse verbunden. Das Ventil oder die Ventile übernehmen zwei Funktionen:

- Sie verteilen die Bremsflüssigkeit diagonal zwischen den Vorder- und den Hinterrädern.
- Sie verringern den Bremsdruck auf die Hinterräder unter heftiger Abbremsung des Fahrzeuges, indem sie auf Belastung ansprechen (mit zwei Ventilen).

Der Aus- und Einbau des Ventiles ist eine einfache Angelegenheit, jedoch erfordert das Lösen der Schraube für die Gestängebefestigung am Hebel eine Neueinstellung. Um dieses Problem einstweilen zu lösen, muss man den genauen Sitz der Halterung für das Ventil und den Hebel genau kennzeichnen. Der Hebel ist mit einem Langloch versehen. Darauf achten, an welche Kanäle die einzelnen Leitungen angeschlossen sind. Nach dem Einbau sollte man die Einstellung des Ventils vielleicht vorteilhafter in einer Werkstatt kontrollieren lassen.

Die Bremsanlage muss nach dem Einbau des Ventiles entlüftet werden.

Das Ventil kann nicht zerlegt werden und ist im Schadenfalle zu erneuern.

Die Arbeitsweise des Ventiles kann kontrolliert werden, indem man das Fahrzeug auf trockener Strasse mit einer Geschwindigkeit von 50 km/h fährt und eine Notbremsung durchführt (unbedingt kontrollieren, dass von hinten kein Fahrzeug naht). Das Ventil arbeitet einwandfrei, wenn die Vorder- und Hinterräder gleichzeitig oder die Vorderräder vor den Hinterrädern blockieren. Das Ventil arbeitet nicht, wenn die Hinterräder vor den Vorderrädern bremsen.

15.8 Die Handbremse

15.8.1 Vorderes Handbremsseil erneuern

Bild 310 zeigt die Verlegung der beiden Handbremsseile sowie die Befestigung des vorderen Handbremsseils am Handbremshebel. Beim Erneuern eines Handbremsseils Bezug auf dieses Bild nehmen.

- Das Fahrzeug anheben und auf Böcke setzen.
- Von der Unterseite die beiden Muttern der beiden Handbremsseile entfernen und die beiden Endstücke der Handbremsseile aus dem Ausgleichshebel aushängen.
- Schaltkonsole ausbauen.
- Stecker des Kabels für die Handbremswarn-

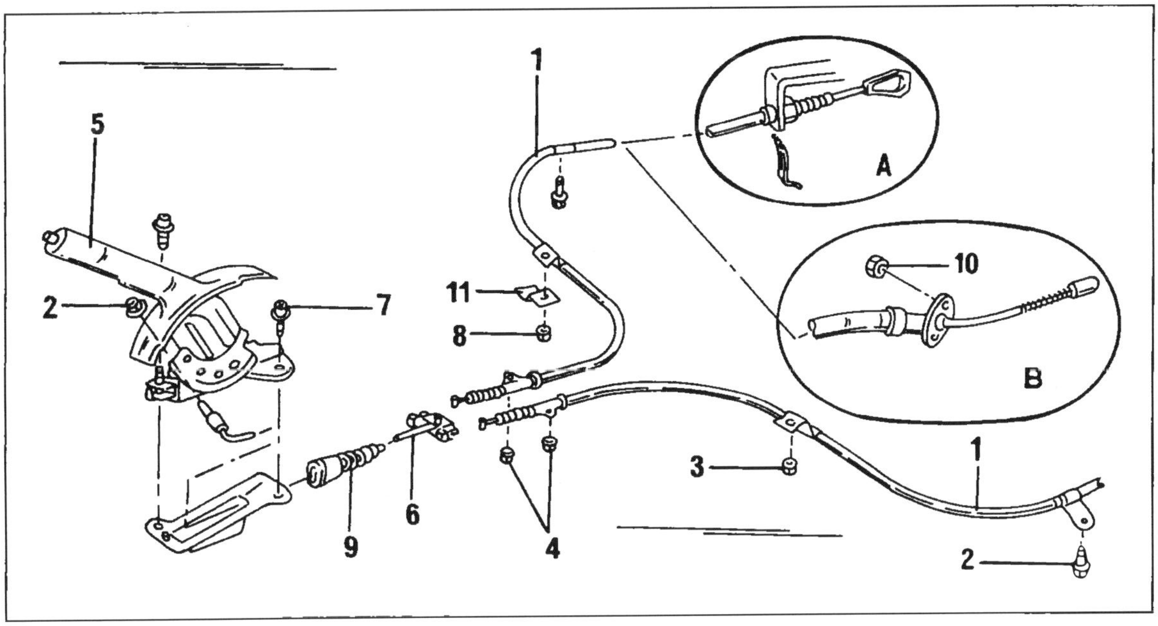

Bild 310
Verlegung der Handbremsseile. Ansicht "A" zeigt das Seilende bei Trommelbremsen, Ansicht "B" bei Scheibenbremsen.
1 Hinteres Handbremsseil
2 Schraube, 3,5 - 4,5 Nm
3 Mutter, 3,5 - 4,5 Nm
4 Muttern, 8 - 11 Nm
5 Handbremshebel
6 Vorderes Handbremsseil
7 Schraube, 8 - 11 Nm
8 Mutter, 3,5 - 4,5 Nm
9 Gummimanschette
10 Mutter, 4,5 - 6,5 Nm
11 Befestigungsblech
12 Einstellmutter

leuchte abziehen.

- Die Befestigungsschrauben des Handbremshebels lösen und den Halter des vorderen Handbremsseils abschrauben.
- Das Seil herausziehen.

Der Einbau des Seils geschieht in umgekehrter Reihenfolge wie der Ausbau. Den Handbremshebel und die Schrauben der Handbremsseile am Wagenboden mit dem angegebenen Anzugsdrehmoment anziehen. Die Seile unter Bezug auf Bild 310 befestigen. Alle Gleitstellen des Handbremsseils gut einfetten.

15.8.2 Hintere Handbremsseile erneuern

Bei eingebauten Trommelbremsen die Handbremsseile von den Bremsbacken lösen, wie es beim Aus- und Einbau der Bremsbacken in Kapitel 15.2.1 beschrieben wurde. Der Ausbau kann danach unter Bezug auf Bild 310 durchgeführt werden.
Bei eingebauten Scheibenbremsen die Befestigung am Haltebügel oder das Federspannblech am hinteren Bremssattel entfernen. Bild 301 zeigt die Befestigung bei welcher das Blech von oben eingeschlagen ist, es kann aber ebenfalls von der Unterseite aus eingeschlagen sein. Auch ist es möglich, dass man den Befestigungswinkel der Seilbefestigung abschraubt. Nach Lösen der Befestigung die Seile entsprechend Bild 310 ausbauen.
Der Einbau geschieht in umgekehrter Reihenfolge wie der Ausbau. Alle in der Abbildung angegebenen Anzugsdrehmomente müssen beachtet werden. Nicht alle Schrauben werden mit dem gleichen Drehmoment angezogen.

15.9 Bremsen einstellen

15.9.1 Betriebsbremsen

Die Scheibenbremsen der Vorderräder und die Trommelbremsen oder Scheibenbremsen der Hinterräder stellen sich von selbst nach, deshalb sind keinerlei Nachstellarbeiten erforderlich. Die Hinterradbremsen werden beim Betätigen der Fussbremse oder Handbremse nachgestellt, je nach Ausführung der Bremsen, während sich die Bremsbeläge im Laufe der Zeit abnutzen. Eine Voraussetzung dafür ist jedoch die vorschriftsmässige Arbeitsweise des Nachstellmechanismus, welcher bei Trommelbremsen in der Innenseite der Trommel und bei Scheibenbremsen im Bremssattel eingebaut ist.

15.9.2 Handbremse einstellen

Aufgrund der verschiedenen eingebauten Trommelbremsen und Scheibenbremsen unterscheiden sich auch die Arbeiten zum Einstellen der Handbremse. Die Einstellmutter an der Seite des Handbremshebels ist nachzustellen, um die Handbremse einzustellen. Bei der Einstellung folgendermassen vorgehen:

- Rückseite des Fahrzeuges auf Böcke setzen und die Handbremse lösen. Zur Sicherheit Ziegelsteine vor und hinter die Vorderräder unterlegen, damit das Fahrzeug nicht von den Böcken rollen kann.
- Bei eingebauter Bremsenausführung "LT23B" (2,0 Liter) den Handbremshebel von ei-

nem Helfer einige Male anziehen und wieder zurücklassen, bis keine "Klickgeräusche" von den Bremsen kommen.

- Bei eingebauter Bremsenausführung "LT18C" den Handbremshebel vollkommen zurücksetzen und das Bremspedal mindestens 10 Mal betätigen.

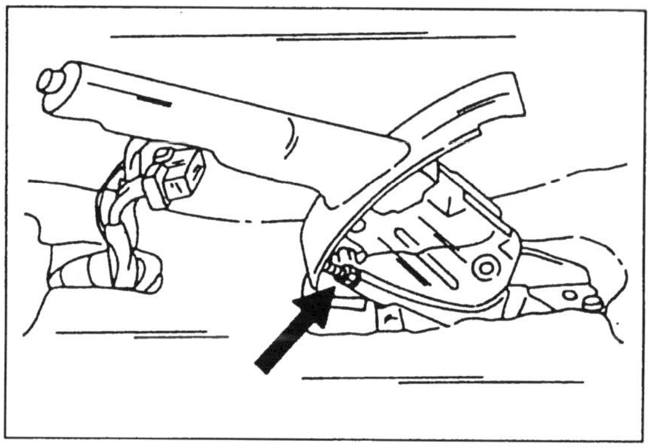

Bild 311
Die Lage der Einstellmutter (Pfeil) an der Seite des Handbremshebels.

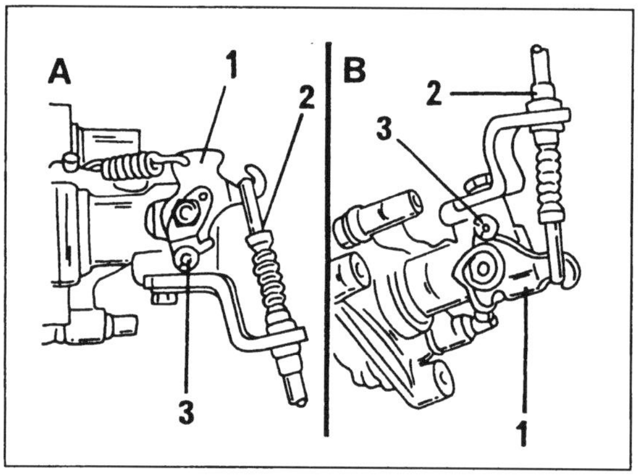

Bild 312
Ansicht des Betätigungshebels am hinteren Bremssattel. Ansicht "A" mit Zweiradantrieb, Ansicht "B" mit Vierradantrieb.
1 Betätigungshebel
2 Handbremsseil
3 Anschlag

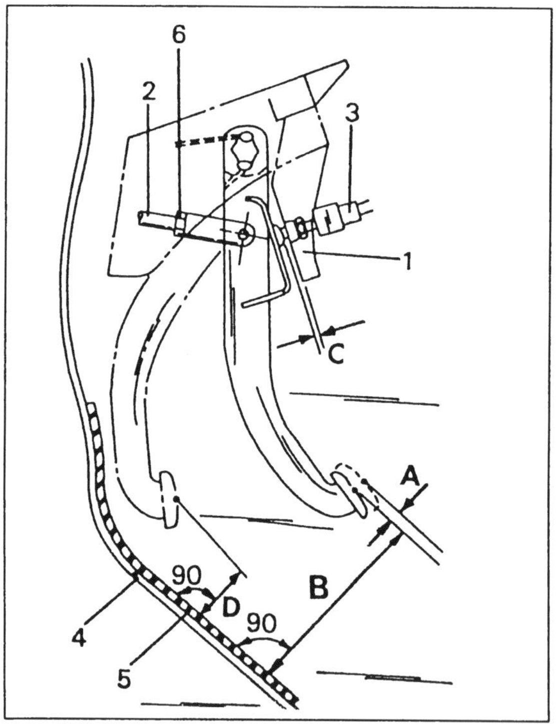

Bild 313
Einzelheiten zum Einstellen der Bremspedalhöhe und des Bremspedalspiels.
1 Kontermutter, 12 - 15 Nm
2 Stösselstange des Bremskraftverstärkers
3 Bremslichtschalter
4 Bodenblech
5 Bodenisolierung
6 Kontermutter, 16 - 22 Nm
A = Pedalspiel
B = Pedalhöhe
C = Spalt am Bremslichtschalter
D = Abstand zu Boden

- Handbremshebel 4 bis 5 Rasten anziehen und kontrollieren, ob die beiden Hinterräder fast feststehen. Wird der Hebel 5 bis 6 Rasten gezogen, müssen die Räder blockiert sein. Die Handbremse wieder lösen.
- Falls dies nicht der Fall ist, die Mutter an der Seite des Hebels anziehen (Bild 311), bis die Hinterräder bei der oben beschriebenen Prüfung feststehen.
- Handbremse erneut anziehen und lösen und an beiden Rädern kontrollieren, ob sie sich frei durchdrehen lassen, ohne dass die Bremsbacken bei eingebauten Trommelbremsen übermässig an den Trommeln schleifen.

Bei Scheibenbremsen an den Hinterrädern muss der Handbremshebel an den hinteren Bremssätteln gegen die Anschlagschraube zurückkehren, nachdem der Handbremshebel gelöst wurde. Hier gibt es wieder Unterschiede, die man Bild 312 entnehmen kann. Die Hinterräder müssen feststehen, wenn der Handbremshebel um 7 - 8 Rasten angezogen wird.

- Kontrollieren, ob die Warnleuchte für die Handbremse sich erhellt, wenn der Handbremshebel zwischen einer und zwei Rasten angezogen wird.
- Fahrzeug wieder auf den Boden ablassen.

15.9.3 Bremspedal einstellen

Das Spiel an der Spitze des Bremspedals wird durch Ein- oder Ausschrauben des Bremslichtschalters eingestellt. Bei vorschriftsmässiger Höhe des Bremspedals die Kontermutter (1) in Bild 313 lockern und den Schalter (3) verstellen, bis das Spiel zwischen den Pfeilen 0,3 - 1,0 mm beträgt.
Das Bremspedal zwischen Zeigefinger und Daumen erfassen und hin- und herbewegen, bis man Widerstand verspürt. Das fühlbare Spiel sollte zwischen 1 und 3 mm liegen. Andernfalls die oben beschriebenen Einstellungen durchführen.
Zum Einstellen der Höhe des Bremspedals wird der Stössel des Hauptbremszylinders (2) nach Lockern der Kontermutter (6) verstellt. Die Pedalhöhe muss den in der Mass- und Einstelltabelle angegebenen Wert haben.

15.10 ABS-Anlage

Es ist normalerweise nicht der Sinn des Buches auf die Arbeitsweise der ABS-Anlage einzugehen, jedoch werden Sie Ihre Anlage besser verstehen, wenn Sie wissen wie sie arbeitet. Als erstes sollte man folgendes wissen:

- Normalerweise werden Scheibenbremsen an der Hinterachse eingebaut, wenn das Fahrzeug mit einer ABS-Anlage ausgerüstet ist. Dies ist auch beim Sunny und NX100 der Fall. Nur mit einem 1,6 Liter- oder 2,0 Liter-Motor ausgerüstete Fahrzeuge werden entweder serienmässig oder auf Wunsch mit der Anlage ausgerüstet. Je nach Ausführung arbeitet die Anlage entweder mit einem einzelnen, getrennt montiertem Bremsdruckregelventil oder es sind zwei lastenabhängige Bremsdruckregelventile eingebaut. Bilder 314 und 315 zeigen wie die Bremskreise verlaufen.

- Der entscheidende Sicherheitsfaktor der ABS-Anlage ist die Fähigkeit, die Räder am Blockieren zu hindern, wenn das Fahrzeug heftig abgebremst wird, wodurch die Gewährleistung besteht, dass man das Fahrzeug noch lenken kann. Auch bei einer Notbremsung besteht immer noch die Chance, dass man ein Hindernis umfahren kann, ohne dass die Hinterräder ausbrechen. Man darf aber nie vergessen, dass eine ABS-Anlage keine Wunder vollbringen kann. Falls die physikalischen Grenzen der Anlage überschritten werden, d.h. die Geschwindigkeiten sind zu hoch, kann auch ein Fahrzeug mit ABS-Anlage ins Schleudern geraten.
- Vier elektronische Fühler zur Aufnahme der Raddrehzahl, die in die Achsschenkel oder den hinteren Radnabenträger eingesetzt sind, überwachen unabhängig voneinander die Drehzahl jedes Rades, indem sie die Drehzahl der am Achsstumpf angebrachten Zahnkränze "überwachen". Bilder 316 und 317 zeigen wo die Fühler an den Vorderrädern und den Hinterrädern sitzen. Bild 317 zeigt den Fühler an der Hinterachse bei einem Fahrzeug mit Zweiradantrieb. Bei einem 4 x 4-Modell ist der Fühler neben der Achswelle in den Achsträger eingesetzt, da er das Signal vom Zahnkranz an der Achswelle erhält.

Ein Computer nimmt diese Drehzahlsignale auf und wertet alle Abnormalitäten im Verhältnis zu den vorprogrammierten Werten aus. Durch diesen Prozess wird der Bremsdruck auf das betreffende Rad vier bis zehn Mal in der Sekunde in Verbindung mit der hydraulischen Anlage verringert oder erhöht, viel schneller, als man dies durch "stotterndes" Betätigen des Bremspedales durchführen kann und ausserdem wird die Bremsregulierung an jedem Rad einzeln vorgenommen und nicht an allen vier Rädern gleichzeitig, wie dies durch Betätigung des Bremspedals bei Fahrzeugen ohne ABS-Anlage der Fall ist. In den hinteren Bremskreis sind zwei lastenempfindliche Bremsdruckregelventile eingesetzt, die eine weitere Gefahr des Blockierens der Hinterräder vermeiden, besonders wenn das Fahrzeug ohne grössere Lasten ist.

- Zwei hydraulische Ventile verteilen genau den erforderlichen Bremsdruck an die Vorderradbremsen in Abhängigkeit von der Strassenbe-

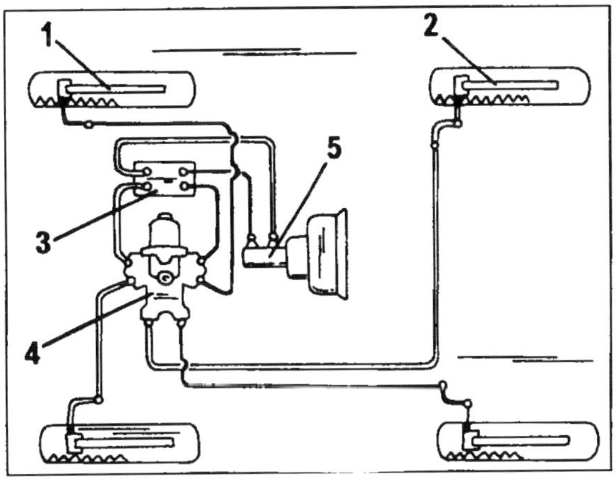

Bild 314
Auslegung der Bremsanlage bei getrenntem Bremsdruckregelventil.
1 Vorderradbremse
2 Hinterradbremse
3 ABS-Steuergerät
4 Bremsdruckregelventil
5 Hauptbremszylinder

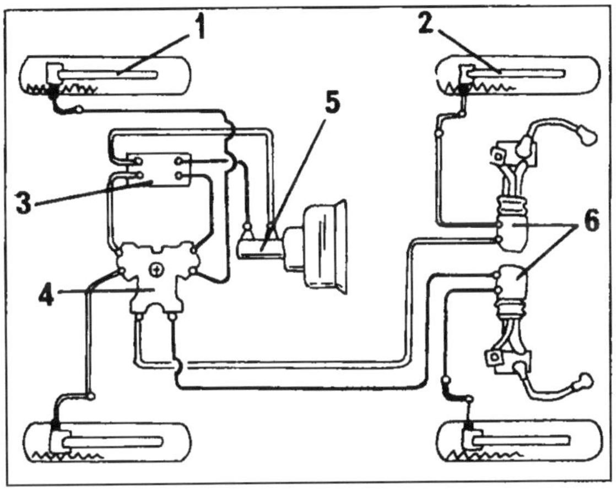

Bild 315
Auslegung der Bremsanlage bei lastenabhängigen Bremsdruckregelventilen.
1 Vorderradbremsen
2 Hinterradbremsen
3 ABS-Steuergerät
4 6-Weganschluss
5 Hauptbremzylinder
6 Bremsdruckregelventile

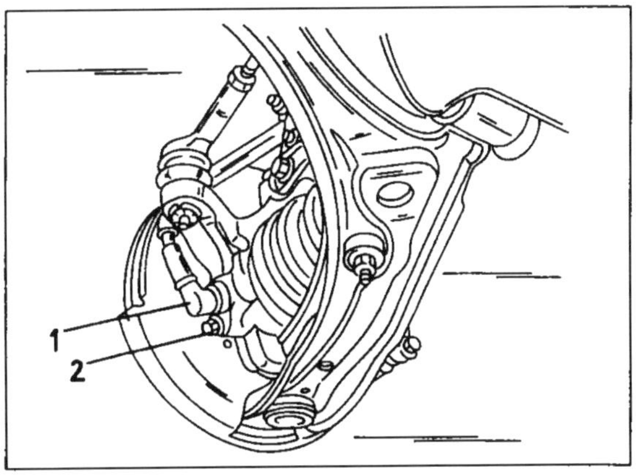

Bild 316
Die Lage des Drehzahlfühlers (Sensors) an der Vorderachse.
1 Drehzahlfühler
2 Schraube, 18 - 24 Nm

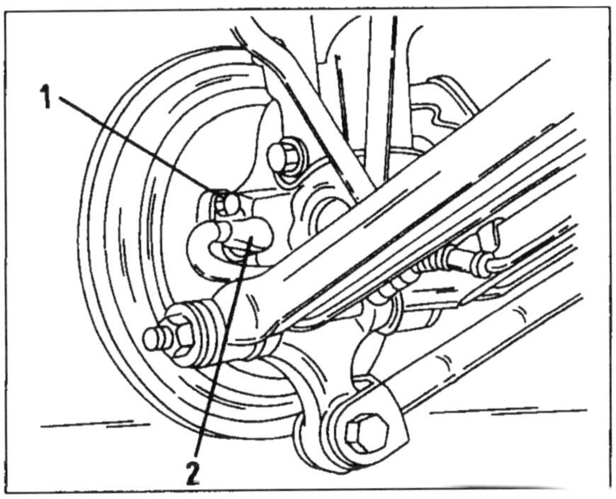

Bild 317
Die Lage des Drehzahlfühlers an (Sensors) an der Hinterachse bei einem Fahrzeug mit Zweiradantrieb.
1 Schraube, 18 - 24 Nm
2 Drehzahlfühler

schaffenheit. Zwei weitere Regelventile steuern die Hinterradbremsen. In diesem Fall reagiert das elektronische Steuersystem zuerst auf das zuerst blockierte Rad. Bei optimaler Abbremsung verbleibt das Fahrzeug lenkbar, die Richtungsstabilität wird beibehalten und das Fahrzeug kann unter Kontrolle gehalten werden. Bei einer Fahrgeschwindigkeit von weniger als 15 km/h arbeitet die Anlage nicht.

- Da Ihnen die ABS-Anlage zusätzliche Sicherheit geben soll, empfehlen wir nicht, dass irgendwelche anderen Arbeiten daran durchgeführt werden, obwohl einige Arbeiten keine Schwierigkeiten machen. Ihre Werkstatt wird jedoch weitaus besser in der Lage sein dies durchzuführen.

Es werden aber immer Arbeiten am Fahrzeug vorkommen, die ohne Zweifel die ABS-Anlage beeinflussen, da auch bei normalen Arbeiten an der Bremsanlage zum Beispiel das Entlüften der Anlage manchmal durchgeführt werden muss. Aus diesem Grund müssen die folgenden Vorschriften bei jeglichen Arbeiten an der Bremsanlage beachtet werden:

- Alle Anschlüsse und deren unmittelbare Umgebung einwandfrei reinigen, ehe sie gelöst werden.
- Ausgebaute Teile auf eine saubere Fläche ablegen und mit Kunststoffolie oder sauberem Papier abdecken. Keine flusenden Lappen verwenden.
- Geöffnete Teile der Anlage gut abdecken oder verschliessen, falls die Reparatur nicht sofort durchgeführt werden kann. Dies gilt besonders wenn man das Fahrzeug im Freien abstellen muss.
- Nur vollkommen saubere Teile einbauen. Auf keinen Fall Teile wieder verwenden, welche längere Zeit gelegen haben.
- Mit dem Vorhandensein von Luftkompressoren, die man anstelle des Zigarrenanzünders einstecken kann, ist es immer verlockend Pressluft zum Reinigen von Teilen zu verwenden. Dies auf keinen Fall durchführen, falls Anschlüsse der Anlage geöffnet sind.

Nach Einschalten der Zündanlage baut die Hydraulikpumpe innerhalb 60 Sekunden den Betriebsdruck für die Anlage auf. Die ABS-Warnleuchte leuchtet 2 bis 20 Sekunden auf, je nachdem, wie hoch der Druck in der Anlage ist. Das elektronische Steuergerät in der Anlage überprüft jetzt die einzelnen Komponenten. Falls dabei irgendwelche Störungen festgestellt werden, arbeitet die Bremsanlage in diesem Fall wie eine konventionelle Anlage ohne ABS-Anlage. Falls dies vorkommt, d.h. die Warnleuchte bleibt erhellt, muss man sich an eine Werkstatt wenden.

Diese ist in der Lage anhand einer Störungsdiagnose den Fehler in der Anlage mit Spezialgeräten herauszufinden, welcher entweder elektrischer oder hydraulischer Natur sein kann.

Die Fahrzeuge sind mit einer elektrischen Anlage mit einer Spannungsstärke von 12 Volt ausgerüstet. Die Masserückstromführung erfolgt über die Minusklemme der Batterie. Die Batterie befindet sich im Motorraum.
Ein Schubtriebanlasser wird zum Anlassen des Motors verwendet. Der Anlassschalter bildet einen Teil des Zündschalters und erregt bei Betätigung einen im Anlasser montierten Einrückmagnetschalter. Je nach eingebautem Motor hat der Anlasser einen Direktantrieb auf den Zahnkranz des Schwungrades oder der Antrieb auf den Zahnkranz der Antriebsscheibe erfolgt über das Ritzel durch ein im Anlasser eingebautes Untersetzungsrad. Die Anlasser sind entweder von Hitachi oder Mitsubishi hergestellt, jedoch werden viele verschiedene Anlasserausführungen innerhalb der Sunny/NX100-Baureihe verwendet. Nur durch Angabe des Fahrzeugmodells wird man in der Lage sein den richtigen Anlasser zu erhalten, sollte er einmal defekt sein. In der Mass- und Einstelltabelle versuchen wir die Anlasser den verschiedenen Fahrzeugmodellen zuzuordnen.
Die eingebaute Drehstromlichtmaschine kann eine Nennleistung von 60, 65 oder 70 A haben. Wiederum werden Sie in der Mass- und Einstelltabelle die Ausführung der Lichtmaschine für die in dieser Ausgabe behandelten Motoren finden. Die Lichtmaschine wird über einen Rippenriemen von der Kurbelwelle aus angetrieben. Ein Spannungsregler dient zur Regulierung des Ladestromes und befindet sich auf dem hinteren Deckel. Eine in die Instrumententafel eingesetzte Ladekontrolleuchte gibt eine Anzeige über das einwandfreie Funktionieren der elektrischen Anlage, soweit die Aufladung der Batterie betroffen ist. Erlischt die Leuchte bei laufendem Motor nicht, kann man sofort einen Fehler in der Aufladung der Batterie vermuten.

16.1 Die Batterie

Die eingebaute 12 Volt-Batterie besitzt sechs Zellen, die aus positiven und negativen Platten bestehen, welche in eine Schwefelsäurelösung eingetaucht sind. Die Batterie hat die Aufgabe, den Strom zum Anlassen des Fahrzeugs, zur Beleuchtung des Fahrzeugs sowie für andere Stromverbraucher zu liefern.
Die folgenden Arbeiten sind von Zeit zu Zeit durchzuführen, um der Batterie eine lange Lebensdauer zu geben und deren Leistung immer auf dem Höhepunkt zu halten.

- Batterie und die sie umgebenden Teile immer sauber halten. Die Oberfläche der Batterie muss immer gut trocken sein, da sich sonst zwischen den einzelnen Zellen Kriechströme entwickeln können, wovon sich die Batterie von selbst entladen kann.

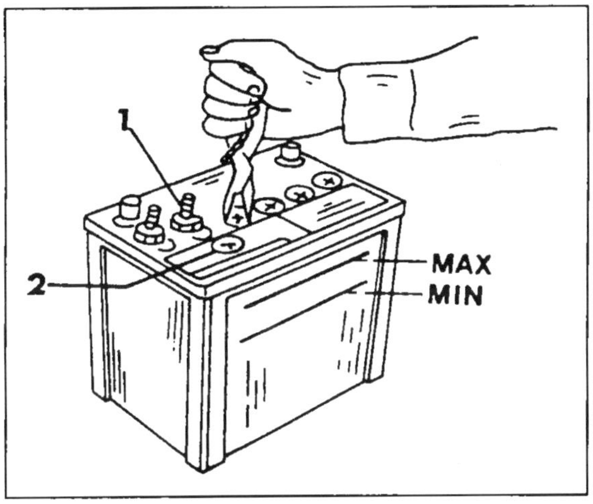

Bild 318
Die Batteriesäure muss innerhalb der beiden Linien an der Aussenseite der Batterie stehen. Falls erforderlich die Zellenstopfen (1) mit einer Zange herausdrehen. Ein Blindstopfen (2) ist in die Batterie eingesetzt.

- Die Batteriesäure muss jederzeit innerhalb der "Min"- und "Max"-Linie an der Aussenseite des Batteriegehäuses stehen, wie es aus Bild 318 ersichtlich ist. Zum Nachfüllen der Batterie wird destilliertes Wasser verwendet. Normalerweise wird man feststellen, dass keine Nachfüllung erforderlich ist.

Bei kaltem Wetter die Batterie nicht in ungeladenem Zustand stehen lassen, da sie sonst einfriert. Schwach geladene Batterien frieren eher ein als geladene.

16.1.1 Prüfen der Batterie

Säurestand Die Batterie ist mit Schwefelsäure gefüllt, die mit destilliertem Wasser verdünnt wurde. Da die Wasseranteile verdunsten können, muss man gelegentlich den Säurestand überprüfen und ggf. destilliertes Wasser nachfüllen. Die Batteriesäure muss zwischen den Markierungen am Batteriegehäuse liegen (Bild 318). Zum Nachfüllen die Einfüllstopfen mit einer Zange herausschrauben und destilliertes Wasser einfüllen, bis dieses zwischen den Linien an der Seite der Batterie sichtbar wird. Auf keinen Fall den getrennt angeordneten Blindstopfen ausschrauben, da dieser nur zur Kontrolle des spezifischen Gewichts der Batteriesäure vorgesehen ist, nicht zum Nachfüllen des destillierten Wassers.

Ladezustand Zur Kontrolle des Ladezustandes ist ein Säureheber erforderlich. Zur Kontrolle den Blindstopfen (2) in Bild 318 ausschrauben und die Spitze des Säurehebers in die freigewordene Füllöffnung einsetzen. Falls erforderlich, muss man die Batterie etwas ankippen (sie muss natürlich ausgebaut sein), um die Säure zu erreichen. Mit Hilfe des Gummiballs genügend Säure ansaugen, dass der Schwimmer frei schwimmen kann. Je nach Ladezustand besitzt die Säure ein unterschiedliches spezifisches Gewicht, welches durch das Eintauchen des Schwimmers in die Säure angezeigt wird. Bei einer Anzeige von 1,28 ist die Batterie voll geladen; bei 1,12 ist die Batterie vollkommen entladen. Dazwischenliegende Werte weisen auf die entsprechende Ladestärke hin. Die Anzeigen am Säureheber sind in kg/l gegeben.

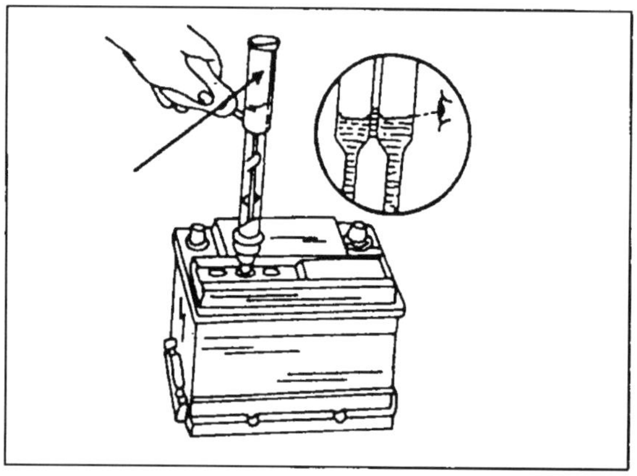

Bild 319
Kontrolle der Säuredichte (spezifisches Gewicht) der Batteriesäure mit einem Säureheber.

Aufladen der Batterie Eine sehr entladene Batterie sollte erst nach dem Aufladen mit destilliertem Wasser aufgefüllt werden. Beim Laden steigt der Säurestand an und eine vorschriftsmässig gefüllte Batterie könnte aus diesem Grund "überkochen". Der Ladestrom sollte am Anfang 10% der Batteriekapazität nicht überschreiten. Je nach Aufbau des verwendeten Batterieladegeräts, wird sich der Ladestrom allmählich automatisch verringern. Die Batterie ist voll geladen, wenn sich die Säuredichte innerhalb zwei aufeinanderfolgenden Stunden nicht verändert.
Die Verschlussleisten der Batterie sollten im allgemeinen herausgedrückt und lose auf die Einfüllöffnungen gelegt werden. Damit kann das aus Sauerstoff und Wasserstoff entstehende Knallgas entweichen. Da bei lebhafter Aufladung ein Spritzen der Säure unvermeidlich ist, sollte man die Umgebung der Batterie mit Zeitungen oder ähnlichem schützen. Wird die Aufladung in einem geschlossenen Raum durchgeführt, muss dieser gut belüftet sein. Auf keinen Fall mit nackter Flamme in die Batterieöffnungen leuchten.
Bei Verwendung von einem Heimladegerät kann die Batterie im Auto verbleiben. Auch die Kabel braucht man nicht abzuschliessen. Anders ist es bei der Verwendung eines Schnelladegeräts. Beide Batteriekabel abklemmen um die Dioden der Drehstromlichtmaschine, die elektronischen Schaltgeräte, das Autoradio, usw. nicht zu gefährden.

Aus- und Einbau Die Batterie sitzt im Motorraum und ist auf einer Konsole verschraubt. Vor dem Ausbau die beiden Batteriekabel von den Polen abschrauben. Immer zuerst das Minuskabel abklemmen.
Beim Einbau der Original-Batterie zuerst die Polköpfe reinigen und mit einem guten Polfett einschmieren. Zuerst das Pluskabel anschliessen und festschrauben.

Start mit leerer Batterie Am einfachsten ist die Verwendung von Starthilfekabeln, die aber einen kräftigen Querschnitt und starke Anschlussklemmen haben müssen, um den Strom von einer Batterie zur anderen durchzulassen. Beim Anschaffen solcher Kabel sollte man immer etwas tiefer in die Tasche greifen, um Kupferkabel zu kaufen. Aluminiumkabel sind zwar billiger, werden aber sehr heiss, so dass die Isolierung schmilzt und man sich beim Abnehmen der Klemmen die Finger verbrennen kann. Zuerst das Pluskabel an die beiden Pluskabel anklemmen und danach erst die Minuskabel anschliessen. Der "Helfer" sollte den Motor anlassen und mit mittleren Drehzahlen laufen lassen, damit die Lichtmaschine zusätzlichen Strom aufbauen kann.
Anschieben oder Anrollenlassen sowie Anschleppen in der bekannten Weise sind die bekanntesten Methoden zum Anlassen eines Motors mit schwacher Batterie.

16.2 Die Drehstromlichtmaschine

16.2.1 Vorsichtsmassnahmen bei Arbeiten an der Ladestromanlage

Ehe irgendwelche Arbeiten an der Ladestromanlage durchgeführt werden, müssen die folgenden Vorsichtsmassnahmen unbedingt eingeprägt werden:

- Niemals die Batterie oder den Spannungsregler abklemmen, während der Motor und somit die Lichtmaschine laufen.
- Niemals die Erregerklemme (Feldklemme) der Lichtmaschine oder das daran befestigte Kabel in Berührung mit Masse kommen lassen.
- Niemals die beiden Leitungen des Spannungsreglers verwechseln.
- Niemals den Spannungsregler in Betrieb bringen, wenn er mit Masse verbunden ist (sofortige

Beschädigung).

- Niemals die Lichtmaschine ausbauen, wenn die Batterie nicht vorher aus dem Stromkreis genommen wurde.
- Beim Einbau der Batterie darauf achten, dass die Minusklemme an Masse angeschlossen wird.
- Niemals eine Prüflampe verwenden, die direkt an das Hauptstromnetz (110 oder 220 V) angeschlossen ist. Nur eine Prüflampe mit einer Spannungstärke von 12 V benutzen.
- Falls eine Batterie im eingebauten Zustand mit einem Batterieladegerät aufgeladen wird, müssen die beiden Batteriekabel abgeklemmt werden. Die positive Klemme des Ladegerätes an den positiven Pol der Batterie und die negative Klemme des Ladegerätes an den negativen Pol der Batterie anschliessen.
- Falsches Anschliessen der Leitungen führt zur Zerstörung der Gleichrichter und des Spannungsreglers.

16.2.2 Eingebaute Drehstromlichtmaschine prüfen

Während normaler Fahrt muss die Ladekontrollleuchte erlöschen. Falls dies nicht der Fall ist, liegt ein Fehler in der Drehstromlichtmaschine oder im Spannungsregler vor.
Als erstes alle Stromververbindungsanschlüsse der Drehstromlichtmaschine prüfen.
Kontrollieren, ob der Antriebsriemen einwandfrei durch die eingebaute Spannvorrichtung gespannt wird. Die weiteren Überprüfungsarbeiten können nur bei ausgebauter Drehstromlichtmaschine durchgeführt werden.

16.2.3 Aus- und Einbau

- Massekabel der Batterie abklemmen.
- Von der Rückseite der Drehstromlichtmaschine den Kabelstecker abziehen. Die Leitung von der getrennten Klemme abziehen.
- Die Spannvorrichtung für den Antriebsriemen lockern, wie es in Kapitel 4.3.2 beschrieben wurde und die beiden Befestigungsschrauben der Lichtmaschine lockern.
- Lichtmaschine nach innen drücken und den Riemen abnehmen.
- Befestigungsschraube der Lichtmaschine an der Unterseite herausziehen und die Lichtmaschine herausheben.

Der Einbau der Lichtmaschine geschieht in umgekehrter Reihenfolge wie der Ausbau. Den Riemen in die Rillen der Riemenscheiben einlegen und die Drehstromlichtmaschine in ihrer Aufhängung nach aussen drücken. Die Lichtmaschine in dieser Stellung halten und die Schraube der Spannbügel festziehen. Die Spannung des Antriebsriemens kontrollieren und ggf. einstellen, wie es im genannten Kapitel beschrieben wurde.

16.2.4 Drehstromlichtmaschine überholen

Die Drehstromlichtmaschine und der damit verbundene Regler sollten nicht eingestellt oder repariert werden, wenn man nicht die notwendigen Erfahrungen dazu hat. Eine nicht mehr aufladende Drehstromlichtmaschine ist im Austausch gegen Rückgabe des alten Aggregates erhältlich und sollte immer eingebaut werden. Kleinere Reparaturen, wie zum Beispiel das Erneuern der Schleifbürsten, kann man in einer Werkstatt durchführen lassen.
Die Drehstromlichtmaschine ist mit Lagern versehen, welche auf Lebenszeit geschmiert sind und keine regelmässige Wartung verlangen. Die Aussenseite der Lichtmaschine sauber halten und kein Wasser oder andere Lösungsmittel darüber laufen lassen.
Die Bürsten der Drehstromlichtmaschine laufen auf glatten Schleifringen und haben aus diesem Grund eine sehr lange Lebensdauer. Zum Prüfen der Bürsten ist der Ausbau der Lichtmaschine erforderlich. Die Zerlegung der Lichtmaschine ist untenstehend beschrieben, falls Sie mit Drehstromlichtmaschinen vertraut sind.

Zerlegung

Die folgenden Arbeiten sind unter Bezug auf Bild 320 durchzuführen. Das Bild zeigt eine von Hitachi hergestellte Lichtmaschine, wie sie in Fahrzeuge mit 1,4- oder 1,6 Liter-Motor eingebaut ist. Abgesehen von der Bauweise der Schleifkohlen sind die von Mitsubishi hergestellten Lichtmaschinen in ähnlicher Weise aufgebaut. Wir versuchen die Unterschiede im folgenden Text zu erwähnen, falls sie die allgemeinen Arbeitsschritte beeinflussen.

- Mutter von der Läuferwelle abschrauben und die Riemenscheibe sowie den Lüfter und die Abstandsscheibe (falls vorhanden) von der Welle ziehen. Die Welle kann beim Lösen gegengehalten werden, indem man einen alten Keilriemen um die Riemenscheibe legt und diese in einen Schraubstock einspannt. Zum Abziehen der Riemenscheibe könnte ein Zwei- oder Dreiarmabzieher erforderlich sein. Zu beachten ist, dass die eingebaute Riemenscheibe auf den betreffenden Motor abgestimmt ist.
- Scheibenfeder aus der Welle entfernen.
- Regler zusammen mit dem Bürstenträger abschrauben und herausziehen.

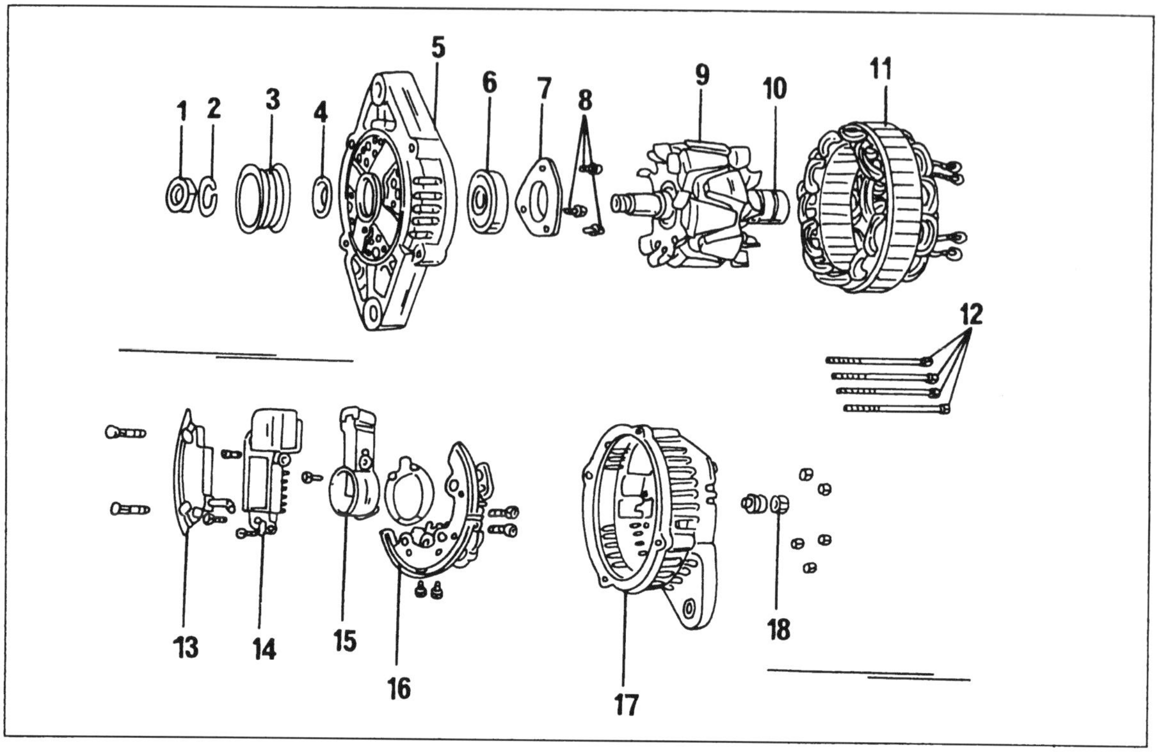

Bild 320
Montagebild einer Hitachi-Drehstromlichtmaschine.
1 Mutter, 50-65 Nm*
2 Federring
3 Riemenscheibe
4 Abstandsscheibe
5 Antriebslagerschild
6 Vorderes Kugellager
7 Lagerhalteplatte
8 Schrauben
9 Läufer (Rotor)
10 Schleifringe
11 Ständer (Stator)
12 Schrauben, 4 Nm
13 Kondensator
14 Spannungsregler
15 Bürstenträger
16 Diodenträger
17 Mutter, 5 Nm
* = 83-108 Nm (A5T03092)
83-108 Nm (A5T03192)
40-60 Nm (LR160-715)

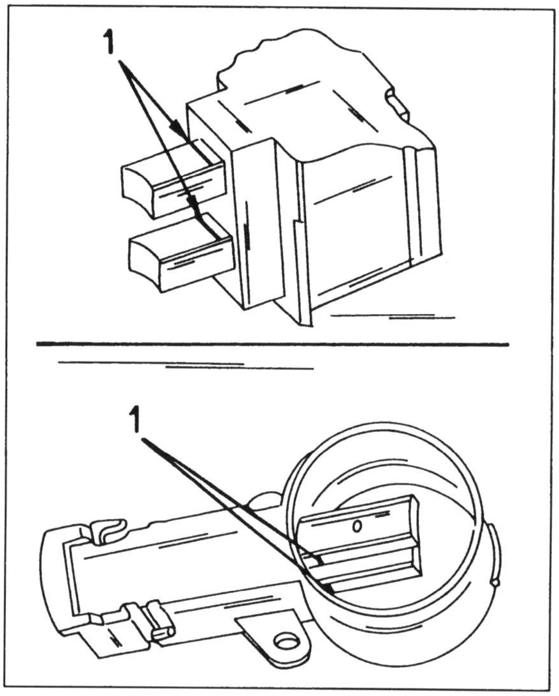

Bild 321
Der Bürstenträger der Lichtmaschine kann das gezeigte Aussehen haben. Beide Ausführungen haben eine Verschleisslinie (1) eingezeichnet. Das untere Bild zeigt den Träger, wie er in die Ausführungen LR165-708B und LR170-738B eingebaut ist. Das obere Bild zeigt den Bürstenträger der verbleibenden Ausführungen.

● Das Antriebslagerschild und das Gehäuse an gegenüberliegenden Stellen kennzeichnen und die beiden Spannschrauben aus dem Gehäuse herausdrehen. Den hinteren Lagerdeckel vom vorderen Lagerdeckel trennen. Dazu kann der vordere Lagerdeckel leicht mit einem Kunststoffhammer abgeschlagen werden.

● Lagerschild und Läufer unter eine Presse setzen und den Läufer mit einem Dreiarmabzieher abziehen. Die Schrauben der Lagerhalteplatte könnten herausgerissen werden, wenn man den Läufer auspresst. Aus diesem Grund auch unbedingt darauf achten, dass die drei Arme unter der Lagerhalteplatte angesetzt werden und nicht nur unter dem Lagerschild. Falls das Lager aus dem Lagerschild ausgebaut werden soll, die Schrauben an der Innenseite lösen und das Lager gerade herauspressen.

● Lager vom Schleifringende des Läufers abdrücken. Falls ein Abzieher dazu verwendet wird, ist dieser unter dem inneren Lagerring anzusetzen.

● Diodenträger vom Ständer ablöten. Dazu die Leitungen an der Lötstelle zwischen Ständer und Lötkolben mit einer Zange erfassen, die dadurch als Wärmeableiter dient. Dioden dürfen nicht überhitzt werden.

Die Gleichrichterdioden sollten nur ausgebaut werden, wenn die erforderlichen Einrichtungen und Fachkenntnisse vorhanden sind.

Falls die notwendigen Erfahrungen vorhanden sind, die Teile folgendermassen überprüfen:

Kohlebürsten und Bürstenträger überprüfen

Kohlebürsten auf guten Kontakt mit den Schleifringen prüfen. Beweglichkeit der Kohlen in den Bürstenführungen kontrollieren, gegebenenfalls den Bürstenhalter mit "Tri" säubern.

Falls die herausstehende Länge der Bürste bis auf die Verschleisslinie abgenutzt ist, muss eine neue Bürste eingelötet werden. Die heraustehende Länge muss, je nach Lichtmaschine, noch 6 oder 8 mm betragen. Bild 321 zeigt wie der eingebaute Bürstenträger aussehen kann.

Läufer überprüfen

Sind die Schleifringe verschmutzt oder fettig, so sind sie mit einem in "Tri" getränkten Lappen abzureiben. Eventuell vorhandene Riefen sind mittels feinstem Schmirgelleinen wegzupolieren.
Zur Isolierungskontrolle die Prüfspitze eines Ohmmeters an den Läuferkern und die andere Spitze an die Schleifringe anlegen. Falls die Anzeige nicht "unendlich" ist, muss der Läufer erneuert werden. Die beiden Prüfspitzen in der in Bild 322 gezeigten Weise am Läufer anlegen.
Um die Läuferwicklung auf Stromdurchgang zu überprüfen, beide Prüfspitzen an die Schleifringe anlegen. Eine Anzeige sollte zustandekommen. Ist die Anzeige "unendlich", liegt ein unterbrochener Stromkreis vor, andernfalls ein Kurzschluss. Das Ohmmeter wird wie in Bild 323 gezeigt angeschlossen. Bei beiden Fehlern den Läufer erneuern, jedoch wäre es besser, wenn man eine neue Lichtmaschine oder ein Austauschaggregat einbaut, da die Reparatur am Ende vielleicht teurer wird.

Ständer überprüfen

Bei Kurzschluss ist meist infolge der starken Erwärmung die Schadenstelle schon durch Besicht festzustellen. Sonst eine Prüfspitze eines Ohmmeters an den Lamellenring und die andere Spitze der Reihe nach an den drei Leitungen des Ständers anlegen, wie es in Bild 324 zu sehen ist, um den Ständer auf Stromdurchlass zu kontrollieren. Diese Messung zeigt den Ständer einer "LR"-Lichtmaschine mit der Bezeichnung 165-708B, 180-725 und 170-738B. In der Mass- und Einstelltabelle muss nachgelesen werden, um die eingebaute Lichtmaschine festzustellen. Bei den anderen Lichtmaschinen erfolgt die Messung in ähnlicher Weise, jedoch entsprechend Bild 325. Das Gerät muss "unendlich" anzeigen. Um den Ständer auf Masseschluss zu kontrollieren, der Reihe nach die drei Kabel des Ständers jeweils miteinander verbinden. Wiederum sind die Unterschiede zu beachten. Dieses Mal die Prüfspitzen wie in Bild 326, bzw. 327 gezeigt anlegen. Falls ein Stromfluss vorliegt, Ständer erneuern.

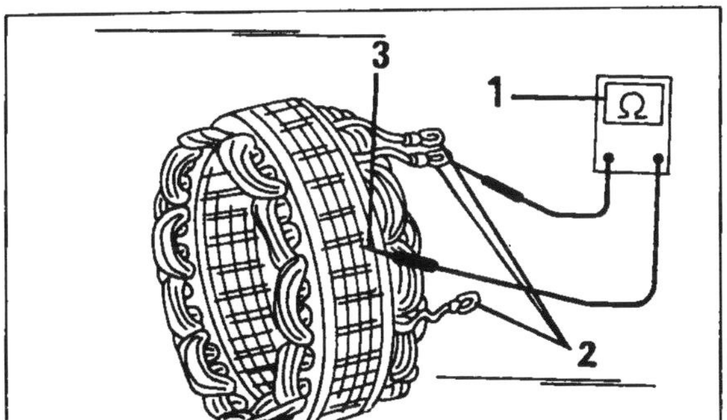

Bild 326

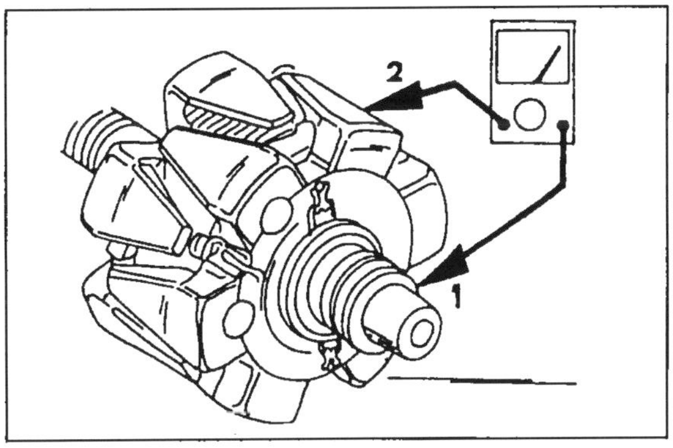

Bild 322
Anschlussweise zum Überprüfen der Läuferwicklungen auf Masseschluss. Eine Spitze eines Ohmmeters (1) an einen Schleifring und die andere an den Eisenkern (2) anlegen. Anderen Schleifring in gleicher Weise prüfen.

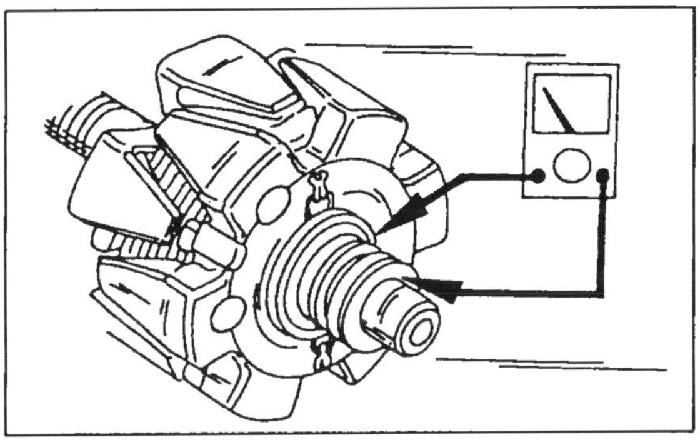

Bild 323
Überprüfen des Läufers auf Stromdurchlass. Beide Prüfspitzen des Ohmmeters an die beiden Schleifringe anlegen.

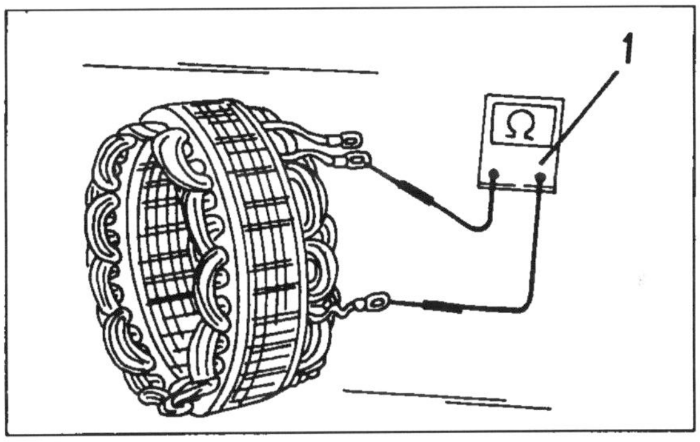

Bild 324
Überprüfung des Ständers auf Stromdurchlass bei einer Lichtmaschine der Typen LR165-708B, 180-725 und 170-738. Das Ohmmeter (1) der Reihe nach mit den drei Kabeln verbinden. Jeweils zwei Kabel sind dabei zusammen zu prüfen.

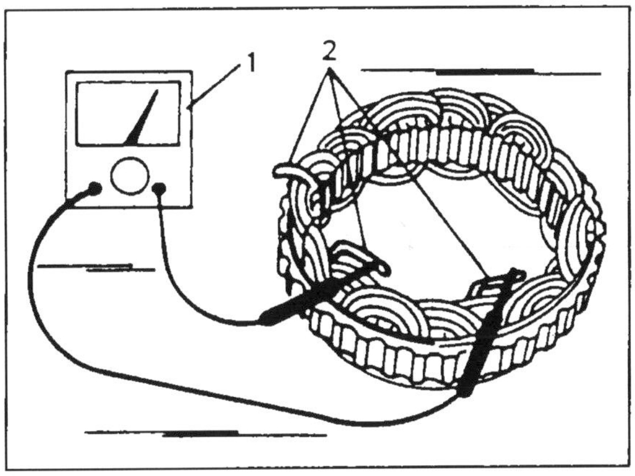

Bild 325
Überprüfung des Ständers auf Stromdurchlass bei den nicht in Bild 324 genannten Lichtmaschinen. Das Ohmmeter der Reihe nach an den Kabeln (2) anschliessen.

Bild 326 (links)
Überprüfen des Ständers auf Masseschluss bei den Lichtmaschinen der Ausführungen LR165-708B, 180-725 und 170-738B. Der Reihe nach das Ohmmeter (1) zwischen den drei Leitungen (2) und dem Ständerkern (3) anlegen.

Dioden überprüfen

Eine genaue Prüfung der Dioden über die Aufnahme der Durchlassspannung und die Feststellung des Sperrstromes kann nur mit einem Spezialprüfgerät durchgeführt werden und diese Prüfung sollte einer Werkstatt überlassen werden. Eine Schnellprüfung lässt sich durchführen, wenn man

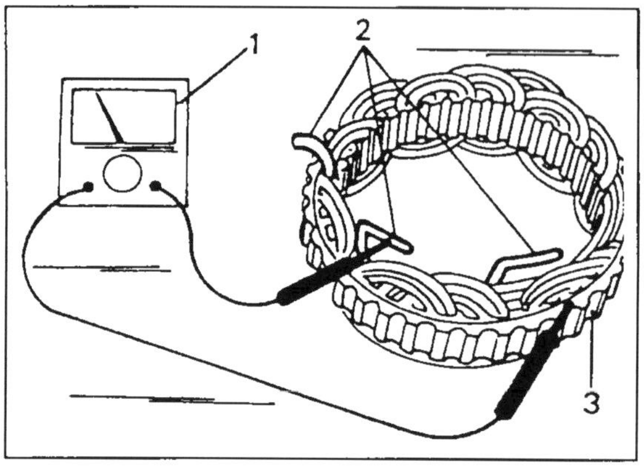

Bild 327
Überprüfen des Ständers auf Masseschluss bei den nicht in Bild 326 genannten Lichtmaschinen. Der Reihe nach das Ohmeter (1) zwischen den drei Leitungen (2) und dem Ständerkern (3) anlegen.

der Reihe nach ein mit eigener Stromquelle versehenes Ohmmeter zwischen jeder der Dioden und dem Diodenträger anlegt. Auf die Anzeige achten. Diese wird entweder einen niedrigen oder hohen Widerstand ergeben. Die Anschlüsse danach umkehren und die Anzeige erneut ablesen. Die vorher niedrigen Widerstände müssen jetzt hoch sein, die hohen Widerstände müssen niedrig sein.

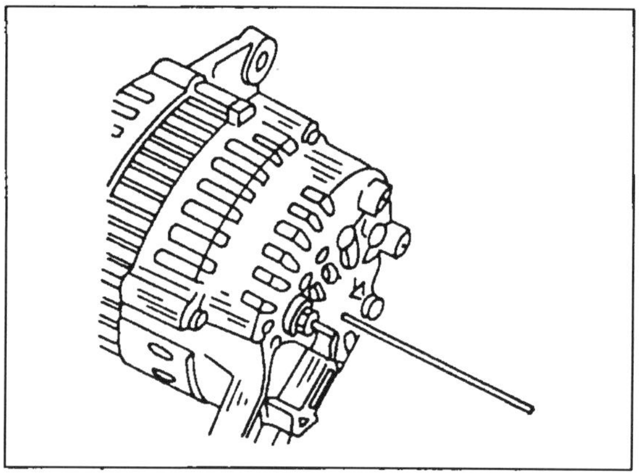

Bild 328
Ein Stück Draht in die Lichtmaschine einschieben, um die Bürsten vor dem Aufsetzen des Deckels anzuheben.

Zusammenbau

Bild 320 zeigt ein Montagebild der Drehstromlichtmaschine; es sollte beim Zusammenbau hinzugezogen werden.

- Antriebslagerschild zusammenbauen. Dazu das Lager mit der verkapselten Seite zum Läufer weisend gerade aufpressen. Die Lagerhalteplatte auflegen und mit den Schrauben befestigen.
- Läufer in das Lagerschild montieren. Das Lagerschild dabei gut unterlegen und den Läufer in das Lagerschild einpressen.
- Falls die Leitungen abgelötet wurden müssen sie wieder angelötet werden. Dabei eine Spitzzange als Wärmeleiter verwendend an den Anschlusslitzen der Dioden ansetzen, damit sich diese nicht überhitzen können.
- Innenseite des Ständers kontrollieren und alle nicht einwandfrei verlegten Drähte zur Seite drehen, damit sie nicht an den Läufer kommen.
- Einen kleinen Draht jetzt durch das Loch im Schleifringlagerdeckel einsetzen, um die Bürsten von den Schleifringen abzuheben, wenn der Deckel aufgesetzt wird. Das Schleifringlagerschild über Ständer und das Antriebslagerschild setzen, wobei unbedingt zu kontrollieren ist, dass die Bürsten mit dem eingesetzten Draht (siehe Bild 328) über die Schleifringe gehoben werden. Da man die Lage der Bürsten schlecht sehen kann, muss man Geduld zu dieser Arbeit mitbringen. Wenn das Schleifringlagerschild sitzt, es vollkommen aufdrücken und den Draht herausziehen. Das Schleifringlagerschild festschrauben.
- Den Abstandsring und das Lüfterrad auf die Läuferwelle aufschieben und die Riemenscheibe aufstecken. Die Mutter mit dem in Bild 320 angegebenen Anzugsdrehmoment anziehen, wobei auf die Unterschiede der einzelnen Lichtmaschinen zu achten ist. Die Riemenscheibe kann dazu mit Weichmetallbacken in einen Schraubstock eingespannt werden.

16.3 Der Anlasser

Ein Schubtriebanlasser, der der Leistung des Motors angepasst wurde, ist eingebaut. Bestimmte Anlasser haben einen Direktantrieb, d.h. die Leistung des Anlassers wird direkt auf das Anlasserritzel übertragen. Andere Anlasser haben ein Untersetzungsgetriebe, bei welchem ein Untersetzungsrad eingebaut ist, um das Anlassdrehmoment bei gleichbleibender Anlassergrösse zu verstärken.

16.3.1 Aus- und Einbau des Anlassers

Eine einwandfreie Prüfung des Anlassers in einer Prüfbank sollte von einer Elektrowerkstatt durchgeführt werden. Dabei müssen die folgenden Punkte beachtet werden:

- Bei einem "GA"-Motor mit Schaltgetriebe den Anlasser von der Oberseite aus vom Getriebe herausziehen.
- Bei einem "GA"-Motor mit Getriebeautomatik den Anlasser von oben von der Motorseite aus herausziehen.
- Bei einem "GA"-Motor mit Vierradantrieb den Anlasser von oben aus dem Getriebe herausziehen.

Den Anlasser ausbauen:

Massekabel der Batterie abklemmen.

- Wagen an der Vorderseite aufbocken.
- Bei einem "GA"-Motor mit Vierradantrieb die Batterie, den Luftfilter, den Ansaugluftschlauch,

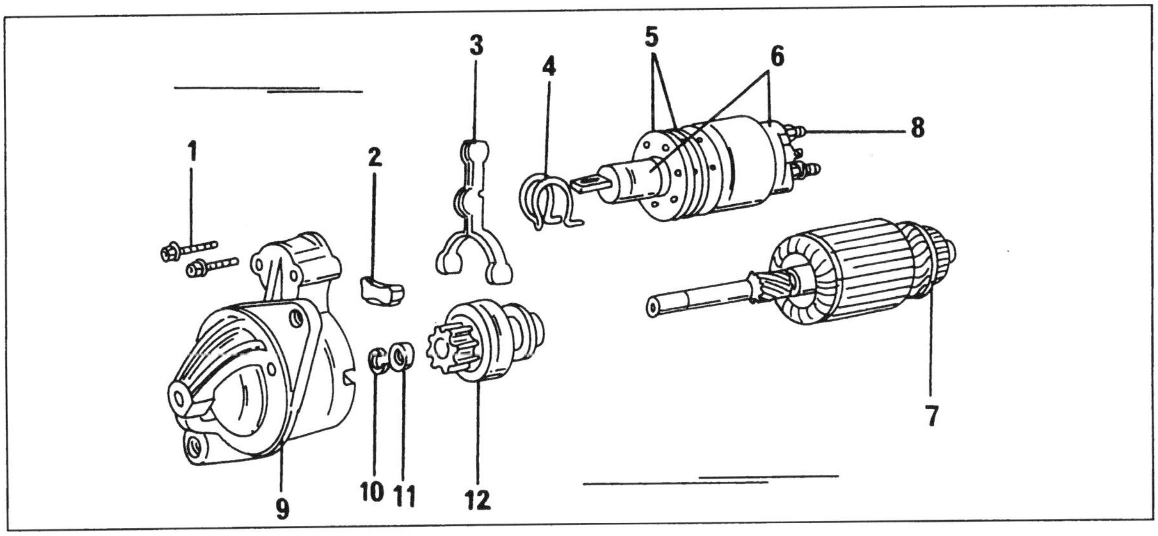

Bild 329
Montagebild des Vorderteiles eines Anlassers mit Direktantrieb, bei einem "S114"-Anlasser.
1 Schrauben, 6,5 - 8 Nm
2 Staubschutzgummi
3 Einrückhebel
4 Torsionsfeder
5 Einstellscheiben
6 Einrückmagnetschalter
7 Anker
8 Mutter, 7.5 - 10 Nm
9 Antriebslagerschild
10 Sicherungsring
11 Ritzelanschlagring
12 Anlasserritzel

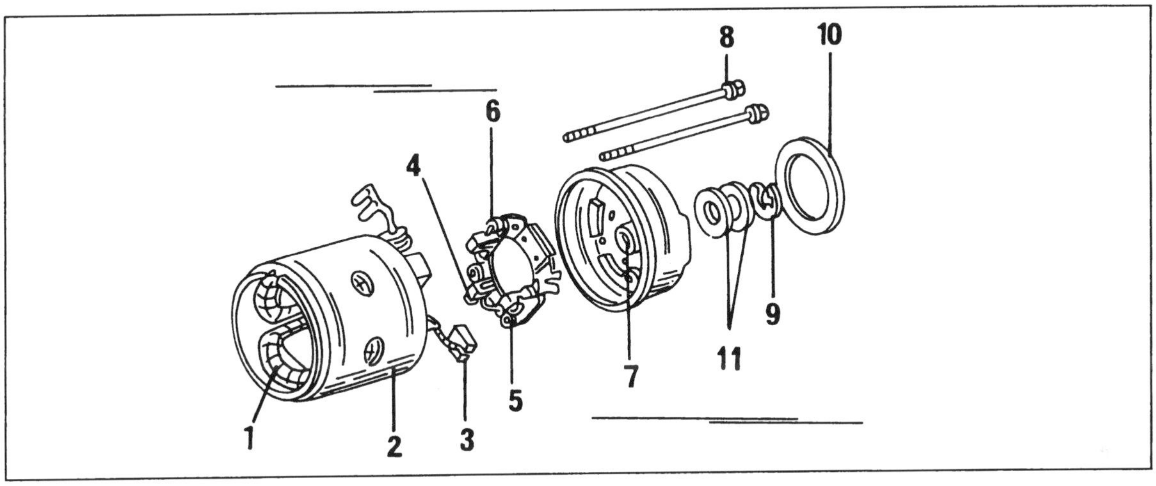

Bild 330
Die Teile an der Rückseite des Anlassers.
1 Feldspule
2 Anlassergehäuse
3 Positive Bürste
4 Negative Bürste
5 Bürstenträger
6 Bürstenfeder
7 Hintere Ankerwellenbüchse
8 Schraube, 5 - 6,5 Nm
9 Sicherungsspange
10 Staubschutzring
11 Anlaufscheiben

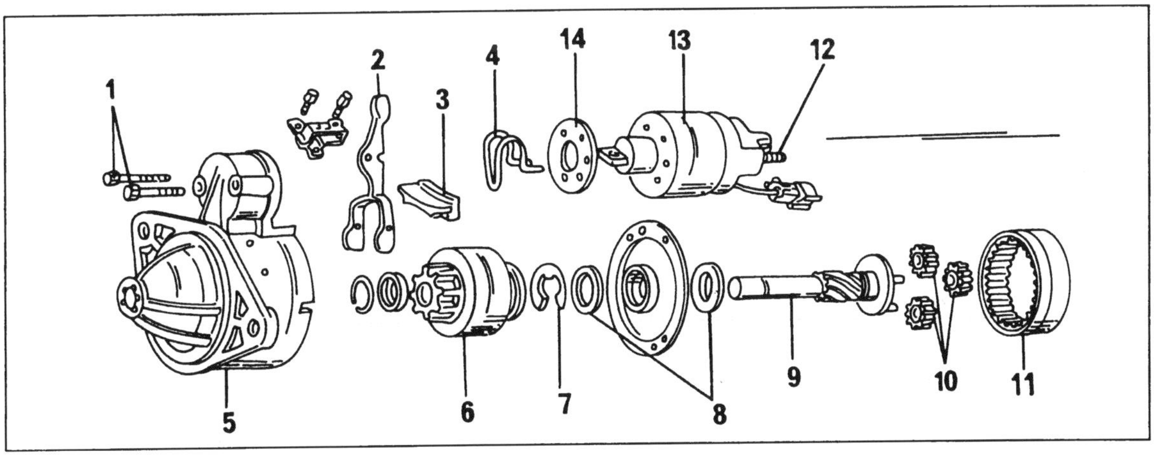

Bild 331
Die Vorderteile eines Anlassers mit Untersetzungsgetreibe.
1 Schrauben, 6,5 - 8,5 Nm
2 Einrückhebel
3 Staubschutzgummi
4 Torsionsfeder
5 Antriebslagerschild
6 Anlasserritzel
7 Sicherungsspange
8 Unterlegscheiben
9 Anlasserritzelwelle
10 Planetenräder
11 Innenverzahntes Rad
12 Mutter/Stiftschraube, 7,5 - 10 Nm
13 Einrückmagnetschalter
14 Staubschutzscheibe

den Kabelstrang der Einspritzanlage, die Unterdruckschläuche und die Tachometerspirale vom Verteilergetriebe ausbauen, bzw. lösen. Ebenfalls die hintere Drehmomentstütze mit der Konsole und die Stützen des Ansaugkrümmers ausbauen.

● Die elektrischen Kabelanschlüsse von der Rückseite des Anlassers abklemmen.

● Befestigungsschrauben am Schwungradgehäuse oder am Drehmomentwandlergehäuse lösen und den Anlasser herausziehen.

Falls der Anlasser erneuert werden muss, kann man anhand der Mass- und Einstelltabelle nachprüfen, welcher Anlasser sich für Ihre Fahrzeug eignet, um den richtigen Anlasser zu erhalten. Der Einbau des Anlassers geschieht in umgekehrter Reihenfolge. Auf die richtige Anschlussweise der Kabel achten. Die Batterie wieder anklemmen. Die Zeituhr stellen.

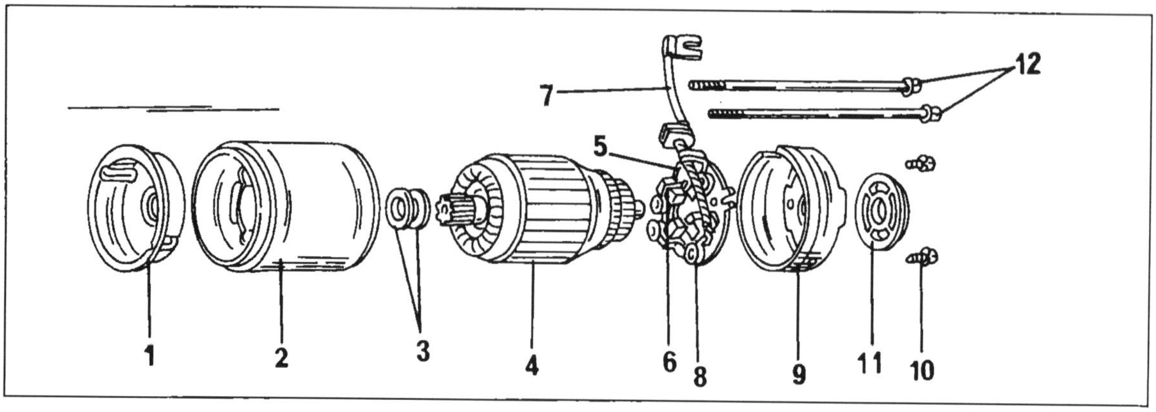

Bild 332
Die Teile an der Rückseite eines Anlassers mit Untersetzungsgetriebe.
1 Mittleres Lagerschild
2 Anlassergehäuse
3 Beilagscheiben
4 Anker
5 Bürstenträger
6 Negative Bürste
7 Positive Bürste
8 Bürstenfeder
9 Hinterer Deckel
10 Staubschutzdeckel
11 Schraube, 2 Nm
12 Durchgangsschrauben

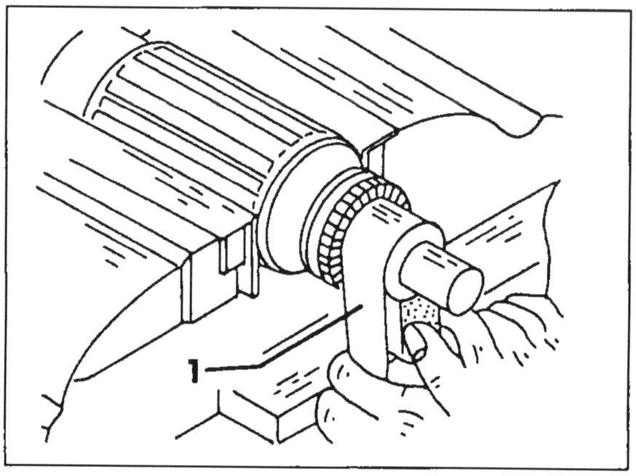

Bild 333
Einen Kollektor mit einem Streifen Sandpapier (1) reinigen. Den Anker an verschiedenen Stellen in einen Schraubstock einspannen, um den gesamten Umfang zu reinigen.

16.3.2 Anlasser zerlegen und zusammenbauen

Wie bereits erwähnt, werden verschiedene Anlasser eingebaut, die auch bei Fahrzeugen mit Schaltgetriebe und Getriebeautomatik unterschiedlich sind. Bild 329 zeigt ein Montagebild des Anlassers mit Direktantrieb, wie er bei Fahrzeugen mit 1,4- und 1,6 Liter-Motor eingebaut ist. Bild 330 zeigt die an der Rückseite des Anlassers montierten Teile dieses Anlassers zusammen mit dem Anker. Der Anlasser mit Untersetzungsgetriebe ist in repräsentativer Ausführung in den Bildern 331 und 332 gezeigt. Der Anlasser mit Direktantrieb ist in konventioneller Weise gebaut und dessen Zerlegung macht keine Schwierigkeiten. Schwieriger ist die Zerlegung eines Anlassers mit dem Untersetzungsgetriebe.

- Von der Vorderseite des Einrückmagnetschalters die Schrauben lösen und den Einspurhebel aus dem Eingriff bringen, um den Schalter abzunehmen.
- Von der Rückseite des Anlassers die Muttern und Schrauben lösen und den kollektorseitigen Deckel abnehmen.
- Die Durchgangsschrauben entfernen und das Anlassergehäuse jetzt vom Anker und vom vorderen Lagerschild herunterziehen.
- Die Kohlebürsten aus den Halterungen ziehen und die anderen Teile von der Rückseite des Anlassers abnehmen. Genau einprägen wie die einzelnen Teile angeordnet sind (siehe Bilder 330 und 332).
- Die verbleibenden Teile unter Bezug auf Bilder 329 und 331 ausbauen.
- Die Feldspulenbürsten sind mit den Wicklungen der Feldspulen verlötet und können nur erneuert werden, indem man das gesamte Feldspulengehäuse austauscht.

16.3.3 Anlasserteile überprüfen

Bürstenmechanismus

Die Bürsten müssen eine Länge von ca. 11,0 mm haben (bei einigen Anlassern etwas mehr, bei anderen etwas weniger). Eine Schiebelehre kann zum Ausmessen der Bürsten benutzt werden. Kontrollieren, ob sich die Bürsten leicht in ihren Führungen bewegen lassen, indem man sie einsetzt und durch leichtes Ziehen an den Anschlusslitzen hin- und herbewegt. Falls erforderlich, die Seiten der Bürsten mit einem in Benzin getränkten Lappen abreiben oder mit einer Schlichtfeile glätten. Falls erforderlich, die Bürsten mit einem in Benzin getränkten Lappen abreiben oder mit einer Schlichtfeile glätten. Falls erforderlich, die Bürsten durch Abreiben und Anlöten erneuern.
Die Spannung der Bürstenfedern mit einer Federwaage kontrollieren, die man im rechten Winkel zur Feder ansetzt. Die Anzeige muss dem in der Mass- und Einstelltabelle angegebenen Wert entsprechen.

Kollektor

Ein guter Kollektor muss auf der ganzen Oberfläche glatt sein und darf keine Narben oder verbrannte Stellen aufweisen. Den Kollektor mit einem in Benzin getauchten Lappen bei gleichzeitigem Drehen des Anlassers abreiben. Falls dies erfolglos ist, kann er auch mit einem Stück Sandpapier (Körnung 500 - 600) in der in Bild 333 gezeigten

Weise abgezogen werden, jedoch keine Schmirgelleinwand dazu verwenden.
Um einen stark abgenutzten Kollektor wieder aufzuarbeiten, kann man ihn abdrehen lassen. Vorher muss man jedoch den Kollektordurchmesser mit einer Schiebelehre ausmessen. Falls der in Bild 334 gemessene Durchmesser sich bereits der in der Mass- und Einstelltabelle angegebenen Mindestgrösse nähert, kann man sich ein Abdrehenlassen ersparen. Der Anker wird zum Abdrehen in eine Drehbank eingespannt, und man nimmt bei hoher Drehzahl eine Schicht Metall ab. Nie mehr Material abnehmen, als unbedingt erforderlich ist.
Abschliessend mit einer Stichsäge die Lamellenteilung zwischen den Kollektorsegmenten auf eine Tiefe von 0,5 - 0,8 mm einsägen. Das verwendete Sägeblatt muss dabei waagerecht in die Lamellenteilung eingesetzt werden, um diese über die gesamte Länge einzuschneiden, d.h. das Sägeblatt nicht schräg ansetzen. Den Kollektor danach mit feinem Sandpapier polieren, so dass er eine Glanzschicht erhält.
Die häufigsten Fehler im Kollektor werden durch Kurzschlussbildungen im Anker hervorgerufen (verbrannte Kollektorwicklungen), andernfalls sollte er sehr lange halten.

Feldspulen

Feldspulen können am besten mit einem Ohmmeter kontrolliert werden, welches zwischen dem positiven Feldspulenanschluss und dem Anlassergehäuse angelegt wird, wie es in Bild 335 gezeigt ist. Das Bild zeigt ein Ohmmeter mit Selbststromerzeugung. Andere Ohmmeter müssen vorher mit der Batterie verbunden werden. Bei dieser Prüfung wird kontrolliert, ob die Feldspulen auf Masse geschlossen sind. Gibt das Ohmmeter eine Anzeige, muss das Anlassergehäuse mit den Feldspulen erneuert werden.
Bei der nächsten Prüfung wird das Ohmmeter zwischen den beiden Bürstenanschlüssen angelegt, wie es Bild 336 zeigt. Bei dieser Prüfung kontrolliert man, ob der Strom zwischen den beiden Bürsten vorhanden ist. Falls keine Anzeige zustandekommt, muss das Anlassergehäuse erneuert werden.

Anker

Um die Ankerwicklungen in einwandfreier Weise und fachmännischer zu kontrollieren, benötigt man ein Ankerprüfgerät, einen sogenannten Summer. Falls dieses Gerät nicht vorhanden ist, kann der alte Anker durch vorübergehendes Einsetzen eines neuen Ankers kontrolliert werden. Niemals versuchen eine verbogene Ankerwelle zu richten oder einen Ankerkern zu bearbeiten, d.h. abzufeilen oder zu entgraten.

Lager

Lager, die soweit ausgeschlagen sind, dass sie der Ankerwelle seitliches Spiel erlauben, müssen erneuert werden. Dazu ist es am besten, wenn man den Aussendurchmesser der Ankerwelle und den Innendurchmesser der Lagerbohrung ausmisst. Falls der Unterschied zwischen den beiden Massen mehr als 0,2 mm beträgt, die alte Büchse auspressen, neue Büchse 30 Minuten in sauberes Motoröl einlegen und in das Lagerschild einpressen. Die Büchse danach aufreiben, bis die Welle ein Spiel von 0,03 - 0,10 mm hat.

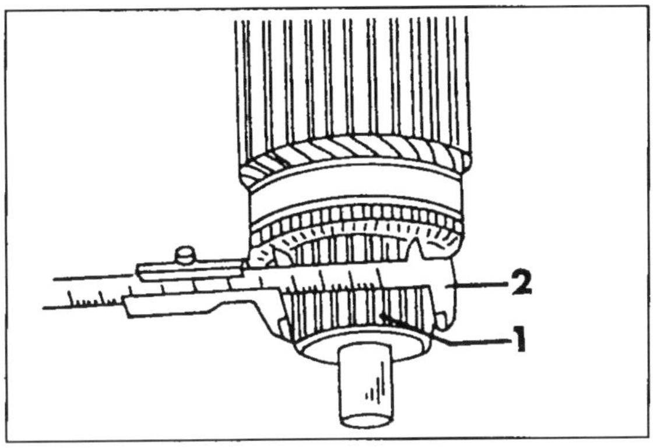

Bild 334
Ausmessen des Durchmessers des Kollektors (1) mit einer Schiebelehre (2).

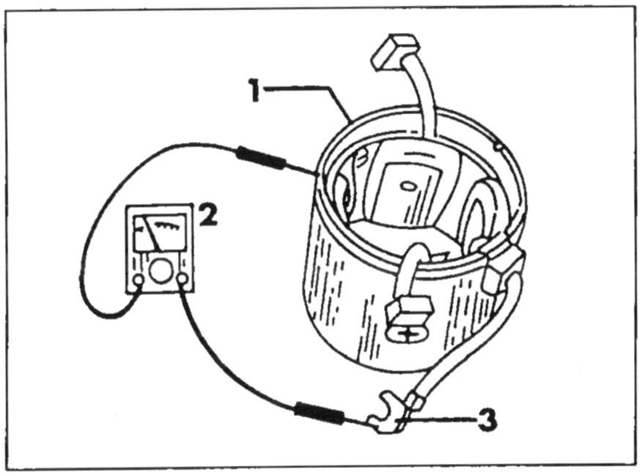

Bild 335
Überprüfung der Isolierung zwischen dem Anlassergehäuse (1) und der positiven Klemme der Feldspule (3). Ein Ohmmeter (2) zur Püfung verwenden.

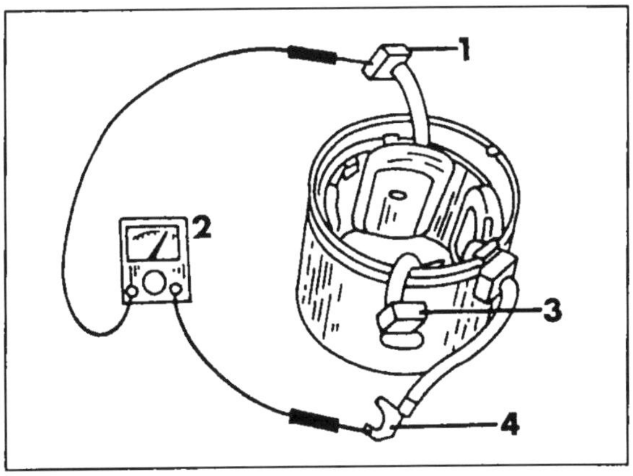

Bild 336
Überprüfung der Stromdurchführung zwischen der positiven Klemme der Feldspulen und den positiven Kohlebürsten.
1 Positive Bürste
2 Ohmmeter
3 Positive Bürste
4 Positive Klemme

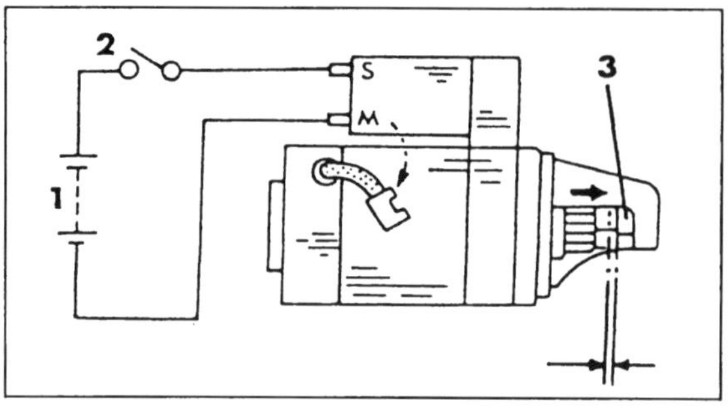

Bild 337
Anschlussweise einer Batterie zur Kontrolle des Ritzelabstandes. Das Spiel zwischen den Pfeilen ausmessen.
1 Batterie
2 Angeschlossener Ein/Ausschalter
3 Ritzelanschlagring

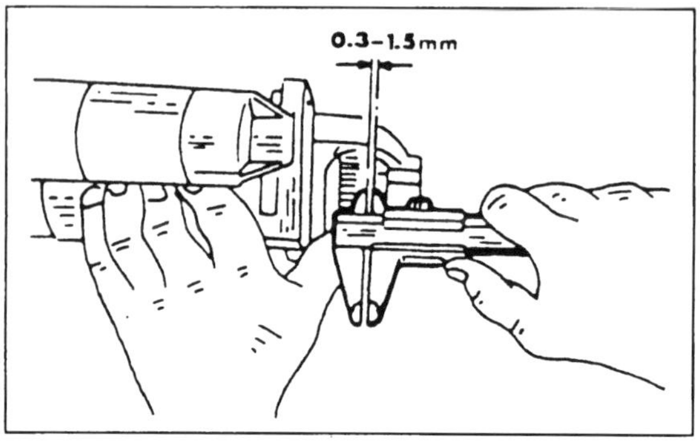

Bild 338
Der Ritzelabstand kann mit einer Schiebelehre ausgemessen werden.

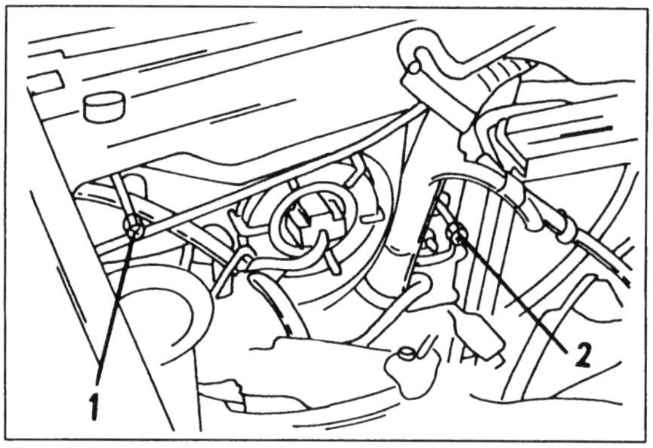

Bild 339
Die Lage der Einstellschrauben für die Scheinwerfer bei einer Limousine.
1 Höheneinstellschraube
2 Seiteneinstellschraube

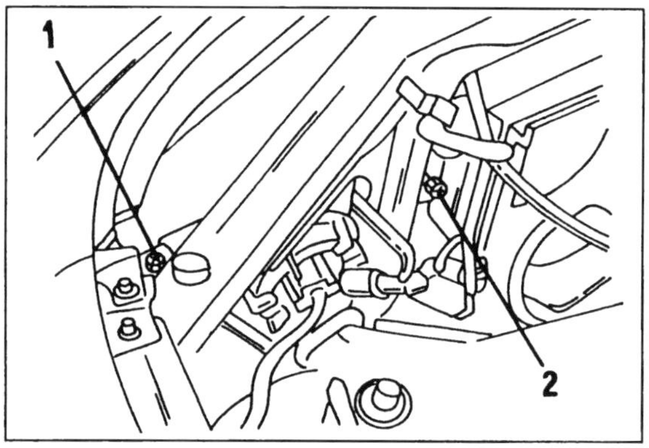

Bild 340
Die Lage der Einstellschrauben für die Scheinwerfer bei einem Coupé.
1 Höheneinstellschraube
2 Seiteneinstellschraube

Anlasserantrieb
Kontrollieren, ob sich die Zähne des Anlasserritzels in gutem Zustand befinden. Das Ritzel muss sich leicht auf der Schraubverzahnung der Ankerwelle verschieben lassen. Der Freilauf darf sich nur in einer Richtung durchdrehen lassen, während er in der anderen Richtung sperren muss. Falls erforderlich, den gesamten Antrieb erneuern. In diesem Fall ebenfalls den Anlasserzahnkranz auf Beschädigung kontrollieren. Falls erforderlich das Schwungrad ausbauen und erneuern.

Einrückmagnetschalter
Der Einrückmagnetschalter kann nicht repariert werden. Um die Spulen des Magnetschalters zu kontrollieren, ist eine 12 V-Batterie mit den Klemmen "S" und "M" des Einrückmagnetschalters zu verbinden. Der Stössel des Schalters sollte sich bewegen. Die gleiche Prüfung wiederholen, aber dieses Mal die Anschlüsse an Klemme "M" und das Gehäuse anlegen. Der Stössel sollte in Betätigung kommen und beim Anschliessen der Leitung an Klemme "M" gehalten werden. Bild 337 zeigt wo die Klemmen am Schalter sitzen.

16.3.4 Zusammenbau des Anlassers

Der Zusammenbau des Anlassers geschieht in umgekehrter Reihenfolge wie das Zerlegen. Die Schraubverzahnung der Ankerwelle und das Drehlager des Einspurhebels leicht einfetten. Das Lager und Ritzel leicht einölen.
Nach fertigem Zusammenbau den Anlasser in einen Schraubstock einspannen und eine 12 V-Batterie in der in Bild 337 gezeigten Weise mit den Klemmen "S" und "M" des Einrückmagnetschalters verbinden.
Das Anlasserritzel schnellt beim Herstellen des Stromkreises nach vorn gegen den Anschlagring (3), muss aber einen Spalt zwischen dem Ring und der Stirnfläche des Ritzels hinterlassen. Diesen Spalt mit einer Fühlerlehre ausmessen oder mit einer Schiebelehre, wie es in Bild 338 gezeigt ist. Falls das zwischen den Pfeilen liegende Spiel im allgemeinen nicht zwischen 0,3 und 1,5 mm liegt, stimmt etwas beim zusammengebauten Anlasser nicht. Das Spiel ist nicht bei allen Anlassern gleich (siehe Mass- und Einstelltabelle).

16.4 Scheinwerfer

16.4.1 Einstellung

Die beiden Einstellschrauben der Scheinwerfer sind in Bildern 339 und 340 gezeigt. Wie man aus den beiden Abbildungen sehen kann, besteht ein Unterschied zwischen einer Scheinwerferanlage bei Limousinen und Coupé-Ausführungen.
Die Scheinwerfer sollten mit einem optischen Gerät eingestellt werden, ausser in Notfällen nicht versuchen sie behelfsmässig einzustellen.
Falls man eine Noteinstellung vornehmen will, das Fahrzeug 5 m vor eine Wand oder die Garagentür fahren und das in Bild 341 gezeigte Diagramm

übertragen. Die Scheinwerfer so einstellen, dass der Mittelpunkt der Lichtbündel bei eingeschaltetem Fernlicht an der Wand ca. die gleiche Höhe hat, wie der Abstand vom Boden bis zum Mittelpunkt der Scheinwerfer. Das Abblendlicht einschalten und die Lichtgrenze ca. 65 mm unter die erwähnte Lichtbündelmitte bringen.
Um die Scheinwerferstrahlen seitlich zu verstellen, die auf der rechten Seite gezeigten Schraube (2) verdrehen; um die Strahlen in der Höhe zu verstellen, die auf der linken Seite gezeigte Schraube (1) verstellen. Wie das Bild zeigt, muss man den Schraubenzieher bei einem Coupé von oben ansetzen.
Ehe man die Scheinwerfer einstellen kann, sollten die Reifen auf den vorgeschriebenen Druck gefüllt werden. Das Fahrzeug auf einer geraden Fläche abstellen. Der Tank muss gefüllt sein.
Wie bereits erwähnt, kann die beschriebene Einstellung nur behelfsmässig angesehen werden. Die Scheinwerfer müssen bei der ersten Gelegenheit mit einem optischen Gerät kontrolliert und eingestellt werden.

16.4.2 Scheinwerferbirne erneuern

Die Erneuerung der Scheinwerferbirnen findet von der Rückseite des Scheinwerfers im Motorraum statt. Nach Abziehen des Kabelsteckers die Schutzkappe entfernen. Dazu die Kappe nach innen drücken und nach links verdrehen. Die Sicherungsfedern der Birne zusammendrücken und

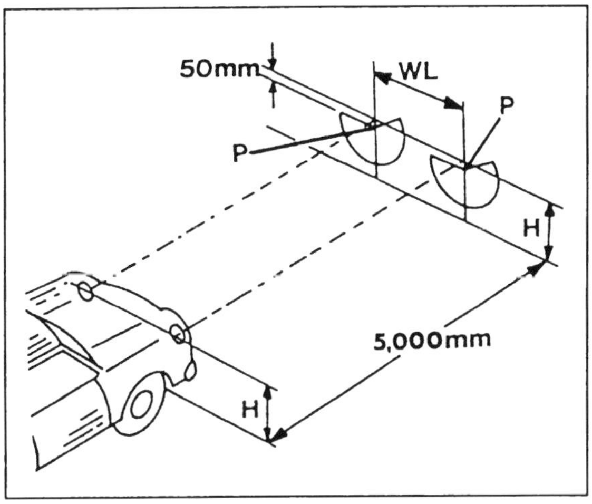

Bild 341
Scheinwerfereinstelldiagramm. Das Mass zwischen den Pfeilen links oben muss beim Sunny 65 mm betragen.
H Scheinwerferhöhe
WL Abstand zwischen Scheinwerfern
P Scheinwerfermittelpunkte

die Birne herausziehen. Neue Birne nicht mit blossen Fingern anfassen. Ausserdem sollte die Birne so schnell wie möglich erneuert werden, damit kein Staub durch die Birnenöffnung in die Innenseite des Reflektors kommen kann. Die Kappe in umgekehrter Drehrichtung wieder aufsetzen. Den Stecker der Scheinwerferkabel auf die Steckzungen der Birnenfassung aufstecken. Abschliessend die Scheinwerfereinstellung kontrollieren und ggf. einstellen lassen oder provisorisch einstellen, wie es im letzten Kapitel beschrieben wurde.

17.1 Radnabe und Achsschenkel

17.1.1 Ausbau

- Radmuttern und die Mutter der Achswelle lockern während die Räder auf dem Boden aufstehen.
- Rückseite des Fahrzeuges auf Böcke setzen und das Rad abnehmen.
- Den Splint aus der Achswellenmutter ziehen, die Mutternsicherung abnehmen, die Scheibe entfernen und die Achswellenmuttern lockern. Darauf achten, dass das Fahrzeug gut auf den Böcken aufsitzt.
- Das Handbremsseil und die Bremsleitung an den in Bild 342 gezeigten Stellen abschliessen.

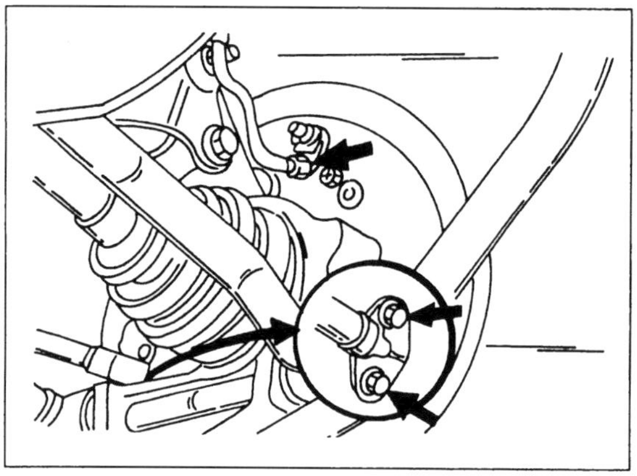

Bild 342
Die Pfeile weisen auf die Befestigung der Bremsleitung (oben) und des Handbremsseils (unten) bei eingebauter Trommelbremse.

- Bei Fahrzeugen mit ABS (Scheibenbremsen) die Achswellenmutter in der beschriebenen Weise entfernen und den Bremssattel abschrauben. Den Sattel mit einem Stück Draht an der Radaufhängung festbinden, damit er nicht am Bremsschlauch herunterhängen kann. *Die Bremsen jetzt nicht mehr betätigen, da sonst der Kolben herausgedrückt wird.*
- Die Bremsscheibe abschrauben und herunterziehen.
- Das Handbremsseil abschliessen, wie es im Kapitel "Bremsen" beim Ausbau des Handbremsseils beschrieben wurde und den Drehzahlfühler der ABS-Anlage ausbauen.
- Die Achswellenmutter lösen, bis die Mutternfläche mit der Aussenseite der Welle abschneidet und die Achswelle mit einem Weichmetallhammer nach innen schlagen, bis sie aus dem Eingriff mit der Radnabe kommt.
- Die in Bild 344 gezeigten Schrauben und Muttern lösen und den Achsschenkel aus der Hinterradaufhängung herausnehmen.

Das Radlager oder die Radnabe können jetzt erneuert werden. Es muss jedoch darauf hingewiesen werden, dass man die Radlager nicht zur Kontrolle aus dem Achsschenkel ausbauen kann. Werden das Radlager oder auch die Radnabe aus irgendeinem Grund aus dem Achsschenkel ausgepresst, müssen Lager und Nabe als Ganzteil erneuert werden.

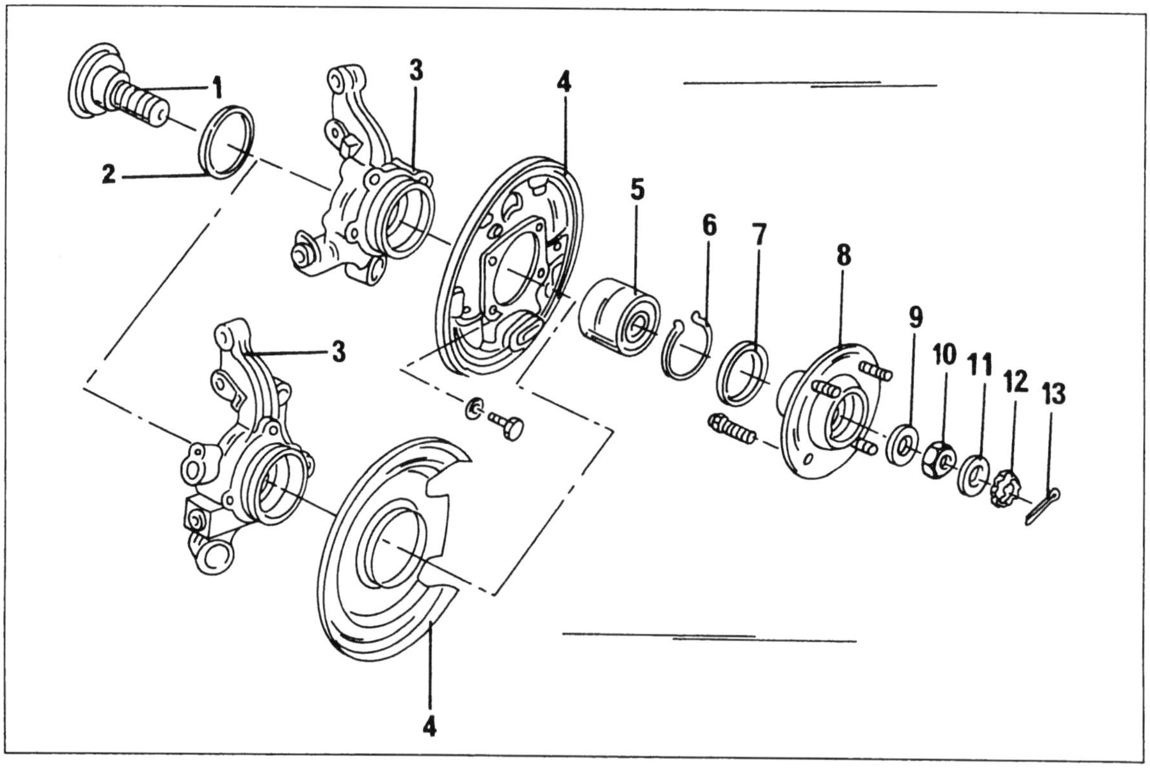

Bild 343
Die Teile des Achsschenkels und Radlagers bei Vierradantrieb.
1 Antriebswelle
2 Innerer Fettdichtring
3 Achsschenkel
4 Spritzblech
5 Radlager
6 Lagersprengring
7 Äusserer Fettdichtring
8 Radnabe
9 Scheibe
10 Radlagermutter, 200-280 Nm
11 Druckscheibe
12 Mutternsicherung
13 Splint

Der Einbau geschieht in umgekehrter Reihenfolge wie der Ausbau. Die in Bild 344 gezeigten Befestigungen mit den gültigen Anzugsdrehmomenten anziehen. Das Fahrzeug auf den Boden ablassen, ehe die Achswellenmutter mit 200 - 280 Nm angezogen und entsprechend Bild 343 gesichert wird.

17.1.2 Zerlegung und Erneuerung der Radlager

- Nabenmutter vollkommen abschrauben und die Antriebswelle aus der Radnabe herausziehen.
- Den Achsschenkel in einen Schraubstock einspannen und die Radnabe mit einem Weichmetalldorn von der Rückseite ausschlagen, wie es in Bild 345 gezeigt ist. Das Radlager muss immer erneuert werden, wenn man die Radnabe aus dem Achsschenkel ausschlägt. Der innere Lagerring verbleibt auf der Radnabe und muss mit einem geeigneten Abzieher heruntergezogen werden.
- Mit einem Schraubenzieher den äusseren Fettdichtring von hinten aus dem Achsschenkel ausschlagen und die Öffnung gut reinigen.
- Den Sprengring in der Aussenseite des Achsschenkels mit einer Sprengringzange entfernen. An der Rückseite den Dichtring mit einem Schraubenzieher aushebeln und den äusseren Lagerlaufring von innen nach aussen ausschlagen. Ein Durchschlag mit einem Durchmesser von 49 mm eignet sich zum Ausschlagen.

Alle Teile gründlich reinigen. Die Lager müssen immer zusammen mit den Laufringen erneuert werden, da sie zusammen eingelaufen sind. Der Achsschenkel kann nur mit einem magnetischen Prüfgerät auf Risse, usw. kontrolliert werden.

17.1.3 Zusammenbau des Achsschenkels

Beim Einbau der Radlager und Zusammenbau des Achsschenkels folgendermassen vorgehen:

- Bohrung des Achsschenkels und die Aussenseite des Radlagers gut von Fett reinigen und den Achsschenkel mit der Aussenseite nach oben weisend unter eine Presse setzen.
- Das neue Radlager von der Aussenseite in den Achsschenkel einpressen, bis es gegen den Sprengring anliegt. Dabei den Druck nur auf dem äusseren Lagerlaufring des Radlagers ausüben. Der Pressdruck darf 3 Tonnen nicht überschreiten.
- Den Lagersprengring in die Rille einfedern. Kontrollieren, dass der Sprengring ringsherum einwandfrei sitzt.
- Die beiden Öldichtringe an den Dichtlippen mit Fett einschmieren und von vorn und von hinten in den Achsschenkel einschlagen, ohne sie dabei zu beschädigen. Übermässiges Fett abwischen.

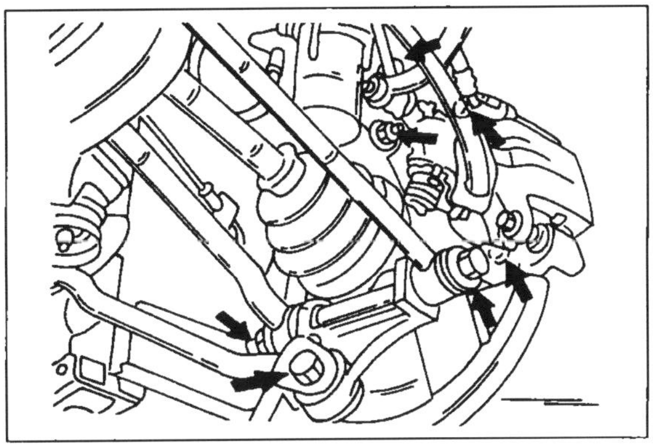

Bild 344
Die mit den Pfeilen gezeigten Befestigungen müssen zum Ausbau des Achsschenkels sowie zum Ausbau der Antriebswelle gelöst werden.

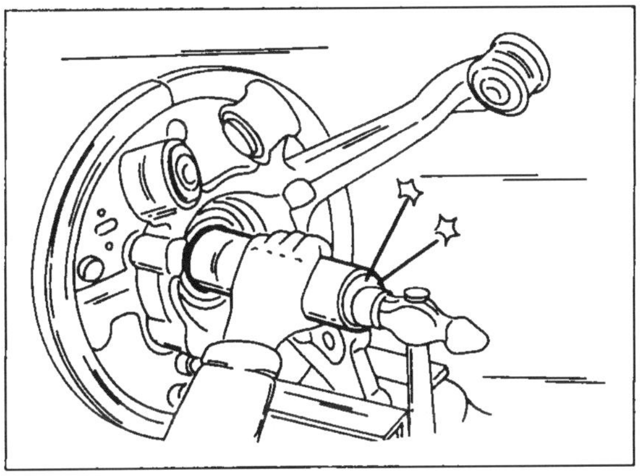

Bild 345
Den Achsschenkel in der gezeigten Weise einspannen, um die Radnabe von innen auszuschlagen.

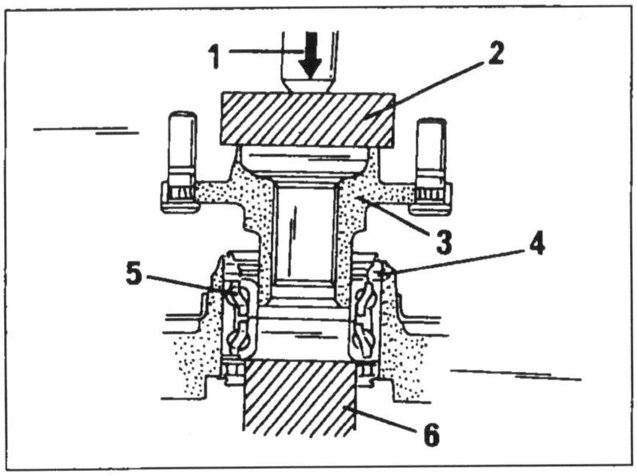

Bild 346
Zusammenbau des Achsschenkels und Radlagers.
1 Pressstempel
2 Druckstück
3 Radnabe
4 Achsschenkel
5 Radlager
6 Pressunterlage

- Den Achsschenkel auf den Pressentisch auflegen und die Radnabe in das Radlager und den Achsschenkel einpressen. Unbedingt darauf achten, dass der Pressdruck nicht mehr als 3 Tonnen beträgt und dass die Öldichtringe dabei nicht beschädigt werden.
- Die Lagervorspannung muss jetzt kontrolliert werden. Dazu den Achsschenkel auf dem Pressentisch liegen lassen und den Druck auf die Aussenseite der Radnabe auf 3,5 - 5,0 Tonnen erhöhen. Den Druck beibehalten und den Achsschenkel einige Male hin- und herbewegen. Der

Achsschenkel sollte sich trotz des Drucks ohne Klemmstellen drehen lassen.

17.1.4 Achsschenkel — Einbau

Der Einbau des Achsschenkels mit der Achswelle geschieht in umgekehrter Reihenfolge wie der Ausbau. Immer einen neuen Sicherungsring in das Ende der Antriebswelle einfedern. Einzelheiten über den genauen Einbau der Antriebswellen sind in Kapitel 11 für die vorderen Antriebswellen gegeben. Beim Einsetzen der Antriebswellen in das Differential die Verzahnungen genau ausrichten. Nach dem Einbau an der Welle ziehen, um festzustellen, ob der Ring einwandfrei eingeschnappt ist.

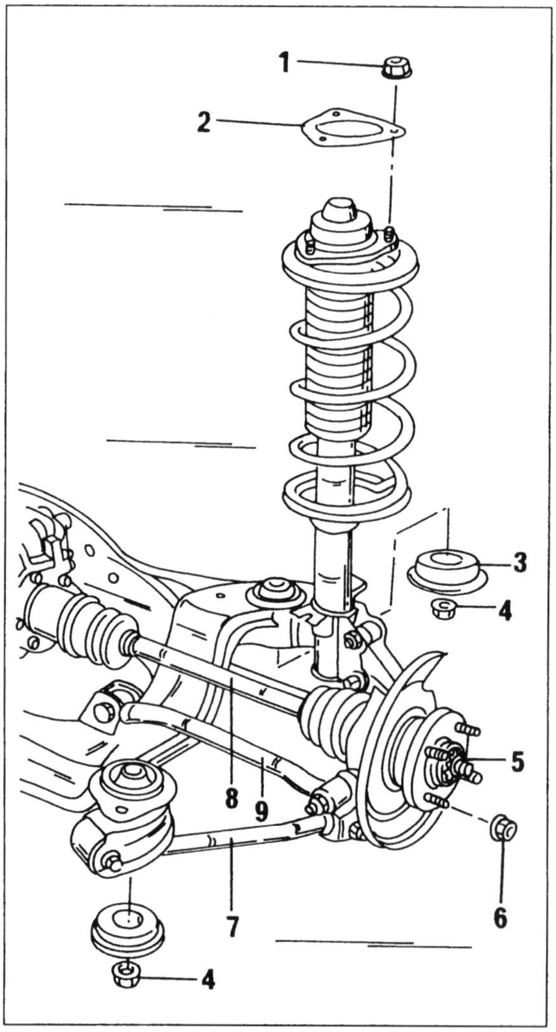

Bild 347
Zusammengebaute Hinterradaufhängung auf einer Seite.
1 Mutter, 25-30 Nm
2 Dichtung
3 Gummilager des Querträgers
4 Mutter, 100-120 Nm
5 Achswellenmutter, 200-280 Nm
6 Radmutter, 100-120 Nm
7 Schubstrebe
8 Achswelle
9 Querlenkerstange

Alle in der Anzugsdrehmomenttabelle angegebenen Drehmomente sind zu beachten. Die Achswellenmutter mit einem Anzugsdrehmoment von 200-280 Nm anziehen, die Mutternsicherung über die Mutter setzen und einen neuen Splint einsetzen. Die Scheiben entsprechend Bild 343 anordnen.

17.2 Hinterfeder und Federbein

Hinterfedern und Federbeine werden in ähnlicher Weise behandelt, wie es in Abschnitt 11 bei der Vorderradaufhängung beschrieben wurde. Die Federbeine werden in der Innenseite des Fahrzeuges mit drei Muttern befestigt. Bild 347 zeigt die Radaufhängung auf einer Seite, woraus die Befestigung des Federbeins gut ersichtlich ist. Der Rücksitz und die Verkleidung müssen ausgebaut werden, um an die Muttern heranzukommen.
Auch die Zerlegung und der Zusammenbau folgen einem ähnlichen Schema wie bei einem vorderen Federbein. Kapitel 13.3.2 und 13.3.3 sind durchzulesen. Auch die Anordnung des oberen Federbeinlagers entspricht den Angaben für die vorderen Federbeine.
Zu beachten ist, dass das Federbein nicht zerlegt werden kann, d.h. falls der eingebaute Stossdämpfer seine Dämpffähigkeit verloren hat, muss das gesamte Federbein erneuert werden.
Je nach Modellausführung werden unterschiedliche Schraubenfedern eingebaut. Diese sind mit Farbkennzeichnungen versehen. Beim Erneuern einer Schraubenfeder nur eine mit der gleichen Farbkennzeichnung einbauen.

17.3 Antriebswellen

Die Antriebswellen sind ähnlich wie die Wellen der Vorderräder konstruiert. Beim Ausbau einer Welle den Anweisungen zum Ausbau eines Achsschenkels folgen (Kapitel 17.1.1), bis die in Bild 344 gezeigten Befestigungen gelöst wurden, so dass man den Achsschenkel nach aussen ziehen kann. Danach die Achswelle mit zwei hinter dem Gelenk angesetzten Reifenhebeln aus dem Getriebe drücken. Den Sprengring auf dem Ende der Welle sofort ausfedern, da er erneuert werden muss.
Falls man eine Manschette oder ein Gleichlaufgelenk erneuern will, muss man den Anweisungen in Kapitel 11.2 folgen. Auf der Getriebeseite wird ein Dreisterngelenk der Ausführung TS70C oder TS79C verwendet, auf der Radseite ein Gelenk der Ausführung ZF80 oder ZF90. Den diesbezüglichen Beschreibungen im genannten Kapitel muss also gefolgt werden. Zu erwähnen wäre noch die erforderliche Fettmenge und die Länge der Manschetten:

Fettmenge	
ZF80-Gelenk	90-100 g
ZF90-Gelenk	160-170 g
TS70C-Gelenk	185-195 g
TS79C-Gelenk	225-235 g

Gelenkzuordnung — Mass- und Einstelltabelle.

Manschettenlänge

ZF80-Gelenk	90,5 - 92,5 mm
ZF90-Gelenk	96,0 - 98,0 mm
TS70C-Gelenk	95,5 - 97,5 mm
TS79C-Gelenk	101,5 - 103,5 mm

Die Messung für die Einbaulänge der Manschetten erfolgt ähnlich, wie es in Bild 221 gezeigt ist.

17.4 Hinterradaufhängung

Falls man die gesamte Hinterradaufhängung ausbauen will, sind die mit den Pfeilen in Bild 348 gezeigten Befestigungsstellen zu lösen. Bremsleitungen und Handbremsseilanschlüsse müssen gelöst werden. Einen Wagenheber unter das Differential untersetzen, ehe die Befestigungen des Querträgers gelöst werden.
Nach Lösen aller Befestigungen die Federbeine von der Innenseite des Fahrzeuges abschrauben und die Radaufhängung auf dem Wagenheber ablassen und herausziehen.
Beim Einbau die Anzugsdrehmomente beachten. Mit Gummibüchsen versehene Lagerungen werden angezogen, wenn das Fahrzeug mit seinen Rädern auf dem Boden aufsteht. Das Fahrzeug am besten auf Auffahrrampen fahren.

17.5 Lenkerarme

Bild 348 zeigt wie die einzelnen Teile der Hinterradaufhängung zueinander stehen. Der Aus- und Einbau der einzelnen Teile kann anhand der abbildung durchgeführt werden. Selbstsichernde Muttern müssen immer erneuert werden. Beim Anziehen der gummigelagerten Verbindungen müssen die Räder auf dem Boden aufstehen, um die Büchsen im Betriebszustand vorzuspannen. Den im Bild 348 oder in der Anzugsdrehmomenttabelle angegebenen Anzugsdrehmomenten ist zu folgen.

17.6 Gelenkwelle

Die Gelenkwelle hat zwei Zwischenlager. Zum Ausbau der Gelenkwelle bei aufgebocktem Fahrzeug mit einem Körner an gegenüberliegenden Stellen in die Gelenkwellenflansche einschlagen und die Schrauben und Muttern mit einem Ringschlüssel und einem Gabelschlüssel lösen.
Die beiden Zwischenlager vom Wagenboden abschrauben (vier Muttern lösen) und die Welle absenken.
Beim Einbau wieder die Gelenkwellenflansche mit den Markierungen zusammenbringen. Anzugsdrehmomente beachten.

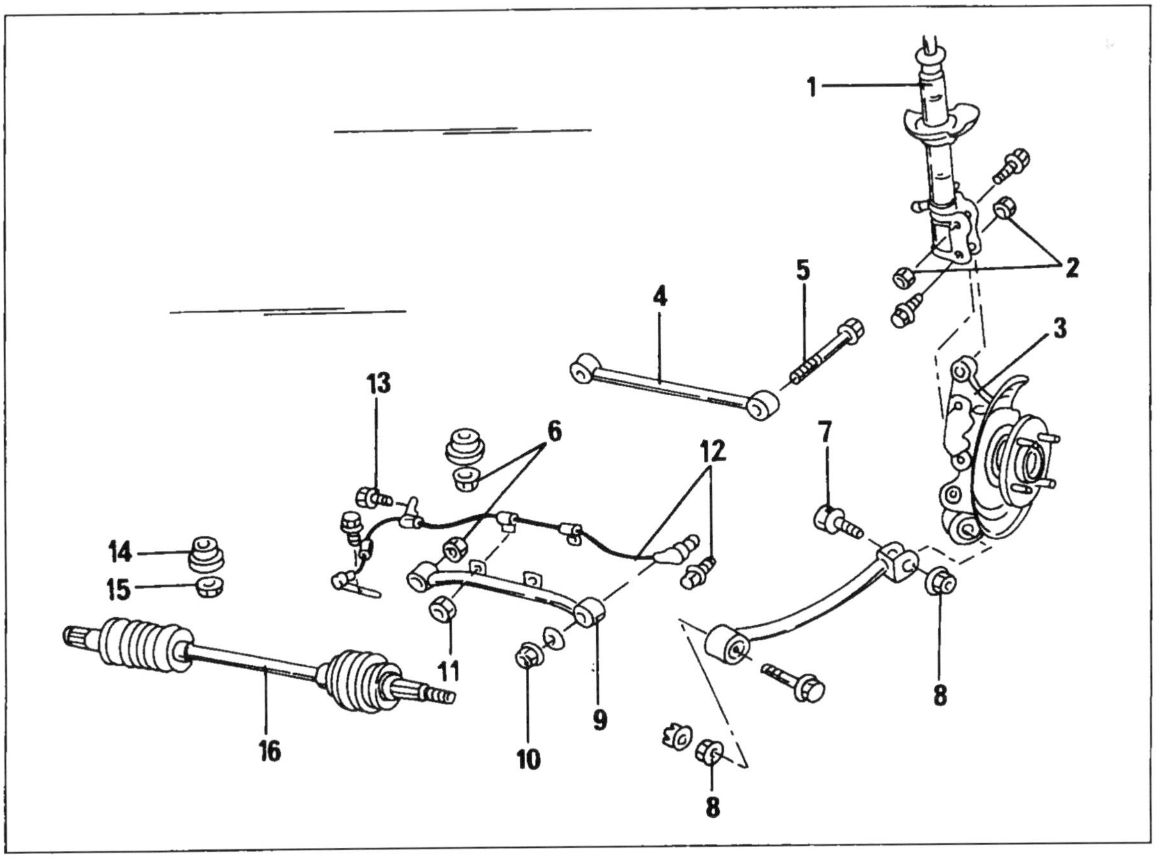

Bild 348
Die Einzelteile der Aufhängungsarme und Schubstrebe beim 4 x 4.
1 Federbein
2 Muttern, 100 - 135 Nm
3 Achsschenkel
4 Hinterer Querlenker
5 Querlenkerschraube
6 Muttern, 100 - 120 Nm
7 Schubstrebenschraube
8 Muttern, 100 - 120 Nm
9 Vorderer Querlenker
10 Mutter, 100 - 120 Nm
11 Mutter, 4 - 6 Nm
12 ABS-Drehzahlfühler und Kabelstrang
13 Schraube, 4 - 6 Nm
14 Gummilager
15 Mutter, 100 - 120 Nm
16 Achswelle

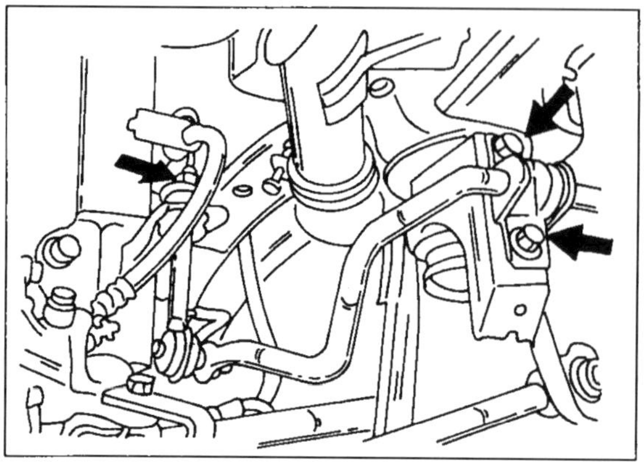

Bild 349
Die Befestigung des Kurvenstabilisators, hier auf der linken Seite gezeigt.

17.7 Kurvenstabilisator

Der Kurvenstabilisator ist in ähnlicher Weise befestigt, wie es bei der Vorderradaufhängung der Fall ist. Der Stabalisator wird mit Schellen an der Unterseite des Fahrzeugbodens befestigt.
Zum Ausbau, bei aufgebocktem Fahrzeug, die in Bild 349 gezeigten Schrauben und die Mutter des Gestänges entfernen und den Stabilisator herausziehen. Zu beachten ist, dass die Montageschellen in eine bestimmte Richtung weisen müssen, d.h. am besten markiert man deren Einbaulage, ehe man sie abnimmt.
Beim Einbau die Montageschellen wie ursprünglich anbringen und die Stabilisatorstange verschieben, bis die Farbkennzeichnung und die Schellen fluchten.
Die Schrauben der Montageschellen mit 30 - 45 Nm, die Muttern der Stabilisatorgestänge mit 20 - 30 Nm anziehen.

17.8 Differential

Die Befestigungsweise des Differentials ist in Bild 350 gezeigt. Der Ausbau kann unter Bezug auf das Bild durchgeführt werden. Einen Wagenheber unter das Getriebe untersetzen, ehe das Differential von den Befestigungen gelöst wird.

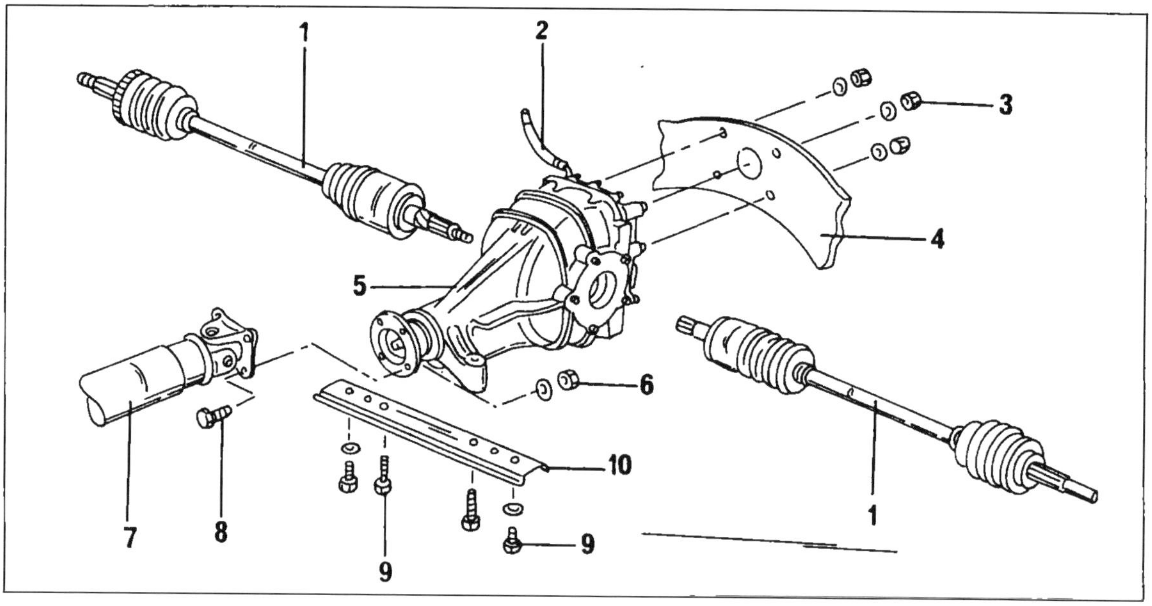

Bild 350
Befestigung des Differentials.
1 Achswelle
2 Belüftungsschlauch (beim Differentialausbau abziehen)
3 Muttern, 43 - 55 Nm
4 Aufhängungsträger
5 Differential
6 Mutter, 35 - 45 Nm
7 Gelenkwelle
8 Gelenkwellenschraube
9 Schrauben, 100 - 120 Nm

MASS- und EINSTELLDATEN

Füllmengen

Kraftstofftank:	50 Liter
Kühlanlage:	
— 1,4/1,6 Liter-Motor	5,5 Liter (Schaltgetriebe), 5,9 Liter (Automatik)
— 2,0 Liter	ca. 6,6 Liter
Ölwanne — 1,4/1,6 Liter-Motor:	
— Mit Ölfilterwechsel	3,2 Liter
— Ohne Ölfilterwechsel	2,8 Liter
Ölwanne — 2,0 Liter-Motor:	
— Mit Ölfilterwechsel	3,4 Liter
— Ohne Ölfilterwechsel	3,2 Liter
Schaltgetriebe:	
— 1,4 Liter-Modelle	2,6 Liter
— 1,6 Liter-Modelle	2,9 Liter
— 2,0 Liter-Modelle	3,5 - 3,7 Liter
— 4 x 4-Modelle	4,2 Liter
— Verteilergetriebe, 4 x 4	1,1 Liter
Automatisches Getriebe	7,0 Liter
Servolenkung	0,9 Liter

Abmessungen

Serie B13	*Limousine*	*Coupé*
Länge über alles	4210 mm	4135 mm
Breite über alles	1670 mm	1680 mm
Höhe über alles	1375 mm	1310 oder 1315 mm
Radstand	2430 mm	2430 mm
Spurweite, vorn	1435 oder 1445 mm	1435 oder 1445 mm
Spurweite, hinten	1415 oder 1435 mm	1415 oder 1435 mm

Serie N14	*Limousine*	*3-türiger Hatchback*
Länge über alles	4230 mm	3975 mm
Breite über alles	1670 mm	1670 mm
— Mit 2,0 Liter-Motor		1690 mm
Höhe über alles	1395 mm	1395 mm
— Mit Vierradantrieb	1410 mm	1410 mm
Spurweite, vorn	1446 oder 1436 mm	1446 oder 1436 mm
Spurweite, hinten	1431 oder 1421 mm	1431 oder 1421 mm
Radstand	2430 mm	2430 mm

	5-türiger Hatchback
Länge über alles	4145 mm
Breite über alles	1670 mm
Höhe über alles	1395 mm
Spurweite, vorn	1446 mm oder 1436 mm
Spurweite, hinten	1431 oder 1421 mm
Radstand	2430 mm

1,4 und 1,6 Liter-Motor — Allgemeines

Kennzeichnung:	
— 1,4 Liter-Motor	GA14DS oder GA14DE (ab 1993)
— 1,6 Liter-Motor	GA16DS oder GA16DE (ab 1993)

MASS- und EINSTELLDATEN

Anordnung und Anzahl der Zylinder	4 Zylinder, in Reihe
Anordnung der Nockenwelle	Obenliegende Zwillings-Nockenwellen
Zündfolge	1 - 3 - 4 - 2
Zylinderkopf	Aluminiumlegierungs-Zylinderkopf mit eingearbeiteten Verbrennungskammern
Steuerantrieb	Zwei Steuerketten, untere Kette von Kurbelwellenrad auf Doppel-Zwischenrad, zweite Kette von Zwischenrad zu Nockenwellenräder
Kurbelwelle	Geschmiedete Welle mit fünf Lagern
Kolbenringe	Zwei Verdichtungsringe, ein Ölabstreifring

1,4 und 1,6 Liter-Motor — Mechanisch

Hubraum:	
— 1,4 Liter-Motor	1392 cm^3
— 1,6 Liter-Motor	1597 cm^3
Bohrung:	
— 1,4 Liter-Motor	73,60 mm
— 1,6 Liter-Motor	76,0 mm
Kolbenhub:	
— 1,4 Liter-Motor	81,80 mm
— 1,6 Liter-Motor	88,0 mm
Verdichtungsverhältnis:	
— 1,4 Liter-Motor	9,5 : 1
— 1,6 Liter-Motor	9,8 : 1
Max. Leistung:	
— 1,4 Liter-Motor, Vergaser	55 kW (75 PS) bei 6000/min
— 1,4 Liter-Motor, Einspritzung, ab 1993	64 kW (87 PS) bei 6000/min
— 1,6 Liter-Motor, mit Vergaser	66 kW (90 PS) bei 6000/min
— 1,6 Liter, Einspritzung, ab 1993	75 kW (102 PS) bei 6000/min
Max. Drehmoment:	
— 1,4 Liter-Motor, Vergaser	112 Nm bei 4000/min
— 1,4 Liter-Motor, Einspritzung	116 Nm bei 4000/min
— 1,6 Liter-Motor, Vergaser	133 Nm bei 4000/min
— 1,6 Liter-Motor, Einspritzung	136 Nm bei 4000/min

Hinweis: Fahrzeuge ohne Katalysator können unterschiedliche Leistungswerte haben.

Öldruck:	
— Im Leerlauf	0,49 - 1,86 bar
— Bei 3000/min	3,43 - 4,41 bar

Leerlauf, Vergaser, Schaltgetriebe	750 ± 50/min
Leerlauf, Vergaser, Getriebeautomatik	850 ± 50/min
Leerlauf, Einspritzung, Schaltgetriebe	700 ± 50/min
Leerlauf, Einspritzung, Getriebeautomatik	800 ± 50/min
Verdichtungsdruck bei 350 min.	13,2 bar
Min. Verdichtungsdruck	11,3 bar
Zul. Unterschied zwischen Zylindern	1 bar

Zylinderkopf

Werkstoff	Aluminiumlegierung
Max. Verzug der Zylinderkopffläche	0,10 mm
Zylinderkopfhöhe	117,8 - 118,0 mm
Min. Abschleifmass	Null

MASS- und EINSTELLDATEN

Ventilspiele (warm):	
— Einlassventile, Messwert	0,21 - 0,49 mm
— Einlassventile, Einstellwert	0,32 - 0,40 mm
— Auslassventile, Messwert	0,30 - 0,58 mm
— Auslassventile, Einstellwert	0,37 - 0,45 mm
Ventilspiele (kalt) — Ungefähre Temperatur 20° C:	
— Einlassventile	0,25 - 0,33 mm
— Auslassventile	0,32 - 0,40 mm
Ventiltellerdurchmesser:	
— Einlassventile — 1,4 Liter	28,9 - 29,10 mm
— 1,6 Liter	29,9 - 30,1 mm
— Auslassventile — 1,4 Liter	23,9 - 24,1 mm
— 1,6 Liter	23,9 - 24,1 mm
Gesamtlänge der Ventile:	
— Einlassventile	92,00 - 92,5 mm
— Auslassventile	92,37 - 92,87 mm
Ventilschaftdurchmesser:	
— Einlassventile	5,465 - 5,480 mm
— Auslassventile	5,445 - 5,460 mm
Ventilsitzwinkel	45° 15' bis 45° 45'
Max. Abschleifung vom Ventilschaft	0,2 mm
Min. Stärke der Ventiltellerkante	0,9 - 1,1 mm
Max. Laufspiel der Ventilschäfte	0,10 mm
Ventilführungen:	
Innendurchmesser	5,500 - 5,515 mm
Aussendurchmesser:	
— Nennmass	9,523 - 9,534 mm
— Übergrösse	9,723 - 9,734 mm
Aufreibmass für Übergrösse-Führung	9,685 - 9,696 mm
Schrumpfpassung der Führungen	0,027 - 0,049 mm
Laufspiel der Ventilschäfte in Führungen:	
— Einlassventile	0,020 - 0,050 mm
— Auslassventile	0,040 - 0,016 mm
— Verschleissgrenze	0,10 mm
Ventilfedern	
Ungespannte Länge - Alle Ventile	41,19 mm
Einbauhöhe	25,26 mm bei Druck von 35,1 kg
Min. Einbauhöhe	25,26 mm bei Druck von 33,0 kg
Max. Verzug der Ventilfeder an der Oberseite	Weniger als 1,80 mm (siehe Bild 80)
Ventilstössel	
Aussendurchmesser	29,960 - 29,975 mm
Innendurchmesser	30,000 - 30,021 mm
Laufspiel der Stössel	0,025 - 0,061 mm
Ventilsitze	
Ventilsitzbreite:	
— Einlassventile	1,34 - 1,63 mm
— Auslassventile	1,70 - 2,12 mm
Ventilsitzdurchmesser:	
— Einlassventile — 1,4 Liter	28,5 - 28,7 mm
— 1,6 Liter	29,5 - 29,7 mm
— Auslassventile — Alle Ventile	23,5 - 23,7 mm

Aufarbeitungsmass für Übergrösse-Ventilsitze:	
— Einlassventile — 1,4 Liter	30,2 - 30,4 mm
— 1,6 Liter	31,9 - 32,1 mm
— Auslassventile — Alle Ventile	25,2 - 25,4 mm
Ventilsitzwinkel	45°
— Korrekturwinkel — Einlassventile	30 und 60°
— Korrekturwinkel — Auslassventile	10 und 60°

Nockenwelle und Nockenwellenlager

Nockenhöhe — Einlassventilnocken:	
— 1,4 Liter/1,6 Liter mit Vergaser	39,980 - 40,070 mm
— 1,4 Liter mit Einspritzung	39,380 - 39,570 mm
— 1,6 Liter mit Einspritzung	39,380 - 39,570 mm
Nockenhöhe — Auslassventilnocken:	
— 1,4 Liter/1,6 Liter mit Vergaser	39,880 - 40,070 mm
— 1,4 Liter mit Einspritzung	39,880 - 40,070 mm
— 1,6 Liter mit Einspritzung	39,380 - 39,570 mm
Verschleissgrenze	0,20 mm weniger
Axialspiel der Nockenwelle	0,070 - 0,143 mm
— Verschleissgrenze	0,20 mm
Max. Schlag der Nockenwelle	0,10 mm
Laufspiel der Nockenwellenlager	0,045 - 0,086 mm
— Verschleissgrenze	0,15 mm
Innendurchmesser der Nockenwellenbohrungen:	
— Lager Nr. 1	28,000 - 28,021 mm
— Lager 2 bis Nr. 5	24,000 - 24,021 mm
Durchmesser der Nockenwellenlagerzapfen:	
— Lager Nr. 1	27,935 - 27.955 mm
— Lager Nr. 2 bis Nr. 5	23,935 - 23,995 mm

Ventilsteuerung (EGR = Abgasrückführung)

Einlassventil öffnet — 1,4 Liter ohne EGR	
— 1,4 Liter mit EGR	2° vor o.T.
— 1,6 Liter mit Vergaser	0° (o.T.)
— 1,4/1,6 Liter, mit Einspritzung	0° (o.T.)
Einlassventil schliesst — 1,4 Liter ohne EGR	42° nach u.T.
— 1,4 Liter mit EGR	32° nach u.T.
— 1,6 Liter mit Vergaser	42° nach u.T.
— 1,4/1,6 Liter mit Einspritzung	34° nach u.T.
Auslassventil öffnet — 1,4 Liter ohne EGR	42° vor u.T.
— 1,4 Liter mit EGR	46° vor u.T.
— 1,6 Liter mit Vergaser	42° nach u.T.
— 1,4 Liter mit Einspritzung	38° nach u.T.
— 1,6 Liter mit Einspritzung	42° nach u.T.
Auslassventil schliesst — 1,4 Liter ohne EGR	0° (o.T.)
— 1,4 Liter mit EGR	12° nach o.T.
— 1,6 Liter mit Vergaser	0° (o.T.)
— 1,4 Liter mit Einspritzung	4° nach o.T.
— 1,6 Liter mit Einspritzung	0° (o.T.)

Kolben

Werkstoff und Bauweise	Aluminiumlegierung, Festmantelkolben
Kolbenringe	Zwei Verdichtungsringe, 1 Ölabstreifring
Kolbenbolzen	Hohlmaterial, schwimmend in Pleuelstange mit Presspassung im Kolben gelagert. Bolzen mit Sicherungsringen befestigt.

Kolbendurchmesser:	
— Grösse 1 — 1,4 Liter	73,575 - 73,585 mm
— 1,6 Liter	5,975 - 75,985 mm
— Grösse 2 — 1,4 Liter	73,585 - 73,595 mm
— 1,6 Liter	75,985 - 75,995 mm
— Grösse 3 — 1,4 Liter	73,595 - 73,605 mm
— 1,6 Liter	75,995 - 76,005 mm
— 0,5 mm-Übergrösse — 1,4 Liter	74,075 - 74,105 mm
— 1,6 Liter	76,475 - 76,505 mm
— 1,0 mm-Übergrösse — 1,4 Liter	74,575 - 74,605 mm
— 1,6 Liter	76,975 - 77,005 mm
Laufspiel der Kolben	0,015 - 0,035 mm
Kolbenmessstelle	Siehe Seite 52
Kolbenbolzenbohrung	18,987 - 18,999 mm
Kolbenbolzendurchmesser	18,989 - 19,001 mm
Laufspiel des Kolbenbolzens im Kolben	—0,004 - 0,000 mm
Laufspiel des Kolbenbolzens in Pleuelstange	0,005 - 0,017 mm

Kolbenringe

Höhenspiel der Ringe in Nuten:	
— Oberer Verdichtungsring	0,040 - 0,080 mm
— Zweiter Verdichtungsring	0,030 - 0,070 mm
— Verschleissgrenze	0,20 mm
Kolbenringstossspiele:	
— Oberer Verdichtungsring	0,20 - 0,35 mm
— Zweiter Verdichtungsring	0,37 - 0,52 mm
— Ölabstreifring	0,20 - 0,60 mm
Kolbenringstossspiele — Verschleissgrenzen	1,00 mm

Kolbenbolzen

Aussendurchmesser	18,989 - 18,999 mm
Kolbenaugendurchmesser	18,987 - 18,999 mm
Laufspiel im Kolben	Presspassung, —0,004 bis 0 mm
Laufspiel in Pleuelaugenbüchse	0,005 - 0,017 mm

Pleuelstangen

Axialspiel auf Kurbelzapfen	0,20 - 0,47 mm
— Verschleissgrenze	0,52 mm
Laufspiel der Lager	0,010 - 0,035 mm
— Max. zulässiges Laufspiel	0,10 mm
Max. Verzug	0,15 mm pro 100 mm
Max. Verdrehung der Pleuelstangen	0,3 mm pro 100 mm
Länge der Pleuelstangen, Mitte zu Mitte	140,45 - 140,55 mm
Bohrungsdurchmesser des Pleuelauges	19,000 - 19,012 mm (Büchse eingezogen)
Durchmesser der Pleuellagerbohrung	43,000 - 43,013 mm (ohne Lagerschalen)
Pleuellagerschalen — Nennstärke	1,505 - 1,508 mm (drei Toleranzklassen)
Pleuellagerschalen — Übergrössen	0,08, 0,12 und 0,25 mm

Zylinderblock

Max. Verzug der Zylinderblockfläche	0,10 mm
Bohrungsdurchmesser:	
— Kolbengrösse Nr. 1 — 1,4 Liter	73,600 - 73,610 mm
— 1,6 Liter	76,000 - 76,010 mm
— Kolbengrösse Nr. 2 — 1,4 Liter	73,610 - 73,620 mm
— 1,6 Liter	76,010 - 76,020 mm

— Kolbengrösse Nr. 3 — 1,4 Liter	73,620 - 73,630 mm
— 1,6 Liter76,020 - 76,030 mm	
Untermasse	Wie für Kolben
Max. Unrundheit der Bohrungen	Weniger als 0,015 mm
Max. Verjüngung der Bohrungen	Weniger als 0,010 mm
Max. Verschleiss der Bohrungen	0,20 mm
Kolbenlaufspiel	0,015 - 0,035 mm
Kurbelwelle	
Anzahl der Hauptlager	5
Durchmesser der Hauptlagerzapfen:	
— Grössenklasse Nr. 0	49,956 - 49,964 mm
— Grössenklasse Nr. 1	49,948 - 49,956 mm
— Grössenklasse Nr. 2	49,940 - 49,948 mm
Durchmesser der Kurbelzapfen:	
— Grössenklasse Nr. 0	39,968 - 39,974 mm
— Grössenklasse Nr. 1	39,962 - 39,968 mm
— Grössenklasse Nr. 2	39,956 - 39,962 mm
Max. Schlag der Kurbelwelle	Weniger als 0,04 mm
Axialspiel der Kurbelwelle:	
— Nennspiel	0,060 - 0,180 mm
— Verschleissgrenze	0,30 mm
Laufspiel der Kurbelwellenlager:	
— Nennspiel	0,018 - 0,042 mm
— Verschleissgrenze	0,10 mm
Hauptlagerschalenstärke:	
— Grösse 0 (schwarze Zeichnung)	1,826 - 1,830 mm
— Grösse 1 (braune Zeichnung)	1,830 - 1,834 mm
— Grösse 2 (grüne Zeichnung)	1,834 - 1,838 mm
— Grösse 3 (gelbe Zeichnung)	1,838 - 1,842 mm
— Grösse 4 (blaue Zeichnung)	1,842 - 1,846 mm
— Untergrösse, 0,25 mm	1,957 - 1,965 mm
— Untergrösse, 0,50 mm	2,082 - 2,090 mm

2,0 Liter-Motor — Allgemeines

Kennzeichnung	SR20DE
Anordnung und Anzahl der Zylinder	4 Zylinder, in Reihe
Anordnung der Nockenwelle	Obenliegende Zwillings-Nockenwellen
Zündfolge	1 - 3 - 4 - 2
Zylinderkopf	Aluminiumlegierungs-Zylinderkopf mit eingearbeiteten Verbrennungskammern
Steuerantrieb	Eine Steuerkette, Antrieb direkt vom Kurbelwellenrad auf Nockenwellenräder
Kurbelwelle	Geschmiedete Welle mit fünf Lagern
Kolbenringe	Zwei Verdichtungsringe, ein Ölabstreifring
Hubraum	1989 cm^3
Bohrung	86,0 mm
Kolbenhub	86,0 mm
Verdichtungsverhältnis	10,0 : 1
Max. Leistung	105 kW (143 PS) bei 6400/min
Max. Drehmoment	178 Nm bei 4800/min
Öldruck:	
— Im Leerlauf	Mehr als 0,78 bar

— Bei 3000/min	4,5 bar
Leerlauf — Mit Schaltgetriebe	700 ± 50/min
Leerlauf — Mit Getriebeautomatik	800 ± 50/min
Verdichtungsdruck bei 350/min	12,75 bar
Min. Verdichtungsdruck	10,8 bar
Zul. Unterschied zwischen Zylindern	1 bar

2,0 Liter-Motor — Mechanisch

Zylinderkopf	
Werkstoff	Aluminiumlegierung
Max. Verzug der Zylinderkopffläche	0,10 mm
Zylinderkopfhöhe	136,9 - 137,1 mm
Ventiltellerdurchmesser:	
— Einlassventile	34,0 - 34,2 mm
— Auslassventile	30,0 - 30,2 mm
Gesamtlänge der Ventile:	
— Einlassventile	101,19 - 101,61 mm
— Auslassventile	102,11 - 102,53 mm
Ventilschaftdurchmesser:	
— Einlassventile	5,965 - 5,980 mm
— Auslassventile	6,945 - 6,960 mm
Ventilsitzwinkel	45° 15' bis 45° 45'
Max. Abschleifung vom Ventilschaft	0,2 mm
Min. Stärke der Ventiltellerkante:	
— Einlassventile	1,1 mm
— Auslassventile	1,3 mm
Max. Laufspiel der Ventilschäfte	0,10 mm
Ventilführungen	
Innendurchmesser, Einlassventile	6,000 - 6,018 mm
Innendurchmesser, Auslassventile	7,000 - 7,018 mm
Aussendurchmesser — Einlassventile:	
— Nennmass	10,023 - 10,034 mm
— Übergrösse	10,223 - 10,234 mm
Aussendurchmesser — Auslassventile:	
— Nennmass	11,023 - 11,034 mm
— Übergrösse	11,223 - 11,234 mm
Aufreibmass für Übergrösse-Führungen:	
— Einlassventile	10,175 - 10,196 mm
— Auslassventile	10,175 - 10,196 mm
Schrumpfpassung der Führungen	0,027 - 0,059 mm
Laufspiel der Ventilschäfte in Führungen:	
— Einlassventile	0,020 - 0,053 mm
— Auslassventile	0,040 - 0,073 mm
— Verschleissgrenze	0,10 mm
Ventilfedern	
Ungespannte Länge - Alle Ventile	49,36 mm
Einbauhöhe	30,00 mm bei Druck von 58 - 65,4 kg
Min. Einbauhöhe	30,00 mm bei Druck von 56 kg
Max. Verzug der Ventilfeder an der Oberseite	Weniger als 2,2 mm (siehe Bild 80)
Hydraulische Ventilstössel	
Aussendurchmesser	16,980 - 16,993 mm

Innendurchmesser der Bohrungen	17,000 - 17,020 mm
Laufspiel der Stössel	0,007 - 0,040 mm

Ventilsitze

Ventilsitzbreite:	
— Einlassventile	1,4 - 1,7 mm
— Auslassventile	1,70 - 2,0 mm
Ventilsitzdurchmesser:	
— Einlassventile	33,60 - 33,80 mm
— Auslassventile	29,4 - 29,6 mm
Aufarbeitungsmass für Übergrösse-Ventilsitze:	
— Einlassventile	35,500 - 35,516 mm
— Auslassventile	31,500 - 31,516 mm
Ventilsitzwinkel	45°

Nockenwelle und Nockenwellenlager

Nockenhöhe:	
— Einlassventilnocken	38,408 - 38,598 mm
— Auslassventilnocken	37,920 - 38,110 mm
Verschleissgrenze	0,20 mm weniger
Axialspiel der Nockenwelle	0,055 - 0,139 mm
— Verschleissgrenze	0,20 mm
Max. Schlag der Nockenwelle	0,10 mm
Laufspiel der Nockenwellenlager	0,045 - 0,086 mm
— Verschleissgrenze	0,12 mm
Innendurchmesser der Nockenwellenbohrungen	28,000 - 28,021 mm
Durchmesser der Nockenwellenlagerzapfen	27,935 - 27,955 mm

Ventilsteuerung:

Einlassventil öffnet	9° vor o.T.
Einlassventil schliesst	59° nach u.T.
Auslassventil öffnet	51° vor u.T.
Auslassventil schliesst	9° nach o.T.

Kolben

Werkstoff und Bauweise	Aluminiumlegierung, Festmantelkolben
Kolbenringe	Zwei Verdichtungsringe, 1 Ölabstreifring
Kolbenbolzen	Hohlmaterial, schwimmend in Pleuelstange mit Presspassung im Kolben gelagert. Bolzen mit Sicherungsringen befestigt.
Kolbendurchmesser:	
— Grösse 1	85,980 - 85,990 mm
— Grösse 2	85,990 - 86,00 mm
— Grösse 3	86,000 - 86,010 mm
— 0,2 mm-Übergrösse	876,180 - 78,210 mm
Laufspiel der Kolben	0,010 - 0,030 mm
Kolbenmessstelle	Siehe Seite 43
Kolbenbolzenbohrung	21,987 - 21,999 mm
Kolbenbolzendurchmesser	21,989 - 22,001 mm

Kolbenringe

Höhenspiel der Ringe in Nuten:	
— Oberer Verdichtungsring	0,045 - 0,080 mm
— Zweiter Verdichtungsring	0,030 - 0,065 mm
— Verschleissgrenze	0,20 mm
Kolbenringstossspiele:	
— Oberer Verdichtungsring	0,20 - 0,30 mm
— Zweiter Verdichtungsring	0,35 - 0,50 mm

— Ölabstreifring	0,20 - 0,60 mm
Kolbenringstossspiele — Verschleissgrenze	1,0 mm

Kolbenbolzen

Aussendurchmesser	21,989 - 22,001 mm
Kolbenaugendurchmesser	21,987 - 21,999 mm
Laufspiel im Kolben	Presspassung, 0 bis 0,004 mm
Laufspiel in Pleuelaugenbüchse	0,005 - 0,017 mm
— Verschleissgrenze	0,023 mm

Pleuelstangen

Axialspiel auf Kurbelzapfen	0,20 - 0,35 mm
— Verschleissgrenze	0,50 mm
Laufspiel der Lager	0,020 - 0,045 mm
— Max. zulässiges Laufspiel	0,09 mm
Max. Verzug	0,15 mm pro 100 mm
Max. Verdrehung der Pleuelstangen	0,3 mm pro 100 mm
Länge der Pleuelstangen, Mitte zu Mitte	136,30 mm
Bohrungsdurchmesser des Pleuelauges	22,000 - 22,012 mm (Büchse eingezogen)
Durchmesser der Pleuellagerbohrung	51,000 - 51,013 mm (ohne Lagerschalen)
Pleuellagerschalen — Nennstärke	1,500 - 1,503 mm (drei Toleranzklassen)
Pleuellagerschalen — Übergrössen	0,08, 0,12 und 0,25 mm

Zylinderblock

Max. Verzug der Zylinderblockfläche	0,10 mm
Bohrungsdurchmesser:	
— Kolbengrösse Nr. 1	86,000 - 86,010 mm
— Kolbengrösse Nr. 2	86,010 - 86,020 mm
— Kolbengrösse Nr. 3	86,020 - 86,030 mm
Untermasse	Wie für Kolben
Max. Unrundheit der Bohrungen	Weniger als 0,015 mm
Max. Verjüngung der Bohrungen	Weniger als 0,010 mm
Max. Verschleiss der Bohrungen	0,20 mm
Kolbenlaufspiel:	0,010 - 0,030 mm

Kurbelwelle

Anzahl der Hauptlager	5
Durchmesser der Hauptlagerzapfen:	
— Grössenklasse Nr. 0	54,974 - 54,980 mm
— Grössenklasse Nr. 1	54,968 - 54,974 mm
— Grössenklasse Nr. 2	54,962 - 54,968 mm
— Grössenklasse Nr. 3	54,956 - 54,962 mm
Durchmesser der Kurbelzapfen:	
— Grössenklasse Nr. 0	47,968 - 47,974 mm
— Grössenklasse Nr. 1	47,962 - 47,968 mm
— Grössenklasse Nr. 2	47,956 - 47,962 mm
Max. Schlag der Kurbelwelle	Weniger als 0,025 mm
Axialspiel der Kurbelwelle:	
— Nennspiel	0,010 - 0,26 mm
— Verschleissgrenze	0,30 mm
Hauptlagerschalenstärke:	
— Grösse 0 (schwarze Zeichnung)	1,977 - 1,980 mm
— Grösse 1 (braune Zeichnung)	1,980 - 1,983 mm
— Grösse 2 (grüne Zeichnung)	1,983 - 1,986 mm
— Grösse 3 (gelbe Zeichnung)	1,986 - 1,989 mm

Hauptlagerschalenstärke (Fortsetzung):	
— Grösse 4 (blaue Zeichnung)	1,989 - 1,992 mm
— Grösse 5 (rosa Zeichnung)	1,992 - 1,995 mm
— Grösse 6 (ohne Zeichnung)	1,995 - 1,998 mmm
— Untergrösse, 0,25 mm	2,109 - 2,117 mm

Verschiedene Daten

Schlag der Nockenwellenkettenräder	max. 0,25 mm
Max. Schlag der Schwungradreibfläche	max. 0,10 mm
Einstellscheiben für Ventilspiele:	
— Erhältliche Grössen	2,80 nis 3,20 mm
— Abstufungen zwischen Grössen	0,025 mm
— Kennzeichnung in Scheiben	28 = 2,80 mm

Motorschmierung

Bauart:	Zahnradpumpe. Unterschiedliche Zahnform bei 1,4/1,6 und 2,0-Liter-Motoren. Von Vorderseite der Kurbelwelle aus angetrieben. Sitzt im Steuerdeckel.
Spiele der Pumpe — 1,4/1,6 Liter-Motor:	
— Spiel zwischen Gehäusebohrung und äusserem Pumpenzahnrad	0,11 - 0,20 mm
— Spiel zwischen innerem Zahnrad und Sichel	0,217 - 0,327 mm
— Spiel zwischen äusserem Zahnrad und Sichel	0,21 - 0,32 mm
— Spiel zwischen Gehäuse und innerem Zahnrad	0,05 - 0,09 mm
— Spiel zwischen Gehäuse und äusserem Zahnrad	0,05 - 0,11 mm
Spiele der Pumpe — 2,0 Liter-Motor:	
— Spiel zwischen Gehäuse und äusserem Zahnrad	0,11 - 0,20 mm
— Spiel zwischen Zahnradspitzen des inneren und äusseren Zahnrades	Weniger als 0,18 mm
— Spiel zwischen Gehäuse und innerem Zahnrad	0,05 - 0,09 mm
— Spiel zwischen Gehäuse und äusserem Zahnrad	0,05 - 0,11 mm
Öldruck:	
— 1,4/1,6 Liter-Motor	Siehe Seite 166
— 2,0 Liter-Motor	Siehe Seite 170
Ölfüllmenge	Siehe "Füllmengen" (Seite 165)
Ölfilter	
Bauart	Wegwerf-Filterpatrone
Wechselzeiten	Alle 10 000 km oder einmal im Jahr

Kühlanlage

Bauweise:	Thermosyphon-Anlage mit Schleuderwasserpumpe und Thermostat
Thermostat	Wachs
Öffnungstemperatur	76,5° C
Vollkommen geöffnet bei	90° C
Weg des Thermostatventils	8,0 mm
Riemenspannung	Siehe Seiten 65 und 66
Öffnungsdruck des Kühlerdeckels	0,9 atü.

Vergaser-Kraftstoffanlage

Kraftstoffpumpe:	
Bauart:	Mechanische Membranpumpe
Förderdruck:	0,21 - 0,35 bar

Vergaser

Anzahl und Bauweise der Vergaser	1 Fallstrom-Verbundvergaser mit zwei Stufen

Vergaserbestückung

Vergasertyp:	
— 1,4 Liter-Motor — Ohne Katalysator	21L282-12 (Schaltgetriebe), 21L282-13 (Automatik)
— Mit Katalysator, ohne EGR	21L304-15 (Schaltgetriebe), 21L304-16 (Automatik)
— Mit Katalysator und EGR	21L304-17 (Schaltgetriebe), 21L304-18 (Automatik)
— 1,6 Liter-Motor — Ohne Katalysator	21L304-11 (Schaltgetriebe), 21L304-12 (Automatik)
— Mit Katalysator	21L304-13 (Schaltgetriebe), 21L304-14 (Automatik)

Düsengrössen — 1,4 Liter-Motor — Ohne Katalysator	***1. Stufe***	***2. Stufe***
Vergaserbohrung	28,0 mm	32,0 mm
Lufttrichterdurchmesser	22,0 mm	30,0 mm
Hauptdüse	Nr. 96	Nr. 135
Luftkorrekturdüse	Nr. 70	Nr. 60
Leerlaufdüse	Nr. 40	Nr. 80
Leerlaufluftdüse	80	80
Hochleistungsdüse	Nr. 55	
Schwimmerstand	Siehe Seite 73	
Schnelleerlaufeinstellung (Starterklappenspalt):		
— Mit Schaltgetriebe	0,62 ± 0,07 mm	
— Mit Getriebeautomatik	0,79 ± 0,07 mm	
Beschleunigter Leerlauf:		
— Mit Schaltgetriebe	2400/min	
— Mit Getriebeautomatik	2700/min	
Leerlaufdrehzahl:		
— Mit Schaltgetriebe	750 ± 50/min	
— Mit Getriebeautomatik	850 ± 50/min	
CO-Anteil	1,5% ± 0,5 %	
Leerlauf mit eingeschalteter Klimaanlage	850 ± 50/min	

Düsengrössen — 1,4 Liter — Mit Katalysator	***1. Stufe***	***2. Stufe***
Vergaserbohrung:	30,0 mm	34,0 mm
Lufttrichterdurchmesser	Siehe oben	Siehe oben
Hauptdüse	Nr. 88	Nr. 135
Luftkorrekturdüse	Nr. 70	Nr. 60
Leerlaufdüse	Nr. 50	Nr. 80
Leerlaufluftdüse	Nr. 80	Nr. 80
Hochleistungsdüse	Keine	
Schwimmerstand	Siehe Seite 73	
Schnelleerlaufeinstellung (Starterklappenspalt):		
— Mit Schaltgetriebe	0,59 ± 0,07 mm	
— Mit Getriebeautomatik	0,75 ± 0,07 mm	
Beschleunigter Leerlauf:		
— Mit Schaltgetriebe	2200/min	
— Mit Getriebeautomatik	2500/min	
Leerlaufdrehzahl	Wie ohne Katalysator	
CO-Anteil	1,0 ± 0,5 %	
Leerlauf bei eingeschalteter Klimaanlage	850 ± 50/min	

Düsengrössen — 1,6 Liter-Motor — Ohne Katalysator	***1. Stufe***	***2. Stufe***
Vergaserbohrung	30,0 mm	34,0 mm
Lufttrichterdurchmesser	22,0 mm	30,0 mm
Hauptdüse	Nr. 100	Nr. 135
Luftkorrekturdüse	Nr. 80	Nr. 60
Leerlaufdüse	Nr. 40	Nr. 80
Leerlaufluftdüse	80	80
Hochleistungsdüse	Nr. 55	
Schwimmerstand	Siehe Seite 73	
Schnelleerlaufeinstellung (Starterklappenspalt):		
— Mit Schaltgetriebe	0,59 ± 0,07 mm	
— Mit Getriebeautomatik	0,75 ± 0,07 mm	
Beschleunigter Leerlauf:		
— Mit Schaltgetriebe	2100/min	
— Mit Getriebeautomatik	2400/min	
Leerlaufdrehzahl:		
— Mit Schaltgetriebe	750 ± 50/min	
— Mit Getriebeautomatik	850 ± 50/min	
CO-Anteil	1,5% ± 0,5 %	
Leerlauf mit eingeschalteter Klimaanlage	850 ± 50/min	

Düsengrössen — 1,6 Liter-Motor — Mit Katalysator	***1. Stufe***	***2. Stufe***
Vergaserbohrung	30,0 mm	34,0 mm
Lufttrichterdurchmesser	22,0 mm	30,0 mm
Hauptdüse	Nr. 92	Nr. 135
Luftkorrekturdüse	Nr. 70	Nr. 60
Leerlaufdüse	Nr. 50	Nr. 80
Leerlaufluftdüse	80	80
Hochleistungsdüse	Keine	
Schwimmerstand	Siehe Seite 73	
Schnelleerlaufeinstellung (Starterklappenspalt):		
— Mit Schaltgetriebe	0,59 ± 0,07 mm	
— Mit Getriebeautomatik	0,75 ± 0,07 mm	
Beschleunigter Leerlauf:		
— Mit Schaltgetriebe	2100/min	
— Mit Getriebeautomatik	2400/min	
Leerlaufdrehzahl:		
— Mit Schaltgetriebe	750 ± 50/min	
— Mit Getriebeautomatik	850 ± 50/min	
CO-Anteil	1,0% ± 0,5 %	
Leerlauf mit eingeschalteter Klimaanlage	850 ± 50/min	

Kraftstoffeinspritzanlage — SR-Motor (2,0 Liter)

Druckregler	
Kraftstoffdruck im Leerlauf:	
— Unterdruckschlauch angeschlossen	2,45 bar
— Unterdruckschlauch abgeschlossen	2,94 bar

Leerlauf (nicht verstellbar)	
— Ohne eingeschaltete Klimaanlage	850 ± 50/min
— Mit eingeschalteter Klimaanlage	850 ± 50/min

Zündspule	
Primärspannung	12 V
Primärwiderstand bei 20° C	ca. 1,0 Ohm

Sekundärwiderstand bei 20° C	ca. 10,0 Kilo-Ohm
Luftströmungsmesser	
Spannungszufuhr	Batteriespannung, 11 bis 14 V
Ausgangsspannung	1,3 - 1,8 V, Motor warm, im Leerlauf
Temperaturgeber für Kühlmittel:	
— Bei Temperatur von 20° C	Widerstand 2,1 - 2,9 KOhm
— Bei Temperatur von 50° C	Widerstand 0,68 - 1,00 KOhm
— Bei Temperatur von 80° C	Widerstand 0,30 - 0,33 KOhm
Verschiedene Daten	
Widerstand der Kraftstoffpumpe	ca. 0,7 Ohm
Widerstand des Zusatzluftventils	ca. 10,0 Ohm
Widerstand des Einspritzers	10 - 14 Ohm
Widerstand des Drosselklappenstellungs-Fühlers:	
— Fahrpedal zurückgelassen	ca. 2 KOhm
— Fahrpedal teilweise zurückgelassen	2 bis 11 KOhm
— Fahrpedal durchgetreten	ca. 11,0 KOhm

Kraftstoffeinspritzanlage — 1,4 und 1,6 Liter Motor

Kraftstoffdruckregler	
Geregelter Druck	2,99 bar
Leerlauf (nicht verstellbar)	
— Mit Schaltgetriebe	700 ± 50/min
— Mit Getriebeautomatik	800 ± 50/min
— Mit Klimaanlage eingeschaltet	900 ± 50/min
CO-Anteil	Automatisch reguliert
Zündspule	
Primärspannung	12 V
Primärwiderstand	ca. 2,0 Ohm
Sekundärwiderstand	ca. 12 KOhm
Luftströmungsmesser	
Spannungszufuhr	Batteriespannung, 11 bis 14 V
Ausgangsspannung	1,4 - 1,8 V, Motor warm und im Leerlauf
Temperaturgeber für Kühlmittel	
Bei Temperatur von 20° C	2,1 - 2,9 KOhm
Bei Temperatur von 90° C	0,24 - 0,26 KOhm
Bei Temperatur von 110° C	0,14 - 0,15 KOhm
Verschiedene Daten	
Widerstand der Kraftstoffpumpe	0,7 Ohm
Widerstand des Zusatzluftventils	ca. 10,0 Ohm
Widerstand des Einspritzers	ca. 10,0 Ohm
Widerstand des Drosselklappenstellungs-Fühlers:	
— Fahrpedal zurückgelassen	ca. 0,5 KOhm
— Fahrpedal teilweise zurückgelassen	0,5 - 4,0 KOhm
— Fahrpedal vollkommen durchgetreten	ca. 4,0 KOhm
Widerstand der Lambda-Sonde	3 - 1000 Ohm

Zündanlage

Bauweise	Arbeitet mit jeweiliger Kraftstoffanlage
Zündfolge	1 - 3 - 4 - 2
Zündzeitpunkt — Vergasermotor:	
— Mit Zündverteiler, erste Ausführung — 1,4 Liter	0 ± 2° vor o.T. im Leerlauf (siehe unten)
— Mit Zündverteiler, erste Ausführung — 1,6 Liter:	
Ohne Katalysator	2 ± 2° vor o.T., im Leerlauf (siehe unten)
Mit Katalysator	2 ± 2° vor o.T., im Leerlauf (siehe unten)
Einstellbedingungen	Unterdruckschlauch vom Verteiler abgezogen und verschlossen (ohne Katalysator und mit Katalysator aber ohne EGR) oder Unterdruckschlauch vom Unterdruckverstärker abgeschlossen und verschlossen (mit Katalysator und EGR).
— Mit Zündverteiler, zweite Ausführung — 1,4 Liter	10 ± 5° vor o.T., im Leerlauf (siehe unten)
— Mit Zündverteiler, zweite Ausführung — 1,6 Liter:	
Ohne Katalysator	10 ± 5° vor o.T. im Leerlauf (siehe unten)
Mit Katalysator	10 ± 2° vor o.T. im Leerlauf (siehe unten)
Einstellbedingungen	Unterdruckschlauch am Verteiler bleibt aufgesteckt (ohne Katalysator und mit Katalysator aber ohne EGR) oder Unterdruckschlauch am Unterdruckverstärker bleibt aufgesteckt (mit Katalysator und Motor mit EGR).

Zündkerzen:

Verwendete Typen:	
— Vergasermotor (normale Kerzen):	
1,4 Liter	NGK BKR6E
1,6 Liter	NGK BKR5E
— 1,4/1,6 Liter-Einspritzmotor	NGK BKR5E
— 2,0 Liter-Motor (normale Kerzen)	NGK BKR6EY
Elektrodenabstand	0,8 - 0,9 mm
Anzugsdrehmoment	20 - 30 Nm
Gewindegrösse	M14
Gewindelänge	19 mm
Sechskantgrösse	16 mm

Kupplung

Bauart	Einscheiben-Trockenkupplung mit Tellerfeder	
Typ:		
— 1,4 Liter-Motor	C180S	
— 1,6 Liter-Motor, Zweiradantrieb	C190S	
— 1,6 Liter-Motor, Vierradantrieb	C200S	
— 2,0 Liter	C215S	
Betätigung	Kupplungsseil	
Ausrücklager	Kugellager auf Gleitmuffe	
Mitnehmerscheibe (Nr.):		
	180CBL	**190TBL**
— Aussendurchmesser	180 mm	190 mm
— Innendurchmesser	125 mm	132 mm
— Stärke der Scheibe	8,0 - 8,4 mm	8,0 - 8,4 mm
	200TBL	**215TBL**
— Aussendurchmesser	200 mm	215 mm
— Innendurchmesser	130 mm	140 mm
— Stärke der Scheibe	7,7 - 8,1 mm	7,6 - 8,0 mm

— Min. Tiefe von Belag bis Nietenkopf	0,3 mm
— Max. Schlag der Scheibe	1,0 mm
Tellerfeder:	
— Abstand bis Schwungrad:	
— C180S/C190S-Kupplung	29 - 31 mm
— C200S-Kupplung	31 - 33 mm
— C215S-Kupplung	30,5 - 32,5 mm
— Einbaubelastung:	
— C180S-Kupplung	330 kg (1,4 Liter, alle)
— C190S-Kupplung	350 kg (1,6 Liter, Vergaser, Zweiradantrieb)
	390 kg (1,6 Liter, Einspritzung, Zweiradantrieb)
— C200S-Kupplung	355 kg (1,6 Liter, Vieradantrieb, alle)
— C215S-Kupplung	450 kg, alle Modelle mit 2,0 Liter
Kupplungspedal:	
— Pedalhöhe — Zweiradantrieb	150,0 - 160,0 mm
— Pedalhöhe — Vierradantrieb	162,0 - 172,0 mm
— Freispiel am Pedal	10,8 - 15,1 mm
— Spiel an der Ausrückgabel	2,5 - 3,5 mm

Schaltgetriebe

Bauart:	Fünfganggetriebe
Getriebeausführung:	
— 1,4 Liter-Modelle, alle	RS5F30A
— 1,6 Liter-Modelle, Zweiradantrieb, alle	RS5F31A
— 1,6 Liter-Modelle, Vierradantrieb, alle	RS5F31A
— 2,0 Liter-Modelle	RS5F32A

Getriebeuntersetzungen:

	RS5F30A-Getriebe	**RS5F31A-Getriebe (Zweiradantrieb)**
Erster Gang	3,333 : 1	3,063 : 1
Zweiter Gang	1,955 : 1	1,826 : 1
Dritter Gang	1,286 : 1	1,207 : 1
Vierter Gang	0,902 : 1	0,902 : 1
Fünfter Gang	0,733 : 1	0,756 : 1
Rückwärtsgang	3,417 : 1	3,417 : 1

	RS5F31A-Getriebe (Vierradantrieb)	**RS5F32A-Getriebe**
Erster Gang	3,333 : 1	3,063 : 1
Zweiter Gang	1,955 : 1	1,826 : 1
Dritter Gang	1,286 : 1	1,286 : 1
Vierter Gang	0,926 : 1	0,975 : 1
Fünfter Gang	0,756 : 1	0,756 : 1
Rückwärtsgang	3,417 : 1	3,153 : 1

Achsantriebsuntersetzungen:	
— 1,4 Liter, alle	4,167 : 1 (75/18 Zähne)
— 1,6 Liter, alle, Zweiradantrieb	4,167 : 1 (75/18 Zähne)
— 1,6 Liter, alle, Vierradantrieb	4,353 : 1 (74/17 Zähne)
— 2,0 Liter	4,176 : 1 (71/17 Zähne)

Ölfüllmenge	*RSF30A*	*RSF531A*
	2,8 Liter	2,9 Liter

Ölfüllmenge — 2,0 Liter	3,5 - 3,7 Liter
Ölfüllmenge — Vierradantrieb	2,9 Liter

Automatisches Getriebe

Eingebaut in	Fahrzeuge mit 1,4 und 1,6 Liter-Modcelle
Typ	RL4F03A, Vierganggetriebe mit Planetenradsatz und Drehmomentwandler
Getriebeübersetzungen:	
— 1. Gang	2,8611 : 1
— 2. Gang	1,5562 : 1
— 3. Gang	1,0000 : 1
— 4. Gang	0,6979 : 1
— Rückwärtsgang	2,3103 : 1
Achsantriebsuntersetzung	4,0721 : 1
Ölfüllmenge	7,0 Liter
Ölsorte	Dexron Flüssigkeit

Hinterradaufhängung

Bauweise	Siehe Haupttext
Schraubenfedern — Serie B13:	
Drahtdurchmesser	10,7 mm (1,6 Liter), 11,1 mm (2,0 Liter)
Federdurchmesser	130 mm
Ungespannte Länge	311,0 mm (1,6 Liter), 301,0 (2,0 Liter)
Farbkennzeichnung:	
— 1,6 Liter	2 hellgrüne und 1 gelber Streifen
— 2,0 Liter	2 hellgrüne und 1 purpur Streifen
Schraubenfedern — Serie N14	
Drahtdurchmesser — 1,4 und 1,6 Liter, Vergaser	11,1 mm (3 und 4 Türen)
— 1,4 Liter, Vergaser	11,1 mm (5 Türen)
— 1,6 Liter, Vergaser	11,2 mm (5 Türen, Zweiradantrieb, andere 11,1 mm)
— 1,6 Liter, Vergaser	11,6 mm (Vierradantrieb)
— 1,6 Liter, Einspritzung, GTI	11,2 mm (andere 11,1 mm)
— 2,0 Liter	11,5 mm (5 Türen), 11,4 mm ab 1993
Federndurchmesser	130,0 mm
Ungespannte Länge — 3 Türen:	
— 1,4 Liter-Motor	333,1 mm (341 mm ab 1993)
— 1,6 Liter-Motor	341,0 mm (auch ab 1993), 351,0 mm (GTI)
— 2,0 Liter-Motor	321,0 mm bis 1993, 331,0 mm ab 1993
Ungespannte Länge — 5 Türen:	
— 1,4 Liter-Motor	341,0 mm bis 1993, 351,0 mm ab 1993
— 1,6 Liter-Motor, Vergaser	351,0 mm
— 1,6 Liter-Motor, Einspritzung ab 1993	331,0 mm
— 2,0 Liter-Motor	341,0 mm (auch ab 1993)
Ungespannte Länge — 4 Türen:	
— 1,4 Liter, Vergaser, bis 1993	331,0 mm (341,0 mm ab 1993)
— 1,6 Liter, Vergaser, bis 1993	341,0 mm (auch ab 1993)
Farbkennzeichnungen:	
— 1,4 Liter, Vergaser, bis 1993, 3 Türen	2 rosa und 1 orangefarbener Streifen
— 1,4 Liter, Einspritzung, ab 1993, 3 Türen	2 rosa und 1 rosa Streifen
— 1,4 Liter-Motor, Vergaser, bis 1993, 5 Türen	2 rosa und 1 rosa Streifen

Farbkennzeichnungen, Fortsetzung:	
1,4 Liter-Motor, Vergaser, 4 Türen	2 rosa und 1 hellblauer Strifen
1,6 Liter-Motor, Vergaser, bis 1993, 3 Türen	2 rosa und 1 hellgrüner Steifen
1,6 Liter-Motor, Vergaser, bis 1993, 5 Türen	2 purpurfarbene und 1 orangefarbener Streifen
1,6 Liter-Motor, Vergaser, bis 1993, 4 Türen	2 rosa und 1 rosa Streifen
1,6 Liter-Motor, ab 1993, 3 Türen	2 rosa und 1 rosa Streifen
1,6 Liter-Motor, ab 1993, 5 Türen	2 purpurfarbene und 1 orangefarbener Streifen
1,6 Liter-Motor, ab 1993, 4 Türen	2 purpurfarbene und 1 purpurfarbener Streifen
— 2,0 Liter-Motor, bis 1993 und ab 1993, 3 Türen	2 rosa und 1 hellgrüner Streifen
— 2,0 Liter-Motor, bis 1993, 5 Türen	2 purpurfarbene und 1 weisser Streifen
— 2,0 Liter-Motor, ab 1993, 5 Türen	2 rosa und 1 blauer Streifen

Schraubenfedern — Vierradantrieb

Drahtdurchmesser	11,6 mm (bis und ab 1993)
Ungespannte Länge	351,0 mm (bis und ab 1993)
Federnkennzeichnung	2 gelbe und 1 gelber Streifen (bis und ab 1993)

Stossdämpfer

Bauart	Zweiwegig wirkende Teleskopstossdämpfer
Kolbenstangendurchmesser:	
— 1,4 Liter und 1,6 Liter 4 x 4	18,0 mm (auch alle B13-Modelle)
— 1,6 Liter und 2,0 Liter	22,0 mm

Kurvenstabilisator

Durchmesser:	
— 1,4 und 1,6 Liter	10,0 mm
— 2,0 Liter	14,0 mm
Farbringkennzeichnung:	
— 1,4 und 1,6 Liter, ausser 4 x 4	Orangefarben
— 1,6 Liter, 4 x 4	Rot
— 2,0 Liter	Weiss

Radeinstelldaten

Sturz der Hinterräder:	
— Zweiradantrieb — Serie N14	—1° 40' bis —0° 10'
— Vierradantrieb — Serie N14	—0° 55' bis 0° 35'
— Serie B13	—1° 55' bis —0° 25'
Spureinstellung der Hinterräder	—1 bis +3 mm (B13 und N14)

Hinterradlager

Spiel der Hinterradnaben	0,05 mm oder weniger
Anzugsdrehmoment der Radlagermutter:	
— Zweiradantrieb	190 - 260 Nm
— Vierradantrieb	200 - 280 Nm

Vorderradaufhängung

Bauart	Siehe Haupttext

Vorderfedern — Serie B13:

1,6 und 2,0 Liter-Modelle:	
— Drahtdurchmesser — Schaltgetriebe	12,0 mm
— Drahtdurchmesser — Getriebeautomatik	12,1 mm
— Drahtdurchmesser — 2,0 Liter	12,3 mm
— Federdurchmesser	130,0 mm
— Ungespannte Länge — 1,6 Liter	365 mm (S/G), 375 mm (A/G)
— 2,0 Liter	360 mm

— 1,6 Liter, mit Schaltgetriebe	2 weisse und 1 purpurfarbener Streifen
— 1,6 Liter, mit Getriebeautomatik	2 rosa und 1 gelber Streifen
— 2,0 Liter	2 x orangefarbene und 1 hellblauer Streifen

Vorderfedern — Serie N14

Drahtdurchmesser — 1,4 Liter, bis und ab 1993	11,8 mm (S/G), 12,0 mm (A/T)
— 1,6 Liter	12,0 mm (12,1 mm ab 1993)
— Vierradantrieb	12,3 mm (bis und ab 1993)
— 2,0 Liter	12,3 mm (12,5 mm ab 1993)
Federdurchmesser	130,0 mm
Ungespannte Länge — 1,4 Liter, bis und ab 1993	355,0 mm (S/G), 365,0 mm (A/G)
— 1,6 Liter bis 1993	365,0 mm
— 1,6 Liter ab 1993	365,0 mm (S/G), 375,0 mm (A/G)
— Vierradantrieb	390,0 mm
— 2,0 Liter	370,0 mm bis 1993, 360,0 mm ab 1993
Farbkennzeichnung:	
— 1,4 Liter, Schaltgetriebe, bis und ab 1993	2 weisse und 1 hellgrüner Streifen
— 1,4 Liter, Vergaser, Getriebeautomatik, 1,6 Liter	2 weisse und 1 purpurfarbener Streifen
— 1,6 Liter, ab 1993	2 rosa und 1 gelber Streifen
— Vierradantrieb	1 orangfarbener, 1 hellgrüner, 1 blauer Streifen
— 2,0 Liter	2 orangefarbene und 1 orangefarbener Streifen

S/G = Schaltgetriebe A/G = Getriebeautomatik

Kurvenstabilisator

Durchmesser:	
— Ausser 2,0 Liter	28,60 mm (Rohrmaterial)
— 2,0 Liter	28,0 mm (Vollmaterial)
— Vierradantrieb	28,0 mm (Vollmaterial)
Kennfarbe:	
— Ausser 2,0 Liter	Orangefarben
— 2,0 Liter	Purpurfarben
— Vierradantrieb	Gelb

Antriebswellen

Verwendung von Gleichlaufgelenken — Serie B13:	
— 1,6 Liter	TS79C innen, ZF90 aussen
— 2,0 Liter	DS86 innen, BF86 aussen

Verwendung von Gleichlaufgelenken — Serie N14:	
— 1,4 Liter	TS70C innen, ZF80 aussen
— 1,6 Liter	TS79C innen, ZF90 aussen
— 2,0 Liter	DS86 innen, BF86 aussen
— Vierradantrieb:	
— Inneres Gelenk	DS80 rechts, TS82F links
— Äusseres Gelenk	ZF90
Erforderliche Fettmenge	Siehe Kapitel 11.2
Länge der Manschetten	Siehe Kapitel 11.2

Radeinstelldaten

Vorspur	1 bis 3,0 mm Vorspur
Sturz — Zweiradantrieb	—1° bis 0° 30', nicht verstellbar
— Vierradantrieb	—0° 40' bis 0° 50, nicht verstellbar

Nachlauf — Zweiradantrieb	0° 40' bis 2° 10', nicht verstellbar
— Vierradantrieb	0° 30' bis 2°, nicht verstellbar
Spreizung (nicht verstellbar)	13° 15' bis 14° 45' (12° 15 bis 13° 45', 4 x 4)
Radeinschlagwinkel:	
— Kurveninneres Rad — B13-Serie	33 - 37°
— Zweiradantrieb, 13 Zoll-Räder	39 - 43°
— Zweiradantrieb, 14 Zoll-Räder	33 - 37°
— Vierradantrieb, 13 Zoll-Räder	37 - 41°
— Vierradantrieb, 14 Zoll-Räder	34 - 38°
— Kurvenäusseres Rad — B13-Serie	30°
— Kurvenäusseres Rad — Zweiradantrieb, 13 Zoll-Räder	34°
— Zweiradantrieb, 14 Zoll-Räder	30°
— Vierradantrieb, 13 Zoll-Räder	31°
— Vierradantrieb, 14 Zoll-Räder	29°
Radlager:	
Max. Axialspiel der Radlager	0,05 mm oder weniger
Anzugsdrehomoment der Achswellenmutter	200 - 280 Nm

Lenkung

Bauart	Zahnstangenlenkung, mit oder ohne Servounterstützung
Bauart der Lenksäule	Zusammenstauchbare Sicherheitslenksäule
Lenkradumdrehungen, Anschlag bis Anschlag:	
— Mechanische Lenkung — Mit 14 Zoll-Reifen	3,75
— Mechanische Lenkung — Mit 13 Zoll-Reifen	4,21
— Servolenkung, mit 13 Zoll-Reifen	3,1
— Servolenkung, mit 14 Zoll-Reifen	2,74
— Servolenkung, Vierradantrieb	2,72
Axialspiel des Lenkrades	0 mm
Spiel an der Lenkradfelge	Weniger als 35 mm
Länge der Lenksäule	536,2 - 537,8 mm
Flüssigkeitsmenge — Servolenkung	0,9 - 1,0 Liter

Bremsanlage

Bauart — 1,4/1,6 Liter ohne ABS	Scheibenbremsen vorn, Trommelbremsen hinten, Zweikreisbremsanlage mit Bremsservo
— 1,6 Liter mit ABS und 2,0 Liter	Scheibenbremsen vorn und hinten, mit Bremsservo.
Bremsdruckregler	Siehe Abschnitt "Bremsen" im Haupttext
Vorderradbremsen:	
Ausführung — Serie B13	CL18VD
— Serie N14 — 1,4 Liter	CL18VD
— Serie N14 — 1,6 Liter ohne ABS	CL18VD
— Serie N14 — 1,6 Liter mit ABS	AD22VF, mit und ohne 4 x 4
— Serie N14 — 2,0 Liter	AD22VF
Bremsscheibendurchmesser:	
— 1,4 und 1,6 Liter	240,0 mm, ohne und mit 4 x 4

— 1,6 Liter mit ABS und 2,0 Liter	257,0 mm	
Bremsscheibenstärke	20,0 mm (CL18VD), 26,0 mm (AD22F)	
Mindeststärke	18,0 mm (CL18VD), 24,0 mm (AD22F)	
Max. Schlag der Bremsscheibe	0,07 mm	
Bremssattelzylinderdurchmesser:		
— CL18VD	48,10 mm	
— AD22F	54,0 mm	
Bremsklotzabmessungen	*CL18VD*	*AD22F*
— Breite	43,0 mm	41,8 mm
— Stärke	10,0 mm	10,0 mm
— Länge	106,0 mm	106,8 mm
— Min. Bremsklotzbelagstärke	2,0 mm	
Hinterrad-Trommelbremsen:		
Ausführung — 1,4 Liter	LT18C	
— 1,6 Liter ohne ABS	LT23B	
Bremstrommeldurchmesser:		
— 1,4 Liter	180,0 mm	
— 1,6 Liter ohne ABS	228,6 mm	
Max. Durchmesser der Trommeln	181 mm (LT18C) oder 230 mm (LT23B)	
Max. Unrundheit der Trommeln	0,03 mm	
Bremsbelagabmessungen:	*LT18C*	*LT23B*
— Breite	30,0 mm	40,0 mm
— Stärke	4,0 mm	4,5 mm
— Länge	172,8 mm	219,4 mm
— Min. Bremsklotzbelagstärke	1,5 mm	1,5 mm
Radbremszylinderdurchmesser	15,9 mm	15,9 mm
Hinterrad-Scheibenbremsen		
Ausführung — 1,6 Liter mit ABS	AD7HA	
Ausführung — 2,0 Liter	CL9HA	
	AD7HA	*CL9HA*
Bremsscheibendurchmesser	234,0 mm	258,0 mm
Bremsscheibenstärke	7,0 mm	9,0 mm
Min. Bremsscheibenstärke	6,0 mm	8,0 mm
Bremsklotzabmessungen:		
— Breite	29,0 mm	39,5 mm
— Stärke	10,0 mm	10,0 mm
— Länge	94,0 mm	89,1 mm
— Min. Bremsklotzbelagstärke	2,0 mm	2,0 mm
Max. Schlag der Bremsscheiben	0,07 mm	0,07 mm
Hauptbremszylinder:		
Durchmesser — 1,4 Liter und 1,6 Liter, alle	20,64 mm, mit und ohne ABS	
— 2,0 Liter	22,22 mm (mit ABS)	
Handbremse		
Anzahl der Rasten zum Feststellen der Hinterräder	5 - 6 (Trommeln), 7 - 8 (Scheiben)	
Zugkraft	20 kg	
Bremspedal		
Pedalhöhe:		
— Schaltgetriebe — Zweiradantrieb	148 - 158 mm	
— Getriebeautomatik — Zweiradantrieb	157 - 167 mm	

— Mit Vierradantrieb	157 - 167 mm
Freispiel zwischen Pedalanschlag und Bremslichtschalterstössel	0,1 - 0,3 mm
Spiel an der Pedalspitze	1 - 3 mm

Elektrische Anlage

Batterie:	
Spannung	12 V.
Polarität	Negative Masse
Kapazität	60 A/h oder 65 A/h
Drehstromlichtmaschine:	
Eingebaute Lichtmaschine:	
— 1,4 und 1,6 Liter, Zweiradantrieb	Hitachi LR165-708B oder Mitsubishi A5T03092
— 1,6 Liter, Vierradantrieb	Hitachie LR170-738B oder Mitsubishi AT503192
— 2,0 Liter	Hitachi LR180-725 oder Mitsubishi A2T13894
Reglerschalter	in Lichtmaschine eingebaut
Nennspannung	12 V.
Nennleistung	65 A oder 70 A, je nach Ausführung
Ladebeginn:	
— LR165-708B, LR170-738B, LR180-725	950/min
— A5T03092, A5T03192, A2T13894	1300/min
Stromabgabe:	
— 1,4/1,6 Liter	Mehr als 50 A bei 2500/min
— 2,0 Liter	Mehr als 65 A bei 2500/min
Min. Bürstenlänge:	
— LR165-708B, LR170-738B, LR180-725	6,0 mm
— A5T03092, A5T03192, A2T13894	8,0 mm
Bürstenfederdruck:	
— LR165-708B, LR170-738B	1,1 - 3,432 kg
— LR180-725	1,0 - 3,432 kg
— A5T03092, A5T03192	3,138 - 4,315 kg
Aussendurchmesser der Schleifringe:	
— LR165-708B, LR170-738B, LR180-725	26,0 mm
— A5T03092, A5T03192, A2T13894	22,1 mm
Regelspannung	14,1 - 14,7 V (alle Aggregate)
Anlasser:	
Eingebauter Typ:	
— Mit Schaltgetriebe	Hitachi S114-630 oder Mitsubishi M3T37787
— Mit Getriebeautomatik	S114-533 oder Mitsubishi M1T72087A
— Mit 2,0 Liter-Motor	Hitachi S114-486 oder Mitsubishi M2T53883
Spannung	12,0 V.
Stromverbrauch:	
— S114-630	Weniger als 60 A
— S114-533	Weniger als 90 A
— S114-486	Weniger als 100 A
— M3T37783	Weniger als 60 A
— M1T72087A	50 - 75 A
— M2T52883	Weniger als 100 A
Drehzahl:	
— S114-630	Mehr als 7000/min
— S114-533	Mehr als 2950/min
— S114-486	Mehr als 3900/min
— M3T37783	Mehr als 6500/min

— M1T72087A	3000 - 4000/min
— M2T52883	Mehr als 2900/min
Aussendurchmesser des Kollektors:	
— S114-630	30,0 mm
— S114-533	32,0 mm
— S114-486	29,0 mm
— M3T37783	31,4 mm
— M1T72087A	28,8 mm
— M2T53883	29,0 mm
Min. Bürstenlänge:	
— S114-630	11,0 mm
— S114-533	11,0 mm
— S114-486	11,0 mm
— M3T37783	11,5 mm
— M1T72087A	12,0 mm
— M2T53883	11,5 mm
Bürstenfederspannung:	
— S114-630	1,8 - 2,2 kg
— S114-533	1,8 - 2,2 kg
— S114-486	1,6 - 2,0 kg
— M3T37783	1,4 - 2,6 kg
— M1T72087A	1,4 - 2,6 kg
— M2T53883	1,4 - 2,6 kg

ANZUGSDREHMOMENTE

1,4 und 1,6 Liter-Motor

Zylinderkopfschrauben:	
— Erste Stufe	30 Nm
— Zweite Stufe	60 Nm
— Dritte Stufe	Alle Schrauben lockern
— Vierte Stufe	30 Nm
— Fünfte Stufe	Winkelanzug 50 - 55° oder 60 ± 5 Nm
Pleuellagermuttern:	
— Erste Stufe	14 - 16 Nm
— Zweite Stufe	23 - 29 Nm oder 35 - 40°
Schwungradschrauben	85 - 95 Nm
Hauptlagerdeckelschrauben	47 - 53 Nm
Ölwanne	6,5 - 8,5 Nm
Ölablassstopfen	30 - 40 Nm
Schraube der Nockenwellensteuerräder	100 - 130 Nm
Schraube des Zwischenrades	45 - 60 Nm
Kurbelwellenriemenscheibe	135 - 155 Nm
Kettenführungschiene und Spannschiene	13 - 19 Nm
Kettenspannerbefestigung	6 - 12 Nm
Kettenführung im Zylinderkopf	6,5 - 8,5 Nm
Kettenspanner im Zylinderkopf	6,5 - 8,5 Nm
Schrauben der Nockenwellenlagerdeckel	9 - 12 Nm
Nockenwellendeckel an Zylinderkopf	3,7 - 5,0 Nm
Zylinderkopfhaube	2 - 4 Nm
Kraftstoffpumpe	16 - 21 Nm
Wasserpumpe	6,3 - 8,3 Nm
Wassereinlasstutzen	6,3 - 8,3 Nm
Thermostatgehäuse	6,3 - 8,3 Nm
Vergaser	16 - 21 Nm
Zündverteiler an Kopf	9 - 12 Nm
Stütze des Ansaugkrümmers	16 - 21 Nm
Anlasser	32 - 43 Nm
Wasserrohr an Block	16 - 21 Nm
Drehstromlichtmaschine an Konsole	38 - 50 Nm
Konsole an Motor	37 - 50 Nm
Auspuffkrümmer an Kopf	16 - 21 Nm
Lambda-Sonde im Krümmer	40 - 50 Nm
Zündkerzen	20 - 30 Nm
Wasserauslassstutzen	6,3 - 8,3 Nm
Motorhebeösen	22 Nm
Ansaugkrümmer	16 - 21 Nm
Steuerdeckel	10 - 12 Nm
Ölpumpendeckel	3,7 - 5 Nm
Öldruckschalter	10 - 16 Nm
Motoraufhängungen:	
— Bügel vorn an Motor	45 - 55 Nm
— Vordere Aufhängung an Motor	45 - 55 Nm
— Vordere Aufhängung an Bügel	44 - 55 Nm
— Vordere Aufhängung, waagerechte Schraube	45 - 55 Nm
— Aufhängung am Getriebe an Getriebe	45 - 55 Nm
— Bügel an Unterseite des Motors	45 - 55 Nm
— Motorträger an Bügel	62 - 78 Nm
— Motorträger an Unterboden	45 - 55 Nm
— Hinteres Aufhängungslager an Motorträger	45 - 55 Nm
— Hinteres Aufhängungslager an Konsole	45 - 55 Nm

2,0 Liter-Motor

Zylinderkopfschrauben:	
— Erste Stufe	39 Nm
— Zweite Stufe	78 Nm
— Dritte Stufe	Alle Schrauben lockern
— Vierte Stufe	35 - 45 Nm
— Fünfte Stufe	Winkelanzug 90° ± 10°
— Sechste Stufe	Winkelanzug 90 ± 10°
Pleuellagermuttern:	
— Erste Stufe	14 - 16 Nm
— Zweite Stufe	38 - 44 Nm oder 60 - 65°
Schwungradschrauben	85 - 95 Nm
Hauptlagerdeckelschrauben:	
— Erste Stufe	32 - 38 Nm
— Zweite Stufe	73 - 82 Nm oder 45 - 50°
Stahl-Ölwanne	6,5 - 7,5 Nm
Ölleitblech	6,5 - 7,5 Nm
Aluminium-Ölwanne	Siehe Bild 134, Seite 58
Ölablassstopfen	30 - 40 Nm
Schraube der Nockenwellensteuerräder	140 - 160 Nm
Kurbelwellenriemenscheibe	145 - 155 Nm
Kettenführungschiene und Spannschiene	13 - 19 Nm
Kettenspannerbefestigung	6,3 - 8,3 Nm
Kettenführung, oben	16 - 19 Nm
Schrauben der Nockenwellenlagerdeckel	Siehe Bilder 49 und 50
Zylinderkopfhaube	Siehe Bild 37
Spannvorrichtung für Lenkhilfspumpe	16 - 22 Nm
Konsole für Lenkhilfspumpe	45 - 60 Nm
Ölkühler	16 - 21 Nm
Ölabscheider an Zylinderkopf	16 - 21 Nm
Wassereinlassstutzen	6,3 - 8,3 Nm
Zylinderblockablassstopfen	8 - 12 Nm
Thermostatgehäuse	6,3 - 8,3 Nm
Zündverteiler an Kopf	13 - 16 Nm
Stütze des Ansaugkrümmers	16 - 21 Nm
Anlasser	32 - 43 Nm
Drehstromlichtmaschine an Konsole	38 - 50 Nm
Konsole an Motor	45 - 60 Nm
Auspuffkrümmer an Kopf	37 - 48 Nm
Zündkerzen	20 - 30 Nm
Wasserauslassstutzen	6,3 - 8,3 Nm
Ansaugkrümmer	18 - 21 Nm
Steuerdeckel	6,5 - 7,5 Nm
Ölpumpendeckel	3,7 - 5 Nm (Senkkopf)
Ölpumpendeckel	6,3 - 8,3 Nm (Sechskantschraube)
Öldruckschalter	10 - 16 Nm
Zündspule an Zylinderkopf	16 - 21 Nm
Ansaugkrümmerhälften	18 - 21 Nm
Zusatzluftventil	8,4 - 11 Nm
Motoraufhängungen:	
— Vordere Aufhängung an Konsole	45 - 50 Nm
— Vordere Aufhängungskonsole an Motor	45 - 55 Nm
— Vordere Aufhängung an Karosserie (waagerechte Schraube)	45 - 55 Nm
— Hinteres Motorlager an Motorträger	45 - 55 Nm
— Montagebügel an Motor	44 - 55 Nm

— Motorträger an Bügel	65 - 75 Nm
— Motorträger an Unterboden	45 - 55 Nm
— Hintere Konsole an Motor	45 - 55 Nm
— Motorhebeöse	22 - 29 Nm

Kupplung

Kupplung an Schwungrad	22 - 30 Nm
Schraube für Kupplungsseilwiderlager	8 - 11 Nm
Kontermutter der Pedalanschlagschraube	16 - 22 Nm

Schaltgetriebe

Getriebeaufhängungen	Siehe Motoraufhängungen
Getriebe an Motor	Siehe Kapitel 9.1
Schaltgestänge an Getriebe	14 - 18 Nm
Stabilisatorstange an Getriebe	37 - 50 Nm
Stabilisatorstange an Schalthebellagerung	12 - 15 Nm
Verbleibende Anzugsdrehmomente der Schaltung	Siehe Bild 210
Öleinfüllstopfen	25 - 35 Nm
Ölablassstopfen	25 - 35 Nm
Tachometerritzel	3,7 - 5,0 Nm
Schalter für Rückfahrleuchten	20 - 29 Nm
Leergangschalter	15 - 20 Nm

Lenkung

Lenkradmutter	30 - 40 Nm
Lenksäule an Armaturenbrett, Schrauben	13 - 18 Nm
Lenksäule an Armaturenbrett, Muttern	15 - 19 Nm
Lenksäulenmanschette an Wagenboden	4 - 5 Nm
Lenksäulengelenk an Lenksäule	25 - 30 Nm
Spurstange an Lenkhebel	30 - 40 Nm
Kontermutter der Spurstange	40 - 47 Nm
Lenkungsgehäuse an Fahrgestell	73 - 97 Nm
Leitungen der Servolenkung, Niederdruckseite	20 - 25 Nm
Leitungen der Servolenkung, Hochdruckseite	15 - 25 Nm
Lenkhilfspumpe an Konsole	Siehe "Motor"
Pumpenkonsole an Motor	Siehe "Motor"
Hohlschraube an der Pumpe	50 - 70 Nm
Mutter der Riemenscheibe (Lenkhilfspumpe)	55 - 70 Nm

Vorderradaufhängung

Kurvenstabilisator an Fahrgestell	31 - 42 Nm
Verbindungsgestänge des Stabilisators:	
— An der Stange	46 - 52 Nm
— Am Querlenker — Zweiradantrieb	20 - 30 Nm
— Am Querlenker — Vierradantrieb	16 - 22 Nm
Stützlager der Antriebswelle	13 - 19 Nm
Bremssättel	Siehe unter "Bremsanlage"
Querlenkerbefestigung an Karosserie:	
— Zweiradantrieb — vorn	105 - 125 Nm
— Zweiradantrieb — Schelle	80 - 100 Nm
— Vierradantrieb — vorn	100 - 120 Nm
— Vierradantrieb — Schelle	120 - 150 Nm
Federbein an Karosserie	25 - 30 Nm
Stossdämpfer an Achsschenkel	115 - 135 Nm
Aufhängungskugelgelenk an Achsschenkel	60 - 75 Nm
Achswelle an Getriebe (4 x 4)	40 - 50 Nm
Kolbenstangenmutter	62 - 72 Nm
Achswellenmutter	200 - 280 Nm
Aufhängungsquerträgerschrauben	100 - 120 Nm
Radmuttern	90 - 120 Nm

Hinterradaufhängung

Zweiradantrieb:	
— Federbeinbefestigung, unten	100 - 135 Nm
— Federbeinbefestigung, oben	25 - 30 Nm
— Kolbenstangenmutter	62 - 72 Nm
— Parallelarme, beide Seiten	100 - 120 Nm
— Längslenkerstangen, beide Seiten	100 - 120 Nm
— Radlagermutter	186 - 255 Nm
— Bremsträgerplatten	40 - 52 Nm
— Spritzbleche (Scheibenbremsen)	10 - 14 Nm
— Kurvenstabilisator an Konsolen	31 - 42 Nm
— Gestänge des Kurvenstabilisators, unten	46 - 52 Nm
— Gestänge des Kurvenstabilisators, oben	20 - 30 Nm
— Räder	90 - 120 Nm

Vierradantrieb:	
— Federbein an Karosserie	25 - 30 Nm
— Aufhängungsquerträger an Aufbau	100 - 120 Nm
— Radlagermutter	200 - 280 Nm
— Bremsträgerplatte an Achse	38 - 52 Nm
— Kolbenstangenmutter	62 - 72 Nm
— Parallellenkerstangen, beide Enden	100 - 120 Nm
— Schubstreben, beide Enden	100 - 120 Nm
— Federbein an Achsschenkel	100 - 135 Nm
— Stabilisator an Aufbau	31 - 42 Nm
— Gestänge an Stabilisator	4[illegible] - 52 Nm
— Stabilisatorgestänge, oben	20 - 30 Nm
— Unterer Differenatialträger	100 - 120 Nm
— Differential an Querträger	45 - 55 Nm
— Flanschschrauben, Gelenkwelle	35 - 45 Nm
— Zwischenlager an Aufbau, aussen	55 - 70 Nm
— Zwischenlager an Aufbau, innen	9 - 12 Nm
— Ölablassstopfen	25 - 30 Nm

Bremsanlage

Überwurfmuttern der Bremsleitungen	15 - 18 Nm
Bremsschläuche	17 - 20 Nm
Bremsservo an Karosserie	13 - 16 Nm
Entlüftungsschraube	7,0 - 13,0 Nm
Mutter des Bremslichtschalters	12 - 15 Nm

ANZUGSDREHMOMENTE

Bremszylinder an Servo	8,0 - 11,0 Nm
Vorderer Bremssattel — CL18C-Sattel:	
— Bremssattel an Montagerahmen	22 - 31 Nm
— Montagerahmen an Achsschenkel	55 - 65 Nm
Vorderer Bremssattel — AD22F-Sattel:	
— Bremssattel an Montagerahmen	31 - 41 Nm
— Montagerahmen an Achsschenkel	55 - 65 Nm
Bremsträgerplatte, hinten	40 - 52 Nm
Hinterer Radbremszylinder	6,0 - 8,0 Nm
Hintere Bremsssattel an Montagerahmen:	
— Ausführung AD7HA	31 - 41 Nm
— Ausführung CL9HA	22 - 31 Nm
Bremssattelträger an Achse	38 - 52 Nm
Hohlschrauben (Ringanschlüsse)	17 - 21 Nm
Haltewinkel, Handbremsseil:	
— Ausführung AD7HA	37 - 50 Nm
— Ausführung CL9HA	25 - 35 Nm
Haltewinkel für Bremsregelventile	17 - 21 Nm
Handbremsseilbefestigung	Siehe Bild 239
Bremsleitungen an Radbremszylinder	15 - 18 Nm
Bremshebel an Bremssattel — AD7HA	37 - 49 Nm
Bremshebel an Bremssattel — CL9HA	25 - 30 Nm

Schaltpläne

Der auf den folgenden Seiten gedruckte Schaltplan ist in englischer Sprache. Eine Übersetzung der einzelnen Stromabnehmer ist auf Seiten 191 und 192 in alphabetischer Reihenfolge zu finden. Die englischen Ausdrücke werden in gleicher Weise wiedergegeben wie sie im Schaltplan gedruckt sind, so dass man ohne Schwierigkeiten feststellen kann, um welches Bauteil es sich handelt.

Die Schaltpläne sind seitlich von links nach rechts zu lesen. Alle Schaltpläne sind an den Seiten überlappt, d.h. man kann das Stromnetz leicht von einer Seite auf die nächste Seite verfolgen.

Übersetzung der elektrischen Stromabnehmer

A	Mit Abblend/Aufblendautomatik
ABS control unit	ABS-Steuergerät
accessory relay 1	Relais 1, Zubehör
accessory relay 2	Relais 2, Zubehör
actuator	Auslöser
aiming motor unit, L.H.	Scheinwerfermotor, links
aiming motor unit, R.H.	Scheinwerfermotor, rechts
air conditioner relay	Relais, Klimaanlage
air flow meter	Luftströmungsmesser
air regulator	Luftregler
alternator	Drehstromlichtmaschine
anti-lock warning lamp	Warnleuchte, ABS
ashtray	Aschenbecher
audio	Audio
auto-choke heater	Beheizung, Startautomatik
auto-choke relay	Relais, Startautomatik
A.A.C. valve	Zusatzluftventil
A.C.C.P. solenoid	Magnetschalter, Beschleunigungspumpe
A.I.V. control solenoid	Steuerventil, Luftansaugung, am Vergaser
A/C switch	Schalter, Klimaanlage
A/T indicator	Gangwahlanzeiger, Getriebeautomatik
A/T models	Modelle mit Getriebeautomatik
B	Ohne Abblend/Aufblendautomatik
back door window defogger	Beheizte Scheibe, Heckklappe
back-up lamp, L.H.	Rückfahrleuchte, links
back-up lamp, R.H.	Rückfahrleuchte, rechts
back-up lamp switch (M/T)	Schalter der Rückfahrleuchte, Schaltgetriebe
Battery	Batterie
blower motor	Gebläsemotor, Heizung
boost sensor	Unterdruckverstärker, am Vergaser
brake fluid level switch	Schalter, Bremsflüssigkeitsstand
brake W/L	Bremsenwarnleuchte
B/L	Luftverteilung, Heizung, Kopfhöhe und Fussraum
C	Mit Beleuchtungsregulierung
catalyzer	Katalysator
charge W/L	Ladekontrolleuchte
check engine W/L	Warnleuchte, Motor CHECK
cigarette lighter	Zigarrenanzünder
circuit breaker	Stromkreisunterbrecher
clearance lamp, L.H.	Standleuchte, links
clearance lamp, R.H.	Standleuchte, rechts
clock	Zeituhr
clutch switch	Kupplungspedalschalter
combination flasher unit	Blinkgeber, Blinkanlage
combination meter	Kombi-Instrument
compressor	Kompressor, Klimaanlage
crank angle sensor	Zündzeitpunktgeber am Schwungradgehäuse
D	Ohne Beleuchtungsregulierung
daytime light control unit	Steuereinheit für Tagesbeleuchtung
DEF	Entfrosterstellung, Klimaanlage
detonation sensor	Fühler, Motordetonierung
dim-dip light control unit	Steuereinheit, Abblend/Fernlicht
distributor	Zündverteiler
DL	Mit Tagesbeleuchtungssystem
door lock switch	Türverriegelungsschalter
door lock timer	Zeitschalter, Türverriegelung
door mirror defogger L.H.	Aussenspiegelbeheizung, links
door mirror defogger R.H.	Aussenspiegelbeheizung, rechts
door mirror L.H.	Aussenspiegel, links
door mirror R.H.	Aussenspiegel, rechts
door mirror switch	Schalter, Aussenspiegel
door speaker	Türlautsprecher
door W/L	Warnleuchte für "Tür geöffnet"
driver & side power window main switch	Hauptschalter für Fensterbetätigung
driving lamp L.H.	Zusatzscheinwerfer, links
driving lamp R.H.	Zusatzscheinwerfer, rechts

driving lamp relay	Relais, Zusatzscheinwerfer
dual pressure switch	Doppeldruckschalter
engine	Motor, Antriebsmotor
engine temp. sensor	Geber, Motortemperatur
EP	Ohne Servolenkung
exhaust gas sensor	Lambda-Sonde
E.C.C. relay	Relais, elektronisches Steuergerät
E.C.C.S. relay	Relais, Motor- und Abgasregel-Elektronik
E.C.C.S. control unit	Steuergerät, Motor- und Abgasregel-Elektronik
E.C.R. control solenoid valve	Steuerventil, Abgasrückführung
fan switch	Schalter, Ventilator
feedback solenoid	Magnetschalter für Nachverbrennung, am Vergaser
foot	Fussraumbeheizung, Heizungsanlage
front	vorn
front door switch (driver's side)	Türkontaktschalter, Fahrerseite
front door switch (passenger side)	Türkontaktschalter, Beifahrerseite
front fog lamp L.H.	Nebelleuchte, vorn links
front fog lamp relay	Relais, Nebelleuchten
front fog lamp R.H.	Nebelleuchte, vorn rechts
front fog lamp switch	Schalter, Nebelleuchten
front L.H.	vorn links
front R.H.	vorn rechts
front wiper and washer switch	Schalter, Scheibenwischer und Scheibenwaschanlage, vorn
fuel cut solenoid	Leerlaufabsperrventil
fuel gauge	Kraftstoffuhr
fuel pump	Kraftstoffpumpe, elektrisch
fuel pump relay	Relais, Kraftstoffpumpe
fuel tank gauge unit	Tankgeber
fuel W/L	Warnleuchte, Kraftstoffreserve
fuse arrangement	Anordnung der Sicherungen
fuse block	Sicherungsdose
fuse (in fusible link box)	Sicherung in Schmelzsicherungsdose
fuse-acc	Sicherung, elektrisches Zubehör
fuse-ACC	Sicherung, Klemme "ACC"
fuse-bat	Sicherung, Klemme "bat"
fuse-IGN	Sicherung, Klemme "IGN"
fusible link	Schmelzsicherung
F/O	Luftverteilung, Heizung, Scheibe und Fussraum
GA16DS engine	GA16DS-Motor
glove box lamp switch	Schalter, Handschuhkastenleuchte
ground	Masse
GT	GTI-Modelle
hazard switch	Schalter, Rundumwarnblinkanlage
headlamp aiming switch	Scheinwerfer, Strahlenverstellung
headlamp L.H.	Scheinwerfer, links
headlamp R.H.	Scheinwerfer, rechts
headlamp washer motor	Motor, Scheinwerferwaschanlage
headlamp wiper and washer switch	Schalter, Scheinwerferwisch- und -waschanlage
headlamp wiper motor L.H.	Motor, Scheinwerferwischanlage, links
headlamp wiper motor R.H.	Motor, Scheinwerferwischanlage, rechts
headlamp wiper switch	Schalter, Scheinwerferwischer
heated seat switch L.H.	Schalter, Sitzheizung, links
heated seat switch R.H.	Sitzheizung, rechts
high	Fernlicht, Scheinwerfer
high beam indicator	Fernlichtkontrolleuchte
horn	Signalhupe
horn L.H.	Signalhupe, links
horn relay	Relais, Signalhupe
horn R.H.	Signalhupe, rechts
horn switch	Schalter, Signalhupe
idle switch	Leerlaufschalter
idle-up relay	Relais, Leerlaufanhebung
idle-up solenoid	Magnetschalter, Leerlaufanhebung
ignition relay 2	Relais 2, Zündanlage

ignition coil	Zündspule
ignition relay	Relais für Zündanlage
ignition switch	Zündschalter
illumination control switch	Regelschalter, Instrumentenbeleuchtung
indicator	Anzeiger
inhibitor relay (A/T)	Relais, Anlasssperre, Getriebeautomatik
inhibitor switch (A/T)	Anlasssperrschalter, Getriebeautomatik
injector	Einspritzer
intake door motor	Einlassklappenmotor, Heizung
interior lamp	Innenleuchte
L	Linkslenker
license lamp L.H.	Kennzeichenleuchte, links
licence lamp R.H.	Kennzeichenleuchte, rechts
lighting switch	Lichtschalter
lock and anti-lock switch	Schalter, Sperren und Entsperren
lock knob switch	Schalterknopf, Sperre
lock-up solenoid	Magnetschalter, Sperre
low	Abblendlicht, Scheinwerfer
luggage room lamp	Kofferraumleuchte
luggage room lamp switch	Schalter, Kofferraumleuchte
L.H.	links
mixture bypass solenoid	Schaltventil, Gemischumleitung
mixture heater	Gemischvorwärmung
mixture heater relay	Relais, Gemischvorwärmung
mode door motor	Motor für Klappenumschaltung, Heizung
mode switch	Umschalter, Heizung
motor	Motor, elektrisch
motor driving circuit	Motorbetriebsstromkreis, Heizung
motor relay	Motorrelais
M/T models	Modelle mit Schaltgetriebe
neutral switch	Leergangschalter
neutral switch (M/T)	Leergangschalter, Schaltgetriebe
off	ausgeschaltet
oil pressure sending unit	Öldruckgeber
oil pressure switch	Öldruckschalter
oil pressure gauge	Öldruckmesser
oil W/L	Öldruckkontrolleuchte
on	eingeschaltet
overdrive cancel solenoid	Rückstellschalter, Overdrive
overdrive switch	Schalter, Overdrive
O.D. off indicator lamp	Anzeigeleuchte, Overdrive ausgeschaltet
parking brake switch	Schalter am Handbremshebel
passenger side door actuator	Beifahrertürgerät
passenger side power window main switch	Hauptschalter, Fenster, Beifahrerseite
power antenna motor	Motor, elektrische Antenne
power steering	Servolenkung
power steering oil pressure switch	Öldruckschalter, Servolenkung
power transistor	Stromtransistor
power window main switch	Hauptschalter, elektrische Fensterbetätigung
power window regulator	Regler, elektrische Fensterbetätigung
power window switch	Schalter, vorn und Seite
PS	Mit Servolenkung
push control unit	Elektrische Heizungsbetätigung
R	Rechtslenker
radiator fan motor-1	Kühlungsventilator, Nr. 1
radiator fan motor-2	Kühlungsventilator Nr. 2
radiator fan relay-1	Relais, Kühlungsventilator Nr. 1
radiator fan relay-2	Relais, Kühlungsventilator Nr. 2
Radio	Autoradio
rear	hinten
rear defogger switch	Schalter, beheizte Heckscheibe
rear door L.H. power window switch	Fensterschalter, linke Hintertür
rear door R.H. power window switch	Fensterschalter, rechte Hintertür
rear door switch L.H.	Türkontaktschalter, linke Hintertür
rear door switch R.H.	Türkontaktschalter, rechte Hintertür
rear fog lamp	Nebelschlussleuchte
rear fog lamp indicator	Warnleuchte, Nebelschlussleuchte
rear fog lamp relais	Relais, Nebelschlussleuchte
rear fog lamp switch	Schalter, Nebelschlussleuchte
rear L.H.	hinten links
rear door L.H. actuator	Türverriegelungseinheit, hinten links
rear R.H.	hinten rechts
rear R.H. door actuator	Türverriegelungseinheit, hinten rechts
rear speaker	Lautsprecher, hinten
rear washer motor	Scheibenwaschermotor, hinten
rear window defogger	Beheizte Heckscheibe
rear window defogger relay	Relais, beheizte Heckscheibe
rear window defogger switch	Schalter, beheizte Heckscheibe
rear wiper motor	Scheibenwischermotor, hinten
rear wiper relay	Relais, Scheibenwischermotor, hinten
rear wiper switch	Schalter, Scheibenwischermotor, hinten
REC switch	Schalter, Luftumwälzung, Heizung
resistor	Widerstand
R.H.	rechts
seat cushion thermostat	Thermostat, Sitzkissenbeheizung
seatback heater	Rückenlehnenbeheizung, Sitze
side turn signal lamp L.H.	Seitenblinkleuchte, links
side turn signal lamp R.H.	Seitenblinkleuchte, rechts
solenoid valve relay	Relais für Schaltventil
spark plug	Zündkerze
speaker amplifier	Verstärker für Lautsprecher
speed sensor	Fühler, Fahrgeschwindigkeit
spot lamp	Weitstrahllampe
SRD20DE engine	SR20DE-Motor
starter motor	Anlasser
stop lamp L.H.	Bremsleuchte, links
stop lamp R.H.	Bremsleuchte, rechts
stop lamp switch	Bremslichtschalter
sub-switch (rear driver's side)	Nebenschalter, Fahrerseite, hinten
sun roof motor assembly	Schalter für elektrisches Schiebedach
sun roof switch	Schalter für Schiebedach
tachometer	Drehzahlmesser
tail lamp L.H.	Schlussleuchte, links
tail lamp R.H.	Schlussleuchte, rechts
temp. gauge	Fernthermometer
thermal protector	Thermalunterbrecher
thermal transmitter	Thermalgeber
Thermistor	Thermistor
thermo switch	Thermoschalter
throttle sensor	Geber für Drosselklappenstellung
trunk room lamp	Kofferraumleuchte
trunk room lamp switch	Schalter, Kofferraumleuchte
turn signal lamp L.H.	Blinkleuchte, links
turn signal lamp R.H.	Blinkleuchte, rechts
variable intermittent wiper volume	Intervallschalter, Scheibenwischer
vent	Belüftung, Heizung
warning buzzer	Warnsummer
washer level sensor	Geber, Wascherflüssigkeit
washer motor	Scheibenwaschermotor
washer W/L	Warnleuchte, Waschanlage
water temp. switch	Wassertemperaturschalter
wiper amp.	Verstärker, Scheibenwischer
wiper motor	Scheibenwischermotor

NISSAN B13/N14 Serie

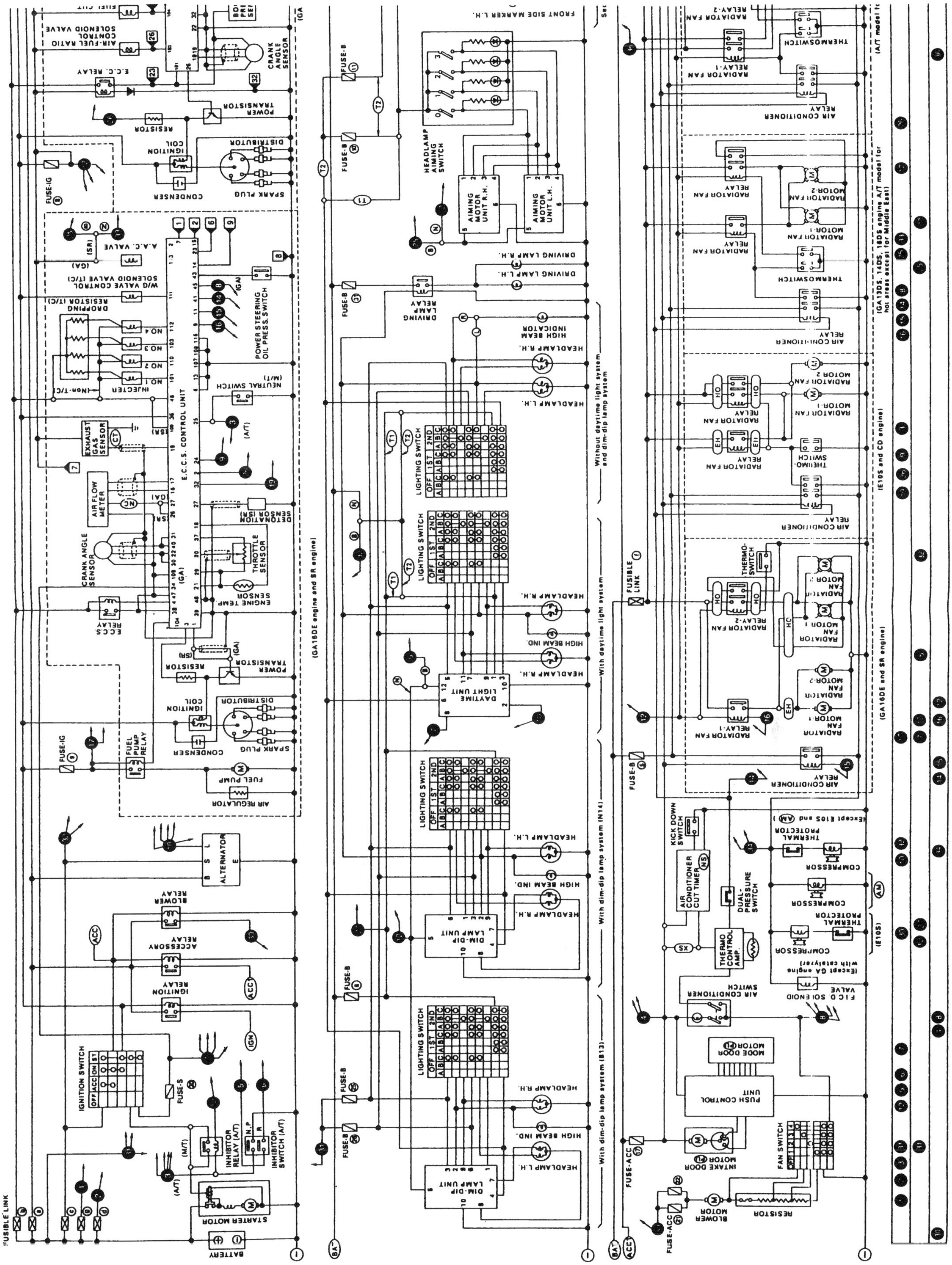

Schaltplan für Modelle bis Ende Baujahr 1992, Seiten 193 bis 196

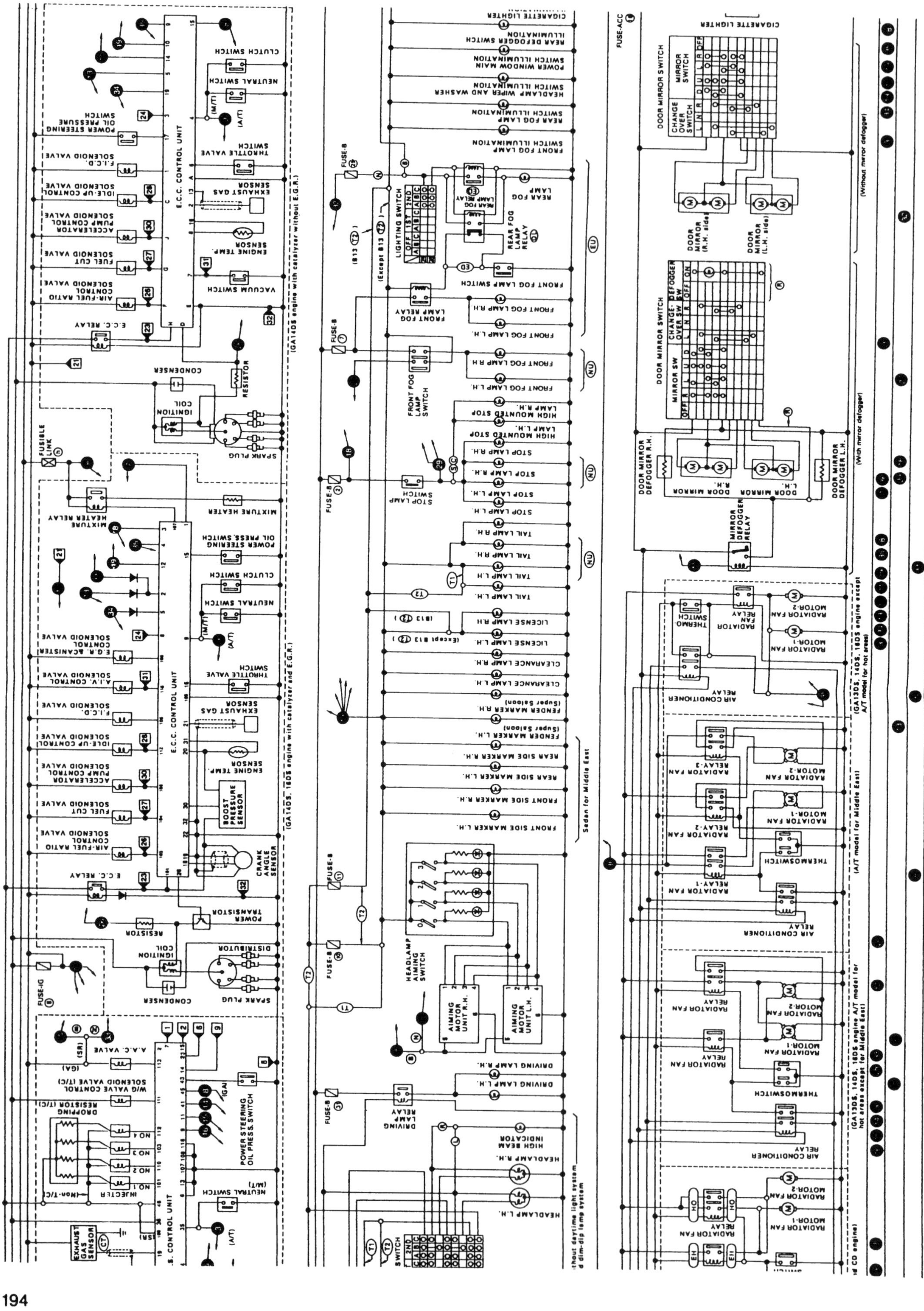
E.C.C. CONTROL UNIT
CLUTCH SWITCH
NEUTRAL SWITCH
POWER STEERING OIL PRESSURE SWITCH
THROTTLE VALVE SWITCH
F.I.C.D. SOLENOID VALVE
IDLE-UP CONTROL SOLENOID VALVE
EXHAUST GAS SENSOR
ACCELERATOR PUMP CONTROL SOLENOID VALVE
ENGINE TEMP. SENSOR
FUEL CUT SOLENOID VALVE
VACUUM SWITCH
AIR-FUEL RATIO CONTROL SOLENOID VALVE
E.C.C. RELAY
CONDENSER
RESISTOR
IGNITION COIL
SPARK PLUG
FUSIBLE LINK
MIXTURE HEATER RELAY
MIXTURE HEATER
E.G.R. & CANISTER CONTROL SOLENOID VALVE
A.I.V. CONTROL SOLENOID VALVE
BOOST PRESSURE SENSOR
CRANK ANGLE SENSOR
POWER TRANSISTOR
DISTRIBUTOR
FUSE-IG
A.A.C. VALVE
W/G VALVE CONTROL SOLENOID VALVE (T/C)
DROPPING RESISTOR (T/C)
INJECTOR
POWER STEERING OIL PRESS. SWITCH
CIGARETTE LIGHTER
REAR DEFOGGER SWITCH ILLUMINATION
POWER WINDOW MAIN SWITCH ILLUMINATION
HEADLAMP WIPER AND WASHER SWITCH ILLUMINATION
REAR FOG LAMP SWITCH ILLUMINATION
FRONT FOG LAMP SWITCH ILLUMINATION
LIGHTING SWITCH
REAR FOG LAMP RELAY
REAR FOG LAMP
FRONT FOG LAMP SWITCH
FRONT FOG LAMP RELAY
FRONT FOG LAMP R.H.
FRONT FOG LAMP L.H.
HIGH MOUNTED STOP LAMP R.H.
HIGH MOUNTED STOP LAMP L.H.
STOP LAMP R.H.
STOP LAMP L.H.
STOP LAMP SWITCH
TAIL LAMP R.H.
TAIL LAMP L.H.
LICENSE LAMP R.H.
LICENSE LAMP L.H.
CLEARANCE LAMP R.H.
CLEARANCE LAMP L.H.
FENDER MARKER R.H. (Super Saloon)
FENDER MARKER L.H. (Super Saloon)
REAR SIDE MARKER R.H.
REAR SIDE MARKER L.H.
FRONT SIDE MARKER R.H.
FRONT SIDE MARKER L.H.
Sedan for Middle East
HEADLAMP AIMING SWITCH
AIMING MOTOR UNIT R.H.
AIMING MOTOR UNIT L.H.
DRIVING LAMP R.H.
DRIVING LAMP L.H.
DRIVING LAMP RELAY
HIGH BEAM INDICATOR
HEADLAMP R.H.
HEADLAMP L.H.
FUSE-ACC
DOOR MIRROR SWITCH
DOOR MIRROR (R.H. side)
DOOR MIRROR (L.H. side)
(Without mirror defogger)
(With mirror defogger)
DOOR MIRROR DEFOGGER R.H.
DOOR MIRROR DEFOGGER L.H.
MIRROR DEFOGGER RELAY
THERMO. SWITCH
RADIATOR FAN RELAY
RADIATOR FAN MOTOR-1
RADIATOR FAN MOTOR-2
AIR CONDITIONER RELAY
THERMOSWITCH

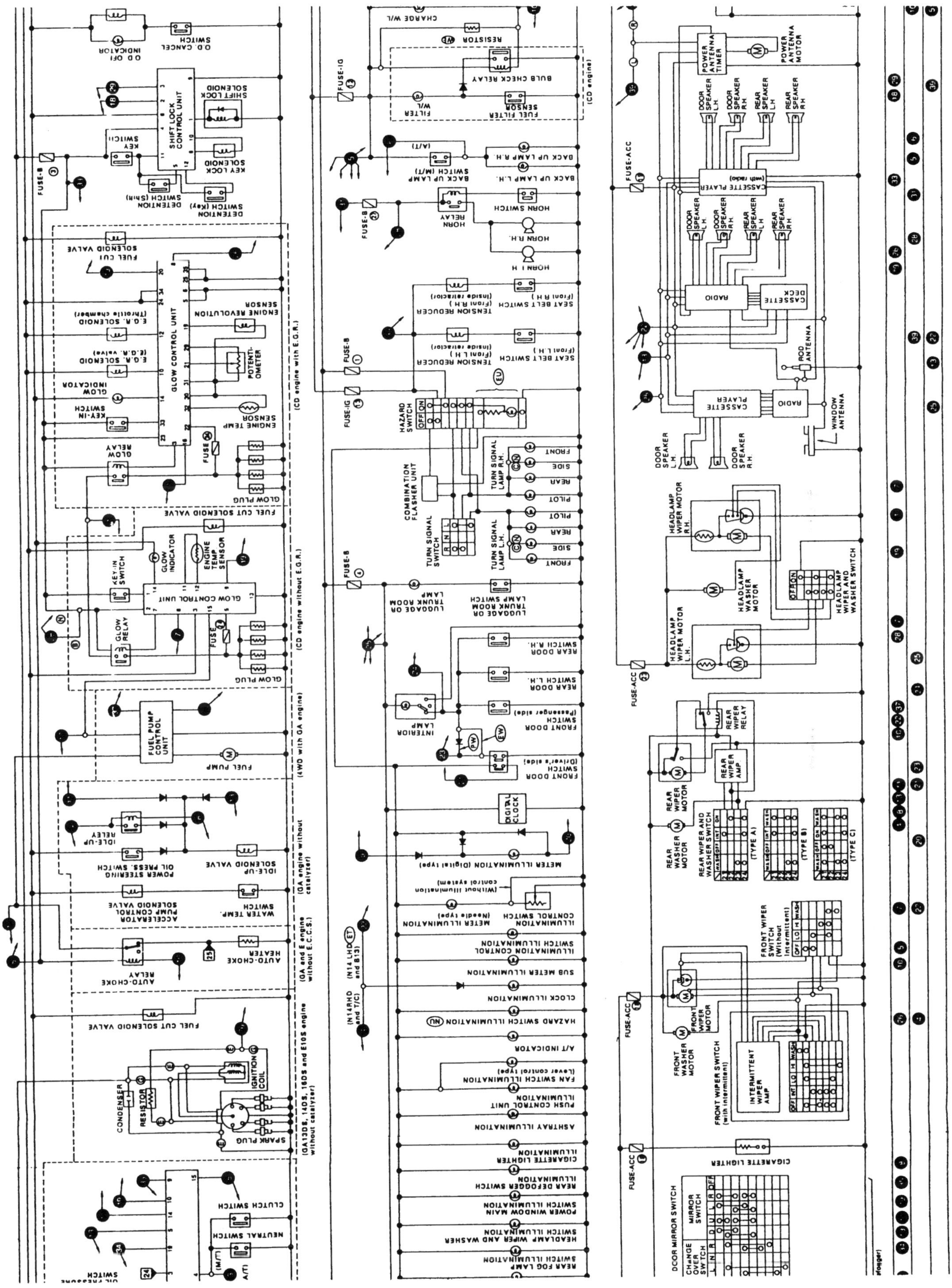
O.D OFF INDICATOR
O.D. CANCEL SWITCH
SHIFT LOCK SOLENOID
SHIFT LOCK CONTROL UNIT
KEY SWITCH
KEY LOCK SOLENOID
DETENTION SWITCH (Shift)
DETENTION SWITCH (Key)
FUSE-B
FUEL CUT SOLENOID VALVE
ENGINE REVOLUTION SENSOR
E.G.R. SOLENOID (Throttle chamber)
E.G.R. SOLENOID (E.G.R. valve)
POTENTIOMETER
GLOW INDICATOR
GLOW CONTROL UNIT
KEY-IN SWITCH
ENGINE TEMP SENSOR
GLOW RELAY
FUSE
GLOW PLUG
(CD engine with E.G.R.)
FUEL CUT SOLENOID VALVE
(CD engine without E.G.R.)
FUEL PUMP CONTROL UNIT
FUEL PUMP
(4WD with GA engine)
IDLE-UP RELAY
POWER STEERING OIL PRESS. SWITCH
IDLE-UP SOLENOID VALVE
(GA engine without catalyzer)
ACCELERATOR PUMP CONTROL SOLENOID VALVE
WATER TEMP. SWITCH
AUTO-CHOKE RELAY
AUTO-CHOKE HEATER
(GA and E engine without E.C.C.S.)
FUEL CUT SOLENOID VALVE
CONDENSER
RESISTOR
IGNITION COIL
SPARK PLUG
(GA13DS, 14DS, 16DS and E10S engine without catalyzer)
CLUTCH SWITCH
NEUTRAL SWITCH
OIL PRESSURE SWITCH
(M/T)
(A/T)
CHARGE W/L
RESISTOR
FUSE-IG
BULB CHECK RELAY
FUEL FILTER W/L
FUEL FILTER SENSOR
(CD engine)
BACK UP LAMP R.H.
BACK UP LAMP SWITCH (M/T)
(A/T)
BACK UP LAMP L.H.
HORN RELAY
HORN SWITCH
HORN R.H.
HORN L.H.
SEAT BELT SWITCH (Front R.H.)
TENSION REDUCER (Front R.H.) (Inside retractor)
SEAT BELT SWITCH (Front L.H.)
TENSION REDUCER (Front L.H.) (Inside retractor)
HAZARD SWITCH
OFF ON
COMBINATION FLASHER UNIT
TURN SIGNAL LAMP R.H.
FRONT
SIDE
REAR
PILOT
TURN SIGNAL SWITCH
TURN SIGNAL LAMP L.H.
LUGGAGE OR TRUNK ROOM LAMP
LUGGAGE OR TRUNK ROOM LAMP SWITCH
REAR DOOR SWITCH R.H.
REAR DOOR SWITCH L.H.
INTERIOR LAMP
FRONT DOOR SWITCH (Passenger side)
FRONT DOOR SWITCH (Driver's side)
DIGITAL CLOCK
METER ILLUMINATION (Digital type)
ILLUMINATION CONTROL SWITCH (Without illumination control system)
METER ILLUMINATION (Needle type)
ILLUMINATION CONTROL SWITCH ILLUMINATION
SUB METER ILLUMINATION
CLOCK ILLUMINATION
HAZARD SWITCH ILLUMINATION
A/T INDICATOR
FAN SWITCH ILLUMINATION (Lever control type)
PUSH CONTROL UNIT ILLUMINATION
ASHTRAY ILLUMINATION
CIGARETTE LIGHTER ILLUMINATION
REAR DEFOGGER SWITCH ILLUMINATION
POWER WINDOW MAIN SWITCH ILLUMINATION
HEADLAMP WIPER AND WASHER SWITCH ILLUMINATION
REAR FOG LAMP SWITCH ILLUMINATION
(N14 LHD and B13)
(N14 RHD and T/C)
POWER ANTENNA TIMER
POWER ANTENNA MOTOR
DOOR SPEAKER L.H.
DOOR SPEAKER R.H.
REAR SPEAKER L.H.
REAR SPEAKER R.H.
FUSE-ACC
CASSETTE PLAYER (with radio)
RADIO
CASSETTE DECK
ROD ANTENNA
CASSETTE PLAYER
WINDOW ANTENNA
HEADLAMP WIPER MOTOR R.H.
HEADLAMP WASHER MOTOR
HEADLAMP WIPER AND WASHER SWITCH
HEADLAMP WIPER MOTOR L.H.
REAR WIPER RELAY
REAR WIPER AMP
REAR WIPER MOTOR
REAR WASHER MOTOR
REAR WIPER AND WASHER SWITCH
(TYPE A)
(TYPE B)
(TYPE C)
FRONT WIPER SWITCH (Without intermittent)
FRONT WIPER MOTOR
FRONT WASHER MOTOR
FRONT WIPER SWITCH (With intermittent)
INTERMITTENT WIPER AMP
CIGARETTE LIGHTER
DOOR MIRROR SWITCH
CHANGE OVER SWITCH
MIRROR SWITCH

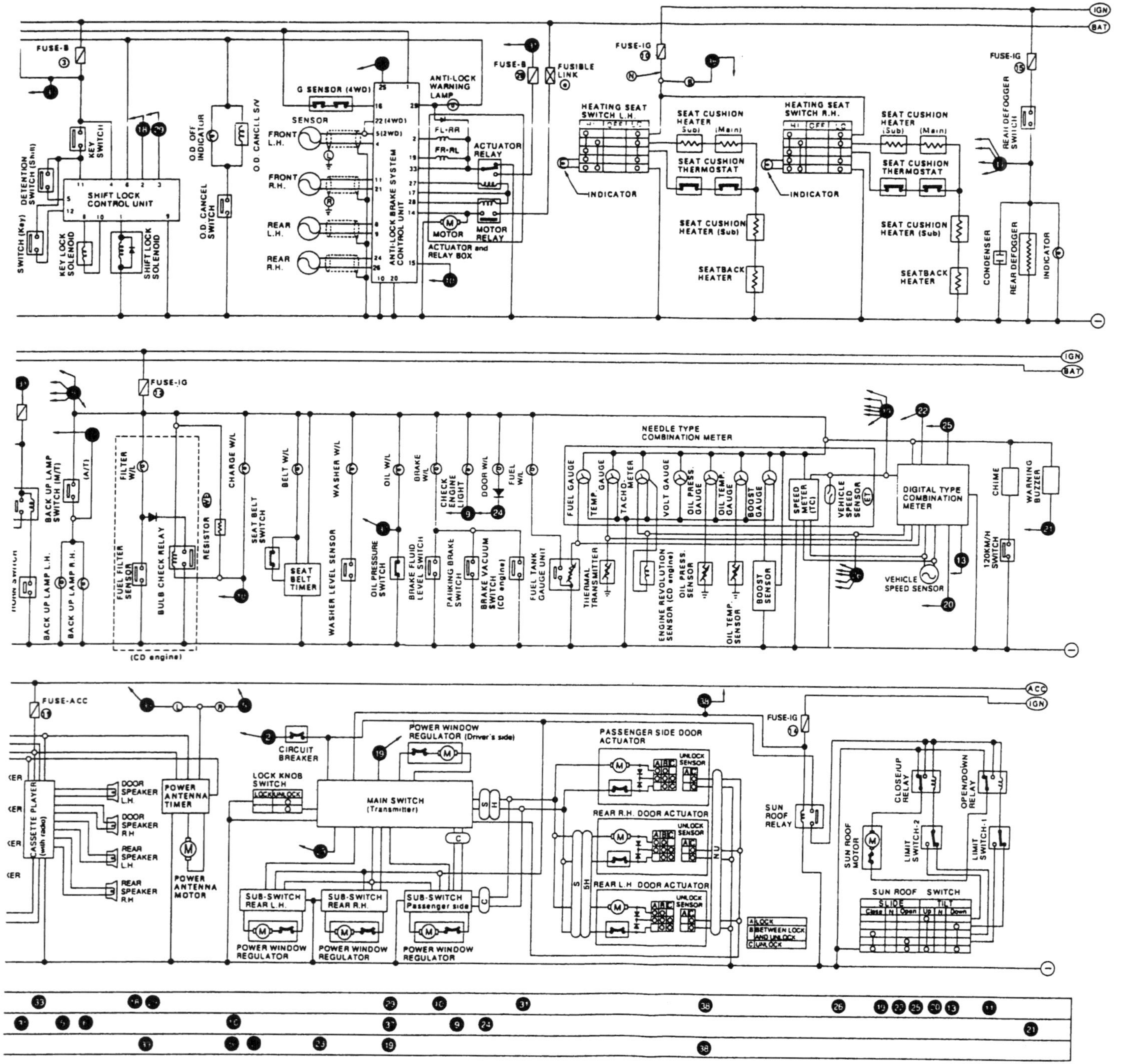

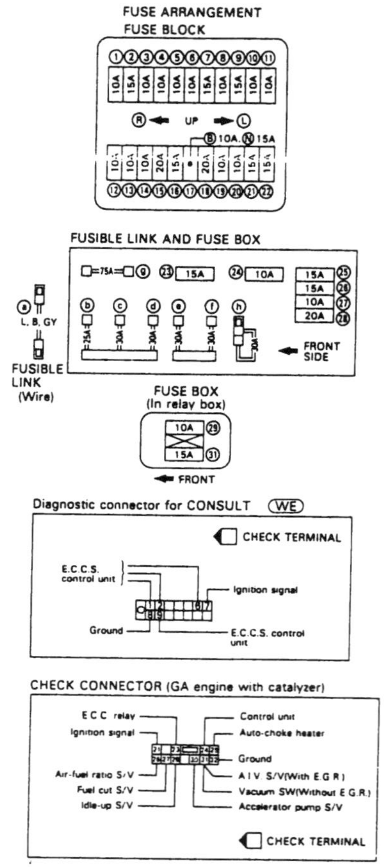

(L)	:	L.H.D. model
(R)	:	R.H.D. model
(B)	:	B13 model
(N)	:	N14 model
(C)	:	Coupe
(H)	:	Hatchback
(S)	:	Sedan
(5H)	:	5-door hatchback
(G)	:	GA13DS, 14DS, 16DS engine
(E)	:	E10S engine
(NS)	:	N14 model with GA14DS engine except for Europe
(XS)	:	Except (NS)
(HO)	:	A/T model for hot areas
(EH)	:	Except (HO)
(AM)	:	A/T model for Middle East
(EU)	:	For Europe
(NU)	:	Except for Europe
(T1)	:	Lighting system type-1
(T2)	:	Lighting system type-2
(DL)	:	With daytime light system
(ED)	:	Without daytime light system
(PW)	:	With power window system
(EW)	:	Without power window system
(TO)	:	Turbo model
(ET)	:	Non-turbo model
(WE)	:	With E.C.C.S.
S/V	:	Solenoid valve

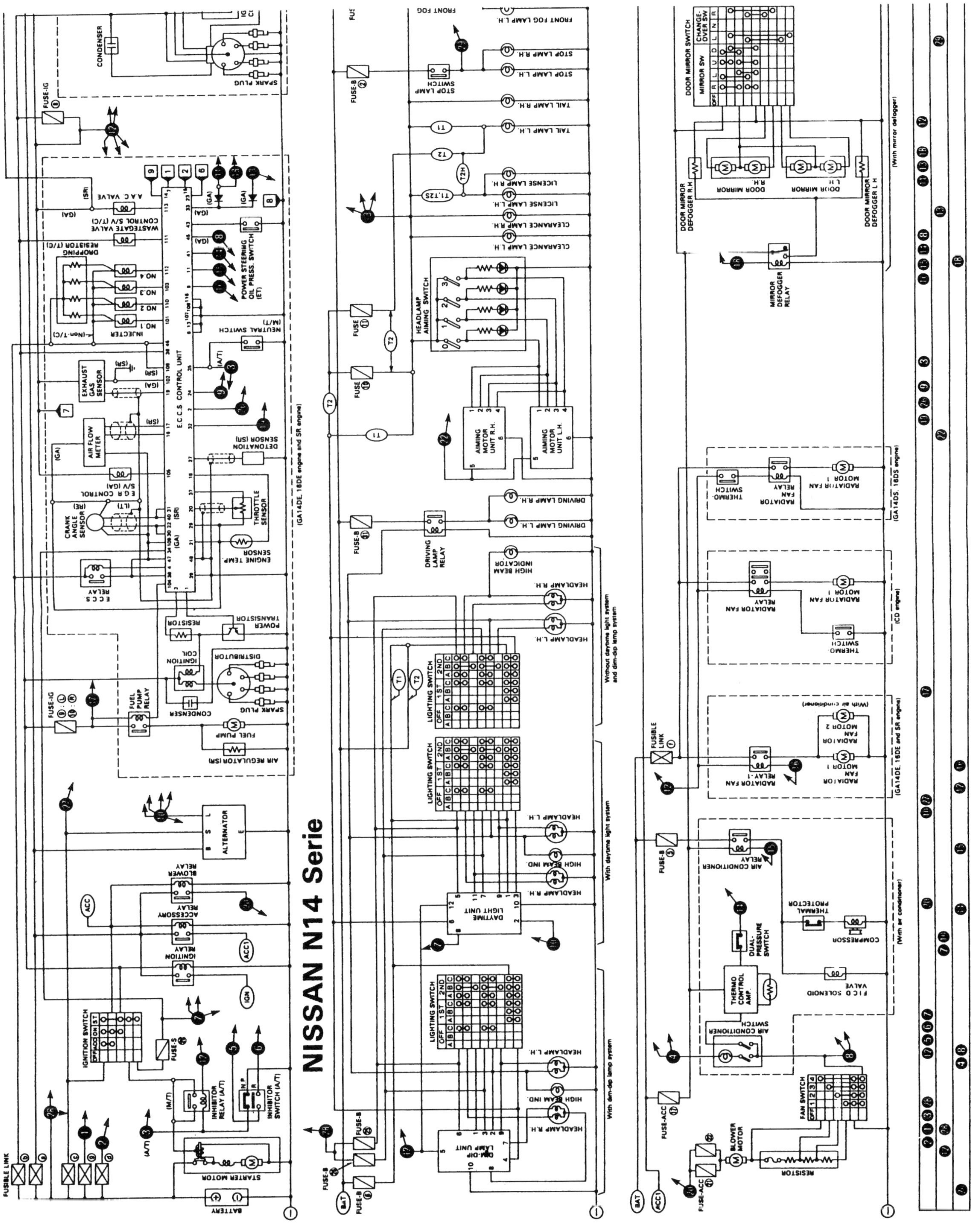

Schaltplan für Modelle ab Baujahr 1993, Seiten 197 bis 199

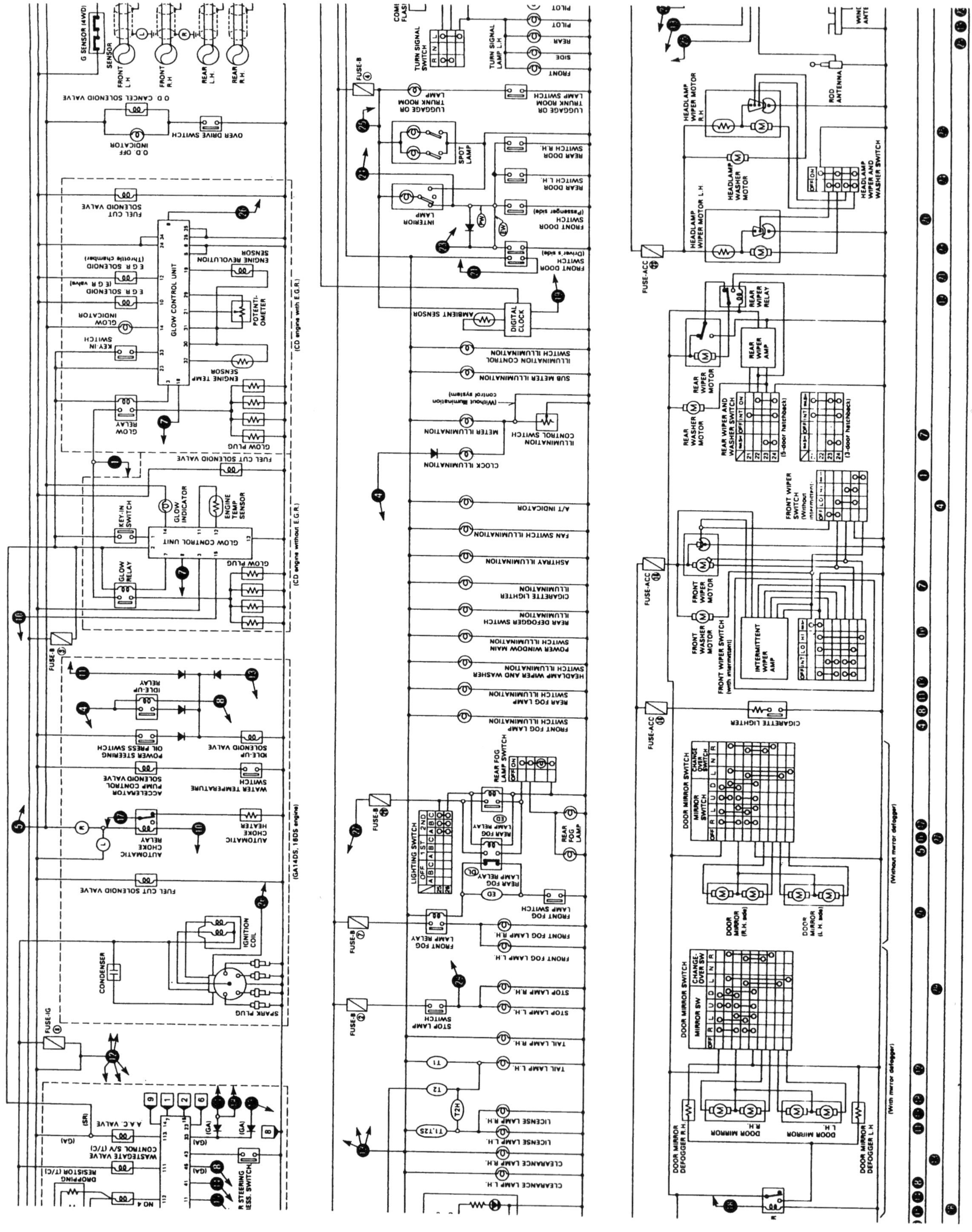
G SENSOR (4WD)
SENSOR
FRONT L.H.
FRONT R.H.
REAR L.H.
REAR R.H.
O.D. CANCEL SOLENOID VALVE
O.D. OFF INDICATOR
OVER DRIVE SWITCH
FUEL CUT SOLENOID VALVE
GLOW CONTROL UNIT
E G R SOLENOID
GLOW INDICATOR
KEY-IN SWITCH
ENGINE REVOLUTION SENSOR
POTENTI-OMETER
ENGINE TEMP SENSOR
GLOW RELAY
GLOW PLUG
(CD engine with E.G.R.)
(CD engine without E.G.R.)
FUSE-B
IDLE-UP RELAY
POWER STEERING OIL PRESS SWITCH
IDLE-UP SOLENOID VALVE
ACCELERATOR PUMP CONTROL SOLENOID VALVE
WATER TEMPERATURE SWITCH
AUTOMATIC CHOKE RELAY
AUTOMATIC CHOKE HEATER
(GA14DS, 16DS engine)
CONDENSER
IGNITION COIL
SPARK PLUG
FUSE-IG
A.A.C. VALVE
WASTEGATE VALVE CONTROL S/V (T/C)
DROPPING RESISTOR (T/C)
TURN SIGNAL SWITCH
TURN SIGNAL LAMP L.H.
LUGGAGE OR TRUNK ROOM LAMP
LUGGAGE OR TRUNK ROOM LAMP SWITCH
SPOT LAMP
INTERIOR LAMP
REAR DOOR SWITCH R.H.
REAR DOOR SWITCH L.H.
FRONT DOOR SWITCH (Passenger side)
FRONT DOOR SWITCH (Driver's side)
DIGITAL CLOCK
AMBIENT SENSOR
ILLUMINATION CONTROL SWITCH ILLUMINATION
SUB METER ILLUMINATION
METER ILLUMINATION
ILLUMINATION CONTROL SWITCH
CLOCK ILLUMINATION
A/T INDICATOR
FAN SWITCH ILLUMINATION
ASHTRAY ILLUMINATION
CIGARETTE LIGHTER ILLUMINATION
REAR DEFOGGER SWITCH ILLUMINATION
POWER WINDOW MAIN SWITCH ILLUMINATION
HEADLAMP WIPER AND WASHER SWITCH ILLUMINATION
REAR FOG LAMP SWITCH ILLUMINATION
FRONT FOG LAMP SWITCH ILLUMINATION
REAR FOG LAMP SWITCH
LIGHTING SWITCH
REAR FOG LAMP RELAY
REAR FOG LAMP
FRONT FOG LAMP SWITCH
FRONT FOG LAMP RELAY
FRONT FOG LAMP R.H.
FRONT FOG LAMP L.H.
STOP LAMP SWITCH
STOP LAMP R.H.
STOP LAMP L.H.
TAIL LAMP R.H.
TAIL LAMP L.H.
LICENSE LAMP R.H.
LICENSE LAMP L.H.
CLEARANCE LAMP R.H.
CLEARANCE LAMP L.H.
ROD ANTENNA
HEADLAMP WIPER MOTOR R.H.
HEADLAMP WIPER MOTOR L.H.
HEADLAMP WASHER MOTOR
HEADLAMP WIPER AND WASHER SWITCH
FUSE-ACC
REAR WIPER RELAY
REAR WIPER AMP
REAR WIPER MOTOR
REAR WASHER MOTOR
REAR WIPER AND WASHER SWITCH
(5-door hatchback)
(3-door hatchback)
FRONT WIPER SWITCH
FRONT WIPER MOTOR
FRONT WASHER MOTOR
FRONT WIPER SWITCH (with intermittent)
INTERMITTENT WIPER AMP
CIGARETTE LIGHTER
DOOR MIRROR SWITCH
MIRROR SWITCH
CHANGE OVER SWITCH
DOOR MIRROR (R.H. side)
DOOR MIRROR (L.H. side)
(Without mirror defogger)
(With mirror defogger)
DOOR MIRROR R.H.
DOOR MIRROR L.H.
DOOR MIRROR DEFOGGER R.H.
DOOR MIRROR DEFOGGER L.H.

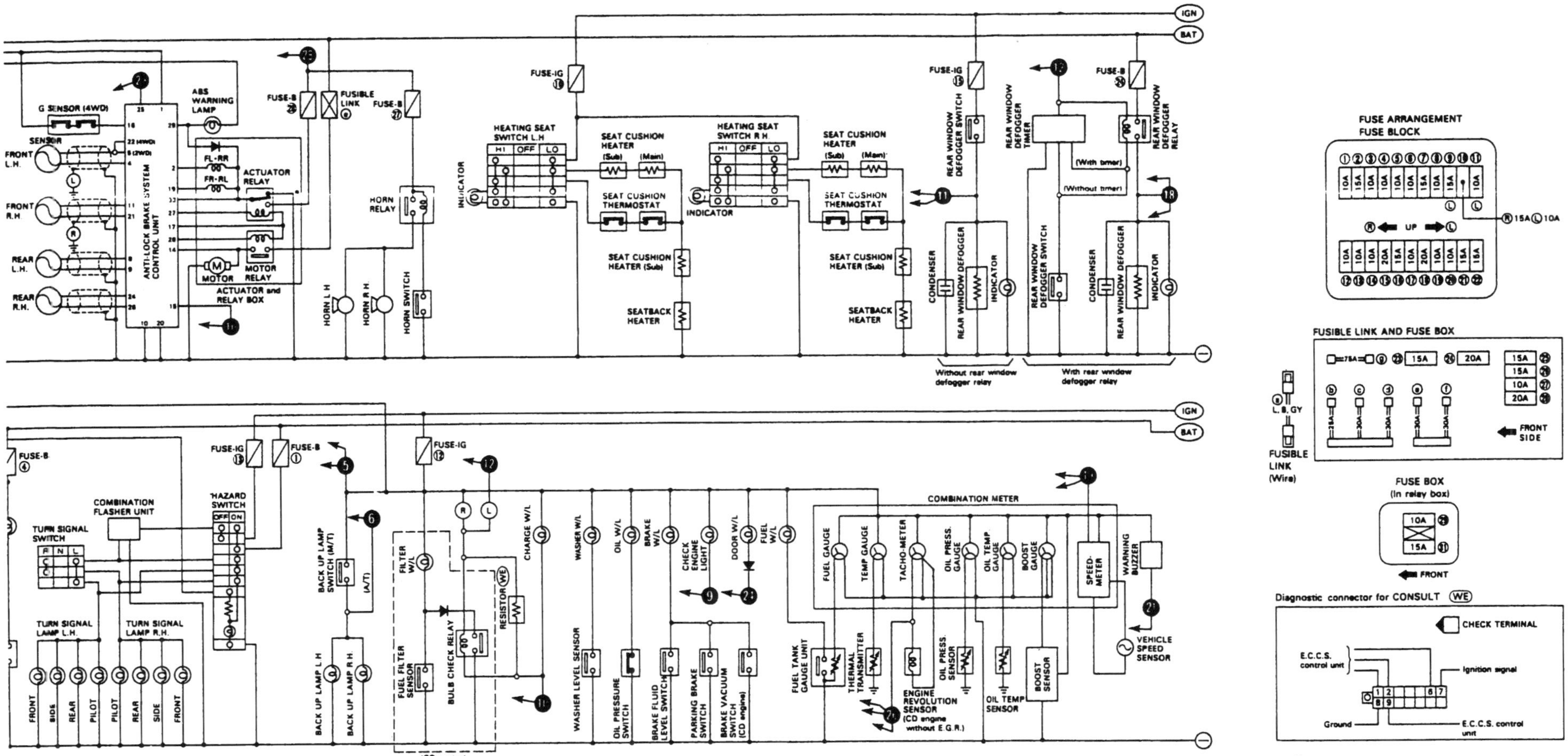

Ⓛ : L.H.D. model
Ⓡ : R.H.D. model
Ⓗ : Hatchback
Ⓢ : Sedan
(5H) : 5-door hatchback
(T1) : Lighting system type-1 and type-3
(T2) : Lighting system type-2
(DL) : With daytime light system
(ED) : Without daytime light system
(PW) : With power window system
(EW) : Without power window system
(TC) : Turbo model
(ET) : Non-turbo model
(WE) : With E.C.C.S.
S/V : Solenoid valve
(RE) : SR engine R.H.D. non-turbo model
(LT) : Except (RE)

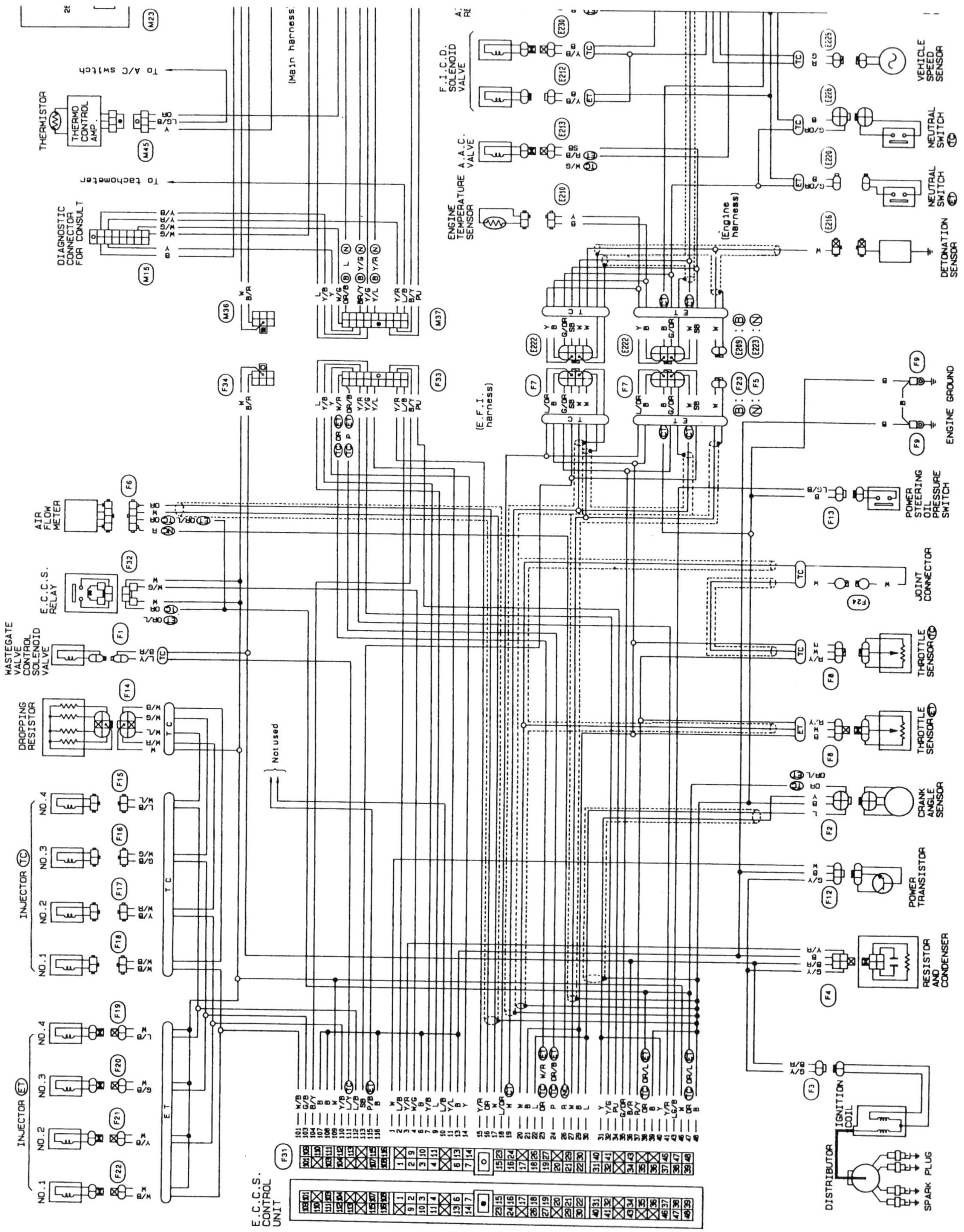

Schaltplan für den 2,0 Liter-Motor, Seiten 200 und 201

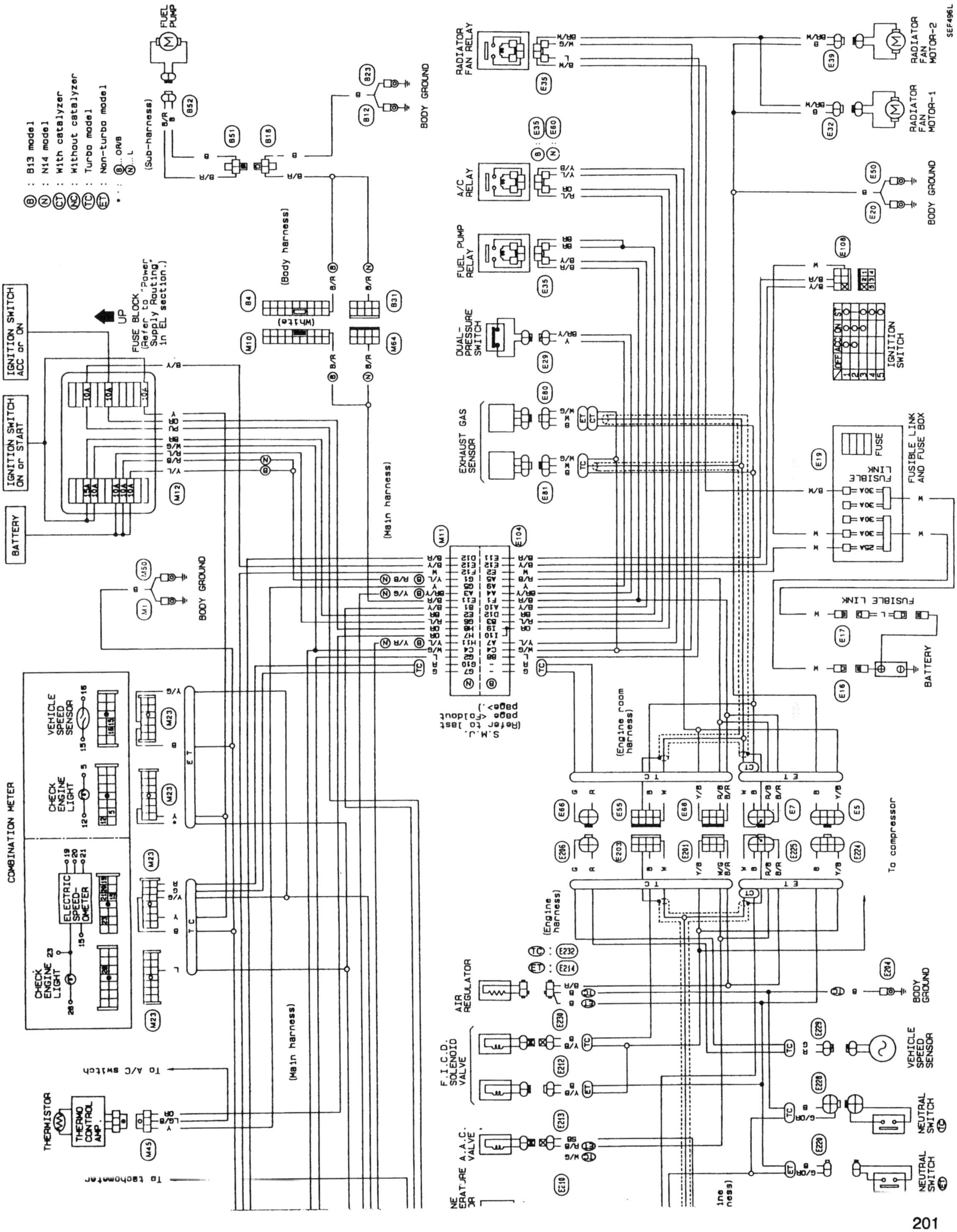
SEF496L
IGNITION SWITCH ACC or ON
IGNITION SWITCH ON or START
BATTERY
FUSE BLOCK (Refer to "Power Supply Routing" in EL section.)
UP
FUEL PUMP
(Sub-harness)
(Body harness)
(Main harness)
(White)
BODY GROUND
COMBINATION METER
VEHICLE SPEED SENSOR
CHECK ENGINE LIGHT
ELECTRIC SPEEDOMETER
THERMISTOR
THERMO CONTROL AMP.
To A/C switch
To tachometer
S.M.J. (Refer to last page <Foldout page>.)
(Engine room harness)
(Engine harness)
RADIATOR FAN RELAY
A/C RELAY
FUEL PUMP RELAY
DUAL-PRESSURE SWITCH
EXHAUST GAS SENSOR
RADIATOR FAN MOTOR-2
RADIATOR FAN MOTOR-1
IGNITION SWITCH
FUSIBLE LINK AND FUSE BOX
FUSIBLE LINK
FUSE
To compressor
AIR REGULATOR
F.I.C.D. SOLENOID VALVE
A.A.C. VALVE
VEHICLE SPEED SENSOR
NEUTRAL SWITCH
B : B13 model
N : N14 model
CT : With catalyzer
NC : Without catalyzer
TC : Turbo model
ET : Non-turbo model

Schaltplan für 1,4/1,6 Liter-Motor bis Ende Baujahr 1993, Seiten 202 und 203

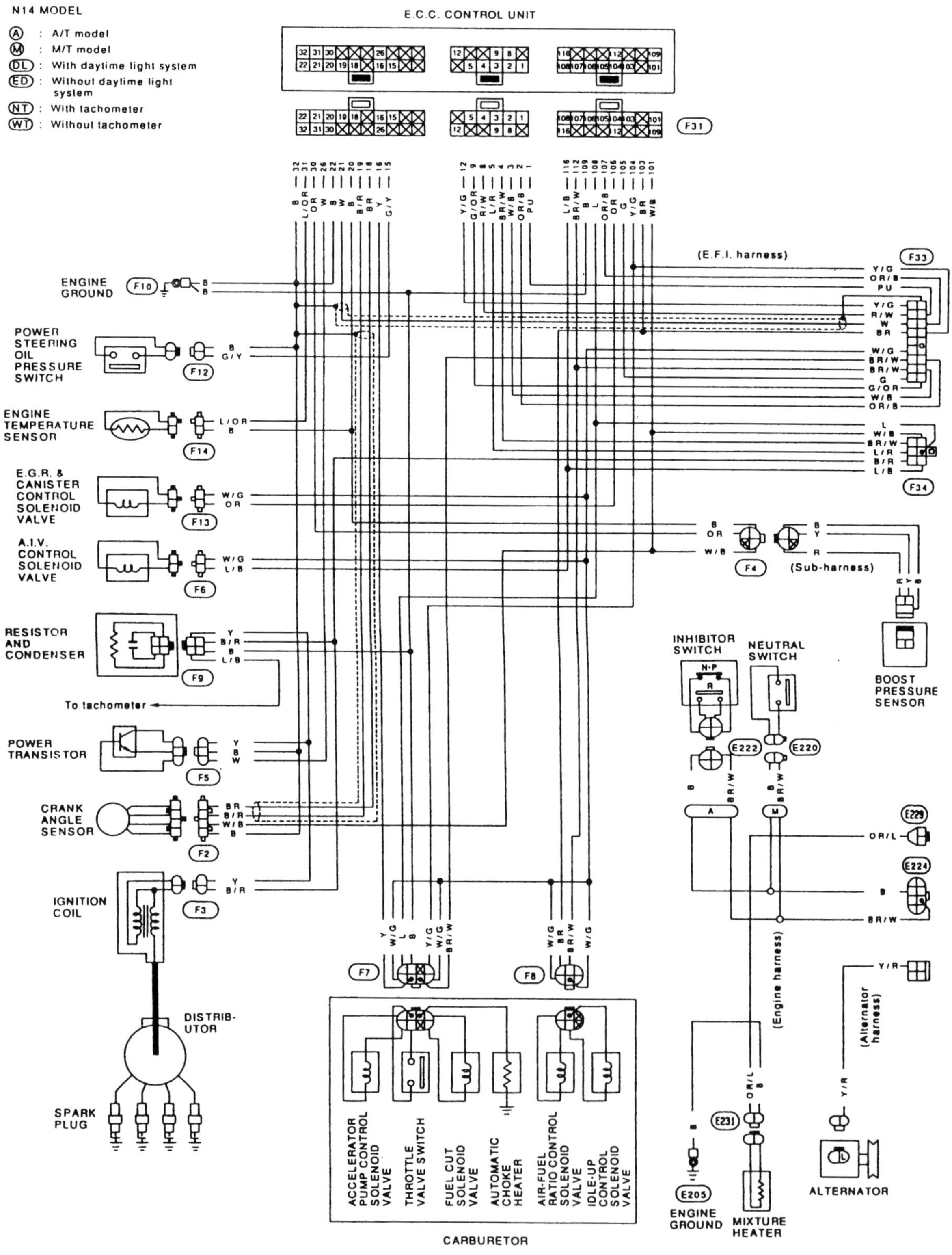

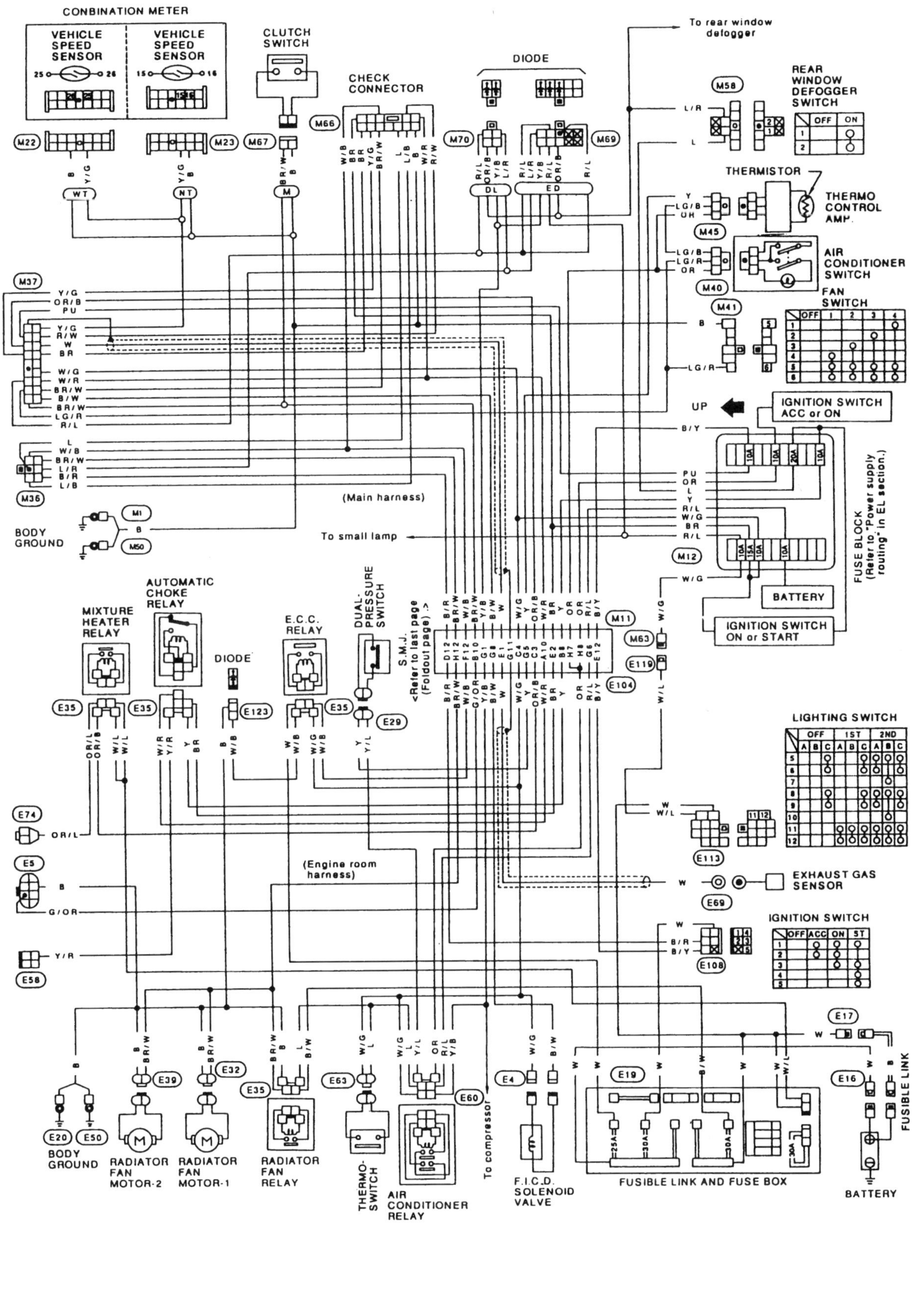
CONBINATION METER
VEHICLE SPEED SENSOR
VEHICLE SPEED SENSOR
CLUTCH SWITCH
CHECK CONNECTOR
DIODE
To rear window defogger
REAR WINDOW DEFOGGER SWITCH
THERMISTOR
THERMO CONTROL AMP.
AIR CONDITIONER SWITCH
FAN SWITCH
UP
IGNITION SWITCH ACC or ON
FUSE BLOCK (Refer to "Power supply routing" in EL section.)
BATTERY
IGNITION SWITCH ON or START
(Main harness)
BODY GROUND
To small lamp
AUTOMATIC CHOKE RELAY
MIXTURE HEATER RELAY
DIODE
E.C.C. RELAY
DUAL-PRESSURE SWITCH
S.M.J. <Refer to last page (Foldout page).>
LIGHTING SWITCH
EXHAUST GAS SENSOR
(Engine room harness)
IGNITION SWITCH
BODY GROUND
RADIATOR FAN MOTOR-2
RADIATOR FAN MOTOR-1
RADIATOR FAN RELAY
THERMO-SWITCH
AIR CONDITIONER RELAY
To compressor
F.I.C.D. SOLENOID VALVE
FUSIBLE LINK AND FUSE BOX
FUSIBLE LINK
BATTERY

Kolibri 360 GmbH
Ferdinand-Jühlke-Straße 7
99095 Erfurt, Deutschland
produktsicherheit@kolibri360.de